Werkstoffe und Bauelemente
der Elektrotechnik

H. Schaumburg
Sensoren

Werkstoffe und Bauelemente der Elektrotechnik

Herausgegeben von
Prof. Dr. Hanno Schaumburg, Hamburg-Harburg

Die Realisierung neuer Funktionen in der Elektrotechnik ist in der Regel verbunden mit dem Einsatz hochentwickelter elektronischer Bauelemente, deren Herstellung abhängig ist von neuen Erkenntnissen auf dem Gebiet der Werkstoff- und Fertigungstechnologie. Darauf basiert das Grundkonzept dieser Buchreihe: die Darstellung der für die Elektrotechnik bedeutsamen Werkstoffe und deren Anwendung auf neue Bauelementkonzepte.

Die Buchreihe „Werkstoffe und Bauelemente der Elektrotechnik" ist in ihrem Umfang nicht eingeschränkt: Sie ist offen für neue Entwicklungen, die schnell eine technische und wirtschaftliche Bedeutung gewinnen können. Sie setzt sich zum Ziel, dem Leser – sowohl an den Universitäten als auch in der Industrie – die neuesten Entwicklungen aufzuzeigen und ihn umfassend zu informieren. Gleichzeitig soll die Reihe aber auch die Funktion eines Nachschlagewerkes haben für die Vielzahl der konventionelleren Techniken, die in der Praxis weitverbreitet sind und auch bleiben werden.

Sensoren

Von Dr. Hanno Schaumburg
Professor an der Technischen Universität
Hamburg-Harburg

Mit 790 Bildern, 48 Tabellen
und 14 Datenblättern

B. G. Teubner Stuttgart 1992

Die Deutsche Bibliothek – CIP-Einheitsaufnahme

Schaumburg, Hanno:
Sensoren : mit Tabellen /von Hanno Schaumburg. – Stuttgart :
Teubner, 1992
  (Werkstoffe und Bauelemente der Elektrotechnik ; 3)
    ISBN 978-3-322-99928-3   ISBN 978-3-322-99927-6 (eBook)
    DOI 10.1007/978-3-322-99927-6
NE: GT

© B. G. Teubner Stuttgart 1992
Softcover reprint of the hardcover 1st edition 1992
Satz und Bilder: Art Type Kommunikation, Seevetal 2

Einband: P.P.K, S-Konzepte, Tabea Koch, Ostfildern/Stuttgart

Vorwort

Im ersten Band dieser Reihe, "Werkstoffe", stand die Problematik des thermischen Gleichgewichts im Vordergrund: Die Frage, in welchen Phasen eine Legierung vorgegebener Zusammensetzung vorkommt, die Verteilung von Elektronen auf vorgegebene Energieniveaus, die Anordnung von elektrischen und magnetischen Dipolen bei einer vorgegebener Temperatur, etc. Zwischen zwei unterschiedlichen Systemen – die sich beide unabhängig voneinander jeweils in einem thermischen Gleichgewichtszustand befinden – können Kräfte (Summe aus Feld- und Entropiekräften) entstehen, die zu einem Teilchentransport führen : Die Berechnung führt zu den für die Praxis bedeutenden Stromdichtegleichungen.

Auf der Basis der Stromdichtegleichungen und anderer Beziehungen können die durch Zusammenführung von Bereichen mit verschiedenen Werkstoffeigenschaften entstehenden elektronischen Bauelemente mit ihren für die Praxis nützlichen Eigenschaften (Dioden-, Verstärkerverhalten u.a.) verstanden werden. Dieses gilt insbesondere für die im Band "Halbleiter" dargestellten Halbleiterwerkstoffe. Zur Vereinfachung der – teilweise recht aufwendigen Rechnungen – wurde grundsätzlich der *isotherme* Fall betrachtet, bei dem die betrachteten Systeme auf derselben Temperatur gehalten werden.

Der Einfluß weiterer Umwelt- und Einflußparameter, wie einer mechanischen Belastung, eines Magnetfeldes, einer optischen Bestrahlung oder einer chemischen Wechselwirkung wurde grundsätzlich ausgeschlossen. Gerade diese Einflüsse sind aber die zentrale Problematik in der Sensorik: Die Umweltparameter selbst werden über ihren Einfluß auf das Verhalten von elektronischen Bauelementen erfaßt, wobei die Sensoren ihrerseits die Umweltparameter nur wenig beeinflussen dürfen. Der isotherme Fall ist im allgemeinen nicht mehr gültig, wenn von außen unterschiedliche Temperaturen vorgegeben werden oder innerhalb des Bauelements entstehen. Das Verständnis der Sensorik erfordert also eine weitaus umfassendere Behandlung des Bauelementverhaltens: Dieses gilt sowohl für die thermodynamischen Gleichungen, wie auch für den Einfluß der Umweltgrößen auf Werkstoffkonstanten wie die elektrische Leitfähigkeit, Dielektrizitätskonstante, etc.

Aus der Aufgabenstellung der Sensorik – der elektrischen Messung (meist) nichtelektrischer physikalischer oder chemischer Umweltgrößen – können Strategien zur Konzeption von Sensoren hergeleitet werden: *Resistive* Sensoren können z.B. die Einwirkung äußerer Einflüsse auf den spezifischen Widerstand, *galvanische* Sensoren entsprechende Verschiebungen von chemischen Potentialen erfassen. Der zuletzt genannte Effekt stimuliert allgemein das Interesse an elektrischen Doppelschichten und Mechanismen zu deren gesteuerter Veränderung (Anhang C1). Ein weiteres Beispiel ist die Verdrehung der Richtung der elektrischen Feldstärke relativ zur Stromdichte. Dies ist die Ursache für die Entstehung eines transversalen elektrischen Feldes bei endlich ausgedehnten Widerständen. Dessen Unterdrückung führt zu einem anderen resistiven Effekt, der bei den Feldplatten ausgenutzt wird (Anhänge C2 und C3).

Die besondere Problematik führt bei den *chemischen Sensoren* auf das Grenzgebiet mehrerer Disziplinen: Der Physik, der Elektrotechnik und der Chemie. Mechanismen der chemischen Bindung und deren Auswirkung auf die Werkstoffeigenschaften müssen in weit größerem Detail berücksichtigt werden, als es bisher im Band "Werkstoffe" erforderlich war. Aus diesem Grund war es sehr wünschenswert und zweckdienlich, daß am Abschnitt 8 ein Physiko-Chemiker (W. G.) mitgearbeitet hat. Der in dieser Buchreihe immer wieder hervorgehobene methodische Ansatz der Gibbschen Thermodynamik hat ohnehin eine zentrale Bedeutung in der (physikalischen) Chemie und eröffnet insbesondere in der chemischen Sensorik ein tiefergehendes Verständnis.

Wir hoffen, daß dieser Band den Einblick in das wissenschaftlich und technisch außerordentlich reizvolle und daneben wirtschaftlich besonders attraktive Gebiet der Sensorik vertieft und den Leser motiviert, an dem sich gegenwärtig vollziehenden rasanten Fortschritt bei der Entwicklung und Anwendung von Sensoren teilzunehmen.

Eine Vielzahl von Sensorspezialisten hat zum Zustandekommen dieses Buches erheblich beigetragen, insbesondere die Herren Dr. K. H. Wienand, Heraeus Sensor GmbH, Kleinostheim, Dr. H. Jacques, Sensycon Hanau, J. Jessen, Philips Semiconductors Hamburg, Drs. W. Ort und H. Paul, HBM Darmstadt, G. Gautschi, Kistler Instrumente AG CH-Winterthur, W. Heidenreich, Siemens Regensburg, Dr. N. Preusse, Vacuumschmelze Hanau, Prof. Dr. E. Brinkmeyer, Technische Universität Hamburg-Harburg, Prof. Dr. R. Waser, RWTH Aachen und Dr. J. Lagois, Drägerwerk Lübeck. Für die Bereitstellung technischer Unterlagen und eine kritische Durchsicht des Manuskripts sei Ihnen an dieser Stelle herzlich gedankt.

Die drucktechnische Bearbeitung des Manuskripts lag wieder in den bewährten Händen von Gerd Krümmel, Art Type Kommunikation, die Betreuung durch den Teubner-Verlag bei Dr. J. Schlembach. Ohne den beständigen Einsatz dieses eingespielten Teams wäre die Fertigstellung des Bandes innerhalb endlicher Zeit weitaus schwieriger geworden.

Hamburg, Januar 1992   Hanno Schaumburg
                                        Wolfgang Göpel

Inhalt

4 Kraft- und Drucksensoren

5 Magnetsensoren

6   Optische Sensoren (Photosensoren)

7   Feuchtesensoren

8 Chemische Sensoren (W. Göpel und H. Schaumburg)

Anhang

Literatur 489

Index 504

1 Überblick über die Sensorik

Der Begriff des Sensors im Sinne der heutigen Anwendung ist relativ neu und keineswegs scharf definiert. Andere Bezeichnungen wie Meßfühler, Meßaufnehmer, Umwandler u.a. sind ebenfalls im Gebrauch und umfassen teilweise auch Geräte und Meßsysteme, die hier nicht als Sensoren bezeichnet werden. In diesem Buch soll die folgende IEC-Definition verwendet werden:

Ein SENSOR ist das primäre Element in einer Meßkette, das eine variable Eingangsgröße in ein geeignetes Meßsignal umsetzt.

In diesem Sinn wollen wir unter einem Sensor ein **elektronisches Bauelement** verstehen, das mit Anschlußdrähten versehen ist, durch welche elektrische Signale in das Bauelement hinein und aus dem Bauelement heraus geleitet werden. Die eingegebenen Signale werden innerhalb des Sensors durch Umweltparameter wie Druck, Temperatur, Magnetfeld, chemische Zusammensetzung der Umgebung etc. beeinflußt, so daß dem Sensor die fundamentale Aufgabe zukommt, eine – im allgemeinen nichtelektrische – Meßgröße in ein elektrisches Signal umzuwandeln. Damit ist der Sensor ein Spezialfall eines **Transducers**, wenn für diesen die folgende Definition zugrundegelegt wird:

Ein TRANSDUCER wandelt eine Energieform (mechanisch, thermisch, ...) in eine andere Energieform (elektrisch, mechanisch, ...) um.

Bild 1-1 gibt einen Eindruck von der Vielfalt der Kombinationen, die bei diesem Prozeß entstehen können.

Typischerweise werden die Ausgangsanschlüsse des Sensors den Eingangsklemmen eines elektronischen Meß-, Steuer- und Regelsystems zugeführt, das den Wert des Sensorsignals verstärkt, weiterleitet, anzeigt und weitergehende Funktionen daraus ableitet. Rein elektronische Systeme, z.B. auf der Basis von Mikrowellen (RADAR-Anlagen u.a.), die durchaus zur Messung von Umweltgrößen, wie des Abstandes oder der Geschwindigkeit, verwendet werden können, enthalten nach dieser Definition keinen Sensor. Daher werden solche Systeme, trotz ihrer großen Bedeutung auf vielen sensornahen Gebieten, in diesem Band nicht behandelt.

Ein grundlegender Unterschied zwischen Sensoren und den anderen elektronischen Bauelementen wie Widerständen, Kondensatoren, Transistoren usw., die in den Bänden 1 und 2 dieser Reihe behandelt wurden, liegt darin, daß die letztgenannten eine rein elektronische Funktion haben: Elektrische Eingangssignale werden ohne Einfluß

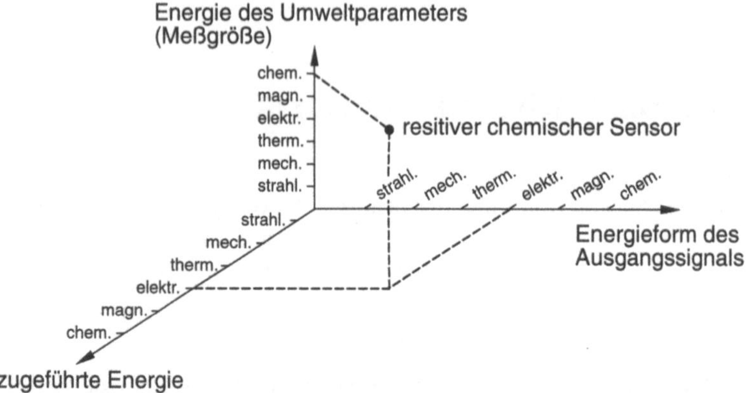

Bild 1-1:   Möglichkeiten der Energieumwandlung in einem Transducer: Einem Bauelement wird eine bestimmte Energieform zugeführt, die aufgrund eines Umwelteinflusses (ebenfalls darstellbar als Energie) in eine neue Energieform umgewandelt wird. Als Beispiel eingetragen ist der Fall eines resistiven chemischen Sensors: Ein zugeführter elektrischer Strom führt zu einem umweltabhängigen Spannungsabfall, wenn der elektrische Widerstand des Sensors abhängt von der chemischen Zusammensetzung der Umgebung (nach [1.1], [1.6])

von außen verarbeitet und als elektrische Ausgangssignale abgegeben. Umwelteinflüsse, wie die Umgebungstemperatur, der Umgebungsdruck, ein etwa vorhandenes Magnetfeld etc. spielen eine meist störende parasitäre Rolle, die es nach Möglichkeit auszuschalten gilt. Aus diesem Grund werden die rein elektronischen Bauelemente bestmöglich gegen die Umwelt abgeschirmt, sie werden *gegen Umwelteinflüsse passiviert*, z.B. durch einen Einbau in ein Metall- oder Keramikgehäuse oder durch eine Umhüllung mit einem polymeren Werkstoff (s. Band 6).

Bei Sensoren muß die Gehäusetechnik völlig anders konzipiert werden, da die Sensorbauelemente zumindest *einer* der Umweltgrößen (auf die sie ja gerade mit einer Änderung der elektrischen Eigenschaften reagieren sollen) ausgesetzt werden müssen. Andererseits sollten die Sensoren gegenüber allen anderen Umweltgrößen wieder optimal passiviert werden, damit keine **Querempfindlichkeit** entsteht. Hierin liegt eine der prinzipiell vorhandenen Komplikationen in der Sensortechnik, wie das folgende Beispiel zeigt:

Eine Meßaufgabe von großer praktischer Bedeutung ist die Bestimmung des zeitaufgelösten Druckverlaufs im Zylinder eines Verbrennungsmotors (s. Band 8 dieser Reihe). Ein entsprechender Drucksensor muß zwangsläufig direkt an den Brennraum herangeführt werden und ist dort enormen mechanischen, thermischen und chemischen Belastungen ausgesetzt, die einerseits die Meßgenauigkeit beeinträchtigen, andererseits aber auch die Lebensdauer des Sensors gravierend herabsetzen. Eine Druckmembran wird z.B. auch durch Temperaturgradienten, mechanische Verspannungen oder Ablagerungen von Verbrennungsprodukten in ihren Eigenschaften so verändert, daß ihre Durchbiegung nur noch mit Einschränkungen zur Druckbestimmung verwendet werden kann. Solche Einsatzbedingungen führen in vielen Fällen zu technischen Problemen, die nach dem heutigen Stand der Technik überhaupt nicht, oder nur mit sehr großem Kostenaufwand bewältigt werden können.

Der Gesichtspunkt des für einen Sensor zulässigen Kostenaufwands ist sehr fundamental und kann die Auswahl der eingesetzten Technik entscheidend beeinflussen. Eine Temperaturkontrolle ist in jeder Kaffeemaschine erforderlich, um den Kaffeetrinker nicht um seinen Genuß zu bringen, d.h. bei diesem Gerät muß zwangsläufig ein Temperatursensor eingesetzt werden. Andererseits darf dieser Sensor nicht den Preis des Geräts entscheidend in die Höhe treiben, wobei es auf ein Grad Celsius mehr oder weniger nicht wesentlich ankommt. Gesucht ist also ein Sensor, der in einer wenig kostenaufwendigen Fertigungstechnologie hergestellt und dessen Ausgangssignal in einfacher Weise elektrisch weiterverarbeitet werden kann. Häufig besteht die Lösung dieses Problems darin, daß sich die Fertigungstechnik des Sensors an die anderer elektronischer Bauelemente anlehnt, so daß die Fertigungskosten durch eine bessere Ausnutzung vorhandener Kapazitäten gesenkt werden können und keine erheblichen Neuinvestitionen erforderlich werden.

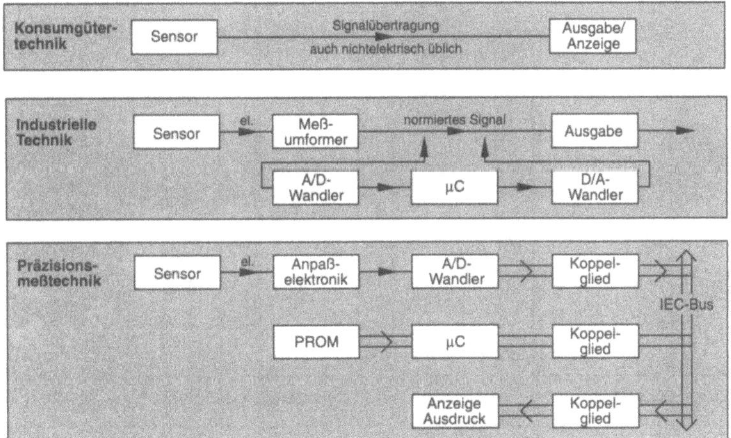

Bild 1-2:   Auswertung von Sensorsignalen:
Während diese in der Konsumtechnik häufig nur über sehr einfache Schaltungen (z.B. Strom-Spannungsmessung) durchgeführt wird, erfolgt in der industriellen Technik zunehmend eine digitale Signalverarbeitung. Diese Verfahren sind typisch für die Präzisionsmeßtechnik, in der häufig eine aufwendige Datenverarbeitung mit Bus-Systemen angewendet wird (nach [1.2]).

In der chemischen Verfahrenstechnik hingegen ist häufig eine außerordentlich präzise Temperaturbestimmung erforderlich: Hier könnte z.B. die Temperaturabhängigkeit spezieller Schwingquarze ausgenutzt werden, die ein frequenzanaloges Signal abgeben, dessen Frequenz mit Hilfe moderner elektronischer Schaltungen außerordentlich genau gemessen werden kann. Auf diese Weise ist eine Temperaturbestimmung auf einige hundertstel Grad ohne weiteres möglich, allerdings mit einem Geräte- und Kostenaufwand, der bei der Kaffemaschine undenkbar – aber auch nicht erforderlich – wäre.

In beiden Fällen werden Temperatursensoren eingesetzt; die Anforderungen und der zulässige Kostenrahmen führen aber zu völlig verschiedenen Problemlösungen. An diesem Beispiel kann man erkennen, wie weit die Randbedingungen bei der Anwendung die Auswahl der eingesetzten Sensortechnik beeinflussen können. Bild 1-2 zeigt den Aufbau der Signalauswertung von Sensorsignalen für die typischen Anwendungsbereiche Konsum-, industrielle und Präzisionsmeßtechnik.

In vollständigen Meß-, Steuer- und Regeleinrichtungen erfolgt aufgrund des Sensorsignals eine Reaktion nach außen, d.h. das Sensorsignal wird optisch angezeigt oder es bewirkt einen Einfluß auf die Umgebung (z.B.über die Betätigung eines Schalters), der dann wiederum von dem gleichen Sensor aufgenommen und in der Signalverarbeitung ausgewertet werden kann. Die Weitergabe des elektrischen Signals an die Umwelt wird durch das Gegenstück des Sensors, den **Aktuator** oder **Aktor** bewirkt (Bild 1-3).

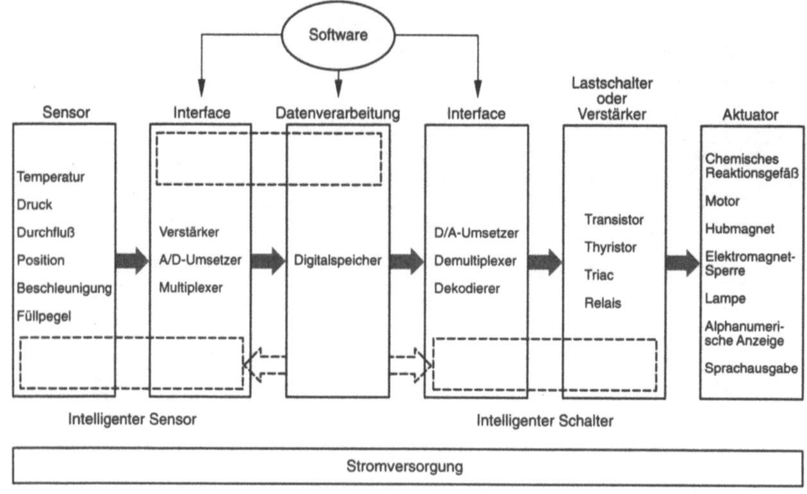

Bild 1-3:   Meß-, Steuer- und Regelsystem mit Sensor, Datenverarbeitung (Beispiele) und Aktuator. Die Interfaces und ein Teil der Datenverarbeitung kann bei einigen Halbleitersensoren und -aktuatoren monolithisch integriert werden (**intelligente Sensoren** und **Aktuatoren**)

Von großer Bedeutung für die Genauigkeit und Auswertbarkeit eines Sensorsignals ist die **Signalform**, die von einem Sensor ausgeht. In Tab. 1-1 sind typische Merkmale und Eigenschaften der verschiedenen Signalformen zusammengestellt.

Tab. 1-1: Vergleich der Signalformen von Sensorsignalen im Hinblick auf Genauigkeit, Störsicherheit und die Möglichkeiten einer Datenaufbereitung (nach [1.2]).

Signalform / Eigenschaften	amplituden-analog	frequenz-analog	digital (z.B. seriell)
Mögliche statische Genauigkeit	praktisch beschränkt	theoretisch beliebig	theoretisch beliebig
Dynamische Übertragungseigenschaften	im allgemeinen sehr gut	begrenzt durch Umsetzungsgeschwindigkeit	begrenzt durch Abtastrate und Übertragungsgeschwindigkeit
Störsicherheitt bei der Signalübertragung	gering	gut bei FM-Übertragung	gut bei PCM-Übertragung
Mögliche Rechenoperationen	beschränkt und aufwendig	Quotienten- und Integralwertbildung leicht möglich	beliebige Operationen mit arithmetischen Prozessoren
Anpassung an Digitalrechner	über Analog-Digital-Umsetzer	z.B. über Frequenzzähler	direkt bei entsprechendem Code und Pegel
Fehlerkorrektur	nur Verbesserung über analoge Mittelwertbildung möglich	bei Frequenzzählung natürliche Redundanz vorhanden	mit fehlerkorrigierenden Codes
Galvanische Signaltrennung	sehr aufwendig (Modulator)	einfach (Übertrager)	einfach (Optokoppler)
Anthropotechnische Anpassung	Tendenzen schneller erkennbar	akustische Signalgabe möglich	höchste Auflösungen möglich

Die folgenden beiden Tabellen geben einen Überblick über typische Eigenschaften und Anwendungen von Sensoren.

Tab. 1-2: Sensoren: Eigenschaften und Anforderungen (nach [1.3])

	Industrie	Konsumbereich
Kennlinie		
1. Empfindlichkeit	gering (20 mV)	groß (> 100 mV)
2. Nichtlinearität, Hysterese, Reproduzierbarkeitsfehler ⎫ 3. Langzeitdrift ⎭	} 1% … < 0,1%	} 1% … 5%
Meßdynamik		
4. Grenzfrequenz (obere und untere)	Abhängig von Meßgröße, Meßbereich und Bauart	
Überlastbarkeit		
5. statisch ohne bleibende Kennlinienänderung	200 %	500 %
ohne Zerstörung	300 %	—
6. dynamisch ("Wöhler-Kurve")	nicht spezifiziert	Nennlast: $n_n > 10^7$ 3-fach Uberlast: $n_3 = 10^4$
Umwelteinflüsse auf die Kennlinie		
7. Temperaturgang des Nullpunktes ⎫ stationär und bei Temp.-Änd.	$5 \cdot 10^{-5}\,K^{-1}$ ⎫ Temperaturänd.	$5 \cdot 10^{-4}\,K^{-1}$ ⎫ $\partial T/\partial t \approx$ 100 K/min
8. Temperaturgang der Empfindlichkeit ⎭	$5 \cdot 10^{-5}\,K^{-1}$ ⎭ $\leq 5\,K/h$	$5 \cdot 10^{-4}\,K^{-1}$ ⎭ (= 6000 K/h)
9. Temperatureinfluß auf Langzeitstabilität	nicht spezifiziert	< 1 % vgl.
10. Durchgriff von Beschleunigung auf den Meßeffekt	nicht spezifiziert	< 1 % ~ 2., 3.
Widerstandsfähigkeit gegen Umwelteinflüsse		
11. Einsatztemperatur (max. und min.)	-10/+70°C	-40/+150°C
12. Temperaturwechselfestigkeit	gering	sehr hoch (vgl. 7,8)
13. maximale Beschleunigung (ohne bleib. Veränderung)	20 g	60 g
14. Korrosionsresistenz	i.a. sichergestellt	i.a. sichergestellt
Zuverlässigkeit		
15. statistische Ausfallrate	nicht spezifiziert	sehr klein (bis $10^{-7}\,h^{-4}$)
16. Abmessungen/Gewicht	meist voluminös, schwer	klein, leicht
17. Preis	300…1000 DM	< 10 DM

(Die Relativwerte der Zeilen 2, 3 und 5 sind auf den Nennwert der Meßgröße bezogen)

Tab. 1-3:   Anwendungen von Sensoren mit Angabe der zu messenden Umweltgrößen
                (nach [1.3])

A. Kraftfahrzeuge

a) PKW

– Brennstoffgemisch-Regler	(Motorregelung/	p_{01}, p_1, p_{10}; f;
– Zündzeitpunkt-Regler	automatisches Getriebe)	s; n; T
– Bremskraft-Regler	(ABS)	p_{10}; n
– Passive Sicherheitseinrichtungen	(Aktivierung von Airbag	b
("Crash sensor")	oder Gurtstrammer)	
– Emission		CO, CO_2
– Motordiagnose (Kompression)		p_{10}
– Elektron. Tacho		n
– Kontrolle von Füllständen	(Benzin, Öl, Wasser,	p_{01}; S; T
	Bremsflüssigkeit)	
– Kontrolle von Funktionsfähigkeit	(Lampen, Kupplung.	p_1; T; s
("Check Computer")	Bremse, Batterie)	
– Fahrtrechner	("Ökometer", "Trip Computer")	f, n; s
– Heizung/Kühlung		T; f

b) LKW (zusätzlich zu a))

– Reifenkontrolle	p_1; T
– Luftdruckbremse (Überwachung)	p_1
– Beladung (Überladung?)	F; s
– Lastverteilung	

B. Schienenfahrzeuge

– Achslast von Eisenbahnwaggons	F
– Radlager	T
– Heizung/Klima	T; Feuchte

C. Haushaltgeräte

– Spülmaschine	Wasserstand	s; T
– Waschmaschine		Leitungsdruck p_1, Wasserhärte, Feuchte, Füllgewicht F, Wassertrübheit
– Staubsauger		
– Mikrowellen-Ofen		T, Feuchte, Masse F des eingebrachten Backgutes
– Waagen für Personen, Küchengüter, Briefe		F
– Herde, Öfen, Kaffeemaschinen, Wäschetrockner		T, F, s

D. Haus- und Klimatechnik

– Wärmemengenmesser für Fernheizung	f, ΔT
– Kontrolle von Heizungsanlagen	Zug Δp; Abgas-T.; CO_2-Gehalt
– Wärmepumpe, Solarkollektor	T; f
– Gasmelder (brennbare Gase; CO)	Konzentration (selektiv)
– Rauchmelder	
– Einbruchschutz	Bewegung

E. Umwelt

– Luft/Abgase	(Schadstoffkontrolle)	qualitativ und quantitativ
– Gewässer/Abwasser		chemische Analyse; T

Erläuterung zu Punkt A. (KFZ):
Die ersten 4 Positionen unter a) enthalten die technisch wichtigen Ziele (Treibstofferparnis, Minimierung der Schadstoffemission, Sicherheit), die nachfolgenden 5 Positionen haben dagegen mehr Komfortcharakter. Die verwendeten Meßgrößen werden in der Spezialliteratur erläutert

Ein wichtiges Anwendungsgebiet der Sensorik liegt in der Kraftfahrzeugelektronik (Bild 1.4). Bild 1.5 zeigt die Aufteilung des Weltmarktes für Sensoren nach der Meßgröße.

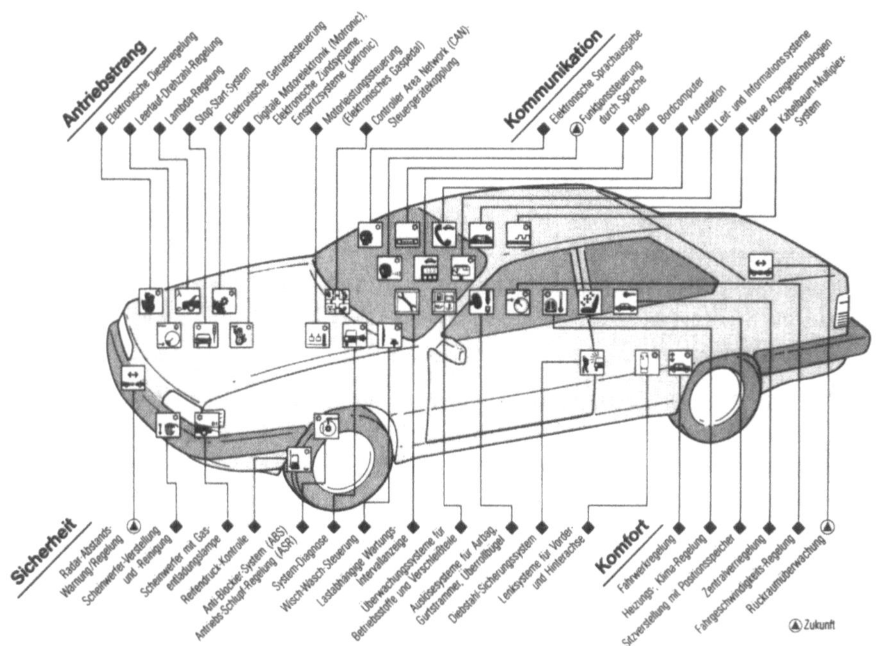

Bild 1.4   Elektronik im Kraftfahrzeug, unterteilt in Antriebstechnik, Kommunikation, Sicherheit und Komfort (nach [1.4])

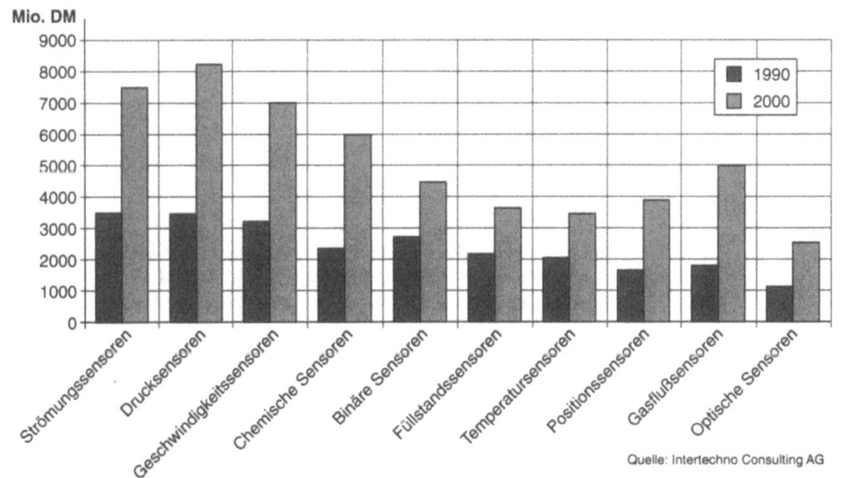

Bild 1.5   Marktgröße für verschiedene Sensoranwendungen (nach [1.5])

2 Ladungsträger in Festkörpern

2.1 Bändermodell

Wie bei fast allen elektronischen Bauelementen erfolgt auch bei Sensoren der Ladungstransport in der Regel durch einen elektrisch mehr oder weniger leitfähigen *Festkörper*. *Flüssigkeiten* kommen bei den Bauelementen in Elektrolytkondensatoren, Flüssigkristallanzeigen u.a., bei den Sensoren in elektrochemischen Zellen (Abschnitt 8.3) zum Einsatz. Bei Elektronenröhren, die in der Anzeigetechnik immer noch unentbehrlich sind, bei Photozellen, Geiger-Müller-Zählern u.a. erfolgt der Ladungstransport durch ein *Gas* oder das *Vakuum*.

Eine Beschreibung des Festkörperverhaltens erfolgt häufig mit Hilfe des Bändermodells, das in den Bänden 1 und 2 dieser Reihe eingeführt wurde. Im folgenden werden die wichtigsten Merkmale und Eigenschaften dieses Modells noch einmal zusammenfassend dargestellt.

Eine quantentheoretische Berechnung der Elektronenkonfiguration in einem Festkörper führt zu dem Ergebnis, daß die stark an einen Atomkern gebundenen Elektronen (mit tief liegenden Energieniveaus) auf eng lokalisierten Bahnen um den Atomkern herum angeordnet sind (**innere** oder **gebundene Elektronen**). Schwach gebundene

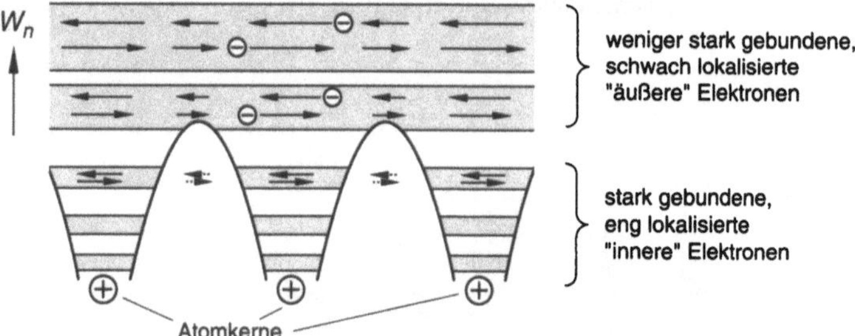

Bild 2.1-1:   Die inneren Elektronen der Atomhülle werden durch den Atomkern stark gebunden, sie können sich aus dem Einflußbereich des Atomrumpfes (Atomkern und innere Elektronen) nur mit großem Energieaufwand lösen. Im obigen Energieschema werden sie durch einzelne Energieniveaus oder Gruppen davon repräsentiert. Elektronen mit höherer Energie sind jedoch so lose gebunden, daß ihre Eigenschaften durch das periodische Potential aller Atomrümpfe bestimmt werden. Solche Elektronen verhalten sich näherungsweise wie freie Elektronen. In diesem Fall liegen die Energieniveaus so dicht beieinander, daß sie zu quasi-kontinuierlichen Energiebändern zusammengefaßt werden können.

Elektronen (hohe Energieniveaus), insbesondere die **Valenzelektronen**, ordnen sich dagegen in **Energiebändern** an (Band 1, Abschnitt 4.1.3; Band 2, Abschnitt 2.1.1).

Die Elektronen in den Energiebändern können nicht mehr einzelnen Atomkernen zugeordnet werden, sondern sie bewegen sich relativ frei im Gitter; sie besitzen Eigenschaften, die durch das periodische Potential aller Atomkerne des Festkörpers bestimmt werden. Die einzelnen Energiebänder (Bereiche der Energieskala, in denen sich quantentheoretisch erlaubte Energie(eigen)werte der Elektronen befinden) sind in der Regel durch eine **verbotene Zone** voneinander getrennt, in der es keine erlaubten Energiezustände gibt (Bild 2.1–1 entsprechend Bild 2.1.1-9 in Band 2).

Die Verteilung der Elektronen auf die erlaubten Energiezustände erfolgt nach den Gesetzen der Thermodynamik (Band 1, Abschnitt 2; Band 2, Abschnitt 1.2.1, Band 11): In einem Festkörper nimmt ein System von vielen Teilchen (Atome, Elektronen oder Löcher u.a.) im thermischen Gleichgewicht einen solchen Zustand an, bei dem die dem System zugeordnete **freie Energie** F (bei kompressiblen Systemen wie Gasen muß die freie Enthalpie verwendet werden, bei einer genaueren Berechnung auch in Festkörpern und Flüssigkeiten, s. Band 11, Abschnitt 4), die sich zusammensetzt aus der gesamten kinetischen und potentiellen Energie W, der Entropie S des Systems und der absoluten Temperatur T entsprechend der Funktion

$$F = W - TS \qquad (1)$$

den minimal möglichen Wert annimmt. Für viele Anwendungen ist eine äquivalente Aussage praktikabler, die besagt, daß die **freie Energie pro Teilchen** (n ist die Variable der Teilchenzahl)

$$W_F = \frac{\partial F}{\partial n} = \frac{\partial W}{\partial n} - T\frac{\partial S}{\partial n} =: W_n - T \cdot S_n \qquad (2)$$

die auch als **chemisches Potential der Elektronen** oder **Fermienergie** W_F bezeichnet wird, im thermischen Gleichgewicht einen innerhalb des Systems *konstanten*, für das System und dessen Einbettung in die Umwelt charakteristischen Wert annimmt.

Die Einstellung des thermischen Gleichgewichts für Teilchen in verschiedenen Zuständen setzt voraus, daß die Teilchen miteinander *wechselwirken* (d.h. sich gegenseitig beeinflussen) können: Der Übergang in den Gleichgewichtszustand kommt nämlich dadurch zustande, daß ein vorangegangener Zustand, bei dem die freie Energie möglicherweise noch nicht minimal war, durch Stoß- und Streuprozesse der Teilchen untereinander so lange verändert wird, bis die freie Energie den niedrigstmöglichen Wert annimmt. Ein thermisches Gleichgewicht kann sich also nur in Zeiträumen einstellen, die oberhalb der **mittleren Stoßzeit** (allgemeiner: Wechselwirkungszeit) zwischen zwei Teilchen liegen, bzw. in Dimensionen oberhalb der mittleren Stoßlänge (**mittlere freie Weglänge**). Diese Einschränkung ist häufig nicht gravierend: mittlere Stoßzeiten liegen bei den meisten Anwendungen im Picosekunden-, die mittleren freien Weglängen im Nanometerbereich. Bei Frequenzen im Mikrowellenbereich und im Bereich atomarer Dimensionen, sowie bei Anwendung von Werkstoffen mit extremen Materialeigenschaften muß diese Randbedingung aber sorgfältig beachtet werden.

Die explizite Berechnung der Fermienergie im thermischen Gleichgewicht führt bei Elektronen und Löchern zu einer charakteristischen **Besetzungsstatistik**: Die Wahrscheinlichkeit dafür, ob und wie stark z.B. ein Elektronenzustand mit der Energie W_n (pro Elektron) besetzt ist, wird angegeben durch die **Fermi-Dirac-Funktion** (k ist die Boltzmannkonstante, s. Anhang B):

$$f_{FD}\left(W_n\right) := \frac{1}{1 + \exp\left(-\dfrac{W_F - W_n}{kT}\right)} \tag{3}$$

Bild 2.1-2 (Band 2, Bild 1.2.2-2) stellt den Verlauf dieser Funktion dar.

Für die chemische Bindung, sowie den Ladungstransport, sind vor allem diejenigen Elektronen von Bedeutung, welche sich in den Bändern mit den höchsten Energien

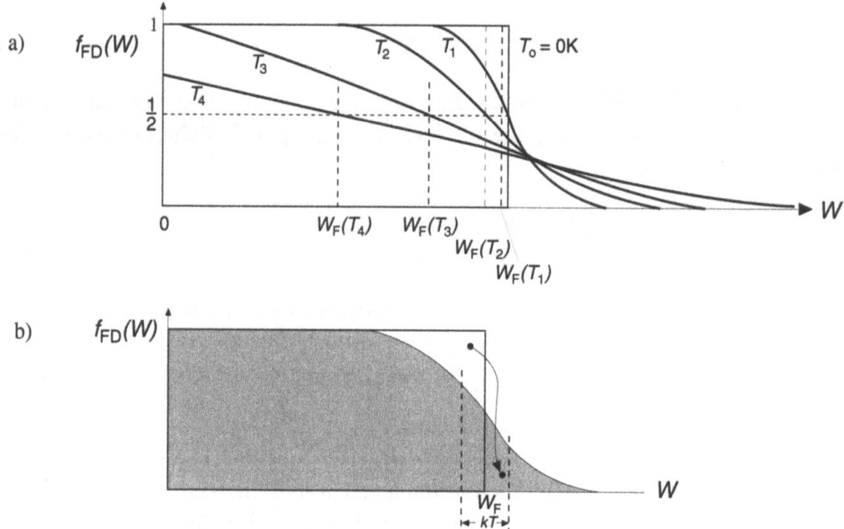

Bild 2.1-2:   a) Energieabhängigkeit der Fermi-Dirac-Funktion für verschiedene Temperaturen: Bei 0 K hat die Funktion den Verlauf einer Stufe, bei höheren Temperaturen flacht der Kurvenverlauf zunehmend ab. Bei sehr niedrigen Energien W_n geht die Besetzungswahrscheinlichkeit asymptotisch gegen Eins, bei hohen gegen Null.

   b) Ein Richtwert für die energetische "Breite" des Übergangsgebietes in der Besetzungswahrscheinlichkeit f_{FD} zwischen Eins und Null ist die thermische Energie kT.

befinden. Die Ursache dafür liegt in der Tatsache, daß Elektronen bei einer energetischen Anregung (Übergang von einem Zustand niedriger Energie in einen solchen mit höherer Energie) nur in quantentheoretisch erlaubte, zumindest teilweise noch nicht besetzte Elektronenzustände übergehen können. Solche Elektronen befinden sich vor allem in der unmittelbaren Umgebung der Fermienergie, d.h. nach Bild 2.1-2b innerhalb einer Energiebreite von ungefähr kT. Elektronen mit niedrigeren Energieeigenwerten $W_n \ll W_F$ finden (bei Anregung mit nicht zu großen Energien) nur mit geringer Wahrscheinlichkeit einen unbesetzten Zustand vor), bei Energieeigenwerten mit $W_n \gg W_F$ hingegen gibt es zu wenige Elektronen, die überhaupt angeregt werden können.

In dem Bändermodell nach Bild 2.1-1 gibt es oberhalb der besetzten Bänder noch weitere unbesetzte Energiebänder: Diese könnten zwar im Prinzip nach den Gesetzen der Quantentheorie mit Elektronen besetzt werden, im Festkörper sind jedoch für deren Besetzung nicht ausreichend Elektronen vorhanden. Von besonderem Interesse sind nach der vorangegangenen Betrachtung daher gerade diejenigen Bänder (oder das Band), die sich in der Umgebung der Fermienergie befinden, alle anderen spielen nur in Spezialfällen eine Rolle.

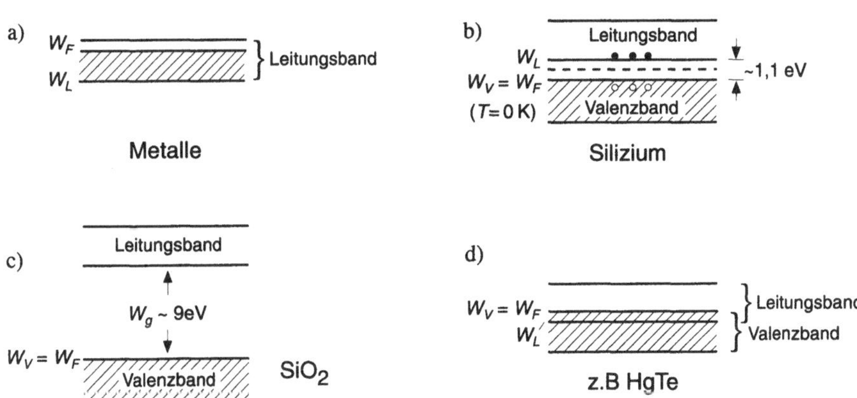

Bild 2.1-3:   Lage der Fermienergie W_F im Bändermodell. W_V und W_L bezeichnen die Energien der **Valenz-** und **Leitungsbandkanten,** sie begrenzen jeweils das Valenz- und Leitungsband

a) Metalle: die Fermienergie liegt innerhalb eines Bandes

b) Halbleiter (Beispiel Silizium): die Fermienergie liegt bei $T = 0$ K auf dem oberen Rand des Valenzbandes, bei $T > 0$ K liegt sie in der Energielücke zwischen Valenz- und Leitungsband

c) Isolator (Beispiel Quarz, SiO_2): Verhältnisse wie in b), der Bandabstand W_g nimmt jedoch besonders große Werte an.

d) Sonderfall eines Halbmetalls: Die Fermienergie liegt wie in b) oder c), Valenz- und Leitungsband haben aber solche Energiewerte, daß sie sich überlappen. Elektrisch verhält sich dieser Werkstoff daher ähnlich wie ein Metall in a).

In Bild 2.1-3 werden einige typische Fälle für die Lage der Fermienergie im Bandschema und die Anordnung der Bänder betrachtet. Die speziellen Verhältnisse führen zur Einteilung der Werkstoffe in **Metalle, Halbleiter** und **Isolatoren.**

Für die Sensorik haben alle drei Werkstoffklassen eine Bedeutung, bei den Isolatoren insbesondere die keramischen Werkstoffe.

Die Berechnung der elektrischen Eigenschaften ist besonders einfach im Fall der Halbleiter, weil hier der klassische Grenzfall (Band 2, Abschnitt 1.2.3), bei dem die Fermi-Dirac-Funktion in die mathematisch erheblich einfacher zu behandelnde **Boltzmannfunktion** f_B

$$f_{FD}(W_n) \xrightarrow[W_n - W_F \gg kT]{} \exp\left(-\frac{W_n - W_F}{kT}\right) =: f_B(W_n) \tag{4}$$

übergeht, in der Praxis häufig realisiert ist. Innerhalb dieser Näherung können praktisch alle relevanten Effekte ohne großen mathematischen Aufwand berechnet werden. Eine allgemeinere Behandlung mit Anwendung der ungenäherten Fermi-Dirac-Statistik führt in vielen Fällen zu vergleichsweise geringen numerischen Abweichungen, selten aber zu qualitativ neuen Effekten. Deshalb werden – im Sinne einer *qualitativen* Behandlung – in diesem Band die Halbleiter häufig als *Modellsubstanz* verwendet, auch wenn die eigentliche Sensorrealisierung bevorzugt mit anderen Werkstoffen (z.B. Metallen) erfolgt. Eine quantitative Berechnung der elektrischen Eigenschaften von Metallen kann außerordentlich aufwendig werden, wobei in vielen Fällen die quantentheoretisch bestimmte dreidimensionale Bandstruktur (Band 2, Abschnitt 2.1.2) berücksichtigt werden muß.

Bei Metallen und Halbleitern wird die Dichte der Elektronen im Leitungsband bestimmt durch

$$\rho_n = \int_{W_L}^{\infty} \frac{N(W_n)\,dW_n}{1 + \exp\left(-\dfrac{W_F - W_n}{kT}\right)} \tag{5}$$

Dabei bezeichnet $N(W_n)$ die Funktion der **Zustandsdichte** (Band 2, Abschnitt 1.1.3). Unter den Voraussetzungen des klassischen Grenzfalls (**Boltzmannstatistik**) läßt sich das Integral (5) geschlossen lösen, man erhält dann die besonders einfache Form

$$\Rightarrow \rho_n =: N_L \exp\left(-\frac{W_L - W_F^{(nL)}}{kT}\right) \tag{6}$$

mit der **effektiven Zustandsdichte** N_L. Diese Formel findet in vielen praktisch bedeutsamen Fällen eine Anwendung.

In Halbleitern sind neben den Elektronen im Leitungsband auch fehlende Elektronen im Valenzband (mit Energien dicht unterhalb der Valenzbandkante), die **Defektelektronen** oder **Löcher** (Band 2, Abschnitt 2.2.3), von großer Bedeutung. Die Löcherdichte ergibt sich unter den Randbedingungen der Boltzmannstatistik zu

$$\Rightarrow \rho_p =: N_V \exp\left(- \frac{W_F^{(nV)} - W_V}{kT} \right) \tag{7}$$

Die für die Ladungsträger in Halbleitern relevanten Größen sind in dem Bändermodell in Bild 2.1-4 zusammengestellt. Da die Elektronen- und Löcherkonzentrationen (6) und (7) in verschiedenen Bändern auftreten, können sie auch unabhängig voneinander variieren und zunächst jeweils für sich ein thermisches Gleichgewicht bilden (Band 2, Abschnitt 2.2). Dieses führt zur Entstehung zweier unabhängiger **Quasifermienergien** W_F^{nL} für Elektronen und W_F^{nV} für Löcher (gemessen in der Energieskala für Elektronen), die in (6) und (7) eingesetzt werden müssen.

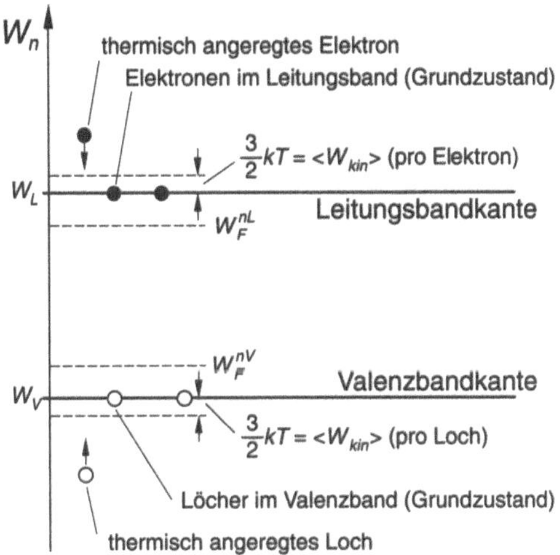

Bild 2.1-4:   Bändermodell von Halbleitern: Zur Leitfähigkeit in Halbleitern tragen zwei Ladungsträgersorten bei: die Elektronen und Löcher. Beide verhalten sich in vielen Fällen wie die Teilchen idealer Gase aus nicht wechselwirkenden Teilchen mit den potentiellen Energien W_L (Elektronen) und W_V (Löcher). Sie haben eine mittlere kinetische Energie von $3kT/2$. Aus den Teilchendichten können die Fermienergien beider Gase nach (6) und (7) unmittelbar bestimmt werden. Im Bändermodell (mit der *Elektronen*energie als Abszisse) lassen sie sich eintragen als W_F^{nL} (Elektronen im Leitungsband) und W_F^{nV} (Elektronen im Valenzband).

Aus einem Bändermodell wie in Bild 2.1-4 kann als weitere für alle thermische Effekte relevante Größe die **Entropie pro Elektron** S_n direkt abgelesen werden. Lösen wir nämlich die Gleichungen (6) und (7) nach den Quasifermienergien auf:

$$W_F^{nL} = W_L - kT \ln \frac{N_L}{\rho_n} \qquad (8a)$$

$$W_F^{nV} = W_V + kT \ln \frac{N_V}{\rho_p} \qquad (8b)$$

und vergleichen wir diesen Ausdruck mit der ursprünglichen Definition der Fermienergie in (2), dann erhalten wir zunächst für Elektronen:

$$W_F^{nL} = W_L + \frac{3}{2} kT - TS_n = W_L - T\left(-\frac{3}{2} k + S_n \right) \qquad (9)$$

$$\underset{(8a)}{\Rightarrow} -\frac{3}{2} k + S_n = k \ln \frac{N_L}{\rho_n}$$

$$\Rightarrow S_n = k\left(\ln \frac{N_L}{\rho_n} + \frac{3}{2} \right) \qquad (10)$$

Dabei haben wir für die (innere) Energie pro Elektron W_n in (2) nach Band 2, Abschnitt 2.2-4, die Summe aus potentieller Energie pro Elektron W_L und mittlerer kinetischer Energie pro Elektron $3kT/2$ eingesetzt. Die graphische Interpretation der Beziehung (9) im Bändermodell zeigt, daß die differentielle Entropie S_n pro Elektron direkt aus dem Bändermodell abgelesen werden kann (Bild 2.1-5 entsprechend Band 2, Bild 2.2.4-4).

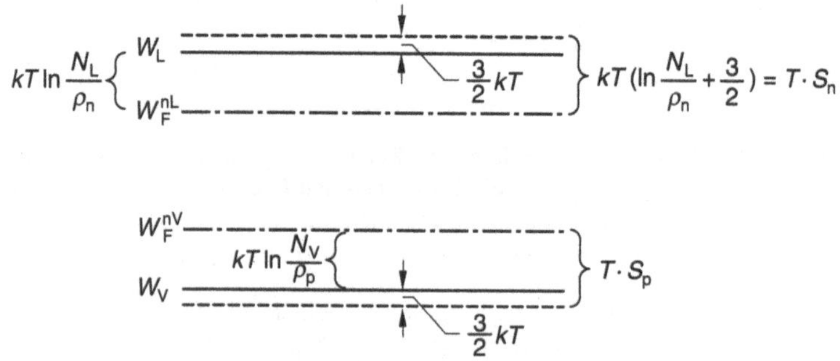

Bild 2.1-5:   Aufgrund der Beziehungen (8) und (10) kann die differentielle Entropie S_n von Elektronen (analog derjenigen von Löchern) direkt aus dem Bändermodell abgelesen werden: Sie ergibt sich aus dem Energieabstand zwischen der Leitungsbandkante – vergrößert um $3kT/2$ – und der Quasifermienergie der Elektronen.

Diese Tatsache wird bei der Auswertung thermoelektrischer Effekte verwendet werden. Die entsprechenden Beziehungen für Löcher sind (s. Band 2, Abschnitt 2.2.4):

$$W_F^{pV} = -W_F^{nV} = W_p - TS_p \tag{11}$$

$$\underset{\substack{W_p = W_V^p + \frac{3}{2}kT \\ W_V^p = -W_V^n = -W_V}}{\Rightarrow} \quad -W_F^{nV} = -W_V + \frac{3}{2}kT - TS_p \tag{12}$$

$$\Rightarrow TS_p = W_F^{nV} - W_V + \frac{3}{2}kT \tag{13}$$

Auch diese Beziehung ist im Bändermodell direkt abzulesen (Bild 2.1-5). Einsetzen von (8b) ergibt explizit für die Entropie pro Loch:

$$S_p = k\left(\ln \frac{N_V}{\rho_p} + \frac{3}{2} \right) \tag{14}$$

2.2 Stromdichtegleichungen

Haben in einem Festkörper benachbarte Bereiche 1 und 2 die unterschiedlichen Fermienergien $W_F^{(1)}$ und $W_F^{(2)}$, dann entsteht eine treibende Kraft für eine Teilchen*bewegung*. Die Ursache dafür liegt in der Tatsache, daß bei einem Ortswechsel pro bewegtem Teilchen die Entropie ΔS_n erzeugt wird, entsprechend der Beziehung (Band 1, Abschnitt 2.2 und Band 2, Abschnitt 1.2.1)

$$T_2 \Delta S_n = -\left(W_F^{(2)} - W_F^{(1)} \right) - \left(T_2 - T_1 \right) S_n^{(1)} \tag{1}$$

$$= -\Delta W_F - \Delta T \cdot S_n^{(1)} \tag{2}$$

T_1 und T_2 sind die Temperaturen in den Bereichen 1 und 2, die $S_n^{(i)}$ sind die Entropiebeiträge *pro Teilchen*, die von den Anordnungsmöglichkeiten in den Bereichen i (i = 1,2) abhängen. Wie in den vorangegangenen Bänden ausführlich diskutiert, laufen Prozesse, bei denen Entropie erzeugt wird, "von selbst" ab, d.h. in unserem Fall wird eine Teilchenbewegung einsetzen. Aus (2) folgt:

$$F_{chem} := T_2 \frac{\Delta S_n}{\Delta x} = -\frac{\Delta W_F}{\Delta x} - \frac{\Delta T}{\Delta x} S_n^{(1)} \xrightarrow[\Delta x \to 0]{} -\frac{dW_F}{dx} - S_n \frac{dT}{dx} \qquad (3)$$

in dreidimensionaler Schreibweise: $\vec{F}_{chem} = T_2 \nabla S_n = -\nabla W_F - S_n \nabla T$ $\qquad (4)$

$$\text{mit dem \textbf{Nabla - Operator}:} \quad \nabla := \begin{pmatrix} \dfrac{\partial}{\partial x} \\ \dfrac{\partial}{\partial y} \\ \dfrac{\partial}{\partial z} \end{pmatrix}$$

Dabei wird die treibende Kraft F_{chem} für den Prozeß, die Entropieerzeugung beim Übergang, multipliziert mit der Temperatur des Systems und bezogen auf die vom Teilchen zurückgelegte Wegstrecke Δx als **chemische Kraft** bezeichnet. Im Gegensatz zur Behandlung des Problems in den Bänden 1 und 2 kann aber in der Sensorik nicht von **isothermen Systemen** (T = const) ausgegangen werden, d.h. der Einfluß von Temperaturgradienten muß berücksichtigt werden. Neben den Feld- und Diffusionskräften liefern diese einen zusätzlichen Beitrag zur chemischen Kraft: die **Thermokraft**.

Wir wollen die Beziehung (3) zunächst für den einfachstmöglichen Fall analysieren. Legen wir eine äußere Spannungsquelle an einen homogenen Leiter, dann fällt die Spannung linear über dem Leiter ab, es entsteht eine konstante elektrische Feldstärke (Band 1, Abschnitt 4.1.3; Anhang C1). Zu der durch den Kristall vorgegebenen Energie W_n tritt eine zusätzliche potentielle Energie, die sich zu den Energien der Bandkanten addiert: Man erhält einen gekippten Bandverlauf mit einer (bei homogenen Systemen mit konstanter Fermienergie) gleichermaßen gekippten Fermienergie (Bild 2.2-1).

Für den Gradienten der Fermienergie im homogenen Leiter – und damit die chemische Kraft *im isothermen Fall* (T = const) erhalten wir einfach

$$\frac{dW_F}{dx} = \frac{dW_L}{dx} = \frac{dW_V}{dx} = +|q|E \qquad (5)$$

$$\Rightarrow F_{chem} \underset{(3)}{=} -|q|E \qquad (6)$$

Für die Berechnung der Wirkung auf Elektronen wird das Teilchenmodell des **Elektronengases** (Band 1, Abschnitt 4.1.3; Band 2, Abschnitte 1 und 2) zugrundegelegt: Die Elektronen verhalten sich wie Gasteilchen mit verschiedenen Geschwindigkeiten

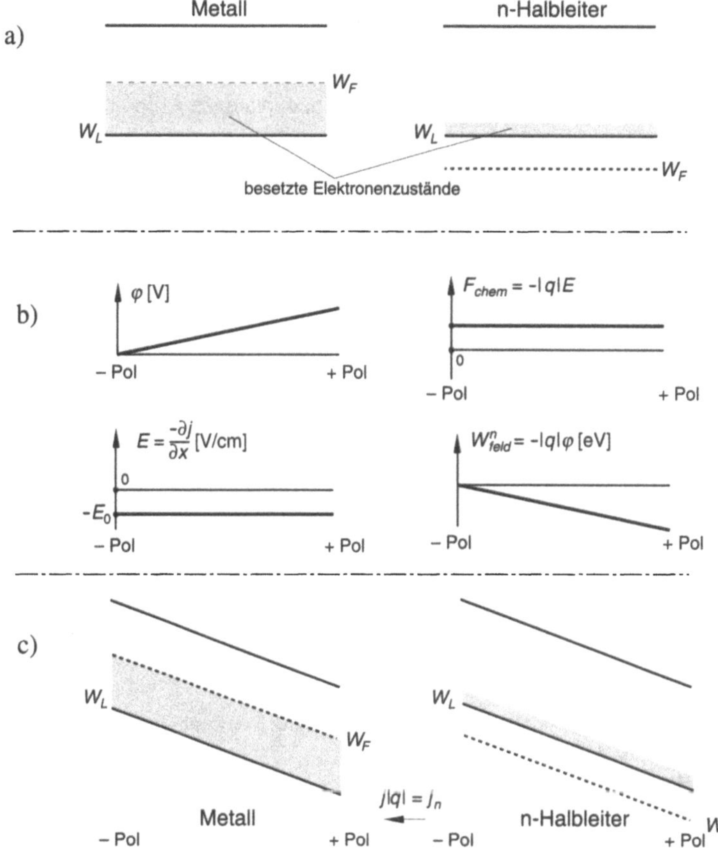

Bild 2.2-1:   Bändermodell homogener Leiter (Metall und n-Halbleiter) bei Wirkung einer von außen angelegten elektrischen Spannung

a) Bändermodell homogener Leiter *vor* Anlegen der Spannung (= Potentialdifferenz)

b) Ortsabhängigkeit des elektrischen Potentials φ (linearer Verlauf), der elektrischen Feldstärke E (konstant) und der potentiellen Energie W_n^{feld} in einem homogenen Leiter bei Anlegen einer äußeren Spannung

c) Bändermodell *nach* Anlegen der Spannung

und Bewegungsrichtungen, die innerhalb einer **mittleren Stoßzeit** $<\tau>$ miteinander in Wechselwirkung (z.B. durch einen Stoß) treten und dabei sowohl die Geschwindigkeit, als auch die Bewegungsrichtung verändern. Zwischen zwei Stößen innerhalb der Zeit $<\tau>$ legen sie eine **mittlere freie Weglänge** $<\Lambda>$ in ihrer ursprünglichen Bewegungsrichtung (bei Abwesenheit äußerer Kräfte) zurück. Die Kenngrößen $<\tau>$ und $<\Lambda>$ waren in Abschnitt 2.1 bereits zur Bestimmung der "Einstellzeit" einer Fermienergie (Zeit für den Übergang in ein lokales thermisches Gleichgewicht) her-

angezogen worden. Bei Anwendung der Boltzmannäherung (2.1-4), die zu den Ausdrücken (2.1-6 und 7) führte, ist das Modell des Elektronengases eine natürliche
Konsequenz: Die "klassische" Gasstatistik, die von ungeladenen Gasteilchen ausgeht, welche nur durch einen mechanischen Zusammenstoß miteinander wechselwirken können (also nicht über eine Streuung, d.h. gegenseitige Ablenkung aufgrund eines langreichweitigen Wechselwirkungsfeldes), führt zu denselben Eigenschaften
wie die von Elektronen in einem Potentialkasten (Band 1, Abschnitt 1.2.3).

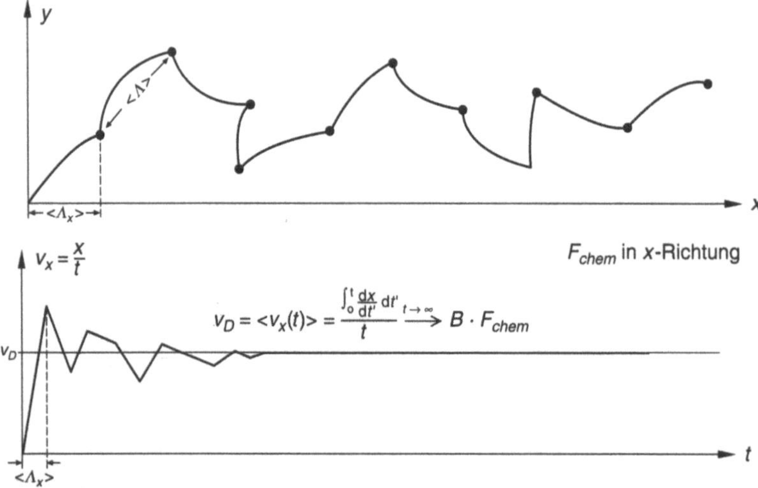

Bild 2.2-2   Statistische Bewegung eines Gasteilchens in der xy-Ebene unter Einfluß einer chemischen Kraft F_{chem} in x-Richtung

a) Ballistische Bahn des Teilchens

b) Zu a) gehörende integrierte Geschwindigkeit v_x in x-Richtung: Nach einigen Zu-
sammenstößen mit anderen Gasteilchen (Ablauf einiger mittlerer Stoßzeiten $\langle \tau \rangle$)
stellt sich eine mittlere Driftgeschwindigkeit v_D in Richtung der chemischen Kraft
ein; diese ist bei nicht zu großen chemischen Kräften proportional zu F_{chem}.

Die Wirkung einer chemischen Kraft auf ein Elektron wird durch die Randbedingungen des Elektronengasmodells bestimmt: Innerhalb der Zeitspanne $\langle \tau \rangle$ wirkt nur
die chemische Kraft auf das Elektron, nicht aber eine andere Wechselwirkung, d.h.
die Bewegung erfolgt beschleunigt (Anhang C1, **ballistische Bewegung**) aufgrund
des von außen angelegten Feldes. Die Richtung der Bewegung (häufig in Richtung
der chemischen Kraft, bei Wirkung von Magnetfeldern beispielsweise aber nicht,
s.Abschnitt 5.1.1) wird durch den folgenden Stoß umgelenkt. Erst nach mehreren
Stoßprozessen, d.h. für $t \gg \langle \tau \rangle$, überlagert sich der zeitlich veränderlichen **thermischen Geschwindigkeit** v^{th} eine zeitlich konstante mittlere **Driftgeschwindigkeit**
v_D, die – bei nicht zu großen wirkenden Kräften – proportional ist zur chemischen
Kraft (Bild 2.2-2, s. Diskussion in Band 1, Abschnitt 2.7.2, Band 2, Abschnitte 4.3.2
und 4.3.3).

Die Proportionalitätskonstante zwischen Driftgeschwindigkeit und chemischer Kraft wird in der Elektrotechnik definiert als Quotient aus der **Ladungsträgerbeweglichkeit** μ und der Elementarladung $|q|$:

$$\vec{v}_D = \frac{\mu}{|q|}\,\vec{F}_{chem} \tag{7}$$

d.h. für den Fall des homogenen Leiters in (5 und 6) ergibt sich einfach (der Index n bezieht sich auf den Ladungsträger Elektron)

$$\vec{v}_{Dn} = -\mu_n\vec{E} \tag{8}$$

Unter denselben Voraussetzungen ergibt sich für die positiv geladenen Löcher (ausführliche Behandlung in Band 2, Abschnitt 4.3.2)

$$\vec{v}_{Dp} = +\mu_p\vec{E} \tag{9}$$

Durch die Teilchenbewegung wird ein **Teilchenstrom** erzeugt, die dazugehörige **Teilchenstromdichte** j^T ist nach Band 4, Abschnitt 1.2:

$$\vec{j}^{\,T} = \sum_k \rho_k \vec{v}_k \tag{10}$$

Dabei muß über alle zur Teilchstromdichte beitragenden Teilchengeschwindigkeiten $\vec{v}_k$ (Summe aus der thermischen Geschwindigkeit $\vec{v}_k^{th}$, deren Mittelwert Null beträgt, und Driftgeschwindigkeit $\vec{v}_D$) und die dazugehörigen **Teilchendichten** ρ_k summiert werden. Für Elektronen ergibt sich speziell

$$\text{mit dem }\textbf{Mittelwert der Beweglichkeit }\mu_n = \langle \mu_{nk} \rangle = \frac{\sum\limits_k \rho_k \mu_{nk}}{\sum\limits_k \rho_k}$$

$$\underset{\sum\limits_k \rho_k =: \rho_n}{=} \frac{1}{\rho_n}\cdot \sum_k \rho_k \mu_{nk} \tag{11}$$

die **Elektronenstromdichte:** $\vec{j}_n^{\,T} = \sum\limits_k \rho_k\left(\vec{v}_k^{th} + \vec{v}_{Dn}\right) = \sum\limits_k \rho_k \vec{v}_k^{th} + \sum\limits_k \rho_k \vec{v}_{Dn}$

$$\underset{\sum\limits_k \rho_k \vec{v}_k^{th}=0}{=} \sum_k \rho_k \vec{v}_{Dn} \underset{(8)}{=} -\sum_k \rho_k \mu_{nk}\vec{E} \underset{(11)}{=} -\rho_n\mu_n\vec{E} \tag{12a}$$

entsprechend ergibt sich für die **Löcherstromdichte:** $j_p^{\,T} = +\rho_p\mu_p E$ $\qquad$ (12b) mit den **Elektronen-** und **Löcherdichten** ρ_n und ρ_p. Die Ladungsträgerbeweglichkeiten – welche die Reaktion eines Teilchens auf eine wirkende Kraft beschreiben – können in verschiedenen Werkstoffen eine sehr unterschiedliche Größe haben: Nach der Diskussion im Abschnitt 2.1 (s. auch Band 1, Abschnitt 4.1.3) reagieren in einem *Metall* die Elektronen mit Energien weit unterhalb der Fermienergie (**Fermikante**) überhaupt nicht auf die chemische Kraft, weil für diesen Prozeß keine unbesetzten Zustände zur Verfügung stehen. Nur eine "effektive" Elektronendichte in einem Bereich der energetischen Breite kT um die Fermienergie herum (und alle Elektronen mit noch größeren Energien, deren Dichte aber wegen der relativ geringen Besetzungswahrscheinlichkeit vernachlässigt werden kann) tragen zur Stromleitung bei, so daß man mit der Zustandsdichte (Band 2, Abschnitt 1.1.3) $N(W_n)$ pro Volumen anstelle von (12) auch schreiben kann:

$$j_n^T \underset{(10)}{=} -\rho_{eff}\mu_n E \underset{\rho_{eff}:\approx N(W_F)kT}{\approx} -N(W_F)kT \cdot \mu_n E \tag{13}$$

μ_n ist in diesem Fall die (ebenfalls gemittelte) Beweglichkeit aller beweglichen Elektronen in der Umgebung der Fermikante.

Man erkennt an dieser Stelle, daß die Berechnung der Stromdichte in Metallen selbst im einfachstmöglichen Fall bereits erhebliche Probleme aufwirft, insbesondere ist die Kenntnis der Zustandsdichte an der Fermikante – und damit der Flächen gleicher Energie im k-Raum (**Fermiflächen**, Band 2, Abschnitte 2.1.2 und 2.2.1) erforderlich, was schnell an die Grenzen des gegenwärtig vorhandenen Wissens führt. Aus diesem Grund können viele Materialparameter metallischer Sensoren auch heute noch nur relativ ungenau theoretisch berechnet werden, so daß weitgehend experimentell bestimmte Daten angewendet werden müssen.

Sehr viel einfacher liegen diese Verhältnisse bei den *Halbleitern*, insbesondere dann, wenn die Boltzmannäherung (2.1-4) mit den daraus resultierenden einfachen Formeln (2.1-6 und 7) angewendet werden kann (**Modell des klassischen Elektronengases**). In diesem Fall werden nur Elektronen betrachtet mit Energien weit oberhalb der Fermienergie (Bild 2.1-2; $W_n - W_F \gg kT$), d.h. die Elektronen finden mit Sicherheit unbesetzte Zustände vor, in die sie durch Anregung über die chemische Kraft übergehen können. Viele der bei den Halbleitern relativ einfach zu berechnenden Effekte finden sich auch bei Metallen wieder, wenn auch eine *quantitative* Übereinstimmung zwischen Theorie und Experiment nicht erwartet werden kann.

Im folgenden werden noch einmal die relevanten Beziehungen für den allgemeinen, d.h. *nicht isothermen* Fall zusammengestellt. Die chemische Kraft F^n_{chem} und F^p_{chem} für Elektronen und Löcher ist nach (3), wenn wir die Entropie pro *Elektron* mit S_n (bisher allgemeiner als Entropie *pro Teilchen* verwendet) und die pro *Loch* mit S_p bezeichnen:

$$F^n_{chem} = -\frac{dW_F^{nL}}{dx} - S_n \frac{dT}{dx} \tag{14}$$

$$F_{chem}^{p} = -\frac{\mathrm{d}W_F^{pV}}{\mathrm{d}x} - S_p \frac{\mathrm{d}T}{\mathrm{d}x} \underset{\text{analog (2.1-12)}}{=} +\frac{\mathrm{d}W_F^{nV}}{\mathrm{d}x} - S_p \frac{\mathrm{d}T}{\mathrm{d}x} \qquad (15)$$

Daraus ergeben sich die *Teilchen*stromdichten j_n^T und j_p^T für Elektronen und Löcher

$$j^T = \rho \cdot v_D \underset{(7)}{=} \rho \cdot \frac{\mu}{|q|} \cdot F_{chem} = \rho \cdot \frac{\mu}{|q|} \cdot \left\{ -\frac{\mathrm{d}W_F}{\mathrm{d}x} - S_n \frac{\mathrm{d}T}{\mathrm{d}x} \right\} \qquad (16)$$

$$j_n^T = +\rho_n \cdot \frac{\mu_n}{|q|} \cdot \left\{ -\frac{\mathrm{d}W_F^{nL}}{\mathrm{d}x} - S_n \frac{\mathrm{d}T}{\mathrm{d}x} \right\} \qquad (17a)$$

$$j_p^T = +\rho_p \cdot \frac{\mu_p}{|q|} \cdot \left\{ +\frac{\mathrm{d}W_F^{nV}}{\mathrm{d}x} - S_p \frac{\mathrm{d}T}{\mathrm{d}x} \right\} \qquad (17b)$$

und die *elektrischen* Stromdichten j_n und j_p zu:

$$j_n = -|q| j_n^T = -\rho_n \cdot \mu_n \cdot \left\{ -\frac{\mathrm{d}W_F^{nL}}{\mathrm{d}x} - S_n \frac{\mathrm{d}T}{\mathrm{d}x} \right\} \qquad (18a)$$

$$j_p = +|q| j_p^T = +\rho_p \cdot \mu_p \cdot \left\{ +\frac{\mathrm{d}W_F^{nV}}{\mathrm{d}x} - S_p \frac{\mathrm{d}T}{\mathrm{d}x} \right\} \qquad (18b)$$

Der Gradient der Fermienergie wird auch als das **von außen meßbare** oder **äußere elektrische Feld** E_a bezeichnet:

$$E_a = +\frac{1}{|q|} \frac{\mathrm{d}W_F}{\mathrm{d}x} \qquad (19)$$

Damit bekommen die Gleichungen (17) die Form:

$$j_n = +|q| \rho_n \cdot \mu_n \cdot \left\{ E_a + \frac{S_n}{|q|} \frac{\mathrm{d}T}{\mathrm{d}x} \right\} \qquad (20a)$$

$$j_p = +|q| \rho_p \cdot \mu_p \cdot \left\{ E_a - \frac{S_p}{|q|} \frac{\mathrm{d}T}{\mathrm{d}x} \right\} \qquad (20b)$$

Für die Entropien pro Elektron oder Loch können bei der Berechnung von Elektronen- und Lochgasen in Boltzmann-Näherung die Ausdrücke (2.1-10 und 14) eingesetzt werden.

3 Temperatursensoren

3.1 Überblick

Die exakte Temperaturmessung gehört zu den wichtigsten und verbreitetsten Aufgaben der Sensorik. Dabei steht nicht nur der Bedarf im Vordergrund, die Temperatur zu kennen und darüber Regelvorgänge einzuleiten, sondern auch die Notwendigkeit, die sehr häufig auftretende unerwünschte **parasitäre Temperaturabhängigkeit** vieler Effekte zu korrigieren. Jedes System ist naturgemäß seiner Umgebungstemperatur ausgesetzt, die sich bedingt durch das Wetter, eine Klimatisierung oder durch Anwesenheit benachbarter temperaturerzeugender Systeme in weiten Grenzen ändern kann. Da praktisch alle physikalischen Prozesse von der Temperatur abhängen (die Temperatur ist in der freien Energie (2.1-1) explizit enthalten!), ist eine Temperaturabhängigkeit des elektrischen Verhaltens von Systemen prinzipiell unvermeidbar, sie kann sich nur in der Größenordnung stark unterscheiden.

Von grundsätzlicher Bedeutung ist auch die Selbstaufheizung eines stromdurchflossenen Verbrauchers, bei dem die zugeführte Leistung $P = U \cdot I$ in die Erzeugung von **Joulescher Wärme** (Band 1, Abschnitte 4.3.1 und 5.2; Band 2, Abschnitt 13.1; Band 11, Abschnitt 1.1.6) pro Zeit (**thermische Leistung**) umgesetzt wird. Ein Teil dieser Wärmeerzeugung wird durch Wärmeabführung nach außen (charakterisiert durch den **Wärmewiderstand** R_{th}, s. Band 1, Abschnitt 4.3.1) wieder abgegeben. Die Kontinuitätsgleichung für die Wärmeenergie ergibt dann bei einer Umgebungstemperatur T_u im stationären (eingeschwungenen, d.h. zeitlich konstanten) Zustand die Temperatur:

$$T(P) = P \cdot R_{th} + T_u \tag{1}$$

Um die unerwünschte Wirkung von Temperaturabhängigkeiten zu vermeiden, sind in der Regel bei Meßsystemen Kompensationsmaßnahmen erforderlich, die in vielen Fällen eine zusätzliche Temperaturmessung und eine dadurch gesteuerte Kompensationsregelung erforderlich machen. Häufig lassen sich auch innerhalb des Sensors Parameter einführen, die ein entgegengesetztes Temperaturverhalten aufweisen, so daß eine gewisse Kompensationswirkung von vornherein gegeben ist. Charakteristisch für die Temperaturabhängigkeit einer Größe x ist der **Temperaturkoeffzient** α_T^x abgekürzt **TK** oder **TC** (von englisch: temperature coefficient), der definiert ist durch:

$$\alpha_T^x = \frac{1}{x}\frac{\Delta x}{\Delta T} \xrightarrow[\Delta T \to 0]{} \frac{1}{x}\frac{\partial x}{\partial T} = \frac{\partial \ln x}{\partial T}; \quad \left[\alpha_T^x\right] = \frac{\%}{K} \tag{2}$$

Bei positivem Vorzeichen von α_T spricht man von einem positiven (**PTC**), sonst von einem negativen (**NTC**) Temperaturkoeffzienten.

In Verbindung mit der Selbstaufheizung eines Verbrauchers nach (1) beträgt bei konstantem TK die relative Parameteränderung

$$\frac{\Delta x}{x} = \alpha_T^x \cdot \Delta T = \alpha_T^x \cdot \left[T(P) - T_u\right] \underset{(1)}{=} \alpha_T^x \cdot \left(P \cdot R_{th}\right) \tag{3}$$

d.h. sie ist bei nichtverschwindendem TK unvermeidbar vorhanden.

Für die Meßgenauigkeit praktisch aller Sensoren, die für andere Meßparameter als die Temperatur ausgelegt sind, entsteht durch die parasitäre Temperaturabhängigkeit ein limitierender Faktor. Dieses ist ein wichtiges Beispiel für eine **Querempfindlichkeit** eines Sensors, d.h. eine parasitäre Empfindlichkeit gegenüber anderen Umweltparametern, die nicht gemessen werden sollen, aber sich in unvermeidbarer Weise parasitär auswirken.

Die große Anzahl der temperaturabhängigen physikalischen Prozesse führt auch zu einer großen Variationsbreite für die Verfahren und Bauelemente, die sich für eine Temperaturmessung eignen. Sie können sich stark in dem einsetzbaren Temperaturbereich, ihrer Meßgenauigkeit und Zuverlässigkeit sowie in den Sensorkosten unterscheiden. Tab. 3.1-1 gibt einen Überblick über die wichtigsten heute eingesetzten Temperatursensoren und andere Temperaturmeßverfahren.

Tab. 3.1-1:   Sensoren und Verfahren zur Temperaturmessung (nach [3.22])

	Meßbereich in °C	**Bemerkungen**
Thermoelement	−200...+ 160	kleine Signalspannung, teure Elektronik, Nullpunktkompensation
Metall-Widerstandsthermometer	−270 ...+ 850	kleine Signalspannung, teure Elektronik
Si-Elemente	−50...+ 150	Widerstand, Transistoren, untere Temperaturgrenze gegeben durch Gehäuse, Billigstfühler
Kaltleiter	−30...+ 350	steile Temperaturschwelle, billig, robust
Heißleiter	−50 ......+ 350	exponentielle Kennlinie, Kompromiß zwischen Genauigkeit und Preis
Photodiode, Photoleiter	0...+4000	Fernmessung, unterhalb + 400 °C Halbleiter mit kleinem Bandabstand und Kühlung
pyroelektrischer Detektor	0...+4000	Fernmessung, hohe Empfindlichkeit, dynam. Messung
Dehnungsthermometer	−200...+1000	Flüssigkeitsthermometer, Bimetall, Ortsmessung
Gasthermometer	−250...+1000	physikalische Messung, sehr aufwendig, Druckmessung
Temperaturmeßfarben	−30...+1600	Farbumschlag z.B. Flüssigkristall
Quarzthermometer	−40...+ 300	digitales Ausgangssignal

Die Einsatzgebiete der Temperatursensoren sind sehr vielgestaltig, wobei die Anforderungen an den zulässigen Temperaturbereich und die Meßgenauigkeit in weiten Grenzen variieren (Tab. 3.1-2).

Tab. 3.1-2:   Anforderungen an den zulässigen Temperaturbereich und die Meßgenauigkeit bei Temperatursensoren in verschiedenen Anwendungsgebieten (nach [3.1]).

Anwendung	Temp.-Bereich	tolerierbare Meßunsicherheit
Stahlerzeugung	1400...1700°C	± 1 ... 5 K
Stahlvergütung	400 ... 800°C	± 1 ... 3 K
Kraftwerke	550 ... 600°C	± 1 K
Kern-Kraftwerke	250 ... 350°C	± 0,1 ... 0,25 K
Chemische Reaktoren (Temperaturverteilung)	200 ... 350°C	± 0,3 ... 1 K
Chemiefaser	200 ... 250°C	± 0,3 ... 0,5 K
Bio-Reaktoren	35 ... 45°C	± 0,1 K
Heizung + Lüftung	−30 ...+120°C	± 0,5 K
Wärmemengenmessung (Differenz)	30 ... 150°C	± 0,1 ... 0,5 K
Kühltruhen	−30 ... 0°C	± 0,5 K

Nach dem Umsatzwert (nicht nach der Stückzahl!) gingen 1985 in den USA 2/3 der Temperatursensoren in industrielle Anwendungen und jeweils zwischen 5 und 9% in die Anwendungsgebiete Luft- und Raumfahrt, Konsumgüter und Energieeinsparung und die Automobiltechnik; eine solche Aufteilung kann sich aber in Abhängigkeit von der technischen Entwicklung schnell ändern.

Wegen der fundamentalen Bedeutung der Temperaturmessung beschäftigt sich die Forschung und Technik seit ihren Anfängen mit Temperatursensoren und anderen Temperaturmeßverfahren. Heute gilt dieses Gebiet der Sensorik als weitgehend "ausgereizt", d.h. die vorhandenen Realisierungsmöglichkeiten können den Bedarf im allgemeinen gut abdecken. Zunehmend an Bedeutung gewonnen hat aber erst in den letzten Jahren eine frequenzanaloge (s. Tab. 1.1) Temperaturmessung mit Schwingquarzen (Abschnitt 3.6), die in Verbindung mit einer hochentwickelten Elektronik zu einer bisher nicht gekannten Meßgenauigkeit führte. Noch in einem relativ frühen Stadium befinden sich weiterhin faseroptische Systeme für die Temperaturmessung (Abschnitt 6.8).

3.2 Thermoelektrische Sensoren

3.2.1 Thermokraft

Wir betrachten zunächst die Stromdichtegleichungen (2.2-16 und 17) für den *isothermen Fall* ohne Temperaturgradienten und erhalten nach Einsetzen der Ausdrücke (2.1-8) für die (Quasi)Fermienergien:

$$j^T = \rho \cdot \frac{\mu}{|q|} \cdot F_{chem} = \rho \cdot \frac{\mu}{|q|} \cdot \left\{ -\frac{dW_F}{dx} \right\} \tag{1}$$

$$j_n^T = -\rho_n \mu_n E - \frac{\mu_n kT}{|q|} \frac{\partial \rho_n}{\partial x} \tag{2a}$$

$$j_p^T = +\rho_p \mu_p E - \frac{\mu_p kT}{|q|} \frac{\partial \rho_p}{\partial x} \tag{2b}$$

Kennzeichnend für diese Gleichungen ist daß der **Stromfluß** von Elektronen und Löchern aufgrund des **Feldes** mit *verschiedenem*, aufgrund des **Konzentrationsgradienten** aber mit *gleichem* Vorzeichen erfolgt. Aus (1) folgt, daß im *isothermen* Fall ein Teilchstromfluß nur dann stattfinden kann, **wenn ein Gradient der Fermienergie** vorliegt. Ein Unterschied der Fermienergien an zwei Orten x_1 und x_2 eines Systems ist damit ein notwendiges und hinreichendes Kriterium für das Vorhandensein einer treibenden Kraft, die einen Stromfluß bewirkt, sofern die Ladungsträgerdichte ρ und die Beweglichkeiten μ (beide werden in der spezifischen Leitfähigkeit σ_{sp} zusammengefaßt) hinreichend große Werte haben. Das ist charakteristisch für eine **Spannungsquelle**, wie z.B. eine elektrische Batterie: Auch sie bietet an den Polen zwei Fermienergien mit konstanter Differenz an. Entsprechend der Vorzeichenkonvention im Band 11, Abschnitt 1.2.2, setzen wir

$$\Delta W_F = -|q| \Delta U_a \tag{3a}$$

$$\Rightarrow W_F(x_2) - W_F(x_1) = -|q| \left\{ U_a(x_2) - U_a(x_1) \right\} \tag{3b}$$

U_a kennzeichnet die der Fermienergie zugeordnete **äußere elektrische Spannung**. Diese Spannung kann z.B. über ein Voltmeter direkt gemessen werden: Auch in diesem Fall sorgt die Differenz der Fermienergien für einen Stromfluß durch das Voltmeter, was die Spannungsanzeige bewirkt. **Differenzen der Fermienergien führen also immer zu von außen meßbaren Spannungen** U_a. Bei Vorliegen von Gradienten der von außen meßbaren Spannung U_a entstehen **von außen meßbare elektrische Felder** E_a gemäß (2.2-19); für die Voraussetzungen in (3) gilt dann:

$$E_a = -\frac{U_a(x_2) - U_a(x_1)}{x_2 - x_1} \xrightarrow[x_2 - x_1 \to 0]{} -\frac{\partial U_a}{\partial x} \underset{(3a)}{=} \frac{1}{|q|}\frac{\partial W_F}{\partial x} \tag{4a}$$

In Festkörpern gibt es auch **Spannungen, die nicht von außen meßbar** sind: Werden die Energien der Bandkanten als potentielle Energie (= Produkt aus Ladung und elektrischem Potential) der Ladungsträger interpretiert, dann kann ihnen eine Spannung U zugeordnet werden über die Definition:

$$W_L(x_2) - W_L(x_1) = -|q|\{U(x_2) - U(x_1)\}$$

$$E = -\frac{U(x_2) - U(x_1)}{x_2 - x_1} \xrightarrow[x_2 - x_1 \to 0]{} -\frac{\partial U}{\partial x} = \frac{1}{|q|}\frac{\partial W_L}{\partial x} \tag{4b}$$

Von dieser Definition war bereits beim Übergang von (1) auf (2) mit Hilfe von (2.2-5) Gebrauch gemacht worden. Der wichtige Unterschied zwischen (4a) und (4b) liegt aber darin, daß **auch bei Anwesenheit von inneren** elektrischen Feldern E nach (4b) **aufgrund der Gleichungen (2) der Stromfluß Null sein kann** (wenn der Feldstrom durch einen **entgegengesetzt gerichteten Diffusionsstrom exakt kompensiert wird**); in diesem Fall verschwindet in (1) der Gradient der Fermienergie, d.h. es liegt kein von außen meßbares Feld nach (4a) vor, obwohl ein inneres Feld vorhanden ist. Dieser Fall tritt in der Praxis häufig auf, z.B. bei Halbleiterübergängen im thermischen Gleichgewicht (Band 2, Abschnitt 5): die inneren Felder sind mit den dort auftretenden Raumladungen über die Poissongleichung verknüpft.

Zusammenfassend kann gesagt werden, daß alle Bauelemente, welche die Funktion einer Spannungsquelle haben, wie auch die elektrischen Batterien selber, *unter isothermen Bedingungen* an ihren Polen eine Differenz der Fermienergien W_F aufweisen müssen, daraus resultiert eine Differenz der äußeren (von außen meßbaren) Spannung U_a, die mit einer von außen meßbaren elektrischen Feldstärke E_a verknüpft ist. Die Existenz von inneren Feldern braucht dagegen keineswegs zu von außen meßbaren Spannungen zu führen. An dieser Aussage kann die fundamentale Bedeutung der Fermienergie als Maßstab für die in einem elektrischen System fließenden Ströme erkannt werden.

Bei Anwesenheit von Temperaturgradienten ändert sich die oben beschriebene Bedeutung der Fermienergie grundsätzlich: Nach (2.2-14 und 16) gilt z.B. für Elektronen:

$$j_n^T = \rho_n \cdot \frac{\mu_n}{|q|} \cdot F_{chem}^n = \rho_n \cdot \frac{\mu_n}{|q|} \cdot \left\{ -\frac{dW_F^{(n)L}}{dx} - S_n \frac{dT}{dx} \right\} \tag{5}$$

Dabei bezeichnet $W_F^{(n)L}$ die für die Elektronen im Leitungsband bestimmende Quasi-

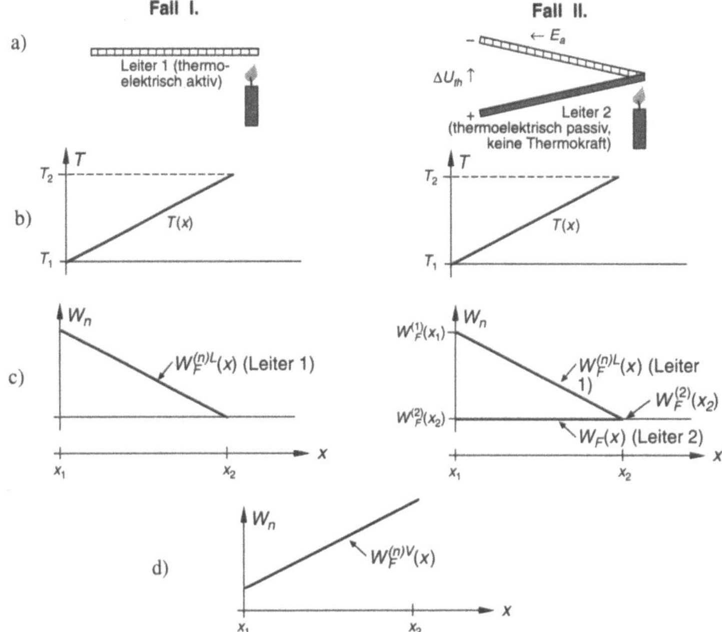

Bild 3.2.1-1   Thermoelektrische Effekte an einem Elektronenleiter 1 (thermoelektrisch aktiv, Fall I) und einer Serienschaltung desselben Elektronenleiters 1 mit einem zweiten hypothetischen thermoelektrisch nicht aktiven Elektronenleiter 2 (Fall II): Nur im Fall II tritt bei x_1 mit der Temperatur T_1 eine von außen meßbare Differenz der Fermienergien auf.

Dargestellt sind:

a) Aufbau des Meßsystems

b) Ortsverlauf der Temperatur

c) dazugehörige Ortsabhängigkeit der Fermienergie für Elektronenleitung in einem n-Halbleiter: Wir gehen aus von Gleichung (2.1-8a)

$$W_F^{(n)L} = W_L - kT(x) \cdot \ln\left(\frac{N_L}{\rho_n}\right)$$

und setzen eine ortsunabhängige Dotierung der Konzentration $\rho_n \ll N_L$ an (W_L und N_L werden als konstant angenommen): In diesem Fall ergibt sich bei einem Temperaturverlauf wie in b) ein linearer Abfall der Fermienergie mit dem Ort.

d) Ortsabhängigkeit der Fermienergie für Löcherleitung in einem p-Halbleiter: Wir gehen aus von Gleichung (2.1-8b)

$$W_F^{(p)V} = W_V + kT(x) \cdot \ln\left(\frac{N_V}{\rho_p}\right)$$

und setzen ortsunabhängige Dotierung ρ_p an (W_V und N_V werden als konstant angenommen): In diesem Fall ergibt sich bei einem Temperaturverlauf wie in b) ungefähr ein linearer Anstieg der Fermienergie mit dem Ort.

fermienergie. Bei einem n-Leiter im thermischen Gleichgewicht entspricht sie der Fermienergie W_F des Leiters.

Auch bei Anwesenheit eines Gradienten der Fermienergie kann nach (5) beim Auftreten von Temperaturgradienten der Stromfluß verschwinden, wenn nämlich der Temperaturgradient gerade so groß ist, daß der zweite Term in der Klammer von (5) den ersten kompensiert (Bild 3.2.1-1, Fall I). In diesem Fall treten – trotz Anwesenheit einer äußeren Feldstärke nach (4a) – keine von außen meßbaren elektrischen Spannungen und Felder auf. **Das Auftreten einer äußeren Spannung nach der Definition (3) setzt also voraus, daß beide Spannungspole dieselbe Temperatur haben!** Anders sieht die Situation aus, wenn hinter den **thermoelektrisch aktiven** (Thermokraft *ungleich* Null) Leiter in Bild 3.2.1-1 ein zweiter hypothetischer **thermoelektrisch nicht aktiver** (Thermokraft *ungefähr* Null, d.h. $S_n \approx 0$, s. Bild 3.2.1-1, Fall II) Leiter geschaltet wird: Im stromlosen Fall (**Leerlauffall**: Am Ort x_l werden die Thermoelemente nicht durch einen elektrischen Verbraucher belastet) folgt dann aus (5):

$$\text{Leiter 1:} \qquad j_n^T = 0 \underset{W_F^{nL} = W_F}{\Longrightarrow} \frac{dW_F^{(1)}}{dx} + S_n^{(1)} \frac{dT}{dx} = 0$$

$$\underset{\substack{\text{Integration über x} \\ S_n^1 = \text{const (x)}}}{\Longrightarrow} W_F^{(1)}(x_2) - W_F^{(1)}(x_1) = -S_n^{(1)}\left\{T(x_2) - T(x_1)\right\}$$

$$\underset{\substack{\text{Bild 3.2.1-1}}}{=} -S_n^{(1)}\left(T_2 - T_1\right) \tag{6a}$$

$$\text{Leiter 2:} \qquad j_n^T = 0 \underset{S_n^{(2)} \approx 0}{\Longrightarrow} \frac{dW_F^{(2)}}{dx} = 0 \Rightarrow W_F^{(2)}(x_2) = W_F^{(2)}(x_1) \tag{6b}$$

$$\Rightarrow W_F^{(1)}(x_1) - W_F^{(2)}(x_1) =$$

$$\underset{\substack{\text{Integrationsweg} \\ x_1 \to x_2 \to x_1 \\ W_F^{(1)}(x_2) = W_F^{(2)}(x_2)}}{=} \left\{W_F^{(1)}(x_1) - W_F^{(1)}(x_2)\right\} + \left\{W_F^{(2)}(x_2) - W_F^{(2)}(x_1)\right\}$$

$$\Rightarrow W_F^{(1)}(x_1) - W_F^{(2)}(x_1) \underset{(6a,b)}{=} +S_n^{(1)}\left(T_2 - T_1\right) \tag{6c}$$

Die Übergangsbedingung $W_F^{(1)}(x_1) = W_F^{(2)}(x_1)$ entsteht durch die elektrische leitende Verbindung der beiden Schenkel des Thermoelements: Dort können sich ursprünglich vorhandene Unterschiede in der Größe der Fermienergie durch Elektronenübergänge ausgleichen, dieses erfolgt durch den Aufbau von Raumladungen (Band 1, Abschnitt 2.8.3; Band 2, Abschnitt 5) innerhalb einer außerordentlich kurzen Zeit. In Bild 3.2.1-1 können wir daher die Kurven mit den Ortsabhängigkeiten der Fermienergien der Leiter 1 und 2 bei x_2 miteinander verbinden, dieses ist eine der Voraussetzungen für die Gültigkeit von (6c).

Für den Fall II in Bild 3.2.1-1 ergibt sich, daß wir bei x_1 *unter der Randbedingung einer konstanten Temperatur T_1* eine Differenz $W_F^{(1)}(x_1) - W_F^{(2)}(x_1)$ der Fermienergien vorfinden, d.h. *wir haben eine Spannungsquelle erzeugt*, welche im Prinzip dieselbe Funktion wie eine elektrische Batterie einnehmen kann! In diesem Fall entsteht eine **elektromotorische Kraft (EMK**, s. Anhang C1), die grundsätzlich auch einen elektrischen Verbraucher antreiben kann (s. Abschnitt 3.2.4). Die Differenz der Fermienergien läßt sich in die Differenz einer äußeren Spannung umrechnen über

$$(6c)\underset{(3)}{\Rightarrow} -|q|\left\{U_a^{(1)}(x_1) - U_a^{(2)}(x_1)\right\} = +S_n^{(1)}(T_2 - T_1) \tag{7a}$$

$$U_a^1(x_1) - U_a^2(x_1) = -\frac{S_n^1}{|q|}(T_2 - T_1) =: \alpha_s^n(T_2 - T_1) \tag{7b}$$

$$\text{mit dem } \textbf{Seebeck - Koeffizienten für n - Leiter}: \; \alpha_s^n := -\frac{S_n^1}{|q|} \tag{8}$$

Der durch (8) definierte **Seebeck-Koeffizient** wird auch als **Thermokraft** bezeichnet, er hat die Dimension Volt pro Kelvin (die Bezeichnung *Kraft* ist daher unglücklich gewählt). Das über dem Leiter 1 in Bild 3.2.1-1 abfallende äußere elektrische Feld läßt sich im Leerlauffall ausdrücken über den Seebeck-Koeffizienten durch:

$$E_a \underset{(4a)}{=} \frac{1}{|q|}\frac{\partial W_F}{\partial x} \underset{(6a)}{=} -\frac{S_n^{(1)}}{|q|}\frac{dT}{dx} \underset{(8)}{=} \alpha_s^n \frac{dT}{dx} \tag{9}$$

Bei *Löcher*leitung in einem p-Halbleiter steigt bei einem positiven Temperaturgradienten die Fermienergie mit dem Ort *an* (Bild 3.2.1-1d). Die entsprechende Teilchenstromdichte ergibt sich nach (2.2-18b) zu:

$$j_p^T = \rho_p \cdot \frac{\mu_p}{|q|} \cdot \left\{+\frac{dW_F^{nV}}{dx} - S_p \frac{dT}{dx}\right\} \underset{(4a)}{=} \rho_p \cdot \mu_p \cdot \left\{E_a - \frac{S_p}{|q|}\frac{dT}{dx}\right\} \tag{10}$$

d.h. unter denselben Bedingungen wie in Bild 3.2.1-1 ergibt sich bei einer Serienschaltung des p-Leiters mit einem thermoelektrisch inaktiven Leiter im Leerlauffall bei einer Definition des Seebeck-Koeffizienten analog zu (8):

$$E_a - \frac{S_p^{(1)}}{|q|} \frac{\mathrm{d}T}{\mathrm{d}x} = 0$$

$$\Rightarrow E_a = + \frac{S_p^{(1)}}{|q|} \frac{\mathrm{d}T}{\mathrm{d}x} =: \alpha_s^p \frac{\mathrm{d}T}{\mathrm{d}x} \tag{11}$$

mit dem **Seebeck - Koeffizienten für p - Leiter**: $\quad \alpha_s^p := + \dfrac{S_p^{(1)}}{|q|}$ $\tag{12}$

d.h. die Seebeck-Koeffizienten von elektronen- und löcherleitenden Halbleitern haben ein entgegengesetztes Vorzeichen!

Die hier für Elektronen- und Lochgase in Halbleiterwerkstoffen hergeleiteten Ergebnisse lassen sich sinngemäß auch auf Werkstoffe übertragen, bei denen die Boltzmannäherung *nicht* gilt, d.h. für entartete Halbleiter (mit so hohen Ladungsträgerkonzentrationen, daß anstelle der Boltzmann- die Fermi-Dirac-Statistik angewendet werden muß) sowie Metalle und leitfähige Keramiken, allerdings sind dann die Seebeck-Koeffizienten weit aufwendiger zu berechnen. Auch bei diesen Werkstoffen gibt es eine p– und n-artige Leitfähigkeit mit unterschiedlichem Vorzeichen der Seebeckkoeffizienten (s.u.).

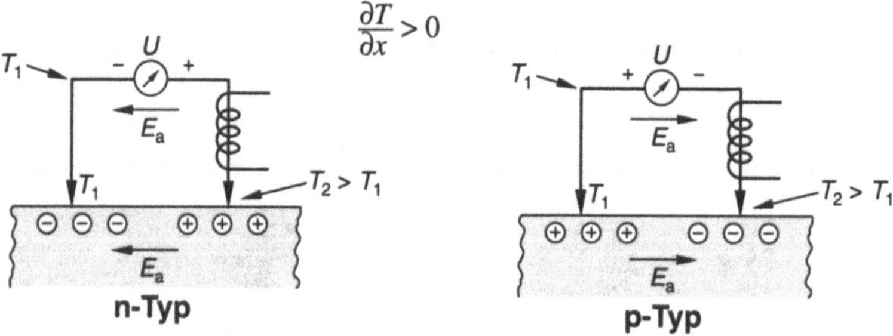

Bild 3.2.1-2   Thermoelektrische Messung des Ladungsträgeryps (Elektronen– oder Löcherleitung) in Halbleitern: Auf die Halbleiteroberfläche werden zwei Kontaktspitzen aufgesetzt, von denen *eine* beheizt wird (z.B. die rechte, in diesem Fall ergibt sich ein positiver Temperaturgradient). Aus dem Vorzeichen der entstehenden Thermospannung kann nach (8 und 9) bzw. (11 und 12) entschieden werden, ob es sich um einen n- oder p-Halbleiter handelt (nach [5])

Die Messung des Vorzeichens der Thermokraft ist ein einfaches und daher praktisch bedeutsames Verfahren zur Bestimmung des Ladungsträgertyps in einem unbekannten Leiter, das sich wegen der Größe der auftretenden Effekte besonders für Halbleiter eignet (Bild 3.2.1-2).

Nach der einfachen Elektronengastheorie für Ladungsträger in Halbleitern unter Anwendung der Boltzmannäherung ergeben sich die Seebeck-Koeffizienten explizit zu:

$$\text{n - Leiter:}\quad \alpha_s^n = -\frac{S_n}{|q|}\underset{(2.1\text{-}10)}{=} -\frac{k}{|q|}\left(\ln\frac{N_L}{\rho_n} + \frac{3}{2}\right) \tag{13a}$$

$$\text{p - Leiter:}\quad \alpha_s^p = +\frac{S_p}{|q|}\underset{(2.1\text{-}14)}{=} +\frac{k}{|q|}\left(\ln\frac{N_V}{\rho_p} + \frac{3}{2}\right) \tag{13b}$$

Die effektiven Zustandsdichten N_V und N_L sind nach Band 2, Abschnitte 1.2.3 und 2.2.4, relativ schwach temperaturabhängige Größen, d.h. für Ladungsträgerdichten ρ_n und ρ_p, die bei *dotierten* Halbleitern im *Sättigungsbereich* (Band 2, Bild 4.2-6) mit den entsprechenden temperaturunabhängigen Dotierungskonzentrationen ρ_D und ρ_A übereinstimmen, ergeben sich fast temperaturunabhängige Seebeck-Koeffizienten. Nach den in Bild 2.1-5 beschriebenen Gleichungen muß dann die Fermienergie eines Halbleiters, welcher die genannten Vorbedingungen erfüllt, etwa linear mit der Temperatur abfallen (n-Leiter) oder zunehmen (p-Halbleiter), wie auch in Bild 3.2.1-1 dargestellt. Dieser Verlauf wird in der Praxis in brauchbarer Näherung bestätigt (Bild 3.2.1-3).

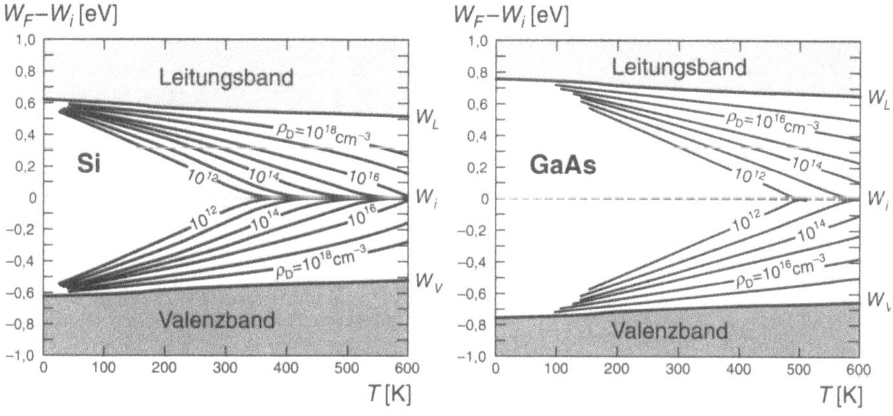

Bild 3.2.1-3   Temperaturabhängigkeit der Fermienergie für n- und p-leitendes Silizium und Galliumarsenid (s. Band 2, Bild 4.2-5, nach [3.3])

Bei einer genaueren Betrachtung der thermoelektrischen Effekte müssen weitere Einflüsse berücksichtigt werden [3.4]:

$$\text{n - Leiter:} \quad \alpha_s^n = -\frac{k}{|q|}\left(\ln\frac{N_L}{\rho_n} + \frac{5}{2} + s_n + \Phi_n \right) \tag{14a}$$

$$\text{p - Leiter:} \quad \alpha_s^p = +\frac{k}{|q|}\left(\ln\frac{N_V}{\rho_p} + \frac{5}{2} + s_p + \Phi_p \right) \tag{14b}$$

$$\left.\begin{array}{l} -1 < s_i < +2 \\[2em] 0(\text{hochdotiertes Si}) < \Phi_i < 5 \ \ (\text{niedrig dotiertes Si bei } 300\,\text{K}) \end{array}\right\} i = n, p \tag{15}$$

Durch den Beitrag $1 + s_i$ in der Klammer wird die unterschiedliche Ladungsträgergeschwindigkeit zwischen dem heißen und kalten Ende des Leiters berücksichtigt, weiterhin die Temperaturabhängigkeit der Ladungsträgerbeweglichkeit (Band 2, Abschnitt 4.3.3). Φ_i beschreibt den Einfluß des **phonon drags:** Phononen (Gitterschwingungen) bewegen sich ständig vom heißen zum kalten Ende (und erzeugen dabei eine Wärmeleitung), dabei "treiben sie Ladungsträger vor sich her". In Bild 3.2.1-4 sind die Seebeck-Koeffizienten unterschiedlich dotierter Siliziumproben zusammengestellt.

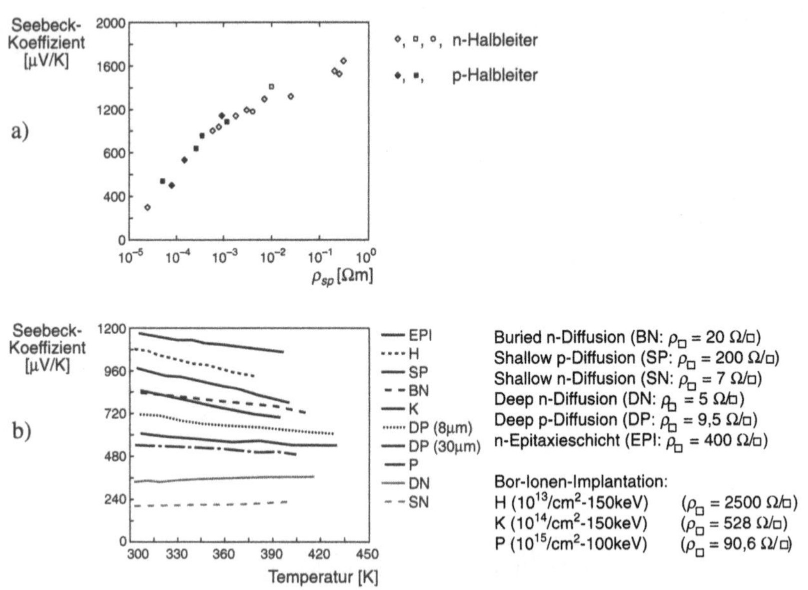

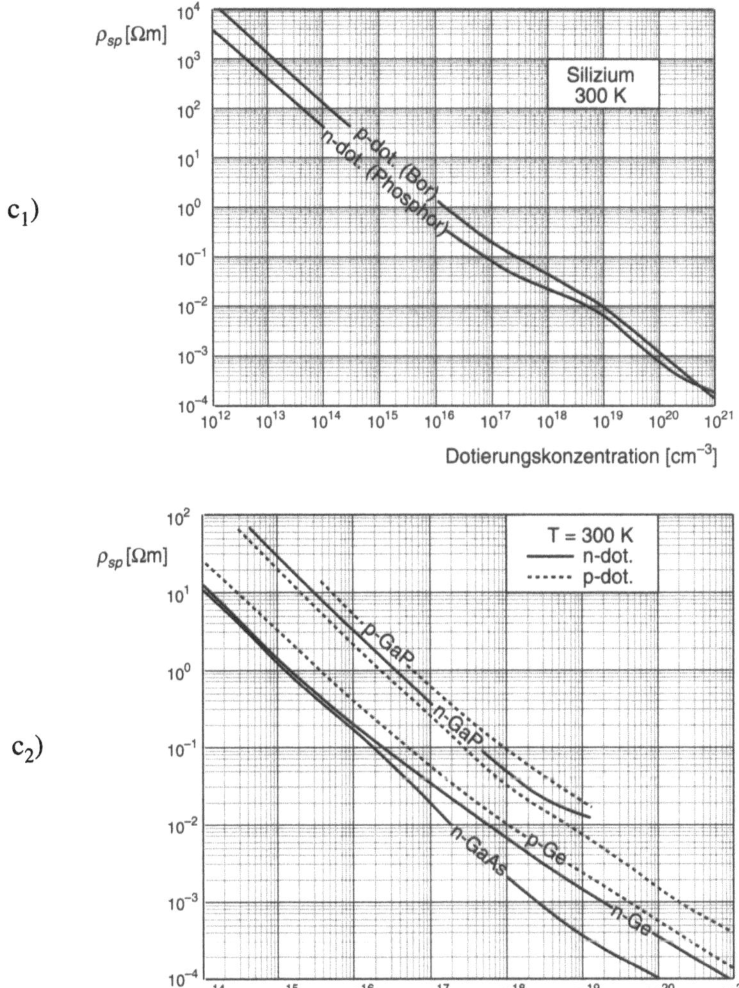

Bild 3.2.1-4   Seebeck-Koeffizienten in unterschiedlich dotiertem Silizium (a) und b) nach [3.4]):

    a) Raumtemperaturwerte für verschiedene Dotierungen in homogen dotiertem Silizium

    b) Temperaturabhängigkeit des Seebeck-Koeffizienten für technologisch relevante diffundierte Dotierungschichten

    c) Umrechnungstabelle von spezifischem Widerstand und Fremdatomkonzentration in verschiedenen Halbleitern (nach [3.5])

Die Größenordnung des Seebeck-Koeffizienten ist $k/|q|$ =86,6 µV/K, dieser Wert kann bei Halbleitern durch eine niedrige Dotierung erheblich vergrößert werden. Wie aus Bild 3.2.1-3 zu erwarten, nimmt der Seebeck-Koeffizient bei hohen Temperaturen und Beginn der Eigenleitung ab auf kleine Werte (Bild 3.2.1-5):

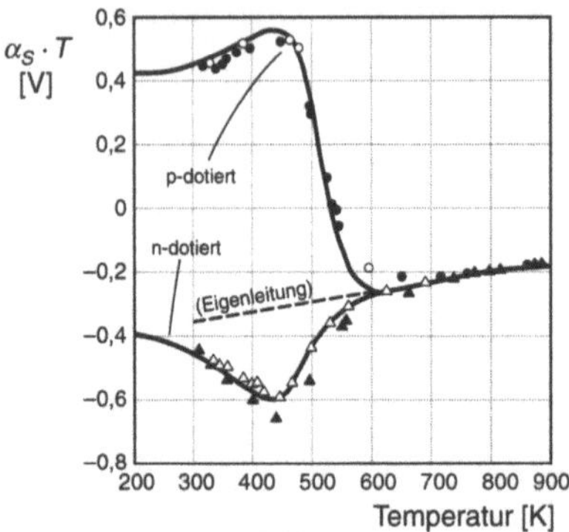

Bild 3.2.1-5   Temperaturabhängigkeit des Seebeck-Koeffizienten in Silizium bis hin zu hohen Temperaturen, bei denen die Eigenleitung einsetzt (nach [3.6]).

Tab. 3.2.1-1:   Thermoelektrische Daten von Halbleitern und Metallen aus verschiedenen Quellen (nach [3.4 und 3.7]). Z ist eine in Abschnitt 3.2.4 definierte Gütezahl

Werkstoff	σ_{Sp} [S/cm]	Raumtemperatur- werte $|\alpha_s|$ [µV/°C]	Thermische Leit- fähigkeit [W/(cm·K)]	Z [K^{-1}]
Cu	$5{,}9 \times 10^5$	2,5	3,96	$9{,}3 \times 10^{-7}$
Ni	$1{,}5 \times 10^5$	18	0,87	$5{,}6 \times 10^{-5}$
Bi	$8{,}6 \times 10^9$	75	0,08	$6{,}0 \times 10^{-4}$
Ge	1000	200	0,636	$6{,}3 \times 10^{-7}$
Si	500	200	1,133	$1{,}8 \times 10^{-5}$
InSb	2000	200	0,17	$4{,}7 \times 10^{-4}$
InAs	3000	200	0,315	$3{,}8 \times 10^{-4}$
Bi_2Te_3	1000	220	0,02	$2{,}3 \times 10^{-3}$
ZnSb	556	170	0,03	$5{,}8 \times 10^{-4}$

Metalle	α_s (273 K) [µV/K]	α_s (300 K) [µV/K]
Pb	−0,995	−1,04
Cu	+1,70	+1,83
Ag	+1,38	+1,51
Au	+1,79	+1,94
Pt	−4,45	−5,28
Pd	−9,00	−9,99
W	+0,13	+1,07
Mo	+4,71	+5,57
Cr	+18,80	+17,30
V	+0,13	+1,00
Rh	+0,48	+0,40
Ni	−18,00	
Al		−1,70

Werkstoff	$\rho_{Sp}\,[\Omega\text{m}]$	$\alpha_s\,[\mu\text{V/K}]$	$Z\,[\text{K}^{-1}]$
Si	$3,5 \times 10^{-5}$	450	$4,0 \times 10\text{-}5$
Positive Thermoelemente			
ZnSb			$1,0 \times 10^{-3}$
PbTe			$< 1,2 \times 10^{-3}$
PbSe			$< 1,2 \times 10^{-3}$
Sb_2Te_3	$5,0 \times 10^{-5}$	+130	$1,2 \times 10^{-3}$
Bi_2Te_3		+190	$1,8 \times 10^{-3}$
Ge (Dünnfilm)	$8,3 \times 10^{-4}$	+420	$3,3 \times 10^{-6}$
InAs	$2,0 \times 10^{-5}$	+200	$8,0 \times 10^{-5}$
Bi_2Te_3	$1,2 \times 10^{-5}$		$2,2 \times 10^{-3}$
$Bi_2Te_3 - 25\%Bi_2Se_3$			$2,7 \times 10^{-3}$
$Bi_2Te_3 - 10\%Bi_2Se_3$			$2,8 \times 10^{-3}$
Negative Thermoelemente			
PbTe	$7,7 \times 10^{-6}$		$1,5 \times 10^{-3}$
Bi_2Te_3		−210	$2,3 \times 10^{-3}$
Ge (Dünnfilm)	$6,9 \times 10^{-3}$	−548	$6,8 \times 10^{-7}$
InAs	$2,0 \times 10^{-5}$	−180	$2,7 \times 10^{-5}$
$InP_{0,1}As_{0,9}$			$6,0 \times 10^{-4}$
Bi_2Te_3	$8,2 \times 10^{-6}$		$2,6 \times 10^{-3}$
$Bi_2Te_3 - 25\%Sb_2Te_3$			$2,2 \times 10^{-3}$
$Bi_2Te_3 - 50\%Sb_2Te_3$			$2,8 \times 10^{-3}$
$Bi_2Te_3 - 74\%Sb_2Te_3$			$3,0 \times 10^{-3}$

Die Seebeck-Koeffizienten von Metallen und vielen Halbleiterverbindungen liegen deutlich niedriger als die von schwach dotiertem Silizium (Tab. 3.2.1-1). Die verschiedenen Werkstoffe lassen sich in einer thermoelektrischen Spannungsreihe nach der Größe ihrer Seebeck-Koeffizienten anordnen, wobei willkürlich Blei oder Platin als Referenzwerkstoff gewählt werden können (Bild 3.2.1-6):

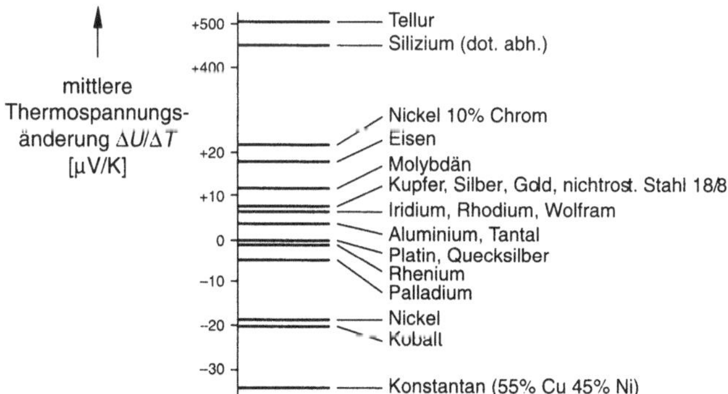

Bild 3.2.1-6   Thermoelektrische Spannungsreihe: Platin oder Quecksilber werden meßtechnisch als Referenzwerkstoff eingesetzt. Dargestellt ist die mittlere Thermospannungsänderung zwischen 0 und 100°C (nach [3.8])

Die Abhängigkeit der an einem *geschlossenen* Stromkreis (wie z.B. in Bild 3.2.1-2) an einem Ort konstanter Temperatur gemessenen äußeren Spannung von der durch den Stromkreis fließenden Stromdichte läßt sich durch Integration der Gleichungen (5) und (10) entlang des Stromkreises durchführen. Eine ausführlichere Diskussion dieses Problemkreises für den isothermen Fall (2) war in Band 2, Abschnitt 7.2.1, im Zusammenhang mit dem Stromfluß über eine Barriere nach dem thermionischen und Diffusionsmodell durchgeführt worden.

Für einen monopolaren Elektronenleiter erhält man aus (5) bei einer Integration von x_1 (Anfang des Stromkreises) bis x_2 (Ende des Stromkreises):

$$\int_{x_1}^{x_2} j_n^T\left(x'\right)dx' = -\int_{x_1}^{x_2}\rho_n\left(x'\right)\cdot\frac{\mu_n}{|q|}\cdot\left\{+\frac{dW_F^{nL}}{dx'}+S_n\left(x'\right)\frac{dT}{dx'}\right\}dx' \tag{16}$$

$$= -\int_{x_1}^{x_2}\rho_n\left(x'\right)\cdot\frac{\mu_n}{|q|}\cdot\left\{+\frac{dW_F^{nL}}{dx'}+k\left(\ln\frac{N_L}{\rho_n\left(x'\right)}+\frac{3}{2}\right)\frac{dT}{dx'}\right\}dx' \tag{17}$$

Im einfachstmöglichen Fall eines *homogenen* Elektronenleiters ist die Ladungsträgerdichte ρ_D und die Entropie pro Teilchen konstant. Bei einem Aufbau des Stromkreises wie in Bild 3.2.1-1 und konstantem Leiterquerschnitt (d.h. konstanter Strom*dichte*) mit der Länge $x_2 - x_1$ des thermoelektrisch aktiven Teils erhält man dann einfach aus (16):

$$j_n^T\cdot\left(x_2-x_1\right) = -\rho_D\cdot\frac{\mu_n}{|q|}\left\{W_F^{nL}\left(x_2\right)-W_F^{nL}\left(x_1\right)+S_n\left(T_2-T_1\right)\right\} \tag{18}$$

$$= -\rho_D\cdot\frac{\mu_n}{|q|}\left\{|q|U_a\left(x_1\right)-|q|U_a\left(x_2\right)+S_n\left(T_2-T_1\right)\right\} \tag{19}$$

3.2.2 Thermoelemente

In Bild 3.2.1-1 war dargestellt worden, daß mit Hilfe einer Serienschaltung von zwei Leitern ein Bauelement hergestellt werden kann, das bei geeigneter Wirkung eines Temperaturgradienten eine Differenz der Fermienergie und damit eine äußere elektrisch durch einen Verbraucher belastbare Spannung U_a (EMK) erzeugen kann. Zur Herleitung des Seebeck-Koeffizienten war ein hypothetischer thermoelektrisch *passiver* zweiter Leiter angenommen worden. Bei Verwendung realistischer Werkstoffe muß auch die Temperaturabhängigkeit der Fermienergie des zweiten Leiters berücksichtigt werden: Analog zu Bild 3.2.1-1 ergibt sich dadurch eine vergrößerte oder verkleinerte Differenz der Fermienergien bei T_1 (Thermospannung). Bild 3.2.2-1 zeigt die verschiedenen Möglichkeiten.

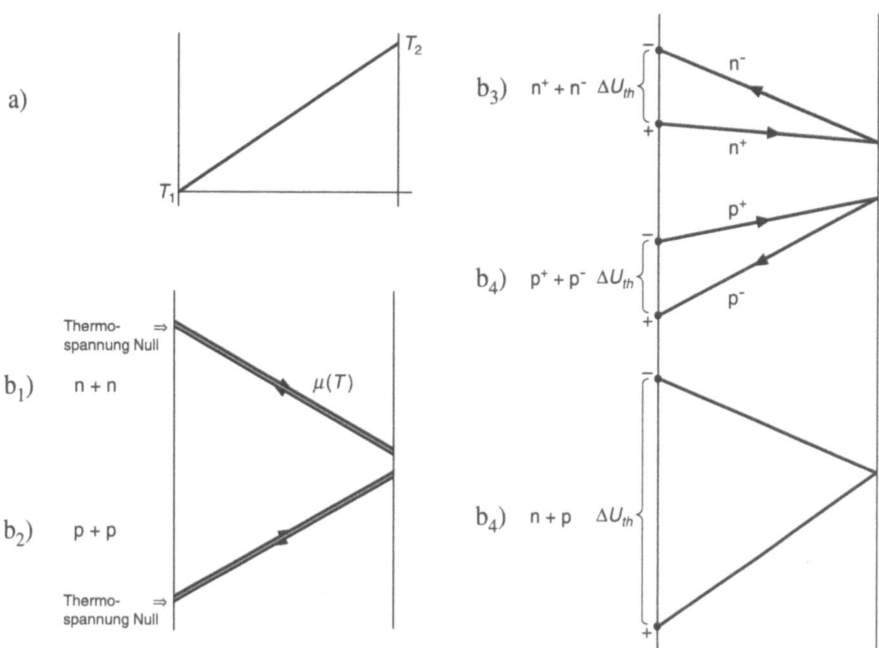

Bild 3.2.2-1   Entstehung einer Differenz von Fermienergien (mit daraus resultierender Thermospannung ΔU_{th}) bei Serienschaltung zweier Leiter aus verschiedenen Werkstoffen. Die Werkstoffe werden folgendermaßen charakterisiert:

n⁻: großer negativer Seebeck-Koeffizient (wie schwach n-dotierter Halbleiter)

n⁺: kleiner negativer Seebeck-Koeffizient (wie stark n-dotierter Halbleiter)

p⁻: großer positiver Seebeck-Koeffizient (wie schwach p-dotierter Halbleiter)

p⁺: kleiner positiver Seebeck-Koeffizient (wie stark p-dotierter Halbleiter)

a)   angenommener linearer Ortsverlauf der Temperatur

b)   Ortsverlauf der Fermienergie für konstante Seebeck-Koeffizienten (vgl. Bilder 3.2.1-3) für verschiedene Kombinationen Leiter 1 + Leiter 2 entsprechend der oben eingeführten Charakterisierung.

$b_1 + b_2$: jeweils **identische Leiter: keine Thermospannung**

$b_3 + b_4$: Leiter gleichen Leitungstyps, aber mit unterschiedlichem Seebeck-Koeffizienten: relativ **kleine Thermospannung**

b_5: Leiter entgegengesetzten Leitungstyps: relativ **große Thermospannung**

Die größten Thermospannungen liefert offenbar die Kombination zweier Leiter mit Seebeck-Koeffizienten unterschiedlichen Vorzeichens: In diesem Fall addieren sich die Absolutbeträge der Thermospannungen beider Leiter.

Die quantitative Auswertung erfolgt bei Thermoelementen durch Integration der Stromdichtegleichung unter den Voraussetzungen von (3. 2.1-19), wobei vom Leerlauffall $j_n^T = 0$ ausgegangen wird. Wie bereits in Abschnitt 3.2.2 ausgeführt, hat U_a nur dann die Bedeutung einer von außen meßbaren Spannung, wenn die beiden freien Enden des Thermoelements auf derselben Temperatur liegen. Die Integration kann dabei über eine beliebige Folge hintereinander geschalteter Leiter mit unterschiedlichem thermoelektrischen Verhalten durchgeführt werden. Für ein Zweileiter-Thermoelement wie in Bild 3.2.2-1 ergibt sich dann mit den entsprechenden Seebeck-Koeffizienten $\alpha_s^{(i)}$:

$$\int_{x_1}^{x_2} \frac{1}{|q|} \frac{dW_F^{(1)}}{dx} dx + \int_{x_2}^{x_1} \frac{1}{|q|} \frac{dW_F^{(2)}}{dx} dx = \int_{x_1}^{x_2} \alpha_s^{(1)} \frac{dT}{dx} dx + \int_{x_2}^{x_1} \alpha_s^{(2)} \frac{dT}{dx} dx \qquad (1)$$

$$\underset{\substack{\alpha_s^{(1)}=\text{const}(x) \\ \alpha_s^{(2)}=\text{const}(x)}}{\Rightarrow} \quad \frac{1}{|q|}\left\{ \left(W_F^{(1)}(x_2) - W_F^{(1)}(x_1) \right) + \left(W_F^{(2)}(x_1) - W_F^{(2)}(x_2) \right) \right\} =$$

$$= \alpha_s^{(1)}(T_2 - T_1) + \alpha_s^{(2)}(T_1 - T_2) \qquad (2)$$

Am Ort der metallurgischen Verbindung (Schweißverbindung) beider Leiter des Thermoelements gilt dann wie in (3.2.1-6c) nach Einstellung des thermischen Gleichgewichts durch Bildung einer Dipolschicht (Band 1, Abschnitt 2.8.3; Band 2, Abschnitt 5.1):

$$W_F^{(1)}(x_2) = W_F^{(2)}(x_2) \qquad (3)$$

Damit vereinfacht sich (2) zu:

$$\frac{1}{|q|}\left\{ W_F^{(2)}(x_1) - W_F^{(1)}(x_1) \right\} = -\frac{1}{|q|}\left\{ W_F^{(1)}(x_1) - W_F^{(2)}(x_1) \right\} =$$

$$= U_a^{(1)}(x_1) - U_a^{(2)}(x_1) := \Delta U_{th} = \left\{ \alpha_s^{(1)} - \alpha_s^{(2)} \right\}(T_2 - T_1) \qquad (4)$$

mit der bereits in Bild 3.2.2-1 definierten Thermospannung ΔU_{th} (die Polung der äußeren Spannung U_a erfolgt immer so, daß dem höheren Wert der Fermienergie der Minuspol, dem niedrigeren der Pluspol entspricht).

Aus (4) folgt unmittelbar, daß – je nach Vorzeichen der $\alpha_s^{(i)}$ – in einem Thermoelement die Summe oder Differenz der Seebeck-Koeffizienten eingeht, wie in Bild 3.2.2-1 anschaulich beschrieben. Weiterhin hängt die Thermospannung bei *nicht orts-*

oder temperaturabhängigen $\alpha_s^{(i)}$ *nur ab von der Temperatur*differenz, *nicht aber von dem wirklich vorhandenen Temperaturverlauf T(x).*

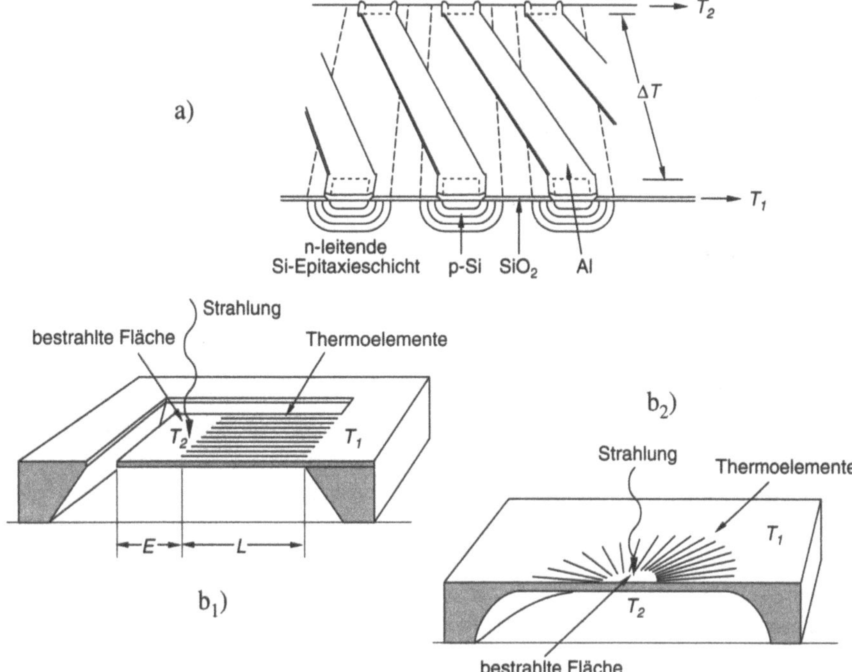

Bild 3.2.2-2 Anwendung von Halbleiter-Thermoelementen (nach [3.4]):

a) Hintereinanderschaltung einer Vielzahl von Thermoelementen aus p-Silizium und Aluminium, die sich in einer integrierten Technik (d.h. in *einem* Fertigungsschritt) herstellen läßt: In ein n-dotiertes Halbleitersubstrat werden parallele niedrig p-dotierte Siliziumstreifen eindiffundiert (oder ionenimplantiert), die – wie im Bild dargestellt – durch Aluminiumstreifen verbunden werden. Die Herstellung der Struktur erfolgt über einen Planarprozeß (Band 2, Abschnitt 8.2). Die Temperaturdifferenz wird zwischen der hinteren und der vorderen Reihe von Silizium-Aluminiumkontakten erzeugt. Wegen der Serienschaltung vieler Thermelemente (**Thermoelementkaskade**) ergeben sich hohe Ausgangssignale und damit eine große Empfindlichkeit.

b) Ausführungsformen für die Anwendung der Thermoelementkaskade aus a) für ein Bolometer. Um eine möglichst große Temperaturerhöhung durch die auffallende Strahlung zu erzielen, wird das unterhalb der Thermoelemente liegende Silizium über Verfahren der Mikromechanik (Band 1, Abschnitt 3.4) entfernt. Hierdurch wird eine Verringerung der Temperatur T_2 aufgrund einer Wärmeleitung in das Substrat unterdrückt. Die Thermoelemente können sowohl parallel wie radial angeordnet werden. Sensoren dieser Art können auf demselben Kristall (Chip) zusammen mit einer integrierten Schaltung (Band 2, Abschnitt 12) hergestellt werden, so daß die Thermospannung im gleichen Bauelement verstärkt und verarbeitet werden kann. Dieses ist ein Beispiel für einen **integrierten Sensor**.

Um möglichst große Meßsignale zu erhalten, müssen nach (4) für Thermoelemente p- und n-leitende Werkstoffe mit möglichst großen Seebeck-Koeffizienten eingesetzt werden. Nach den Daten in Abschnitt 3.2.1 wären hierfür im Prinzip niedrig dotierte Halbleiter am besten geeignet. Dennoch werden solche Thermoelemente nur in wenigen Sonderfällen eingesetzt aus den folgenden Gründen:

– Die Orte für die Messung und die Festlegung der Referenztemperatur T_l sollten in großem räumlichen Abstand vom Ort der Meßtemperatur gewählt werden, weil anderenfalls eine gegenseitige Beeinflussung durch Wärmeleitung zu einer Verfälschung der Meßergebnisse führt.

– die Zuleitungen zum Meßpunkt sollten robust und mechanisch beanspruchbar sein, dabei sollten störanfällige Übergänge zwischen unterschiedlichen Werkstoffen vermieden werden.

Beide Randbedingungen lassen sich bei Anwendung von Halbleiterwerkstoffen nicht erfüllen: Die Überbrückung größerer räumlicher Entfernungen mit halbleitenden elektrischen Leitern ist unmöglich, da die Abmessungen von Halbleiterbauelementen in der Regel auf die Größe der Einkristallscheiben (Band 2, Abschnitt 8.1) beschränkt sind, außerdem sind die Halbleiterwerkstoffe meist spröde und damit bruchanfällig. Das technologische Problem der Herstellung von Halbleiter-Metallkontakten, die auch bei höheren Temperaturen (z.B. 500 °C) noch stabil sind, ist heute immer noch problematisch. Vielversprechende Anwendungsmöglichkeiten von Halbleiterthermoelementen ergeben sich aber im Bereich der Bolometer (Messung einer Strahlungsintensität über eine Temperaturerhöhung im Sensor, Bild 3.2.2-2, s. auch Abschnitt 6.3).

Sehr negativ auswirken können sich *parasitäre Thermospannungen* in Halbleiterbauelementen, z.B. in integrierten Schaltungen. Gerade bei hochverstärkenden Bauelementen sind daher eine sorgfältige Kompensation solcher Spannungen, sowie Maßnahmen zur Unterdrückung thermisch generierter Instabilitäten (z.B. Neigung zu parasitären Schwingungen) unbedingt erforderlich.

Im Gegensatz zu den Halbleiterwerkstoffen kann eine Vielzahl reiner Metalle und Metallegierungen die obengenannten Kriterien für die Herstellung praktisch einsetzbarer Thermoelementen erfüllen: Die plastisch leicht verformbaren (Band 1, Abschnitt 3.2.1) Metalle lassen sich gut zu *Drähten* verarbeiten, bei denen auch nach intensiver mechanischer Beanspruchung (Zug, Druck, Biegung u.a.) nur in ungünstigen Fällen ein Bruch (Band 1, Abschnitt 3.5) auftritt. Über langgestrecke Metalldrähte lassen sich auch größere Entfernungen niederohmig überbrücken. Die Isolation der beiden Thermoelementdrähte gegeneinander kann durch Keramikröhrchen erfolgen. In Bild 3.2.2-3 und Tab. 3.2.2-1 sind die Daten verschiedener praktisch wichtiger Thermoelementkombinationen von Metallen und Metallegierungen zusammengestellt.

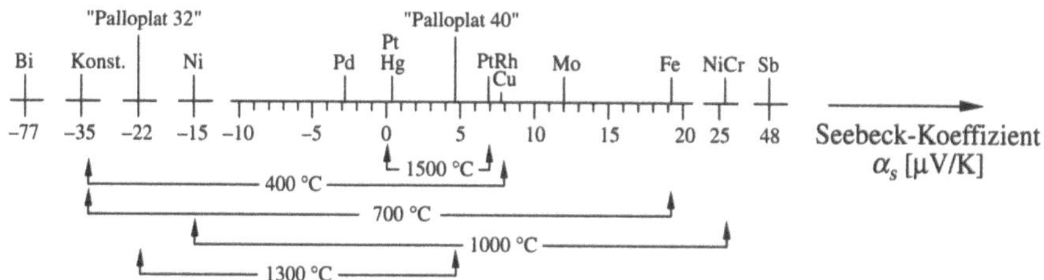

Bild 3.2.2-3   Praktisch wichtige Kombinationen von Metallen und Metallegierungen für die Herstellung von Thermoelementen. Eingetragen ist weiterhin die maximal zulässige Betriebstemperatur (nach [3.9]).

Tab. 3.2.2-1   Eigenschaften wichtiger Thermoelement-Werkstoffe (nach [3.10]).

Technische Daten

Werkstoff	Cu	CuNi	Fe	NiCr	Ni	PtRh	Pt	Einheit
Dichte bei 20°C	8,9	8,8 bis 8,9	7,8 bis 7,9	8,5 bis 8,6	8,6 bis 8,8	20,0	21,4	$\frac{kg}{dm^3}$
Zusammensetzung (angenähert)	E Cu	≈45 % Ni ≈55 % Cu	Fe	≈90 % Ni ≈10 % Cr	NiMn3Al	90 % Pt 10 % Rh	Pt	Gewichts-%
Spezifischer elektrischer Widerstand bei 20°C	0,017	≈0,49	≈0,12	≈0,72	≈0,27	0,193	0,107	$\frac{\Omega\,mm^2}{m}$
Mittlerer Temperaturkoeffizient des elektrischen Widerstands	von 20 bis 600°C: $4,3 \cdot 10^{-3}$	von 20 bis 600°C: ≈$0,05 \cdot 10^{-3}$	von 20 bis 600°C: ≈$9,5 \cdot 10^{-3}$	von 20 bis 1000°C: ≈$0,27 \cdot 10^{-3}$	von 20 bis 1000°C: ≈$1,2 \cdot 10^{-3}$	von 20 bis 1600°C: $1,4 \cdot 10^{-3}$	von 20 bis 1600°C: $3,1 \cdot 10^{-3}$	$\frac{1}{K}$
Wärmeleitfähigkeit	bei 20°C: 390 bei 500°C: 360	von 0 bis 300°C: 40	bei 20°C: 75 bei 800°C: 35	von 0 bis 300°C: 15	von 20 bis 700°C: 60	bei 20°C: 30	bei 20°C: 70	$\frac{W}{mK}$
Spezifische Wärmekapazität	bei 20°C: 380 bei 500°C: 440	von 0 bis 300°C: 420	bei 20°C: 460 bei 800°C: 710	von 0 bis 300°C: 420	von 20 bis 400°C: 550	bei 0°C: 145	bei 0°C: 135	$\frac{J}{kgK}$
Mittlerer Längenausdehnungskoeffizient	von 20 bis 600°C: $18,0 \cdot 10^{-6}$	von 20 bis 600°C: $16,8 \cdot 10^{-6}$	von 20 bis 600°C: $14,6 \cdot 10^{-6}$	von 20 bis 600°C: $15,7 \cdot 10^{-6}$	von 20 bis 600°C: $16,0 \cdot 10^{-6}$	von 20 bis 800°C: $9,0 \cdot 10^{-6}$	von 20 bis 800°C: $9,3 \cdot 10^{-6}$	$\frac{1}{K}$

Handelsname der Fa. Hoskins Co., USA

Bild 3.2.2-4 und Tab. 3.2.2-2 geben die Thermospannungen wichtiger Thermoelementenkombinationen über den zulässigen Temperaturbereich an.

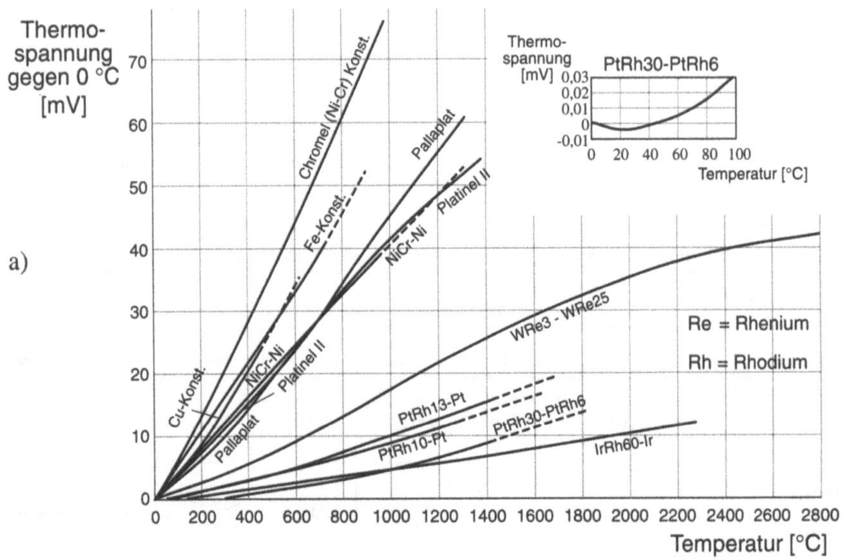

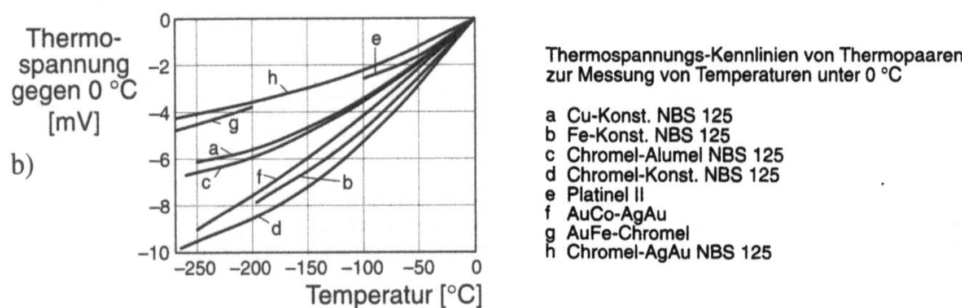

Bild 3.2.2-4:   Abhängigkeit der Thermospannung von der Temperatur für häufig verwendete metallische Thermoelemente (nach [3.8])

a) Kennlinien oberhalb 0 °C

b) Kennlinien unterhalb 0 °C

Tab. 3.2.2-2:   Grundwerte der Thermospannungen in mV (nach [3.10])

Kurzzeichen des Thermopaares	Cu-CuNi Typ U DIN 43710			Cu-CuNi Typ T DIN IEC 584-1		Fe-CuNi Typ L DIN 43710			Fe-CuNi Typ J DIN IEC 584-1		NiCr-Ni Typ K DIN IEC 584-1		Pallaplat®			PtRh-Pt Typ S DIN IEC 584-1		PtRh-Pt Typ R DIN IEC 584-1		PtRh-PtRh Typ B DIN IEC 584-1	
+Schenkel	Kupfer			Kupfer		Eisen			Eisen		Nickelchrom		Leg. 40			PtRh 90/10 %		PtRh 87/13 %		PtRh 70/30 %	
−Schenkel	Kupfernickel			Kupfernickel		Kupfernickel			Kupfernickel		Nickel		Leg. 32			Platin		Platin		PtRh 94/6 %	
Temperatur °C	Grundwerte mV	zulässige Abweichung °C	%	Grundwerte mV	zulässige Abweichung	Grundwerte mV	zulässige Abweichung °C	%	Grundwerte mV	zulässige Abweichung	Grundwerte mV	zulässige Abweichung	Grundwerte mV	zulässige Abweichung °C	%	Grundwerte mV	zulässige Abweichung	Grundwerte mV	zulässige Abweichung	Grundwerte mV	zulässige Abweichung
− 200	−5,70	2)	2)	−5,603	±1°C oder 0,015·ltl −200°C bis +40°C	−8,15	2)	2)	−7,890	±2,5°C oder 0,015·ltl −200°C bis +40°C	−5,891	2) 2)	–			–		–	±4°C oder 0,005·ltl	–	
− 100	−3,40			−3,378		−4,75			−4,632		−3,553		–			–		–		–	
± 0	0			0		0			0		0		0	–	–	0		0		0	
1) + 20	0,80	–	–	0,789		1,05	–	–	1,019		0,789		0,50			0,113		0,111		0	
1) + 50	2,05			2,035	±1°C oder 0,0075·ltl −40°C bis +350°C 3)	2,65			2,585	±2,5°C oder 0,0075·ltl −40°C bis +750°C 3)	2,022	±2,5°C oder 0,0075·ltl −40°C bis +1200°C	1,30			0,299	±1,5°C oder 0,0025·ltl ±0°C bis +1600°C	0,296	±1,5°C oder 0,0025·ltl ±0°C bis +1600°C 3)	0,002	
+ 100	4,25			4,277		5,37			5,268		4,095		2,86			0,645		0,647		0,033	
+ 200	9,20	±3	–	9,286		10,95	±3	–	10,777		8,137		6,50			1,440		1,468		0,178	
+ 300	14,90			14,860		16,56			16,325		12,207		10,60			2,323		2,400		0,431	
+ 400	21,00			20,869		22,16			21,846		16,395		15,05	±3	–	3,260		3,407		0,786	
+ 500	27,41	–	±0,75			27,85	–	±0,75	27,388		20,640		19,77			4,234		4,471		1,241	
+ 600	34,31					33,67			33,096		24,902		24,71			5,237		5,582		1,791	±1,5°C oder 0,0025·ltl +600°C bis +1700°C
+ 700						39,72			39,130		29,128		29,83			6,274		6,741		2,430	
+ 800						46,22	–	±0,75	45,498		33,277		35,08			7,345		7,949		3,154	
+ 900						53,14			51,875		37,325		40,31			8,448		9,203		3,957	
+1000									57,942		41,269		45,46	–	±0,5	9,585		10,503		4,833	
+1100									63,777		45,108		50,46			10,754		11,846		5,777	
+1200									69,536		48,828		55,39			11,947		13,224		6,783	
+1300											52,398		60,29			13,155		14,624		7,845	
+1400																14,368		16,035		8,952	
+1500																15,576		17,445		10,094	
+1600																16,771		18,842		11,257	
+1700																17,942		20,215		12,426	
+1800																				13,585	

Bei Betrachtung *großer Temperaturbereiche* muß eine Temperaturabhängigkeit des Seebeck-Koeffizienten berücksichtigt werden (Bild 3.2.2-5)

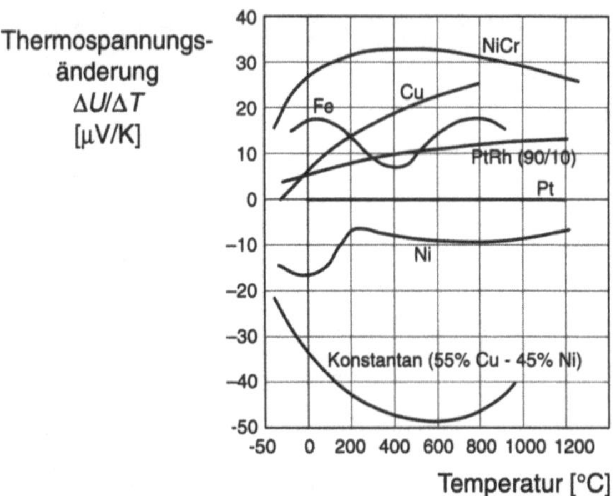

Bild 3.2.2-5   Temperaturabhängigkeit des Seebeckkoeffizienten unterschiedlicher Werkstoffe, gemessen gegen Platin (einer der beiden Leiter des Thermoelements besteht aus Platin, nach [3.8])

Innerhalb kleinerer Temperaturintervalle läßt sich die Temperaturabhängigkeit der Thermospannung approximieren durch die Überlagerung einer linearen mit einer quadratischen Abhängigkeit:

$$U_{th} = a\left(T - T_o\right) + b\left(T - T_o\right)^2 \qquad (5a)$$

Beispiele ($[T] = °C$):

$$\text{Fe - CuNi:} \quad U_{th} = 0,0523 \, \frac{\text{mV}}{°\text{C}} \cdot T + 1,3511 \cdot 10^{-5} \, \frac{\text{mV}}{°\text{C}^2} \cdot T^2 \qquad (5b)$$

$$\text{Cu - CuNi:} \quad U_{th} = 0,0394 \, \frac{\text{mV}}{°\text{C}} \cdot T + 3,1444 \cdot 10^{-5} \, \frac{\text{mV}}{°\text{C}^2} \cdot T^2 \qquad (5b)$$

Für die Temperaturabhängigkeit der Thermospannung gibt es genormte Werte (international IEC-Publikation 584-1, in Deutschland DIN-IEC 584-1 mit Grenzabweichungen in der ergänzenden Vorschrift 584-2, s. Bild 3.2.2-6). Diese Vorschriften gelten jeweils für den Anlieferungszustand vom Hersteller der Thermoelemente.

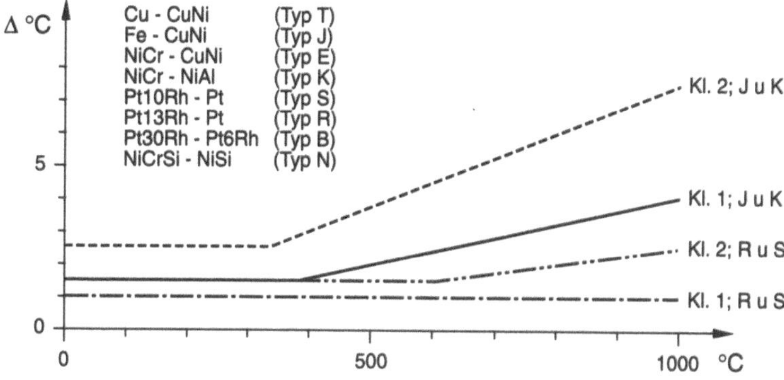

Bild 3.2.2-6   Grenzabweichungen für Thermoelemente nach DIN-IEC 584-2 (nach [3.1]).

Ein großer Vorteil für die Anwendung von Thermoelementen als Temperatursensoren liegt in dem hohen zulässigen Temperaturbereich (Tab. 3.2.2-3). Noch höhere Einsatztemperaturen bis ca. 2000 °C lassen sich mit Wofram-Molybdän- und Wolfram-Rhenium-Thermoelementen erzielen.

Tab. 3.2.2-3:   Grenzen der Verwendungstemperaturen von Thermoelementen bei Dauerbenutzung in reiner Luft nach deutscher und USA-Norm (nach [3.8]).

nach	Thermopaar											
	Cu-Konst		Fe-Konst		NiCr-Ni		NiCr-Konst		PtRh10-Pt	PtRh13-Pt	PtRh30-PtRh6	PtRh5-AuPd46Pt
	ø mm	C	ø mm	C	ø mm	C	ø mm	C	C	C	C	C
DIN 43712	0.5	400	3.0	700	3,0	1000			bei			
					(2.0)				0.35 mm ø und			
			1,0	600	1,38	900			0,50 mm ø			
ASTM	1,63	371	3,26	760	3,26	1260	3,26	871				
	0,81	260	1,63	593	1,63	1093	1,63	649	1300	1400	1500	1200
	0,51	204	0,81	482	0,81	928	0,81	538				
	0,32	204	0,51	371	0,51	871	0,51	427				
			0,32	371	0.32	871	0,32	427				

Der Dauerbetrieb von Thermoelementen bei sehr hohen Temperaturen ist nicht unproblematisch, da sich unter diesen Bedingungen die Korngrenzenstruktur (Rekristallisation, s. Band 1, Abschnitt 3.3), der Ordnungszustand der Legierung (s. Band 1, Abschnitt 4.2) und die Legierungszusammensetzung ändern kann (durch Aus- und Eindiffusion von Legierungskomponenten und Verunreinigungen, s. Bild 3.2.2-7), dabei können sich Verunreinigungen im ppm-Bereich auswirken.

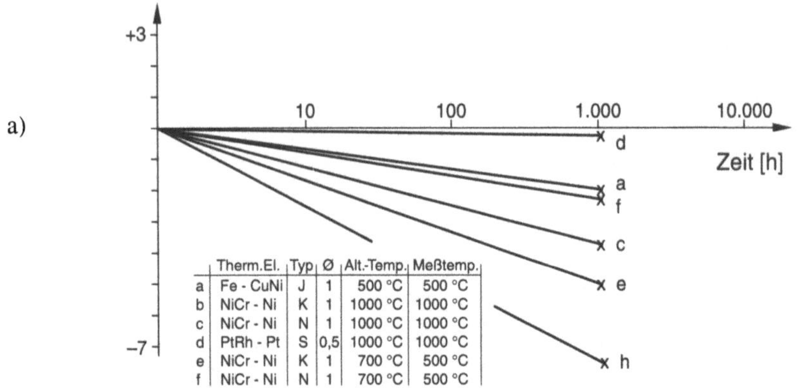

Therm.El.	Typ	Ø	Alt.-Temp.	Meßtemp.
a	Fe - CuNi	J	1	500 °C	500 °C
b	NiCr - Ni	K	1	1000 °C	1000 °C
c	NiCr - Ni	N	1	1000 °C	1000 °C
d	PtRh - Pt	S	0,5	1000 °C	1000 °C
e	NiCr - Ni	K	1	700 °C	500 °C
f	NiCr - Ni	N	1	700 °C	500 °C

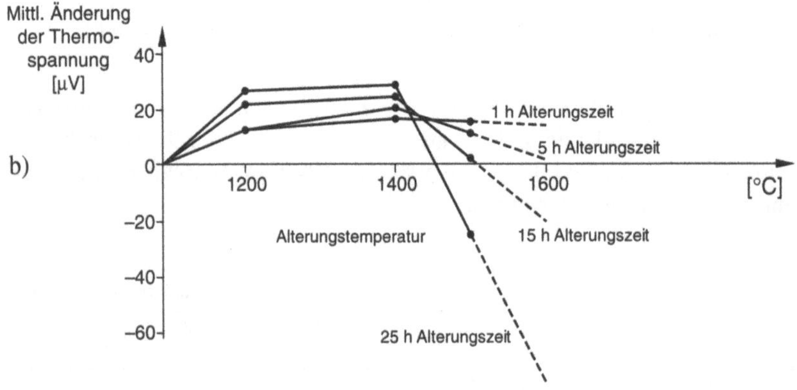

Bild 3.2.2-7   Alterungsverhalten von Thermoelementen

    a) Alterung in Luft (nach [3.1])

    b) Mittlere Änderung der Thermospannungvon PtRh10-Thermoelementen bei 1083 °C nach Auslagerung (durchgezogen: Auslagerungszeit 1h, sonst wie angegeben) bei höheren Temperaturen. Im Bereich bis 1400 °C werden im Thermoelementmaterial Gitterfehler ausgeheilt, weiterhin tritt eine Rekristallisation ein, oberhalb von 1400 °C beginnt die Abdampfung von Rhodium (nach [3.8].

Vor dem Eichen neu hergestellter Thermoelemente empfiehlt sich daher eine ausgedehnte Temperbehandlung zur Stabilisierung der Werkstoffparameter.

Die eingeschränkte Alterungsbeständigkeit der Thermoelemente bringt eine erhebliche Meßunsicherheit mit sich: Gerade bei Dauerbetrieb im Bereich höherer Temperaturen ist eine regelmäßige Nacheichung der Thermoelemente erforderlich.

Weitere Fehlerquellen entstehen durch Unvollkommenheiten in der metallurgischen Verbindung der beiden Thermoelementwerkstoffe: Die Herstellung zuverlässiger und hochtemperaturstabiler Schweißkontakte erfordert große Sorgfalt . Dasselbe gilt auch für Hartlöttechniken, die zusätzlich den zulässigen Temperaturbereich der Thermoelemente einschränken.

Bei Verwendung *dünner* Drähte haben Thermoelemente meist eine relativ kleine Wärmekapazität, die auch recht kurze Meßzeiten (z.B. unterhalb einer Sekunde) zuläßt. Nachteilig ist dann, daß die entscheidenden Bereiche des Thermoelements nur wenig geschützt der Umgebung ausgesetzt ist, d.h. mechanisch, elektrisch oder chemisch (insbesondere durch Reaktion mit dem Luftsauerstoff) verändert werden können. Beim Schutz der Thermoelemente durch Einbau in keramische oder metallische Gehäuse geht die geringe Wärmekapazität verloren: Die Zeitauflösung der Temperaturmessung kann sich bis in den Minutenbereich verschieben.

Eine wichtige passivierte Ausführungsform ist das **Mantelthermoelement**: Dabei werden die Thermoelementdrähte in ein isolierendes Keramikpulver (z.B. aus Magnesiumoxid MgO) eingebettet und von einem Metallmantel umgeben. Auf diese Weise läßt sich das Alterungsverhalten erheblich verbessern (Bild 3.2.2-8)

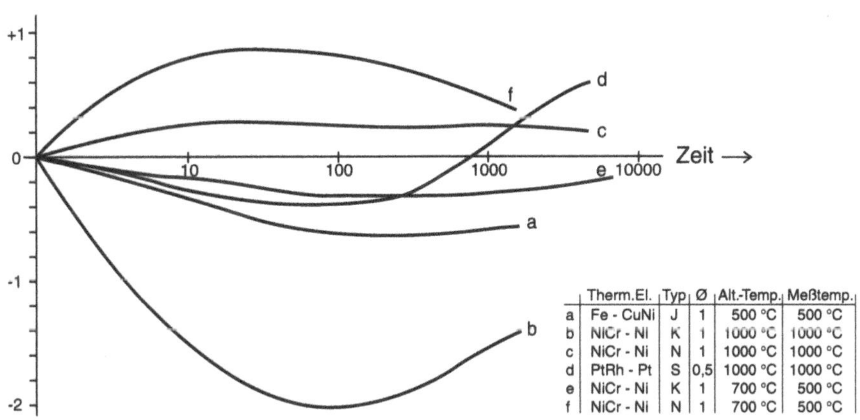

	Therm.El.	Typ	Ø	Alt.-Temp.	Meßtemp.
a	Fe - CuNi	J	1	500 °C	500 °C
b	NiCr - Ni	K	1	1000 °C	1000 °C
c	NiCr - Ni	N	1	1000 °C	1000 °C
d	PtRh - Pt	S	0,5	1000 °C	1000 °C
e	NiCr - Ni	K	1	700 °C	500 °C
f	NiCr - Ni	N	1	700 °C	500 °C

Bild 3.2.2-8   Alterungsverhalten von Mantelthermoelementen in Luft (nach [3.1])

Bild 3.2.2-9 zeigt verschiedene Ausführungs- und Einbauformen von Thermoelementen.

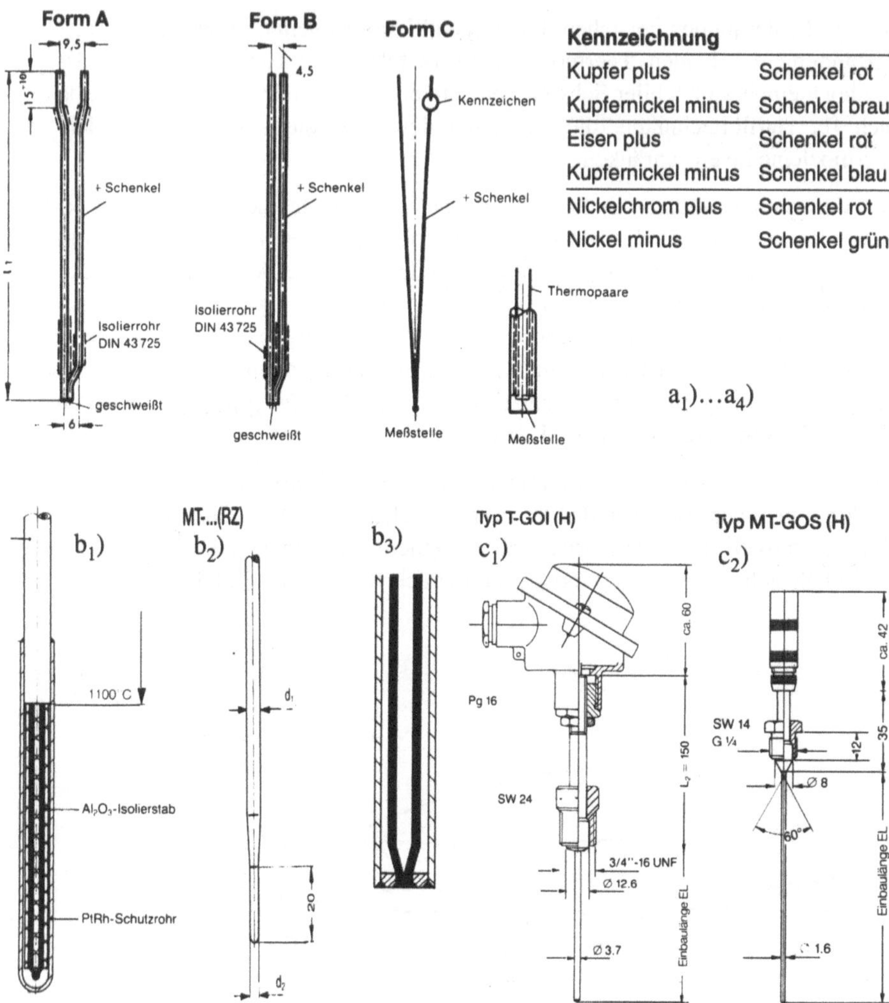

Bild 3.2.2-9: Ausführungs- und Einbauformen von Thermoelementen (nach [3.10]

a)   Thermopaare nach DIN 43 732 in blanker und isolierter Ausführung mit Kennzeichnungen für Thermoelemente aus Unedelmetallen

b₁-b₃) Mantelthermoelemente: b₁) Normalausführung; b₂) Ausführung mit verjüngter Meßspitze zur Verkleinerung der Ansprechzeit; b₃) Zur Verkleinerung der Ansprechzeit kann das Thermoelement mit dem Mantel verschweißt werden: Wegen der unterschiedlichen Wärmeausdehnung von Mantel- und Thermoelementwerkstoffen können hierbei mechanische Spannungen auftreten, außerdem können an der Schweißstelle schwer zu kontrollierende Legierungs- und Korrosionseffekte auftreten.

c)   Meßeinsätze (Meßarmaturen) für Thermoelemente (vorzugsweise Mantelthermoelemente) mit Anschlußköpfen für besondere Anwendungen (z.B. in Hochdruckanlagen)

Bei großen räumlichen Abständen zwischen Temperaturmeßpunkt und Abgriff der Thermospannung (meist bei Raumtemperatur) empfiehlt sich die Verwendung von **Ausgleichsleitungen** (mit gleichem Seebeck-Koeffizienten!) aus den folgenden Gründen

- die Thermoelementwerkstoffe sind häufig verhältnismäßig kostenintensiv; durch Verwendung weniger temperaturbeständiger (der größte Teil der Leitungen ist ohnehin nicht den Meßtemperaturen ausgesetzt), aber kostengünstigerer Materialien können daher die Kosten für das Thermoelement gesenkt werden.

- es kann ein **Draht mit größerem Querschnitt** zur Verminderung des Drahtwiderstandes (und damit der parasitären Jouleschen Wärme) eingesetzt werden.

Bild 3.2.2-10 zeigt den Meßaufbau eines Thermoelements mit und ohne Ausgleichsleitungen, Tab. 3.2.2-4 die Kennzeichnung für Ausgleichsleitungen. Als Werkstoffe für die edleren Ausgleichsleitungen sind Sonderlegierungen entwickelt worden.

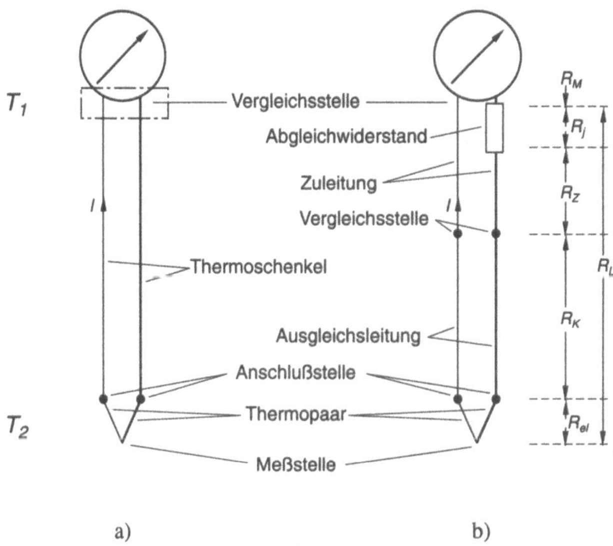

Bild 3.2.2-10   Meßaufbau eines Thermoelementes ohne (a) und mit (b) Ausgleichsleitungen (nach [3.8])

Tab. 3.2.2-4:   Farbkennzeichnung der Ausgleichsleitungen (nach [3.10])

Ausgleichs-leitung für Elementart	Kurzbe-zeichnung nach DIN IEC 584-1	Werkstoff des Thermopaares	Werkstoff-Kurzzeichen	Polarität	deutsche Farbkennzeichnung (DIN 43 714)*)		
					Einzelisolation des Leiters	Außenmantel	Kennfaden bei Stahldraht-umflechtung
NiCr-Ni	K	Nickelchrom	NiCr	plus	rot	grün	grün
		Nickel	Ni	minus	grün		
Fe-CuNi	J	Eisen	Fe	plus	rot	blau	blau
		Kupfernickel	CuNi	minus	blau		
Fe-CuNi (DIN 43 710)	L	Eisen	Fe	plus	rot	blau	blau
		Kupfernickel	CuNi	minus	blau		
Cu-CuNi	T	Kupfer	Cu	plus	rot	braun	braun
		Kupfernickel	CuNi	minus	braun		
Cu-CuNi (DIN 43 710)	U	Kupfer	Cu	plus	rot	weiß	braun
		Kupfernickel	CuNi	minus	weiß		
NiCr-CuNi	E	Nickelchrom	NiCr	plus	rot	schwarz	schwarz
		Kupfernickel	CuNi	minus	schwarz		
PtRh-Pt	S	Platinrhodium 90/10%	PtRh 90/10	plus	rot	weiß (naturfarben)	weiß
		Platin	Pt	minus	weiß (naturfarben)		
PtRh-Pt	R	Platinrhodium 87/13 %	PtRh 87/13	plus	—	—	—
		Platin	Pt	minus	—		
PtRh-PtRh	B	Platinrhodium 70/30 %	PtRh 70/30	plus	rot	grau	grau
		Platinrhodium 94/6 %	PtRh 94/6	minus	grau		

*) *Daneben bestehen unterschiedliche Farbkennzeichnungen nach nationalen Standards, so BS 1843, ANSI/MC 96.1, NFC 42-323, JIS C1610-1981. Eine einheitliche Norm zur Farbkennzeichnung für Ausgleichsleitungen befindet sich im Entwurf (DIN IEC 65B (CO) 63, Teil 4).*

Zusammenfassend ergeben sich die folgenden Vor- und Nachteile von Thermoelementen:

Vorteile:
– keine externe Stromversorgung erforderlich
– einfaches und überschaubares Meßsystem
– mechanisch relativ stark beanspruchbar
– vergleichsweise kostengünstig
– große Breite der einsetzbaren Werkstoffe
– ein großer Temperaturbereich kann abgedeckt werden

Nachteile:
– nichtlineare Temperaturkennlinie
– kleine Ausgangsspannungen
– Referenztemperatur erforderlich (s. folgender Abschnitt)
– weniger langzeitstabil als andere Temperatursensoren
– weniger empfindlich als andere Temperatursensoren.

3.2.3 Temperaturmessung mit Thermoelementen

In Bild 3.2.2-10 war die elektrische Schaltung zur Messung einer Temperatur T_2 relativ zu einer Temperatur T_1 am Meßinstrument mit Hilfe von Thermoelementen dargestellt worden. Bei einer genaueren Betrachtung [3.11] beschreibt die Temperatur T_1 die Verhältnisse an den *Eingangsklemmen* des Meßinstruments (Galvanometer, digitales Voltmeter, etc.) und nicht am Meßwerk selber, diesem wollen wir die Temperatur T_0 zuordnen. Dabei sind die Temperaturen $T_1^{(1)}$ und $T_1^{(2)}$ an den beiden Eingangsklemmen eher äußeren Einflüssen ausgesetzt als die Temperatur T_0 an dem durch ein Gehäuse geschützten Meßinstrument. Bild 3.2.3-1 zeigt die entsprechende Meßschaltung und den dazugehörigen Verlauf der Fermienergie in Abhängigkeit vom Ort.

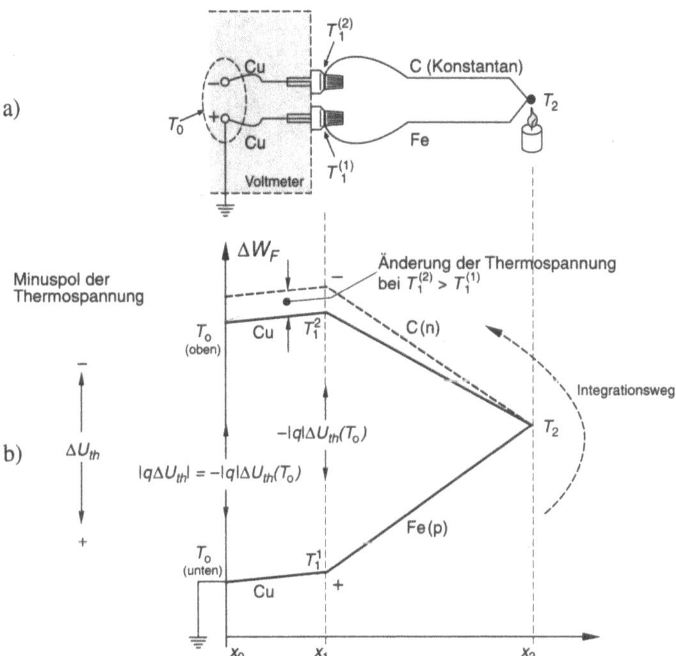

Bild 3.2.3-1   Temperaturmessung mit Thermoelementen bei Berücksichtigung der Tatsache, daß die Temperaturen $T_1^{(1)}$ und $T_1^{(2)}$ an den Eingangsklemmen des Meßinstruments verschieden sein kann von der Temperatur T_0 des Meßinstruments

    a) Aufbau der Meßschaltung: Wir nehmen an, daß die Zuleitungen zwischen Eingangsklemmen und Meßinstrument aus Kupfer bestehen, außerdem gehen wir zunächst von einem Eisen (Seebeck-Koeffizient wie p-Leiter)-Konstantan (Seebeck-Koeffizient wie n-Leiter)-Thermoelement aus.

    b) Ortsverlauf der Fermienergie für $T_1^{(1)}$, $T_1^{(2)} < T_2$ und die Randbedingungen $T_1^{(1)} = T_1^{(2)}$ (durchgezogen) und $T_1^{(1)} > T_1^{(2)}$ (gestrichelt).

Die Berechnung der Thermospannungen in Bild 3.2.3-1 kann durchgeführt werden wie in (3.2.2-1…4), dabei wird der in Bild 3.2.3-1b eingezeichnete Integrationsweg gewählt.

$$\int_{x_0(\text{unten})}^{\text{über } x_2 \text{ nach } x_0(\text{oben})}\left(-\frac{dU_a}{dx}\right)dx' = \int_{x_0(\text{unten})}^{\text{über } x_2 \text{ nach } x_0(\text{oben})}\left(a_s(x)\frac{dT}{dx}\right)dx'$$

$$\Rightarrow -U_a\left(x_0,\text{oben}\right) + U_a\left(x_0,\text{unten}\right)\underset{U_a(x_0,\text{unten}):=0}{=} -\Delta U_{th} = \qquad (1)$$
$$(\text{Massenanschluß})$$

$$= \int_{x_0}^{x_1} a_s^{\text{Cu}}\frac{dT}{dx}dx' + \int_{x_1}^{x_2} a_s^{\text{Fe}}\frac{dT}{dx}dx' + \int_{x_2}^{x_1} a_s^{\text{C}}\frac{dT}{dx}dx' + \int_{x_1}^{x_0} a_s^{\text{Cu}}\frac{dT}{dx}dx' =$$

$$= a_s^{\text{Cu}}\left(T_1^{(1)} - T_o\right) + a_s^{\text{Fe}}\left(T_2 - T_1^{(1)}\right) + a_s^{\text{C}}\left(T_1^{(2)} - T_2\right) + a_s^{\text{Cu}}\left(T_o - T_1^{(2)}\right) =$$

$$\Rightarrow -\Delta U_{th} = a_s^{\text{Cu}}\left(T_1^{(1)} - T_1^{(2)}\right) + a_s^{\text{Fe}}\left(T_2 - T_1^{(1)}\right) - a_s^{\text{C}}\left(T_2 - T_1^{(2)}\right) > 0 \Rightarrow \Delta U_{th} < 0 \ (2)$$

Aus (32) folgt ein wichtiges Resultat: **Nur wenn die beiden Temperaturen** $T_1^{(1)}$ **und** $T_1^{(2)}$ **an den Eingangsklemmen des Meßinstruments gleich sind, ergibt die Messung sinnvolle Werte**, da

– nur in diesem Fall T_1 als Referenztemperatur zu T_2 definiert ist

– die Temperatur T_0 am Meßinstrument nicht eingeht (die Fermienergien der durchgezogenen Kurve in Bild 3.2.3-1b verlaufen zwischen T_0 und T_1 parallel)

Es ist also für eine genaue Messung zwingend erforderlich, daß die beiden Eingangsklemmen auf derselben Temperatur T_1 liegen. Dieses kann dadurch erreicht werden, daß man die Übergänge zwischen den Thermoelementen und den Kupfer-Eingangsklemmen in einen **isothermen Block** (z.B. einen Klotz aus einem gut wärmeleitenden Material wie Kupfer) legt (Bild 3.2.3-2).

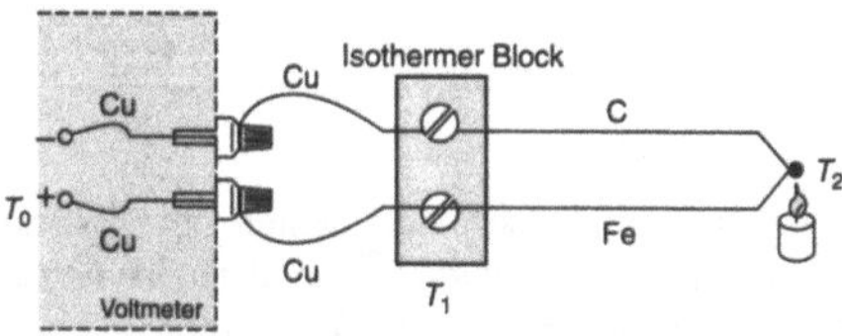

Bild 3.2.3-2   Temperaturmessung mit einem Thermoelement und einem isothermen Block, über den die Temperaturen der Eingangsklemmen zum Meßgerät auf demselben Wert gehalten werden. Nach (2) ergibt sich dann als Thermospannung im Meßgerät:

$$-\Delta U_{th} = \alpha_s^{Fe}\left(T_2 - T_1^1\right) - \alpha_s^{C}\left(T_2 - T_1^2\right) > 0 \Rightarrow \Delta U_{th} < 0 \qquad (3)$$

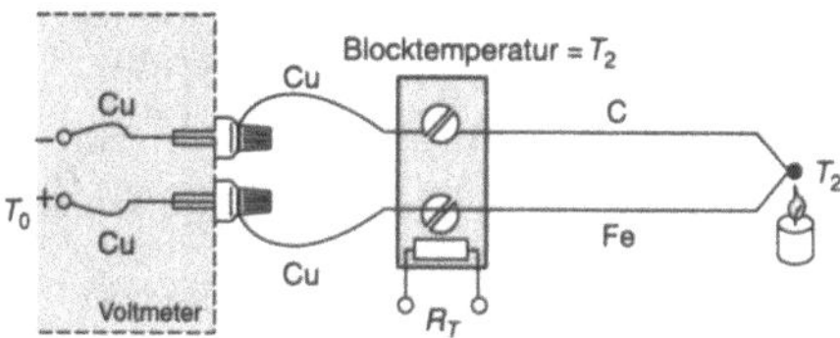

Bild 3.2.3-3   **Definierte Festlegung der Referenztemperatur T_1** durch Messung der Temperatur des isothermen Blocks, beispielsweise über einen Widerstands-Temperatursensor (Abschnitt 3.3)

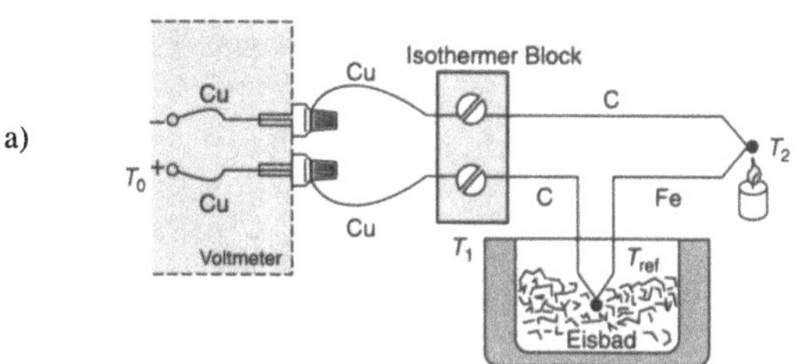

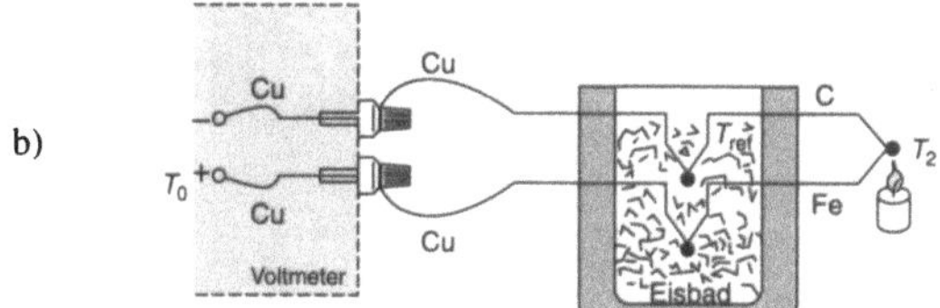

Bild 3.2.3-4   a) Festlegung der Referenztemperatur **durch ein Temperaturnormal** (Temperatur schmelzenden Eises). Die Berechnung der Thermospannung bei T_0 erfolgt analog zu (3):

$$-\Delta U_{th} = \alpha_s^{Cu}\left(T_1 - T_o\right) + \alpha_s^{C}\left(T_{ref} - T_1\right) + \alpha_s^{Fe}\left(T_2 - T_{ref}\right) +$$

$$\alpha_s^{C}\left(T_1 - T_2\right) + \alpha_s^{Cu}\left(T_o - T_1\right)$$

$$= \alpha_s^{Fe}\left(T_2 - T_{ref}\right) + \alpha_s^{C}\left(T_{ref} - T_1 + T_1 - T_2\right) = \left(\alpha_s^{Fe} - \alpha_s^{C}\right)\left(T_2 - T_{ref}\right) > 0 \qquad (4)$$

d.h. dieselbe Beziehung wie (3) mit $T_1 = T_{ref}$. Die Temperatur T_0 des Meßinstruments geht nicht ein.

b) Ein äquivalentes Meßverfahren ergibt sich also dadurch, daß man den isothermen Block mit den beiden Thermoelementübergängen auf Kupfer (der Block kann dann weggelassen werden) in ein Eisbad taucht: In diesem Fall wirkt das Eisbad gleichzeitig als isothermer Block.

Der Meßaufbau in Bild 3.2.3-2 hat den Nachteil, daß die Thermospannung nur dann ausgewertet werden kann, wenn die Referenztemperatur T_1 bekannt ist, d.h. diese muß durch einen zusätzlichen Sensor gemessen werden (Bild 3.2.3-3). Die Korrektur der Thermospannung mit der Temperatur T_1 kann in einem Rechner erfolgen.

Um die Messung zu vereinfachen und eine Rechnerkorrektur einzusparen, kann die Referenztemperatur auch durch ein physikalisch vorgegebenes Temperaturnormal, z.B. die Temperatur von schmelzendem Eis (ca. 0 °C) vorgegeben werden (Bild 3.2.3-4). Die Bereitstellung eines Eisbandes, in welches ständig Eis nachgefüllt werden muß, ist zwar technisch simpel, aber unbequem. Man kann das Eisbad auch durch eine gesteuerte Spannungsquelle ersetzen, wenn man von einer Schaltung wie in 3.2.3-4a ausgeht und über eine elektronische Schaltung dieselbe Thermospannung erzeugt, die an dem Thermoelement zwischen Eistemperatur und Blocktemperatur entsteht (Bild 3.2.3-5).

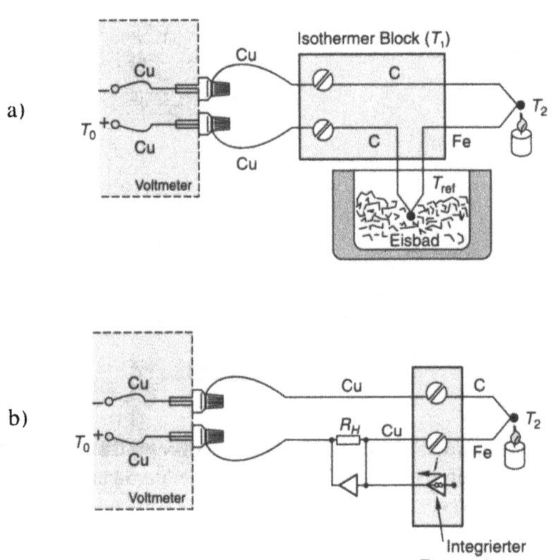

Bild 3.2.3-5   Ersatz des Eisbades zur Erzeugung der Referenztemperatur durch eine gesteuerte Spannungsquelle.

    a) Erweiterung des isothermen Blocks in Bild 3.2.3-4a. Die Funktion des Eisbades ist die Erzeugung einer Spannung, die durch die Thermospannung des Eisen-Konstantan-Thermoelements zwischen Eisbadtemperatur und Temperatur T_1 des isothermene Blocks definiert wird. Diese Spannung kann bei bekanntem T_1 auch für jede Thermoelementkombination berechnet und elektronisch erzeugt werden.

    b) Einspeisung der elektronisch erzeugten Referenzspannung in die Meßschaltung des Thermoelements. Die Messung der Temperatur T_1 des isothermen Blocks kann im Funktionsumfang der integrierten Schaltung enthalten sein, welche auch die Referenzspannung erzeugt.

3.2.4 Leistungsthermoelemente

Wie im Abschnitt 3.2.1 dargelegt, erzeugen Thermoelemente bei Wirkung eines Temperaturgradienten eine EMK, mit welcher ein Stromfluß durch einen Verbraucherwiderstand erzeugt werden kann. Damit können Thermoelemente als Stromgeneratoren eingesetzt werden; die für diese Anwendung optimierten Bauelemente werden als **Leistungsthermoelemente** oder **thermoelektrische Generatoren** bezeichnet. In Tab. 3.2.4-1 sind verschiedene Ausführungsformen und Anwendungsgebiete zusammengestellt, Bild 3.2.4-1 zeigt die Konstruktion eines flammenbeheizten Stromgenerators.

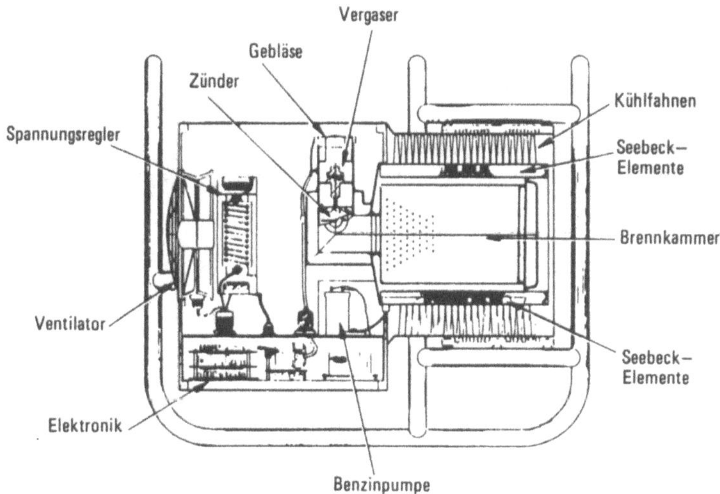

Bild 3.2.4-1   Flammenbeheizter thermoelektrischer Generator mit 500W elektrischer Leistung (nach [3.7]).

Tab. 3.2.4-1   Wärmequellen und Anwendungsgebiete für thermoelektrische Generatoren (nach [3.12])

	Seebeck-Elemente
Wärmequelle	**Anwendungsbereich**
fossil (Gas, Öl, Kohle)	Stromversorgung von abgelegenen Verbrauchern, Betrieb von elektrischen Geräten, Signalanlagen, Korrosionsschutz von Rohrleitungen, Steuerung von Heizungssystemen, Ausnutzung von Abwärme
nuklear (Kernreaktoren oder nuklide)	Bordstromversorgung von Raumfahrzeugen bei interplanetarenRadio-Flügen; Betrieb lunarer Meßstationen
solarer Weltraum	Stromversorgung von Satelliten
solare Erdoberfläche	Bewässerungsanlagen, Wasserstoffproduktion
biologisch (Körperwärme)	kleine Notstromgeräte, Armbanduhren, Herzschrittmacher

Als Maßstab für die Leistungsfähigkeit eines Thermoelements als Stromgenerator dient die **Umwandlungseffizienz** oder der **Umwandlungswirkungsgrad** η:

$$\eta := \frac{\text{an den Verbraucher abgegebene elektrische Leistung } P_{el}}{\text{am heißen Ende des Thermoelements aufgenommene Wärmeleistung } P_Q} \qquad (1)$$

Die Umwandlungseffizienz wird optimal, wenn gilt [3.7]:

$$\eta_{max} = \left[\frac{T_2 - T_1}{T_2}\right] \frac{\sqrt{1 + Z\overline{T}} - 1}{\sqrt{1 + Z\overline{T}} + T_1 / T_2} \qquad (2a)$$

$$\text{mit: } \overline{T} := \frac{T_1 + T_2}{2} \qquad (2b)$$

$$Z = \frac{\left(a_s^n - a_s^p\right)^2}{\left[\sqrt{\rho_{sp}^n \kappa_n} + \sqrt{\rho_{sp}^p \kappa_p}\right]^2} \underset{\substack{a_s^n - a_s^p =: a_s \\ \rho_{sp}^n \kappa_n \approx \rho_{sp}^p \kappa_p =: \rho_{sp}\kappa}}{\approx} \frac{a_s}{\rho_{sp}\kappa} = \frac{a_s \sigma_{sp}}{\kappa} \qquad (2c)$$

Dabei gibt a_s die Seebeck-Koeffizienten, ρ_{sp} den spezifischen Widerstand, σ_{sp} die spezifische Leitfähigkeit und κ die Wärmeleitfähigkeit an, der obere Index bezeichnet jeweils die n- oder p-Seite des Thermoelements. Z wird auch der **Gütefaktor** (figure of merit) genannt. Bild 3.2.4-2 zeigt die Abhängigkeit des Umwandlungswirkungsgrades von der Temperaturdifferenz für verschiedene Gütefaktoren:

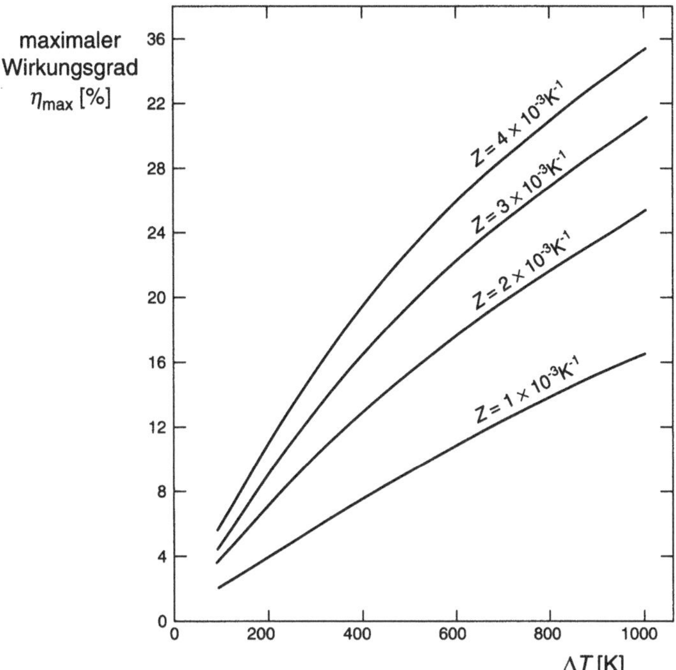

Bild 3.2.4-2   Umwandlungswirkungsgrad η in Abhängigkeit von der Temperaturdifferenz am Leistungsthermoelement und der in (2c) definieren Gütezahl (nach [3.7])

Die Gütezahl ergibt sich als Maximum einer Kurve, die sich aus drei Größen zusammensetzt:

- der **Seebeck-Koeffizient** α_s muß möglichst groß sein, damit hohe Thermospannungen entstehen

- die **elektrische Leitfähigkeit** muß möglichst groß sein, damit der Stromfluß mit geringen ohmschen Leitungsverlusten erfolgt

- die **Wärmeleitfähigkeit** muß möglichst niedrig sein, damit durch die nicht nutzbringende Wärmeleitung möglichst wenig Wärmeenergie verloren geht.

Bild 3.4.2-3 zeigt die drei Werkstoffgrößen in Abhängigkeit von der Ladungsträgerkonzentration.

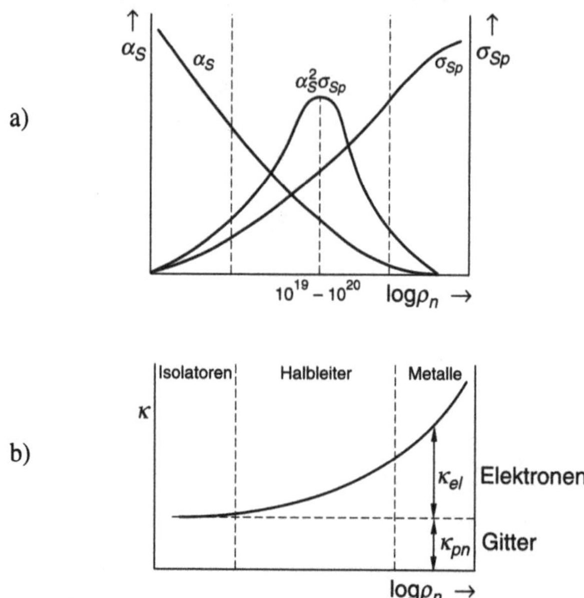

Bild 3.2.4-3   a) Seebeck-Koeffizient α_s, spezifische Leitfähigkeit σ_{sp} und das Produkt $\alpha_s \cdot \sigma_{sp}$ in Abhängigkeit von der Konzentration freier Ladungsträger ρ_{sp} (nach [3.7]).

b) Wärmeleitfähigkeit in Abhängigkeit von der Konzentration freier Ladungsträger ρ_n (nach [3.7]).

Werkstoffdaten für die Gütezahl Z waren bereits in der Tab. 3.2.1-1 enthalten. In Tab. 3.4.2-2 und Bild 3.4.2-4 sind weitere Kenngrößen zusammengestellt.

Tab. 3.2.4-2   Eigenschaften thermoelektrischer Werkstoffe (nach [3.7]

Werkstoff	Bandabstand W_g [eV]	Schmelztemp. T_S [°C]	Art der Leitfähigkeit	Z_{max} [K-1]
Bi_2Te_3	0,15	585	n oder p	$2,0 \times 10^{-3}$
$BiSb_4Te_{7,5}$			p	$3,3 \times 10^{-3}$
Bi_2Te_2Se	0,3	585	n	$2,3 \times 10^{-3}$
PbSnTe + MnTe	0,3	904	n oder p	$1,5 \times 10^{-3}$
$Si_{78}Ge_{22}$	1,0	1215	n	$0,63 \times 10^{-3}$
$Si_{78}Ge_{22}$	1,0	1215	p	$0,80 \times 10^{-3}$
TeSbGeAg	0,6	576	p	$1,40 \times 10^{-3}$
$Cu_{1,97}Ag_{0,03}Se$			p	$1,23 \times 10^{-3}$
$GdSe_x$			n	$1,25 \times 10^{-3}$

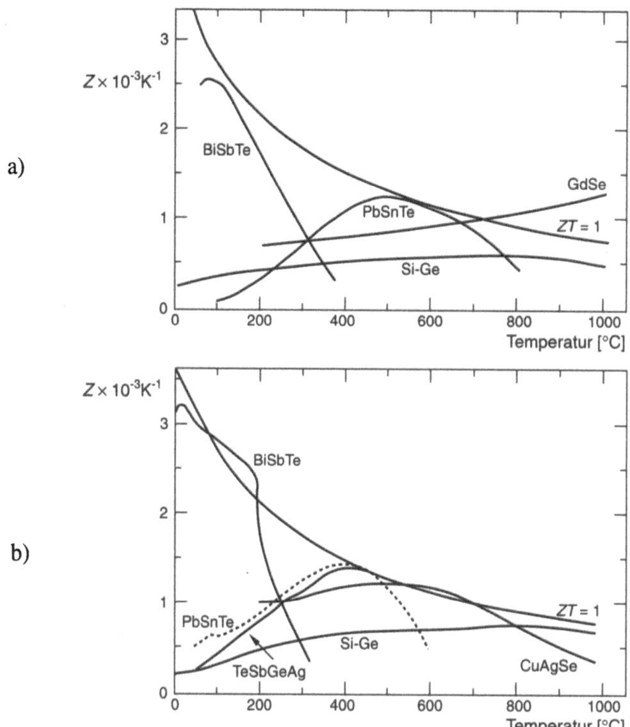

Bild 3.2.4-4   Temperaturabhängigkeit der Gütezahl bei den für den Aufbau von Leistungsther-
moelementen am besten geeigneten Werkstoffen (nach [3.7])

a) n-Leiter   b) p-Leiter

Bild 3.2.4-5 zeigt den Aufbau eines thermoelektrischen Generators auf der Basis von
Germanium-Silizium (GeSi-) Mischkristallen. Tab. 3.4.2-3 gibt einen Überblick über
die Leistungsdaten einiger bisher realisierter Thermogeneratoren, deren Wärmezu-
fuhr über Kernreaktoren erfolgt.

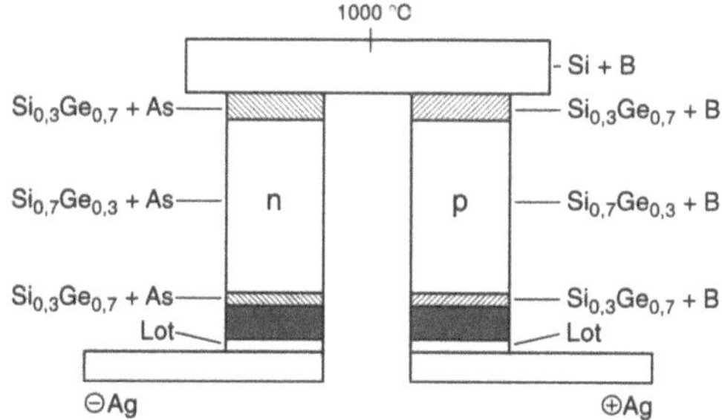

Bild 3.2.4-5   Aufbau eines Germanium-Silizium-Thermogenerators für den Betrieb bei 1000°C
in Luft (nach [3.12])

Tab. 3.2.4-3   Thermoelektrische Systeme mit Beheizung aus Kernreaktoren (nach [3.7])

System	Leistung W_e	Gewicht [kg]	Spez. Leistung [W/kg]	Thermo-elektrisches Material	Wärme generator	heißer T_h [°C]	Bereich kalter T_c [°C]	Effi-zienz	Anwendung
SNAP 1A	85	79,5	1,07	PbTe	Isotop ^{244}Ce	538	2,8		Demonstration
SNAP 3	2.5	2,3	1,09	PbTe	Isotop ^{238}Pu	510	3,7		Department of Defense Satellite
SNAP 7A	10	849	not opti-mized	PbTe	Isotop ^{90}Sr	484	49	6	Leuchtboje
SNAP 7B	60	2088	not opti-mized	PbTe	Isotop ^{90}Sr	484	69	6	Leuchtturm
SNAP 7C	10	849	not opti-mized	PbTe	Isotop ^{90}Sr	493	60	6	Antarktische Wetterstation
SNAP 7D	60	2088	not opti-mized	PbTe	Isotop ^{90}Sr	516	93	6	Ozean-Wetterstation
SNAP 7E	7	2724	not opti-mized	PbTe	Isotop ^{90}Sr	482	38	6	Akustische Tiefsee-Boje
SNAP 9A	25	12.3	2,03	PbTe	Isotop ^{238}Pu	493		5	Department of Defense Satellite
SNAP 10A	500	295	1,69	Si-Ge	nuclear reactor	499	324	1,6	Weltraumgenerator
SNAP 11	25	13,6	1,84	PbTe	Isotop ^{244}Ce	524	177	3	NASA Surveyor
SNAP 19	30	13,6	2,21	PbTe	Isotop ^{238}Pu	500		5	NASA Wettersatellit
Pioneer/ Viking	35	14	2,5	TeSbGeAg/ PbTe	dto.	540	180	7,1	Satelliten zum Jupiter, Saturn und Mars
SNAP 27	63,5	19,4	3,27	PbTe	dto.	610	275	4,4	Monduntersuchungen
MHW	155	36,3	4,27	Si-Ce	Isotop ^{238}Pu	1000	300	6,7	Voyager-Satellit

SNAP = Systems for Nuclear Auxiliary Power; MHW = multihundred watt.

3.3 Resistive Temperatursensoren

3.3.1 Temperaturabhängige Widerstände

Bei resistiven Sensoren kommt **nur der Feldstromanteil** (2.2-12) der Stromdichtegleichungen zur Anwendung, wobei in der Regel homogene Leiter (das gilt nur makroskopisch: mikroskopisch, z.B. bei einer Berücksichtigung der Kornstruktur keramischer Sensoren, sind die Systeme sehr inhomogen) der Meßtemperatur (T = const) ausgesetzt werden. Kennzeichnend für **makroskopisch homogene Bauelemente sind** ortsunabhängige Werte der **spezifischen Leitfähigkeit** σ_{sp} bzw. des **spezifischen Widerstandes** ρ_{sp}. Dem entspricht ein konstantes elektrisches Feld im Bauelement, bzw. ein linearer Verlauf der Fermienergie und des Spannungsabfalls. Ohne Einschränkung der Allgemeinheit gilt für Elektronenströme

$$j_n \underset{\substack{(2.2\text{-}20a)\\ T=\text{const}}}{=} |q|\rho_n\mu_n E_a = \sigma_{sp} E_a = \frac{1}{\rho_{sp}} E_a \tag{1}$$

Aus der Kontinuitätsgleichung (Band 4, Abschnitt 1.5) folgt für den zeitlich eingeschwungenen Zustand:

$$\dot{\rho}=0 \underset{\substack{\nabla j_n^T=0\\ A=\text{const}}}{\Rightarrow} j_n^T = \text{const} \underset{(2.2\text{-}20a)}{\Rightarrow} j_n = \text{const}$$

$$(1) \underset{\substack{\text{hom ogener Leiter}\\ \sigma_{sp}=\frac{1}{\rho_{sp}}=\text{const}}}{\Rightarrow} E_a = \text{const} = -\frac{U_a}{d} \tag{2}$$

Dabei wird ein quaderförmiger Widerstand der Länge d mit dem Querschnitt A zugrundegelegt. U_a ist die am Widerstand anliegende äußere Spannung. Gehen wir von der elektrischen Strom*dichte* j_n über auf den elektrischen Strom (bzw. die Strom*stärke*) I_n, dann folgt

$$I_n = j_n \cdot A \tag{3}$$

$$\underset{(1,2)}{\Rightarrow} I_n = -|q|\rho_n\mu_n \frac{A}{d} \cdot U_a \tag{4}$$

$$\Rightarrow R := \left|\frac{U_a}{I_n}\right| = \frac{1}{|q|\rho_n\mu_n} \cdot \frac{d}{A} = \rho_{sp} \cdot \frac{d}{A} = \frac{1}{\sigma_{sp}} \cdot \frac{d}{A} \tag{5}$$

mit dem **elektrischen Widerstand** R (s. Band 1, Abschnitt 4), der sich nach (5) aus dem Produkt eines werkstoff- und eines geometrieabhängigen Terms ergibt. Die *Temperaturabhängigkeit* des Widerstandes entsteht durch den Temperatureinfluß aller Größen, wobei die Temperaturabhängigkeit der geometrischen Abmessungen (z.B. als Konsequenz der thermischen Ausdehnung, s. Band 1, Abschnitt 5.3) im folgenden vernachlässigt wird. Für diese Voraussetzung folgt

$$\frac{\partial R}{\partial T} \underset{\substack{(5)\\ \frac{\partial}{\partial T}\left(\frac{d}{A}\right)=0}}{=} \frac{\partial \rho_{sp}}{\partial T} \cdot \frac{d}{A} = -\frac{1}{\sigma_{sp}{}^2} \frac{\partial \sigma_{sp}}{\partial T} \cdot \frac{d}{A} \tag{6}$$

$$= \left\{ -\frac{1}{|q|\rho_n{}^2 \mu_n} \frac{\partial \rho_n}{\partial T} - \frac{1}{|q|\rho_n \mu_n{}^2} \frac{\partial \mu_n}{\partial T} \right\} \frac{d}{A}$$

$$= -\frac{R}{\rho_n} \frac{\partial \rho_n}{\partial T} - \frac{R}{\mu_n} \frac{\partial \mu_n}{\partial T} \tag{7}$$

$$\frac{\partial R / R}{\partial T} \underset{(6)}{=} \frac{\partial \rho_{sp} / \rho_{sp}}{\partial T} = -\frac{\partial \sigma_{sp} / \sigma_{sp}}{\partial T} \tag{8}$$

$$\underset{(7)}{=} -\frac{\partial \rho_n / \rho_n}{\partial T} \cdot\cdot \frac{\partial \mu_n / \mu_n}{\partial T} \tag{9}$$

$$\Leftrightarrow \frac{\partial \ln R}{\partial T} = \frac{\partial \ln \rho_{sp}}{\partial T} = -\frac{\partial \ln \sigma_{sp}}{\partial T} = -\frac{\partial \ln \rho_n}{\partial T} - \frac{\partial \ln \mu_n}{\partial T} \tag{10}$$

Im folgenden wird die Temperaturabhängigkeit elektrischer Widerstände aus den verschiedenen Werkstoffgruppen über diese Formeln interpretiert.

Bei den *Metallen* ändert sich die Elektronendichte im allgemeinen nur wenig mit der Temperatur, allerdings nimmt wegen der **Verbreiterung der Fermi-Dirac-Verteilung** ("Aufbrechen der Fermikante") die für die Leitfähigkeit maßgebende effektive Ladungsträger*dichte* ρ_{eff} (2.2-13) mit der Temperatur zu (positiver Beitrag zum *Leitfähigkeits*-TK$_{\sigma_{sp}}$). Auf der anderen Seite nimmt die **Ladungsträger***beweglichkeit* in der Regel mit der Temperatur ab (negativer Beitrag zum *Leitfähigkeits*-TK), da die Elektronen an Gitterschwingungen (Phononen) gestreut werden, d.h. die beiden Terme in (9) haben entgegengesetzte Temperaturkoeffizienten und kompensieren sich teilweise, wobei aber der **negative Beitrag** zum *Leitfähigkeits*-TK im allgemeinen überwiegt: Der *Widerstands*-TK$_{\sigma_{sp}}$ von Metallen ist dann positiv (Bild 3.3.1-1). Aus diesem Grund werden Temperatursensoren mit **Metallwiderständen** auch als **PTC-Widerstände** bezeichnet.

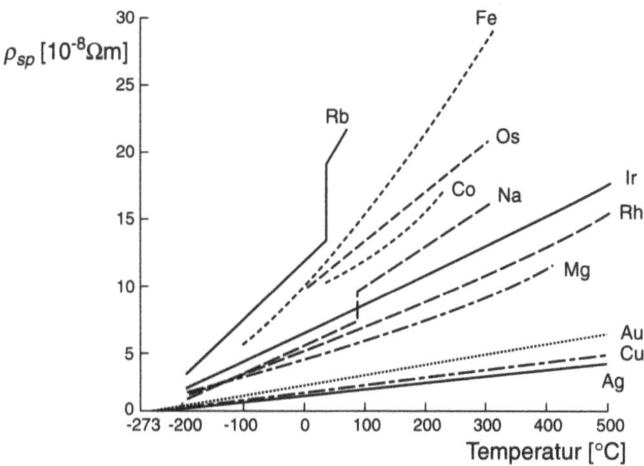

Bild 3.3.1-1   Temperaturabhängigkeit des spezifischen Widerstands einiger Metalle (nach [3.13]). Nichtlinearitäten in der Kennlinie sind häufig auf Phasenübergänge zurückzuführen (s. Band 1, Abschnitte 4.2 und 5.1)

Ein ganz anderes Verhalten als die Metalle weisen die *Halbleiterwerkstoffe* auf: Hierbei lassen sich über verschiedene experimentelle Verfahren (z.B. den Halleffekt, s. Abschnitt 5.1.1) die beiden Einflußgrößen im spezifischen Widerstand, die Ladungsträgerdichte ρ und die Ladungsträgerbeweglichkeit μ unabhängig voneinander messen. Der Temperaturkoeffizient von beiden ist stark abhängig vom Temperaturbereich (Bild 3.3.1-2).

Bei der Temperaturabhängigkeit der Ladungsträgerdichte von Halbleitern (Bild 3.3.1-2a) ergibt sich im Bereich sehr niedriger Temperaturen (meist weit unter 0°C) ein relativ großer positiver TK, der durch die thermische Aktivierung von Ladungsträgern in Störstellenniveaus hinein oder aus diesen heraus entsteht (s. Band 2, Abschnitt 4.2). In einem mittleren Temperaturbereich bis hin zu Werten von z.B. 200°C ist die Ladungsträgerdichte weitgehend konstant, d.h. der Ladungsträger-TK nahezu Null: Alle flachen Störstellenzustände sind ionisiert, die intrinsische Leitfähigkeit (Band 2, Abschnitt 2.2.4) spielt noch keine Rolle. Bei höheren Temperaturen nimmt der positive Ladungsträger-TK stark zu, er wird durch den halben Bandabstand als Aktivierungsenergie eines Exponentialterms bestimmt.

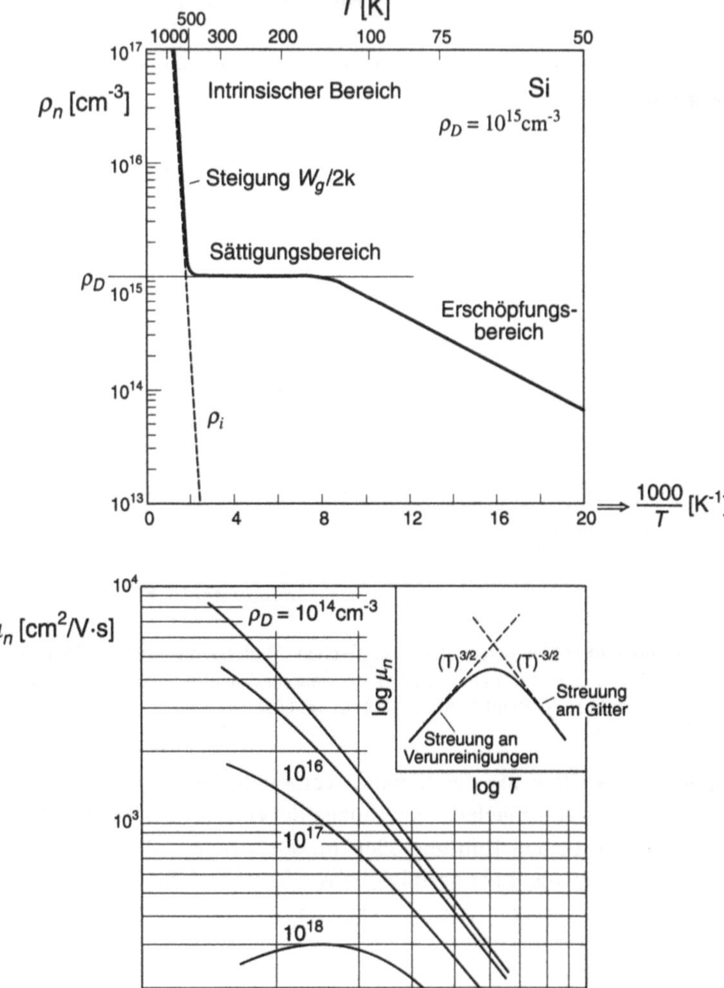

Bild 3.3.1-2   Temperaturabhängigkeit elektrischer Größen in n-Halbleitern (vgl. Band 2, Bilder 4.2-6 und 4.3.3-3, nach [3.5,3.14])

a) Temperaturabhängigkeit der Elektronendichte

b) Temperaturabhängigkeit der Elektronen-Driftbeweglichkeit

Die Temperaturabhängigkeit der Driftbeweglichkeit (Bild 3.3.1-2b) ist stark dotierungsabhängig: Bei hohen Temperaturen dominiert der negative Beweglichkeits-TK, der durch die Streuung an Gitterschwingungen entsteht, bei niedrigen Temperaturen – wie bei den Metallen – ein positiver aufgrund einer Streuung an Verunreinigungen.

Die Temperaturabhängigkeit der elektrischen Leitfähigkeit verläuft bei vielen *keramischen Werkstoffen* ähnlich wie bei den Halbleitern, einige Keramiken weisen aber eine fast metallische Leitfähigkeit auf (Bild 3.3.1-3, s. auch Band 1, Abschnitt 4.1.2).

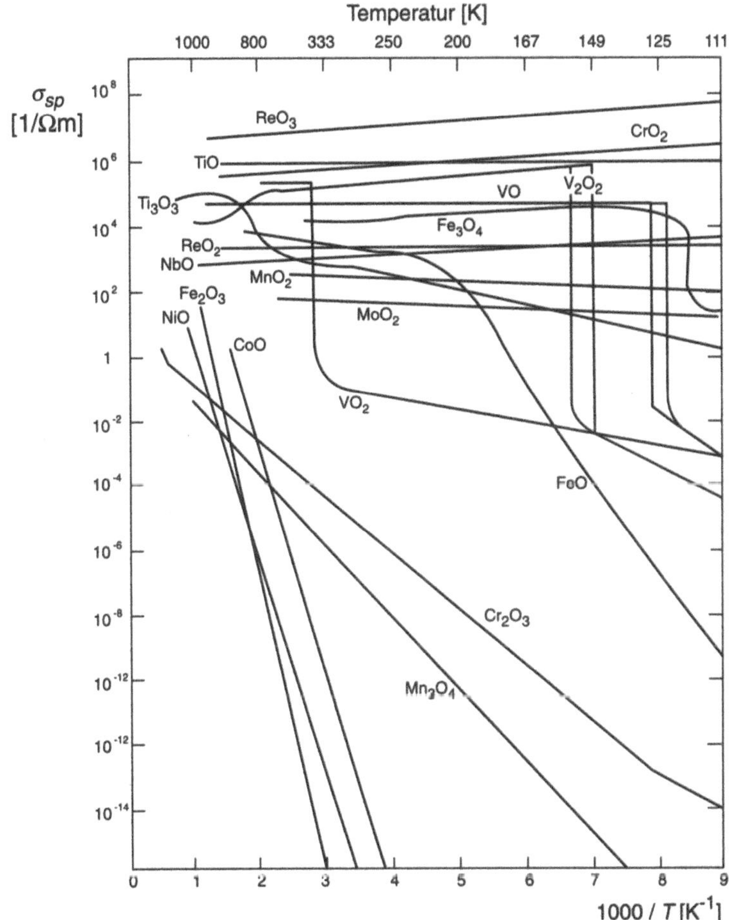

Bild 3.3.1-3   Temperaturabhängigkeit der elektrischen Leitfähigkeit bei einigen oxidkeramischen Werkstoffen (nach [3.15])

Auch bei den Keramiken führt ein durch die *Beweglichkeit* bestimmter spezifischer Widerstand meist zu einem *positiven* Widerstands-TK (*negativer* TK für die spezifische Leitfähigkeit), ein durch die *Ladungsträgerdichte* bestimmter hingegen zu einem *negativen* Widerstands-TK (*positiver* TK für die spezifische Leitfähigkeit). Alle diese Effekte lassen sich im Prinzip zur Herstellung keramischer Temperatursensoren ausnutzen.

Durch Herstellung von *Mischkristallen* aus mehr und weniger leitfähigen Keramiken läßt sich der TK häufig kontinuierlich variieren (Bild 3.3.1-4), eine für die Herstellung von Temperatursensoren durchaus willkommene Eigenschaft.

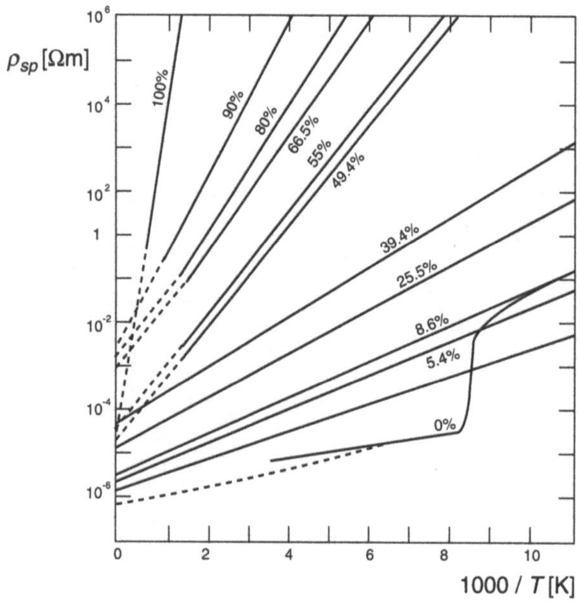

Bild 3.3.1-4   Einstellbarer Temperaturkoeffizient des spezifischen Widerstands von Magnetit (Fe_3O_4) mit unterschiedlichen Beimengungen des isolierenden Spinells ($MgCr_2O_4$, nach [3.15]).

3.3.2 Metallwiderstände

Drähte und Dünnschichten aus reinen Metallen und Metallegierungen werden in großem Maßstab für die Herstellung von ohmschen Widerständen eingesetzt (Band 1, Abschnitt 4.3.2). Hierbei steht allerdings die Forderung nach einem möglichst geringen (gelegentlich auch einem fest definierten niedrigen) Temperaturkoeffizienten im

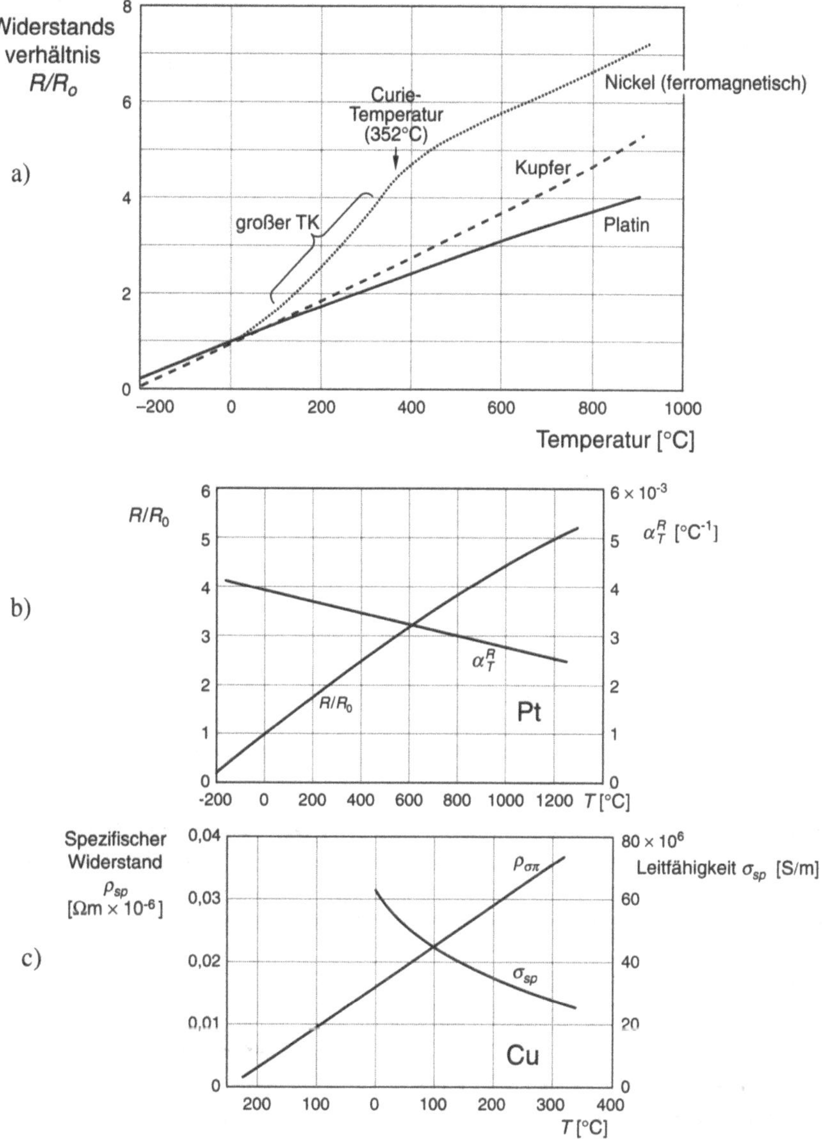

Bild 3.3.2-1 Temperaturabhängigkeit des Widerstandes und des Temperaturkoeffizienten reiner Metalle

a) Vergleich der Temperaturabhängigkeit des Widerstandes von Platin, Kupfer und Nickel (nach [3.17])

b) Temperaturabhängigkeit des Widerstandes und des Temperaturkoeffizienten von Platin (nach [3.9])

c) Temperaturabhängigkeit des Widerstandes und der Leitfähigkeit von Kupfer (nach [3.16])

Vordergrund. Bei resistiven Metallschicht-Temperatursensoren hingegen ist ein möglichst großer konstanter TK erwünscht, so daß bei der Werkstoffauswahl andere Gesichtspunkte im Vordergrund stehen. Häufig werden reine Edel- und Übergangsmetalle eingesetzt, sowie Legierungen mit verschiedenen anderen Metallen: In der Tab. 3.3.2-1 und den Bildern 3.3.2-1 und 2 sind entsprechende Werkstoffdaten zusammengestellt.

Tab. 3.3.2-1   Spezifischer Widerstand und dazugehöriger Temperaturkoeffizient reiner Metalle für Anwendungen als resistive Temperatursensoren (Raumtemperaturwerte, nach [3.16]).

Metall		Spezifischer Widerstand $[\times 10^{-8}\,\Omega\mathrm{m}]$	Temperatur-Koeffizient $[\times 10^{-3}\,\mathrm{K}^{-1}]$
Gold	Au	2,35	3,98
Kupfer	Cu	1,67	4,33
Nickel	Ni	6,84	6,75
Platin	Pt	10,6	9,92
Wolfram	W	5,65	4,83
Silber	Ag	1,59	4,1

Die Auswahl des metallischen Werkstoffs für Sensoranwendungen erfolgt nach Kriterien, die festlegen, daß die Sensoreigenschaften eine möglichst geringe Empfindlichkeit haben sollten **gegenüber**

– Verunreinigungen im Volumen und an der Oberfläche der Metallschicht, die sowohl während der Herstellung des Sensors, wie auch im (Dauer)Betrieb auftreten können
– einer Korrosion in Gegenwart chemisch aktiver Gase und Flüssigkeiten, sowie gegen Feuchteeinfluß (s. Abschnitt 7)
– mechanischen Beanspruchungen und Drücken
– einer mechanischen (plastischen) Verformung
– einer Rekristallisation des Metallgefüges, d.h. einer Änderung der Kornstruktur sowie der Korngrößenverteilung und der Kornorientierung
– Änderungen der Gitterfehlerstruktur, Phasenumwandlungen etc.

Diese Forderungen werden auch bei dem heutigen Stand der Technik (und das etwa seit dem Jahr 1870!) hervorragend von dem Metall Platin erfüllt, über dieses Metall wird auch die Internationale Praktische Temperaturskala definiert. Tab. 3.3.2-2 und Bild 3.3.2-3 geben die genormten Kennwerte von resistiven Metall-Temperatursensoren in verschiedenen Normensystemen sowie die Einteilung der Sensoren in Güteklassen aufgrund der zulässigen Streubreiten wieder.

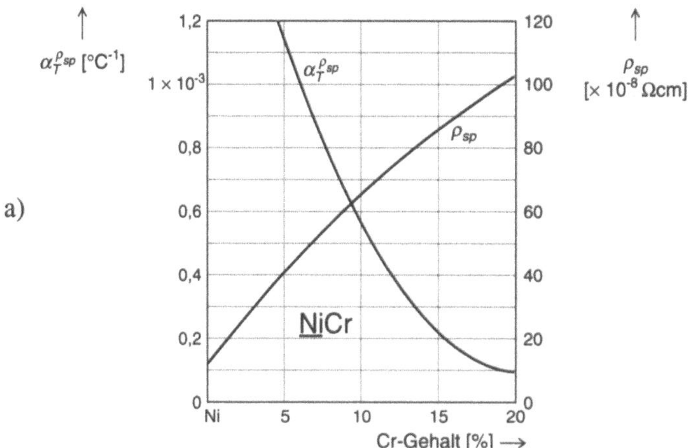

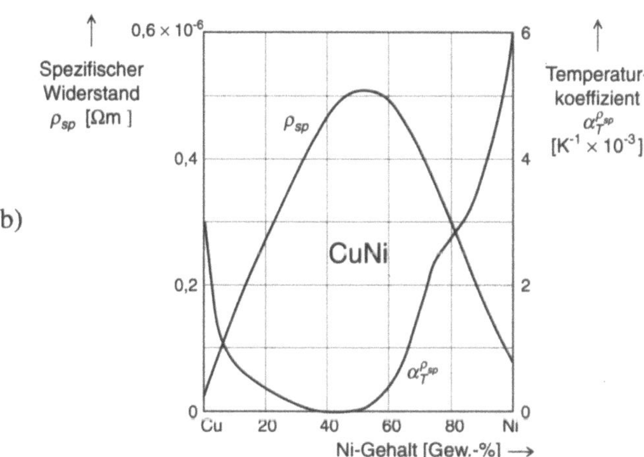

Bild 3.3.2-2   Temperaturabhängigkeit des Widerstandes und des Temperaturkoeffizienten von Metallegierungen:

a) Konzentrationsabhängigkeit des Widerstandes und des Temperaturkoeffizienten von Nickel-Chrom-Legierungen (nach [3.9])

b) Temperaturabhängigkeit des Widerstandes und des Temperaturkoeffizienten von Kupfer-Nickellegierungen (nach [3.16])

Tab. 3.3.2-2   Genormte Widerstandswerte von Platin-, Nickel- und Kupfer-Temperatursensoren für verschiedene Temperaturen. Zugrundegelegt werden Nennwiderständen von 100Ω bei $0°C$. Weiterhin ist angegeben das Widerstandsverhältnis R_{100}/R_o ($R_{100} = R(100°C)$, $R_o = R(0°C)$), nach [3.8].

		Platin	Nickel	Kupfer		Platin	
Temperatur °C	(ISO/OIML)	(DIN)	(DIN)	(OIML)	Temperatur °C	(ISO)	(DIN)
-220	9,05	10,41			400	249,38	247,06
-200	17,29	18,53			420	256,36	253,93
-180	25,97	27,05			440	263,23	260,75
-160	34,54	35,48			460	270,18	267,52
-140	43,01	43,80			480	277,01	274,25
-120	51,37	52,04					
-100	59,65	60,20			500	283,8	280,93
- 80	67,84	68,28			520	290,55	287,57
- 60	75,96	76,28	69,5		540	297,25	294,16
- 40	84,03	84,21	79,1		560	303,9	300,70
- 20	92,04	92,13	89,3		580	310,5	307,20
0	100,00	100,00	100	100,00	600	317,06	313,65
20	107,91	107,79	111,3	108,52	620	323,61	320,05
40	115,78	115,54	123	117,04	640	330,1	326,41
60	123,60	123,24	135,3	125,56	660	336,9	332,72
80	131,37	130,89	148,2	134,08	680	342,9	338,99
100	139,10	138,50	161,7	142,60	700	349,3	345,21
120	146,78	146,06	175,9	151,12	720	355,5	351,38
140	154,41	153,57	190,9	159,64	740	361,8	357,51
160	162,00	161,04	206,7	168,16	760	367,9	363,59
180	169,54	168,47	223,1	176,68	780	374,1	369,62
200	177,03	175,84			800	380,1	375,61
220	184,48	183,17			820	386,2	381,55
240	191,88	190,46			840	392,2	387,45
260	199,23	197,70			860	398,1	
280	206,53	204,88			880	404	
300	213,79	212,03			900	409,8	
320	221,00	219,13			920	415,6	
340	228,17	226,18			940	421,3	
360	235,29	233,19			960	427	
380	242,36	240,15			980	432,6	
					1000	438,2	
R_{100}/R_0	1,391 hochreines Platin	1,385 leicht verunreinigtes Platin (geringere Empfindlichkeit gegenüber weiteren Verunreinigungen	1,617	1,426	R_{100}/R_0	1,391	1,385

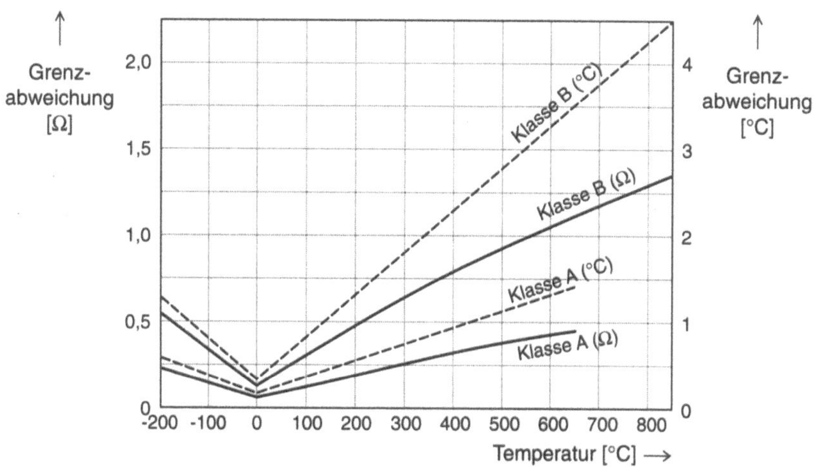

Bild 3.3.2-3   Zulässige Abweichungen von den Kenndaten in Tab. 3.3.2-2 in Ω und in °C für
Temperatursensoren der Klassen A und B (DIN-IEC 751, nach [3.17])

Bild 3.3.2-4 zeigt verschiedene Ausführungsformen von Platin-Temperatursensoren
(abhängig vom Nennwiderstand bei 0°C auch Pt 100 oder Pt 1000 genannt) mit den
aufbaubedingten Vor- und Nachteilen.

Eine für eine Vielzahl von Sensoren **typische Fehlerquelle** tritt bei den Temperatursensoren (die naturgemäß großen Temperaturunterschieden ausgesetzt werden) besonders hervor: Eine **unterschiedliche thermische Ausdehnung des Sensormaterials
und des Sensorträgers (Substrats) führt** zu einer temperaturabhängigen mechanischen
(elastischen oder plastischen) Verformung, die zu reversiblen (elastische und geringe
plastische Verformung) und **irreversiblen** (starke plastische Verformung) Effekten
führen kann. Beide Materialien sollten im Ausdehnungsverhalten moglichst gut an-
einander angepaßt sein. Bild 3.3.2-5 stellt die Abweichungen von Pt 100-Sensoren,
die in verschiedenen Fertigungstechniken hergestellt wurden, von den Normwerten
dar.

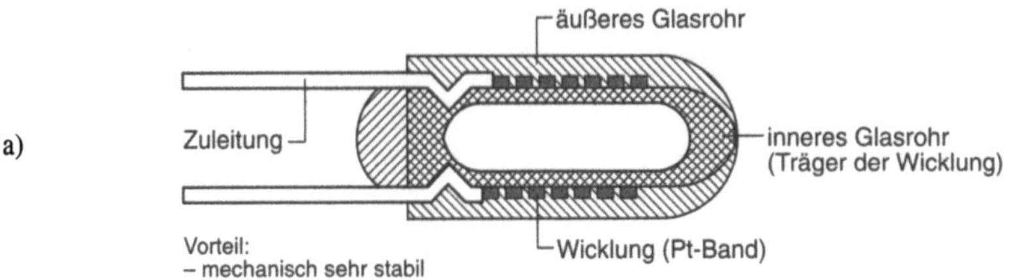

Nachteile:
– Wärmeausdehnung des Glases überträgt sich auf die Meßwicklung (Hysterese),
  daher Spezialgläser erforderlich
– evtl. parasitäre elektr. Leitfähigkeit des Glases bei hohen Temperaturen

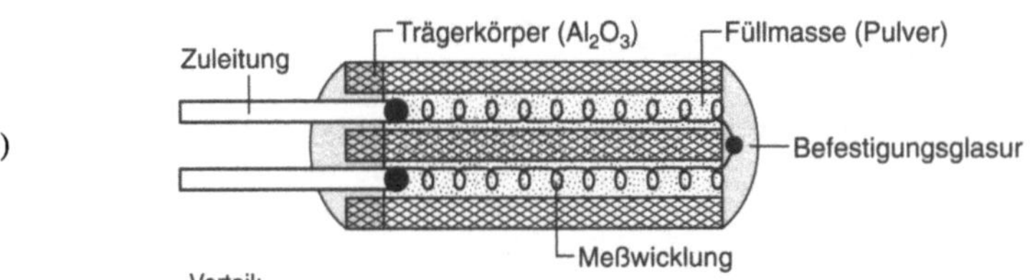

Vorteil:
– freie Wärmeausdehung des Pt-Drahtes (keine Hysterese)

Nachteile:
– geringere Vibrationsfestigkeit als in a)
– Bruchgefahr

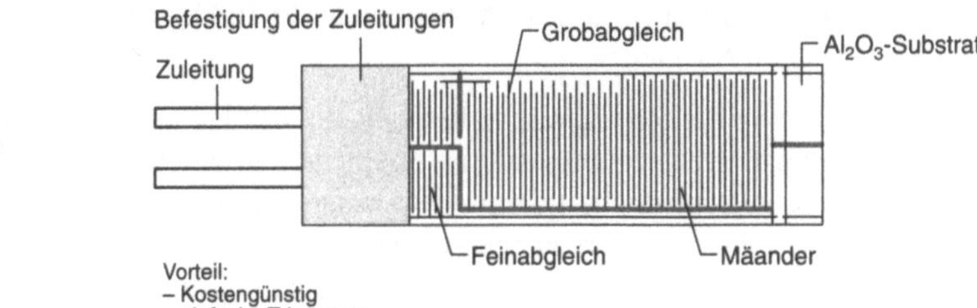

Vorteil:
– Kostengünstig
– einfache Trimmung

Nachteile:
– Hysterese wegen Wärmeausdehnung des Substrats (wie a))
– bei Temperaturwechsel kann die Haftung der Dünnschicht auf dem
  Substrat schlechter werden

Bild 3.3.2-4   Ausführungsformen von Platin-Temperatursensoren mit den entsprechenden Vor-
und Nachteilen (nach [3.1,3.18])

a) aufgewickelter Platindraht (bzw. Platinband) auf Glas, in Glasgehäuse einge-
schmolzen

b) in ein Keramikgehäuse eingelagerte Drahtwendel

c) Dünnschichtsensor (Dünnschicht mit 0,5 bis 2 μm Dicke wird aufgedampft
oder aufgesputtert) mit mäanderförmiger Widerstandsbahn

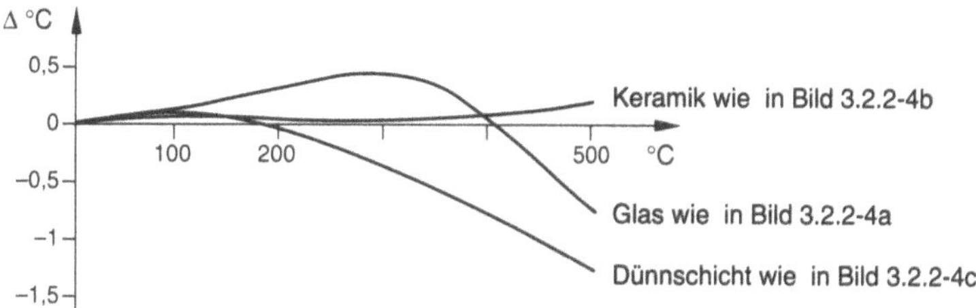

Bild 3.3.2-5   Abweichungen von Pt-100 Temperatursensoren gegen DIN IEC 751) für verschiedene Herstellungstechniken nach Bild 3.3.2-4 (nach [3.1,3.18])

Der Einsatzbereich von Platin-Temperatursensoren läßt sich bis hin zu sehr niedrigen Temperaturen in der Umgebung des absoluten Nullpunkts ausdehnen (Bild 3.3.2-6)

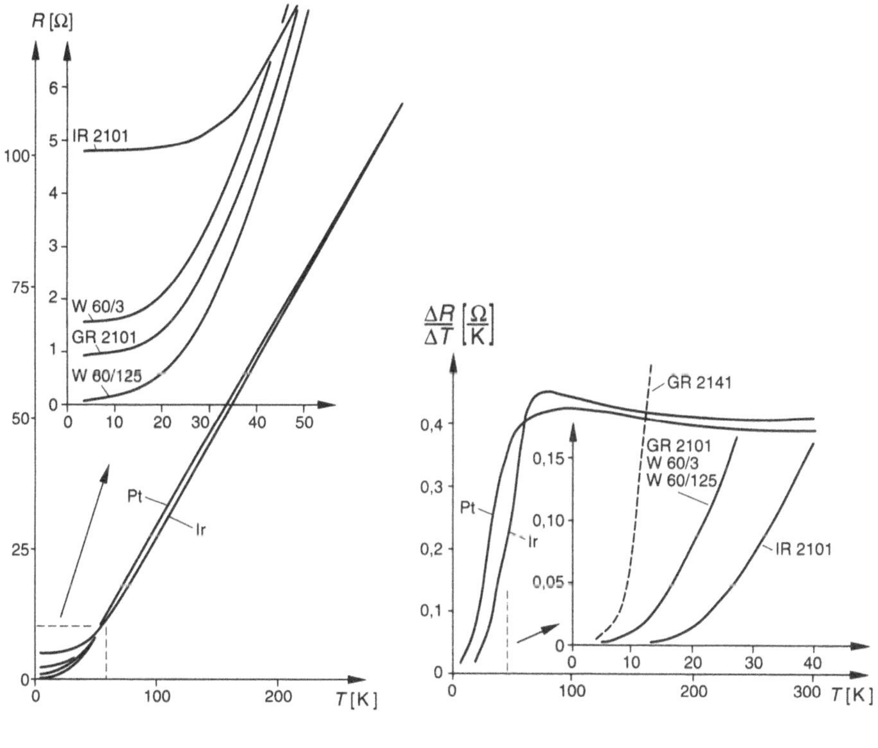

Bild 3.3.2-6   Einsatz von Platinsensoren im Bereich sehr niedriger Temperaturen (nach [3.19])
    a) Sensorkennlinie R(T)
    b) Relative Empfindlichkeit (Widerstands-TK $\alpha_T^R(T)$)

Ein **grundsätzlicher** Nachteil von **Platinsensoren** ist der hohe Materialpreis, sowie die aufwendige und kostenintensive Fertigungstechnologie. Beide Gesichtspunkte treffen aber nicht mehr zu auf Platin-Dünnfilmsensoren [3.51]. Ein alternativer Werkstoff für eingeschränkte Ansprüche ist **Nickel**, das sich gut in einer **sehr kostengünstigen Dickschichttechnik** (Band 1, Abschnitt 4.2.1) verarbeiten läßt. Die Einstellung auf einen Nennwiderstand erfolgt durch Lasertrimmen (z.B. mit einem Nd:YAG-Laser), d.h. eine Technologie, die in der Dickschichttechnik ohnehin standardmäßig eingesetzt wird. In Bild 3.3.2-7 ist ein Nickel-Dickschichttemperatursensor zusammen mit einigen Leistungsdaten dargestellt.

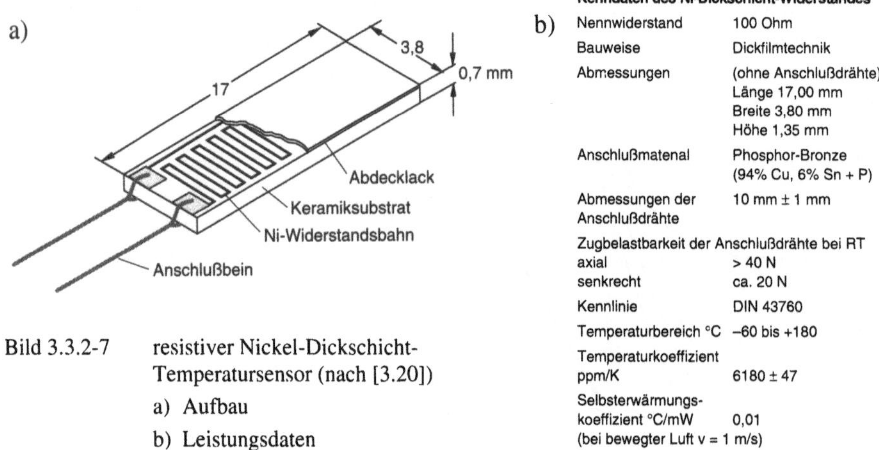

Bild 3.3.2-7   resistiver Nickel-Dickschicht-Temperatursensor (nach [3.20])

a) Aufbau

b) Leistungsdaten

In Tab. 3.3.2-3 werden die Eigenschaften von resistiven Temperatursensoren und Thermoelementen miteinander verglichen. Bild 3.3.2-8 zeigt, daß der **TK** von **Platinwiderständen** in einem großen Temperaturbereich weniger variiert (und das nach einem gut auswertbaren linearen Gesetz) als der **Seebeck-Koeffizient** eines **Thermoelements.**

Tab. 3.3.2-3   Vergleich der Eigenschaften von Widerstandsthermomentern (resistiven Temperatursensoren) und Thermoelementen (nach [3.17])

Faktoren	Widerstandsthermometer	Thermoelement
Meßstelle	Metalldraht-Meßwiderstände: endl. Ausdehnung, Mittelwert, kleinste Typen und Schichtmeßwiderstände fast punktförmig	punktförmig
Meßbereich	−270...+850°C (+1000°C)	−270...+2400°C
Ungenauigkeit im Anwendungsbereich	0,3...0,25 % der gemessenen Temperatur, mind. ± 0,1°C	0,25...0,75 % der gemessenen Temperatur, mind. ± 1°C
Zeitliche Stabilität (Änderung über 1 Jahr)	besser als ± 0,5°C	bis zu ± einige °C
Fehlermöglichkeiten im Meßkreis	Konstantspannungsquelle, Eigenerwärmung	Vergleichsstelle, Ausgleichsleitung
Isolationsfehler	sehr bedeutungsvoll, von großem Einfluß	geringer Einfluß
Empfindlichkeit	bis 5 mV·°C-1	bis 50 µV·°C-1

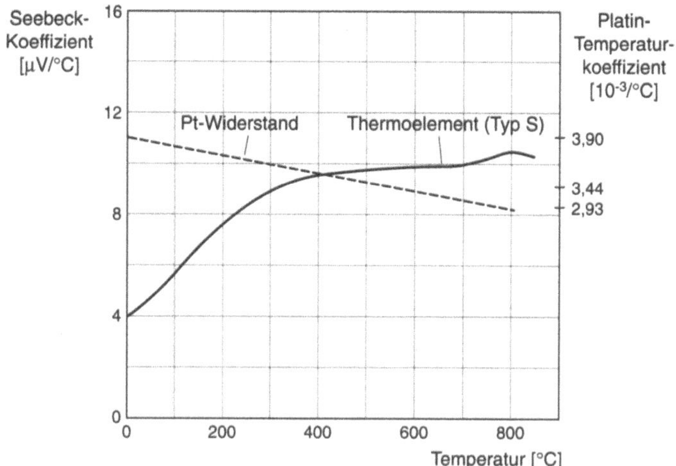

Bild 3.3.2-8   Vergleich der Temperaturkoeffizienten von Platinwiderständen und des Seebeck-Koeffizienten eines Thermoelements (nach [3.17])

3.3.3 Halbleiterwiderstände

Wie aus Bild 3.3.1-2 hervorgeht, hat die Temperaturabhängigkeit des spezifischen Widerstandes bei Halbleiterwerkstoffen keinen linearen Verlauf wie bei Metallen. In den Erschöpfungs-, Sättigungs- und intrinsischen Bereichen (Bild 3.3.1-2a) führen jeweils unterschiedliche Effekte zu einer charakteristischen Temperaturabhängigkeit. Der Anwendungsbereich für die große Mehrzahl der Temperatursensoren (ca. -50°C bis. +200°C) fällt in den *Sättigungsbereich* der Halbleiter, wo die Ladungsträgerdichte etwa konstant ist und durch die Dotierungskonzentration bestimmt wird (Band 2, Abschnitt 4.2). Aufgrund dieser Tatsache entstehen zwei prinzipielle Nachteile:

– die Größe des spezifischen Widerstandes wird durch die Dotierungskonzentration bestimmt, die bei nicht zu niederohmigen Halbleitern sehr niedrige Werte (z.B. $\ll 10^{-3}$at%) annimmt. Zur Herstellung **engtolerierter Temperatursensoren** ist also eine **außerordentlich präzise Kontrolle** der Dotierungskonzentration erforderlich, die in der Größenordnung einiger Prozent innerhalb eines vorgegebenen Bereichs liegen muß.

– Im Sättigungsbereich ist der **Temperaturkoeffizient** relativ klein, er wird überwiegend durch die Ladungsträger*beweglichkeit* bestimmt. Damit diese Größe gut reproduzierbare Werte annimmt, muß auch die Konzentration von **nicht dotierungsbestimmenden Fremdatomen und Gitterfehlern**, welche ebenfalls die Beweglichkeit beeinflussen, sehr gut reproduziert oder insgesamt niedrig gehalten werden.

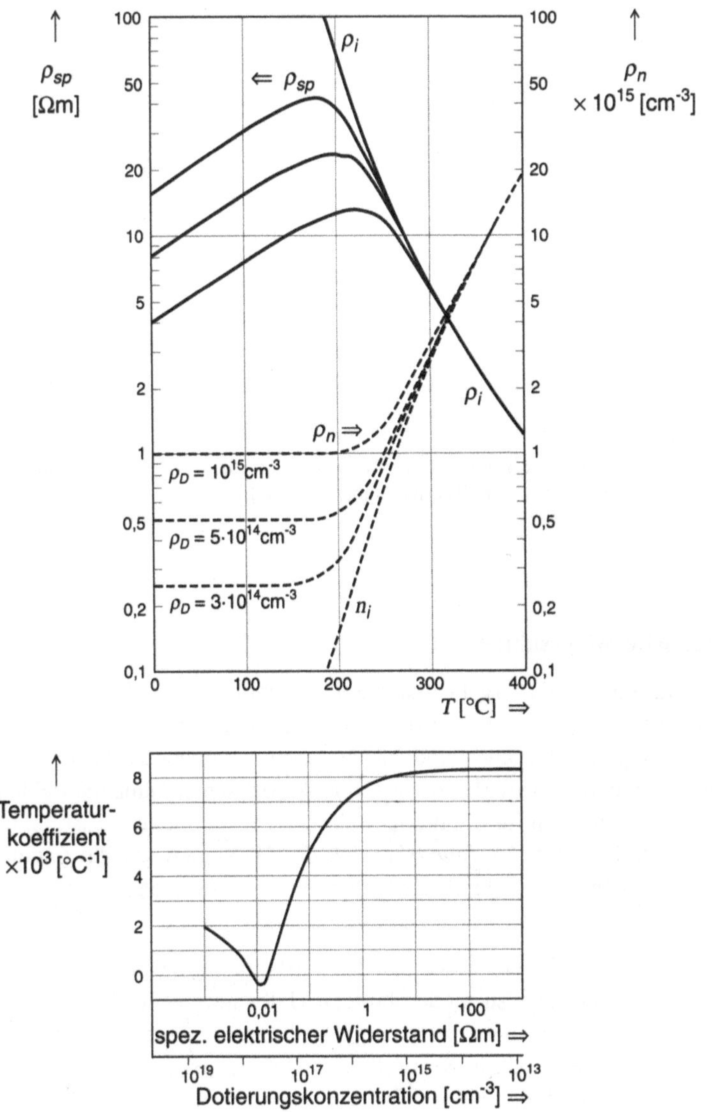

Bild 3.3.3-1   spezifischer Widerstand in n-Halbleitern (nach [3.21])

a) Temperaturabhängigkeit der Elektronendichte ρ_n (mit der Donatordichte ρ_D und der intrinsischen Ladungsträgerdichte ρ_i)und des spezifischen Widerstands ρ_{sp}

b) Dotierungsabhängigkeit des TK$_{\rho sp}$ = $\alpha_T^{\varepsilon sp}$des spezifischen Widerstandes

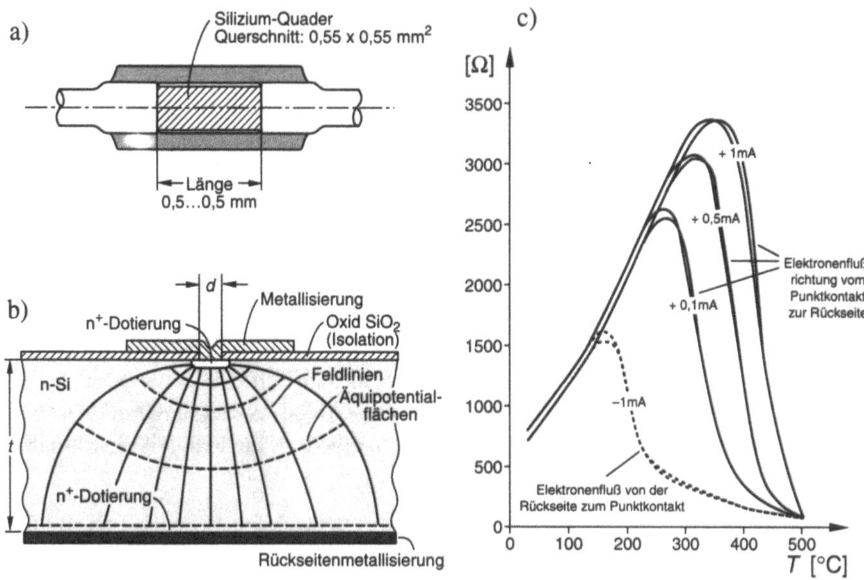

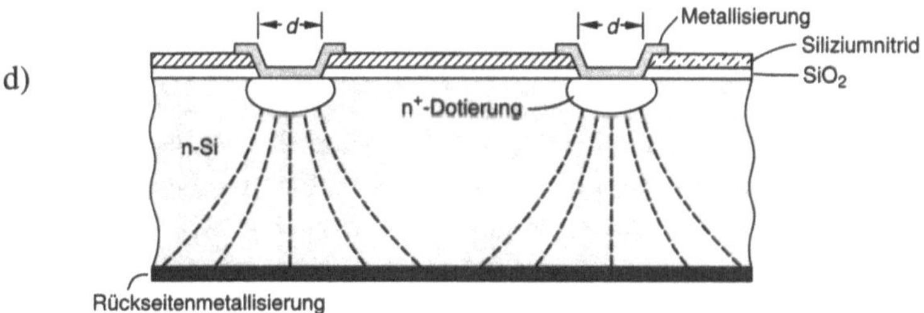

Bild 3.3.3-2 Ausführungsformen eines resistiven Halbleiter-Temperatursensors (nach [3.21–3.24])

    a) kontaktierter Siliziumquader

    b) spreading-resistance-Aufbau (unsymmetrisch)

    c) Sensorkennlinie eines Halbleiter-Temperatursensors mit einem Aufbau wie in c)

    d) spreading-resistance-Aufbau (symmetrisch)

Bei dem **Halbleiterwerkstoff Silizium** werden die genannten Werkstoffparameter aufgrund des hochentwickelten Standes der Technik (Band 2, Abschnitt 8.1) heute inzwischen so gut beherrscht, daß die Streuung innerhalb der durch die Anwendung vorgegebenen Grenzen gehalten werden kann.

Eine besondere Bedeutung bei der Phospordotierung in Silizium hat die Technologie der *Neutronen -Transmutation* (Band 2, Abschnitt 8.2.5) gewonnen. In Bild 3.3.3-1 ist die Temperaturabhängigkeit der Ladungsträgerdichte ρ_n, des spezifischen Widerstandes ρ_{sp} und des Temperaturkoeffizienten des spezifischen Widerstandes dargestellt.

Der Aufbau eines **Silizium-Temperatursensorbauelements** ist relativ einfach: Es braucht nur ein **homogener Siliziumkristall mit zwei Außenanschlüssen** versehen zu werden. Im Prinzip könnte einfach ein Siliziumquader auf gegenüberliegenden Stirnflächen kontaktiert werden (Bild 3.3.3-2a). In diesem Fall würden aber die schlecht reproduzierbaren geometrischen Abmessungen des Quaders die Streuung des Sensorwiderstandes beeinflussen. Aus diesem Grund geht man über auf einen **spreading resistance-(Ausbreitungswiderstand)**-Aufbau, bei dem man die Vorteile der in der Halbleitertechnik ohnehin standardmäßig angewendeten **Planartechnik** (Band 2, Abschnitt 8.2) nutzen kann: In diesem Fall wird der Sensorwiderstand überwiegend **durch eine photolithographisch erzeugte und in den Abmessungen daher sehr gut reproduzierbare Kontaktöffnung in einem oxidbedeckten Halbleiterkristall bestimmt** (Bild 3.3.3-2b und d).

In der spreading-resistance-Ausführung wird der Widerstand vor allem bestimmt durch den **Durchmesser** d **der Kontaktöffnung** (Bild 3.3.3-2b und d). **Die Feldstärkeverteilung** ist dann wie beim Punktkontakt (Band 2, Abschnitt 9.3.3) **radialsymmetrisch** und hat die Form

$$E(R) = \frac{\rho_{sp} I}{2\pi R^2} \tag{1}$$

Die Integration der Feldstärke E über den Radius R (näherungsweise werden die Äquipotentialflächen im gesamten Kristall als kugelförmig angenommen, im Vergleich zur realistischen Form der Äquipotentialflächen in Bild 3.3.3-2b führt das nur zu einem relativ kleinen Fehler) ergibt mit der Kristalldicke t die Strom-Spannungsbeziehung (ΔU ist der Spannungsabfall über dem Sensor):

$$U(R) = -\left.\frac{\partial E(r)}{\partial r}\right|_{r=R} \Rightarrow \Delta U = -\int_{d/2}^{t} \frac{\rho_{sp} I}{2\pi R^2} dR$$

$$= \frac{\rho_{sp} I}{2\pi}\left[\frac{1}{d/2} - \frac{1}{t}\right] \tag{2}$$

$$\Rightarrow R = \frac{\rho_{sp}}{2\pi}\left[\frac{1}{d/2} - \frac{1}{t}\right] \underset{t>>d}{\approx} \frac{\rho_{sp}}{\pi d} \tag{3}$$

Die Streuung der Kristalldicke t geht also nicht ein. Praktisch realisierte Werte sind z.B. [3.21]: $\rho_{sp}(25^{\circ}C) = 6{,}5\ \Omega cm$, $d = 20\ \mu m$, $t = 250\ \mu m$, so daß sich bei Raumtemperatur ein Sensorwiderstand von 1 kΩ ergibt.

Eine *unsymmetrische* Ausführung wie in Bild 3.3.3-2b führt bei höheren Temperaturen zu einer *polungsabhängigen* Kennlinie (Bild 3.3.2-c), da durch Eigenleitung erzeugte Löcher im Kristall nur schwer in den hochdotierten Punktkontakt (mit sehr geringer Löcherdichte) **abfließen können** [3.23]. Um diesen Effekt zu vermeiden (dann müßte einer der Sensoranschlüsse besonders gekennzeichnet werden), werden häufig *symmetrische* Ausführungen wie in Bild 3.3.3-2d mit einem Sensorwiderstand von 2kΩ bevorzugt. Bild 3.3.3-3 gibt die Temperaturabhängigkeit des TK_Rs eines spreading-resistance-Sensors an, weitere Eigenschaften des Sensors können dem Datenblatt (Bild 3.3.3-4) entnommen werden.

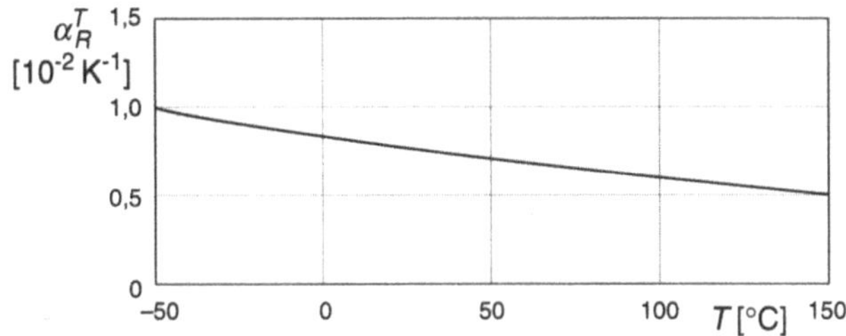

Bild 3.3.3-3   Gemessener Temperaturkoeffizient eines spreading-resistance-Sensors in Abhängigkeit von der Temperatur (nach [3.21])

Bei einem Elektronenfluß vom spreading-resistance-Kontakt zur Sensorrückseite nach Bild 3.3.3-2c kann der Einfluß der Eigenleitung vermindert werden, dieser Effekt wird zur Herstellung von Hochtemperatur-Siliziumsensoren ausgenutzt (Bild 3.3.3-5).

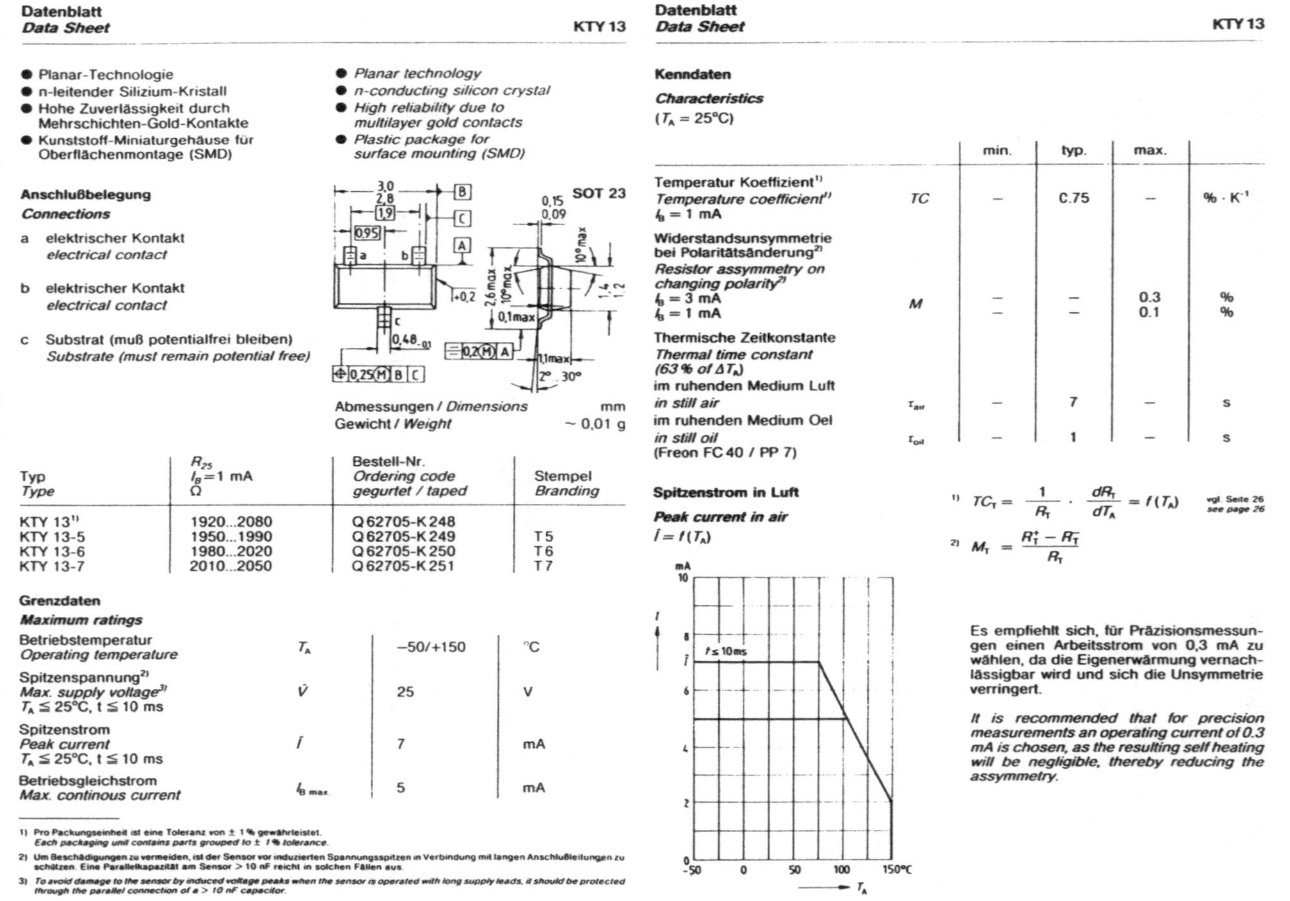

Bild 3.3.3-4   Technische Daten eines Silizium-Temperatursensors nach dem spreading-resistance-Prinzip.

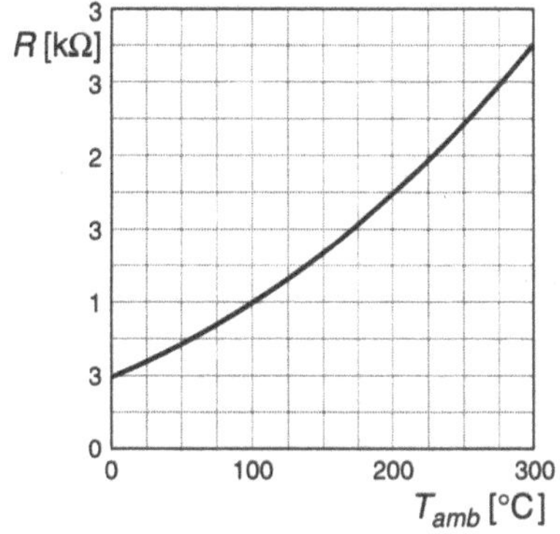

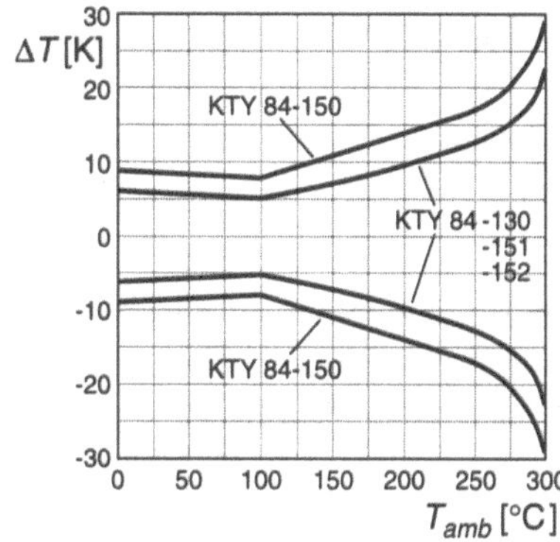

Bild 3.3.3-5   Durch die polungsabhängige Unterdrückung der Eigenleitung (Bild 3.3.3-2c) kann der für Silizium-Temperatursensoren nutzbare Temperaturbereich vergrößert werden. Dargestellt sind die bis auf 300° erweiterten Meßkurven und dem Toleranzbereich von Sensoren der Reihe KTY 84-1...

Der große **Vorteil** der Silizium-Temperatursensoren ist, daß sie mit Hilfe der hochentwickelten Halbleitertechnologie sehr preisgünstig produziert werden können. Wegen der kleinen Chipgröße der Sensoren (Band 2, Abschnitt 12) ist die simultane Herstellung einer großen Anzahl von Sensoren pro Halbleiterscheibe möglich. Auch die Montage- und Gehäusetechnik für Silizium-Temperatursensoren lehnt sich eng an diejenige von anderen diskreten Halbleiterbauelementen an, dabei ergeben sich typische thermische Zeitkonstanten (Einschwingzeit des Sensorsignals auf den Gleichgewichtswert) wie in Tab. 3.3.3-1.

Tab. 3.3.3-1   Thermische Zeitkonstanten von spreading-resistance-Sensoren in verschiedenen Standardgehäusen von Halbleiterbauelementen (Einzelheiten der Gehäuseformen, s. Band 2, Abschnitt 8.3, nach [3.24])

	ruhende Luft	ruhende Flüssigkeit	fließende Flüssigkeit
T0 92	30-60 s	5 s	3 s
SOT23	7s	1 s	—
T0 92 mini	11 s	1,5 s	—
T046	40 s	—	1 s
T0-5			3 s
T0-52	60 s	—	1,4 s
T0-100	Vorgesehen als Temperaturreferenz fur Thermoelemente.		
DIL	Applikation bei gleichmäßigen Temperaturen		
CERDIP			

Ein spezifisches **Problem** bei Halbleiter-Temperatursensoren ist die Querempfindlichkeit gegenüber mechanischen Spannungen, die über den vergleichsweise großen piezoresistiven Effekt (Abschnitt 4.2.2) in niedrig dotierten Halbleiterwerkstoffen zu erheblichen Störeffekten führen kann. Mechanische Spannungen treten in der Regel auf beim Einbau von Halbleiterchips in Gehäuse (Bild 3.3.3-6), unter anderem wegen der dort auftretenden unterschiedlichen thermischen Ausdehnungskoeffizienten. Spannungen dieser Art können sich beim Betrieb des Sensors in langen Zeiträumen ändern und damit die Langzeitstabilität der Sensorkennwerte negativ beeinflussen.

Siliziumtemperatursensoren nach dem spreading-resistance-Prinzip sind Volumenbauelemente und daher nicht wie die in Abschnitt 3.3.2 beschriebenen Dünn- und Dickschichtsensoren trimmbar. Unvermeidliche Fertigungsstreuungen aufgrund von Schwankungen in der Dotierungskonzentration, der geometrischen Abmessungen etc. können nur in eingeschränktem Maß ausgeglichen werden (z.B. durch Einstellung der n^+-Kontaktdiffusion). Danach ist nur noch eine Gruppensortierung der Sensoren aufgrund der gemessenen Widerstandscharakteristik möglich, d.h. Sensoren sind nur innerhalb einer vorgegebenen Gruppe austauschbar.

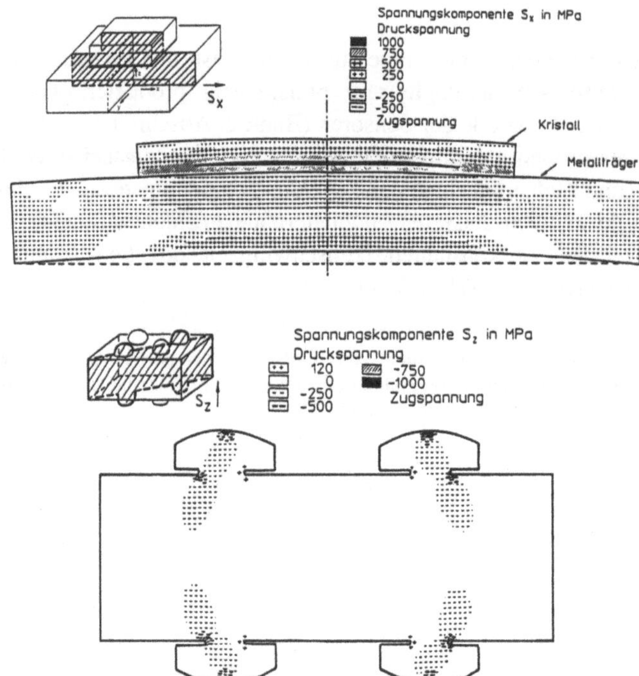

Bild 3.3.3-6   Nach der Methode der finiten Elemente berechnete Verteilung der mechanischen Spannungen in einem Halbleiterkristall (Chip), nach [3.24]:
a) Halbleiterkristall, der auf einem Metallträger auflegiert ist
b) Axiale mechanische Spannungen in einem Halbleiterkristall für das DO 34-Glasgehäuse beim Temperaturwechsel von 300 auf 20°C (Typenreihe KTY 84).

Dieser Nachteil kann aufgehoben werden, wenn auf dem isolierten Sensor ein Netzwerk von Metallwiderständen aufgebracht wird, mit dessen Hilfe jeder Sensor auf eine vorgegebene Charakteristik laser-getrimmt werden kann (Bild 3.3.3-7). Solche Sensoren sind untereinander vollständig austauschbar, allerdings geht der Kostenvorteil der Siliziumsensoren verloren.

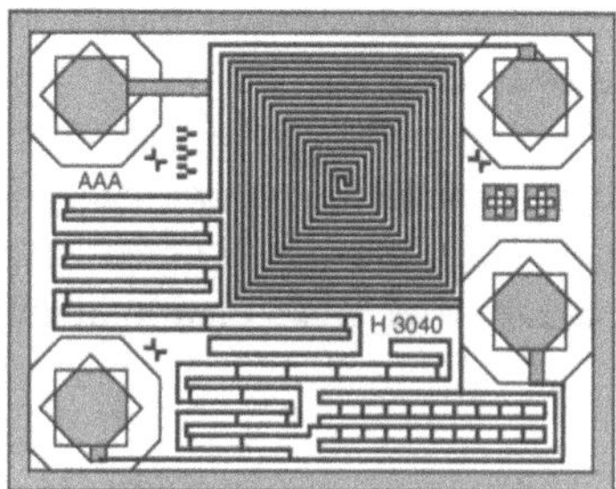

Bild 3.3.3-7   Silizium-Temperatursensor mit aufgedampften Widerstandsnetzwerk zur Trimmung auf eine Kennlinie der Form

$$R_T = 1855 \cdot (1 + 3{,}83 \cdot 10^{-3}\, T + 4{,}64 \cdot 10^{-6}\, T^2 \qquad (4)$$

Die **Widerstandsbahnen** bestehen aus einer **Permalloy-Legierung**. Die **Spiralform unterdrückt eine Querempfindlichkeit gegenüber Magnetfeldern** aufgrund des magnetoresistiven Effekts (Abschnitt 5.2.2, nach [3.25])

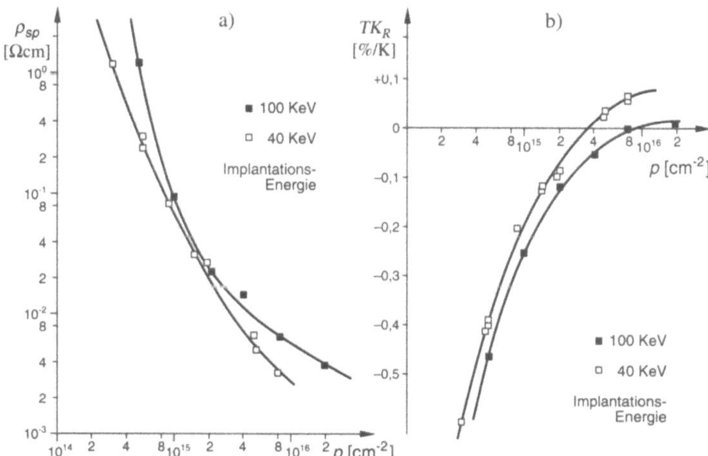

Bild 3.3.3-7   Polysilizium als Werkstoff für Temperatursensoren (nach [3.26])

    a) spezifischer Widerstand bei Raumtemperatur von durch Ionenimplantation (Bor) dotierten und laser-ausgeheilten dünnen Polysiliziumschichten in Abhängigkeit von der Implantationsdosis p

    b) Temperaturkoeffizient des spezifischen Widerstands der Schichten aus a)

Siliziumsensoren lassen sich auch direkt in einer Dünnschichttechnik herstellen. Die Silizium-Dünnschicht ist in der Regel polykristallin (**Polysilizium** s. Band 2, Abschnitt 8.2-4,), sie hat Eigenschaften, die von denen des einkristallinen Siliziums erheblich abweichen (Bild 3.3.3-7).

Silizium-Sensoren nach dem spreading-resistance-Prinzip haben im Vergleich zu Platin-Dünnschichtthermoelementen eine etwas höhere Temperaturempfindlichkeit. Nachteilig ist aber die geringere Linearität der Temperaturabhängigkeit des Widerstands, welche durch dieTemperaturabhängigkeit des TK in Bild 3.3.3-3 entsteht. In einem eingeschränkten Temperaturbereich ist eine Linearisierung durch eine Parallel- oder Serienschaltung eines ohmschen (nicht temperaturabhängigen) Widerstands möglich (Bild 3.3.3-8), **dabei geht aber Sensorempfindlichkeit verloren.**

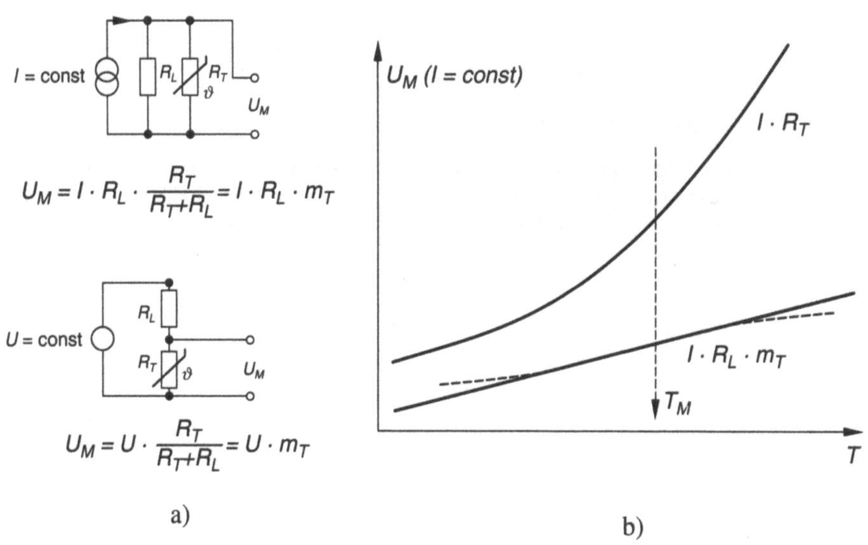

Bild 3.3.3-8   Linearisierung nichtlinear verlaufender Sensorkennlinien (nach [3.27])

    a) Meßschaltungen mit Parallel- oder Serienwiderstand R_L zur Linearisierung. R_L wird so dimensioniert, daß die temperaturabhängige Funktion $m_T = R_T/R_L + R_T$ (R_T ist die Sensorkennlinie) bei einer vorgegebenen Meßtemperatur T_M einen Wendepunkt besitzt, so daß gilt

$$\left.\frac{\partial^2 m_T}{\partial T^2}\right|_{T=T_M} = 0 \Leftrightarrow \frac{\partial m_T}{\partial T} = \text{const} \tag{5}$$

    b) Verlauf der Spannung U_M am Sensor mit und ohne Linearisierung. Durch die Linearisierung wird die Sensorempfindlichkeit verkleinert.

3.3.4 Keramikwiderstände: Heißleiter

Wie in Band 1, Abschnitt 4.1.2, ausgeführt, verhalten sich die Elektronen in den meisten leitfähigen Keramiken nicht wie Teilchen eines Elektronengases (Bandleitung, s. Band 2), sondern eher wie geladene Teilchen, die sich nach einem Diffusionsmechanismus fortbewegen:

Beim Elektronengas erfolgt die **Begrenzung des Stromflusses** bei Anliegen eines elektrischen Feldes dadurch, daß die Elektronen nur zwischen zwei Stößen ihre Bewegung beschleunigen können; durch den Stoß selbst geben sie so viel von ihrer aufgenommenen kinetischen Energie ab, daß sie danach in ihrer Bewegung "von vorn anfangen", d.h. nicht die bereits aufgenommene Geschwindigkeit in Feldrichtung vergrößern, sondern diese, ausgehend von Null, erst wieder aufbauen müssen. Die resultierende **Driftgeschwindigkeit** v_D ergibt sich aus dem *Mittelwert* der Geschwindigkeit in Feldrichtung zwischen zwei Stößen (Bild 2.2-2b), sie ist deshalb abhängig von der Dichte aller Elektronen, welche auch fundamentale Größen wie die mittlere Zeit τ und die mittlere freie Weglänge Λ zwischen zwei Stößen beeinflußt.

Bei den stärker an die Wirtsatome gebundenen Elektronen in vielen keramischen Werkstoffen liegen die Verhältnisse anders: Die Wahrscheinlichkeit, daß sich die Elektronen begegnen und durch gegenseitgen Stoß miteinander "bremsen", ist deutlich geringer: Das Hauptproblem (der ratenbestimmende Prozeß) ist die Ablösung eines Elektrons aus dem gebundenen Zustand und der Übergang in einen benachbarten, häufig energetisch äquivalenten gebundenen Zustand. Die Verhältnisse liegen hier ähnlich wie bei der Diffusion von Atomen in Festkörpern über einen Leerstellenmechanismus: In diesem Fall müssen die Atome warten, bis eine der durch den Kristall wandernden Leerstellen einen Nachbarplatz einnimmt, gleichzeitig müssen sie aufgrund ihrer thermischen Schwingungsenergie zu diesem Zeitpunkt gerade so viel Energie besitzen, daß sie eine Energiebarriere, die sich dem Sprung in die Leerstelle entgegenstellt, überwinden können. In diesem Fall erhält man als **Diffusionskoeffizient** nach Band 1, Abschnitt 2.7.2, die Beziehung

$$D = D_o \exp\left(- \frac{W_{diff}}{kT} \right) \tag{1}$$

In dem präexponentiellen Faktor D_o sind eine Vielzahl von Größen, wie die Geschwindigkeit des Teilchens während des Sprungs, sowie statistische und Entropiegrößen enthalten. W_{diff} charakterisiert die **Aktivierungsenergie** für den Sprung, also die Größe der Energiebarriere, die für einen Sprung überwunden werden muß. Bei hinreichend großen Aktivierungsenergien W_{diff} liefert (1) eine außerordentlich starke Temperaturabhängigkeit, gegenüber der eine evtl. in D_o noch enthaltene Temperaturabhängigkeit T meist vernachlässigt werden kann (eine ausführliche Diskussion dieses Problemkreises erfolgt in Band 5 dieser Reihe [3.52]). Über die in Band 1, Abschnitt 2.7.2, begründete Einstein-Beziehung und eine Umrechnung nach Band 1, Abschnitt 4.1.1, erhält man für die Elektronenbeweglichkeit

$$\mu_n = \frac{|q|D_n}{kT} \underset{(1)}{=} \frac{|q|D_o}{kT}\exp\left(-\frac{W_{diff}}{kT}\right) \tag{2}$$

– also eine Beweglichkeit, die im Gegensatz zu den bisher behandelten (vgl. Bild 3.3.1-2) stark mit der Temperatur *zunimmt*, sofern die Barrierenhöhe relativ zu kT signifikante Werte annimmt. Der Zunahme der Beweglichkeit entspricht bei konstanter Ladungsträgerdichte nach (3.3.1-1) eine *Abnahme* des spezifischen Widerstands mit der Temperatur, also ein **negativer Temperaturkoeffizient (NTC)** des Widerstandes. Resistive keramische Temperatursensoren werden daher auch als **NTC-Widerstände** (im Gegensatz zu PTC-Widerständen aus homogenen metallischen und Halbleiterwerkstoffen) oder **Heißleiter** bezeichnet. Spezielle Korngrenzeneffekte können aber auch zu einer *Zunahme* des Widerstandes mit der Temperatur führen, die entsprechenden Bauelemente heißen **Kaltleiter** (Abschnitt 3.3.5, häufig werden auch diese als **PTC-Widerstände** schlechthin bezeichnet).

Eine wichtige Gruppe von keramischen Werkstoffen für die Herstellung von NTC-Widerständen sind die **Spinelle** (Band 1, Abschnitt 1.3.2). Dabei handelt es sich um Ionenkristalle der Zusammensetzung $A^{2+}B_2^{3+}X_4^{2-}$, deren Aufbau durch große zweifach negativ geladene Anionen X (in vielen praktischen Fällen Sauerstoffatome O^{2-}) bestimmt wird. Die kleineren Kationen A und B werden auf Zwischengitterplätzen eingebaut. Neben der Anwendung bei NTC-Widerständen sind Spinellverbindungen mit eingelagerten magnetisch aktiven (z.B. Eisen-)Ionen sehr verbreitet als **Ferrite**, und zwar sowohl mit weichmagnetischen (kubisches Anionengitter), wie mit hartmagnetischen (hexagonales Anionengitter) Eigenschaften.

Bei den meisten Spinellen sind die Elektronen sehr fest gebunden, so daß die Aktivierungsenergien in (1) hohe Werte annehmen: Eine signifikante elektrische Leitfähigkeit tritt dann nur bei sehr hohen Temperaturen auf. Eine wichtige Ausnahme hiervon bildet der Spinell **Magnetit** oder **Eisenoxiduloxid** mit der Zusammensetzung $FeO \cdot Fe_2O_3 = Fe_3O_4$. Das Zustandsdiagramm dieser ternären Ionenlegierung war in Band 1, Bild 2.5-13 wiedergegeben worden. Die Besonderheit beim Magnetit ist, daß dort die Eisenatome sowohl im zweifach, wie auch im dreifach positiv geladenen Zustand vorkommen. Befinden sich zwei unterschiedlich geladene Eisenatome nebeneinander, dann ist ein Elektronen-(genauer: **kleine Polaronen**, s. [3.52]) übergang (**hopping**) von dem zweifach geladenen Atom auf das dreifach geladene gemäß der Reaktion

$$Fe^{2+} + Fe^{3+} \qquad \Leftrightarrow \qquad Fe^{3+} + Fe^{2+} \tag{3}$$

Elektronenübergang vom linken auf das rechte Ion

mit einem Austausch der Wertigkeit (**Valenzaustausch** oder **charge transfer**) verbunden. Elektronenübergange dieser Art sind mit vergleichsweise niedrigen (aber dennoch signifikanten) Aktivierungsenergien W_{diff} verbunden, so daß die **Beweglichkeit (2)** relativ hohe Werte annehmen kann, die allerdings mit Größen im Bereich 10^{-5} bis 10^{-1} cm^2/Vs meist immer noch weit unterhalb denen von Metallen und Halbleitern liegen. In Bild 3.3.1-3 ist die erhöhte Leitfähigkeit des Magnetits im Vergleich zu anderen keramischen Verbindungen gut zu erkennen. Eine andere Spinellverbindung mit einem Leitfähigkeitsmechanismus über Valenzaustausch ist $CoFe_2O_3$; allerdings ist dabei ein Elektronensprung mit einem Wechsel des den Atomrumpf bildenden Elementes verbunden, was zu höheren Aktivierungsenergien führt. Durch Bildung von Mischkristallen aus schlechter leitenden oder isolierender (z. B. $MgCrO_4$) keramischer Verbindungen mit Magnetit lassen sich Spinelle mit weitgehend einstellbarer Leitfähigkeit und Temperaturkoeffizienten TK_R erzeugen (Bild 3.3.4-1, s.auch Bild 3.3.1-4).

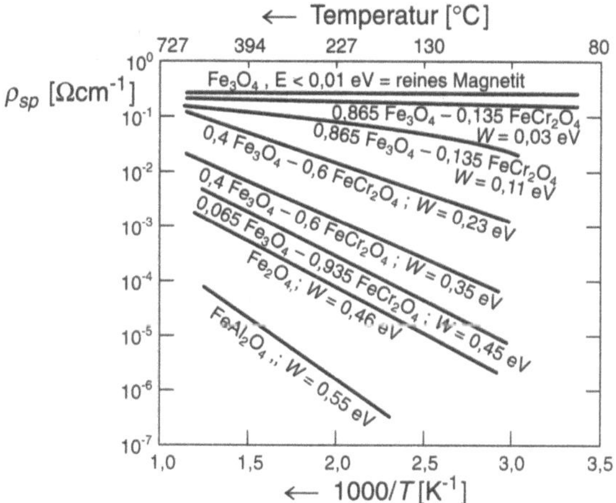

Bild 3.3.4-1   Temperaturabhängigkeit der elektrischen Leitfähigkeit von Mischkristallen des Magnetits (Fe_3O_4) mit den Spinellen $FeCr_2O_4$ und $FeAl_2O_4$. Angegeben sind jeweils die dazugehörigen Aktivierungsenergien (nach [3.15])

In die Temperaturabhängigkeit des NTC-Widerstandes geht nach (3.3.1-5) die Beweglichkeit (2) invers (d.h. mit *positivem* Exponenten) ein, mit dem charakteristischen **B-Wert**, der durch $B := W_{diff}/k$ (Einheit Kelvin) definiert ist, hat sie die Form:

$$R(T) = R(T)\big|_{T=\infty} \exp\left(+\frac{B}{T}\right) \qquad (4)$$

Der *B*-Wert spielt in der Anwendung bei der Charakterisierung von Heißleitern eine

bedeutende Rolle. Häufig bezieht man die Kennlinie auch auf eine Referenztemperatur T_N (z.B. auf die Raumtemperatur 20 bis 25°C) und erhält dann:

$$R(T_N) =: R_N = R(T)\big|_{T=\infty} \cdot \exp\left(+\frac{B}{T_N}\right) \tag{5a}$$

$$\underset{(4)}{\Rightarrow} R(T) = R_N \cdot \exp\left(+B\left\{\frac{1}{T} - \frac{1}{T_N}\right\}\right) \tag{5b}$$

In Bild 3.3.4-2 sind typische Kennlinien für NTC-Widerstände dargestellt.

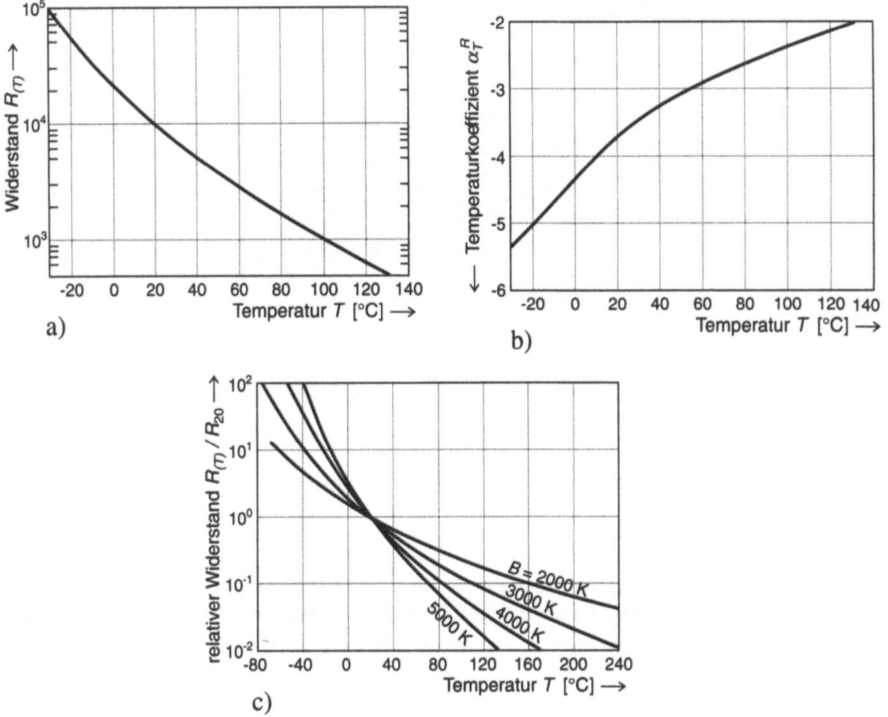

Bild 3.3.4-2   Kennlinien von NTC-Temperatursensoren (nach [3.28])
a) Temperaturabhängigkeit des Sensorwiderstandes
b) Temperaturabhängigkeit des Temperaturkoeffizienten nach (3.1-2)
c) Widerstandskennlinie nach (5b) für verschiedene B-Werte nach (4)

Ausgehend von Gleichung (5b) ergibt sich für die *relative Streuung* $\Delta R/R$ von
NTC-Widerständen bei einer fertigungsbedingter Variation von R_N und B:

$$\ln R(T) = \ln R_N + \left\{ \frac{1}{T} - \frac{1}{T_N} \right\} B \tag{6a}$$

$$\Rightarrow \Delta \ln R(T) = \frac{\Delta R(T)}{R(T)} = \frac{\Delta R_N}{R_N} + \left\{ \frac{1}{T} - \frac{1}{T_N} \right\} \Delta B \tag{6b}$$

$$\text{aus (6a) folgt direkt:} \quad \left\{ \frac{1}{T} - \frac{1}{T_N} \right\} = \frac{1}{B} \ln \frac{R(T)}{R_N} \tag{6c}$$

$$(6b, c) \Rightarrow \frac{\Delta R(T)}{R(T)} = \frac{\Delta R_N}{R_N} + \frac{\Delta B}{B} \ln \frac{R(T)}{R_N} \tag{7}$$

Die Fertigungsstreuung von NTC-Sensoren ist durchaus kritisch, weil der Kontaminationsgehalt im Sinterwerkstoff schwer kontrollierbar ist, außerdem können sich die bei der Herstellung bildenden keramischen Verbindungen und deren Struktur bei hohen Temperaturen mit der Zeit verändern. Erst in neuerer Zeit ist hier durch eine verbesserte Auswahl der Legierungsbestandteile und den Einsatz der Sägetechnik (s.u.) eine für die Anwendung notwendige Einschränkung der Toleranzen gelungen. In den Datenblättern werden nach der Anzahl der Temperaturfixpunkte, bei denen die Toleranzen spezifiziert werden, **Zweipunkt-** und **Dreipunktsensoren** unterschieden. In Bild 3.3.4-3 ist das Toleranzfeld eines Zweipunktsensors dargestellt.

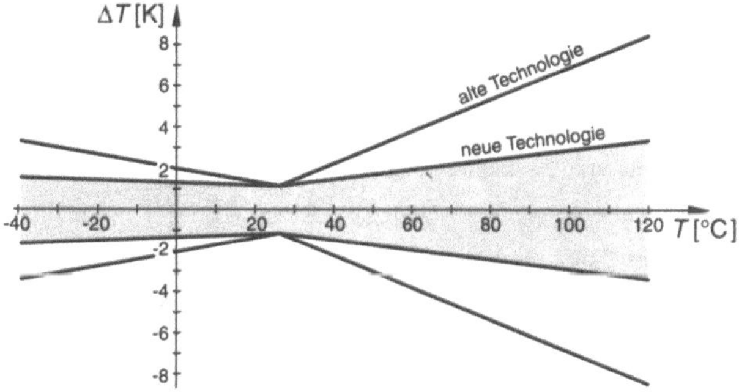

Bild 3.3.4-3   Temperaturtoleranzen in Abhängigkeit von der Umgebungstemperatur bei formgesinterten (alte Technologie) und gesägten (neue Technologie) Heißleitern (nach [3.29])

Für die Fertigung keramischer NTC-Widerstände werden in der Regel Sinterverfahren (Band 1, Abschnitt 3.3) eingesetzt. Die Bilder 3.3.4-4 und 5 geben einen Überblick über zwei Gruppen von Sinterprozessen, sowie über einen Fertigungsprozeß von keramischen Sensoren. Eine ausführliche Diskussion der keramischen Fertigungstechnik erfolgt im Folgeband 5, "Keramik".

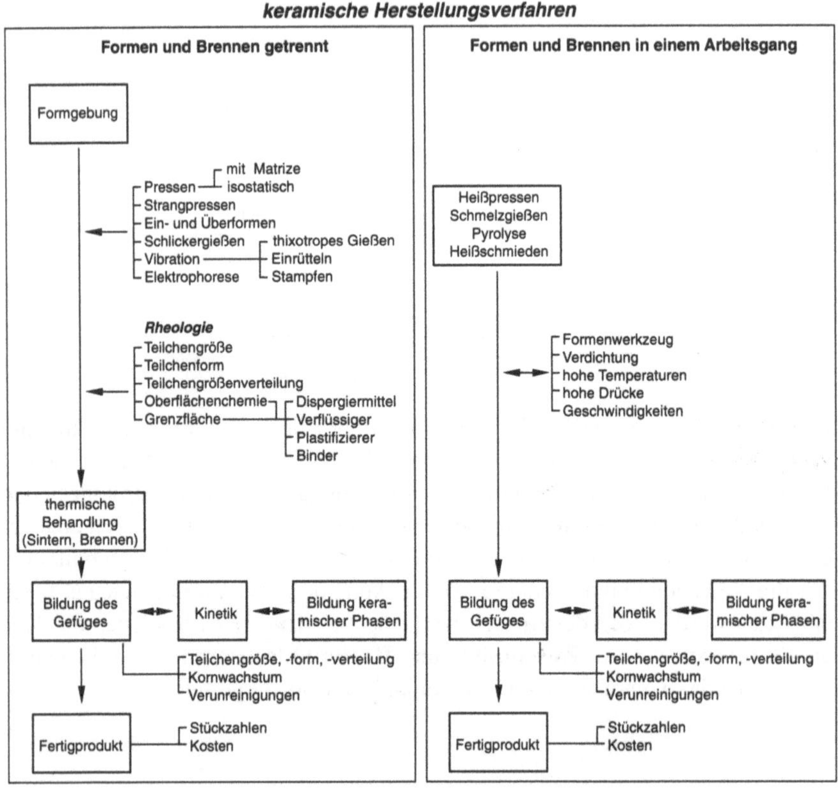

Bild 3.3.4-4   Übersicht über keramische Herstellungsverfahren (nach [3.30])
a) Formen und Brennen getrennt
b) Formen und Brennen in einem Schritt

Die Sintertechnologie läßt eine große *Formenvielfalt* für die Sensoren zu (Bild 3.3.4-6), sie hat dazu den grundsätzlichen Vorteil, daß die **Befestigung und Kontaktierung** der Anschlußdrähte (Chrom-Nickel-Legierungen oder Kupfermanteldrähte) in den Sinterprozeß miteinbezogen werden kann, so daß hochtemperaturfeste Kontakte entstehen. Die sonst bei Bauelementen üblichen Bondtechniken (Band 1, Abschnitt 4.2.2) sind dagegen weit kostenaufwendiger und haben im Bereich höherer Temperaturen (oberhalb von 300°C) häufig eine geringere Zuverlässigkeit. Das Einsintern der Anschlußdrähte läßt zusätzlich die Fertigung von Sensoren mit einem sehr geringen Gewicht und Volumen und damit einer geringen *Wärmekapazität* zu, d.h. es lassen sich Sensoren für die Messung sehr schneller Temperaturänderungen herstellen. Ein Beispiel dafür ist in dem Datenblatt in Bild 3.3.4-7 wiedergegeben.

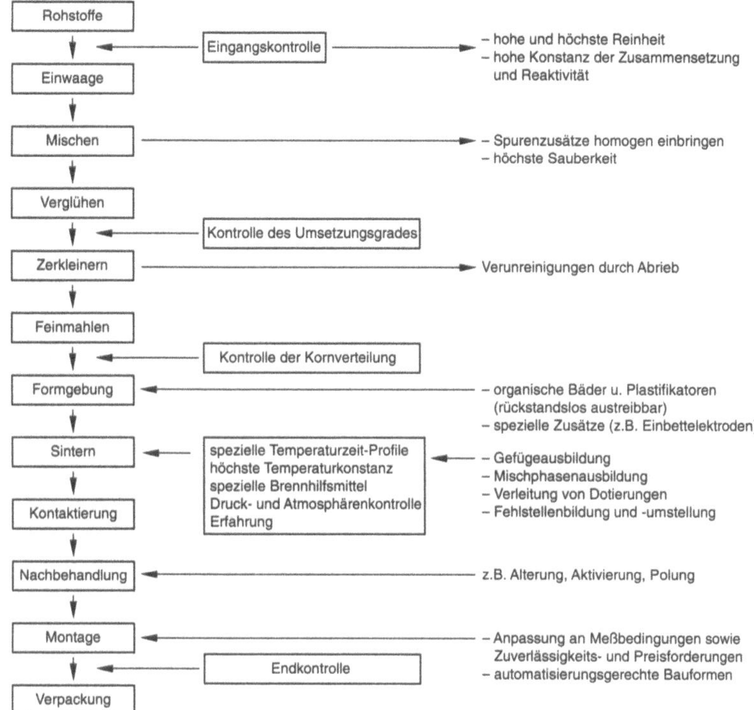

Bild 3.3.4-5   Fertigungsverfahren für keramische Sensoren (nach [3.30])

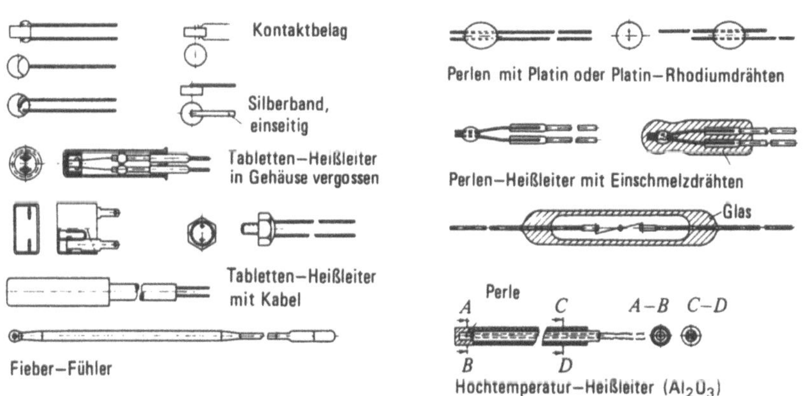

Bild 3.3.4-6   Bauformen von NTC-Widerständen (nach [3.28]):
Die Umhüllung erfolgt häufig mit Weichglas (Einsatztemperaturen bis 300°C)
oder Hartglas (Einsatztemperaturen bis 600°C)

a) **Tablettenform**   b) **Perlen-** oder **Pillenform** (engl. bead)

2322 626 2....
MINIATURE RANGE

2322 626 2....
MINIATURE RANGE

NTC THERMISTORS
glass encapsulated miniature bead

TEMPERATURE SENSING AND CONTROL

Features

- Small diameter
- Quick response to changes
  in temperature
- Very high long term stability
- High temperature uses
- Resistant to aggressive environments

QUICK REFERENCE DATA

Resistance value at 25 °C	1 kΩ to 1 MΩ
Tolerance on R_{25} value	± 5%, ± 10%
Tolerance on $B_{25/85}$ value	± 5%
Thermal time constant	7.5 s approx.
Response time	0.85 s approx.
Operating temperature range	
at zero power	−55 to 200 °C, or
	−55 to 300 °C
at maximum power	0 to 55 °C

APPLICATION

Temperature measurement and control up to 300 °C. Also level sensing.

DESCRIPTION

Bead thermistor with negative temperature coefficient, in a glass envelope with two tinned dumet (CuNiFe) wires.

MECHANICAL DATA

Outlines

Ø 0,24

Ø 1,6 max

6,4 max

19 min

7Z66630

Fig.1 Component outline.

Marking
None

Mass
33 mg approximately

Mounting
In any position by soldering

Soldering

Solderability	max. 240 °C, max. 4 s
Resistance to heat	max. 265 °C, max. 11 s

Inflammability
Uninflammable

Impact

Free fall	100 mm

Robustness of terminations

Tensile strength	1.0 N

PACKAGING

100 thermistors in a cardboard box

ELECTRICAL DATA

Unless otherwise specified, measured according to IEC publication 539

Table 1 Catalogue number 2322 626 2....

suffix of the catalogue number		R_{25}	$B_{25/85}$-value ± 5%	T_{max}	temperature coefficient at 25 °C
tol. ± 5%	tol. ± 10%	kΩ	K	°C	%/K
3102	2102	1	2075	200	−2.3
3222	2222	2,2	2285	200	−2.6
3472	2472	4,7	2485	200	−2.8
3103	2103	10	3750	200	−4.2
3223	2223	22	3560	200	−4.0
3473	2473	47	3750	200	−4.2
3104	2104	100	3900	300	−4.4
3224	2224	220	3860	300	−4.3
3474	2474	470	3950	300	−4.5
3105	2105	1000	4100	300	−4.6

Maximum dissipation at + 55 °C	100 mW
Dissipation factor	0.8 mW/K approx.
Thermal time constant	7.5 s approx.
Response time (see note)	0.85 s approx.
Operating temperature range (Fig. 2 and Table 1)	
at zero power	−55 to + 200 °C, or + 300 °C
at maximum power	0 to + 55 °C
Dielectric withstanding voltage (RMS)	
between terminals and glass envelope	min. 100 V
Insulation resistance between terminals	
and glass envelope at 10 V (DC)	min. 10 MΩ

Note: Response time in silicone oil MS 200/50. The response time in silicone oil is the time necessary to change of 63.2 % of the total difference between the initial and the final body temperature, when subjected to a step function change in ambient temperature. Step change: initial temperature: air at 25 °C; final temperature: oil (MS 200/50) at 85 °C.

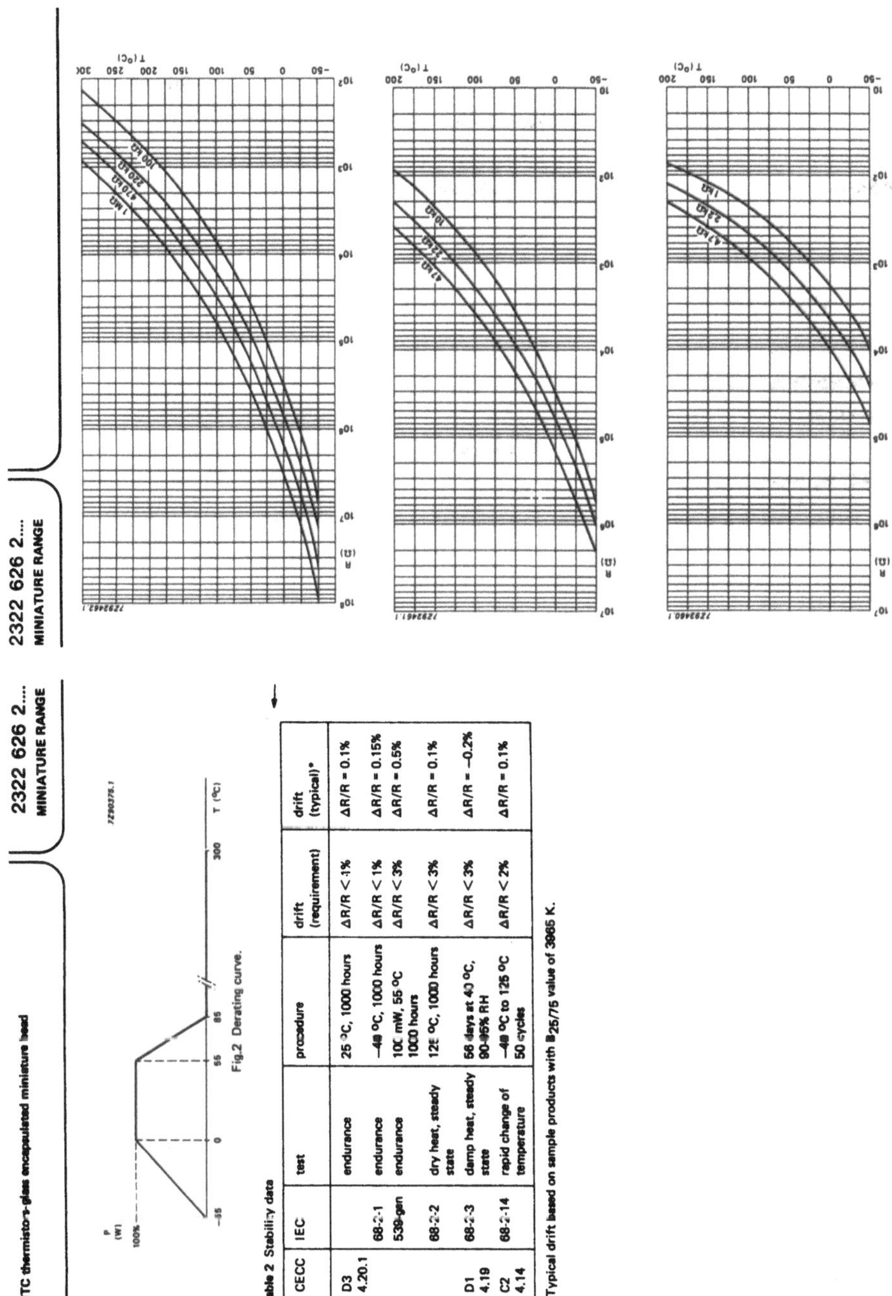

Table 2 Stability data

CECC	IEC	test	procedure	drift (requirement)	drift (typical)*
D3 4.20.1		endurance	25 °C, 1000 hours	$\Delta R/R < 1\%$	$\Delta R/R = 0.1\%$
	68-2-1	endurance	−40 °C, 1000 hours	$\Delta R/R < 1\%$	$\Delta R/R = 0.15\%$
	539-gen	endurance	100 mW, 55 °C 1000 hours	$\Delta R/R < 3\%$	$\Delta R/R = 0.5\%$
	68-2-2	dry heat, steady state	125 °C, 1000 hours	$\Delta R/R < 3\%$	$\Delta R/R = 0.1\%$
D1 4.19	68-2-3	damp heat, steady state	56 days at 40 °C, 90-95% RH	$\Delta R/R < 3\%$	$\Delta R/R = -0.2\%$
C2 4.14	68-2-14	rapid change of temperature	−40 °C to 125 °C 50 cycles	$\Delta R/R < 2\%$	$\Delta R/R = 0.1\%$

* Typical drift based on sample products with $B_{25/75}$ value of 3965 K.

Bild 3.3.4-7   Datenblatt eines schnell ansprechenden Heißleiters mit Pillenform und Glasgehäuse

Einen technologischen Fortschritt im Hinblick auf eine **geringere Exemplarstreuung** bei der Fertigung von Heißleitern hat die bereits oben erwähnte **Sägetechnik** gebracht: Dabei werden zunächst **größere Sinterkörper mit weitgehend homogenen Eigenschaften** hergestellt, anschließend werden die gewünschten Sensorformen durch mehrere Sägeprozesse gefertigt. Die Kontaktanschlüsse werden durch Löten befestigt.

Im Vergleich zu den bisher beschriebenen Temperatursensoren zeichnet sich der NTC-Widerstand aus durch

– einen hohen Widerstand
– einen hohen TK
– eine Temperaturbeständigkeit bis hin zu relativ hohen Temperaturen
– (bei entsprechendem Aufbau:) kurze Ansprechzeiten
– relativ niedrigen Preis

Die Linearisierung erfolgt wie beim spreading resistance -Sensor in Bild 3.3.3-7. In Bild 3.3.4-8 wird die Kennlinie des linearisierten NTC-Widerstandes mit denen von Thermoelementen verglichen.

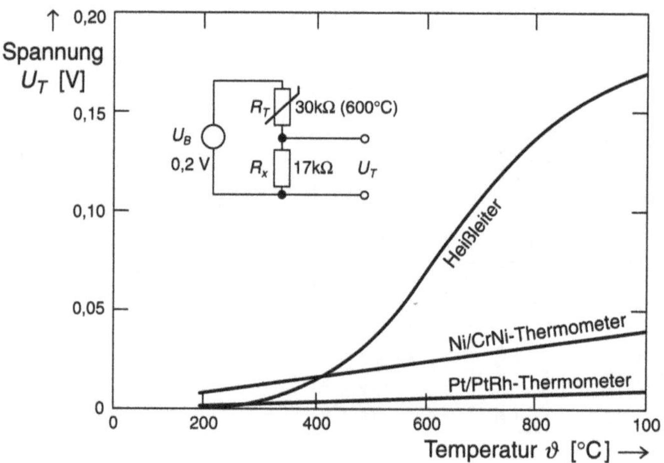

Bild 3.3.4-8   Vergleich einer für den Temperaturbereich um 600°C linearisierten Kennlinie (S-Form wie in Bild 3.3.3-8) eines NTC-Widerstandes mit denen zweier Thermoelementsysteme (nach [3.28])

Kennzeichnend für Temperatursensoren sind neben den **Sensorkennlinien** $R(T)$ die **Strom-Spannungskennlinien** $U(I)$, *die durch die Eigenerwärmung des Sensors bestimmt werden.* Mit (3.1-1) gelten nämlich im stationären Fall nach Einsetzen der Jouleschen Wärme $P = U \cdot I$ für jede Sensorkennlinie $R(T)$ gleichzeitig die Gleichungen:

$$U = I \cdot R(T) \tag{8a}$$

$$T = P \cdot R_{th} + T_u = U \cdot I \cdot R_{th} + T_u = \frac{U \cdot I}{G_{th}} + T_u \tag{8b}$$

$$\text{mit dem } \textit{Wärmeableitungskoeffizienten} \ \ G_{th} := \frac{1}{R_{th}}; \ \ [G_{th}] = \frac{W}{K} \tag{8c}$$

Die Elimination der Variablen T aus (8a) und (8b) ergibt die **Strom-Spannungskennlinie** $U(I)$. Da die mathematische Beschreibung der Kennlinie $R(T)$ häufig aufwendig ist, wird das folgende *graphische* Verfahren angewendet: Die Kennlinie $R(T)$ kann unmittelbar den Datenblättern des Sensors entnommen werden. Die Beziehung (8b) wird in die folgende Form umgewandelt, wobei zwei alternative Randbedingungen vorausgesetzt werden können:

$$\text{Randbedingung 1: } \ I = I_o = \text{const} \underset{(8a,b)}{\Rightarrow} T = \frac{I_o^{\,2} \cdot R(T)}{G_{th}} + T_u$$

$$\Rightarrow R(T) = \frac{G_{th}\left(T - T_u\right)}{I_o^{\,2}} \tag{9a}$$

$$\text{Randbedingung 2: } \ U = U_o = \text{const} \underset{(8a,b)}{\Rightarrow} T = \frac{U_o^{\,2}}{G_{th} \cdot R(T)} + T_u$$

$$\Rightarrow R(T) = \frac{U_o^{\,2}}{G_{th}\left(T - T_u\right)} \tag{9b}$$

Je nach Meßführung (konstanter Strom oder konstante Spannung, vorgegebene Umgebungstemperatur) kann jetzt die Funktion (9a) oder (9b) in das Koordinatensystem der Sensorkennlinie aus dem Datenblatt eingetragen werden. Der Schnittpunkt beider Kurven ergibt für die Umgebungstemperatur T_u und bekanntem Wärmeableitungskoeffizienten die Sensortemperatur T und den dazugehörigen Widerstandswert $R(T)$ des Sensors (dieses Verfahren wird beim Kaltleiter in Bild 3.3.5-5 explizit angewendet). Über (8a) kann dann der dazugehörige Strom (bei konstanter Spannung) oder die Spannung am Sensor (bei konstantem Strom) bestimmt werden. Daraus ergibt sich die Strom-Spannungskennlinie des Sensors mit der eingespeisten Leistung oder dem Wert des Sensorwiderstands als Parameter (Bild 3.3.4-9).

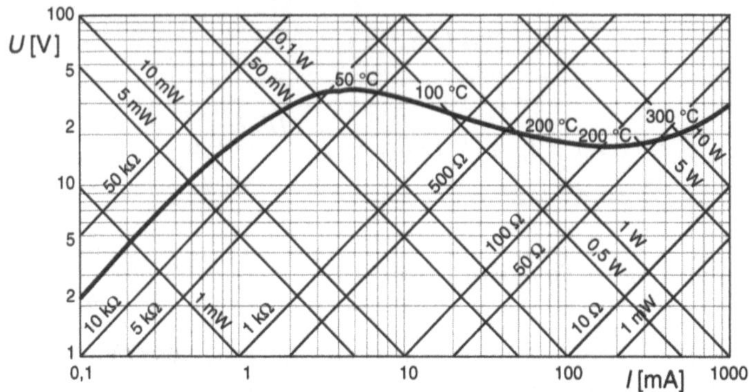

Bild 3.3.4-9   Statische Strom-Spannungskennlinie (nach Einstellung der Sensortemperatur auf einen zeitlich konstanten Wert) eines NTC-Widerstands in doppeltlogarithmischer Darstellung (nach [3.29]). An verschiedenen Punkten entlang der Kennlinie ist die sich durch Selbstaufheizung einstellende Sensortemperatur angegeben. Ebenfalls eingetragen sind die Kennlinienscharen

$$\ln\ U - \ln I = \ln\ R = Parameter \tag{10a}$$

$$\ln\ U + \ln I = \ln\ P = Parameter \tag{10b}$$

Gleichung (8b) beschreibt die Sensortemperatur *nach Einstellung des Gleichgewichts*, also nach Abklingen eines Einschwingvorgangs. Zur Bestimmung des zeitlichen Ablaufs muß die vollständige zeitabhängige Differentialgleichung für den Wärmehaushalt nach gelöst werden, die sich nach Band 2, Abschnitt 13.1, ergibt:

$$\frac{\partial(T - T_u)}{\partial t} = \frac{P}{c_{th}} - \frac{G_{th}}{c_{th}}(T - T_u) \tag{11}$$

Dabei geht die **Wärmekapazität** c_{th} (Dimension Ws/K) ein. Die Lösung der Differentialgleichung ist:

$$(T - T_u) = \frac{P}{G_{th}}\left\{1 - \exp\left(-\frac{t}{\tau_{th}}\right)\right\} \underset{(8b)}{=} (T - T_u)\big|_{t \to \infty} \left\{1 - \exp\left(-\frac{t}{\tau_{th}}\right)\right\} \tag{12a}$$

$$\tau_{th} = \frac{c_{th}}{G_{th}} \tag{12b}$$

Innerhalb einer Zeit der Größenordnung τ_{th} geht die Temperaturdifferenz $T - T_u$ in (12) auf den Wert (8b) nach Einstellung des thermischen Gleichgewichts über. Für dieses Übergangsverhalten gibt es eine interessante **Anwendung von NTC-Widerständen** außerhalb der Sensorik als Zeitverzögerungsglied (Bild 3.3.4-10).

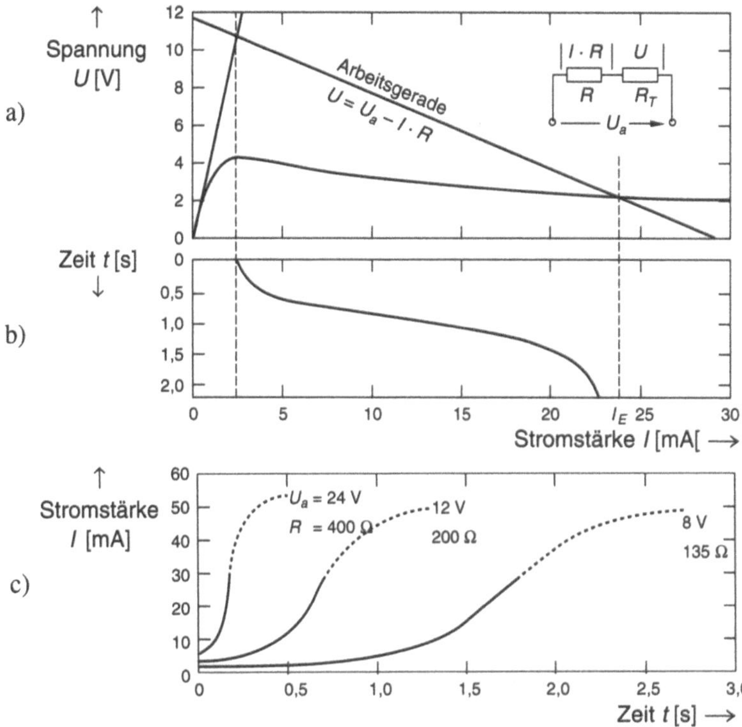

Bild 3.3.4-10   Wirkung des NTC-Widerstandes als Zeitverzögerungsbauelement mit einer Verzögerungszeit τ_{th} nach (12b) (nach [3.28]).

a) Arbeitspunkte einer Reihenschaltung von NTC-Widerstand R_T und Lastwiderstand R. Bei Beginn der Erzeugung von Jouleschen Wärme hat der NTC-Widerstand zunächst die Kennlinie eines ohmschen Widerstandes mit einem Widerstandswert, der dem kalten Zustand entspricht (Kurve 1). Nach Erwärmung nimmt im stationären thermischen Gleichgewicht die Kennlinie eine Form wie in 3.3.4-9 an (Kurve 2).

Der Arbeitspunkt wird auf die folgende Art graphisch bestimmt: Die Summe der Spannungsabfälle über dem NTC-Widerstand (U) und dem Lastwiderstand ($I \cdot R$) ist gleich der von außen angelegten Spannung U_a

$$U_a = U(I) + I \cdot R \Rightarrow U(I) = U_a - I \cdot R \tag{13}$$

Die Funktion $U_a - I \cdot R$ kann als **Arbeits-** oder **Lastgerade** in das Strom-Spannungs-Diagramm eingetragen werden. Gleichzeitig müssen aber die angenommenen Werte auf der Widerstandskennlinie $U(I)$ entsprechend Bild 3.3.4-9 liegen. Der **Arbeitspunkt** (die von der Schaltung angenommenen Werte von Strom und Spannung) wird daher durch den Schnittpunkt beider Kurven im Strom-Spannungs-Diagramm festgelegt.

b) Zeitliche Zunahme des Stroms in der Schaltung a) für typische Kennwerte eines NTC-Widerstandes

c) Variation der Zeitverzögerung durch Änderung der äußeren Spannung U_a und des Serienwiderstandes R

Die Bilder 3.3.4-11 und 12 zeigen Anwendungsmöglichkeiten von NTC-Widerständen als Zeitverzögerungsglieder und träge Spannungsstabilisierung.

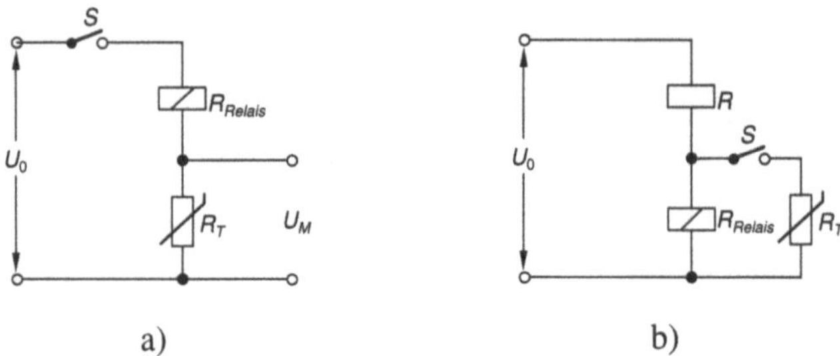

a)   b)

Bild 3.3.4-11   Anwendungen von NTC-Widerständen als Zeitverzögerungsglied (nach [3.28])

             a) Bei Betätigen des Schalters S muß sich erst der NTC-Widerstand aufwärmen, bevor ein großer Strom durch die Relaisspule fließen kann, damit wird eine Stromüberhöhung beim Einschalten des Relais vermieden

             b) Beim Betätigen des Schalters fließt zunächst ein relativ niedriger Strom über den NTC-Widerstand, der erst nach Selbsterwärmung so ansteigt, daß das Relais ausgeschaltet wird (Abfallverzögerung am Relais)

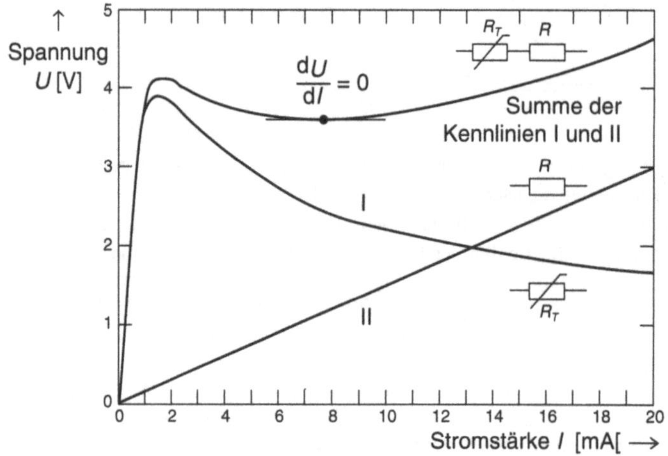

Bild 3.3.4-12   Spannungsstabilisierung mit NTC-Widerständen (nach [3.28]):

             Die Reihenschaltung eines NTC-Widerstandes mit einem ohmschen Widerstand ergibt eine Kennlinie mit einem Minimum der Strom-Spannungs-Kennlinie, das bei nicht zu großen Stromschwankungen die angelegte Spannung konstant hält.

Bei einigen Anwendungen hat der Temperatursensor nur die Aufgabe, die Entstehung einer Übertemperatur in einem bestimmten Bereich anzuzeigen. Auch hierfür eignen sich die empfindlichen Heißleiter in hervorragender Weise: Ein solcher **Flächenwächter** kann als flexibles Koaxialkabel ausgeführt sein, dessen innere und äußere Leitung durch eine NTC-Keramik voneinander isoliert werden (Bild 3.3.4-13).

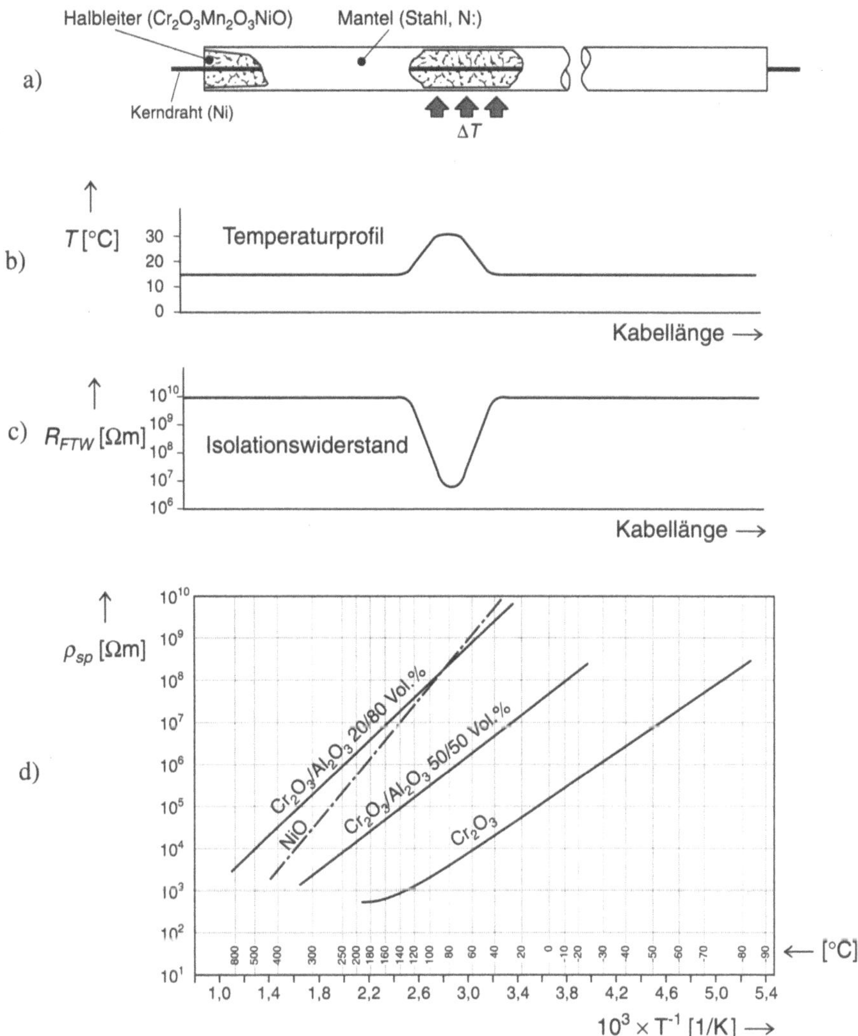

Bild 3.3.4-13 **Aufbau eines Temperatur-Flächenwächters zur Anzeige einer (lokalen) Übertemperatur als flexibles Koaxialkabel (a). Bei Auftreten einer örtlichen Temperaturerhöhung (b) tritt an dieser Stelle eine starke Widerstandserniedrigung der isolierenden Keramik auf, so daß der Isolationswiderstand zwischen Seele und Mantel des Koaxialkabels stark abnimmt. In d) ist die Temperaturabhängigkeit verschiedener Mischungen des Systems Cr$_2$O$_3$/Al$_2$O$_3$ dargestellt (nach [3.32])**

3.3.5 Keramikwiderstände: Kaltleiter

Eine Gruppe von Keramikwiderständen mit einem völlig anderen Temperaturverhalten bilden die **keramischen PTC-Widerstände** oder **Kaltleiter**. Im Gegensatz zu den NTC-Widerständen, die überwiegend aus Werkstoffen mit einer Spinellstruktur hergestellt werden, weisen die **Kaltleiterkeramiken** häufig eine **Perovskitstruktur** (Band 1, Abschnitt 1.3.2) auf. Ein typischer Werkstoff dieser Kategorie ist **Bariumtitanat** (Band 1, Bild 1.3.2-4). Eine für das Kaltleiterverhalten entscheidende Eigen-

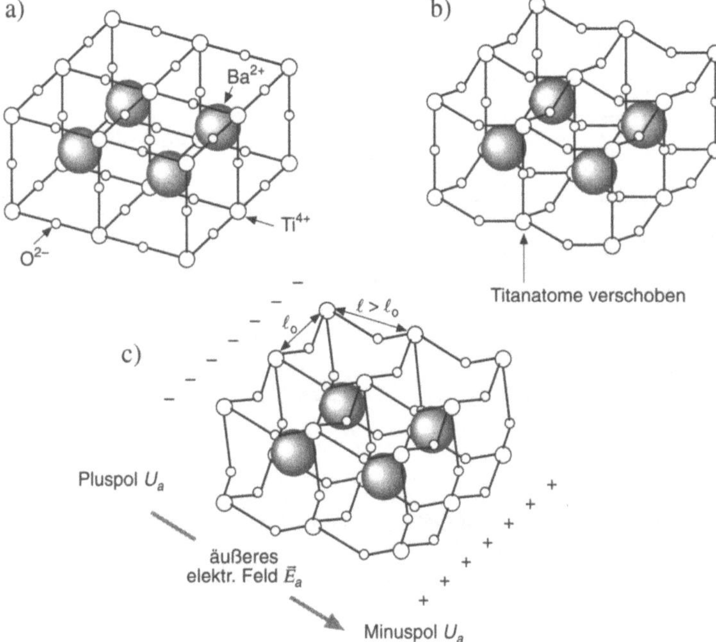

Bild 3.3.5-1   Ferroelektrizität in perovskitischen Gittern (nach [3.33]). Für die Perovskitstruktur ist eine Gitterzelle wie in Band 1, Bild 1.3.2-3, gewählt. Eingezeichnet ist die Ionenbesetzung des Gitters für Bariumtitanat. Die Atomgrößen sind übertrieben hervorgehoben und entsprechen nicht den realistischen Verhältnissen.

a) symmetrische Konfiguration ohne permanentes Dipolmoment

b) zur Minimierung der freien Energie "relaxierte" Konfiguration: Die Ionen sind relativ zu den Gitterpositionen in a) um eine kleine Distanz verschoben und erzeugen dadurch ein permanentes Dipolmoment pro Volumen (Polarisation). Für die Richtung des Dipolmoments gibt es mehrere kristallographisch äquivalente Orientierungen.

c) Wechselwirkung der permanenten Dipole mit einem äußeren elektrischen Feld E_a: Die permanenten Dipole richten sich im Kristall so aus, daß sie in Verbindung mit den elektrischem Feld eine Orientierung minimaler (freier) Energie einnehmen. Zusätzlich bewirkt das äußere Feld eine ionische Polarisation (Band 1, Bild 6.2.1), deren Größe durch die Dielektrizitätskonstante charakterisiert wird.

schaft des Bariumtitanats ist die **Ferroelektrizität**: Zur Minimierung der freien Energie nimmt das **Bariumtitanatgitter** eine asymmetrische Konfiguration an (das raumzentrierte Titanion ist um eine kleine Distanz aus der symmetrischen Position in der Mitte der Raumdiagonalen verschoben), bei der *permanente Dipole* entstehen (Bild 3.3.5-1). **Aufgrund der Kristallsymmetrie** gibt es eine Anzahl äquivalenter Raumrichtungen, in denen die Dichte solcher Dipole, die **Polarisation**, ausgerichtet sein kann. Die mit der Polarisation verbundenen Oberflächenladungen σ_{perm} verhalten sich wie *permanente Ladungen*, sie gehen im Gegensatz zu den *induzierten Ladungen* wie Monopolladungen in die Poissongleichung ein ((1), s. auch Abschnitt 3.5 und Band 1, Abschnitt 6.2).

Bei Wirkung von elektrischen Feldern, die z.B. durch die Gegenwart fester elektrischer Ladungen im Kristall (aufgrund von Fremdatomen oder anderen Störstellen) entstehen können, richtet sich die ferroelektrische Polarisation so aus, daß die (freie) Energie des Kristalls in Verbindung mit dem elektrischen Feld ein Minimum annimmt. Wie in Band 1, Abschnitt 6.2, gezeigt, erzeugt ein Sprung ΔP der Polarisation stets eine Oberflächendipolladung σ_{dip} der Größe

$$\Delta P = - \sigma_{dip} \tag{1}$$

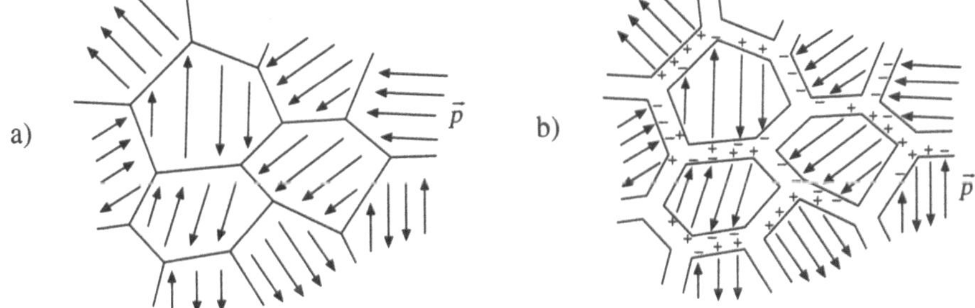

Bild 3.3.5-2   Ausrichtung der ferroelektrischen Polarisation in einem polykristallinen Material (z.B. einer ferroelektrischen Sinterkeramik, nach [3.35]). Die polarisierten Bereiche richten sich vorzugsweise so aus, daß die mit der Polarisation verbundenen Oberflächen-Dipolladungen sich möglichst gegenseitig aufheben oder andere Flächenladungen, wie sie an Korngrenzen entstehen, kompensieren.

   a) Ausrichtung der Polarisation bei *Abwesenheit* von Korngrenzenladungen: die permanenten Oberflächen-Dipolladungen benachbarter Bereiche (aus verschiedenen Körnern) kompensieren sich weitgehend gegenseitig.

   b) Bei *Anwesenheit* von Korngrenzenladungen richtet sich die ferroelektrische Polarisation vorzugsweise so aus, daß die Korngrenzenladungen weitgehend elektrisch kompensiert werden, d.h. die Abschirmung der Korngrenzenladung erfolgt durch Oberflächendipolladungen. Sind solche Dipolladungen (z.B. oberhalb der Curietemperatur) nicht vorhanden, dann muß die Abschirmung durch geladene Störstellen im Volumen des keramischen Werkstoffs erfolgen, hierdurch entstehen Energiebarrieren, die einen Stromfluß erheblich behindern können.

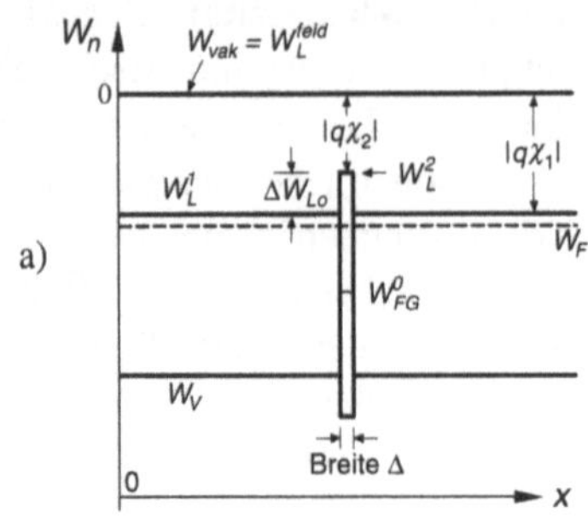

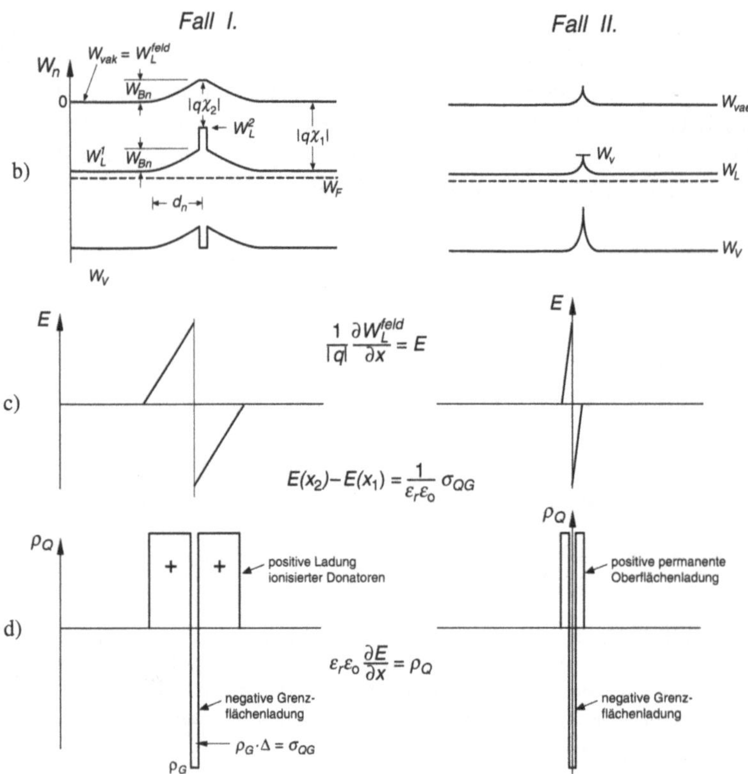

Bild 3.3.5-3   Abgeschirmte (d.h. elektrostatisch kompensierte) Grenzflächenladungen (vgl. Band 2, Abschnitt 5.2.4): Die Abschirmung kann durch ionisierte Donatoratome (*Fall I*) oder bei Ferroelektrika durch Dipol-Flächenladungen am Rande des Dielektrikums (*Fall II*) erfolgen. Im zweiten Fall entstehen – wenn überhaupt – räumlich sehr schmale Barrieren, die von den Ladungsträgern (z.B. durch den Tunneleffekt) relativ leicht überwunden werden können. Bei den räumlich ausgedehnten Barrieren in Fall I hingegen wird der Stromfluß stark behindert.

a/b) Bändermodell *vor bzw. nach* Einstellung des thermischen Gleichgewichts.
c/d) Ortsverlauf der elektrischen Feldstärke / der Raumladungsdichte.

Bei Anwesenheit geladener Flächen, die z.B. bei *elektrisch geladenen Korngrenzen* in (polykristallinen) Sinterkeramiken entstehen, richtet sich die Polarisation so aus, daß die Oberflächendipolladung σ_{dip} nach Möglichkeit die Korngrenzenladung kompensiert (**abschirmt**, s. Bild 3.3.5-1). Oberhalb der *Curietemperatur* (Abschnitt 3.5 und Band 1, Abschnitt 7.1.4) verschwindet die permanente Polarisation: In diesem Fall muß die Abschirmung der Korngrenze durch ionisierte Störstellen erfolgen. Dadurch bilden sich Energiebarrieren für den Ladungstransport (s. Band 2, Abschnitt 7), so daß die elektrische Leitfähigkeit erheblich abgesenkt wird (**Kaltleitereffekt**).

Dipolflächenladungen können beachtliche Werte annehmen, damit ist eine Abschirmung (elektrische Kompensation) der Korngrenzenladung innerhalb sehr kurzer Distanzen möglich (Bild 3.3.4-15, Fall II)

Die Abschirmung geladener Korngrenzen durch ferroelektrisch erzeugte Dipolladungen verschwindet, wenn oberhalb der Curietemperatur die ferroelektrische Ordnung zusammenbricht. Die Ursache für diesen Effekt läßt sich leicht aus dem Prinzip der minimalen freien Energien ableiten: Bei hinreichend hohen Temperaturen geht der Entropieterm in (2.1-1) so stark ein, daß die Vergrößerung der Entropie beim Übergang in den ungeordneten (nichtferroelektrischen) Zustand die damit verbundene Zunahme der Energie überkompensiert (vgl. Band 1, Bild 5.1-3). Oberhalb der Curietemperatur verschwindet mit der ferroelektrischen Ordnung auch die Dipolflächenladung. Die elektrostatische Abschirmung muß jetzt zwangsläufig durch andere Ladungen erfolgen, hierfür kommen bei Anwesenheit von negativen Korngrenzenladungen in einer n-dotierten Keramik z.B. positiv ionisierte Donatoren (Bild 3.3.5-3, Fall I) in Frage. Wegen der weitaus geringeren – und auf das Volumen verteilten – Ladungsdichte ist jetzt die Raumladungszone viel breiter als bei einer Abschirmung durch Oberflächen-Dipolladungen.

Die Folge davon ist die Entstehung einer Energiebarriere oberhalb der Curietemperatur mit erheblichen Auswirkungen auf die Leitfähigkeit des Werkstoffs. Ausgedehnte Barrieren wie in Bild 3.3.5-3, Fall I können nämlich ein wesentliches Hindernis für den Stromtransport darstellen; die theoretische Behandlung dieses Problemkreises ist von fundamentaler Bedeutung für die Halbleiterbauelemente (Band 2, Abschnitt 7). Die Ergebnisse der Theorie sind in Band 2, Abschnitt 7.3 zusammengestellt und führen auf die Formel

$$j = A \cdot \rho(x_B)\left(\exp\left(-\frac{|q|U_a}{kT}\right) - 1\right) \tag{2}$$

$$\rho_n(x_B) = N_L \exp\left(-\frac{W_B - W_F(x_B)}{kT}\right) \tag{3}$$

Dabei ist A eine Konstante, die nach Band 2, Abschnitt 7.3, von den Werkstoffeigenschaften und der Art der Barriere abhängt.

Aus dem geschilderten Zusammenhang folgt, daß **oberhalb** der Curietemperatur der elektrische Widerstand der Keramik erheblich zunehmen muß. Dieser Effekt wird experimentell gut bestätigt (Bild 3.3.5-4), wobei der Anstieg des Widerstands mehr als fünf Größenordnungen betragen kann!

Keramische Widerstände mit einem Temperaturverhalten wie in Bild 3.3.5-4 werden als **Kaltleiter** oder **PTC-Widerstände** bezeichnet.

Die Kaltleiter haben im allgemeinen einen anderen **Leitfähigkeitsmechanismus** als die Heißleiter auf der Basis des Magnetits und anderer vergleichbarer Keramiken: Im Gegensatz zu den Spinellverbindungen spielt **beim Bariumtitanat der Valenzaustausch keine Rolle: Die Leitfähigkeit** wird meist wie bei Halbleitern (Band 2, Abschnitt 3.2.1) durch Dotierungsatome erzeugt, welche mit relativ geringem Energieaufwand (z.B. durch thermische Aktivierung bei Raumtemperatur) **Elektronen** an das Leitungsband abgeben können, die dann ihrerseits eine **Stromleitfähigkeit** ermöglichen. Zurück bleiben in diesem Fall *positiv* ionsierte Donatoren, welche *negative* geladene Korngrenzenladungen abschirmen können.

Dotierungseffekte in Keramiken allgemein, die Bedeutung von Gitterfehlern, insbesondere von Leerstellen, sowie die Natur und Größe der Korngrenzenladung werden im Band 5, "Keramik", ausführlich diskutiert. Durch n-Dotierung können minimale

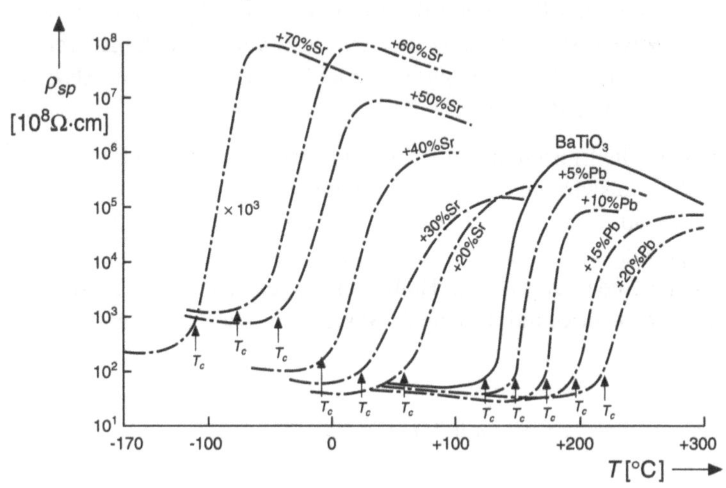

Bild 3.3.5-4   Temperaturabhängigkeit des spezifischen Widerstandes von Antimon-dotiertem Bariumtiatanat. Der Anstieg des Widerstandes erfolgt im Bereich der Curie-Temperatur T_c. Die Curie-Temperatur kann durch Zusätze von Strontium und Blei, welche auf Barium-Gitterplätzen eingebaut werden können, in einem weiten Bereich variiert werden (nach [3.42]).

spezifische Widerstände von ca. 0,1 Ωcm bei Elektronenbeweglichkeiten bis zu 5 cm^2/Vs erreicht werden.

Für den Widerstand in der Umgebung der Curie-Temperatur ergibt sich ein außerordentlich großer Temperaturkoeffizient, so daß dort eine sehr empfindliche Temperaturmessung möglich ist. Andererseits ist die Exemplarstreuung in diesem Bereich besonders groß, so daß Kaltleiter-Temperatursensoren individuell geeicht werden müssen.

Viele zusätzliche **Anwendungsmöglichkeiten** ergeben sich wie beim Heißleiter über das thermische Verhalten bei Strombelastung (Eigenerwärmung): In diesem Fall wirkt sich die Eigenerwärmung aber widerstands*erhöhend* aus: Als Konsequenz wird durch die Widerstandsvergrößerung der Strom als Quelle der Eigenerwärmung verkleinert. Auf diese Weise ergibt sich eine für die Praxis sehr nützliche thermische Stabilisierung.

Die Bestimmung der Strom-Spannungs-Abhängigkeit des Kaltleiters erfolgt wie bei den Heißleitern nach den Formeln (3.3.4-8 und 9). Bild 3.3.5-5 zeigt die Kennlinienscharen zur Bestimmung der Arbeitspunkte.

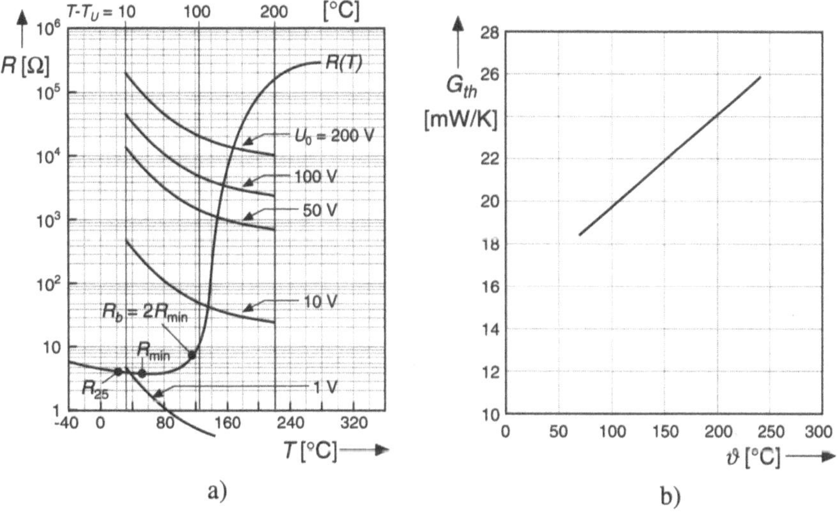

a)   b)

Bild 3.3.5-5   Elektrische und thermische Eigenschaften von Kaltleitern (Kennlinien aus [3.43])

    a) Berechnung der Arbeitspunkte von Strom-Spannungs-Kennlinien. Eingetragen ist eine Kaltleiterkennlinie $R(T)$, sowie Kurvenscharen nach (3.3.4-9b) für verschiedene Betriebsspannungen U_0: Die Schnittpunkte von beiden ergeben die jeweils zu U_0 gehörenden Arbeitspunkte. Daraus kann über $R(T)$ der entsprechende Stromwert I bestimmt werden. Zur Berechnung ist die Kenntnis des Wärmeleitwertes G_{th} erforderlich.

    b) Temperaturabhängigkeit des Wärmeleitwertes zugrunde für die Berechnung von a).

In Bild 3.3.5-6 sind die Strom-Spannungs-Kennlinie, sowie die Bauelementtemperatur T und die erzeugte Leistung P in Abhängigkeit von der Betriebsspannung U dargestellt.

Eine einfache, technisch aber sehr brauchbare Anwendung des Kaltleiters ist eine Schaltung als **Überlastschutz**: Der Kaltleiter wird mit einem Verbraucherwiderstand in Reihe gelegt (Bild 3.3.5-7). Bei einem Stromanstieg steigt zwangsläufig auch der Strom im Kaltleiter, d.h.der Kaltleiter nimmt einen höheren Widerstand an und senkt damit den Strom ab. Alternativ dazu kann in derselben Schaltung der Kaltleiter auch in der Umgebung einer temperaturempfindlichen Stelle des Verbrauchers(z.B. Wicklung eines Motors) untergebracht werden, so daß er auf eine Überhitzung dort mit Stromabschaltung reagiert.

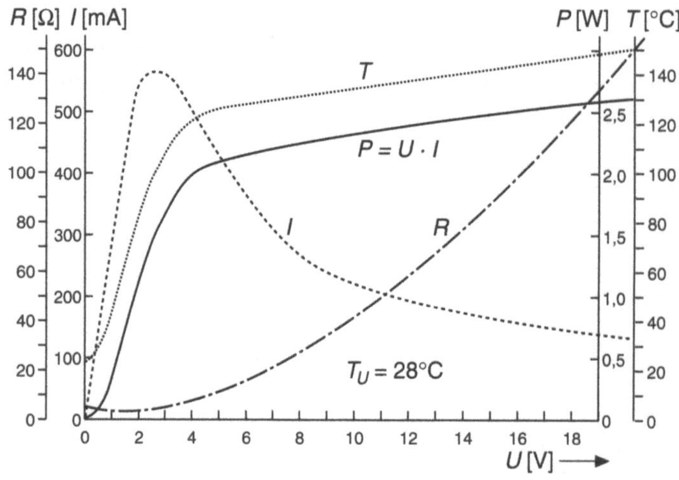

Bild 3.3.5-6   Elektrische und thermische Kennlinien von Kaltleitern (nach [3.43]):
  – Strom-Spannungs-Kennlinie: $I(U)$
  – Widerstands-Spannungs-Kennlinie: $R(U)$
  – Temperatur-Spannungs-Kennlinie: $T(U)$
  – Leistungs-Spannungs-Kennlinie: $P(T)$

Die Arbeitspunkte für die Serienschaltung von Verbraucherwiderstand R und Kaltleiterwiderstand R_{PTC} werden wie in Bild 3.3.4-10 durch die Schnittpunkte von Kaltleiterkennlinie und Lastgerade bestimmt (Bild 3.3.5-7).

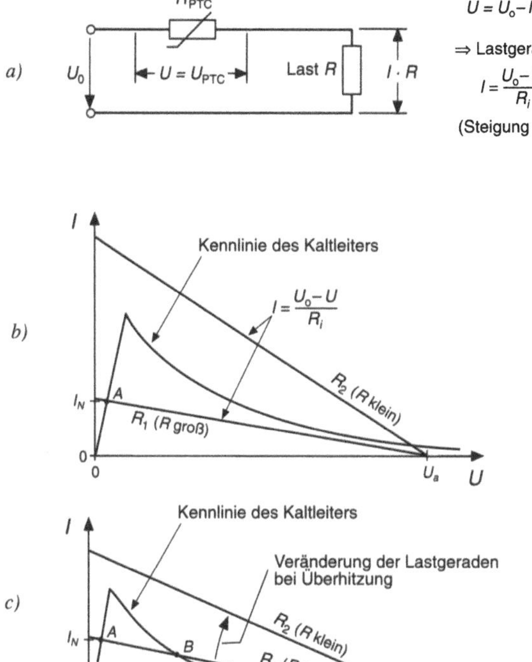

Bild 3.3.5-7   **Anwendung von Kaltleitern als Überlastschutz** (nach [3.43]):

a) Serienschaltung von Kaltleiter und einem Verbraucherwiderstand R, der verschiedene Werte R_1 und R_2 annehmen kann: Angestrebt wird ein Abschalten des Stroms für den Fall, daß anstelle eines vorgesehenen Lastwiderstandes R_1 eine zu kleine Last R_2 anliegt (Anschluß einer zu niederohmigen Last oder Abnahme eines Lastwiderstandes durch Überhitzung, Kurzschluß oder eine andere Störung). Die Arbeitspunkte der Schaltung ergeben sich wie in Bild 3.3.4-10 durch die Schnittpunkte von Lastgerade (flacher für R_1, steiler für R_2) und Kaltleiterkennlinie. Die Kaltleiterkennlinie selbst kann über den geometrischen Aufbau und die Wärmeabführung in ihrem Verlauf beeinflußt werden.

b) Kaltleiter als **Überstromschalter mit selbsttätigem Wiedereinschalten**:
Die Kennlinie des Kaltleiters hat eine solche Form, daß es nur jeweils *einen* Schnittpunkt mit den Lastgeraden gibt: Bei hinreichend großem Lastwiderstand R mit kleinem Spannungsabfall, bei kleinem Widerstand R jedoch mit großem Spannungsabfall am Kaltleiter. Steigt der Lastwiderstand nach Durchlaufen der Phasen Überhitzung, Stromabschaltung und sich dadurch ergebender Abkühlung wieder an, dann wird wieder der Betriebs-Arbeitspunkt A angenommen.

c) Kaltleiter als **Überstromschalter mit bleibender Abschaltung**:
Kurven wie b), jedoch ist der Kaltleiter so dimensioniert, daß es mehrere stabile Arbeitspunkte gibt. Ausgehend vom Betriebs-Arbeitspunkt A wird bei Abnahme des Lastwiderstandes und Stromabschaltung der Arbeitspunkt C angenommen. Bei einer sich daraus ergebenden Abkühlung des Lastwiderstandes kehrt der Arbeitspunkt nicht auf den Wert A zurück, sondern es stellt sich der Arbeitspunkt B mit einem relativ großen Spannungsabfall am Kaltleiter ein.

In Bild 3.3.5-8 ist das Datenblatt eines industriell hergestellten Kaltleiters wiedergegeben.

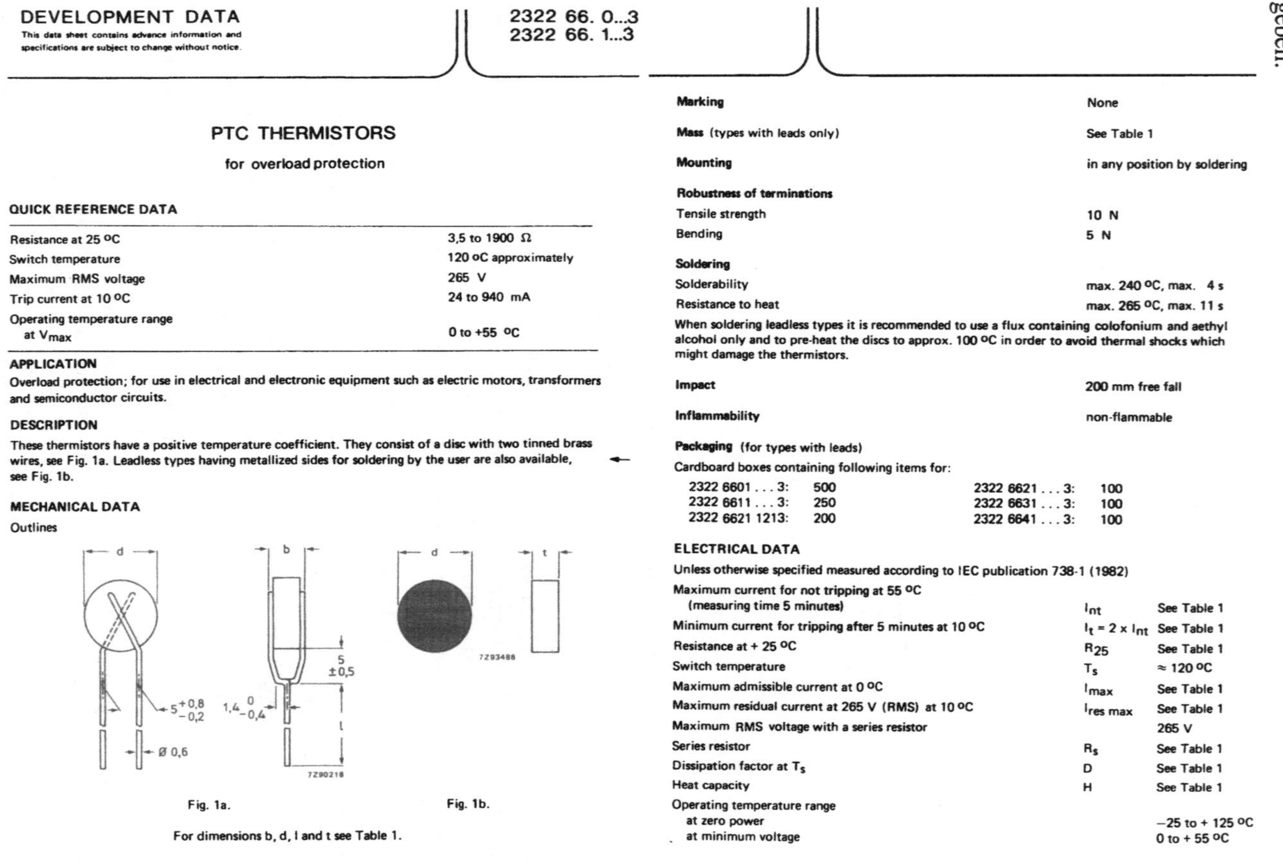

DEVELOPMENT DATA
This data sheet contains advance information and specifications are subject to change without notice.

2322 66. 0...3
2322 66. 1...3

PTC THERMISTORS
for overload protection

QUICK REFERENCE DATA

Resistance at 25 °C	3,5 to 1900 Ω
Switch temperature	120 °C approximately
Maximum RMS voltage	265 V
Trip current at 10 °C	24 to 940 mA
Operating temperature range at V_{max}	0 to +55 °C

APPLICATION

Overload protection; for use in electrical and electronic equipment such as electric motors, transformers and semiconductor circuits.

DESCRIPTION

These thermistors have a positive temperature coefficient. They consist of a disc with two tinned brass wires, see Fig. 1a. Leadless types having metallized sides for soldering by the user are also available, see Fig. 1b.

MECHANICAL DATA
Outlines

Fig. 1a.   Fig. 1b.

For dimensions b, d, l and t see Table 1.

Marking   None

Mass (types with leads only)   See Table 1

Mounting   in any position by soldering

Robustness of terminations
Tensile strength	10 N
Bending	5 N

Soldering
Solderability	max. 240 °C, max. 4 s
Resistance to heat	max. 265 °C, max. 11 s

When soldering leadless types it is recommended to use a flux containing colofonium and aethyl alcohol only and to pre-heat the discs to approx. 100 °C in order to avoid thermal shocks which might damage the thermistors.

Impact   200 mm free fall

Inflammability   non-flammable

Packaging (for types with leads)
Cardboard boxes containing following items for:

2322 6601 . . . 3:	500	2322 6621 . . . 3:	100
2322 6611 . . . 3:	250	2322 6631 . . . 3:	100
2322 6621 1213:	200	2322 6641 . . . 3:	100

ELECTRICAL DATA

Unless otherwise specified measured according to IEC publication 738-1 (1982)

Maximum current for not tripping at 55 °C (measuring time 5 minutes)	I_{nt}	See Table 1
Minimum current for tripping after 5 minutes at 10 °C	$I_t = 2 \times I_{nt}$	See Table 1
Resistance at + 25 °C	R_{25}	See Table 1
Switch temperature	T_s	≈ 120 °C
Maximum admissible current at 0 °C	I_{max}	See Table 1
Maximum residual current at 265 V (RMS) at 10 °C	$I_{res\ max}$	See Table 1
Maximum RMS voltage with a series resistor		265 V
Series resistor	R_s	See Table 1
Dissipation factor at T_s	D	See Table 1
Heat capacity	H	See Table 1
Operating temperature range at zero power		−25 to + 125 °C
at minimum voltage		0 to + 55 °C

Bild 3.3.5-8   Datenblatt eines Kaltleiters

Seit einiger Zeit werden Kaltleiter auch als **selbstregelnde Heizelemente** verwendet, deren Temperatur von der Wärmeabführung weitgehend unabhängig ist (Bild 3.3.5-9).

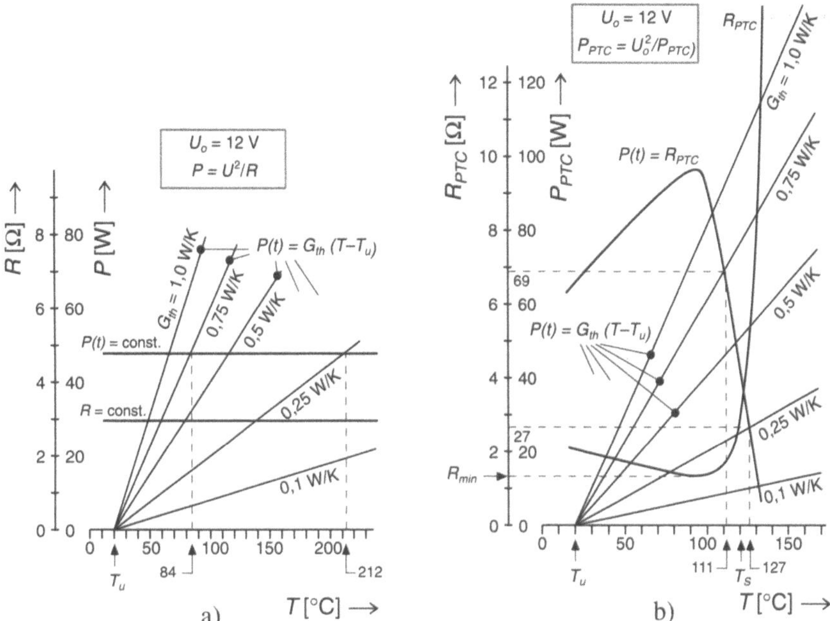

Bild 3.3.5-9   **Wirkung des Kaltleiters als selbstregelnde Heizung** mit einer von der Wärmeableitung weitgehend unabhängigen Temperatur (nach [3.36]). Ausgehend von der Beziehung (3.3.4-8b) in der Form

$$P(T) = U_o \cdot I(T) = G_{th}\left(T - T_u\right) \qquad (4)$$

bestimmen wir die thermischen Arbeitspunkte dadurch, daß wir P(T) und $G_{th}(T - T_u)$ für verschiedene Werte von G_{th} jeweils als Funktion der Temperatur T auftragen. Die Schnittpunkte erfüllen dann die Bedingung (4) und legen den Arbeitspunkt fest. Als Betriebsspannung wird der feste Wert $U_o = 12$V gewählt

a) konventionelle Heizung mit ohmschem (R = const) Widerstandsdraht und damit einer konstanter Heizleistung (P = const): Die Arbeitspunkte liegen bei verschiedenen Wärmeableitungskoeffizienten im Bereich von 84 bis 212°C.

b) Heizung mit Kaltleitern: Die Heizleistung $P(T)$ nimmt bei konstanter Heizspannung mit der Temperatur stark ab. Deshalb liegen die thermischen Arbeitspunkte in einem weitaus engeren Temperaturbereich zwischen 111 und 127°C.

3.3.6 Temperaturmessung mit resistiven Sensoren

Bei einer stromführenden Messung (im Gegensatz zu der [fast] stromlosen Messung bei Thermoelementen) führt der Spannungsabfall über den Meßleitungen (Bild 3.3.5-1) immer zu einem mehr oder weniger großen Meßfehler.

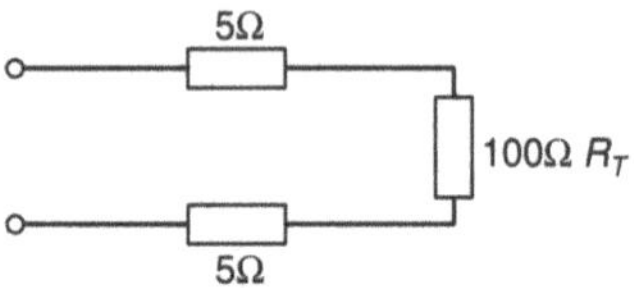

Bild 3.3.6-1   2-Leitertechnik :
Bei resistiven Sensoren führen der Widerstand der Meßleitungen und dessen Temperaturkoeffizient zu einem Meßfehler.

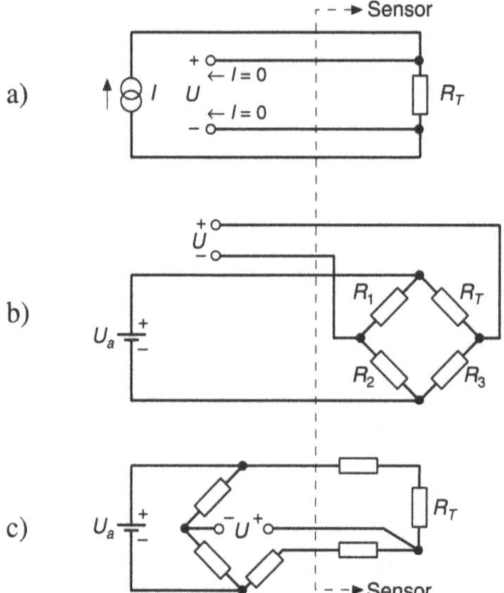

Bild 3.3.6-2   Bestimmung des Sensorwiderstandes durch eine (stromlose) Spannungmessung in Mehrleitertechnik
    a) 4-Leitertechnik mit Spannungs-Meßleitungen am Sensorwiderstand
    b) 4-Leitertechnik mit Wheatstonescher Meßbrücke
       (Nachteile: Es sind drei Brückenwiderstände mit abgestimmten Temperaturkoeffizienten erforderlich)
    c) 3-Leitertechnik mit Wheatstonescher Meßbrücke:
       Die Widerstände der Meßleitungen heben sich wegen der Brückenschaltung gegenseitig auf (Nachteile: wie b), ein Vorteil gegenüber a) und b) ist die geringe Anzahl der Meßleitungen)

Durch eine stromlose Messung des Sensorwiderstands kann dieser Meßfehler umgangen werden, hierfür ist aber eine aufwendigere 3-Leiter- oder 4-Leiter-Technik (Bild 3.3.5-2) erforderlich.

Die Vor- und Nachteile der resistiven Temperatursensoren lassen sich wie folgt zusammenfassen:

Nachteil allgemein: Selbstaufheizung

Metallwiderstände

Vorteile: – meist sehr langzeitstabil und genau (gute Eichfähigkeit)
            – gute Linearität

Nachteile: – kostenaufwendig
            – wegen Gehäusetechnik meist langsam
            – Spannungsversorgung erforderlich
            – meist niedriger Widerstand, daher 3- bis 4-Leitertechnik erforderlich

Halbleiterwiderstände

Vorteile: – sehr kostengünstig
            – großer Meßwiderstand realisierbar
            – große Empfindlichkeit realisierbar

Nachteile: – nichtlinear
            – wegen Gehäusetechnik meist langsam
            – Spannungsversorgung erforderlich

Keramikwiderstände

Vorteile: – sehr kostengünstig
            – großer Meßwiderstand
            – große Empfindlichkeit
            – ohne Gehäuse realisierbar, daher hohe Meßgeschwindigkeit

Nachteile: – nichtlinear
            – teilweise große Streuung
            – Spannungsversorgung erforderlich
            – Ausführungen ohne Gehäuse mechanisch anfällig

3.4 Transistoren als Temperatursensoren

Die Strom-Spannungs-Kennlinie einer idealen pn-Diode ergab sich nach Band 2, Abschnitt 9.3.1 zu (**Shockley-Gleichung**):

$$j = \frac{\text{Diodenstrom } I}{\text{Diodenfläche } A} =: j_n^o + j_p^o = \left(\frac{|q| D_n \rho_n^{po}}{L_n} + \frac{|q| D_p \rho_p^{no}}{L_p} \right) \left\{ \exp\left(-\frac{|q| U_a}{kT} \right) - 1 \right\} \quad (1a)$$

$$=: j_s \left\{ \exp\left(-\frac{|q| U_a}{kT} \right) - 1 \right\} \quad (1b)$$

Dabei beschreiben D_n und D_p die **Diffusionskoeffizienten** von Elektronen und Löchern, L_n und L_p die entsprechenden **Diffusionslängen**; ρ_n^{po} und ρ_p^{no} sind die jeweiligen **Minoritätsträgerkonzentrationen** und U_a die am pn-Übergang angelegte äußere Spannung (zur Festlegung der Spanungspolung, s. Band 2, Abschnitt 5). j_s wird als **Sättigungsstromdichte** bezeichnet. Für die in der Praxis meistens eingesetzten einseitigen pn-Übergänge reduziert sich (1) im Spezialfall des p^+n-Übergangs (die p-Dotierung ist weit größer als die n-Dotierung) auf die Beziehung:

$$j \underset{\rho_n^{po} \ll \rho_p^{no}}{=} \frac{|q| D_p \rho_p^{no}}{L_p} \left\{ \exp\left(-\frac{|q| U_a}{kT} \right) - 1 \right\} \quad (2)$$

d.h. die Stromdichte wird dominiert durch das Verhalten injizierter oder extrahierter Löcher (Band 2, Abschnitt 7.2.3) im n-Gebiet. Bei Anlegen positiver äußerer Spannungen wird die Diode in Sperrichtung betrieben (Band 2, Bild 7.2.3-1), so daß in (2) der Exponentialterm mit der Spannungsabhängigkeit vernachlässigt werden kann. Zwischen der Minoritätsträgerdichte im n-Gebiet und der Dotierungskonzentration ρ_D dort besteht nach Band 2, (4.2-11) die Beziehung

$$\rho_i^2 = \rho_p^{no} \rho_D = N_V N_L \exp\left(-\frac{W_g}{kT} \right)_{\text{Band2 (1.2.3-15)}} \propto T^3 \exp\left(-\frac{W_g}{kT} \right) \quad (3)$$

so daß wir aus (2) erhalten:

$$\text{Sperrstrom: } j \underset{|q| U_a \gg kT}{=} j_s = \frac{|q| D_p \rho_i^2}{L_p \rho_D} \underset{(3)}{\propto} T^3 \exp\left(-\frac{W_g}{kT} \right) \quad (4)$$

In diesem Fall ergibt sich nach Band 2, Abschnitt 9.3.1, gemäß (3.1-2) ein Temperaturkoeffizient von

$$\alpha_T^{j_s} = \frac{1}{j_s}\frac{\partial j_s}{\partial T} = \frac{3}{T} + \frac{1}{T}\frac{W_g}{kT} \tag{5}$$

Der TK kann wegen $W_g \gg kT$ durchaus beachtliche Werte annehmen, während die Temperaturabhängigkeit der effektiven Zustandsdichten N_V und N_L dagegen meistens vernachlässigt werden kann. Dennoch kann (5) in der Praxis kaum angewendet werden, da die Sättigungsströme außerordentlich niedrige Werte haben. Bei praktisch gemessenen Dioden werden die Sperrströme auch meistens von zusätzlichen Einflußgrößen, wie Generations- und Rekombinationsströmen (Band 2, Abschnitt 9.3.1), sowie weiteren Abweichungen vom idealen Verhalten bestimmt. Bild (3.4-1) zeigt die Temperaturabhängigkeit gemessener Diodenkennlinien.

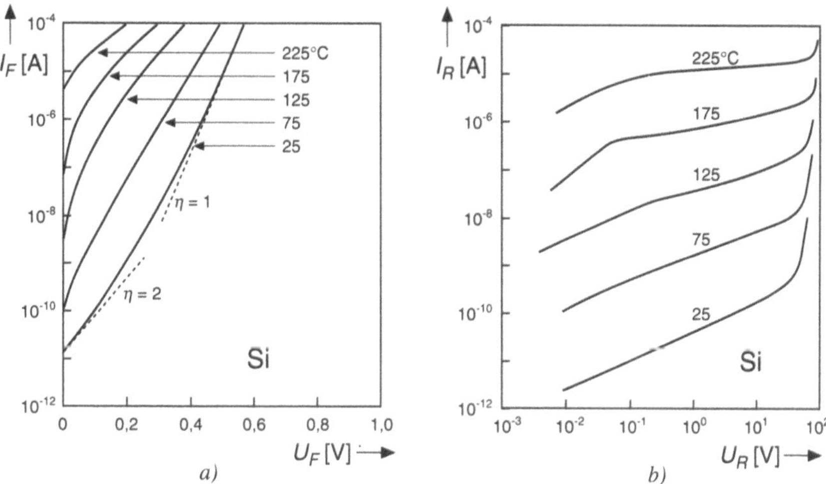

Bild 3.4-1: Temperaturabhängigkeit der Strom-Spannungs-Kennlinien von pn-Dioden (nach [3.44])

a) äußere Spannung gepolt in Flußrichtung

b) äußere Spannung gepolt in Sperrichtung

Bei Anlegen hinreichend großer *Fluß*spannungen folgt aus (2) und (3):

$$\text{Flußrichtung: } j \underset{-|q|U_a \gg kT}{=} \frac{|q|D_p\rho_i^{\,2}}{L_p\rho_D}\exp\!\left(-\frac{|q|U_a}{kT}\right) = j_s\exp\!\left(-\frac{|q|U_a}{kT}\right) \tag{6}$$

d.h. es ergibt sich eine exponentielle Abhängigkeit von der äußeren Spannung. Wir zerlegen die Sättigungsstromdichte j_s in einen stark und einen schwach temperaturabhängigen Term über die Definition einer Funktion j'_s:

$$j_s \underset{(3.4)}{=} : j'_s \exp\left(-\frac{W_g}{kT}\right) \tag{7}$$

Die auf diese Weise eingeführte Stromdichte j'_s hat naturgemäß sehr große Werte, im Vergleich zu dem Exponentialfaktor in (7) kann sie näherungsweise als temperatur*un*abhängig angenommen werden. (6) bekommt dann die Form

$$\text{Flußrichtung: } j = j'_s \exp\left(-\frac{|q|U_a + W_g}{kT}\right) \tag{8}$$

$$\Rightarrow U_a = \frac{kT}{|q|}\ln\frac{j'_s}{j} - \frac{W_g}{|q|} \tag{9}$$

Dieses ist bei fester eingeprägter Stromdichte j eine *lineare Beziehung* zwischen Flußspannung und Temperatur, die sich zur Herstellung von Temperatursensoren ausnutzen läßt.

In der Praxis lassen sich die *Sättigung*sströme von *Dioden* relativ schlecht reproduzieren, eine der Ursachen dafür ist, daß in (4) die Minoritätsträgerlebensdauer τ_p über die Diffusionslänge L_p eingeht gemäß

$$L_p \underset{\text{Band 2 (6.3-11)}}{=} \sqrt{D_p \tau_p} \tag{10}$$

Die Minoritätsträgerlebensdauer hängt unter anderem empfindlich ab von schwer reproduzierbaren Größen wie der Konzentration tiefer Störstellen und von Gitterfehlern. Diese Abhängigkeiten lassen sich reduzieren, wenn anstelle einer pn-Diode die Emitter-Basisstrecke eines bipolaren Transistors mit kurzgeschlossenen Basis- und Kollektoranschlüssen (Bild 3.4-2) verwendet wird.

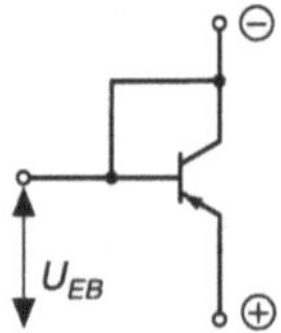

Bild 3.4-2   bipolarer pnp-Transistor mit Basis-Kollektor-Kurzschluß als Temperatursensor

Der Vorteil dieser Anordnung ist, daß sich in diesem Fall die werkstoffbedingte *Diffusionslänge* L_p durch die geometriebedingte *Basisweite d* ersetzen läßt: Nach Band 2, (10.2.1-4b), gilt dann nämlich anstelle von (6):

$$j_s = \frac{|q| D_p \rho_i^2}{d \cdot \rho_D} \tag{11}$$

Die geometrisch und nicht materialbestimmte Basisweite d läßt sich technologisch über die Diffusionstiefen der Dotierungsatome oder die Beschleunigungsspannung bei der Ionenimplantation weit besser beherrschen als die Minoritätsträgerlebensdauer. Deshalb werden als Temperatursensoren durchweg kurzgeschlossene Transistoren gemäß Bild 3.4-2 eingesetzt. Bei pnp-Transistoren in Emitterschaltung (Band 2, Bild 10.2.1-1) wird die Emitter-Basis-Flußspannung U_{EB} positiv gerechnet, so daß die Formeln (8) und (9) die Form bekommen

$$\text{Flußrichtung:} \; j = j_s' \exp\left(+ \frac{|q| U_{EB} - W_g}{kT} \right) \tag{12}$$

$$\Rightarrow U_{EB} = -\frac{kT}{|q|} \ln \frac{j_s'}{j} + \frac{W_g}{|q|} \tag{13}$$

Daraus ergibt sich **für Flußspannungen**, die meist nur wenig oberhalb der Schwellspannung ($j_s < j$, s. auch Band 2, Bild 9.3.1-4) liegen, ein **negativer Temperaturkoeffizient**

$$\Rightarrow \frac{\partial U_{EB}}{\partial T} = -\frac{k}{|q|} \ln \frac{j_s'}{j} \underset{j_s' > j}{<} 0 \tag{14}$$

Die physikalische Interpretation ist, daß bei steigender Temperatur eine geringere Flußspannung erforderlich ist, um eine vorgegebene Stromdichte j zu erzeugen. Das Einsetzen von (12) erbringt

$$\Rightarrow \frac{\partial U_{EB}}{\partial T} = +\frac{k}{|q|} \ln \exp\left(+ \frac{|q| U_{EB} - W_g}{kT} \right) = \frac{U_{EB}}{T} - \frac{W_g}{|q| T} = -\frac{W_g / |q| - U_{EB}}{T} \tag{15a}$$

$$\Rightarrow \alpha_T^{U_{EB}} = \frac{\partial U_{EB}}{\partial T \cdot U_{EB}} = \frac{1}{T} \left\{ 1 - \frac{W_g}{|q| U_{EB}} \right\} \tag{15b}$$

Nach (15) entsteht ein Temperaturabhängigkeit der Emitter-Basis-Spannung, die weitaus größer ist als diejenige der Thermospannung von Thermoelementen, experimentell ergeben sich Werte von ca. -2,3 mV/K. Über den Wert von U_{EB} ist die temperaturabhängige Spannung ihrerseits abhängig von dem Verhältnis j/j_s' (Bild 3.4-3), d.h. ein größerer Kollektorstrom verkleinert die Spannung. **Die Linearität von Transistor-Temperatursensoren ist besser als die vergleichbarer Sensoren** (Bild 3.4-4). Andererseits erweist sich die unmittelbare Abhängigkeit des TKs vom Sättigungsstrom j_s (der nach (7) die Größe j_s' bestimmt) auch bei Dioden mit einem Aufbau wie in Bild 3.4-2 noch als problematisch: j_s weicht in der Praxis meistens von dem theoretischen Wert (11) ab und ist in der Fertigung Schwankungen unterworfen.

	U_{BE} @ $I_C = 0{,}1$ mA, $T_A = 25°C$ (typisch)	Temperatur von −40°C bis 150°C
MTS102		± 2°C
MTS103	595 mV	± 3°C
MTS105		± 5°C

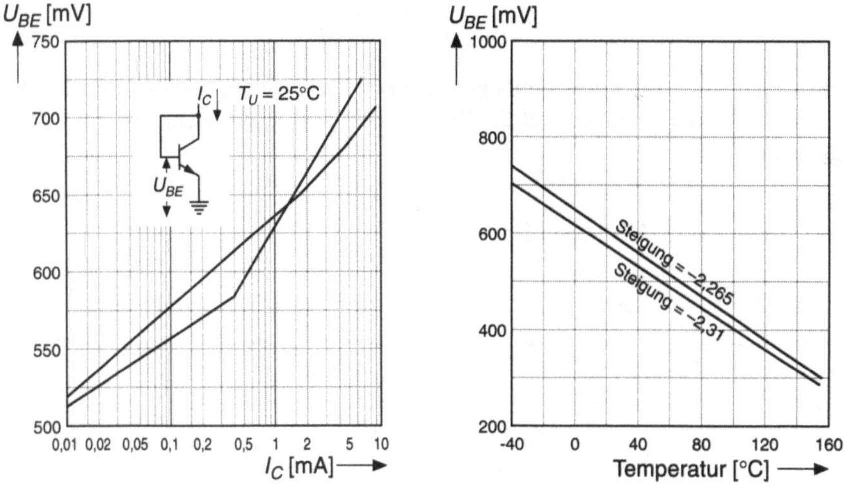

Bild 3.4-3   Daten der Transistor-Temperatursensorreihe MTS (nach [3.46]).

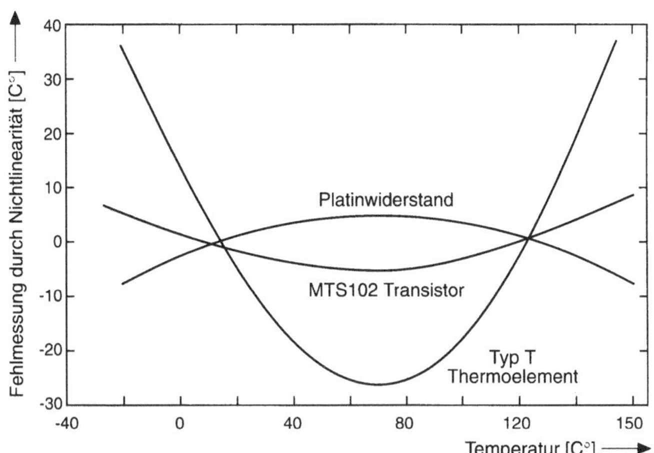

Bild 3.4-4   Vergleich des durch Nichtlinearität entstehenden Temperaturfehlers bei Thermoelementen, Platinwiderständen und Transistoren (nach [3.45])

Der unvermeidliche Einfluß der Fertigungsstreuung von Transistor-Temperatursensoren kann herabgesetzt werden, wenn man eine Erfahrung aus der Technik integrierter Schaltungen ausnutzt (Band 2, Abschnitt 12): Zwei Transistoren, die auf einem Chip räumlich dicht beieinander (z.B. in einem Abstand von 10µm oder weniger) angeordnet sind, haben sehr ähnliche werkstoffbedingte Eigenschaften, weil diese nur über einen größeren Abstand auf der Scheibe oder zwischen unterschiedlichen Scheiben signifikant variieren. Steuern wir zwei solcher Transistoren mit gleichem j_s', aber unterschiedlichen Strömen j und $r{\cdot}j$ an, dann folgt:

$$\left. \begin{array}{l} U_{EB}^1 \underset{(13)}{=} \dfrac{kT}{|q|} \ln \dfrac{j}{j_s'} + \dfrac{W_g}{|q|} \\[3ex] U_{FR}^2 \underset{(13)}{=} \dfrac{kT}{|q|} \ln \dfrac{r \cdot j}{j_s'} + \dfrac{W_g}{|q|} \end{array} \right\} \Rightarrow \Delta U_{EB} := U_{EB}^2 - U_{EB}^1 = \dfrac{kT}{|q|} \ln r \qquad (16)$$

d.h. die mit einer Streuung behafteten Sättigungsströme kürzen sich heraus. Allerdings ist der Spielraum für die Stromvariation r begrenzt, so daß die (dann allerdings sehr lineare) Spannungsabhängigkeit der Temperatur herabgesetzt wird. In integrierten Schaltungen ist die Größe dieser Spannungsabhängigkeit weniger entscheidend, da routinemäßig Spannungsverstärker integriert werden können. Bild 3.4-6 zeigt das Prinzip eines **integrierten Temperatursensors**. Die Temperaturempfindlichkeit des Ausgangssignals kann elektronisch auf vorgegebene Werte, z.B. 1µA/K, eingestellt werden.

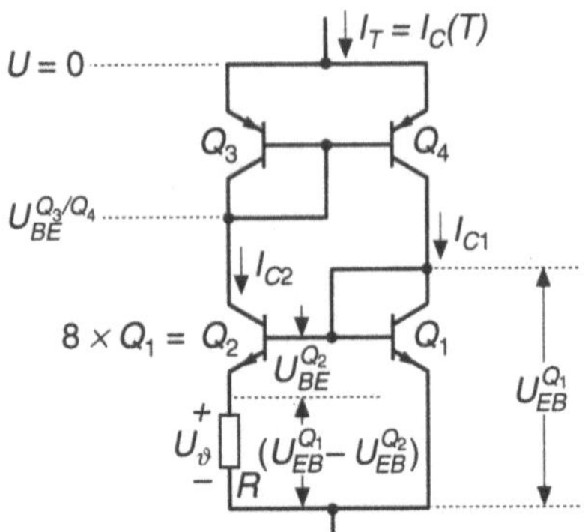

Bild 3.4-6   Prinzip des integrierten Temperatursensors AD 590 (Fa. Analog Devices) mit Stromspiegelschaltung und aktiver Last (vgl. Band 2, Bilder 12.1-5 und 6). Die aktive Last sorgt für gleiche Ströme I_{c1} und I_{c2}. Die Stromdichten in den Transistoren Q_1 und Q_2 werden dadurch variiert, daß die entsprechenden Emitterflächen sich um einen Faktor (z.B. 8) unterscheiden. Die Differenzspannung

$$\Delta U_{EB} = U_{EB}^{Q_1} - U_{EB}^{Q_2} = \frac{kT}{|q|}\ln 8 \qquad (17)$$

kann in diesem Fall über dem Widerstand R abgegriffen und verstärkt werden (nach [3.22]).

Die Vor- und Nachteile von Transistor-Temperatursensoren sind:

Vorteile: – sehr linear

           – durch Verstärkung großes, normiertes Ausgangssignal

           – kostengünstig

Nachteile: – Temperaturbereich auf Werte < 200°C beschränkt

           – Spannungsversorgung erforderlich

           – langsam, da integrierte Schaltungen in ein Gehäuse mit großer Wärmekapazität eingebaut werden müssen

           – Eigenerwärmung der integrierten Schaltung geht ein.

3.5 Pyroelektrische Temperatursensoren

Wie in Abschnitt 3.3.4 erläutert, ist es ein typisches Kennzeichen ferroelektrischer Werkstoffe, daß die spontane (permanente) Polarisation bei Temperaturen oberhalb der Curie-Temperatur T_C zusammenbricht, weil in diesem Fall der Entropiefaktor in der freien Energie (2.1-1) den entscheidenden Einfluß bekommt. **In Bild 3.5-1 ist die Temperaturabhängigkeit** der Polarisation dargestellt, sie hat weitgehend denselben Verlauf wie die Temperaturabhängigkeit der Sättigungsmagnetisierung (Band 1, Abschnitt 7.1.4).

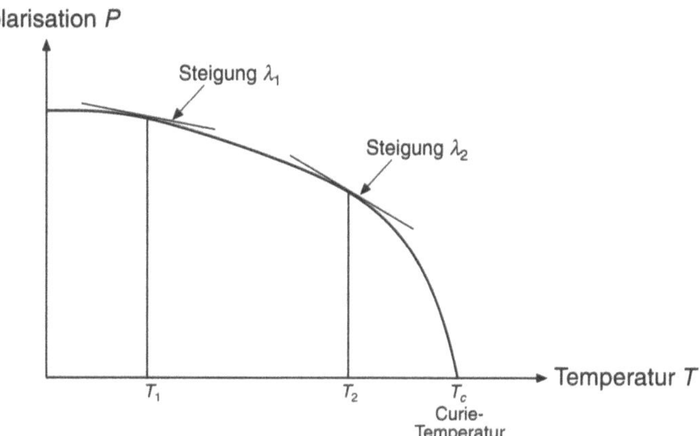

Bild 3.5-1   Temperaturabhängigkeit der spontanen elektrischen Polarisation von ferroelektrischen Werkstoffen

Die Abhängigkeit der elektrischen Polarisation von der Temperatur berzeichnet man **als reinen pyroelektrischen Effekt.** Neben den technisch besonders wichtigen ferroelektrischen Werkstoffen gibt es weitere pyroelektrische Werkstoffe, die nicht ferroelektrisch sind: Aufgrund der Kristallanisotropie ist z. B. bei Turmalin (s. Abschnitt 4.2.1) die Richtung der elektrischen Polarisation nicht umpolbar. Auch eine – bei *Dielektrika* durch Einwirkung einer äußeren elektrischen Feldstärke oder bei den *piezoelektrischen* Werkstoffen (Abschnitt 4.2) durch Einwirkung einer mechanischen Spannung – *induzierte* Polarisation nimmt mit der Temperatur ab. Bei den organischen **Elektreten**, wie Polyvinyldifluorid (PVDF) entsteht die permanente elektrische Polarisation erst nach Anlegen eines elektrischen Feldes: Hierdurch werden die polaren CF_4-Gruppen umgeordnet und bleiben bei Raumtemperatur über längere Zeiträume (Jahre) in diesem Zustand.

Eine zusätzliche Temperaturabhängigkeit der Polarisation (**falscher pyroelektrischer Effekt**) entsteht durch die thermische Ausdehnung des Dielektrikums in Verbindung mit dem piezoelektrischen und anderen Effekten. Eine vollständige Übersicht die über pyroelektrischen Effekte und deren Werkstoffe ist im Band 5 dieser Reihe, "Keramik", zu finden [3.53].

Der pyroelektrische Effekt läßt sich bei kleinen Temperaturänderungen linearisieren (Tangenten in Bild 3.5-1) und dann durch den Vektor $\vec{p}^{\sigma}$ der **pyroelektrischen Koeffizienten** (nicht zu verwechseln mit dem Dipolmoment einzelner Dipole; der Index σ bezeichnet den Zustand konstanter mechanischer Spannung, [3.53]) beschreiben:

$$\Delta\vec{P} = \vec{p}^{\,\sigma} \cdot \Delta T \tag{1}$$

Dabei beschreibt $\vec{P}$ die elektrische Polarisation. Tab. 3.5-1 gibt die Daten wichtiger pyroelektrischer Materialien an [3.53].

Tab.3.5-1:   Werte der pyroelektischen Koeffizienten p^{σ}(bei konstanter mechanischer Spannung σ) und p^{u}(bei konstanter mechanischer Verzerrung u), dielektrischen Konstanten (Bedeutung der Indizes wie bei den pyroelektischen Koeffizienten) und Verlusten tan δ (Band 1, Abschnitt 6.2; alle Kenndaten sind jeweils in Polarisationsrichtung gemessen), der Curie-Temperaturen T_C, spezifischen Wärmen C^{σ} bei konstanter mechanischer Spannung und der Kenngrößen F_V (vereinfachte Form der Spannungsempfindlichkeit, s. Abschnitt 6.2 und [3.53]) und F_D (vereinfachte Form der Detektivität, s. Abschnitt 6.2 und [3.53]) einiger ausgewählter Substanzen. Die untere Tabellenhälfte enthält nur Perowskite.

Material	T_C [°C]	$\varepsilon^{\sigma}/\varepsilon_0$ $= \varepsilon_r^{\sigma}$	$\varepsilon^{u}/\varepsilon_0$ $= \varepsilon_r^{u}$	tan δ [%]	p^{σ} [Cm^{-2}K$^{-1}\cdot$10^{-4}]	p^{u}	C^{σ} [Jm$^{-1/2}$K$^{-1}\cdot$10^{6}]	F_V [m^{2}C^{-1}]	F_D [Pa$^{-1/2}\cdot$10^{-5}]
Turmalin (EK)	*	10,3	8,9	—	0,04	0,48	—	—	—
ZnO (EK)	*	11	8,8	—	0,094	0,096	—	—	—
CdS (EK)	*	10,3	8,9	—	0,04	0,03	—	—	—
PVDF (Polymer)	(80)	12	—	1,5 (10Hz)	0,27	—	2,43	0,1	0,88
Pb$_5$Ge$_3$O$_{11}$ (EK)	178	40	38,7	0,05 (100Hz)	1,0	1,16	2,0	0,16	13,1
Sr$_{0,5}$Ba$_{0,5}$Nb$_2$O$_6$ (EK)	121	400	286	0,3 (1kHz)	6,0	5,0	2,34	0,07	7,2
LiTaO3 (EK)	665	47	—	0,01...0,5	2,3	—	3,2	0,17	35,2...4,9
TGS (EK)	49	55	—	2,5	5,5	—	2,6	0,43	6,1
Pb$_{.76}$Ca$_{.24}$TiO$_3$ (Ker)	250	220	—	1,1 (1kHz)	3,8	—	2,5	0,08	3,3
Pb$_{.7}$Ca$_{.3}$TiO$_3$ (DS)	—	270	—	—	4-5	—	—	—	—
Pb$_9$La$_{.1}$Ti$_{.975}$O$_3$ (Ker)	300	260	—	1,0 (1kHz)	2,8	—	3,2	0,04	1,8
Pb$_9$La$_{.1}$Ti$_{.975}$O$_3$ (DS)	—	200	—	0,6	6,5	—	3,2	0,12	6,2
PZFNTU (Ker)	230	290	—	0,27 (1kHz)	3,8	—	2,5	0,06	5,8
PbZr$_{.45}$Ti$_{.55}$O$_3$ (DS)	~400	400	—	—	4,2	—	~2.5	0,05	
PbMg$_{1/3}$Nb$_{2/3}$O$_3$ (Ker) (5MVm^{-1})	(-20)	3000	—	0,08	8,5	—	~2.5	0,012	7,6

Dabei bedeutet EK: Einkristall, Ker: Keramik, DS: gesputterte dünne Schicht. Die jeweiligen Referenzen sind in [3.53] angegeben. Bei freigelassenen Eintragungen fehlt die Angabe in der jeweiligen Literaturstelle. Bei fehlender Unterscheidung zwischen ε^{u} und ε^{σ} bzw. p^{u} und p^{σ} wurde angenommen, daß es sich um Größen bei festem Spannungstensor handelt. T_C existiert nicht für nicht-polarisierbare Materialien und nur mit Vorbehalten bei Relaxoren und Polymeren. Die Angaben für PMN beziehen sich auf Daten bei angelegter Vorspannung von $5\cdot10^6$ V/m.

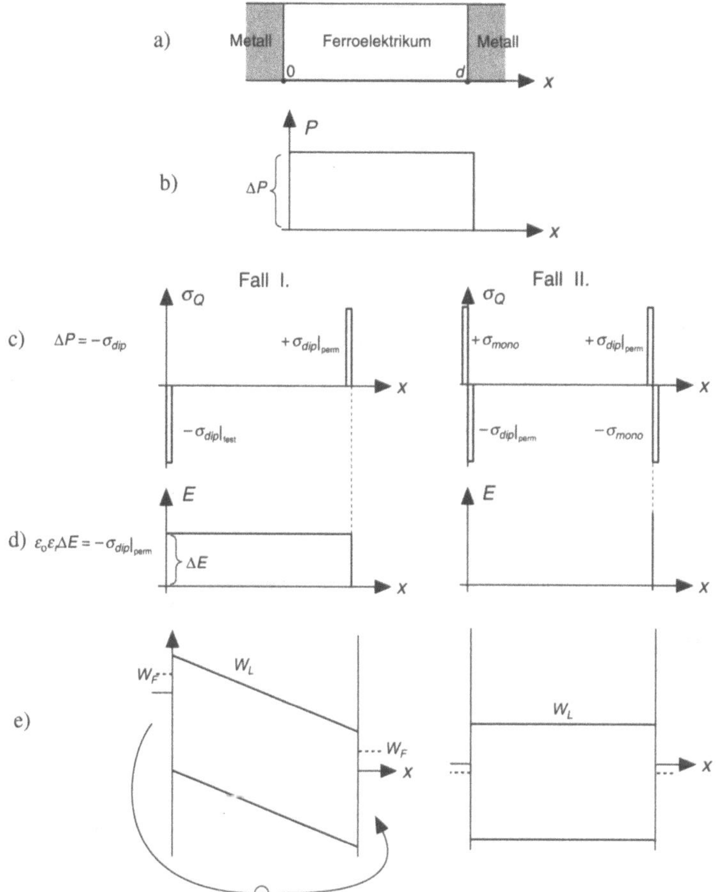

Bild 3.5-2   Elektrische Größen an einem Plattenkondensator mit einem Ferroelektrikum als Dielektrikum.

a) Aufbau des Plattenkondensators

b) Ortsverlauf der elektrischen Polarisation

Bei den weiteren Abbildungen wird zwischen zwei Fällen unterschieden: **Fall I:** Es findet *keine* Kompensation der Flächenladung im Dielektrikum durch Ladungen auf den Metallplatten statt. **Fall II:** Die Flächenladung im Dielektrikum wird durch Ladungen auf den Metallplatten kompensiert.

c) Ortsverlauf der Flächenladung

d) Ortsverlauf des elektrischen Feldes

e) Ortsverlauf des Bändermodells: Dabei wird angenommen, daß das Ferroelektrikum ein ähnliches Bändermodell wie ein Halbleiter besitzt. Das Metall wird charakterisiert durch eine Lage der Fermienergie W_F oberhalb der Leitungsbandkante.

Die Oberflächen-Dipolladung σ_{perm} eines ferroelektrischen Werkstoffs (Abschnitt 3.3.4) geht in die Poissongleichung ein wie eine *feste Ladung* (d.h. wie eine Monopolladung – im Gegensatz zu *induzierten Ladungen* – s. Band 11 dieser Reihe), d.h. sie ist die Quelle eines elektrischen Feldes. Im folgenden wird erläutert, wie diese Tatsache zu einer sehr empfindlichen Messung von Änderungen der elektrischen Polarisation ausgenutzt werden kann:

In Bild 3.5-2 werden die Stirnflächen eines ferroelektrisch aktiven Stabes mit einer Metallschicht bedampft. Die Metallelektroden sollen zunächst elektrisch neutral sein, d.h. es sollen dort **keine Monopolladungen** vorhanden sein, welche die Oberflächenladungen im Dielektrikum kompensieren können (Fall I). In diesem Fall führt die ferroelektrisch entstandene Dipolladung zu einer Potentialdifferenz zwischen den Metallelektroden, wie die graphische Integration der Poissongleichung in Bild 3.5-2d oder Gleichung (2) zeigt. Die **Potentialdifferenz** erzeugt eine Differenz der potentiellen Energien W_L und damit eine Differenz in der Lage der Fermienergien (wegen der konstanten Ladungsträgerdichte im homogenen Ferroelektrikum ist der Abstand zwischen W_L und W_F konstant) zwischen beiden Metallelektroden, **so daß** dort eine von außen meßbare elektrische Spannung (Bild 3.5-2e, Fall I) auftritt. Dieses ist ein Spezialfall einer viel allgemeineren Aussage, die durch Integration der Poissongleichung (Band 1, Bild 2.8.3-1) einfach bewiesen werden kann: **Werden zwei Systeme durch eine elektrische Dipolschicht voneinander getrennt, dann bewirkt eine Veränderung der Dipolladung eine Verschiebung der Fermienergien der Systeme gegeneinander.**

Sofern die Möglichkeit zu einem Elektronenübergang besteht (durch eine leitfähige Verbindung, in der Praxis häufig durch Kriechströme, in Bild 3.5.2-e, Fall I durch einen Pfeil gekennzeichnet), werden die Elektronen von derjenigen Seite mit der höheren Fermienergie zur gegenüberliegenden übergehen und damit **auf beiden Seiten** Monopol-Flächenladungen (durch Elektronenüberschuß, bzw. -defizit) erzeugen, welche im thermischen Gleichgewicht die Dipolladung genau kompensieren (Bild 3.5-2, Fall II). In diesem Fall liegen schließlich die Fermienergien auf beiden Seiten des Ferroelektrikums auf derselben Höhe, so daß **innerhalb des Ferroelektrikums kein Feld mehr wirkt** (die aufgrund der Werkstoff*struktur* angenommene ferroelektrische Polarisation bleibt dabei natürlich erhalten), d.h. daß in einem thermischen Gleichgewicht keine Elektronenübergänge mehr stattfinden.

Da in Bild 3.5-2, Fall I, die elektrische Feldstärke im Ferroelektrikum homogen ist, gilt für einen Plattenabstand d:

$$\nabla \vec{D}(\vec{r}) = \nabla\left(\varepsilon_r \varepsilon_o \vec{E}(\vec{r})\right) = +\rho_{perm}(\vec{r})$$

$$\Rightarrow \varepsilon_o \varepsilon_r \Delta E = \sigma_{perm} = \sigma_{dip}\Big|_{perm} \underset{\text{Bild } 3.5-2}{=} -\varepsilon_o \varepsilon_r \frac{\Delta U}{d}$$

$$\Rightarrow \left| \sigma_{dip} \right|_{perm} =: C_F \cdot \left| \Delta U \right| \tag{2}$$

mit der Kapazität pro Fläche (Band 1, Abschnitt 6.2): $\quad C_F = \dfrac{\varepsilon_o \varepsilon_r}{d} \tag{3}$

Bei einer Fläche A der Kondensatorplatten folgt mit $\begin{cases} C := C_F \cdot A \\[2mm] Q_{dip} := \sigma_{dip} \cdot A \end{cases} \tag{4}$

$$\underset{(2)}{\Rightarrow} \left| Q_{dip} \right|_{perm} = C \cdot \left| \Delta U \right| \tag{5}$$

Mit der in Bild 3.5-1 eingeführten Größe λ ergibt sich als Änderung ΔU der äußeren Spannung bei einer Temperaturänderung ΔT:

$$\lambda : \underset{\text{Bild 3.5-1}}{=} \left| \frac{\Delta P}{\Delta T} \right| = \left| \frac{\left| \Delta \sigma_{dip} \right|_{perm}}{\Delta T} \right| \tag{6}$$

$$\Rightarrow \left| \frac{\left| \Delta \sigma_{dip} \right|_{fest}}{\Delta T} \right| \cdot A = \left| \frac{\left| \Delta Q_{dip} \right|_{perm}}{\Delta T} \right| \underset{(6)}{=} \lambda \cdot A \underset{(5)}{=} C \cdot \left| \frac{\Delta U}{\Delta T} \right|$$

$$\Rightarrow \left| \Delta U \right| = \frac{\lambda \cdot A}{C} \, \Delta T \tag{7}$$

Diese Spannungsänderung bleibt aber nur bei einer Präzisionsisolation des pyroelektrischen Temperatursensors und einem extrem hochohmigen Verstärkereingang (Elektrometerschaltung) erhalten. Wie alle polarisationsmessenden Sensoren sind daher auch die **pyroelektrischen Temperatursensoren** vorzugsweise für die Messung **zeitlich veränderlicher Temperaturen** geeignet. Die Ladungsänderung

$$\left| \Delta Q_{dip} \right|_{perm} = \lambda \cdot A \cdot \left| \Delta T \right| \tag{8}$$

kann auch durch eine Stromintegration bei Ausgleich der Plattenladungen bis in den Zustand in Bild 3.5-2, Fall II, bestimmt werden.

Pyroelektrische Sensoren werden in der Praxis zunehmend für die Messung der optischen Strahlungsintensität, insbesondere von Infrarot(Wärme-)strahlung, eingesetzt [3.53]. Ein wesentlicher Vorteil in der Anwendung ist dabei, daß die Sensorempfindlichkeit dabei nur schwach von der Wellenlänge der einfallenden Strahlung abhängt. Im Gegensatz zu anderen Infrarotsensoren benötigen sie *keine Kühlung* auf Temperaturen weit unter 0°C. Pyroelektrische Sensoren finden vielfältige Anwendungen in der bedrührungslosen Temperaturmessung (vorzugsweise mit einer durch einen Chopper unterbrochenen Wärmestrahlung), wobei Empfindlichkeiten bis zu 10^{-6}K erreicht werden. Weitere Einsatzmöglichkeiten ergeben sich im Zusammenhang mit der Infrarotspektroskopie (Messung von Schadstoffkonzentrationen in der Umwelttechnik), sowie bei der Aufnahme ein- und zweidimensionaler Infrarotabbildungen.

Im Konsumerbereich gibt es vielfältige Anwendungen in Geräten zur Feuerwarnung und Einbruchsicherung (**Bewegungsmelder**), da pyroelektrische Sensoren besonders empfindlich auf *Änderungen* der Strahlungsintensität reagieren, sowie bei Lichtschranken mit dem unsichtbarem Infrarotlicht.

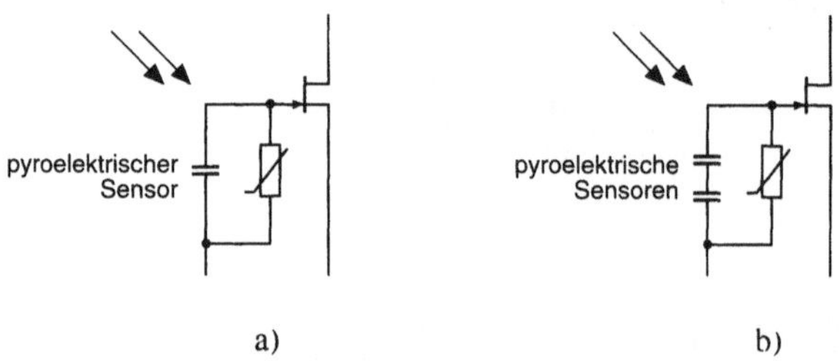

Bild 3.5-3   Hybrider Aufbau eines pyroelektrischen Zirkontitanat-Sensors (s. auch Abschnitt 4.2.1) zur Messung von Infrarotstrahlung, der zusammen mit einem Feldeffekttransistor in demselben Gehäuse montiert und verdrahtet worden ist. Der Gehäusedeckel wird strahlungsdurchlässig ausgeführt (nach [3.38]).

a) Aufbau mit einem einzigen pyroelektrischen Sensor

b) Aufbau mit zwei pyroelektrischen Sensoren: Bei gleichpoliger Hintereinanderschaltung wird das Spannungssignal verdoppelt. Bei gegenpoliger HIntereinanderschaltung, kann der Einfluß von Temperaturschwankungen kompensiert werden, wenn nur einer der beiden Sensoren mit Infrarotlicht bestrahlt wird.

Bild 3.5-3 zeigt den hybriden Aufbau eines empfindlichen pyroelektrischen Detektors, Bild 3.5-4 den Meßaufbau für eine Einbruchssicherung. Typische Temperaturabhängigkeiten der Sensorgrößen (Definitionen im Abschnitt 6.2) und der spektralen Empfindlichkeit sind in Bild 3.5-5 wiedergegeben.

Zur Bildaufnahme lassen sich pyroelektrische Sensoren auch zu Sensorarrays (Abschnitte 6.5 und 6.7) anordnen.

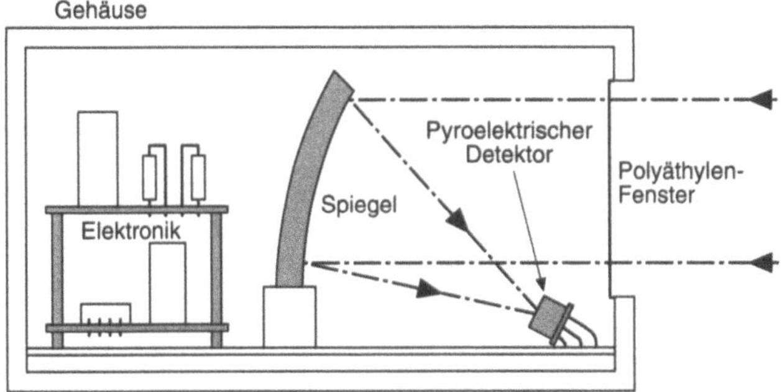

Bild 3.5-4   Aufbau eines Sensors zur Einbruchssicherung (Bewegungsmelder)

Die Bilder 3.5-5 und 6 zeigen typische Kenndaten industriell gefertigter pyroelektrischer Sensoren.

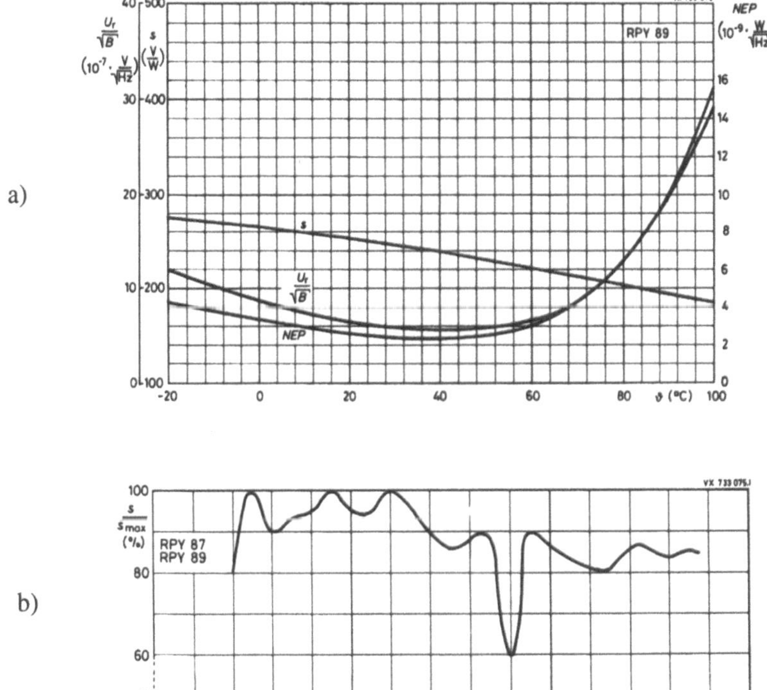

a)

b)

Bild 3.5-5   Optische Leistungdaten des pyroelektrischen Sensors RPY 89 (Definitionen s. Abschnitt 6.2, nach [3.39])

a) Rauschspannung, Empfindlichkeit, äquivalente Rauschspannung

b) spektrale Empfindlichkeit als Funktion der Wellenlänge

Datenblatt keramische pyroelektrische IR-Detektoren

Bild 3.5-6

Passiv-Infrarot-Detektor   **PID10**

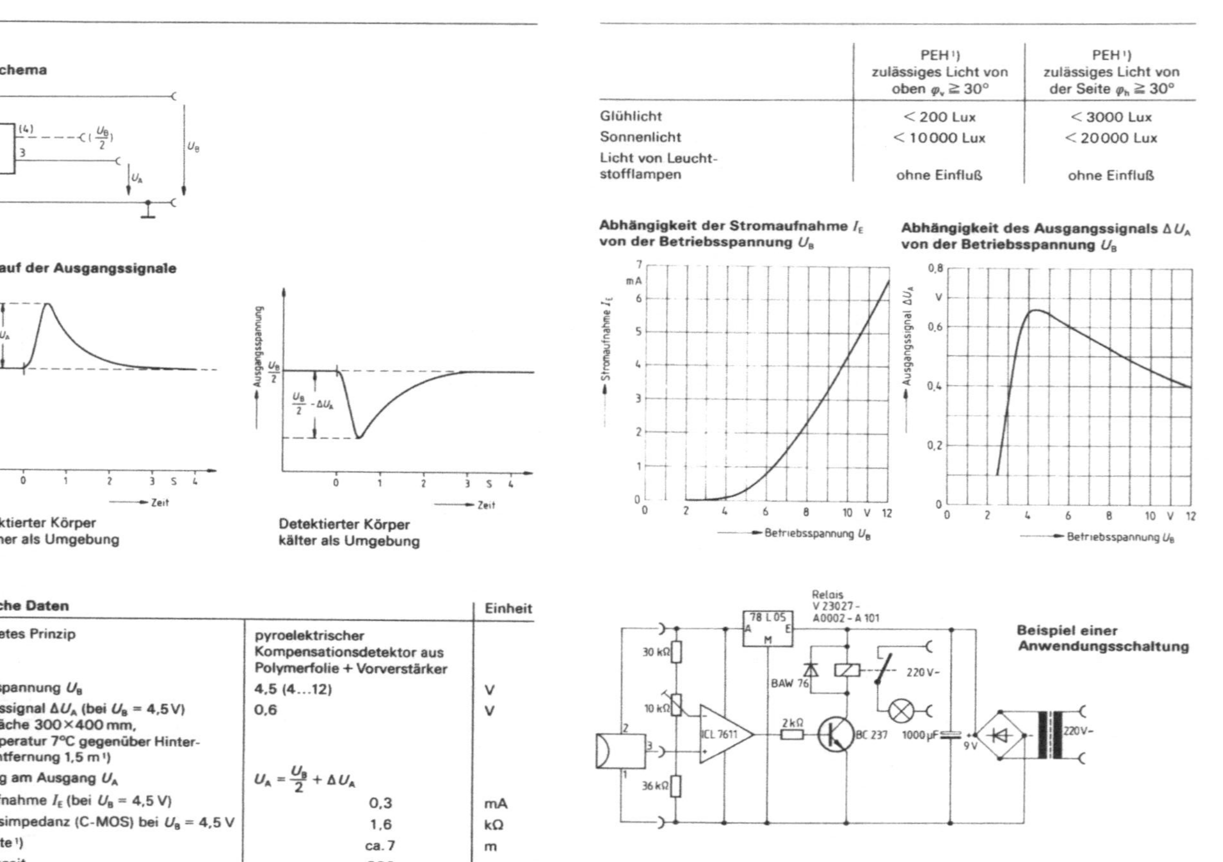

	PEH¹) zulässiges Licht von oben $\varphi_v \geq 30°$	PEH¹) zulässiges Licht von der Seite $\varphi_h \geq 30°$
Glühlicht	< 200 Lux	< 3000 Lux
Sonnenlicht	< 10000 Lux	< 20000 Lux
Licht von Leuchtstofflampen	ohne Einfluß	ohne Einfluß

Technische Daten		Einheit
verwendetes Prinzip	pyroelektrischer Kompensationsdetektor aus Polymerfolie + Vorverstärker	
Betriebsspannung U_B	4,5 (4...12)	V
Ausgangssignal ΔU_A (bei $U_B = 4,5$ V) (Objektfläche 300×400 mm, Übertemperatur 7°C gegenüber Hintergrund, Entfernung 1,5 m¹)	0,6	V
Spannung am Ausgang U_A	$U_A = \frac{U_B}{2} + \Delta U_A$	
Stromaufnahme I_E (bei $U_B = 4,5$ V)	0,3	mA
Ausgangsimpedanz (C-MOS) bei $U_B = 4,5$ V	1,6	kΩ
Reichweite¹)	ca. 7	m
Ansprechzeit	300	ms

3.6 Quarz-Temperatursensoren

Schwingquarze finden eine weite Verbreitung als Bauelemente für die Erzeugung elektrischer Schwingungen mit möglichst konstanter (und temperatur*un*abhängiger) Frequenz. In einer anderen Ausführungsform können sie aber auch zu einer sehr empfindlichen **Temperaturmessung** mit frequenzanalogem Ausgangssignal eingesetzt werden: **Der Temperaturkoeffizient der Eigenfrequenz von Quarzkristallen** (Band 1, Abschnitt 1.3.3; bis ca. 573°C in der Struktur des α-Quarzes, s. Bild 4.2.1-7) kann nämlich durch Wahl besonderer kristallographischer Schnittwinkel relativ zur elektrischen und optischen Achse erheblich vergrößert werden (Bild 3.6-1).

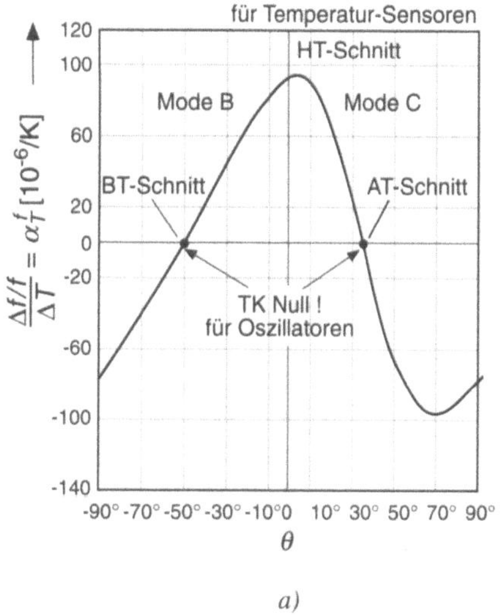

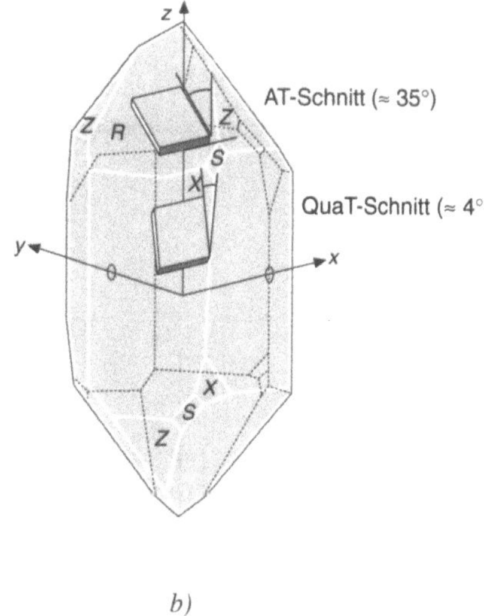

Bild 3.6-1   Quarz-Temperatursensoren

a) Abhängigkeit des linearen Temperaturkoeffizienten α_T^f der Schwingfrequenz f von Quarzkristallen vom Schnittwinkel θ relativ zur optischen Achse: Während die BT- und AT-Schnitte einen sehr geringen TK besitzen (Anwendung: frequenzstabile Oszillatoren), hat der HT-Schnitt einen TK, der zur Temperaturmessung verwendet werden kann. Auch andere Kristallorientierungen sind hierfür geeignet (s. u.). Der TK entsteht im wesentlichen durch die Temperaturabhängigkeit der elastischen Konstanten (s. Bild 4.2.1-7, nach [3.40])

b) Kristallorientierung von Schwingquarzen für Oszillatoren (AT) und Quarz-Temperatursensoren (QuaT).

Während für temperaturkonstante Oszillatoren bevorzugt Quarze mit dem AT-Schnitt eingesetzt werden, kommen bei **Quarz-Temperatursensoren** vorwiegend HT-Schnitte zur Anwendung mit einer Temperaturabhängigkeit gemäß [3.40]:

$$f = f_o \left(1 + \alpha_T^f \, T + \beta_T^f \, T^2 + \gamma_T^f \, T^3 \right) \left. \right\} \tag{1}$$

$$f_o := f \big|_{T=0^o C} ; \quad [T] =^o C$$

$$\alpha_T^f = 90 \cdot 10^{-6} \; K^{-1}$$

$$\text{HT - Schnitt:} \quad \beta_T^f = 60 \cdot 10^{-9} \; K^{-2} \left. \right\} \tag{2}$$

$$\gamma_T^f = 30 \cdot 10^{-12} \; K^{-3}$$

Bemerkenswert ist die gute Linearität (Bild 3.6-2)

$$\frac{\beta_T^f}{\alpha_T^f} < 10^{-3} \; / \; K \tag{3}$$

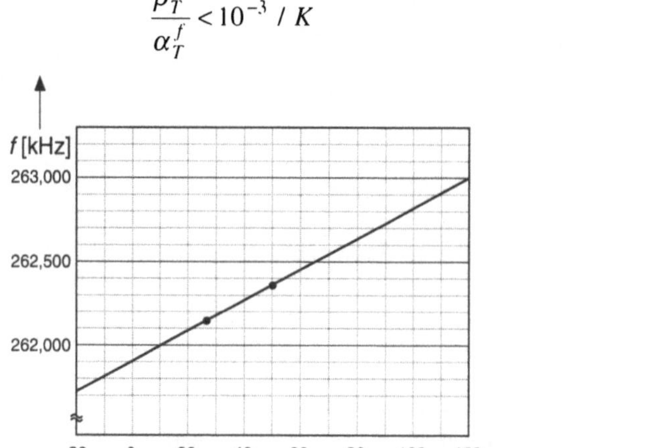

Bild 3.6-2   Temperaturabhängigkeit der Eigenfrequenz (f_o= 261,9 kHz) eines Quarz-Temperatursensors nach [3.1]): Es ergibt sich in guter Genauigkeit eine lineare Abhängigkeit mit der Steigung 9,5 Hz/K). Eine höhere Frequenzauflösung ergibt sich
bei Resonanzfrequenzen zwischen 4 und 20 MHz.

Der große Vorteil der Quarz-Temperatursensoren liegt in dem frequenzanalogen
(verwendete Frequenzen ca. 3 bis 20 MHz) Ausgangssignal, das mit Hilfe elektronischer Teiler mit einer Genauigkeit bis in die Größenordnung einzelner Hertz bestimmt werden kann (Bild 3.6-3). Damit ist eine Auflösung der Temperaturmessung
weit unter 1 K möglich.

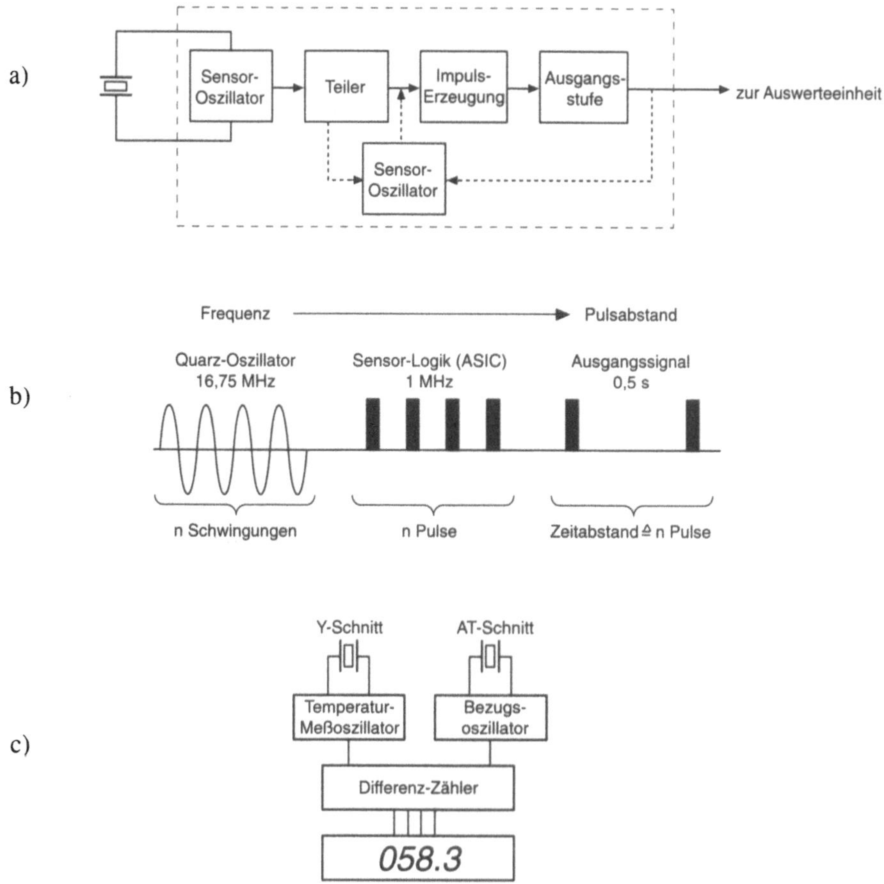

Bild 3.6-3   Elektronische Auswertung bei Quarz-Temperatursensoren
a) Meßschaltung für Quarz-Temperatursensoren (nach [3.40])
b) Signalaufbereitung im System QuaT (nach [3.41])
c) Differenzmessung mit unterschiedlich geschnittenen Quarzen (nach [3.42])

Die unvermeidliche Exemplarstreuung bei Quarzen, die unter anderem durch die Fertigungstoleranzen der geometrischen Abmessungen bedingt ist, wird heute durch Verwendung programmierbarer Teiler mit einmaliger Kalibrierung ausgeglichen. Im Vergleich mit anderen Temperatursensoren ermöglichen Quarzsensoren heute die genauesten Temperaturmessungen (Bild 3.6-4).

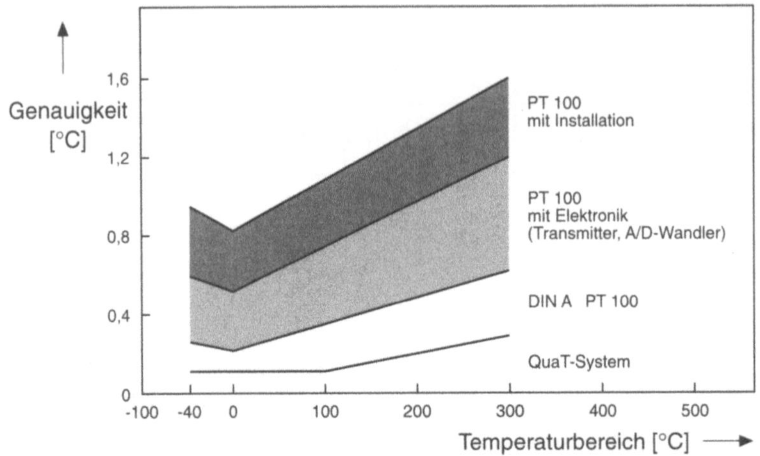

Bild 3.6-4   Vergleich der Meßgenauigkeit verschiedener Temperatursensoren (nach [3.41])

Quarz-Temperatursensoren erfordern im allgemeinen den **Einbau in ein Meßgehäuse** (Bild 3.6-5) und sind daher **vergleichsweise träge**. Der **Einsatzbereich** liegt zwischen ca. 10K und 573°C (Phasenumwandlung im Quarz, s. Bild. 4.2.1-7).

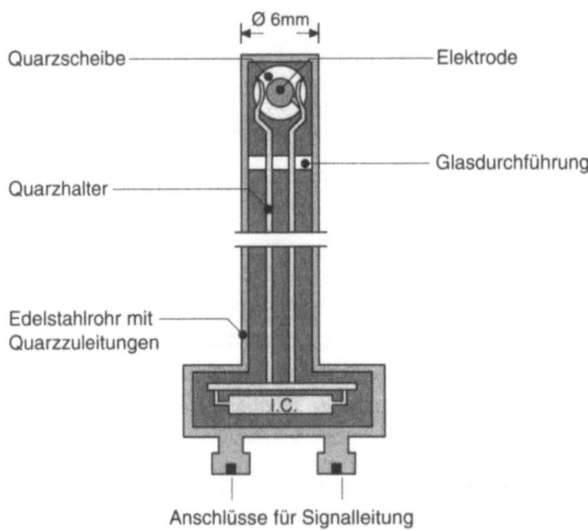

Bild 3.6-5   Aufbau eines Quarz-Temperatursensors (nach [3.41])

3.7 Faseroptische Temperatursensoren

Der gerichtete Transport optischer Strahlung über Lichtwellenleiter (Bild 3.7-1) hat in den vergangenen Jahren erheblich an Bedeutung gewonnen. Bild 3.7-2 zeigt den Aufbau eines optischen Übertragungssystems mit Einsatz von Lichtwellenleitern

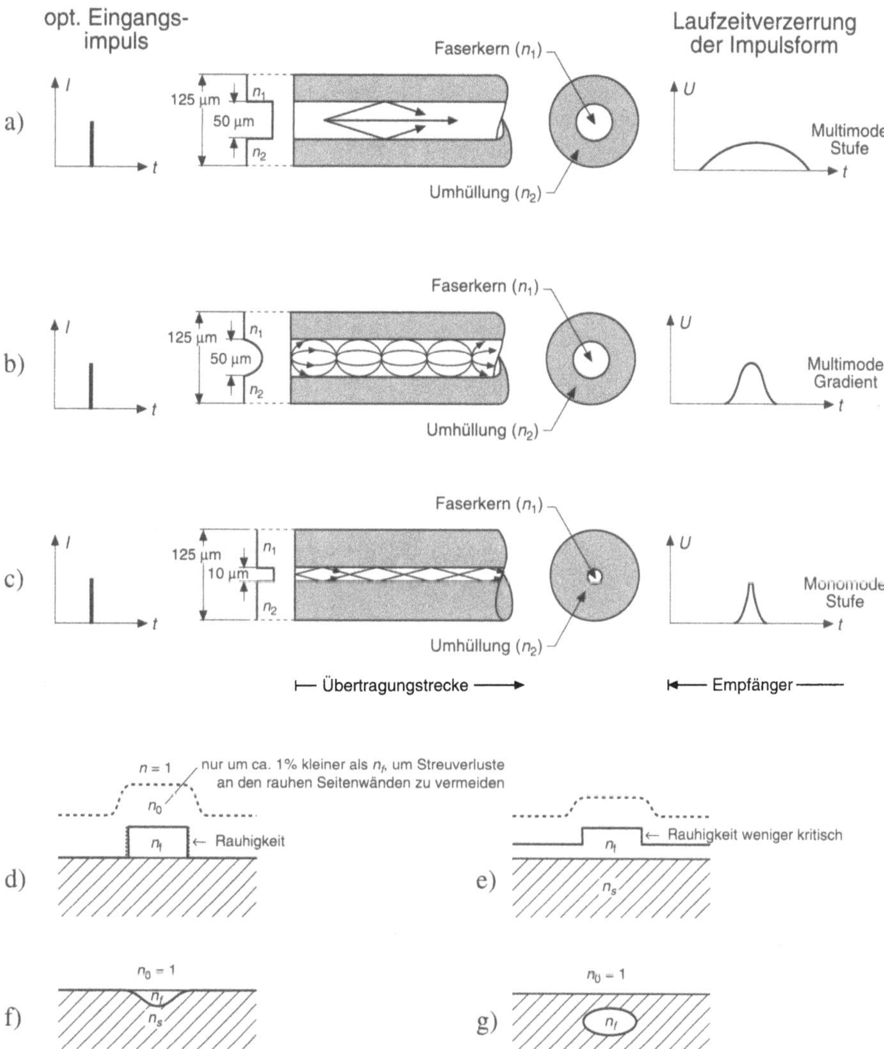

Bild 3.7-1   Übertragung optischer Strahlung durch Lichtwellenleiter

zu Bild 3.7-1   a) bis c) **Glasfaserleiter** (nach [5.4]): Zusätzlich eingetragen ist das Übertragungsverhalten, das charakterisiert wird durch ein pulsförmiges Eingangssignal $I(t)$ und ein mehr oder weniger verzerrtes Ausgangssignal $U(t)$.

a) Multimodefaser mit *stufenförmigem* Anstieg des Brechungsindex n (Stufenprofil)

b) Multimodefaser mit *kontinuierlichem* Anstieg des Brechungsindex n (Gradientenfaser)

c) Monomodefaser mit kleinem Faserquerschnitt und Stufenprofil

d) bis g) **Streifenleiter** (nach [3.47]): Wellenleiter lassen sich auch aus dünnen optisch transparenten Schichten herstellen, die z.B. über Photolithographie- und Ätzprozesse in eine Streifenform überführt werden können. Auch eine Herstellung durch Diffusion innerhalb vorgegebener lateraler Strukturen ist möglich. Durch Abdeckung der Streifenleiter mit zusätzlichen Schichten können die optischen Eigenschaften modifiziert werden.

d) aufliegender Streifenwellenleiter

e) Rippenwellenleiter

f) diffundierter oder ionenausgetauschter Streifenwellenleiter

g) vergrabener Streifenwellenleiter

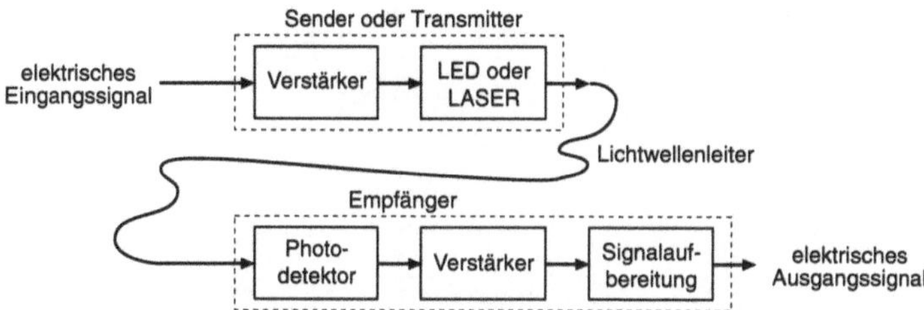

Bild 3.7-2   Optische Signalübertragung durch Lichtwellenleiter

Durch Verwendung von Lichtwellenleitern kann die Strahlungsführung in optischen Systemen erheblich vereinfacht werden, diese Tatsache wird auch für die Temperaturmeßtechnik ausgenutzt. **Viele typische optische Eigenschaften** (Absorption, Fluoreszenz, u.a.) **von Werkstoffen besitzen eine charakteristische Temperaturabhängigkeit;** diese können durch eine Faseroptik abgefragt, übertragen und ausgewertet werden. Entscheidend für die praktische Einsatzmöglichkeit ist **das übertragungsneutrale Verhalten:** Das Sensorsignal sollte möglichst wenig vom Aufbau und der Übertragungslänge des faseroptischen Systems abhängen. Dieses läßt sich erreichen durch **die Messung des Intensitätsverhältnisses** verschiedener Fluoreszenzlinien mit unterschiedlicher Temperaturabhängigkeit (Bild 3.7-3) oder die Messung des zeitlichen Verlaufs von Abklingkurven (Bild 3.7-4).

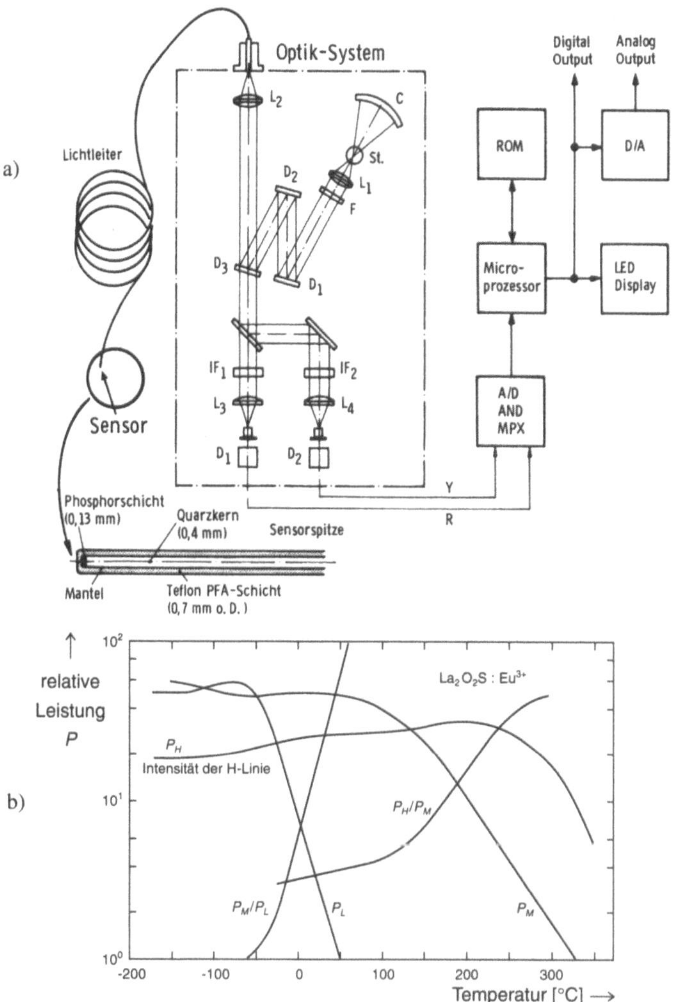

Bild 3.7-3   Temperaturmessung durch faseroptische Auswertung der Temperaturabhängigkeit der Intensität von Fluoreszenzlinien des $La_2O_2S.Eu^{3+}$.

a) Aufbau des Meßsystems (nach [3.48])

b) Temperaturabhängigkeit der Intensität verschiedener Fluoreszenzlinien und von deren Verhältnis zueinander von $La_2O_2S:Eu^{3+}$(nach [3.49]).

Ein grundsätzlicher Vorteil vieler optischer Sensorverfahren ist, daß diese in elektromagnetisch stark gestörten Bereichen – z.B. im Bereich sehr hoher elektrischer Spannungen oder innerhalb eines Plasmas – eingesetzt werden können. Nachteilig ist der beträchtliche Meßaufwand, so daß diese Systeme zur Zeit nur bei spezialisierten industriellen Anlagen und in der Forschung zur Anwendung kommen.

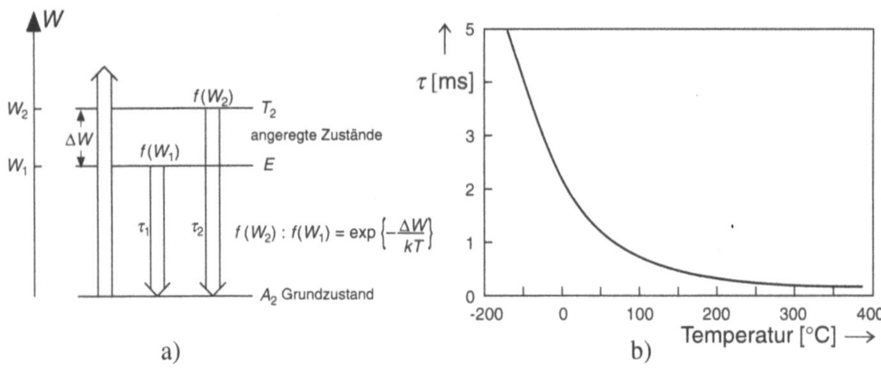

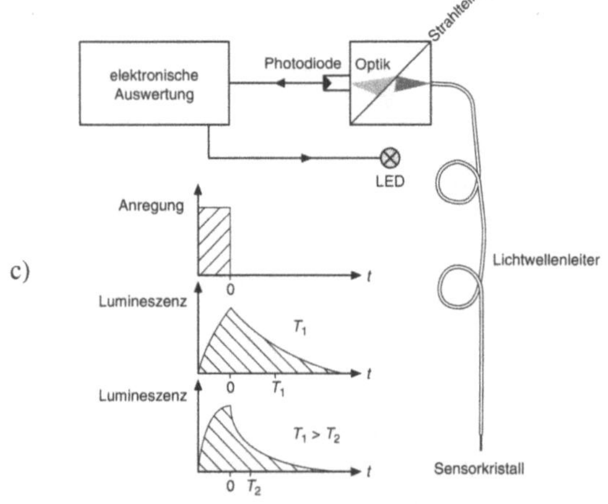

Bild 3.7-4   **Temperaturmessung über die Lumineszenzabklingzeit** optisch angeregter Elektronen in Chrom-dotiertem Yttrium-Aluminium-Granat (YAG:Cr, s. Band 1, Abschnitt 1.3.2, nach [3.50])

a) Bandschema in der Umgebung der Leitungsbandkante des Yttrium-Aluminium-Granats mit Chrom-Störstellenniveaus. Bei optischer Anregung aus dem Grundzustand A_2 werden die Elektronen auf die Niveaus mit den Energien W_1 und W_2 angeregt. Das Besetzungsverhältnis $f(W_1)$ und $f(W_2)$ ist dann stark temperaturabhängig nach dem Gesetz (Boltzmannstatistik):

$$\frac{f(W_2)}{f(W_1)} = \exp\left(-\frac{\Delta W}{kT}\right) \tag{1}$$

Kennzeichnend für das System ist, daß die Lebensdauer des ^{2}E-Niveaus W_1 (8,4 ms) weitaus größer ist als die des ^{4}T$_2$-Niveaus W_2 (24µs). Die insgesamt gemessene Abklingzeit der Lumineszenz nimmt also mit der Temperatur ab (b).

c) Aufbau des Sensorsystems mit zeitlichem Verlauf der optischen Anregung (Leuchtdiode) und der Lumineszenzsignale bei höheren und niedrigeren Temperaturen.

3.8   Mechanische und chemische Temperatursensoren

Tab. 3.8-1 gibt einen Überblick über Temperatursensoren, die auf dem Prinzip der thermischen Ausdehnung von Gasen. Flüssigkeiten und Festkörpern aufgebaut sind.

Tab. 3.8-1   Überblick über die Ausdehnungsthermometer und deren Anwendungsbereich (nach [3.8])

Meßgerät bzw. Meßverfahren	Verwendungsbereich °C
Flüssigkeits-Glasthermometer	
– mit nicht benetzender (metallischer) thermometrischer Flüssigkeit	(-58) -38 ... 630 (1000)
– mit benetzender (organischer) thermometrischer Flüssigkeit	-200 ... 210
Flüssigkeits-Federthermometer	
– mit nicht benetzender thermometrischer Flüssigkeit	-35 ... 500
– mit benetzender thermometrischer Flüssigkeit	-35 ... 350
– Dampfdruck-Federthermometer	(-200) -50 ... 350 (700)
– Stabausdehnungs-Thermometer	0 ... 1000
– Bimetall-Thermometer	-50 ... 400
(Die in Klammern gesetzten Temperaturwerte werden praktisch nur selten als Anfangs- oder Endwerte des Meßbereichs verwendet)	

Zu den Ausdehnungsthermometern mit einer Flüssigkeit als Medium gehört das bekannte **Quecksilberthermometer**, wobei das Quecksilber auch durch andere weniger toxische Flüssigkeiten ersetzt werden kann. Bei diesen Thermometern kann die temperaturabhängige Ausdehnung in einem Glaskörper direkt abgelesen werden, sie kann aber auch in einen Zeigerausschlag umgewandelt werden (Bild 3.8-1).

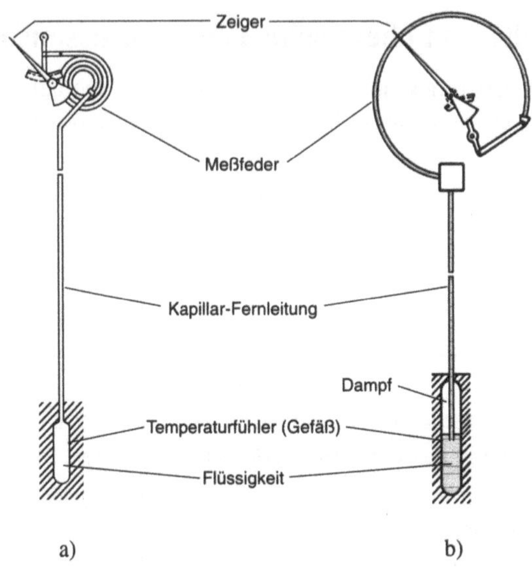

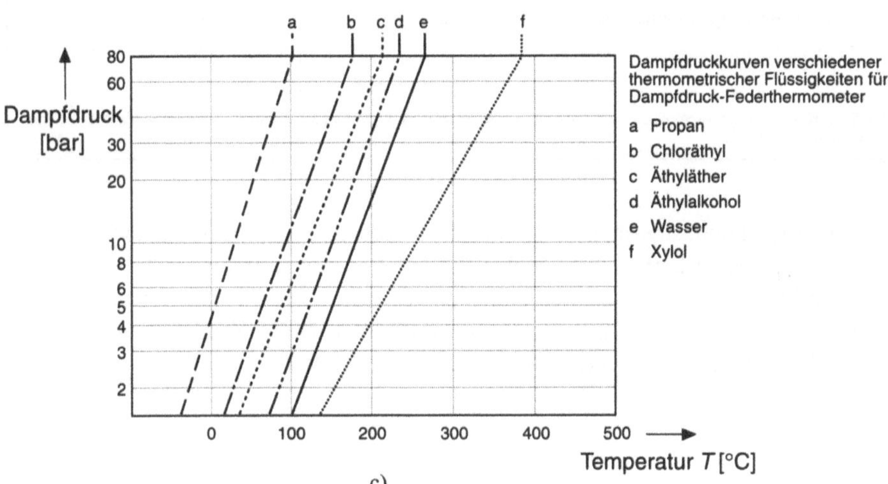

Bild 3.8-1   Ausdehnungsthermometer mit mechanischer Anzeige (nach [3.8])

a) Flüssigkeits-Federthermometer

b) Dampfdruck-Federthermometer

c) Dampfdruck thermometrischer Flüssigkeiten

Verschiedene chemische Verbindungen haben die Eigenschaft, bei einer bestimmten Temperatur oder in einem vorgegebenen Temperaturintervall ihre Farbe schlagartig oder kontinuierlich zu verändern (Tab. 3.8-2a und b).

Tab. 3.8-2   Chemische Temperatursensoren (nach [3.8])
            a) Temperaturmeßfarben (Thermocolore)

Einfach-Meßfarben (Thermocolore)[1]				Zwei Drei- und Vierfach-Meßfarben (Thermocolore)[1]		
	Umschlag		Umschlagtemperatur		Umschlag	Umschlag temperatur
Nr.	von	nach	°C	Nr.		°C
1	rosa	blau	40	20	hellrosa/hellblau/hellbraun	65/145
2	hellgrün	blau	60	21	graugrün/gelb/braun	145/220
2a	rosa	blau	80	22	blau/gelb/schwarz	190/320
2b	rosa	hellviolett	95	23	blau/gelbbraun/schwarz	240/340
3	gelb	violett	110	25	rosa/hellviolett/blau	55/85
4	dunkelrot	blau	140	29	grün/hellviolett/schwarzgriin	1165/1235
4a	blaugrün	schwarz	165	30	graugrün/hellblau/olivgrün/schwarzbraun	65/145/220
5	weiß	braun	175	31	braun/graublaulhellbraun/rotbraun	155/230/275
6	grün	braun	220	32	rosa/gelb/grau/olivgrün	145/175/340
7	gelb	rotbraun	290	33	gelb/schwarz/violett/braun	175/290/340
8	weiß	braun	340	34	gelb/orange/grau/braun	420/700/820
9	grün	weiß	440	40	rosa/hellblau/gelb/schwarz/olivgrün	65/145/174/340
10	rot	hellgrau	520	41	hellgrün/hellblau/gelb/schwarz/braun	65/145/220/340
11	rot	gelb	560			
12	gelb	hellgrün	640			
13	gelb	oliv	715			
13a	gelb	braun	805			
14	grau	dunkelbraun	900			
15	grün	braun	1000			
16	hellblau	blauschwarz	1100			
17	grau	schwarzbraun	1200			
17b	hellgrau	braun	1260			
18	graugelb	schwarz	1350			

[1] Hersteller BASF Badische Anilin- und Sodafabrik, Ludwigshafen

Bild 3.8.2 zeigt die thermische Ausdehnung von festen Werkstoffen, die für Stabausdehnungsthermometer eingesetzt werden können und einen mechanischen Temperatursensor mit Bimetallspirale.

Tab. 3.8-2   b) Umschlag- und Klärtemperatur (Verschwinden der Farbe) von Flüssigkristallen

Art. Nr.		Umschlag- temperatur	Klär- temperatur
36301	Cholesteryloleat $C_{45}H_{60}O_2$	38	49
36302	Cholesterylpelargonat $C_{36}H_{62}O_2$	76	92
36303	Cholestorylcaprinat $C_{37}H_{64}O_2$	82	90
36304	Cholesterylbenzoat $C_{34}H_{50}O_2$	148	179
36305	Cholesterylchlorid $C_{27}H_{45}Cl$	96	62
36307	Cholesterylmethylcarbonat $C_{29}H_{48}O_3$	109	114
36308	Cholesteryl-4-carbomethoxyoxybenzoat $C_{36}H_{52}O_5$	127	274
36309	Cholesteryl-4-cyano-cinnamat $C_{37}H_{51}NO_2$	163	274
36310	Cholesteryl-4-äthoxy-benzoat $C_{36}H_{54}O_3$	147	263
36311	Cholesteryl-4-(2,2-äthoxyäthoxycarbäthoxyoxy)- benzoat $C_{41}H_{62}O_7$	58 [1]) $U_{sm.-chol.}$: 148	194
36312	Cholesteryl-4-(2,2-äthoxyäthoxycaräthoxyoxy)- cinnamat	52 [1]) $U_{sm.-chol.}$: 115	220

[1]) $U_{sm.-chol.}$: Umwandlungspunkt von der smektischen zur cholesterinischen Phase.

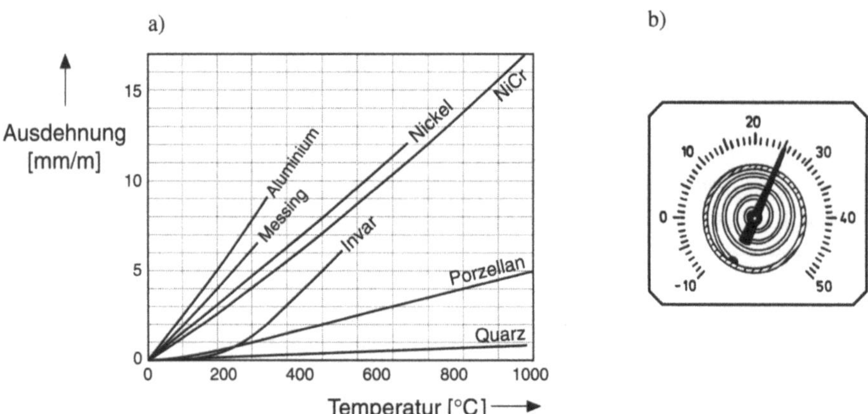

Bild 3.8-2   Festkörper-Ausdehnungsthermometer (nach [3.8], s. auch Band 1, Tab. 5.3-1 und Bild 5.3-2)

        a) Ausdehnung von Werkstoffen für Stabausdehnungs-Thermometer

        b) Bimetallthermometer mit Bimetallspirale für Raumtemperaturmessung

4 Kraft- und Drucksensoren

4.1 Resistive Kraft- und Drucksensoren

4.1.1 Piezoresistiver Effekt

Neben der Temperaturmessung kommt der Kraft- und Druckmessung (Definitionen
s. Band 1, Abschnitt 3) die größte technische Bedeutung zu; Anwendungen reichen
von der Meteorologie (z.B. Luftdruck), Medizin (z. B. Blutdruck), Motorsteuerung
(Ansaugdruck, Öldruck u.a.) und Wägetechnik bis hin zu vielfältigen Einsatzmöglichkeiten in der Mechanik (Belastung, Trägheit, Kraftausübung, etc.).

Die Grundlage der meisten Kraft- und Drucksensoreffekte ist die *elastische* Verfor-
mung eines Festkörpers: In diesem Fall wirken die äußeren mechanischen Kräfte gegen die interatomaren Bindungskräfte, als Reaktion ergibt sich eine *reversible*
Formänderung (Band 1, Abschnitt 3.1). *Plastische* Formänderungen (Band 1, Abschnitt 3.2) sind bei Drucksensoren meist **unerwünscht**, sie verändern bleibend die
Sensorcharakteristik und können bei Wechselbeanspruchung letztlich zu einem Er-
müdungsbruch (Band 1, Abschnitt 3.7) führen.

Allein die Formänderung eines Leiters unter Einfluß einer mechanischen Kraft wirkt
sich bereits auf den elektrischen Widerstand eines Meßkörpers aus und kann daher
als Grundlage für die Herstellung von **resistiven Drucksensoren** herangezogen werden (**piezoresistiver Effekt**). Hierzu betrachten wir als einfachstmöglichen Fall die
elastische Verformung eines Quaders durch uniaxiale Kompression oder Dilatation
(Band 1, Bild 3.1-5) in Bild 4.1.1-1.

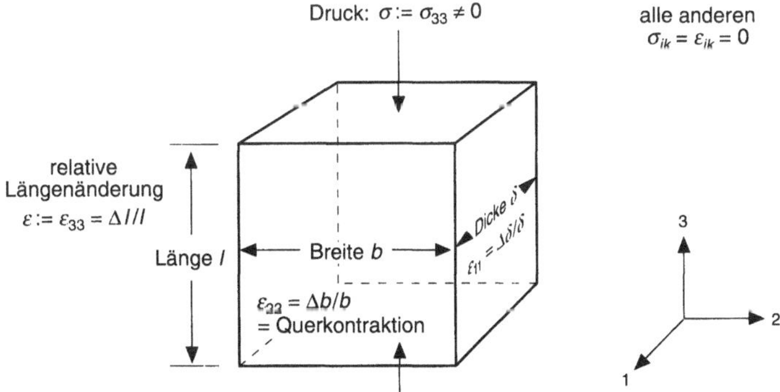

Bild 4.1.1-1   Elastische Verformung eines Quaders der Länge *l*, der Breite *b* und der Dicke *d*
durch uniaxiale Kompression mit einer mechanischen Spannung σ. Eingezeichnet
sind die Elemente der Spannungs- und Verzerrungstensoren und deren Interpretation

Besitzt der Quader in Bild 4.1 den spezifischen elektrischen Widerstand ρ_{sp}, dann ergibt sich allgemein für die Widerstandsänderung

$$R = \rho_{sp} \frac{l}{A} = \rho_{sp} \frac{l}{b \cdot \delta} \tag{1}$$

$$\Rightarrow dR = \frac{l}{b \cdot \delta} d\rho_{sp} + \frac{\rho_{sp}}{b \cdot \delta} dl - \frac{\rho_{sp} \cdot l}{b^2 \cdot \delta} db - \frac{\rho_{sp} \cdot l}{\delta^2 \cdot b} d\delta \tag{2}$$

$$\Rightarrow \frac{dR}{R} = \frac{d\rho_{sp}}{\rho_{sp}} + \frac{dl}{l} - \frac{db}{b} - \frac{d\delta}{\delta} \tag{3}$$

Die Berechnung der elastischen Verformung des Quaders ergab in Band 1, Abschnitt 3.1 die Beziehung:

$$\text{relative Volumenänderung:} \quad \frac{dV}{V} = \varepsilon_{11} + \varepsilon_{22} + \varepsilon_{33} = \frac{dl}{l} + \frac{db}{b} + \frac{d\delta}{\delta} \tag{4}$$

$$(3) \underset{\varepsilon_{11}=\frac{dl}{l}=:\varepsilon}{\Rightarrow} \frac{dR}{R} = \frac{d\rho_{sp}}{\rho_{sp}} + 2\varepsilon - \frac{dV}{V} \tag{5}$$

Zur Berechnung der relativen Änderung des spezifischen Widerstands teilen wir die Teilchendichte ρ auf in den Quotient aus Teilchenzahl N und Teilchenvolumen V:

$$\rho_{sp} = \frac{1}{\rho \cdot |q| \cdot \mu} = \frac{V}{N \cdot |q| \cdot \mu}$$

$$\Rightarrow \frac{d\rho_{sp}}{\rho_{sp}} = d\left\{ \ln V - \ln\left(N \cdot |q| \cdot \mu \right) \right\} = \frac{dV}{V} - \frac{d(N \cdot \mu)}{N \cdot \mu} \tag{6}$$

Eingesetzt in (5) folgt dann

$$\frac{dR}{R} = \frac{dV}{V} - \frac{d(N \cdot \mu)}{N \cdot \mu} + 2\varepsilon - \frac{dV}{V} = \varepsilon \left\{ 2 - \frac{d(N \cdot \mu)}{\varepsilon \cdot N \cdot \mu} \right\} =: k \cdot \varepsilon \tag{7}$$

$$\text{mit dem } \boldsymbol{k} \textbf{ - Faktor} \quad k := 2 - \frac{d(N \cdot \mu)}{\varepsilon \cdot N \cdot \mu} \tag{8}$$

(8) ist eine der fundamentalen Beziehungen für alle **piezoresistiven Drucksensoren**, bei denen die Druckmessung über die Änderung eines Widerstandes erfolgt. Der k-Faktor ist ein **Maß** für die Empfindlichkeit der Druckmessung, er besteht aus einem

*geometrie*bestimmten konstanten Term 2 und einem *werkstoff*bestimmten Term, der die Wirkung der mechanischen Dehnung auf die Ladungsträgerzahl N und -beweglichkeit μ beschreibt.

Typisch für die meisten *Metalle* (Abschnitt 4.1.2) ist, daß der werkstoffbestimmte Term vernachlässigt werden kann. Bei Halbleiter- und keramischen Werkstoffen hingegen kann der werkstoffabhängige Term große Werte annehmen, welche den Wert 2 weit übersteigen.

Neben dem piezoresistiven Effekt gibt es auch andere Reaktionen von Festkörpern auf elastische Verzerrungen: Sowohl die dielektrische, wie auch die magnetische Polarisation hängen empfindlich von der exakten relativen Lage der Gitteratome zueinander ab (**piezoelektrischer** und **magnetoelastischer** Effekt). Als typisches Merkmal für beide wird sich ergeben, daß im Gegensatz zu den piezoresistiven Meßverfahren bevorzugt *Änderungen* des Polarisationszustandes gemessen werden können (vgl. pyrolytische Sensoren im Abschnitt 3.5), diese aber mit einer sehr großer Genauigkeit und Empfindlichkeit. Solche Sensoren eignen sich also bevorzugt für eine **dynamische Druckmessung**, weniger dagegen für **statische Druckmessungen**. Diese Einschränkung gilt nicht für piezoresistive Sensoren.

Schließlich gibt es eine Vielzahl von Druckmeßverfahren, welche eine mechanische Verschiebung von Stäben oder Platten aufgrund der Krafteinwirkung direkt erfassen: Bei diesen *wegmessenden Verfahren* wird die Änderung der Induktivität einer Spule oder der Kapazität eines Kondensators bestimmt und mit dem Druck korreliert (Abschnitt 4.3).

4.1.2 Metallfolien-Dehnungsmeßstreifen

In Abschnitt 4.1.1 wurde dargelegt, daß sich der Widerstand eines Leiters unter Einfluß einer mechanischen (vorzugsweise elastischen) Verformung ändert, d.h. der Leiter selbst kann bereits als Kraft- oder Drucksensor eingesetzt werden. In der Praxis ist es aber gebräuchlicher, den Leiter als dünne Schicht (**Dehnungsmeßstreifen** , abgekürzt **DMS**, englisch: strain gauge) auszuführen, welche über eine elektrisch isolierende Zwischenschicht an einem **Verformungs-** oder **Federkörper** befestigt wird. Die elastische Verformung des Federkörpers soll dabei möglichst unverändert auf den Dehnungsmeßstreifen übertragen und durch diesen gemessen werden. Dehnungsmeßstreifen bestehen wie die zur resistiven Temperaturmessung eingesetzten Metallwiderstände aus einer strukturierten Dünn- oder Dickschicht auf einem isolierenden Substrat, im Vergleich zu dem Aufbau in Bild 4.1.1-1 ist die Dicke δ weit geringer als die Länge l oder Breite b (Bild 4.1.2-1).

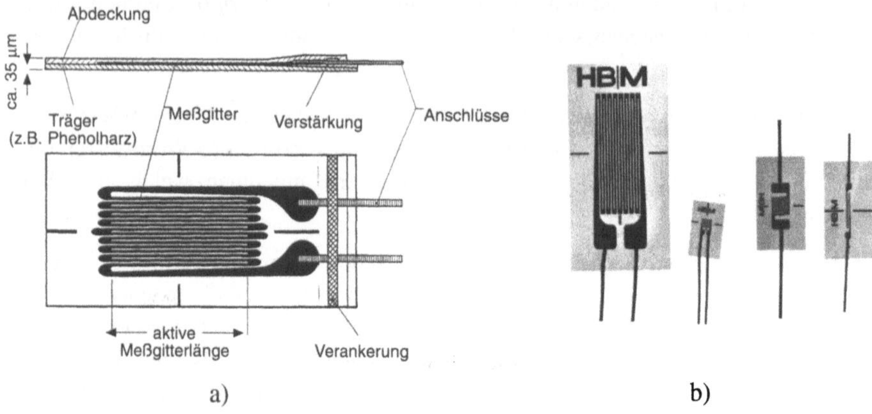

Bild 4.1.2-1 **Aufbau eines Metall-Dehnungsmeßstreifens (DMS)**, der bei einer Kraft– oder Druckmessung über eine Zwischenisolation auf einem Substrat (Federkörper) aufgebracht wird (Folientechnologie, nach [4.1]). Bei einer Kraft- oder Druckeinwirkungen entstehen im Federkörper elastische Verformungen (z.B. Dehnungen), die auf den DMS übertragen werden und dort eine Widerstandsänderung erzeugen. Der Meßeffekt ist am größten, wenn die Dehnung parallel zu den Widerstandsbahnen verläuft. Zur Vergrößerung des Widerstandes werden viele Metallbahnen, meist in einer **Mäanderform** (um kleine Sensorabmessungen zu erhalten) hintereinandergeschaltet.

Bei **Metall-DMS** reduziert sich der k-Faktor (4.1-6) auf den geometrisch bestimmten Anteil:

$$k \approx 2 \tag{1}$$

Da die **Dehnung** ε **des DMS** möglichst auf den elastischen Bereich einschränkt werden sollte, darf auch bei Werkstoffen mit einer ausgeprägten Streckgrenze (Band 1, Abschnitt 3.2.1) in der Regel ein Wert von **0,1% nicht überschritten** werden, d.h. die **relative Widerstandsänderung** ist in praktisch vorkommenden Fällen meist weit kleiner **als** 10^{-3}. Als meßtechnische Schwierigkeit kommt hinzu, daß wegen des niedrigen spezifischen Widerstandes von Metallen die Widerstände niedrige Werte annehmen. Aus diesem Grund wird meist die Länge des DMS durch eine Mäanderform geometrisch vergrößert (s. Bild 4.1.2-1), so daß z. B. ein Standardwert von 350Ω erreicht wird. Bei der praktischen Messung muß der Einfluß des Zuleitungswiderstandes berücksichtigt werden (d.h. es gelten dieselben Gesichtspunkte wie in Abschnitt 3.3.6), aus diesem Grund – und weiteren (große relative Empfindlichkeit, da die Brückenspannung im Brückengleichgewicht Null wird, wirkungsvolle Temperaturkompensation bei abgestimmten Widerstands-TK$_R$s, s.u.) – werden die **Metall-DMS** häufig **in Brückenschaltungen** wie in Bild 3.3.6-2b) und c) eingesetzt, d.h. die elektrische Messung erfolgt in **Drei- oder Vierleitertechnik**.

Die **Querempfindlichkeit** (nicht zu verwechseln mit der Sensorempfindlichkeit gegenüber einer Lateraldehnung!) aller resistiven Drucksensoren gegenüber der Temperatur ist ein fundamentales Problem, das angesichts der ohnehin niedrigen Meßsignale bei Metall-DMS eine besondere Bedeutung gewinnt. Dabei müssen sowohl der Temperaturkoeffizient α_T^R des DMS-*Widerstands* (auch **TK$_R$** oder **TC$_R$** genannt), der Temperaturkoeffizient α_T^E des *Elastizitätsmoduls E* des Trägersubstrats (**TK$_E$** oder **TC$_E$**), wie auch der Temperaturkoeffizient α_T^k des *k-Faktors* (**TK$_k$** oder **TC$_k$**) berücksichtigt werden. Einen weiteren temperaturabhängigen Störeffekt liefert die unterschiedliche thermische Ausdehnung (**Bimetalleffekt**, s. Band 1, Abschnitt 5.3) von Dehnungsmeßstreifen und Trägersubstrat, so daß wir – bei Annahme linearisierter Temperaturabhängigkeiten und den thermischen Ausdehnungskoeffizienten $\alpha_T^{l,S}$ und $\alpha_T^{l,DMS}$ im DMS und Substrat – insgesamt erhalten [4.2]:

$$\frac{\Delta R}{R} = k\varepsilon = k\left\{\varepsilon(\sigma) + \Delta\varepsilon_{bimetall}\right\}$$

$$\underset{\substack{\text{Band 1, Abschn.} \\ \text{3.1 und 5.3}}}{=} k\left\{\frac{\sigma}{E(T)} + \left[\left.\frac{\partial\varepsilon}{\partial T}\right|_s - \left.\frac{\partial\varepsilon}{\partial T}\right|_{DMS}\right]\Delta T\right\}$$

$$= k\left\{\frac{\sigma}{E(T)} + \left[\alpha_T^{l,S} - \alpha_T^{l,DMS}\right]\Delta T\right\} \tag{2}$$

$$= \frac{k_o\left(1 + \alpha_T^k\Delta T\right)}{E_o\left(1 + \alpha_T^E\Delta T\right)}\,\sigma + k_o\left(1 + \alpha_T^k\Delta T\right)\left[\alpha_T^{l,S} - \alpha_T^{l,DMS}\right]\Delta T \tag{3}$$

Die **Optimierung** des DMS bezüglich der Querempfindlichkeit gegenüber der Temperatur erfolgt also durch die Bedingungen

$$\alpha_T^{l,S} \approx \alpha_T^{l,DMS}\,; \quad \alpha_T^k \approx \alpha_T^E \tag{4}$$

Die Auswahl der Substratwerkstoffe (**Federwerkstoffe**) erfolgt meist nach dem Kriterium optimaler elastischer Eigenschaften, so daß deren Temperaturkoeffizienten festliegen:

$$\left.\begin{array}{ll}\text{Stahl, Kupfer - Beryllium (CuBe):} & \alpha_T^E \approx -3\cdot10^{-4}\,/\,K \\[2mm] \text{Aluminiumlegierungen:} & \alpha_T^E \approx -6\cdot10^{-4}\,/\,K\end{array}\right\} \tag{5}$$

Bild 4.1.2-2 zeigt die Temperaturabhängigkeiten des Elastizitätsmoduls und des *k*-Faktors verschiedener DMS-Materialien in einem Vergleich.

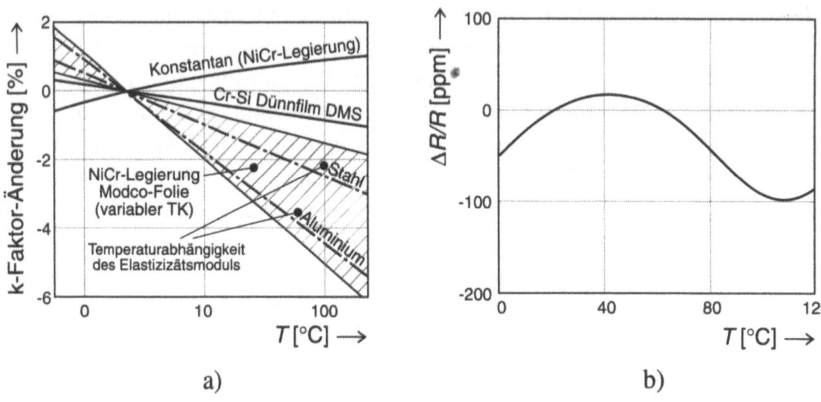

Bild 4.1.2-2   Temperaturverhalten von Dehnungsmeßstreifen (DMS) auf Federkörpern (Stahl, CuBe, Aluminiumlegierungen, nach [4.2])

     a) Temperaturabhängigkeit der k-Faktoren verschiedener DMS-Werkstoffe im Vergleich zur Temperaturabhängigkeit der Elastizitätsmoduln von Stahl und Aluminiumlegierungen. Eine weitgehende Anpassung ist mit DMS aus NiCr-Legierungen (Modco-Folien, modified Karma) möglich

     b) Beispiel für eine optimierte Temperaturabhängigkeit der relativen Widerstandsänderung

Eine bleibende Veränderung der Sensoreigenschaften entsteht durch das **Langzeitkriechen** (langsam ablaufende plastische Verformung unter gleichbleibender mechanischer Spannung, s. Band 1, Abschnitt 3.2.1) des *Federkörpers*. Die resultierende Verschiebung der Sensorkennlinie läßt sich teilweise dadurch kompensieren, daß für die *DMS* ein Kriechverhalten mit entgegengesetzter Wirkung eingestellt wird (Bild 4.1.2-3)

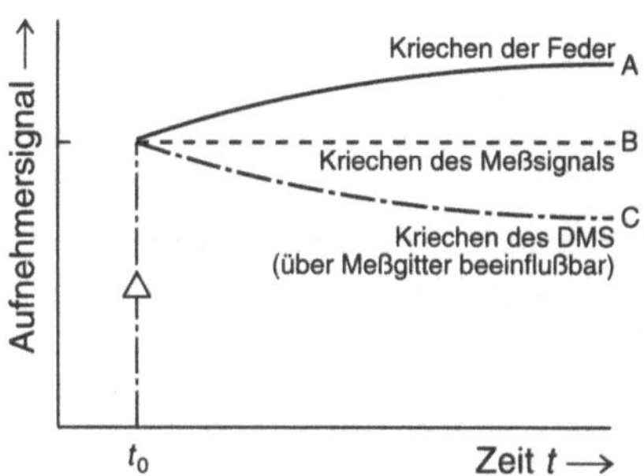

Bild 4.1.2-3   **Kompensation der Langzeitdrift des Meßsignals** aufgrund des mechanischen Kriechens des Federkörpers (Kurve A) durch ein entgegengesetzt wirkendes Kriechverhalten im Dehnungsmeßstreifen (Kurve C, das Kriechverhalten kann durch das Meßgitter des DMS beeinflußt werden). Die resultierende Langzeitdrift (Kurve B) ist daher wesentlich niedriger (nach [4.2]).

Metall-Dehnungsmeßstreifen lassen sich auf Kunststoffolien herstellen, die anschließend mit Epoxidharz auf beliebige Federkörpern geklebt werden. Hierbei ist dann zusätzlich noch das **Kriechen der Kunststoffolie, sowie des Klebers** zu berücksichtigen. Weiterhin ist von Bedeutung der **Einfluß der Luftfeuchtigkeit** auf die organischen Träger; Störungen dieser Art können nur durch hermetischen Abschluß äußerer Gase (z.B. Bedampfung mit einer Metallschicht) ausgeschlossen werden. Bild 4.1.2-4a zeigt den Herstellungsprozeß für einen Kunststoffolien-DMS.

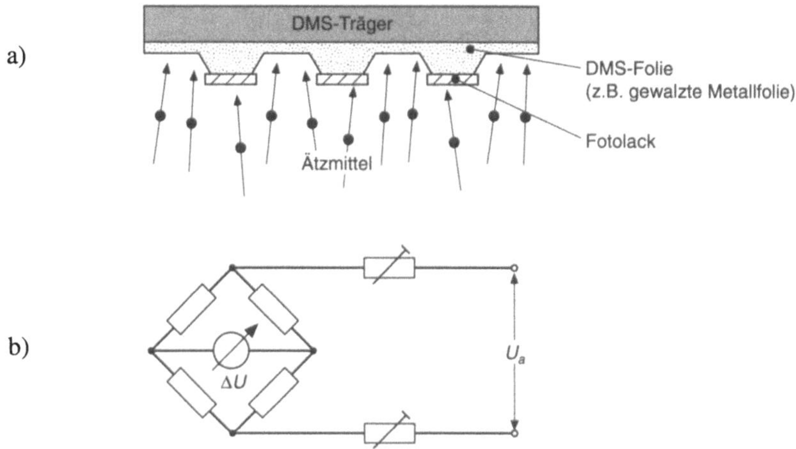

Bild 4.1.2-4   Kunststoffolien-Dehnungsmeßstreifen:

  a) Die Trägerfolie wird mit der DMS-Metallschicht bedeckt und nach einem Photolithographieprozeß durch Ätzen strukturiert (nach [4.2], s. Band 2, Abschnitt 8.2)

  b) Empfindlichkeitseinstellung bei DMS in Vollbrückenschaltung

Aufklebbare Folien-Dehnungsmeßstreifen haben den großen Vorteil, daß sie vom Anwender selbst auf beliebig geformten Werkstücken angebracht werden können. Sie werden in einer Vielfalt von Größen und Ausführungsformen hergestellt (Bilder 4.1.2-5 und Tab. 4.1.2-1), die bereits auf verschiedene Formen und Abmessungen der Federkörper optimiert sind. **Gleichzeitig mit den Dehnungsmeßstreifen wird häufig ein Netzwerk von Widerständen gefertigt**, über das – durch Auftrennen von **Kurzschlußverbindungen** – jeder DMS individuell abgeglichen werden kann. Bei Brückenschaltungen ist ein Sensortrimmen auf Empfindlichkeit (Bild 4.2.1-4b) und auf minimales Nullpunktsignal möglich. Ein grundsätzlicher Nachteil von Folien-DMS ist die **Temperaturbeständigkeit, die nur bis ca. 120°C gewährleistet** werden kann.

Bei Kraftaufnehmern und Wägezellen (Bild 4.1.2-6) kann mit Foliendehnungsmeßstreifen nach dem heutigen Stand der Technik eine sehr hohe Genauigkeit erreicht werden, wobei eine **Auflösung im ppm-Bereich** (10^{-6}) erreicht wird. Bei neueren Entwicklungen werden aber zusätzliche Anforderungen gestellt, die nicht ohne weiteres von Metallfolien-DMS erfüllt werden können:

– **die DMS müssen hochohmiger werden** (> 6 kΩ) für eine 4 – 20 mA Zweileitertechnik (s. Abschnitt 3.3.6)

– die Forderung nach einer **Miniaturisierung** (Verkleinerung) der Sensoren erfordert neue **höher entwickelte Lithographietechniken**

– **bei sehr dünnen Federkörpern** (z.B. Druckmembranen für kleine Drücke) führt ein aufgeklebtes DMS zu einem **veränderten elastischen Verhalten**

– höhere Stabilität bei Aufnehmern, die nicht hermetisch gekapselt werden können.

Diese Anforderungen werden besser erfüllt von Dehnungsmeßstreifen, die über **Dünnschichttechniken** (meistens Sputterverfahren, s. Band 2, Abschnitt 8.2.3) **direkt auf dem elektrisch isolierten Federkörper aufgebracht** werden. Die Strukturierung erfolgt über einen hochauflösenden Photolithographieprozeß (Band 2, Abschnitt 8.2.6), wobei die Lage der DMS auf dem Federkörper exakt eingestellt werden kann, und anschließendes Ätzen (Band 2, Abschnitt 8.2.7).

Dünnschicht-DMS haben den großen Vorteil, daß sie – im Gegensatz zu Folien-DMS – die mechanischen Eigenschaften einer dünnen Membran wenig ändern. Auf diese Weise können auch genaue Drucksensoren für niedrige Druckbereiche hergestellt werden, die grundsätzlich dünnere Membranen erfordern. Bei Einsatz von Folien-DMS liegt eine praktikable **untere Grenze** für den realisierbaren Druckbereich **bei ca. 5 bar** [4.1].

Als **Werkstoffe** für Metalldünnfilm-Dehnungsmeßstreifen werden Chrom-Silizium [4.1]-, Chrom-Nickel[4.4]-, Platin-Iridium[4.5]- und weitere Legierungen eingesetzt. Die Isolation zum Federkörper erfolgt in der Regel mit SiO_2- und Al_2O_3-Dünnschichten.

Ein grundsätzlicher Nachteil der *Dünn*schichttechnik besteht in den **hohen Herstellungskosten**, die in der *Dick*schichttechnologie (Band 1, Abschnitt 4.2.1) deutlich niedriger liegen. Geeignete Pasten sind z.B. für Platin-Iridium-Legierungen verfügbar. Wegen der hohen Einbrenntemperaturen (z.B. 850°C) ist diese Technik insbesondere für keramische Federkörper geeignet [4.5].

mit 2 Meßgittern

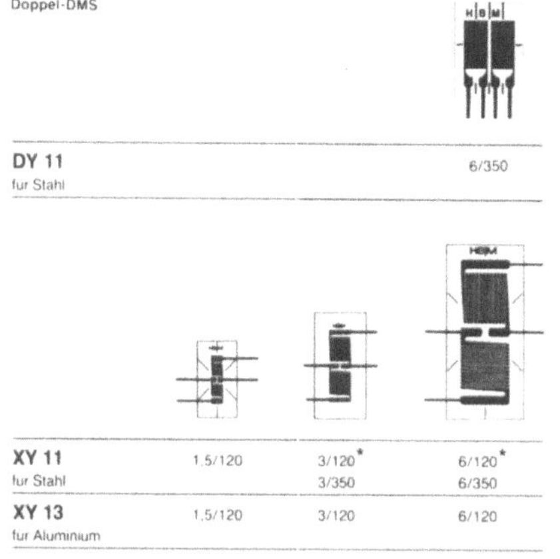

DY 11	6/350
für Stahl	

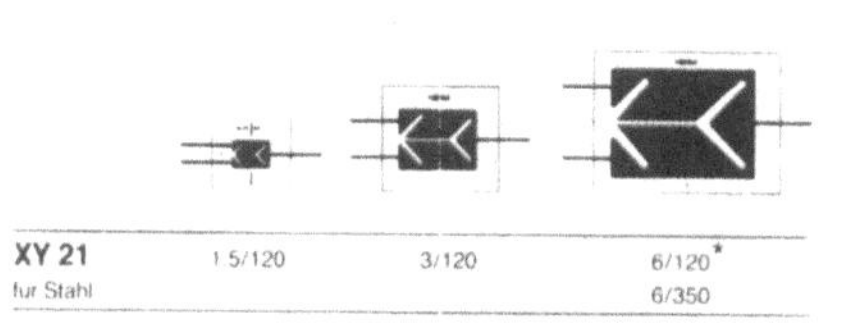

XY 11	1,5/120	3/120*	6/120*
für Stahl		3/350	6/350
XY 13	1,5/120	3/120	6/120
für Aluminium			

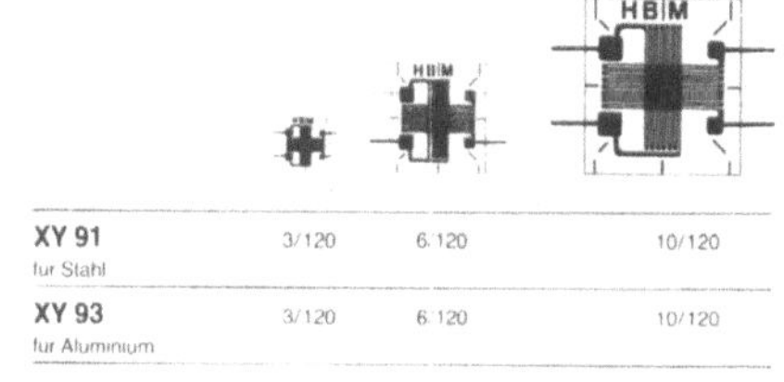

XY 21	1,5/120	3/120	6/120*
für Stahl			6/350

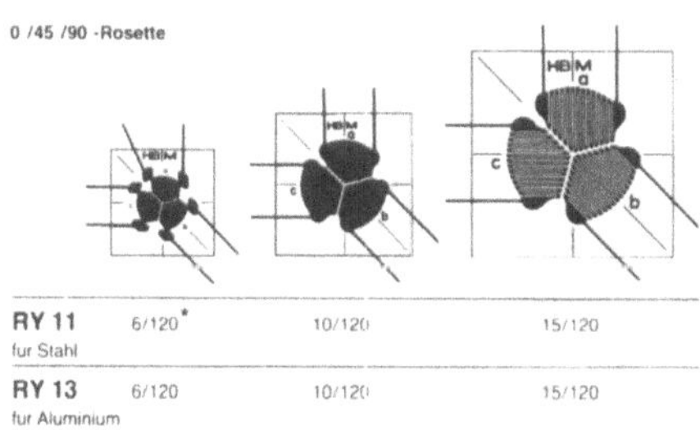

XY 91	3/120	6/120	10/120
für Stahl			
XY 93	3/120	6/120	10/120
für Aluminium			

mit 3 Meßgittern

0 /45 /90 -Rosette

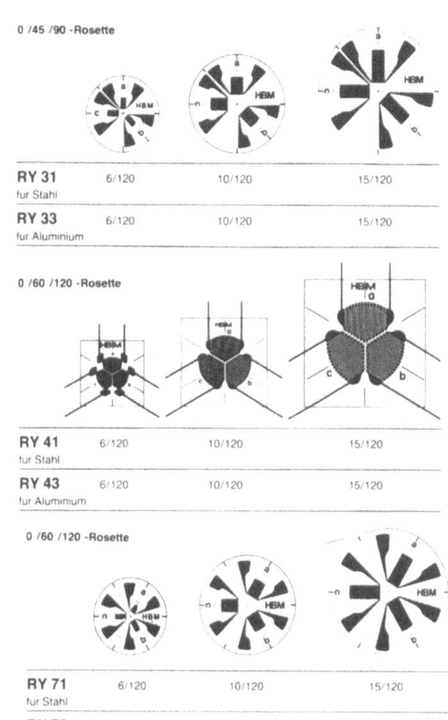

RY 11	6/120*	10/120	15/120
für Stahl			
RY 13	6/120	10/120	15/120
für Aluminium			

mit 3 Meßgittern

0 /45 /90 -Rosette

RY 31	6/120	10/120	15/120
für Stahl			
RY 33	6/120	10/120	15/120
für Aluminium			

0 /60 /120 -Rosette

RY 41	6/120	10/120	15/120
für Stahl			
RY 43	6/120	10/120	15/120
für Aluminium			

0 /60 /120 -Rosette

RY 71	6/120	10/120	15/120
für Stahl			
RY 73	6/120	10/120	15/120
für Aluminium			

0 /45 /90 -Kanten-Rosette

RY 81	1,5/120	3/120	6/120
für Stahl			
RY 83	1,5/120	3/120	6/120
für Aluminium			

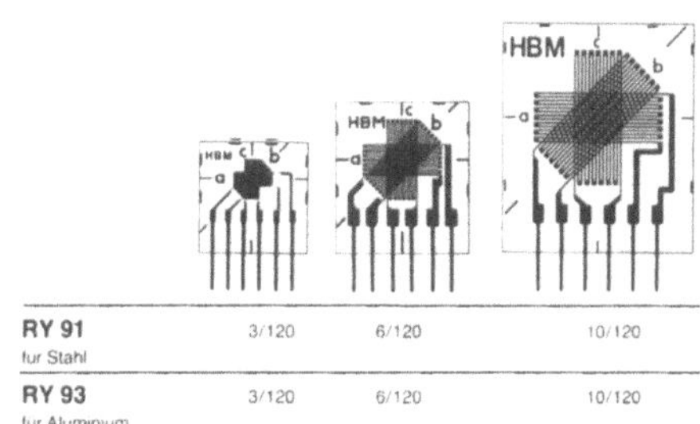

RY 91	3/120	6/120	10/120
für Stahl			
RY 93	3/120	6/120	10/120
für Aluminium			

Bild 4.1.2-5   Beispiele für Meßgitter metallischer Kunststoffolien-Dehnungsmeßstreifen

Tab. 4.1.2-1   Technische Daten von Folien-DMS

Typ		LK11, LK13, LK31, LK33, DK11, DK13, XK11, XK13 MK11	LK21, LK23, LK41, LK43, DK21, DK23, XK21, XK23, MK21
DMS-Konstruktion		Folien-DMS mit eingebettetem Meßgitter, mit integrierten Anschlußbändern	Folien-DMS ohne Abdeckung, mit integrierten Anschluß- flächen
Meßgitter			
Werkstoff		Konstantanfolie	
Dicke	μm	5	
Träger			
Werkstoff		Phenolharz, glasfaserverstärkt	
Basisdicke	μm	35 ± 10	
Deckendicke	μm	25 ± 8	—
Anschlüsse		nickelplattierte Cu-Bänder, ca. 30 mm lang	—
Nennwiderstand	Ω	350	
Widerstandstoleranz	%	± 0.35	$+ 0.3$
k-Faktor		ca. 2	
Nennwert des k-Faktors		auf jeder Packung angegeben	
k-Faktor-Toleranz	%	± 0.7	
Temperaturkoeffizient des k-Faktors	1/K	ca. $115 \cdot 10^{-6}$	
Nennwert des Temperaturkoeffizienten des k-Faktors		auf jeder Packung angegeben	
Referenztemperatur	°C	23	
Gebrauchstemperaturbereich			
für statische Messungen	°C	$- 70 \ldots + 200$	
für dynamische Messungen	°C	$- 200 \ldots + 200$	
Querempfindlichkeit bei Referenztemperatur unter Verwendung von Klebstoff Z 70 am DMS-Typ LK 11 E 3/350	%	$- 0.9 \pm 0.3$	

Temperaturgang		Zwei Temperaturgangkurven (mit und ohne Anschlußbänder) und Polynom auf jeder Packung angegeben
Toleranz des Temperaturgangs	1/K	$\pm 0.3 \cdot 10^{-6}$
Temperaturbereich der Anpassung des Temperaturgangs	C	$-10 \ldots + 120$
Kriechanpassung Die Umkehrstellenlänge u entspricht einem Vielfachen der Stegbreite s Umkehrstelle		Kennbuchstabe A: u = 1 s M: u = 7 s C: u = 2 s O: u = 8 s E: u = 3 s S: u = 10 s G: u = 4 s U: u = 11 s I: u = 5 s W: u = 12 s K: u = 6 s
Mechanische Hysterese[*] bei Referenztemperatur und Dehnung $\varepsilon = \pm 1000\ \mu m/m$ am DMS-Typ LK 11 E 3/350 bei 1. Belastungszyklus und Klebstoff Z 70 bei 3. Belastungszyklus und Klebstoff Z 70	 $\mu m/m$ $\mu m/m$	 1.1 0.8
Maximale Dehnbarkeit[*] bei Referenztemperatur unter Verwendung von Klebstoff Z 70 am DMS-Typ LK 11 E 6/350 Dehnungsbetrag ε bei positiver Richtung Dehnungsbetrag ε bei negativer Richtung	 $\mu m/m$ $\mu m/m$	 $20\,000\ (\triangleq 2\,^{\circ}{}_{o})$ $50\,000\ (\triangleq 5\,^{\circ}{}_{o})$
Dauerschwingverhalten[*] bei Referenztemperatur unter Verwendung von Klebstoff Z 70 und Wechseldehnung $\varepsilon_w = \pm 1000\ \mu m/m$ am DMS-Typ LK 11 E 3/350 Erreichbare Lastspielzahl bei Nullpunktänderung $\Delta\varepsilon_m \leqq 300\ \mu m/m$ $\Delta\varepsilon_m \leqq 30\ \mu m/m$		 $\gg 10^{7}$ $3 \cdot 10^{6}$
Kleinster Krümmungsradius längs und quer bei Referenztemperatur	mm	3
Verwendbare Befestigungsmittel kalthärtende Klebstoffe heißhärtende Klebstoffe		 Z 70: X 60 EP 250: EP 310

[*] Die Daten sind abhängig von den verschiedenen Parametern der Applikation und deshalb nur für repräsentative Beispiele angegeben.

[**] Alle technischen Daten nach OIML IR 62 bei Beachtung der abweichenden Toleranzangaben auch nach VDI/VDE 2635.

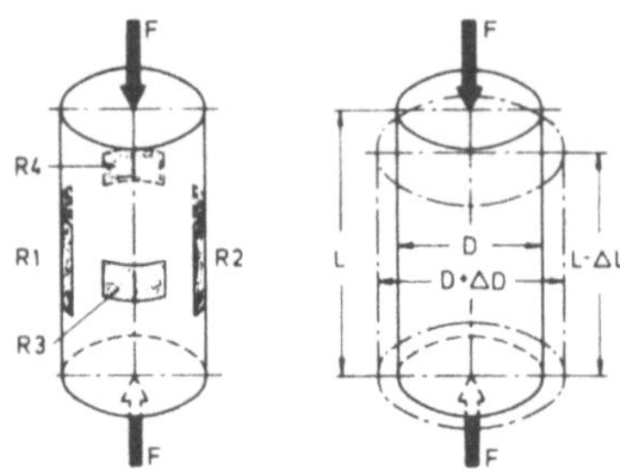

Bild 4.1.2-6   Wägezellen als Lastaufnehmer mit Folien-Dehnungsmeßstreifen (nach [4.3])

4.1.3 Halbleiter-Dehnungsmeßstreifen

Im Gegensatz zu den Metall-Dehnungsmeßstreifen kann bei Halbleiter-DMS im Ausdruck (4.1.1-8) für den k-Faktor der werkstoffbestimmte Term weit größer werden als der geometriebestimmte (der natürlich stets erhalten bleibt). Der k-Faktor kann daher Werte annehmen, die viel größer als 2 sind, so daß die Sensorempfindlichkeit gesteigert werden kann. Angesichts der grundsätzlich kleinen Meßsignale von Metall-DMS (Abschnitt 4.2.1) entsteht dadurch ein beachtlicher Vorteil, der in den letzten Jahren das Interesse an Halbleiter-DMS kontinuierlich stimuliert hat.

Der werkstoffbestimmte piezoresistive Effekt in Halbleitern ist auf die **Abhängigkeit der** *Bandstruktur* **von elastischen Gitterverzerrungen aufgrund der Einwirkung äußerer mechanischer Spannungen zurückzuführen.** Bei einer uniaxialen Kompression wie in Bild 4.1.1-1 ändern sich z.B. die Gitterabstände in Richtung 3 in anderer Weise als in den Richtungen 1 und 2, d.h. die ursprünglich symmetrischen (kubischen) Raumrichtungen sind nicht mehr äquivalent zueinander. In der Quantentheorie folgt daraus, daß die aufgrund der Gittersymmetrie ursprünglich *äquivalenten* Wellenfunktionen der Kristallelektronen nicht mehr zu denselben Energieniveaus gehören, d.h. die Entartung der Energieniveaus wird reduziert (s.Band 2, Abschnitt 2 und Band 11). Eine genaue Berechnung solcher Effekte ist sehr aufwendig und teilweise auch heute noch im Forschungsstadium. Wir wollen uns daher auf eine quantitative Beschreibung der experimentell gefundenen Effekte beschränken (Bild 4.1.3-1, n-Halbleiter).

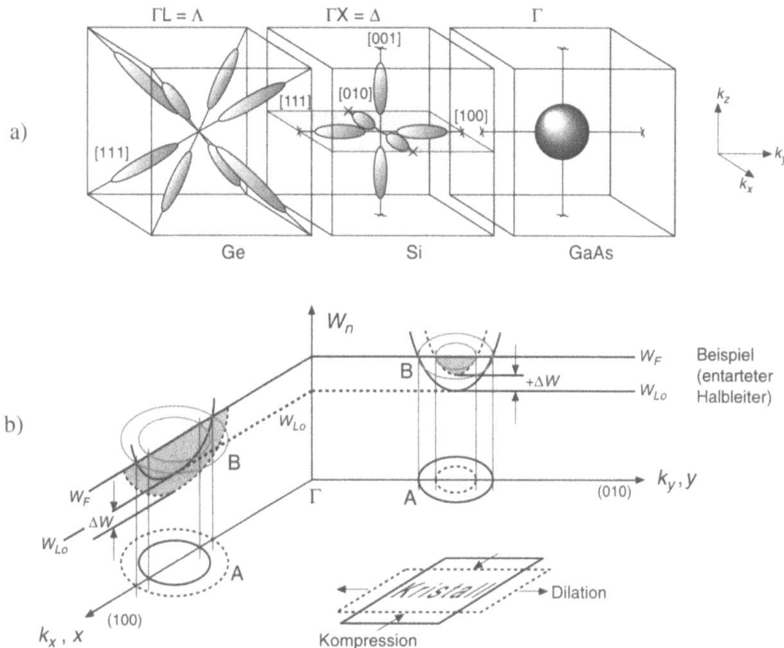

Bild 4.1.3-1   **Piezoresistiver Effekt in n-Halbleitern**

a) Flächen gleicher Energie in der Umgebung der Leitungsbandkante, dargestellt in einem dreidimensionalen k-Raum (Bild 2.2.1-2 in Band 2). Bei einer symmetrischen Darstellung sind nicht nur die Energieflächen innerhalb der 1. Bril louinzone, sondern auch die dazu äquivalenten der 2. Brillouinzone eingezeichnet. Die von den Energieflächen eingeschlossenen Körper sind bei Germanium und Silizium mehrere kristallographisch äquivalente Ellipsoide, bei Galliumarsenid eine einzige Kugel (nach [4.6]).

b) Ausschnitt aus dem Bandschema für Silizium in a) entlang der dort schrafffiert eingezeichneten Ebene im k-Raum. k-Werte gleicher Energie W_n erscheinen dort als Ellipsen (Kurven A, durchgezogene Linien). Trägt man diese Ellipsen als Funktion der Energie W_n auf, dann erhält man ellipsoidförmige Körper B, deren Minimum die Energie der Leitungsbandkante W_{Lo} besitzt (durchgezogene Kurven). Bei Wirkung einer mechanischen Spannung ändert sich die energetische Lage der Elektronenzustände und damit auch die Energie der Leitungsbandkante: Durch uniaxiale Kompression (Berechnung in Band 1, Abschnitt 3.1) in x-Richtung (bei kubischen Kristallen parallel zu k_x) verschiebt sich das Minimum in k_x-Richtung um den Betrag ΔW nach unten, die gleichzeitig entstehende Dilatation in y-Richtung das k_y-Minimum nach oben.

Relativ zur Fermienergie W_F liegen die Leitungsbandminima bei Wirkung mechanischer Spannungen also in einem unterschiedlichen Abstand, die zu den Minima gehörenden Leitungsbänder enthalten damit verschieden große Ladungsträgerkonzentrationen. Hierdurch ergeben sich unterschiedliche Ladungsträgerbeweglichkeiten in x- und y-Richtung (s. Band 2, Bild 4.3.3-2, nach [4.7]).

Die **Wirkung der mechanischen Spannung** ist nach Bild 4.1.3-1b, daß sich die Energien der Elektronenzustände in den verschiedenen ursprünglich kristallographisch äquivalenten Leitungsbändern relativ zueinander verschieben, so daß sie – bei konstanter Fermienergie im thermischen Gleichgewicht – unterschiedlich stark mit Elektronen besetzt werden. Wird durch Anlegen einer äußeren *elektrischen Spannung* ein Elektronenfluß erzeugt, dann tragen die verschiedenen Leitungsbänder in unterschiedlicher Weise zum Stromfluß bei (s. Band 2, Abschnitt 4.3.3). Die durch die *mechanische Spannung* erzeugten Unterschiede in der Elektronenbesetzung der Bänder wirken sich in der Regel auf die *Ladungsträgerbeweglichkeit* aus. Dieses führt zu einem wichtigen Ergebnis: **Der beschriebene Einfluß der mechanischen Spannung auf die Bandstruktur bewirkt, daß die elektrische Leitung abhängt von der Kristallrichtung, in welcher der elektrische Strom fließt.** Die Leitfähigkeit ist also **anisotrop** geworden, d.h. sie hängt ab von der Richtung des elektrischen Feldes relativ zum Kristallgitter (bzw. von der Art und Orientierung der wirkenden mechanischen Spannung). Anstelle der isotropen Beziehung (3.3.1-1) für resistive Sensoren mit einer **skalaren Leitfähigkeit** muß jetzt ein **Leitfähigkeitstensor** eingeführt werden, der diese Richtungsabhängigkeit beschreibt (s. auch Anhang C2):

$$\vec{j}_n \underset{(3.3.1-1)}{=} \begin{pmatrix} \sigma_{11}^{sp} & \sigma_{12}^{sp} & \sigma_{13}^{sp} \\ \sigma_{21}^{sp} & \sigma_{22}^{sp} & \sigma_{23}^{sp} \\ \sigma_{31}^{sp} & \sigma_{32}^{sp} & \sigma_{33}^{sp} \end{pmatrix} \vec{E} = |q|\rho_n \begin{pmatrix} \mu_{11}^{n} & \mu_{12}^{n} & \mu_{13}^{n} \\ \mu_{21}^{n} & \mu_{22}^{n} & \mu_{23}^{n} \\ \mu_{31}^{n} & \mu_{32}^{n} & \mu_{33}^{n} \end{pmatrix} \vec{E} \qquad (1)$$

Dabei ist berücksichtigt worden, daß die Anisotropie der Leitfähigkeit bei konstanter Dotierungskonzentration $\rho_D = \rho_n$ durch die Anisotropie der Ladungsträger*beweglichkeit* entsteht. Die Tatsache, daß es in (1) außerhalb der Tensordiagonalen Komponenten ungleich Null gibt, hat eine wichtige praktische Konsequenz (Anhang C2): Der Stromdichtevektor enthält auch Komponenten senkrecht zur Feldrichtung, d.h. es fließt auch ein Strom senkrecht zum angelegten elektrischen Feld!

Zur weiteren Auswertung schreiben wir (1) um in eine Darstellung mit dem **Tensor des spezifischen Widerstands**:

$$\vec{E} = ((\rho))\vec{j} = \begin{pmatrix} \rho_{11}^{sp} & \rho_{12}^{sp} & \rho_{13}^{sp} \\ \rho_{21}^{sp} & \rho_{22}^{sp} & \rho_{23}^{sp} \\ \rho_{31}^{sp} & \rho_{32}^{sp} & \rho_{33}^{sp} \end{pmatrix} \vec{j} \qquad (2)$$

Fließt ein Strom mit dem Stromdichtevektor $\vec{j}$, dann entsteht analog zu (1) bei anisotropen Werkstoffen (nichtdiagonale Komponenten des Widerstandstensors in (2) ungleich Null) eine **transversale Feldkomponente** senkrecht zur Richtung von $\vec{j}$ (Bild 4.1.3-1c). Die meßbaren Auswirkungen sind nicht zu unterscheiden von dem durch Magnetfelder verursachten Halleffekt (Abschnitt 5.1.1), daher werden sie auch als **Pseudo-Halleffekt** (Anhang C2) bezeichnet.

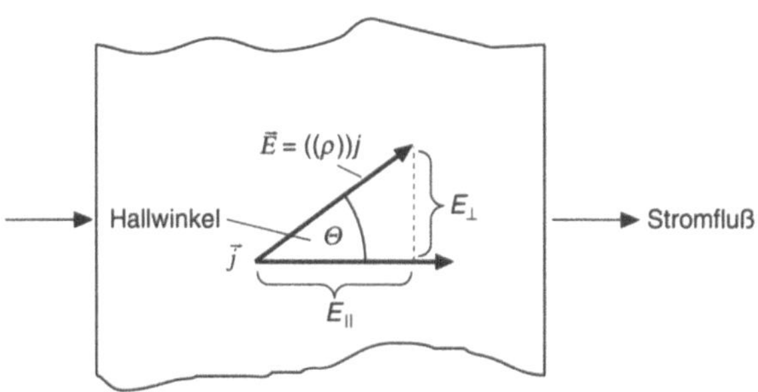

Bild 4.1.3-1c: Pseudo-Halleffekt in einem elektrischen Leiter mit ansotroper Leitfähigkeit: Bei einer unendlich großen räumlichen Ausdehnung des Leiters entsteht eine Feldkomponente senkrecht zur Stromrichtung (ausführliche Diskussion in Anhang C2).

Charakteristisch für den *piezo*resistiven Effekt in Halbleitern ist, daß der Tensor des spezifischen Widerstandes von dem am Halbleiter wirkenden *mechanischen* Spannungszustand abhängt, der im allgemeinen Fall durch die sechs unabhängigen Komponenten des Spannungstensors $((\sigma))$ (Band 1, Abschnitt 3.1) beschrieben wird. Wir wollen annehmen, daß der Tensor des spezifischen Widerstands *ohne* Wirkung mechanischer Spannungen eine Diagonalform hat (isotropes Verhalten) mit den Komponenten ρ_{sp}^{o} und können dann (3) umformen in

$$\vec{E} = \left(\left(\rho_{sp}\right)\right)\vec{j} = \left(\left(\rho_{sp}^{o} + \delta\rho_{sp}\left(((\sigma))\right)\right)\right)\vec{j}$$

$$= \rho_{sp}^{o}\left(\left(1 + \frac{\delta\rho(((\sigma)))}{\rho_{sp}^{o}}\right)\right)\vec{j} =: \rho_{sp}^{o}\left(\left(1 + \Delta(((\sigma)))\right)\right)\vec{j} \qquad (3)$$

$$\text{mit } \frac{\delta\rho(((\sigma)))}{\rho_{sp}^{o}} =: \Delta(((\sigma))) \qquad (4)$$

Jede einzelne Komponente des Tensors $((\Delta))$ in (4) kann von allen sechs Komponenten des Spannungstensors abhängen, so daß (3) im allgemeinsten Fall einen sehr aufwendigen funktionalen Zusammenhang beschreibt. In den meisten Fällen ist aber eine erhebliche Vereinfachung durch eine Linearisierung des Problems möglich. Außerdem kann der $((\Delta))$-Tensor wie der Spannungstensor als symmetrisch angesetzt werden. Um Vierfach-Indizes zu vermeiden, beschreiben wir die Tensoren mit Komponenten, die nur *einen* Index enthalten (**Indexreduktion durch Vogtsche Nota-tion**, s. Band 1, Abschnitt 3.1):

$$((\sigma)) = \begin{pmatrix} \sigma_{11} & \sigma_{12} & \sigma_{13} \\ \sigma_{12} & \sigma_{22} & \sigma_{23} \\ \sigma_{13} & \sigma_{23} & \sigma_{33} \end{pmatrix} =: \begin{pmatrix} \sigma_1 & \sigma_6 & \sigma_5 \\ \sigma_6 & \sigma_2 & \sigma_4 \\ \sigma_5 & \sigma_4 & \sigma_3 \end{pmatrix}$$

$$\text{analog:} \quad ((\Delta)) =: \begin{pmatrix} \Delta_1 & \Delta_6 & \Delta_5 \\ \Delta_6 & \Delta_2 & \Delta_4 \\ \Delta_5 & \Delta_4 & \Delta_3 \end{pmatrix} \tag{5}$$

Die lineare Abhängigkeit der Komponenten Δ_i von den sechs Komponenten des Spannungstensors wird ausgedrückt durch (die *Tensoren* (5) werden jeweils als 6-komponentige *Vektoren* geschrieben):

$$\vec{\Delta} = \begin{pmatrix} \Delta_1 \\ \Delta_2 \\ \Delta_3 \\ \Delta_4 \\ \Delta_5 \\ \Delta_6 \end{pmatrix} = \begin{pmatrix} \pi_{11} & \pi_{12} & \pi_{13} & \pi_{14} & \pi_{15} & \pi_{16} \\ \pi_{21} & \pi_{22} & \pi_{23} & \pi_{24} & \pi_{25} & \pi_{26} \\ \pi_{31} & \pi_{32} & \pi_{33} & \pi_{34} & \pi_{35} & \pi_{36} \\ \pi_{41} & \pi_{42} & \pi_{43} & \pi_{44} & \pi_{45} & \pi_{46} \\ \pi_{51} & \pi_{52} & \pi_{53} & \pi_{54} & \pi_{55} & \pi_{56} \\ \pi_{61} & \pi_{62} & \pi_{63} & \pi_{64} & \pi_{65} & \pi_{66} \end{pmatrix} \begin{pmatrix} \sigma_1 \\ \sigma_2 \\ \sigma_3 \\ \sigma_4 \\ \sigma_5 \\ \sigma_6 \end{pmatrix} = ((\pi))\vec{\sigma} \tag{6}$$

$((\pi))$ beschreibt den **Tensor der piezoresistiven Konstanten**. Aufgrund der kubischen Symmetrie vereinfacht sich dieser Tensor z.B. für Halbleiter mit Diamant- und Zinkblendestruktur auf die Form

$$((\pi)) = \begin{pmatrix} \pi_{11} & \pi_{12} & \pi_{12} & 0 & 0 & 0 \\ \pi_{12} & \pi_{11} & \pi_{12} & 0 & 0 & 0 \\ \pi_{12} & \pi_{12} & \pi_{11} & 0 & 0 & 0 \\ 0 & 0 & 0 & \pi_{44} & 0 & 0 \\ 0 & 0 & 0 & 0 & \pi_{44} & 0 \\ 0 & 0 & 0 & 0 & 0 & \pi_{44} \end{pmatrix} \tag{7}$$

Bild 4.1.3-2 und Tab. 4.1.3-1 zeigen experimentell gemessene Werte für die piezoresistiven Koeffizienten des für Drucksensoranwendungen wichtigen Halbleiters Silizium. Die Werte gelten für Siliziumquader mit Kanten parallel zu den Kristallachsen des Typs [100]. Bei anderen Orientierungen des Quaders müssen die Tensoren entsprechend transformiert werden [4.8 und 9].

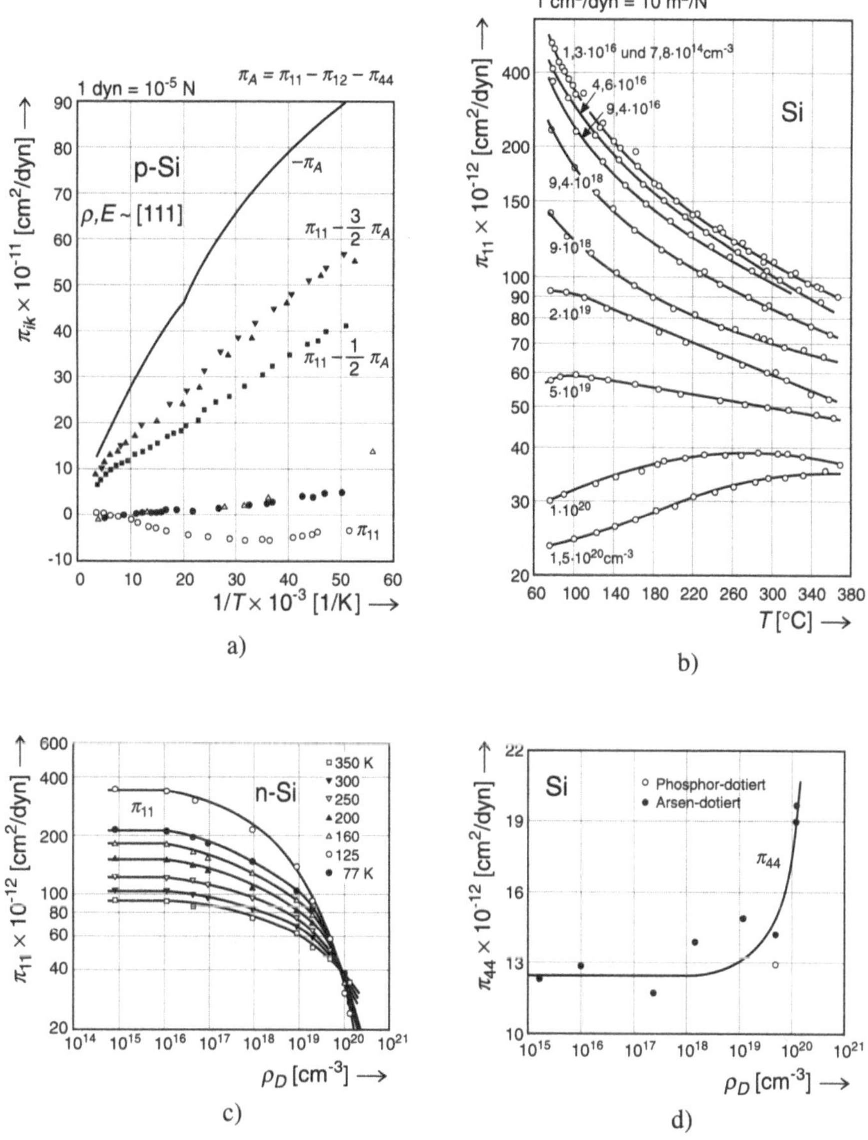

Bild 4.1.3-2   Piezoresistive Koeffizienten von Silizium (nach [4.10])

a) p-Silizium: Abhängigkeit der piezoresistiven Koeffizienten von der Temperatur

b)-c): n-Silizium: Abhängigkeit der piezoresistiven Koeffizienten von der Temperatur und der Dotierungskonzentration

Tab. 4.1.3-1   Piezoresistive Koeffizienten ($\cdot 10^{-7}$cm^2/N) der Halbleiter Germanium, Silizium und Galliumarsenid für verschiedene Dotierungsarten und -konzentrationen (nach [4.9])

Material	ρ (Ωcm)	π_{11}	π_{12}	π_{44}
n-Si	11	-102,2	+ 53,4	-13,6
p-Si	8	+6,6	-1,1	+138,1
n-Ge	1,5	-2,3	-3,2	-138
p-Ge	1,1	-3,7	+3,2	+96,7
n-GaAs	0,005	-3,2	-5,4	-2,5
p-GaAs	0,004	-12	-0,6	+46
n-InSb	0,002	-81,6	-114,2	+33

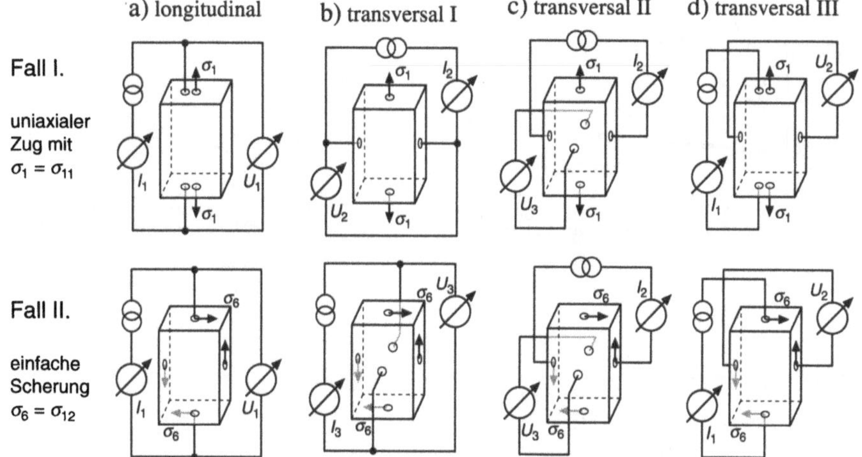

Bild 4.1.3-3   Grundsätzliche Verfahren der piezoresistiven Meßtechnik bei Anliegen zweier einfacher mechanischen Spannungszustände (Bezeichnungen wie in Band 1, Abschnitt 3.1; Fall I: uniaxialer Zug, Fall II: einfache Scherung; einige davon sind für kubische Werkstoffe mit π-Tensoren wie in (7) nicht geeignet)

a) **longitudinal** wirkende mechanische Spannung

Fall I: Strom, gemessenes elektrisches Feld und mechanische *Normal*spannung haben dieselbe Richtung. Dieses Meßverfahren wurde bisher auch bei den Metall-DMS angewendet.

Fall II: Verhältnisse wie in Fall I mit einer mechanischen *Scher*spannung senkrecht zur Strom- und Feldrichtung.

b) **transversal** wirkende mechanische Spannung: Strom und gemessenes elektrisches Feld haben dieselbe Richtung senkrecht zur Normalspannung und der Ebenennormalen, auf welche die Scherspannung wirkt

c) **und d): Pseudo-Hall-Effekt:** Das elektrische Feld wird senkrecht zur Stromrichtung gemessen (Transversalfeld)

Das Einsetzen von (7) in (6) führt zu dem Gleichungssystem

$$\left.\begin{aligned}
\Delta_1 &= \pi_{11}\sigma_1 + \pi_{12}\sigma_2 + \pi_{12}\sigma_3 = \pi_{11}\sigma_1 + \pi_{12}\left(\sigma_2 + \sigma_3\right) \\[2mm]
\Delta_2 &= \pi_{12}\sigma_1 + \pi_{11}\sigma_2 + \pi_{12}\sigma_3 = \pi_{11}\sigma_2 + \pi_{12}\left(\sigma_1 + \sigma_3\right) \\[2mm]
\Delta_3 &= \pi_{12}\sigma_1 + \pi_{12}\sigma_2 + \pi_{11}\sigma_3 = \pi_{11}\sigma_3 + \pi_{12}\left(\sigma_1 + \sigma_2\right) \\[2mm]
\Delta_4 &= \pi_{44}\sigma_4 = \pi_{44}\sigma_{23} \\[2mm]
\Delta_5 &= \pi_{44}\sigma_5 = \pi_{44}\sigma_{13} \\[2mm]
\Delta_6 &= \pi_{44}\sigma_6 = \pi_{44}\sigma_{12}
\end{aligned}\right\} \tag{8}$$

Die Werte Δ_i müssen in die Gleichung (3) mit der Definition (4) eingesetzt werden, dabei ergibt sich explizit die Form

$$\vec{E} = \rho_{sp}^o\left\{((1)) + \begin{pmatrix} \Delta_1 & \Delta_6 & \Delta_5 \\ \Delta_6 & \Delta_2 & \Delta_4 \\ \Delta_5 & \Delta_4 & \Delta_3 \end{pmatrix}\right\}\vec{j} = \rho_{sp}^o\begin{pmatrix} 1+\Delta_1 & \Delta_6 & \Delta_5 \\ \Delta_6 & 1+\Delta_2 & \Delta_4 \\ \Delta_5 & \Delta_4 & 1+\Delta_3 \end{pmatrix}\vec{j} \tag{9}$$

Einheitsmatrix

Gehen wir von den Strom*dichten* $\vec{j}$ über auf die *Ströme* $\vec{I}$, dann ergibt sich z.B. für die oberste Zeile der Vektorgleichung (9) explizit

$$E_1 \underset{\vec{j}=\frac{\vec{I}}{A}}{=} \frac{\rho_{sp}^o}{A}\left\{(1+\Delta_1)I_1 + \Delta_6 I_2 + \Delta_5 I_3\right\} \tag{10a}$$

$$\underset{(8)}{=} \frac{\rho_{sp}^o}{A}\left\{(1 + \pi_{11}\sigma_1 + \pi_{12}(\sigma_2 + \sigma_3))I_1 + \pi_{44}\sigma_6 I_2 + \pi_{44}\sigma_5 I_3\right\} \tag{10b}$$

Analog folgt für die anderen Zeilen von (6)

$$E_2 = \frac{\rho_{sp}^o}{A}\left\{(1 + \pi_{11}\sigma_2 + \pi_{12}(\sigma_1 + \sigma_3))I_2 + \pi_{44}\sigma_6 I_1 + \pi_{44}\sigma_4 I_3\right\} \tag{11a}$$

$$E_3 = \frac{\rho_{sp}^o}{A}\left\{(1 + \pi_{13}\sigma_3 + \pi_{12}(\sigma_1 + \sigma_2))I_3 + \pi_{44}\sigma_5 I_1 + \pi_{44}\sigma_4 I_2\right\} \tag{11b}$$

Aus dem Verhältnis der Komponenten E_i **kann der Hallwinkel** θ **(s. Anhang C2, Bild C2-2a) für den Pseudo-Halleffekt berechnet werden nach**

$$\tan\theta = \frac{E_i}{E_k}\,; \quad i,k = 1,2,3 \tag{11c}$$

Über die Gleichungen (10) und (11) können die verschiedenen Verfahren der piezoresistiven Meßtechnik analysiert werden (Bild 4.3.1-4).

Für den longitudinalen piezoresistiven Effekt (Bild 4.3.1-3a, Fall I) gilt z.B. mit (10a):

$$E_1 \underset{\Delta_5=\Delta_6=0}{=} \frac{\rho_{sp}^o}{A}\left(1+\Delta_1\right)I_1 \underset{(4)}{=} \frac{\rho_{sp}^o}{A}\left(1+\left.\frac{\delta\rho_{sp}}{\rho_{sp}^o}\right|_{long}\right)I_1$$

$$\underset{(8),\sigma_2=\sigma_3=0}{=} \frac{\rho_{sp}^o}{A}\left(1+\pi_{11}\sigma_1\right)I_1 \tag{12a}$$

$$\Rightarrow \left.\frac{\delta R}{R}\right|_{long} = \left.\frac{\delta\rho_{sp}}{\rho_{sp}^o}\right|_{long} = \pi_{11}\sigma_1 =: \pi_l\sigma_1 \tag{12b}$$

Dabei kann die relative Änderung des spezifischen Widerstands durch die Widerstandsänderung ersetzt werden. π_l heißt **longitudinaler piezoresistiver Koeffizient**. Entsprechend gilt für den transversalen piezoresistiven Effekt bei uniaxialer Belastung mit (11b)

$$E_2 \underset{\sigma_2=\sigma_3=0}{=} \frac{\rho_{sp}^o}{A}\left(1++\pi_{12}\sigma_1\right)I_2 \underset{(4)}{=} \frac{\rho_{sp}^o}{A}\left(1+\left.\frac{\delta\rho_{sp}}{\rho_{sp}^o}\right|_{trans}\right)I_2 \tag{13a}$$

$$\Rightarrow \left.\frac{\delta R}{R}\right|_{trans} = \left.\frac{\delta\rho_{sp}}{\rho_{sp}^o}\right|_{trans} = \pi_{12}\sigma_1 =: \pi_t\sigma_1 \tag{13b}$$

mit dem **transversalen piezoresistiven Koeffizienten** π_t.

Halbleiter-Dehnungsmeßstreifen werden bei den meisten Anwendungen nach den Verfahren der Planartechnik (Band 2, Abschnitt 8.2) in Halbleiterscheiben eindiffundiert. Deshalb ist die Richtungsabhängigkeit der longitudinalen und transversalen piezoresistiven Koeffizienten π_l und π_t für alle Richtungen auf der Oberfläche der Scheibe von Interesse (Bild 4.3.1-4).

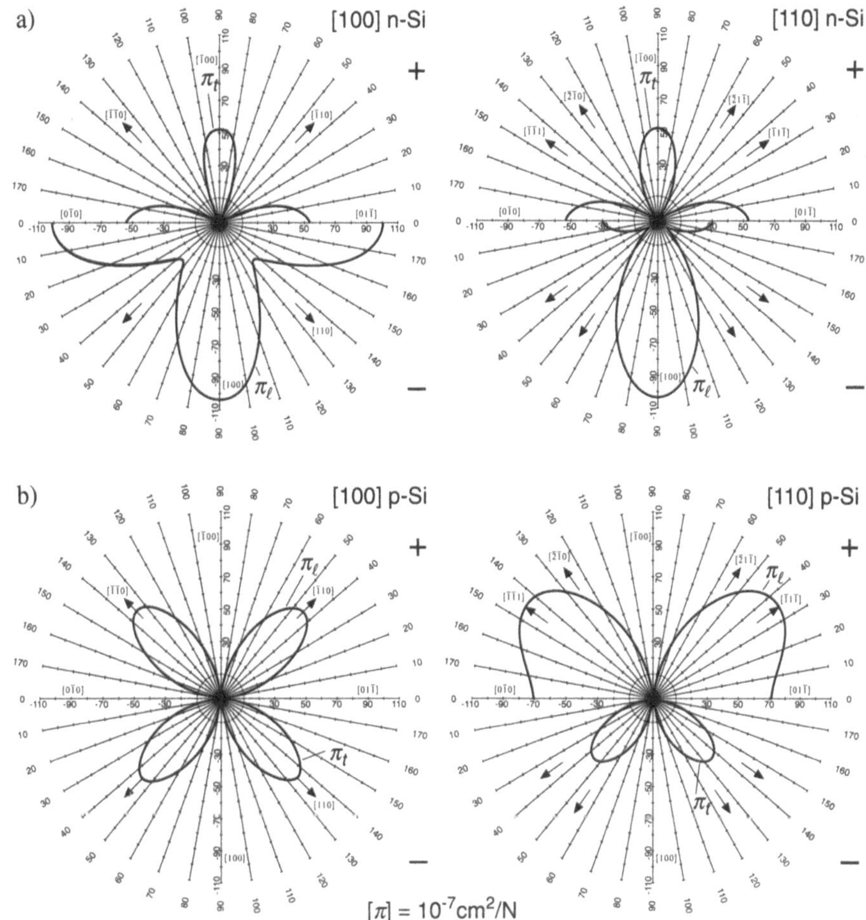

Bild 4.1.3-4   Richtungsabhängigkeit der longitudinalen und transversalen piezoresistiven Koeffizienten auf p- und n-dotierten Halbleiterscheiben bei Raumtemperatur (nach [4.11])

    a) n-Silizium (11,7 Ωcm)

    b) p-Silizium (7,8 Ωcm)

    Bei (111)-orientierten Scheiben ergibt sich keine Richtungsabhängigkeit.

Will man bei Dehnungsmeßstreifen aus den Beziehungen (12b) und (13b) den k-Faktor (4.1-6) ermitteln, dann muß die Spannung σ in die entsprechende Dehnung ε umgerechnet werden nach dem Verfahren, das in Band 1, Abschnitt 3.1, angewendet worden war. In *isotroper Näherung, die in vielen Fällen ungenaue Ergebnisse liefert*, ergibt sich einfach

$$\sigma_1 = E\varepsilon_{11} \tag{14}$$

mit dem **Elastizitätsmodul** E.

In der Praxis ist es häufig zweckmäßiger, in einer zu (6) analogen Beziehung anstelle der Komponenten des Spannungstensors die Komponenten des Verzerrungstensors zu verwenden. Mit den in Band 1, Abschnitt 3.1, eingeführten elastischen Konstanten folgt dann:

$$\begin{pmatrix} \Delta_1 \\ \Delta_2 \\ \Delta_3 \\ \Delta_4 \\ \Delta_5 \\ \Delta_6 \end{pmatrix} = \begin{pmatrix} \pi_{11} & \pi_{12} & \pi_{12} & 0 & 0 & 0 \\ \pi_{12} & \pi_{11} & \pi_{12} & 0 & 0 & 0 \\ \pi_{12} & \pi_{12} & \pi_{11} & 0 & 0 & 0 \\ 0 & 0 & 0 & \pi_{44} & 0 & 0 \\ 0 & 0 & 0 & 0 & \pi_{44} & 0 \\ 0 & 0 & 0 & 0 & 0 & \pi_{44} \end{pmatrix} \begin{pmatrix} c_{11} & c_{12} & c_{12} & 0 & 0 & 0 \\ c_{12} & c_{11} & c_{12} & 0 & 0 & 0 \\ c_{12} & c_{12} & c_{11} & 0 & 0 & 0 \\ 0 & 0 & 0 & c_{44} & 0 & 0 \\ 0 & 0 & 0 & 0 & c_{44} & 0 \\ 0 & 0 & 0 & 0 & 0 & c_{44} \end{pmatrix} \begin{pmatrix} \varepsilon_{11} \\ \varepsilon_{22} \\ \varepsilon_{33} \\ \varepsilon_{23} \\ \varepsilon_{31} \\ \varepsilon_{12} \end{pmatrix}$$

$$=: \begin{pmatrix} D_{11} & D_{12} & D_{12} & 0 & 0 & 0 \\ D_{12} & D_{11} & D_{12} & 0 & 0 & 0 \\ D_{12} & D_{12} & D_{11} & 0 & 0 & 0 \\ 0 & 0 & 0 & D_{44} & 0 & 0 \\ 0 & 0 & 0 & 0 & D_{44} & 0 \\ 0 & 0 & 0 & 0 & 0 & D_{44} \end{pmatrix} \begin{pmatrix} \varepsilon_{11} \\ \varepsilon_{22} \\ \varepsilon_{33} \\ \varepsilon_{23} \\ \varepsilon_{31} \\ \varepsilon_{12} \end{pmatrix} \tag{15}$$

Die Komponenten D_{ik} beschreiben den **Tensor der piezoresistiven *Moduln***.

Bild 4.1.3-5 zeigt die k-Faktoren von Silizium für verschiedene Dotierungen und Kristallorientierungen.

Die nachstehend genannten Daten für piezoresistive Koeffizienten und k-Faktoren setzen voraus, daß die entsprechenden Dehnungsmeßstreifen in einem *mono*kristallinen Halbleiterkörper hergestellt werden. Da sich dünne monokristalline Schichten nur mit großem Aufwand herstellen lassen und wegen der Sprödigkeit der Halbleiter (Band 1, Abschnitt 3.5) sehr bruchgefährdet sind, wird meistens eine andere Technik realisiert als bei den Metall-DMS: Die Halbleiter-Dehnungsmeßstreifen werden als dünne (z.B. p-leitende) Schicht in monokristalline Halbleiter-Federkörper (z.B. n-leitend) ein*diffundiert*, wobei die elektrische Isolation über die Sperrschicht des pn-Übergangs erfolgt (Abschnitt 4.1.7). Dieses führt zwar zu einer einfachen und kostengünstigen Technik – die elastischen Eigenschaften monokristalliner Halbleiter sind hierfür ohnehin recht gut geeignet – , die aber auch mit gravierenden Nachteilen verbunden ist:

– die Halbleiterkristalle müssen in **drucksichere Gehäuse** eingebaut werden, dabei kann eine aufwendige mechanische Verbindungstechnik erforderlich werden,

– Bei starker mechanischer Überbelastung führt der Sprödbruch des Halbleiterwerkstoffs zu einem Ausfall des Sensors,

– die Sperrwirkung der pn-Isolation läßt oberhalb von 150°C zunehmend nach,

– die Sensorkennlinie ist relativ **stark temperaturabhängig** und erfordert eine externe Temperaturkompensation.

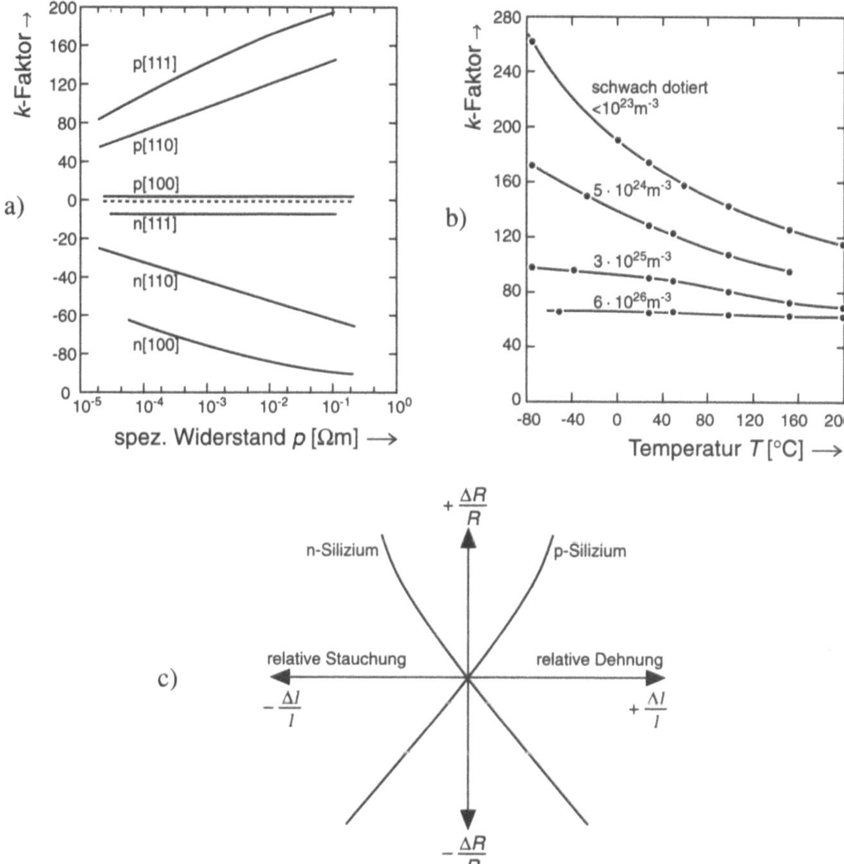

Bild 4.1.3-5   *k*-Faktoren von Dehnungsmeßstreifen in Silizium (nach [4.7])

    a) Dotierungsabhängigkeit des *k*-Faktors von p- und n-Silizium in verschiedenen Kristallrichtungen

    b) Temperaturabhängigkeit des *k*-Faktors von p- und n-Silizium in [111]-Richtung

    c) Überblick über die Vorzeichen der relativen Widerstandsänderung

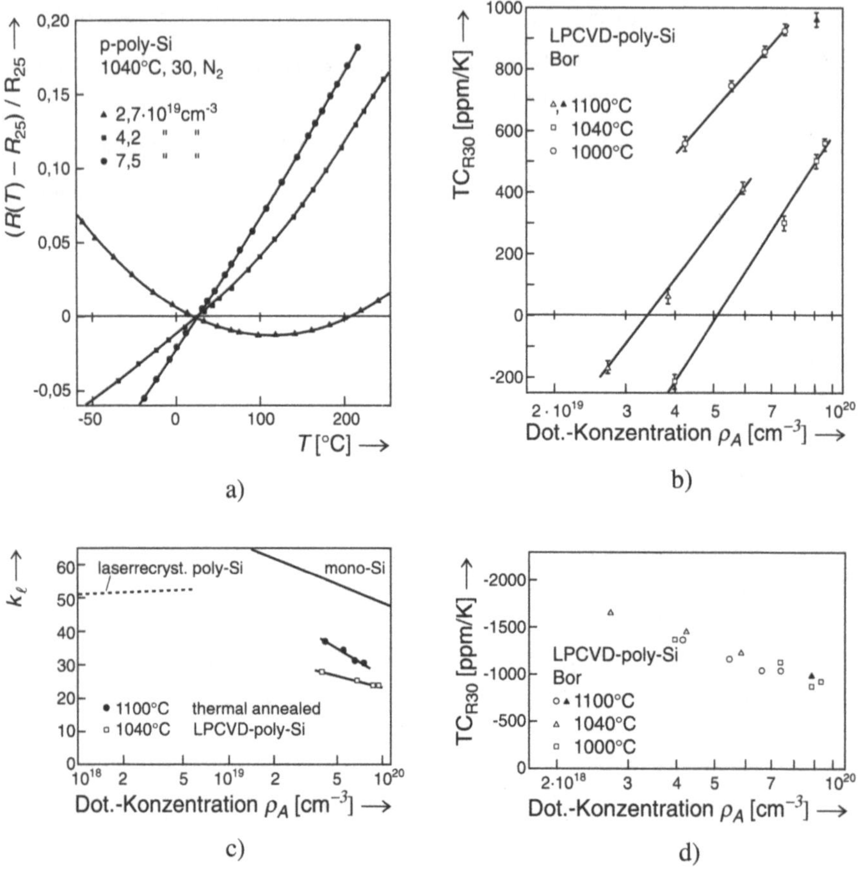

Bild 4.1.3-6   Eigenschaften von polykristallinen (Korngröße 50 bis 250 nm) Siliziumschichten (Herstellung durch Niedrigdruck-CVD-Verfahren, s. Band 2, Abschnitt 8.2.4) nach Bor-Ionenimplantation (s. Band 2, Abschnitt 8.2.5) und Laser-Ausheilung (nach [4.12]).

a) Temperaturverlauf des normierten Schichtwiderstandes

b) TC_R (Temperaturkoeffizient des Widerstandes)

c) longitudinaler k-Faktor von Polysiliziumschichten (ebenfalls eingetragen sind die k-Faktoren von laser-rekristallisierten Polysiliziumschichten, sowie von monokristallinem Silizium)

d) TC_k (Temperaturkoeffizient des k-Faktors)

Den Nachteilen steht aber als **grundsätzlicher Vorteil von Halbleiter-DMS** relativ zu metallischen Dehnungsmeßstreifen die größere Empfindlichkeit gegenüber aufgrund des im Prinzip **weit größeren** k-Faktors (nach Bild 4.1.3-5 kann dieser bis zu 100-

mal größer sein). Als gravierender **Nachteil** kommt aber die höhere Temperaturabhängigkeit des k-Faktors hinzu, die in vielen Fällen eine externe Temperaturkompensation erforderlich macht.

Um die Nachteile des Halbleiter-Federkörpers zu vermeiden und trotzdem den höheren k-Faktor auszunutzen, werden auch Dehnungsmeßstreifen aus polykristallin abgeschiedenes Silizium (**Polysilizium**, s. Band 2, Abschnitt 8.2.4) eingesetzt [4.12]. In diesem Fall stellt sich aufgrund der unterschiedlichen Kornorientierungen ein über alle Kristallrichtungen **gemittelter Wert** für den k-Faktor ein, der immer noch weit größer ist als der von Metallen (in Bild 4.1.3-6d zusammen mit anderen typischen Kenndaten für Polysilizium dargestellt).

Bei **Brückenschaltungen** mit Stromspeisung lassen sich die verschiedenen Temperaturkoeffizienten so aufeinander abstimmen, daß sich insgesamt sehr niedrige **Temperaturkoeffizienten des Nullpunktes (TC_0)** und der Empfindlichkeit (TC_E) ergeben (Bild 4.1.3-7). Tab. 4.1.3-2 zeigt einen Vergleich der Kenndaten von Drucksensoren mit mono- und polykristallinen Silizium-Dehnungsmeßstreifen.

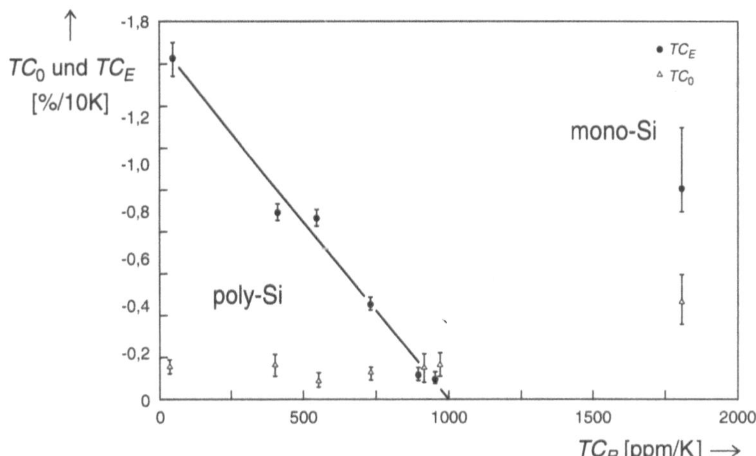

Bild 4.1.3-7   Maximale Temperaturkoeffizienten von Nullpunkt (TC_0) und Empfindlichkeit (TC_E) von Drucksensoren mit polykristallinen Silizium-Dehnungsmeßstreifen im Temperaturbereich zwischen -30°C und +120°C als Funktion des TC_R (nach [4.12])

Tab. 4.1.3-2   Vergleich der Leistungsdaten von Drucksensoren mit Dehnungsmeßstreifen aus mono- und polykristallinem Silizium bei gleicher DMS-Maske und Montagetechnik (nach [4.12])

	poly - Si	mono - Si
Meßbereich	10 bar	10 bar
Überlast	300 %	500 %
Widerstand	570 Ohm	2300 Ohm
TC_R	+950 ppm/K	+1900 ppm/K
Empfindlichkeit	0,9 mV/V bar	1,3 mV/V bar
TC_E 1), 3)	–0,1 %/K	–0,2 %/K
TC_E 2), 3)	–0,01 %/K	–0,14 %/K
TC_0 2), 3)	–0,01 %/K	–0,05 %/K
Linearität 3)	< 0,2 %	< 0,2 %
Hysterese 3)	< 0,05 %	< 0,03 %
Temperaturbereich	–40°C ... +180°C	–40°C ... +120°C

1) Spannungsspeisung;   2) Stromspeisung;   3) bezogen auf das Ausgangssignal bei 20°C

4.1.4 Keramische Dehnungsmeßstreifen

Im Prinzip können für die Herstellung von Dehnungsmeßstreifen auch gut leitfähige keramische Werkstoffe (Band 1, Abschnitt 4.1.2) eingesetzt werden, obwohl über deren piezoresistive Eigenschaften bisher relativ wenig bekannt ist. Die Herstellung dünner Schichten kann durch Synthese der keramischen Verbindung über reaktive Sputterverfahren (Band 2, Abschnitt 8.2.3) erfolgen. Bild 4.1.4-1 zeigt experimentell bestimmte Ergebnisse für die keramischen Werkstoffe Titannitrid (TiN) und Titanoxinitrid (TiO_xN_y).

Ein grundsätzliches Problem bei der Synthese der Keramiken über reaktive Sputterverfahren ist die Einhaltung vorgegebener stöchiometrischer Verhältnisse der beteiligten Reaktionspartner. Während bei Halbleiterwerkstoffen hochgenaue Dosierungsverfahren wie die Ionenimplantation zur Verfügung stehen, erfolgt bei reaktiven Sputterverfahren die Kontrolle der Stöchiometrie über die Regelung kleiner Gasdrücke und der Strömungsverhältnisse am Ort der Reaktion.

Weiterhin störend ist bei Titankeramiken die hohe Affinität gegenüber Verbindungen mit Sauerstoff: Durch unkontrollierte Sauerstoffaufnahme während des Sputterprozesses und bei der späteren Anwendung (insbesondere bei hohen Temperaturen) ist eine Änderung der Eigenschaften möglich. Deshalb ist eine sehr sorgfältige Kontrolle der Herstellungsparameter und eine hermetisch dichte Passivierung gegenüber dem Eindringen von Luftsauerstoff erforderlich. Möglicherweise liefern in der Zukunft andere keramische Verbindungen und Herstellungsverfahren hierfür bessere Randbedingungen.

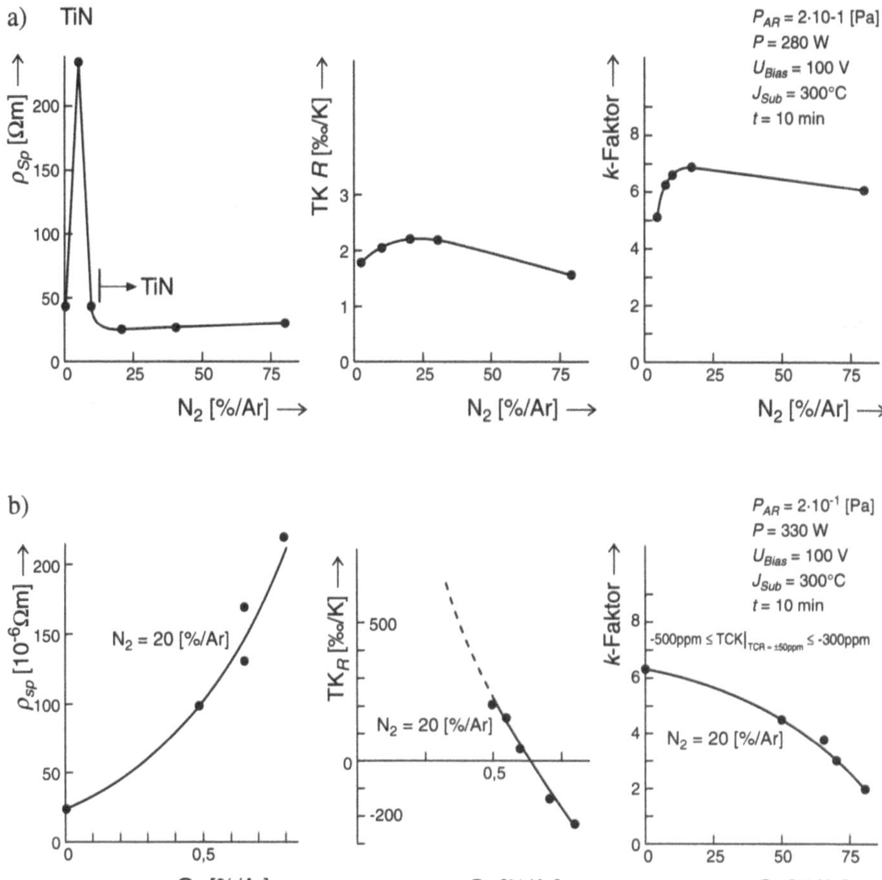

Bild 4.1.4-1   spezifischer Widerstand, Temperaturkoeffizient des spezifischen Widerstandes und longitudinaler k-Faktor in Abhängigkeit von der Zusammensetzung (aufgetragen über dem Anteil der reagierenden Gaskomponente beim reaktiven Sputtern, nach [4.13])

a) Titannitrid TiN (fast metallisch leitfähig)

b) Titanoxinitrid TiO_xN_y (Mischung von TiN mit dem halbleitenden TiO_2)

4.1.5 Federkörper für resistive Drucksensoren

Bei den meisten Anwendungen werden dünne Dehnungsmeßstreifen (DMS) auf makroskopischen Körpern (**Federkörpern**) befestigt, so daß der mechanischer Spannungs– und Dehnungszustand von der Oberfläche des Federkörpers auf den DMS übertragen wird. Wenn man über den DMS die Größe einer die Verformung des Federkörpers verursachenden Kraft messen will, ist eine **genaue Kenntnis** des (nach Möglichkeit rein elastischen) **Verformungszustandes** des Federkörpers in Abhängigkeit von der einwirkenden Kraft erforderlich. Ein Ausgangspunkt für die Entwicklung von Druck- oder Kraftsensoren ist damit die Berechnung des (ortsabhängigen) Verzerrungstensors für den Federkörper in Abhängigkeit von der von außen einwirkenden mechanischen Beanspruchung.

Ein standardmäßig eingesetzter Federkörper ist der **einseitig befestigte Biegebalken** (Bild 4.1.5-1). Wie die Gleichungen (1) und (2) zeigen, ist die Normalspannung σ_{xx} abhängig vom Abstand x zwischen dem Ort der Krafteinleitung und dem Meßpunkt auf dem Biegebalken, sowie dem Abstand y von der neutralen Fläche aus; **auf den nach oben und unten gerichteten Oberflächen** (parallel zur xz-Ebene mit $y = \pm h/2$) hat σ_{xx} entgegengesetzt gleiche große Werte. Diese Tatsache kann zur Vergrößerung der Empfindlichkeit und Verminderung von Störeinflüssen ausgenutzt werden, wenn die Dehnungsmeßstreifen in einer Brückenschaltung angeordnet sind (Bild 4.1.5-2).

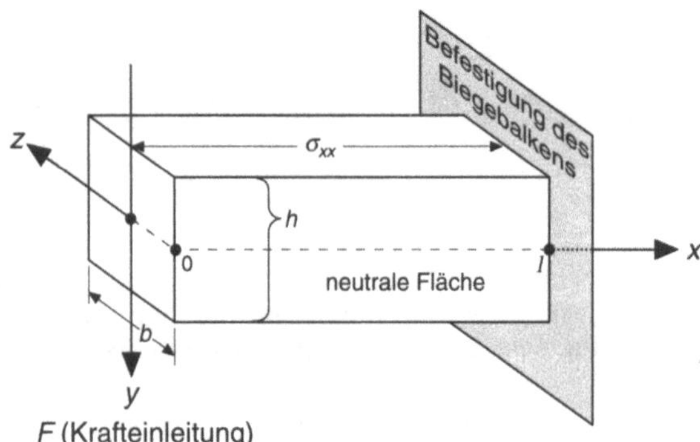

Bild 4.1.5-1   Einseitig aufgehängter Biegebalken als Federkörper. Als Näherungslösung ergibt sich für die Ortsabhängigkeit der Normalspannung in x-Richtung [4.14]:

$$\sigma_{xx} = -\frac{3}{2}\frac{F}{\left(\dfrac{h}{2}\right)^3 b}\,xy \tag{1}$$

d.h. auf den Oberflächen parallel zur xz-Ebene bei $y = \pm\, h/2$:

$$\sigma_{xx}\big|_{max} = \pm\frac{3}{2}\frac{F}{\left(\dfrac{h}{2}\right)^2 b}\,x = \pm 6\,\frac{F}{h^2 b}\,x \tag{2}$$

Ein großer technologischer Nachteil bei einer Anordnung der Dehnungsmeßstreifen wie in Bild 4.1.5-2 ist die Tatsache, daß sich die Dehnungsmeßstreifen auf gegenüberliegenden Seiten des Biegebalkens befinden. Dieses erfordert *zwei* Klebevorgänge (bzw. bei Halbleiter-DMS zwei aufwendige Eindiffusionsprozesse), die –

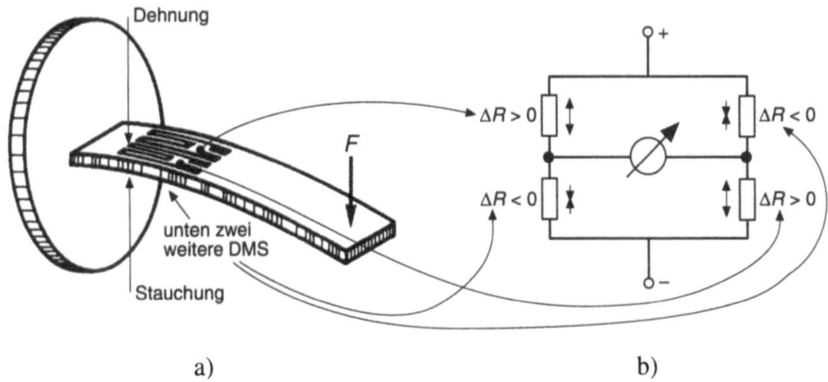

Bild 4.1.5-2   Dehnungsmeßstreifen auf einem Federkörper, der als einseitig aufgehängter Biegebalken ausgeführt ist (nach [4.2]):

    a) Auf der Ober- und Unterseite des Balkens werden jeweils zwei identische Dehnungsmeßstreifen angebracht

    b) Verdrahtung der vier Dehnungsmeßstreifen in a) zu einer Wheatstoneschen Brückenschaltung: Dabei addieren sich die spannungsbedingten Widerstandsänderungen; gleichsinnig verlaufende Widerstandsänderungen, wie z.B. temperaturbedingte mit dem TK_R des DMS-Widerstandes, heben sich bei dieser Schaltungsweise auf.

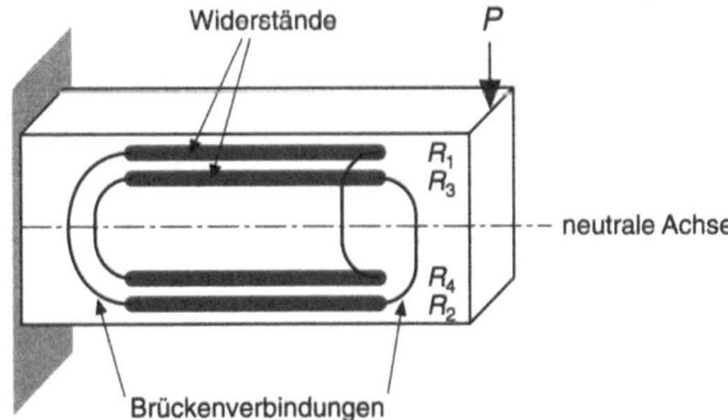

Bild 4.1.5-3   Anordnung von Dehnungsmeßstreifen, die komplementär auf Zug und Druck beansprucht werden, auf nur *einer* (Seiten–)Fläche (im Gegensatz zu Bild 4.1.5-2) eines Biegebalkens (nach [4.7]).

wegen der Ortsabhängigkeit der Spannungen entlang des Biegebalkens – sehr gut zueinander justiert sein müssen. Dieser Vorteil kann durch eine Anordnung wie in Bild 4.1.5-3 vermieden werden; in der Praxis werden jedoch speziell konstruierte Federkörper wie in Bild 4.1.5-4 bevorzugt.

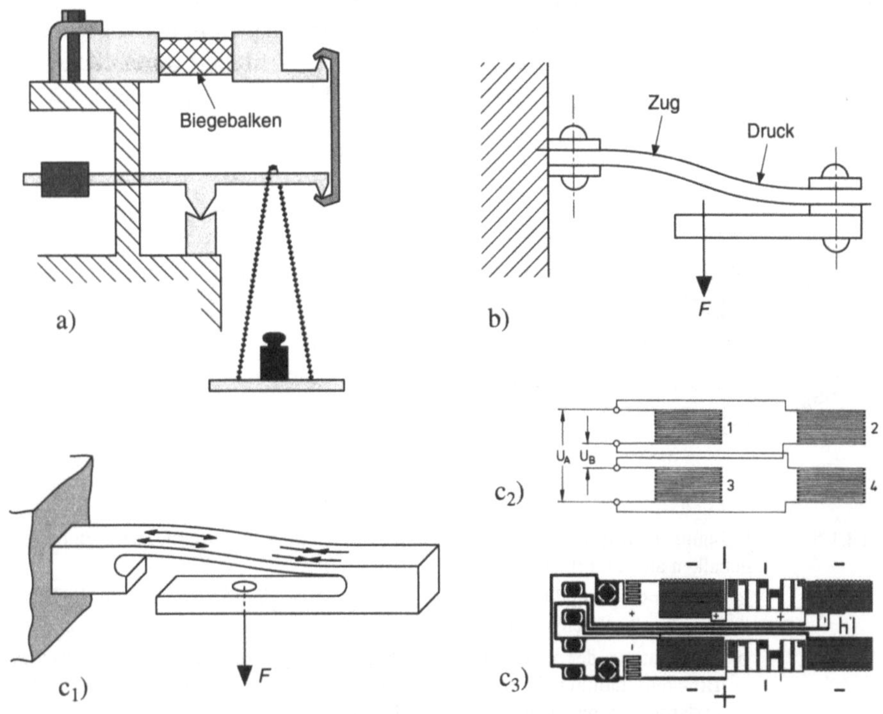

Bild 4.1.5-4   Anwendung von Biegebalken in der Kraftmessung (z.B. Wägetechnik)

a) **Aufbau eines Kraftsensors mit Biegebalken:** Bei dieser Anordnung kann die zu messende Kraft in einer gut reproduzierbaren Weise dem Biegebalken zugeführt werden (das ist bei anderen Anordnungen durchaus problematisch, nach [4.7]).

b) Wägesensor mit **symmetrischer elastische Verformung** einer Flachbiegefeder (Anwendung Personenwaage): Auf der Ober- und Unterseite des Biegebalkens treten jeweils **sowohl Dilatations-, als auch Kompressionsgebiete** auf, so daß eine Meßbrücke aus **vier Dehnungsmeßstreifen** (jeweils zwei werden auf Druck und Zug beansprucht) **auf einer einzigen Seite** angebracht werden kann (nach [4.2]).

c) Der Federkörper in b) wird aus einem einzigen Werkstück (c_1) hergestellt, die Abmessungen der dazugehörigen DMS-Meßbrücke sind auf die Form des Federkörpers angepaßt (c_2). Im endgültigen Entwurf der DMS-Struktur (c_3) ist ein Widerstandsnetzwerk zum Abgleich (durch Auftrennen von Widerstandsbahnen, s. auch Bild 4.2.1-4b) integriert (nach [4.2])

Beim Einsatz von Biegebalken in der *Druck*meßtechnik muß zuerst der Druck in eine Kraft umgewandelt werden, dieses kann mit Hilfe einer Druckmembran erfolgen (Bild 4.1.5-6).

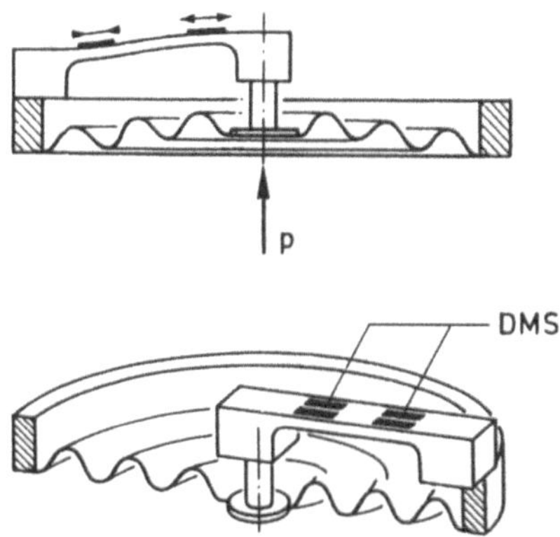

Bild 4.1.5-6   Druckmessung mit Biegebalkensensor (nach [4.1])

Anstelle von Biegebalken können auch beliebige andere Formen von Federkörpern eingesetzt werden, deren elastisches Verhalten häufig nur mit großem Aufwand zu berechnen ist. Bei der Messung von Drehmomenten werden Zylinder oder Wellen eingesetzt, dabei erfolgt eine elastische Verformung häufig durch reine Scherung (Bild 4.1.5-7). Weitere Formen von Federkörpern werden bei den Ausführungsformen von Kraft- und Drucksensoren in den Abschnitten 4.1.6 und 7 sowie 4.2.2 behandelt.

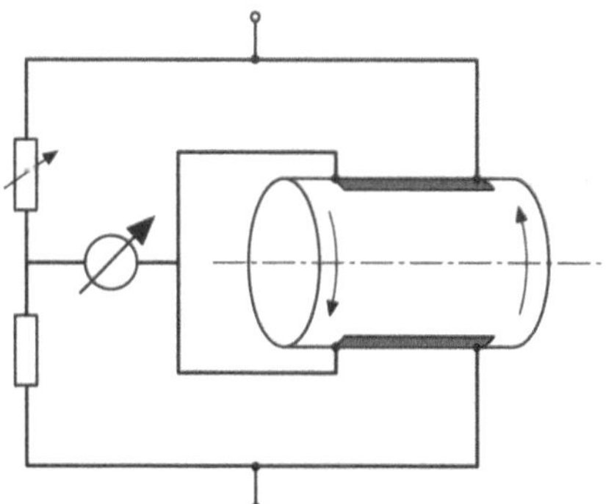

Bild 4.1.5-7   Messung von Drehmomenten über Dehnungsmeßstreifen, die auf einem tordierten Zylinder (z.B. Antriebswelle) angeordnet sind (nach [4.9]).

Es liegt nahe, **bei einer Druckmessung** wie in Bild 4.1.5-6 die **Dehnungsmeßstreifen** unmittelbar auf der Druckmembran anzuordnen, wobei eine Vielzahl verschiedener Membranformen eingesetzt werden kann (Bild 4.1.5-8).

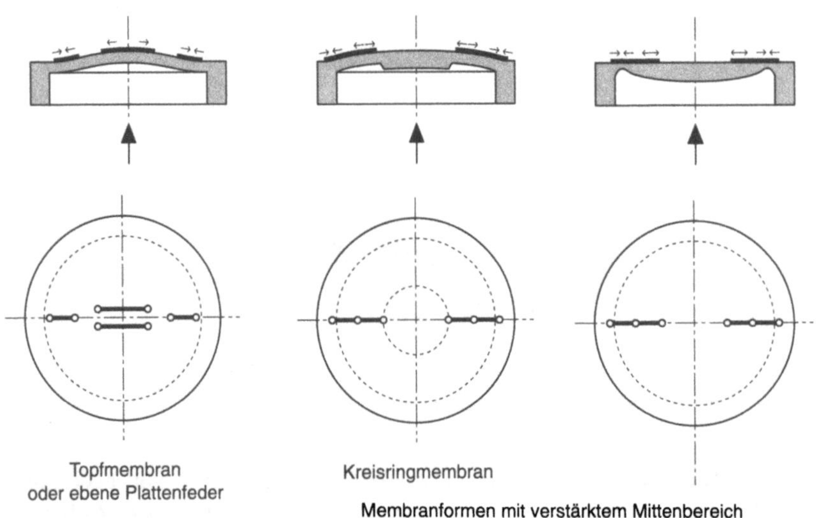

Bild 4.1.5-8   Membranformen für Drucksensoren (nach [4.1])

Für jede Ausführungsform ist eine exakte Berechnung des elastischen Verhaltens erforderlich, sie erfolgt im allgemeinen rechnergestützt, z.B. mit Hilfe der Methode der Berechnung finiter Elemente.

In der einfachsten   Ausführung besteht die Druckmembran aus einer radial eingespannten Kreisplatte (**ebene Plattenfeder, Kreis-** oder **Topfmembran**), die mit dem Drucksensorgehäuse fest verbunden ist. Wie bei dem symmetrisch aufgebauten Biegebalken in Bild 4.1.5-4 treten generell auch bei Membranen Kompressions- und Dilatationsgebiete jeweils auf der Ober- und Unterseite auf (Bild 4.1.5-9).

Topfmembranen lassen sich vergleichsweise einfach herstellen; sie können für Drücke zwischen 10 und 2000 bar eingesetzt werden. Die geometrische Auslegung der Dehnungsmeßstreifen ist angepaßt auf die Spannungs- und Dehnungsverteilung auf der Membran, wobei im allgemeinen sowohl radiale wie tangentiale Spannungen ausgewertet werden (Bild 4.1.5-10).

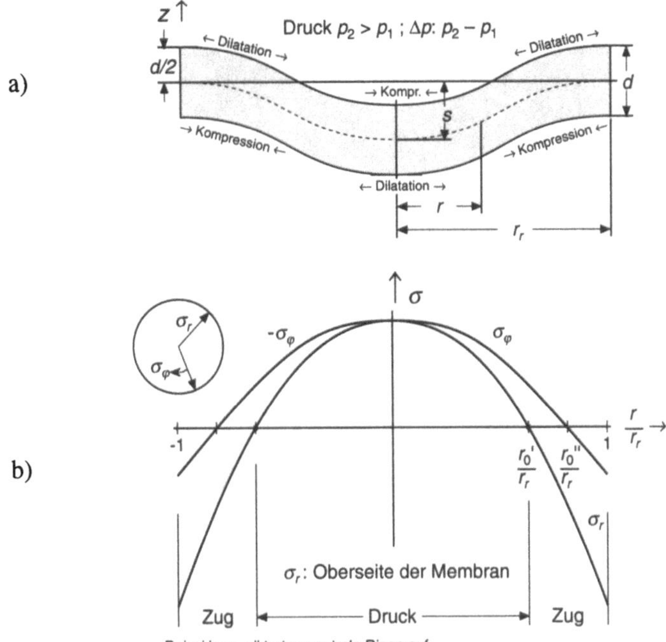

Bild 4.1.5-9   Elastische Verformung auf einer eingespannten Kreisplatte (**Kreismembran**) bei Druckbeanspruchung (nach [4.7])

a) Entstehung von Dilatations- und Kompressionsgebieten auf einer Druckmembran

b) Ortsabhängigkeit (radialsymmetrisch) der radialen (σ_r) und tangentialen (σ_φ) Spannungen auf einer Druckmembran:

$$\sigma_r = \frac{3}{4}\Delta p\,\frac{z \cdot r_r{}^2}{d^3}\left[(1+\upsilon)-(3+\upsilon)\frac{r^2}{r_r{}^2}\right] \qquad (3)$$

$$\sigma_\varphi = \frac{3}{4}\Delta p\,\frac{z \cdot r_r{}^2}{d^3}\left[(1+\upsilon)-(3\upsilon+1)\frac{r^2}{r_r{}^2}\right] \qquad (4)$$

$$s = \frac{3}{16}\Delta p\,\frac{r_r{}^4}{d^3}\frac{1-\upsilon^2}{E} \qquad (5)$$

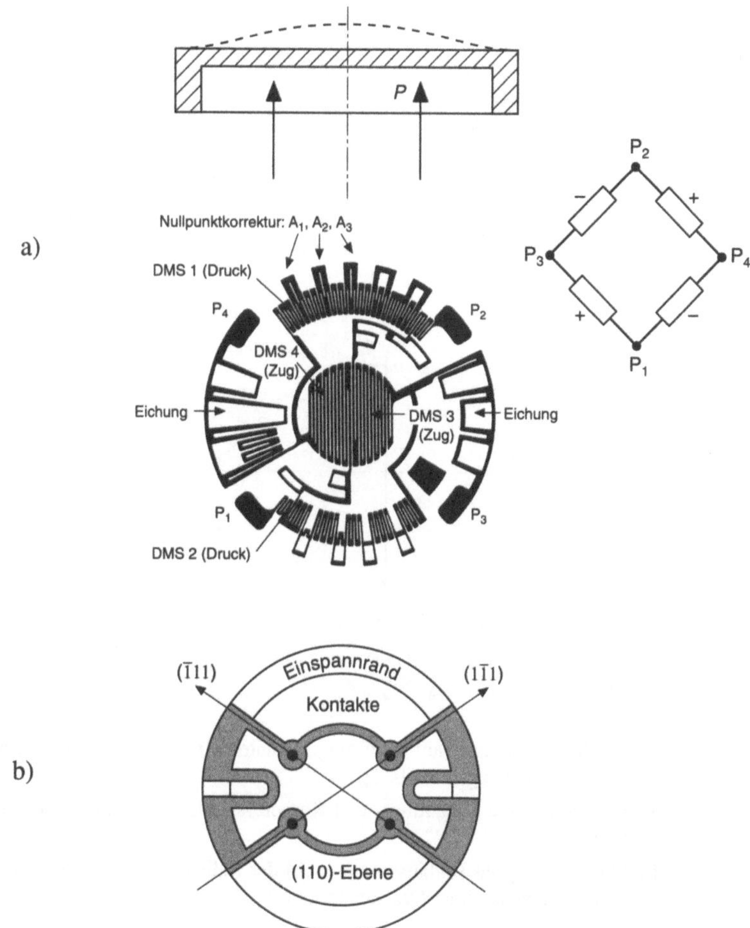

Bild 4.1.5-10   **Auslegung von Dehnungsmeßstreifen für Topfmembranen**

a) Die Dehnungsmeßstreifen 1 und 2 liegen in entgegengesetzten Druckbereichen (z.B. Kompression) als 3 und 4. Während 1 und 2 Radialspannungen messen, werden 3 und 4 sowohl durch Radial- wie Tangentialspannungen belastet (nach [4.2])

b) Paare von Dehnungsmeßstreifen für die Messung von Radial- und Tangentialspannungen (nach [4.9])

Berechnungen der elastischen Verzerrungen über finite Elemente ergeben, daß Kreisringmembranen (Bild 4.1.5-8, eine Ausführungsform für einen Sensor ist in Bild 4.1.5-12 dargestellt) bei kleinen Druckunterschieden eine bessere Linearität aufweisen (Bild 4.1.5-11). Bild 4.1.5-13 zeigt die Auslegung einer DMS-Struktur für eine Kreisringmembran.

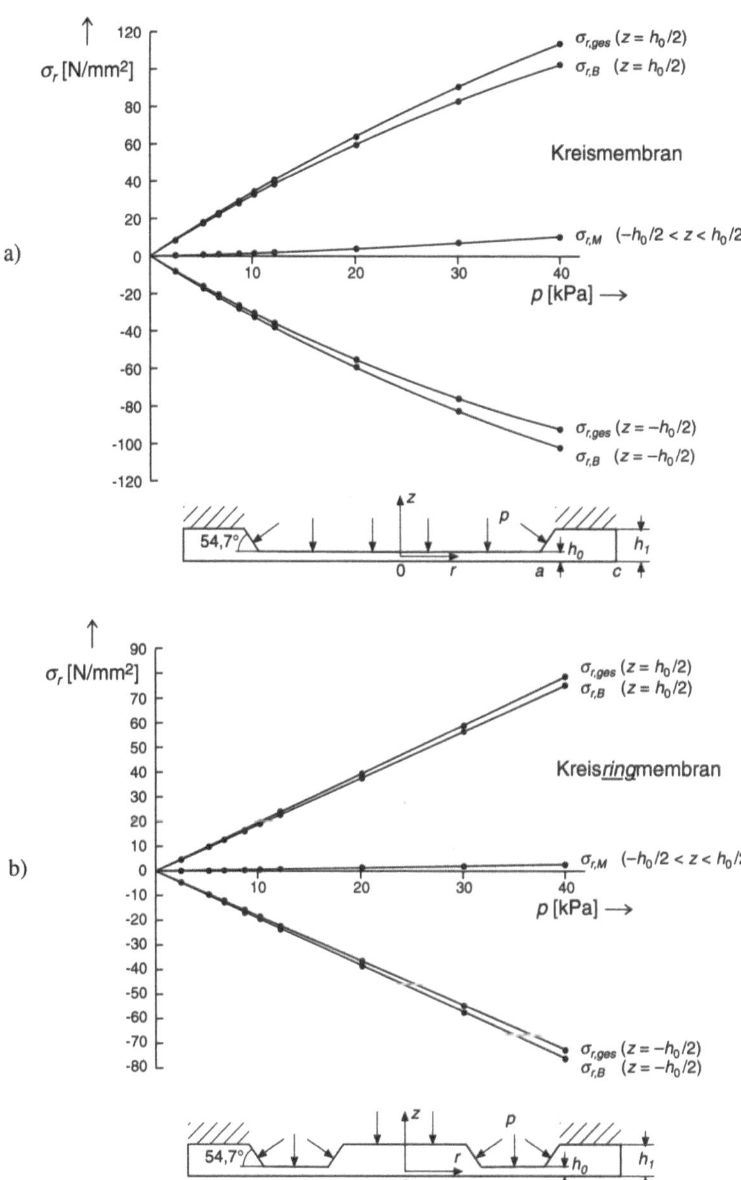

a)

b)

Bild 4.1.5-11   Abhängigkeit der Gesamtspannung $\sigma_{r,ges}$, Biegespannung $\sigma_{r,B}$ und Membranspannung $\sigma_{r,M}$ vom Druck (nach [4.19])
a) auf einer Kreismembran in einem Abstand von 100 µm vom Membranrand
b) auf einer Kreisringmembran

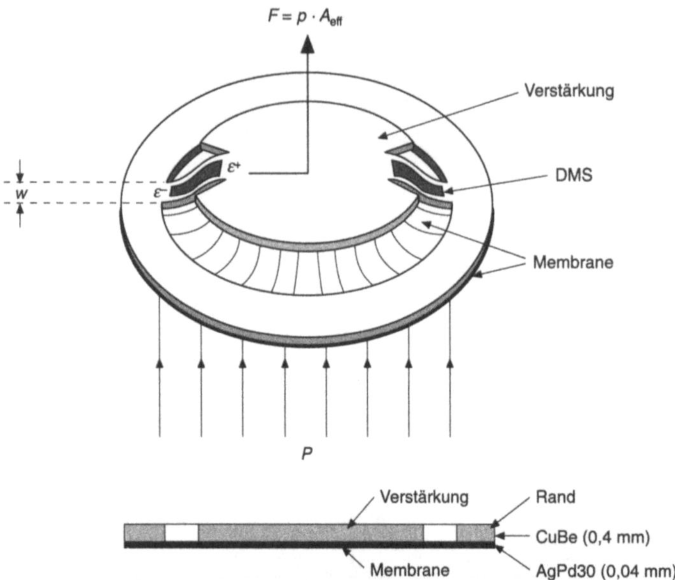

Bild 4.1.5-12   Drucksensor mit Kreisringmembran: Dilatations- und Kompressionsgebiete treten auf an den Stegverbindungen zwischen dem innneren und dem äußeren Kreisring (nach [4.18])

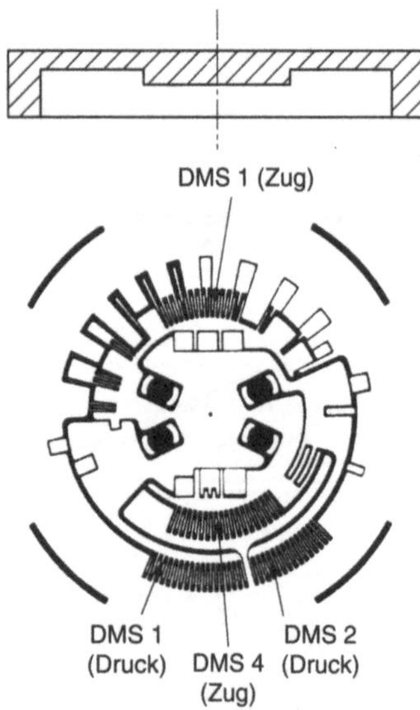

Bild 4.1.5-13   Brückenschaltung aus Dehnungsmeßstreifen für eine Kreisringmembran (nach [4.2])

Tab. 4.1.5-1 gibt einen Überblick über Werkstoffe, die sich für die Herstellung von Federkörpern eignen. In der Drucksensortechnik werden als metallische Federwerkstoffe bevorzugt Spezialstähle und Kupferlegierungen (z.B. Kupfer-Beryllium, auch Berylliumbronze genannt) eingesetzt, weiterhin Aluminiumlegierungen.

Bei einer Druckmessung über Dehnungsmeßstreifen auf metallischen Federkörpern ist immer eine elektrische Isolation erforderlich, diese kann durch organische Folien oder aufgebrachte Isolier-Dünnschichten (Band 2, Abschnitt 8.2.2) hergestellt werden. Um diesen teilweise aufwendigen und störanfälligen Fertigungsschritt zu vermeiden, werden auch Federkörper aus Isolatorkeramiken [4.5] und Gläsern untersucht. Problematisch kann hierbei die **Sprödigkeit** dieser Werkstoffe, sowie ein **unelastisches Verhalten** und **Langzeitkriechen** sein [4.20]. Im Prinzip können auch Schichttechniken zur Herstellung von Drucksensorkörpern angewendet werden (Bild 4.1.5-14).

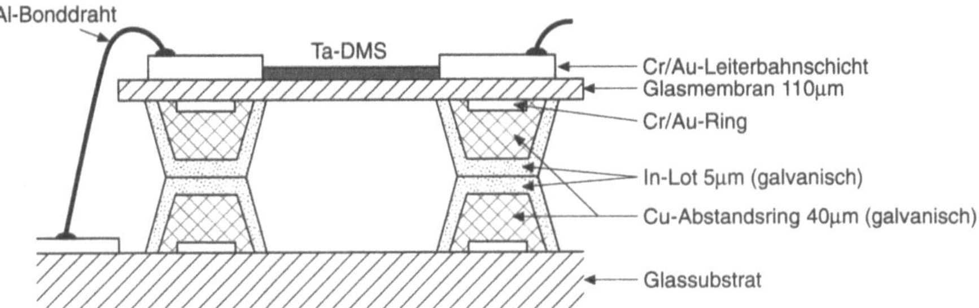

Bild 4.1.5-14   Drucksensorkörper mit Glasmembran (nach [4.21]):
Auf die 110 µm dicke Glasmembranplatte werden zunächst die Dehnungsmeßstreifen und deren Kontaktierung aufgebracht. Anschließend wird auf der Rückseite der Glasmembran über eine Dünnschichttechnik zunächst ein Cr/Au-Ring erzeugt, der anschließend galvanisch so weit verstärkt wird, daß er als Abstandsring zwischen Membran und Substrat wirkt.

Bei der Herstellung von **Federkörpern aus Halbleiterwerkstoffen**, insbesondere Silizium, lassen sich mit großen fertigungstechnischen Vorteilen die **Verfahren der Mikromechanik** (Band 1, Abschnitt 3.4) anwenden. Die entsprechenden Drucksensoren werden im Abschnitt 4.2.6 ausführlich diskutiert.

Tab. 4.1.5-1   Werkstoffdaten und Anwendungsbeispiele für Federwerkstoffe (nach [4.22])

Werkstoffart		Kurzzeichen	Werk-stoff-nummer	Zugfestigkeit R_m N/mm²	$R_{p\,0.2}$ N/mm² mind.	E/G-Modul kN/mm²	
Warmgewalzte Stähle für vergütbare Federn DIN 17221	Qualitäts-stähle	38 Si 7	1.0970	1 180 … 1 370	1030	E: ~ 200 G: ~ 80 (nach DIN 17221, Tabelle 6,2).	
		58 Si 7	1.0903	1 320 … 1 570	1 130		
		60 SiCr 7	1.0961	1 320 … 1 570	1 130		
	Edelstähle	55 Cr 53	1.7176	1 370 … 1 620	1 180		
		50 CrV 4	1.8159	1 370 … 1 620	1 180		
		51 CrMoV 4	1.7701	1 370 … 1 620	1 180		
Kaltgewalzte Stahlbänder für Federn DIN 17222	Qualitäts-stähle			kaltgewalzt + gehärtet + angelassen [a]			
		C 55	1.0535	1 150 … 1 650		E: 206	
		C 60	1.0601	1 180 … 1 680			
		C 67	1.0603	1 230 … 1 770			
		C 75	1.0605	1 320 … 1 870			
		55 Si 7	1.0904	1 300 … 1 800			
	Edelstähle	Ck 55	1.1203	1 150 … 1 650		G: 78 (nach DIN 17222, 8.5.6)	
		Ck 60	1.1221	1 180 … 1 680			
		Ck 67	1.1231	1 230 … 1 770			
		Ck 75	1.1248	1 320 … 1 870			
		Ck 85	1.1269	1 400 … 1 950			
		Ck 101	1.1274	1 500 … 2 100			
		71 Si 7	1.5029	1 500 … 2 200			
		67 SiCr 5	1.7103	1 500 … 2 200			
		50 CrV 4	1.8159	1 400 … 2 000			
Patentiert gezogener Federdraht aus unlegierten Stählen DIN 17223 Teil 1		A	1.0500	1 570 … 1 890 bei ⌀ 1 mm / 980 … 1 120 bei ⌀ 10 mm		E: 206	
		B	1.0600	1 900 … 2 250 bei ⌀ 1 mm / 1 130 … 1 310 bei ⌀ 10 mm		G: 81,5 (nach DIN 17223 Teil 1, 5.3.3, umgerechnet)	
		C	1.1200	2 260 … 2 510 bei ⌀ 1 mm / 1 320 … 1 520 bei ⌀ 10 mm			
		II	1.1211	2 700 … 3 090 bei ⌀ 0,2 mm / 2 110 … 2 350 bei ⌀ 2 mm			
Vergüteter Feder-draht und vergüteter Ventilfederdraht aus unlegierten Stählen DIN 17223 Teil 2		FD	1.1230	1 760 … 1 960 bei ⌀ 1 mm / 1 260 … 1 400 bei ⌀ 14 mm		E: 206	
		VD	1.1250	1 670 … 1 810 bei ⌀ 1 mm / 1 300 … 1 400 bei ⌀ 7,5 mm		G: 81,5 (nach DIN 17223 Teil 2, 5.3.3 umgerechnet)	
Federdraht u. Federband aus nichtrostenden Stählen Vornorm DIN 17224		X 12 CrNi 17 7	1.4310	2 010 … 2 250 bis ⌀ 1 mm / 1 320 … 1 570 bis ⌀ 10 mm		E: 190 G: 73	
		X 7 CrNiAl 17 7	1.4568	2 060 … 2 400 bis ⌀ 1 mm / 1 320 … 1 570 bis ⌀ 10 mm		E: 197 G: 78	
		X 5 CrNiMo 18 10	1.4401	1 570 … 1 820 bis ⌀ 1 mm / 1 080 … 1 320 bis ⌀ 8 mm		E: 185 G: 73	

Verwendungsbeispiele, -Bereiche	Bemerkungen		
	Grenzabmessungen für Durchhärtbarkeit		
	Flacherzeugnisse (Dicke in mm)	Rundstahl (Durchmesser in mm)	
Federringe u. Federplatten f. Schraubensicherung, Spannmittel f. den Oberbau	10	$\varnothing$ 12	
Blattfedern f. Schienenfahrzeuge, Kugelfedern	16	–	
Fahrzeug-Blattfedern, Schraubenfedern, Tellerfedern, Federplatten	16	$\varnothing$ 25	
Hochbeanspruchte Fahrzeug-Blattfedern, Schraubenfedern, Stabilisatoren	16	$\varnothing$ 25	
Höchstbeanspruchte Blatt- u. Schraubenfedern, Tellerfedern, Drehstabfedern, Stabilisatoren	25	$\varnothing$ 40	
Höchstbeanspruchte Blatt-, Schrauben- u. Drehstabfedern mit größeren Abmessungen	40	$\varnothing$ 60	
	Banddicke, bis zu der die Zugfestigkeitswerte gelten[h]) in mm		
Durch Kaltformgebung, wie Schneiden, Stanzen, Prägen, Biegen u. Wickeln hergestellte Federn	2,0 2,0 2,5 2,5 2,0		Zweckmäßigstes Härteverfahren: Abschrecken in Öl (Randentkohlung muß vermieden werden)
Insbesondere Tellerfedern Höchstbeanspruchte Federn, insbesondere Zugfedern für Uhren u. Triebwerksbau (mit kleineren Abmessungen; Zugfestigkeit über 1900 N/mm² nur in Dicken <1 mm, insbesondere Tellerfedern)	2,0 2,0 2,5 2,5 2,5 2,0 3,0 3,0 3,0		Federn für höchste Ansprüche nur mit polierten oder polierten und angelassenen Oberflächen
Zugfedern, Schenkelfedern u. Formfedern für geringe, ruhende u. selten schwingende Beanspruchung	$d = (0,3 \dots 10 \text{ mm})$		
Federn für ruhende und geringe schwingende Beanspruchung	$d = (0,3 \dots 17 \text{ mm})$		
Hochbeanspruchte Druck-, Zug-, Schenkel- u. Formfedern, auch für schwingende Beanspruchung	$d = (0,07 \dots 17 \text{ mm})$		
	$d = (0,02 \dots 2 \text{ mm})$		
Vergüteter Federstahldraht wird für Federn eingesetzt, die im Zeitfestigkeitsgebiet arbeiten oder eine mäßige Dauerschwingbeanspruchung haben (s. DIN 2088 u. DIN 2089) Vergüteter Ventilfederstahldraht kann für alle Federn mit hoher Dauerschwingbeanspruchung verwendet werden	Zugversuchsprüfung je nach Drahtdurchmesser nach DIN 50146 oder nach DIN 51210 Verwindeversuch nach DIN 51212		
Federhart gezogener Draht für Druck-, Zug-, Dreh- (Schenkel-) u. Formfedern, federhart gewalztes Band für Blatt-, Flachschenkel-, Tellerfedern und sonstige Formfedern Formfedern	Federn und federnde Teile aller Art, die Korrosionseinflüssen durch Luft, Wasserdampf oder sonstigen chemisch angreifenden Mitteln ausgesetzt sind Die Betriebstemperatur soll bei den Stählen X 12 CrNi 17 7 und X 5 CrNiMo 1810 ≈ 250 °C und bei Stahl X 7 CrNiAl 17 7 ≈ 350 °C nicht überschreiten		

Tab. 4.1.5-1 (Teil 2)

Werkstoffart			Kurzzeichen	Werkstoffnummer	Zugfestigkeit R_m N/mm²	$R_{p0,2}$ N/mm² mind.	E/G-Modul kN/mm²
Warmfeste Stähle für Federn Vornorm DIN 17225			67 Si Cr 5	1.7103	bei Raumtemperatur: 1 470…1 670		bei 200 °C: E: 196 und
			50 CrV 4	1.8159	1 320…1 670		
			45 CrMoV 6 7	1.7737	1 370…1 670		bei 300 °C: E: 189
			30 WCrV 17 9	1.5467	1 370…1 670		
			65 WMo 34 8	1.8239	1 370…1 670		bei 300 °C: E: 158
			X 12 CrNi 17 7	1.4310	1 180…1 370 kaltgewalzter Zustand / 1 570…1 760 kaltgezogener Zustand		
Bänder und Bandstreifen aus Kupfer-Knetlegierungen für Blattfedern DIN 1780	Kaltverfestigend	Messing	CuZn 37 HV 150 U[c, d])	2.0321.30			E[e, f]): 110 im angelassenen Zustand
		Bronze	CuSn 6 HV 160 U[e])	2.1020.30			E[e, f]): 115 im angelassenen Zustand
			CuSn 6 HV 180 U[e])	2.1020.32			
			CuSn 8 HV 180 U[e])	2.1030.30			E[e, f]): 115 im angelassenen Zustand
			CuSn 8 HV 200 U[e])	2.1030.32			
			CuSn 6 HV 190 U[e])	2.1080.30			
			CuSn 6 Zn HV 215 U[e])	2.1080.32			
		Neusilber	CuNi 18 Zn 20 HV 170 U[e])	2.0740.30			E[e, f]): 140 im angelassenen Zustand
			CuNi 18 Zn 20 HV 190 U[e])	2.0740.32			
	Aushärtbar		CuBe 1.7	2.1245			E: 135
			CuBe 2	2.1247			E: 130…135
			CuCoBe	2.1285			E: 138
Runde Federdrähte aus Kupfer-Knetlegierungen DIN 17682	Kaltverfestigend	Messing	CuZn 36F70[e])	2.0335.39	750… 930 bei $\varnothing \geqq 0,3…0,8$ mm / 700… 800 bei $\varnothing$ 0,8…1,5 mm / 650… 770 bei $\varnothing$ 1,5…3,0 mm / n. Vereinbarung bei $\varnothing > 3,0$ mm		E: 110[e, f]) / G: 39[e, f])
		Bronze	CuSn 6F95[e])	2.1020.39	1 050…1 230 bei $\varnothing$ 0,1…0,3 mm / 1 000…1 180 bei $\varnothing$ 0,3…0,8 mm / 950…1 100 bei $\varnothing$ 0,8…1,5 mm / 900…1 020 bei $\varnothing$ 1,5…3,0 mm / n. Vereinbarung bei $\varnothing > 3,0$ mm		E: 115[e, f]) / G: 42[e, f])
		Neusilber	CuNi 18 Zn 20F83[e])	2.0740.39	860…1 040 bei $\varnothing > 0,3…0,8$ mm / 830… 980 bei $\varnothing$ 0,8…1,5 mm / 800… 920 bei $\varnothing$ 1,5…3,0 mm / n. Vereinbarung bei $\varnothing > 3,0$ mm		E: 135[e, f]) / G: 45[e, f])
	Aushärtbar		CuBe 2	2.1247	420…1 550 je nach Werkstoffzustand		E: 120…135[e, f]) je nach Werkstoffzustand / G: 47[e, f])
			CuCoBe	2.1285	250…1 000 je nach Werkstoffzustand		E: 130…138[e, f]) je nach Werkstoffzustand / G: 48[e, f])

Verwendungsbeispiele, -Bereiche	Bemerkungen
Verwendung bis: 300 °C Ventilfedern an Motoren, Dichtungsfedern und Rücklauf- 300 °C ventilfedern in Lokomotiven; Federn für Heißdampfschieber 450 °C in Lokomotiven. Formgebung durch Schmieden und Warmformgebung 500 °C (Ausnahme: X 12 CrNi 17 7 nur 550 °C Kaltformgebung) 300 °C	Ermittlung der Streckgrenze bei höheren Temperaturen nach DIN 50 112 Ermittlung der DVM-Kriechgrenze nach DIN 50 117 (für > 350 °C)
Blattfedern, Federn aus Blechen, Bändern; bei Gefahr von Spannungsrißkorrosion andere Werkstoffe verwenden	Festigkeitseigenschaften von Kupferknetlegierungen: Bleche u. Bänder: DIN 17670 Teil 1
Federn aller Art, insbesondere f. Elektroindustrie Membranen, Federungskörper, -Rohre	Stangen: DIN 17672 Teil 1 Drähte: DIN 17677 Teil 1 Zusammensetzung: Kupfer-Zink-Legierungen (Messing) (Sondermessing): DIN 17660 Kupfer-Zinn-Legierungen
Blattfedern	(Zinnbronze): DIN 17662 Kupfer-Nickel-Zink-Legierungen (Neusilber): DIN 17663
Federn aller Art, Membranen	
Federn aller Art; bei Gefahr von Spannungsrißkorrosion andere Werkstoffe verwenden	
Federn aller Art; besonders bei Gefahr von Spannungsrißkorrosion. Besonders für stromführende Federn nach DIN 43 801 Teil 1	
Relaisfedern	
Federn aller Art Die bei Schraubenzugfedern eingewickelte Vorspannung geht während der Aushärtung verloren	

[a]) Hinweis: Innerhalb der hier angegebenen Zugfestigkeitsbereiche kann vom Besteller eine seinen Erfordernissen entsprechende engere Zugfestigkeitsspanne von im allgemeinen >200 N/mm² bei der Bestellung festgelegt werden. Wenn in Sonderfällen, zum Beispiel für Lieferungen für zu biegende Federn, die Einhaltung engerer Zugfestigkeitsbereiche als 200 N/mm² erforderlich ist, so sind diese bei der Bestellung besonders zu vereinbaren. Für eine vorgegebene Zugfestigkeit sollte die Stahlsorte unter Berücksichtigung vor allem der Dicke und der Einsatzbedingungen der Federn ausgesucht werden.

[b]) Hinweis: Bei größeren Dicken sind die Zugfestigkeitswerte bei der Bestellung zu vereinbaren.

[c]) U = Kennbuchstabe für den unbehandelten Zustand.

[d]) Es wird empfohlen, Federn aus CuZn 37 zum Herabsetzen der Empfindlichkeit gegen Spannungsrißkorrosion anzulassen.

[e]) Für die Abnahme nicht bindend.

[f]) Im allgemeinen streut der E-Modul und der Gleitmodul um ± 5 %.

[g]) Die F-Zahlen im Kurzzeichen entsprechen 1/10 des Mindestwertes der Zugfestigkeit für den Durchmesserbereich über 0,8 ... 1,5 mm

4.1.6 Metall-Drucksensoren

Bei Anwendungen, die eine besonders hohe Zuverlässigkeit und Überlastsicherheit erfordern, sowie in der Präzisionsmeßtechnik dominieren weiterhin die Drucksensoren mit metallischem Federkörper. Ein metalltypischer Vorteil ist in vielen Fällen die Duktilität des Federkörpers, die im Fall einer extremen Belastung den Sprödbruch verhindert (Band 1, Abschnitt 3.5). Weiterhin kann bei Metall-Drucksensoren der Werkstoff des Federkörpers mit dem des Drucksensorgehäuses identisch sein oder zumindest ähnliche Eigenschaften haben. Bei Spezialausführungen mit besonders hohen Zuverlässigkeitsanforderungen werden sogar Federkörper und Gehäuse aus demselben Werkstück gefertigt. Ein wesentlicher Gesichtspunkt ist die Widerstands-fähigkeit des Federkörpermaterials gegenüber korrosiven Einflüssen aus dem zu messenden Medium. Auch hierbei haben Metalle in der Regel Vorteile. Nachteilig gegenüber den mikromechanisch hergestellten Silizium-Drucksensoren sind vor allem die weit höheren Fertigungskosten, so daß Metall-Drucksensoren überwiegend nur in der industriellen Technik, wenig aber in der Konsumtechnik eingesetzt werden können.

Die Frage der Überlastsicherheit kann bei vielen Drucksensoranwendungen von ent-scheidender Bedeutung sein. Deshalb wird bei Drucksensoren häufig die Membran-durchbiegung durch ein mechanisches Gegenlager begrenzt (Bild 4.1.6-1), so daß die Membran z.B. bei einer 10%igen Überschreitung der Nennlast aufliegt. Ein Bersten des Gebers darf erst bei einer 1000%igen Überlast, bzw. bei 1500 bar auftreten.

Wie in Abschnitt 4.1.5 behandelt, können Dehnungsmeßstreifen direkt auf den Druckmembranen aufgebracht werden (Bild 4.1.6-1a). Eine Übertragung der Mem-branausbiegung auf die Meßfeder mit Hilfe eines Stößels (Bild 4.1.6-1b und c) bringt aber den Vorteil, daß z.B.eine thermische Belastung der Membran sich nicht unmit-telbar auf den Meßfederkörper auswirkt und dort bleibende Veränderungen verursa-chen kann.

Die Dehnungsmeßstreifen auf Metall-Drucksensoren können grundsätzlich sowohl in Dickschicht- (Band 1, Abschnitt 4.2.1, zur Zeit wird diese Technik für Metall-Drucksensoren selten angewendet) wie Dünnschichttechnik (Band 2, Abschnitt 8.2) aufgebracht werden, als Werkstoffe hierfür kommen Metallegierungen (Abschnitt 4.1.2), aber auch polykristalline Halbleiter (Abschnitt 4.1.3) in Frage.

Zur Senkung der Fertigungskosten werden Drucksensoren auch in einer Planartech-nik (Band 2, Abschnitt 8.2) hergestellt. Kennzeichnend hierfür ist die gleichzeitige Herstellung vieler Drucksensorsysteme auf einer großen Scheibe (Wafer) aus einer Metall-Doppelschicht (Bild 4.1.5-11 unten). Die Kreisringmembranstruktur (Bild 4.1.5-11 oben) wird durch selektives Wegätzen der Kupfer-Berylliumschicht erzeugt. Zur Vergrößerung der Empfindlichkeit können die Dehnungsmeßstreifen aus Polysi-lizium hergestellt werden.

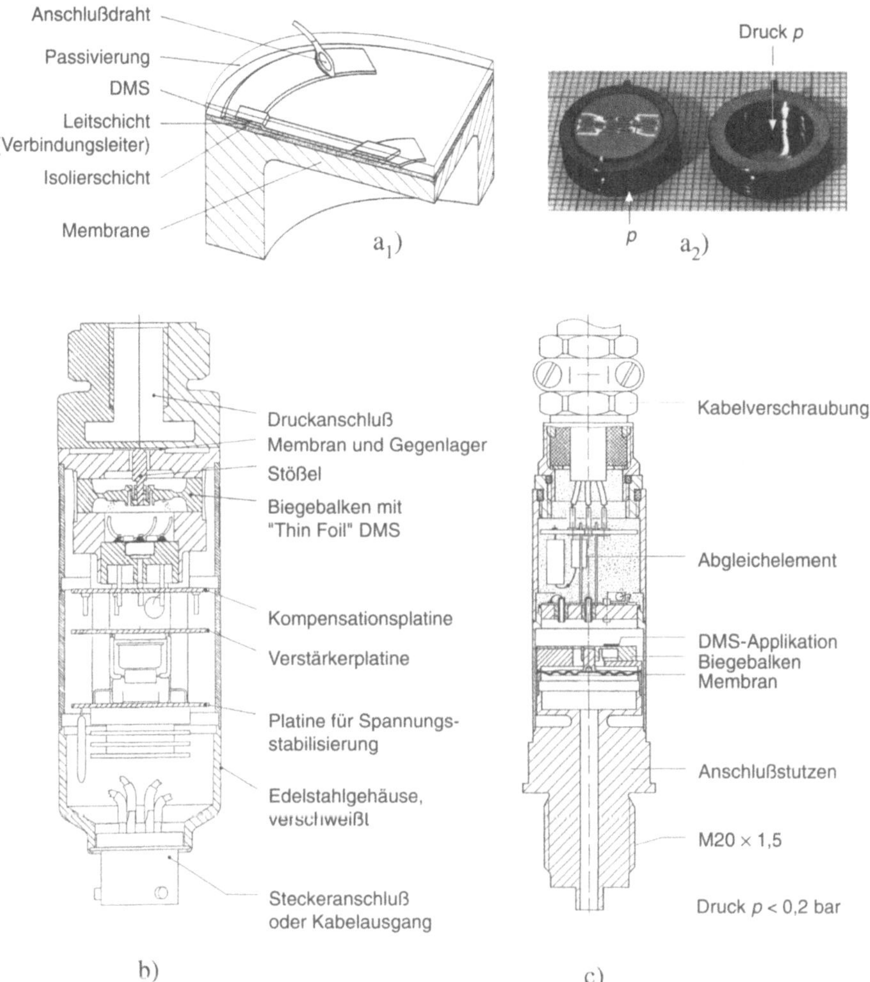

Bild 4.1.6-1 Aufbau von Drucksensoren mit metallischem Federkörper: Die Durchbiegung der dem Druck ausgesetzten Membran kann direkt über Dehnungsmeßstreifen ausgewertet (a) oder über einen Stößel auf eine Biegebalkenkonstruktion mit integrierten DMS übertragen werden (b und c). Die Durchbiegung der Membran wird häufig durch ein mechanisches Gegenlager begrenzt. In vielen Fällen sind Bauelemente zum Abgleich des Sensors und zur Temperaturkompensation im Meßgehäuse integriert.

a) Drucksensor nach [4.23] b) Drucksensor nach [4.24] c) Drucksensor nach [4.1]

Typische Kenngrößen zur Charakterisierung von Drucksensoren, deren DMS praktisch immer in einer Brückenschaltung (Bild 4.1.6-2) angeordnet werden, sind das **Nullsignal**, der **Kennwert (Empfindlichkeit)**, der **Brückenwiderstand** u.a (s. Anhang D).

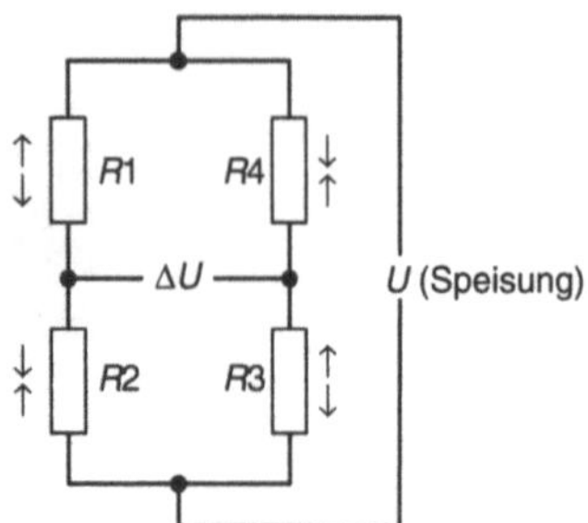

Bild 4.1.6-2   Widerstände (z.B. Dehnungsmeßstreifen) in einer Brückenschaltung (nach [4.1])

Die relative Spannungsänderung (gemessen in mV/V) in einer Brückenschaltung ist nach Anhang D [4.1]:

$$S = \frac{\Delta U}{U} = \frac{1}{4}\left(\frac{\Delta R_1}{R_1} - \frac{\Delta R_2}{R_2} + \frac{\Delta R_3}{R_3} - \frac{\Delta R_4}{R_4} \right) \tag{1}$$

wobei die ΔR_i sowohl dehnungsbedingte Widerstandsänderungen beschreiben können, **im drucklosen Zustand aber auch die Streuung der DMS-Widerstände um den jeweiligen Nennwert.** Der für diesen Fall definierte Wert von S wird als **Nullsignal** S_o definiert. In der Praxis läßt sich ein **kleiner Wert für** S_o nur durch Widerstands-*trimmen* erreichen, z.B. durch Auftrennen von Abgleichbrücken, die meistens auf der DMS-Struktur bereits integriert sind (s. Bilder 4.1.5-4, 10 und13). Gleichung (1) zeigt, daß gleichsinnige Widerstandsänderungen (z.B. aufgrund gleicher Widerstands-Temperaturkoeffizienten der DMS oder einer zeitabhängigen Widerstandsdrift) in dieser Näherung unterdrückt werden können. **Ist die Temperatur über der Meßbrücke nicht konstant oder driften die Widerstände unterschiedlich stark, dann entsteht ein Meßfehler.** Herstellungsbedingte Temperaturkoeffizienten des Nullsignals von 2 bis 10 (μV/V)/10K können durch einen Abgleich auf Werte unter 1 (μV/V)/10K reduziert werden.

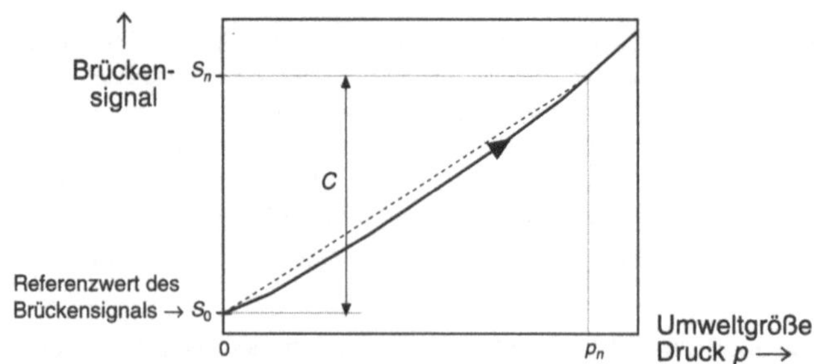

Bild 4.1.6-3   Definition des Kennwertes (der Empfindlichkeit) durch die in Gleichung (1) definierte relative Brückenspannung (nach [4.1])

Der **Kennwert** oder die **Empfindlichkeit** C eines Drucksensors in Brückenschaltung wird durch den Wert S_n - S_o nach (1) bei Anlegen eines Drucks, abzüglich des Nullsignals definiert (Bild 4.1.6-3):

$$C := S_n - S_o \tag{2}$$

Setzt man den Ausdruck (4.1.1-6) für den k-Faktor in (1) ein, dann folgt:

$$S = \frac{\Delta U}{U} = \frac{1}{4} k \left(\varepsilon_1 - \varepsilon_2 + \varepsilon_3 - \varepsilon_4 \right) \tag{3}$$

Bei einer Anordnung der DMS nach dem in den Bild 4.1.5-2 oder 4.1.6-2 dargestellten Prinzip gilt:

$$\varepsilon := \varepsilon_1 = \varepsilon_3 = -\varepsilon_2 = -\varepsilon_4 \tag{4}$$

so daß wir aus (3) erhalten

$$S = \frac{\Delta U}{U} = k \cdot \varepsilon \tag{5}$$

Legt man für den Nenndruck eines Drucksensors eine Dehnung von $\varepsilon = 10^{-3}$ fest, dann ergibt sich als maximales relatives Brückensignal bei $k = 2$ der Wert $2 \cdot 10^{-3} =$ 2mV/V. Je nach Auflösung des Drucksensors müssen dann durch die nachfolgende elektronische Auswertung sehr viel kleinere Spannungen verarbeitet werden können. Die Lage der Widerstände auf einer Druckmembran, sowie die Korrelation zwischen Dehnung ε und Druck p wird in vereinfachter Form in Bild 4.1.6-4 erläutert.

a) 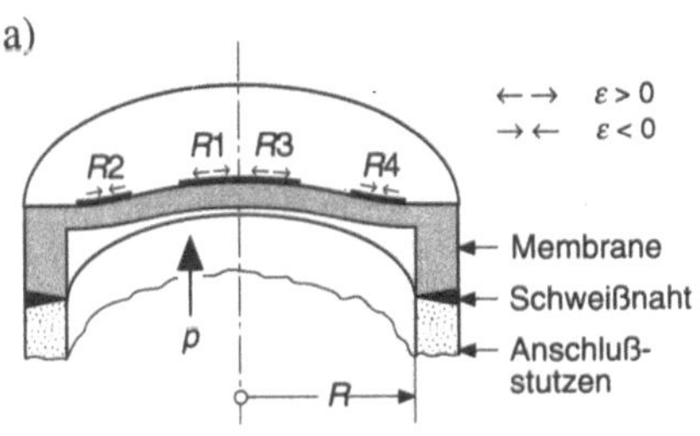

b) 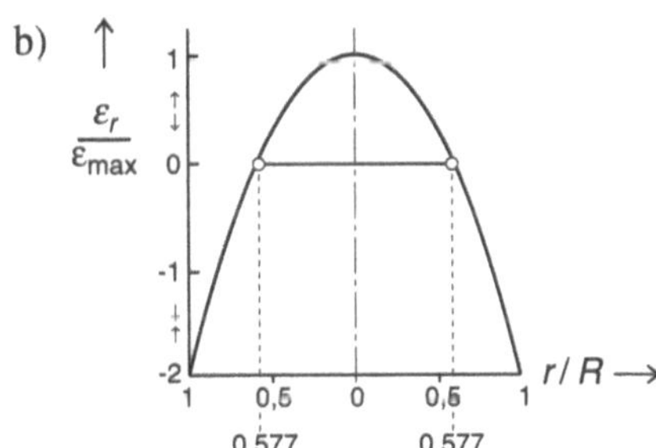

Bild 4.1.6-4   **Dehnungen in einem Membran-Drucksensor bei Gültigkeit des Hookeschen Gesetzes (Band 1, Abschnitt 3.1, nach [4.1])**
a) Lage der Brückenwiderstände in den Kompressions- und Dilatationsbereichen auf der Membran
b) schematischer Ortsverlauf der radialen Dehnung. Näherungsweise gilt für die Membrandicke d, den Druck p und den Elastizitätsmodul E die Beziehung:

$$\varepsilon_r \propto \frac{R^2 \cdot p}{d^2 E} \tag{6}$$

Das Einsetzen von (5) und (6) in (2) ergibt für den Kennwert und dessen relativer Abweichung die Beziehungen [4.1]:

$$C = \text{const} \cdot k \cdot \frac{p}{d^2 E} \tag{7}$$

$$\underset{p=\text{const}}{\Rightarrow} \quad \frac{\Delta C}{C} = \frac{\Delta k}{k} - 2\frac{\Delta d}{d} - \frac{\Delta E}{E} \tag{8}$$

Bezieht man die Abweichungen auf die Temperatur, dann erhält man wie in Abschnitt 4.1.2 die Temperaturkoeffizienten:

$$\alpha_T^C = \alpha_T^k (TK_k) - 2\alpha_T^d - \alpha_T^E \tag{9}$$

In den meisten Fällen kann die lineare Wärmedehnung α_T^d gegenüber den anderen Termen vernachlässigt werden. In diesem Fall wird die Temperaturabhängigkeit der Sensorempfindlichkeit wie bei den Metall-Dehnungsmeßstreifen in Abschnit 4.1.2 minimiert durch eine Anpassung der TKs von k-Faktor und Elastizitätsmodul. Eine externe Temperaturkompensation kann erreicht werden durch Einfügen angepaßter temperaturabhängiger Widerstände in die Zuleitungen der Betriebsspannung (Bild 4.1.6-5).

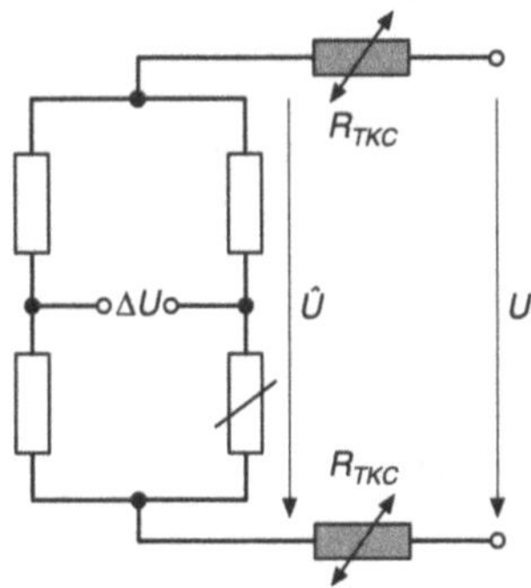

Bild 4.1.6-5   Temperaturkompensation von Meßbrücken durch temperaturabhängige Widerstände (nach [4.1])

Bei der Linearitätsabweichung (Anhang D) ist bei Drucksensoren von praktischer Bedeutung die ...

– Linearitätsabweichung des k-Faktors:
  Die Widerstandsänderung ist abhängig von der Größe der Dehnung. Dieser Effekt ist bei Metall-DMS in den meisten Fällen vernachlässigbar.

– Linearitätsabweichung in der Abhängigkeit $\varepsilon\,(p)$:
 Die Dehnung nimmt nicht linear mit dem äußeren Druck zu. Dieser Fehler tritt insbesondere bei großen Auslenkungen des Federkörpers (z.B. bei Membranen mehr als die Membrandicke) in Erscheinung.

Bei Drucksensoren entstehen Hystereseabweichungen (Anhang D) durch [4.1] ...

– Reibung und Setzung bei mehrteiligen (geschraubten oder geklemmten) Meßkörpern
– Spannungsspitzen an Stellen im Meßkörper, die mit großen Dehnungen verbunden sind
– Kriecheffekte (Band 1, Abschnitt 3.2.1).

Hysteresefehler von guten Federstählen liegen im allgemeinen unter 0,05%, bei dem wichtigen Federwerkstoff CuBe sogar noch weit darunter.

Während bei Folien-DMS das Kriechen (Anhang D) des Klebers erheblich eingehen kann (Abschnitt 4.1.2), wird bei Dünnfilm-DMS im allgemeinen nur das Kriechen des Federkörpers wirksam. Für gute Federwerkstoffe (Abschnitt 4.1.5) ergeben sich hierfür niedrige Werte unterhalb von 0,02%.

4.1.7 Halbleiter-Drucksensoren

Wie aus Bild 4.1.3-5 zu ersehen, können Dehnungsmeßstreifen in monokristallinem Silizium außerordentlich große k-Faktoren annehmen, so daß im Prinzip gegenüber Metall-DMS eine Vergrößerung der Empfindlichkeit erreicht werden kann. Da die Herstellung *monokristalliner Dünnfilme* technologisch nur mit hohem Aufwand zu realisieren ist, bleibt als Ausweg, die gesamte Druckmembran aus monokristallinem Silizium herzustellen und die Dehnungsmeßstreifen in diese hineinzudiffundieren. Silizium hat durchaus brauchbare Eigenschaften als Federwerkstoff: Es ist rein elastisch (mit konstantem Elastizitätsmodul) dehnbar bis zu einer Bruchdehnung von ca. 0,5%, wobei die Reproduzierbarkeit der Dehnung und die Hysterese nicht schlechter sind als bei anderen guten Federwerkstoffen (vgl. Abschnitte 4.1.5 und 6).

Die Fertigung dünner großflächiger Membranen kann nach den Verfahren der Mikromechanik (Band 1, Abschnitt 3.4) erfolgen (Bild 4.1.7-1).

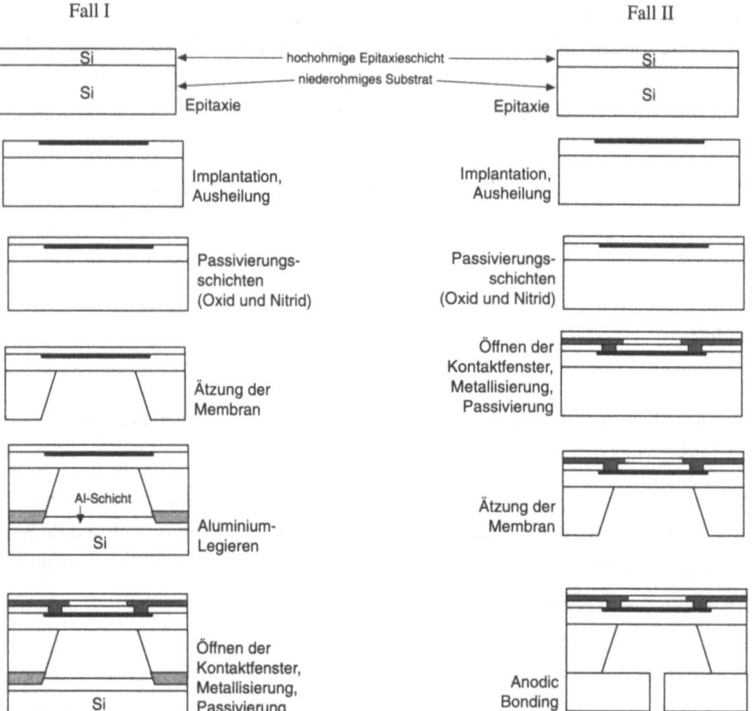

Bild 4.1.7-1:   Herstellung von monokristallinen Silizium-Drucksensoren (nach [4.25])

Mikromechanische Herstellung der Membran:

Auf ein niederohmiges Siliziumsubstrat wird eine hochohmige Siliziumschicht epitaktisch aufgewachsen, welche ungefähr die gewünschte Dicke der Membran hat. Die Membranätzung erfolgt z. B. durch elektrolytisches Abtragen des niederohmigen Substrats von der Scheibenunterseite her, wobei die Form durch ein Ätzfenster (nur dort kann die Ätzlösung an das Substrat gelangen) vorgegeben wird. Bei der elektrolytischen Ätzung wird das Substrat als Anode geschaltet. Wegen des niedrigen Widerstandes kann dort ein hoher Strom fließen, d.h. das Substrat wird relativ schnell abgetragen. Wird aber die hochohmige Epitaxieschicht erreicht, dann sinkt dort der Anodenstrom drastisch ab, so daß die Ätzrate ebenfalls abnimmt: Die Epitaxieschicht bleibt erhalten und kann als Membran eingesetzt werden.

Verbindungstechnik zum Gehäuse:

Fall I: Befestigung durch Bildung eines gemeinsamen Aluminium-Silizium-Eutektikums zwischen dem Membranträger (oben) und einer aluminiumbedampften Trägerscheibe (unten).

Fall II: Anodisches Bonden: Der Membranträger wird an eine Platte aus Pyrexglas gepreßt und zwischen beiden bei 400°C eine Spannung von 500V angelegt. Unter diesen Bedingungen wandern Ionen in die Grenzfläche. Nach Abkühlen unter Spannung werden die verschobenen Ionen unbeweglich, sie führen aufgrund eines "eingefrorenen Feldes" zu einer bleibenden festen Verbindung zwischen Glas und Halbleiter.

Bei **Absolutdrucksensoren** (Beispiel in Fall I) ist die untere Platte gasdicht geschlossen, so daß zwischen Platte und Membran ein vorgegebener permanenter Druck eingestellt werden kann. Bei **Relativdrucksensoren** (Beispiel in Fall II) hingegen ist die Platte durchbohrt, so daß von unten ein Referenzdruck wirkt.

Bild 4.1.7-2 zeigt den Aufbau monokristalliner (monolithischer) Silizium-Drucksensoren. Bei Sensoren für den Konsumerbereich werden häufig zur Kostensenkung Plastikgehäuse (Band 2, Abschnitt 8.3) verwendet.

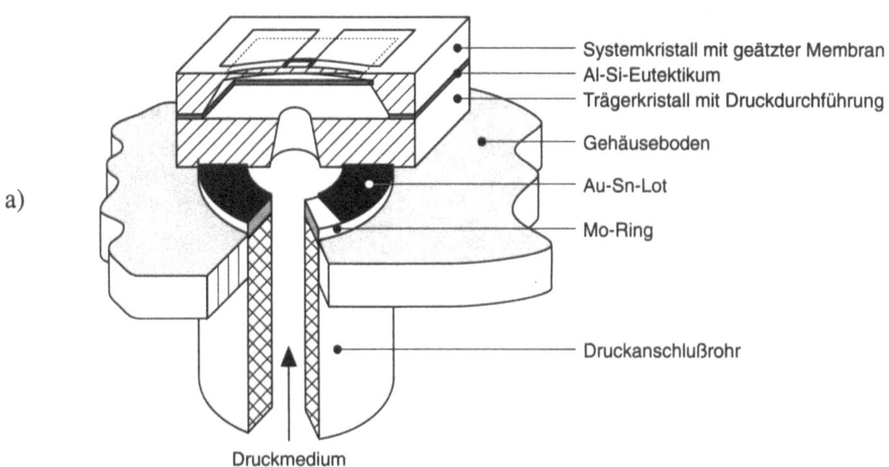

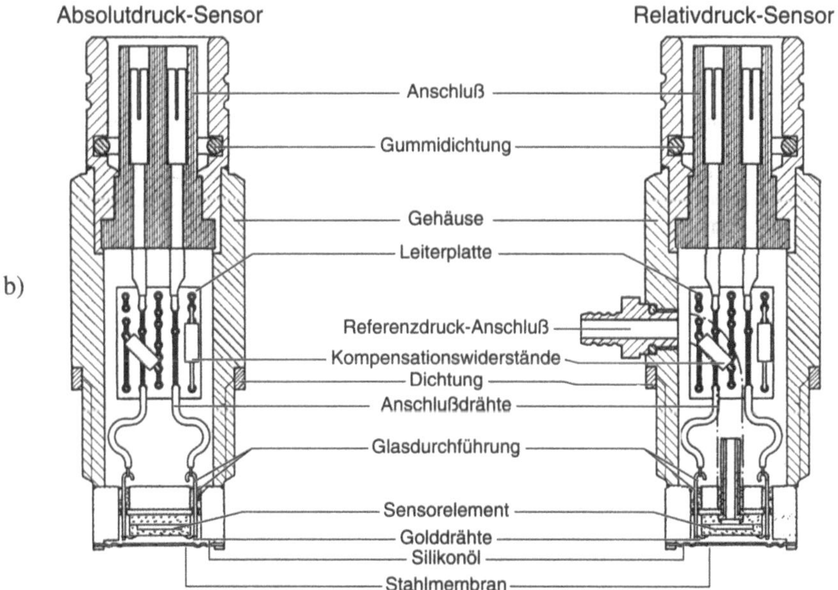

Bild 4.1.7-2   **Aufbau von Silizium-Drucksensoren**
a) Montage des Siliziumchips auf dem Drucksensorgehäuse (nach [4.26])
b) vollständiger Drucksensor mit Metallmembran: Der Druck wird über eine Hydraulikflüssigkeit auf die Silizium-Meßzelle übertragen (nach [4.27]).

Die Herstellung von Silizium-Drucksensoren mit Temperaturkoeffizienten, die zu denen von Metall-Drucksensoren (Abschnitt 4.1.6) vergleichbar sind, erfordert einigen Aufwand, insbesondere wegen der vergleichsweise starken Temperaturabhängigkeit des spezifischen Widerstands und k-Faktors der Silizium-Dehnungsmeßstreifen (s. Abschnitt 4.1.3). Innerhalb gewisser Grenzen kann ein Optimum durch Auswahl der Dotierungsparameter erreicht werden, in der Regel sind aber zusätzliche Maßnahmen in der Auswerteelektronik erforderlich. Eine Reduktion der Temperaturabhängigkeit wird durch eine Konstant*strom*speisung der Brücke erreicht (Bild 4.1.7-3).

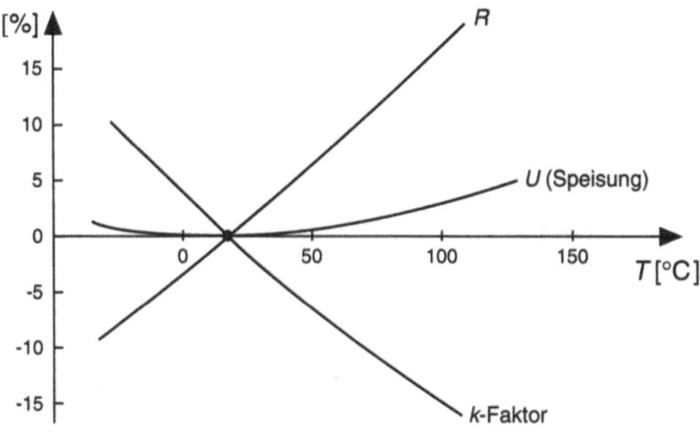

Bild 4.1.7-3   Temperaturstabilisierung durch Konstantstromspeisung der Meßbrücke eines Silizium-Drucksensors (nach [4.28]): Bei einem konstanten Strom I bewirkt eine Widerstandszunahme eine Vergrößerung der Betriebsspannung an der Brücke und daher eine Vergrößerung des Brückensignals, welche eine Verminderung der Empfindlichkeit ausgleicht.

Es wird davon ausgegangen, daß der Widerstand R der Meßbrücke aus Siliziumwiderständen mit der Temperatur ansteigt, vgl. Abschnitt 3.3.3), der k-Faktor hingegen mit der Temperatur abnimmt (vgl. Bild 4.1.3-5). In erster Näherung gilt:

$$R = R_o\left(1 + \alpha_T^R \Delta T\right) \tag{1a}$$

$$k = k_o\left(1 - \alpha_T^k \Delta T\right) \tag{1b}$$

Die Brückenspannung beträgt dann nach (4.1.6-5):

$$\Delta U = I \cdot R \cdot k \cdot \varepsilon \approx I \cdot R_o \cdot k_o\left(1 - \left[\alpha_T^R - \alpha_T^k\right]\Delta T\right) \cdot \varepsilon \tag{2}$$

Die Temperaturkoeffizienten können durch die Dotierungskonzentration des Halbleiter-DMS beeinflußt werden, d.h. bei etwa gleichen TKs von beiden wird die Temperaturabhängigkeit der Brückenspannung minimal (Bild 4.1.7-4).

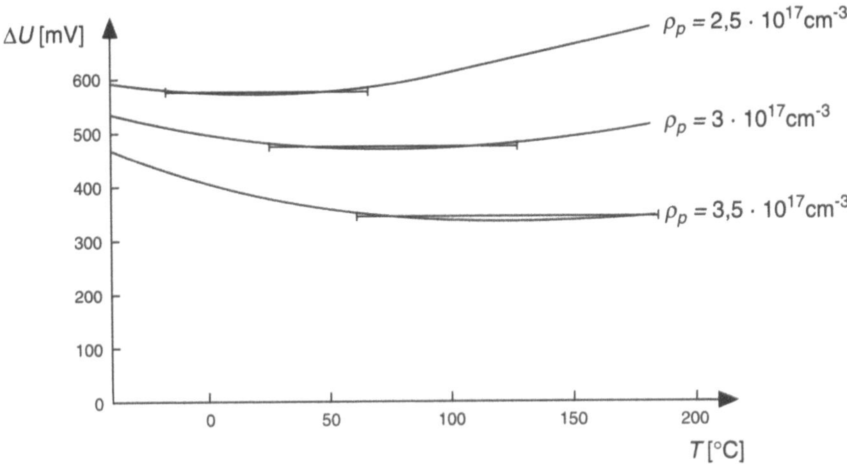

Bild 4.1.7-4   Temperaturabhängigkeit der Brückenspannung für verschiedene Halbleiterdotierungen bei sonst gleichen DMS-Parametern. Durch Zuschaltung externer Widerstände kann die Temperaturabhängigkeit weiter reduziert werden (nach [4.29]).

Konstant-*Spannungs*gespeiste Halbleiter-DMS-Meßbrücken können durch ein abgestimmtes Widerstandsnetzwerk temperaturstabilisiert werden, haben dann aber kleinere Ausgangsspannungen. Bei Präzisionsanwendungen ist für Silizium-Drucksensoren grundsätzlich eine externe Temperaturkompensation erforderlich, die z.B. mit Hilfe eines laser–abgeglichenen Dünnschicht–Widerstandsnetzwerks auf dem Sensor realisiert werden kann.

Da in Silizium bei Temperaturen unterhalb von ca. 500°C keinerlei plastische Verformung auftritt, zeigen Siliziummembranen keine Ermüdungseffekte (Band 1, Abschnitt 3.7): Sie eignen sich daher insbesondere für große Lastwechselzahlen.

In Tab. 4.1.7-1 sind die Kenndaten von kommerziell erhältlichen Silizium-Drucksensoren industrielle Anwendungen zusammengestellt.

Die in Bild 4.1.7-2 dargestellten aufwendig konstruierten Drucksensorgehäuse führen zwangsläufig zu hohen Kosten, so daß die entsprechenden Sensoren nur im industriellen Bereich und der Labormeßtechnik (s. Abschnitt 1) eingesetzt werden können. Für viele Anwendungen in der Konsumtechnik und Kraftfahrzeugelektronik können auch – bei weit verminderter Spezifikation – einfachere Gehäuse eingesetzt werden. Besonders kostengünstig ist die Herstellung gespritzter Plastikgehäuse (Bild 4.1.7-5a) mit einer Verbindungs- und Anschlußtechnik, die ähnlich wie bei Halbleiterbauelementen (Band 2, Abschnitt 8.3) erfolgt. Auf diese Weise lassen sich Standard-Sensorelemente herstellen, die ihrerseits in kundenspezifische Spezialgehäuse (Bild 4.1.7-5b) eingebaut werden können.

Tab. 4.1.7-1   Kenndaten piezoresistiver Silizium-Drucksensoren

a) Fa. Kistler, CH-Winterthur (nach [4.29])

Typ	4043/45..	A1[**]	A2	A5	A10	A20	A50	A100	A200
Bereich	bar_{abs}	0..1	0..2	0..5	0..10	0..20	0..50	0..100	0..200
Überlast	bar_{abs}	2,5	5	12,5	25	50	125	250	500
Berstdruck	bar_{abs}	2,5	5	12,5	25	50	125	250	500
Ansprechschwelle	mbar	<0,5	<1	<2,5	<5	<10	<25	<50	<100
Empfindlichkeit	mV/bar	500	250	100	50	25	10	5	2,5[*]
Eigenfrequenz	kHz	>14	>20	>30	>45	>70	>110	>150	>180

Vollbereichsignal (FS)	mV	$500^{+0,5}$	*)
Speisung, mit Konstantstrom	mA	< 10 (max. 28 V)	
Kalibrierstrom	mA	2...5	
Eingangs-~Ausgangsimpedanz	kS2	3 (nominal)	
Nullpunkt	mV	<±20	*)
Linearität	%FS	<±0,3	*)
Hysterese	%FS	<0,1	
Repctierbarkeit	%FS	<0,1	
Stabilität: der Empfindlichkeit	%/a	<0,2	
des Nullpunktes	%FS	<0,1/d, <0,5/a	
Thermische Nullpunktverschiebung	%FS	<±0,5	
Thermische Empfindlichkeitsänderung	%	<±1	
Betriebstemperaturbereich			
Typen 4043	°C	-20...50	
Typen 4045	°C	20...120	
Minimale/maximale Temperatur			
Typen 4043	°C	-40/70	
Typen 4045	°C	0/140	
Anzugsdrehmoment			
Mit Delrin-Dichtung	Nm	3...5	
Mit Kupferdichtung	Nm	12...20	
Beschleunigungsfehler	bar/g	$<3 \cdot 10^{-4}$	
Stossfestigkeit	g	1000	
Volumenänderung	mm^3	<0,2	
Isolationswiderstand	MQ	>100	
Gewicht	g	33	
Material: Kopf und Membrane	18/8 steel	No. 1.4301 (AISI 304)	
Körper mit Gewinde	Armco 17-4 PH		
Anschluß, für Stecker	Fischer Type S 103A054		
Terminologie, nach	ANSI/ISA-Standard S37.1-1975 (R 1982)		

*) Bei Speisung mit Kalibrierstrom
**) 4045A1/A2: <±0,8/0,5%FS

Tab. 4.7.1-1   b) Fa. Siemens AG, D-München (nach [4.49])

- Absolutdruck KPY 4x-A Relativdruck KPY 4x-R
- kompakte Bauweise in Planartechnologie
- sehr kleine Druck- und Temperatur-hysteresen
- kurze Ansprechzeit
- Hohe Empfindlichkeit und Linearität
- Rückseitige Druckankoppelung
- hohe Lastwechselfestigkeit durch ermüdungsfreie monokristaline Siliziummembrane
- Eingebauter Silizium Temperaturfühler

- *Absolute pressure KPY 4x-A Differential pressure KPY 4x-R*
- *Compact construction in planar technology*
- *Low pressure and temperature hysteresis*
- *Fast response*
- *Pressure coupled to rearside of Silicon diaphragm*
- *High sensitivity, good linearity*
- *Fatigue free monocrystaline Silicon diaphragm giving high load cycle stability*
- *Built-in Silicon temperature Sensor*

Typ	Druckbereich		Max. Überdruck		Bestellnummer
Type	*Pressure Range*		*Max. Pressure*		*Ordering Code*
	(bar)	*(kPa)*	*(bar)*	*(kPa)*	
KPY 41 R	0 ... 0.25	0 ... 25	2.0	200	Q62705-K159
KPY 42 R	0 ... 0.6	0 ... 60	6.0	600	Q62705-K160
KPY 42 A	0 ... 0.6	0 ... 60	6.0	600	Q62705-K204
KPY 43 R	0 ... 1.6	0 ... 160	10	1000	Q62705-K161
KPY 43 A	0 ... 1.6	0 ... 160	10	1000	Q62705-K162
KPY 44 R	0 ... 4.0	0 ... 400	15	1600	Q62705-K163
KPY 44 A	0 ... 4.0	0 ... 400	15	1600	Q62705-K164
KPY 45 R	0 ... 10	0 ... 1000	30	3000	Q62705-K165
KPY 45 A	0 ... 10	0 ... 1000	30	3000	Q62705-K166
KPY 46 R	0 ... 25	0 ... 2500	40	4000	Q62705-K167
KPY 46 A	0 ... 25	0 ... 2500	40	4000	Q62705-K168
KPY 47 R	0 ... 60	0 ... 6000	70	7000	Q62705-K169
KPY 47 A	0 ... 60	0 ... 6000	70	7000	Q62705-K170

Grenzdaten
Maximum ratings

Betriebstemperatur *Operating temperature range*	T_A	$-40/+125$	°C
Lagertemperatur *Storage temperature range*	T_{stg}	$-50/+150$	°C
Überlastdruck *Pressure overload*	P_{MAX}	siehe Tabelle *see table*	bar
Speisespannung *Supply voltage*	V_{IN}	12	V

Kenndaten
Characteristics ($T_A = 25°C$)

Typische Speisespannung *Typical supply voltage*	V_{IN}	5	V
Brückenwiderstand *Bridge resistance*	R_B	4 … 8	KOhm
Nullpunktspannung *Offset voltage* ($p = P_0$; $V_{IN} = 5\,V$)	V_O	$-25 … +25$	mV
Typischer Linearitätsfehler* *Linearity Error (typ.)** ($p = p_0 … p_N$)	F_L	siehe Tabelle *see table*	% V_{fin}
Druckhysterese (max.) *Pressure hysteresis (max.)* ($p_1 = p_0$; $p_2 = p_N$; $p_3 = p_0$)	P_H	± 0.1	% V_{fin}
Temperaturkoeffizient des R_B (typ.) *Temperature coefficient of R_B (typ.)* ($T_1 = 25°C$; $T_2 = 125°C$; $T_3 = 25°C$)	TC_{RB}	+ 0.095	% /K
Temperaturhysterese *Temperature hysteresis* ($T_1 = 25°C$; $T_2 = 125°C$; $T_3 = 25°C$) KPY 41 KPY 42 KPY 43-47	T_H	$-0.7 … +0.7$ $-0.5 … +0.5$ $-0.3 … +0.3$	% V_{fin}

* Toleranzbandeinstellung siehe auch 4.1

* *Tolerance band setting see also 4.1*

Kenndaten
Characteristics
($T_A = 25°C$; $V_{IN} = 5\,V$)

Typ	Empfindlichkeit		Ausgangs- spannung		Linearitäts- fehler		Temperatur- koeffizient von V_0		Temperaturkoeffizient von V_{fin}		
Type	Sensitivity *s [mV/Vbar]*		Output V_{fin} [mV]		Linearity error F_L [% V_{fin}]		Temp. Coef. of V_0 TC_{V0} [1]) [%/K]		Temp. Coef. of V_{fin} TC_{Vfin} [1]) [%/K]		
	min.	typ.	min.	typ.	typ.	max.	min.	max.	min.	typ.	max.
KPY 41 R	16.8	24	21	30	±0.15	±0.35	−0.05	+0.05	−0.19	−0.13	−0.09
KPY 42 A/R	11	15	33	45	±0.15	±0.35	−0.05	+0.05	−0.19	−0.15	−0.12
KPY 43 A/R	5.6	8.8	45	70	±0.15	±0.35	−0.05	+0.05	−0.19	−0.16	−0.13
KPY 44 A/R	4	6	80	120	±0.15	±0.35	−0.03	+0.03	−0.19	−0.17	−0.14
KPY 45 A/R	1.8	2.6	90	130	±0.15	±0.35	−0.03	+0.03	−0.19	−0.17	−0.14
KPY 46 A/R	0.88	1.2	110	150	±0.15	−	−0.03	+0.03	−0.19	−0.17	−0.15
KPY 47 A/R	0.47	0.67	140	200	±0.15	−	−0.01	+0.01	−0.19	−0.17	−0.15

Anschlußbelegung
Connections

① Kapillarröhrchen
Capillary tube

② + V_{IN}

③ − V_{out}

④ + Temperatur sensor
+ Temperature sensor

⑤ − Temperatur sensor
− Temperature sensor

⑥ − V_{IN}

⑦ + V_{out}

⑧ nicht belegt
Not connected

Hinweis: Mittelröhrchen ist intern mit + V_{IN} verbunden.

Note: Centre tube is connected internally to + V_{IN}

1) $T_1 = 25°C$; $T_2 = 125°C$; $T_3 = 25°C$

● Mit den Angaben werden die Bauelemente spezifiziert, nicht Eigenschaften zugesichert.

● *The information describes the type of component and shall not be considered as assured characteristics.*

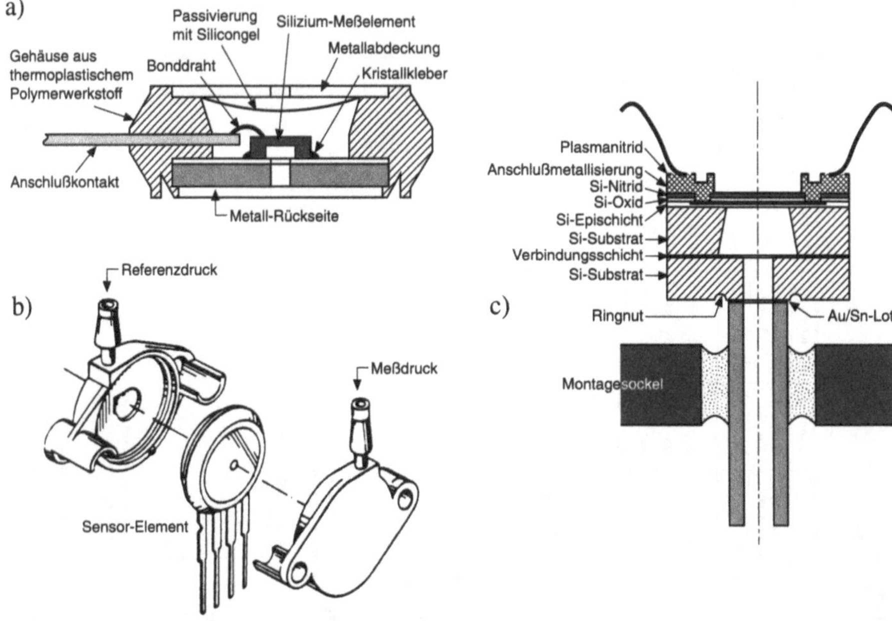

Bild 4.1.7-5   Gehäusetechnik für kostengünstige Silizium-Drucksensoren (a) und b) nach [4.30], c) nach [4.48])

a) Universell einsetzbares Gehäuse für das Sensorelement: Der montierte Siliziumkristall nach Bild 4.1.7-2a wird zunächst über Bondtechniken (Band 2, Abschnitt 8.3) mit Außenanschlüssen (die auf einem gestanzten Blech, dem **lead frame,** angeordnet sind) verbunden. Anschließend wird das Gehäuse über Spritzguß (Band 1, Abschnitt 3.2.2) mit einem thermoplastischen Polymerwerkstoff hergestellt.

b) Einbau des Sensorelements a) in ein Spezialgehäuse mit Schlauchanschlüssen für Druckleitungen.

c) Einbau auf einen TO8-Sockel mit Druckanschluß

Die **Anordnung der Halbleiter-Dehnungsmeßstreifen** auf der Druckmembran kann im Prinzip erfolgen wie in den Bildern 4.1.5-10 und 13. Da Halbleiter-DMS ohnehin relativ große Schichtwiderstände haben, kann auf eine Verlängerung der Widerstandsbahn über eine Mäanderstruktur verzichtet werden, so daß eine Struktur wie in Bild 4.1.5-10b verwendet werden kann.

In derselben Technologie sind auch Drucksensoren hergestellt worden, die das durch den anisotropen piezoresistiven Effekt entstehende Transversalfeld (**Pseudo-Hall-Effekt,** s. Anhang C2, Bild 4.1.7-6) ausnutzen.

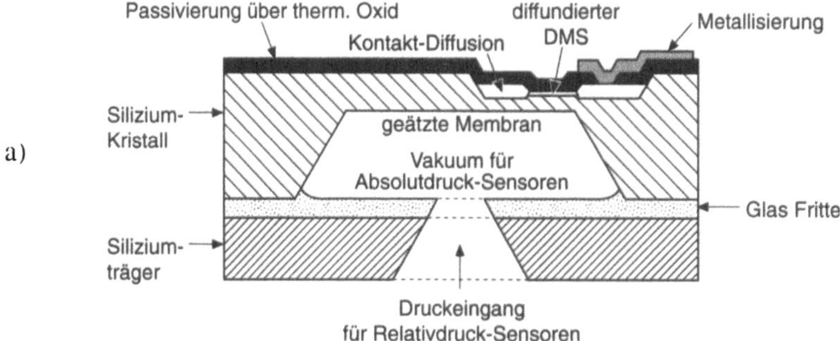

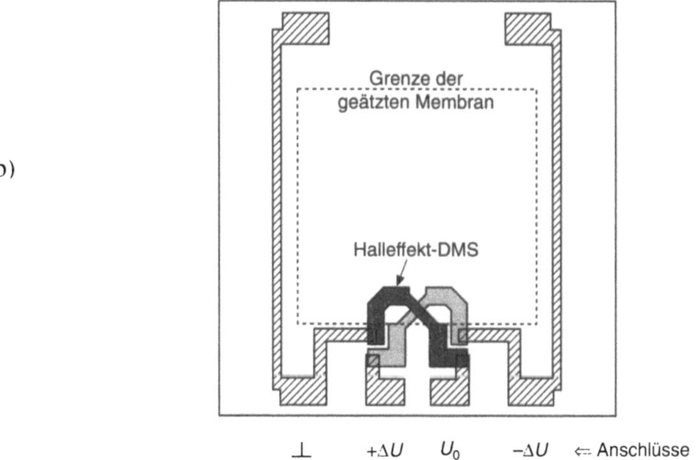

$\perp$ $+\Delta U$ U_0 $-\Delta U$ ⇐ Anschlüsse

Bild 4.1.7-6   Drucksensor (**X-shaped Sensor**, nach [4.31])) mit vierpoligen Dehnungsmeßstreifen, die das Prinzip des Pseudo-Hall Effekts (Messung des Transversalfeldes)
ausnutzen.

a) Querschnitt durch den Sensoraufbau

b) Aufsicht auf die Membran mit vierpoliger Meßfigur (Betriebsspannung U_0,
Meßspannung ΔU).

Der Vorteil dieses Meßverfahrens liegt darin, daß eine Fehlerquelle vermieden werden kann, die durch die Streuung in den Eigenschaften der vier Widerstände einer
Wheatstoneschen Brückenschaltung entsteht. Die unvermeidbare Temperaturabhängigkeit des Sensorsignals wird durch Integration eines Widerstandsnetzwerkes mit
einem temperaturabhängigen Widerstand (Thermistor) und einem Laser-trimmbaren
Dünnschichtwiderstand kompensiert (Bild 4.1.7-7).

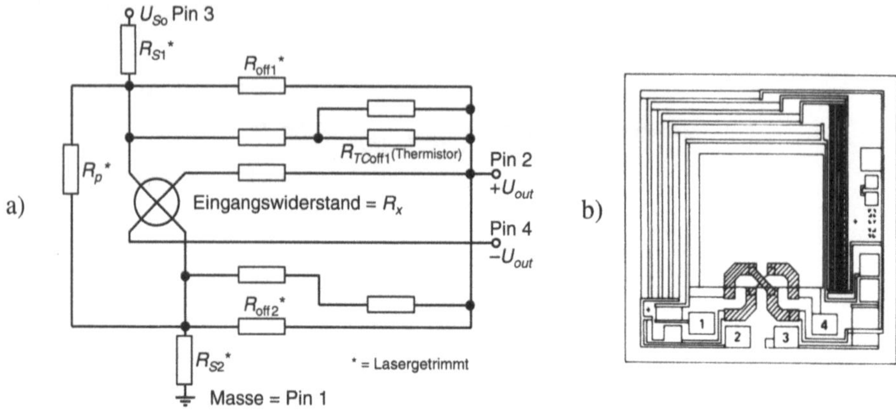

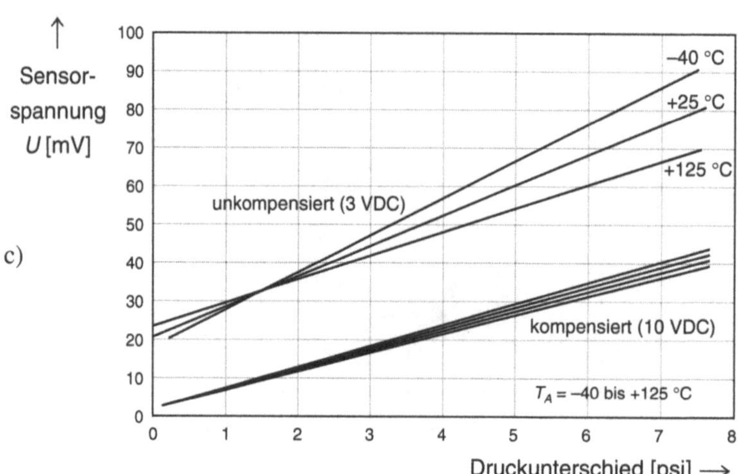

Bild 4.1.7-7   Temperaturkompensation bei dem Drucksensor in Bild 4.1.7-6 durch Integration
eines Laser-trimmbaren Widerstandsnetzwerks (nach [4.30])

  a) Schaltung des Widerstandsnetzwerks mit einem temperaturabhängigen Widerstand (Thermistor) und drei Laser-trimmbaren Dünnschichtwiderständen

  b) Integration des Widerstandsnetzwerks auf dem Siliziumkristall: Neben dem
  vierpoligen Dehnungsmeßstreifen sind die einzelnen Widerstandsbahnen er-
  kennbar

  c) Streuung des Ausgangssignals mit und ohne Temperaturkompensation

Bei Hochdruck- und Kraftsensoren können anstelle der Druckmembranen auch Sili-
ziumstäbe mit eindiffundierten Dehnungsmeßstreifen eingesetzt werden (Bild 4.1.7-
8). Die Umwandlung des Meßdrucks in eine Kraft erfolgt durch eine Stahlmembran.

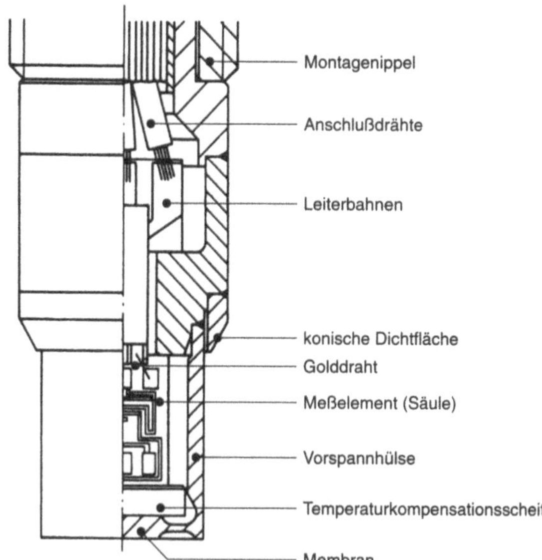

Bild 4.1.7-8   Piezoresistiver Hochdrucksensor mit einem Siliziumstab als Meßelement (nach [4.28]): Auf dem Siliziumkristall sind Dehnungsmeßstreifen und Kompensationswiderstände integriert, der Meßdruck wird über eine Stahlmembran in eine Kraft umgewandelt.

Das mikromechanische Herstellungsverfahren läßt eine große Flexibilität in der Gestaltung des Federkörpers zu (Bild 4.1.7-9).

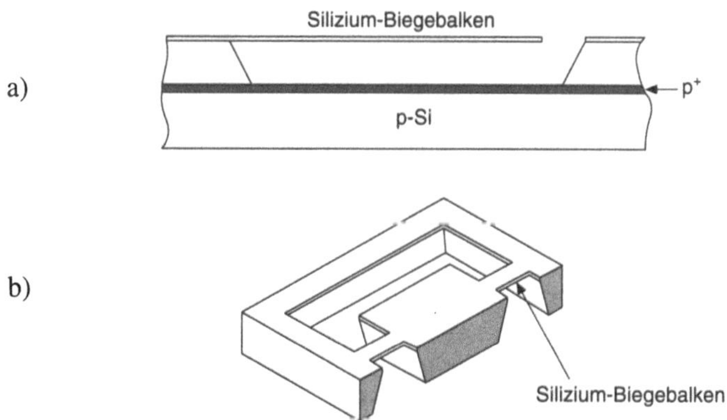

Bild 4.1.7-9   a) mikromechanisch hergestellter Silizium-Biegebalken

b) **Beschleunigungssensor:** Am Silizium-Federkörper ist eine träge Masse integriert: Bei einer Beschleunigung lenkt diese den Federkörper aus, so daß die Größe der Beschleunigungskraft gemessen werden kann.

Ein grundsätzlicher Vorteil aller monolithischen Siliziumsensoren ist, daß im Prinzip auf dem Sensorkristall auch weitere Halbleiterbauelemente integriert werden können, so daß auf dem Sensorchip bereits eine Daten(vor)verarbeitung erfolgen kann. In der Forschung sind solche **integrierten Sensoren** auch bereits realisiert worden.

Theoretisch und experimentell konnte gezeigt werden [4.32], daß der Bandabstand in Halbleitern geringfügig von der Größe anliegender mechanischer Spannungen abhängt, dieser Effekt geht in die Sättigungsstromdichte bipolarer Transistoren ein (Band 2, Abschnitt 10.2.1). Sensoren auf dieser Basis werden **Piezotransistoren** genannt, auch diese sind im Forschungsmaßstab hergestellt worden.

4.2   Piezoelektrische Kraft- und Drucksensoren

4.2.1   Piezoelektrischer Effekt

In Verbindung mit Kaltleitern und pyroelektrischen Temperatursensoren war bereits die Ferroelektrizität vieler keramischer (häufig perovskitischer) Werkstoffe eingeführt worden. Neben den genannten Verbindungen sind auch *Mischkristalle* unterschiedlicher Materialien von Bedeutung, insbesondere die Legierung **Bleititanat-Bleizirkonat (PZT)**. Bild 4.2.1-1 zeigt das Zustandsdiagramm dieses Systems mit den dazugehörigen Kristallstrukturen.

Auf der titanatreichen Seite des Zustandsdiagramms geht die ferroelektrische tetragonale Struktur oberhalb der Curietemperatur in eine nichtferroelektrische kubische Struktur über (Bild 4.2.1-2).

Die Polarisation ferroelektrischer Materialien kann verändert werden, wenn der Kristall aufgrund einer mechanischen Belastung elastisch verformt wird (Bild 3.3.5-1). Ein Kriterium hierfür ist die Abwesenheit eines Symmetriezentrums (Bild 4.2.1-3): Nur in diesem Fall wirkt die Verzerrung unsymmetrisch, so daß bei elektrisch geladenen Gitteratomen ein zusätzlicher Beitrag zur Polarisation entsteht.

Die Erzeugung einer durch eine elastische Verformung induzierten elektrischenPolarisation (**piezoelektrischer Effekt**) ist nicht nur bei ferroelektrischen Werkstoffen (die immer piezoelektrische Eigenschaften haben) möglich: Auch nichtferroelektrische kristalline Werkstoffe, wie der kovalent gebundene SiO_2-Kristall (**Quarz**, Band 1, Abschnitt 1.3.3), können denselben Effekt zeigen.

Der piezoelektrische Effekt ist umkehrbar: Das Anlegen eines elektrischen Feldes an einen piezoelektrisch aktiven Werkstoff kann zu einer Gitterverzerrung führen (Bild 4.2.1-4).

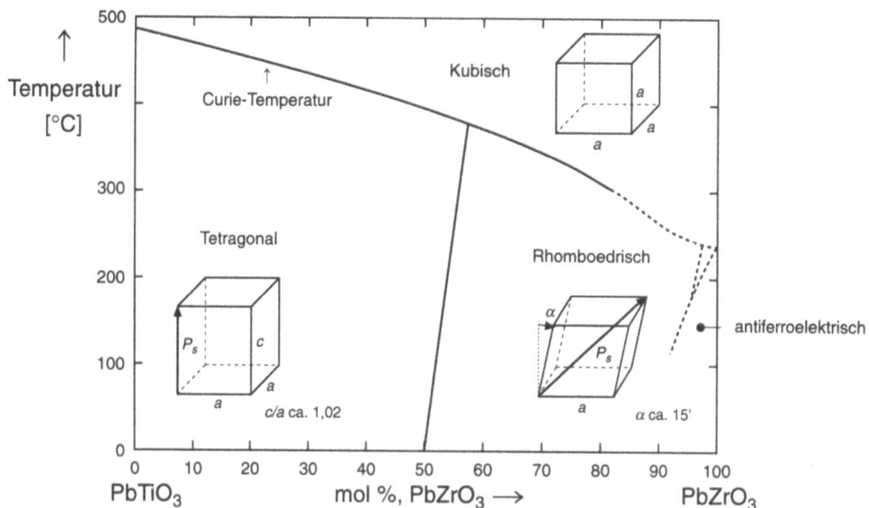

Bild 4.2.1-1   Zustandsdiagramm des Systems Bleititanat-Bleizirkonat (nach [3.42])

Oberhalb der Linie, welche die Curietemperatur für den ferroelektrischen Zustand in Abhängigkeit von der Legierungszusammensetzung beschreibt, hat die Legierung eine (nichtferroelektrische) kubische Struktur, unterhalb davon eine von der Zusammensetzung abhängige tetragonale oder rhomboedrische Struktur. Beide sind ferroelektrisch mit dem Polarisationsvektor P_s; auf der zirkonatreichen Seite des Systems tritt bei einer Zusammensetzung oberhalb von 94 auch eine antiferroelektrische Phase auf.

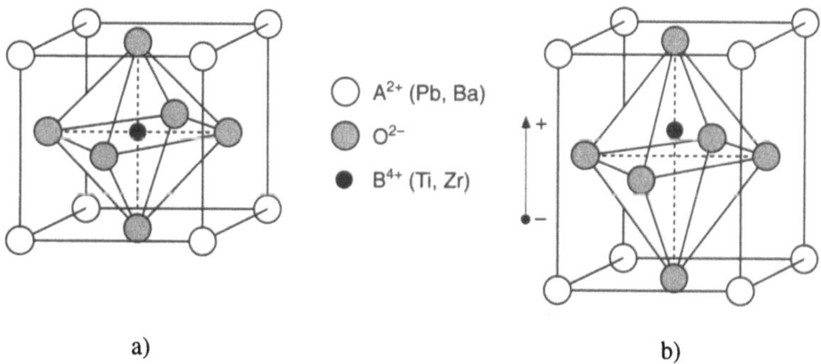

Bild 4.2.1-2   Gitterstrukturen des nichtferroelektrischen rein *kubischen* PZT oberhalb der Curietemperatur (a) und des ferroelektrischen *tetragonalen* PZT (titanatreiche Zusammensetzung) unterhalb der Curietemperatur (b). Zu erkennen ist die Verschiebung des vierfach geladenen Kations aus der zentralen Lage, hierin liegt die Ursache für das permanente elektrische Dipolmoment (nach [4.33])

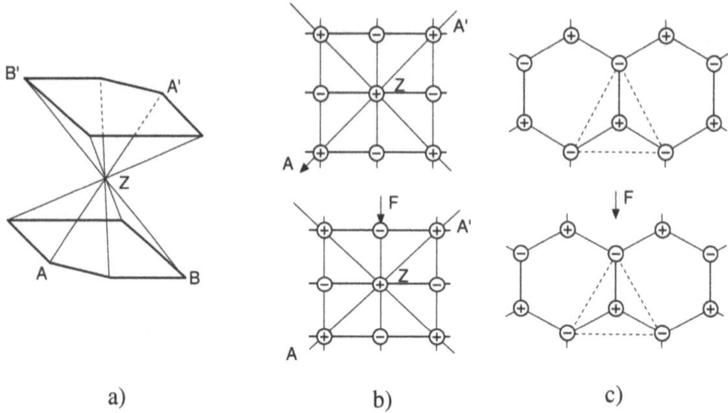

a)   b)   c)

Bild 4.2.1-3   piezoelektrischer Effekt in Ionenkristallen **mit** und **ohne** Symmetriezentrum (b) und c) nach [3.9]):

a) **Aufbau eines Kristalls mit** Symmetriezentrum: Die Spiegelung aller Gitterpositionen (mit den entsprechenden Atombesetzungen) *A*, *B* usw. über den Symmetriepunkt *Z* erzeugt äquivalente Gitterpositionen *A'*, *B'*, usw. Damit ist *Z* gleichzeitig der gemeinsame *Ladungsschwerpunkt* (Band 11, Abschnitt 2) für die positiven und negativen Ladungen der Gitteratome.

b) **Ionenkristall mit** Symmetriezentrum mit und ohne elastische Verformung aufgrund einer Kraft *F*: Auch im verformten Zustand bleibt das Symmetriezentrum, und damit der gemeinsame Ladungsschwerpunkt der positiven und negativen Ladungen erhalten: Es entsteht keine elektrische Polarisation.

c) **Ionenkristall ohne** Symmetriezentrum mit und ohne elastische Verformung aufgrund einer Kraft *F*: Die ursprünglich übereinander liegenden Ladungsschwerpunkte der positiven und negativen Ladungen haben jetzt verschiedene Ortsvektoren, so daß ein Dipolmoment entsteht. Bezogen auf das Kristallvolumen wird eine elektrische Polarisation erzeugt, die ihrerseits Oberflächenladungen bildet.

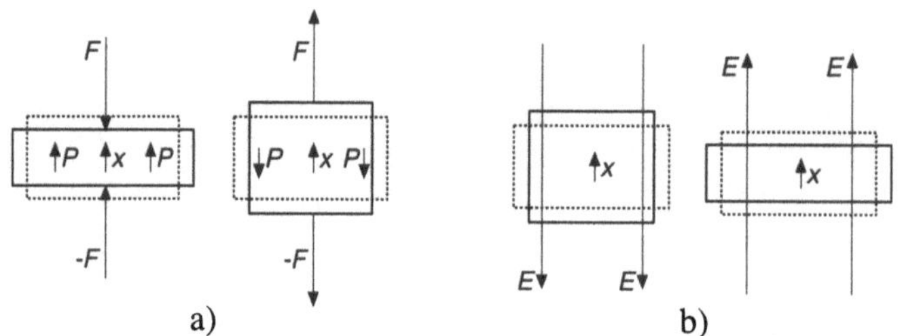

a)   b)

Bild 4.2.1-4   **Piezoelektrischer Effekt am Beispiel des rechtsdrehenden Quarzes** (nach [4.34]): der Zustand **vor** der Krafteinwirkung ist gestrichelt, derjenige **nach** der Krafteinwirkung durchgezogen gezeichnet.

a) **direkter piezoelektrischer Effekt** wie in Bild 4.2.1-3c: Die elastische mechanische Verzerrung führt zur Entstehung einer elektrischen Polarisation *P*.

b) **reziproker piezoelektrischer Effekt:** Das Anlegen eines elektrischen Feldes *E* führt zu einer elastischen mechanischen Verzerrung

Beide Effekte haben vielfältige Anwendungen in der Technik (Bild 4.2.1-5).

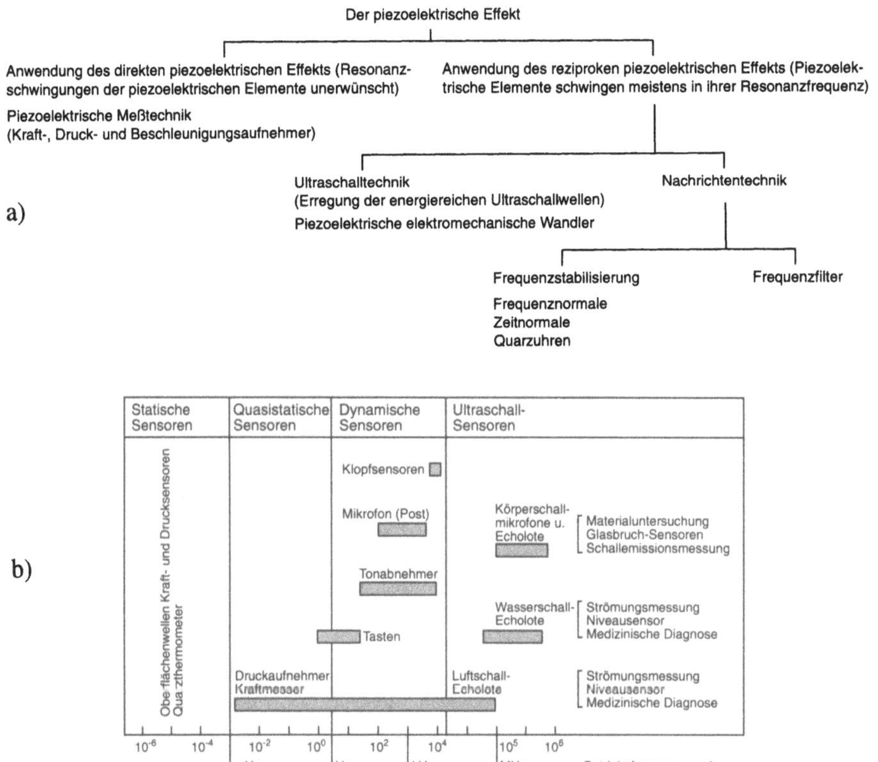

Bild 4.2.1-5   a) Technische Anwendungen des direkten und reziproken piezoelektrischen Effekts (nach [4.34])

   b) Sensoranwendungen des piezoelektrischen Effekts bei verschiedenen Frequenzen (nach [4.7])

Die quantitative Beschreibung des piezoelektrischen Effekts erfolgt analog zum pyroelektrischen Effekt in (3.5-1) durch eine Relation zwischen der dielektrischen Verschiebungsdichte und den Einflußgrößen. Anstelle der skalaren Temperatur treten jetzt aber die sechs Komponenten des Spannungstensors, die als Spannungsvektor geschrieben werden können (s.Abschnitt 4.1.3). Bei Anwesenheit elektrischer Felder $\vec{E}$ gilt dann insgesamt:

$$\vec{D} = ((\varepsilon))\,\vec{E} + ((d))\,\vec{\sigma} \tag{1}$$

$$= \begin{pmatrix} \varepsilon_{11} & \varepsilon_{12} & \varepsilon_{13} \\ \varepsilon_{12} & \varepsilon_{22} & \varepsilon_{23} \\ \varepsilon_{13} & \varepsilon_{23} & \varepsilon_{33} \end{pmatrix} \vec{E} + \begin{pmatrix} d_{11} & d_{12} & d_{13} & d_{14} & d_{15} & d_{16} \\ d_{21} & d_{22} & d_{23} & d_{24} & d_{25} & d_{26} \\ d_{31} & d_{32} & d_{33} & d_{34} & d_{35} & d_{36} \end{pmatrix} \begin{pmatrix} \sigma_1 \\ \sigma_2 \\ \sigma_3 \\ \sigma_{23} \\ \sigma_{31} \\ \sigma_{12} \end{pmatrix} \tag{2}$$

mit den Tensoren $((\varepsilon))$ der Dielektrizitätskonstanten und $((d))$ der **piezoelektrischen Koeffizienten** (Einheit Coulomb/Newton). Die einzelnen Komponenten des zuletzt genannten Tensors können wie die des Tensors der piezo*resistiven* Koeffizienten (Abschnitt 4.1.3) dadurch bestimmt werden, daß an einen Probekörper spezifische Spannungszustände angelegt werden, bei denen jeweils nur eine der Komponenten des Spannungsvektors ungleich Null ist (Bild 4.2.1-6).

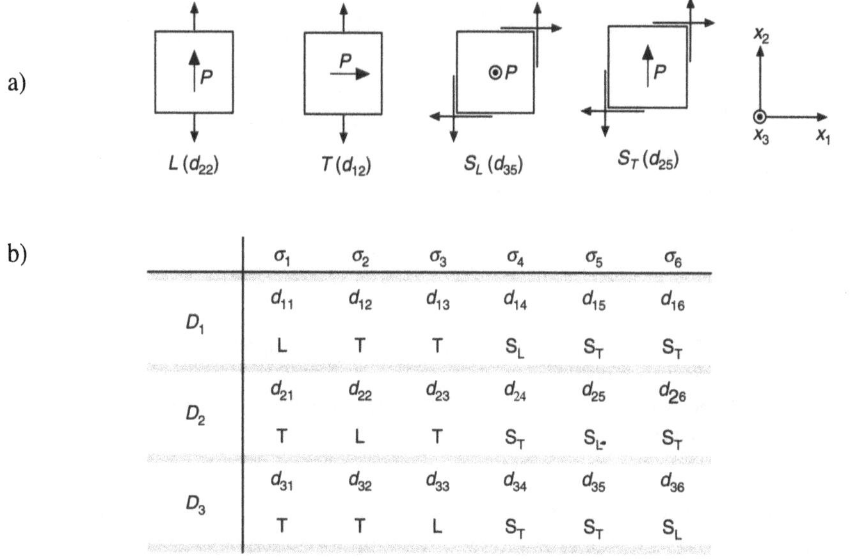

b)

	σ_1	σ_2	σ_3	σ_4	σ_5	σ_6
D_1	d_{11}	d_{12}	d_{13}	d_{14}	d_{15}	d_{16}
	L	T	T	S_L	S_T	S_T
D_2	d_{21}	d_{22}	d_{23}	d_{24}	d_{25}	d_{26}
	T	L	T	S_T	S_L	S_T
D_3	d_{31}	d_{32}	d_{33}	d_{34}	d_{35}	d_{36}
	T	T	L	S_T	S_T	S_L

Bild 4.2.1-6 Messung der piezoelektrischen Konstanten (nach [4.34])

a) mechanische Spannungszustände am Probekörper zur Messung der piezoelektrischen Koeffizienten

b) Bestimmung der Komponenten des Tensors der piezoelektrischen Koeffizienten über die Spannungszustände in a)

In Tab. 4.2.1-1 werden piezoelektrische Grundgrößen verschiedener Materialien miteinander verglichen.

Tab. 4.2.1-1   Übersicht über die Werkstoffeigenschaften wichtiger piezoelektrischer Materialien. Die Größen k_{ij} beziehen sich auf **piezoelektrische Kopplungsfaktoren**, sie charakterisieren den Wirkungsgrad der piezoelektrischen Umwandlung (nach [4.7])

	Elastizitäts-koeffizient	Dielektrizitäts-zahl	Piezoelektrische Koeffizienten			Curie-temperatur
Einheit Symbol	$10^{-12}\,m^2/N$ s^E	— ε_r^T	— k	$10^{-12}\,C/N$ d	C/m^2 e	°C ϑ_c
Einkristalle: a-Quarz	$s_{11} = 12{,}8$	$\varepsilon_{11} = 4{,}5$	$k_{11} = 0{,}1$	$d_{11} = 2{,}3$	$e_{11} = 0{,}17$	—
Lithiumniobat	$s_{44} = 17$ $s_{11} = 5{,}8$ $s_{33} = 5{,}0$	$\varepsilon_{11} = 84$ $\varepsilon_{33} = 30$	$k_{15} = 0{,}64$ $k_{22} = 0{,}34$ $k_{33} = 0{,}17$	$d_{15} = 68$ $d_{22} = 21$ $d_{33} = 6$	$e_{15} = 3{,}7$ $e_{22} = 2{,}5$ $e_{33} = 1{,}3$	1150
Zinkoxid (Schicht)		$\varepsilon = 8$	$k_{31} = 0{,}34$ $k_{33} = 0{,}45$			
Keramiken: Bariumtitanat	$s_{11} = 8{,}5$ $s_{33} = 8{,}9$	$\varepsilon_{11} = 1620$ $\varepsilon_{33} = 1900$	$k_{15} = 0{,}47$ $k_{31} = 0{,}20$ $k_{33} = 0{,}49$	$d_{15} = 550$ $d_{31} = -150$ $d_{33} = 374$		120
PZT normal	$s_{44} = 48$ $s_{11} = 16$ $s_{33} = 19$	$\varepsilon_{11} = 1730$ $\varepsilon_{33} = 1700$	$k_{15} = 0{,}68$ $k_{31} = 0{,}33$ $k_{33} = 0{,}69$	$d_{15} = 584$ $d_{31} = -171$ $d_{33} = 374$	$e_{15} = 12{,}3$ $e_{31} = -5{,}4$ $e_{33} = 15{,}8$	330
Hohes	$s_{44} = 40$ $s_{11} = 14{,}3$ $s_{33} = 17{,}5$	$\varepsilon_{11} = 3750$ $\varepsilon_{33} = 400$	$k_{15} = 0{,}66$ $k_{31} = 0{,}34$ $k_{33} = 0{,}69$	$d_{15} = 765$ $d_{31} = -235$ $d_{33} = 545$		185
niedrige Verluste	$s_{44} = 31$ $s_{11} = 11{,}8$ $s_{33} = 13{,}8$	$\varepsilon_{11} = 960$ $\varepsilon_{33} = 1000$	$k_{15} = 0{,}57$ $k_{31} = 0{,}28$ $k_{33} = 0{,}60$	$d_{15} = 295$ $d_{31} = -90$ $d_{33} = 240$		330
Bloi-Motaniobat		$\varepsilon_{33} = 300$	$k_{31} = 0{,}01$ $k_{33} = 0{,}42$	$d_{31} = -5$ $d_{33} = 85$		>400
Polymere: PVDF Polyvinylidenfluorid	$s_{11} = 400$ $s_{33} = 8{,}9$	$\varepsilon_{11} = 12$ $\varepsilon_{33} = 1900$	$k_{31} = 0{,}1$ $k_{33} = 0{,}49$	$d_{31} = 20$ $d_{33} = 374$	C = Coulomb	
Nylon 11				$d_{31} = 3$		

Bild 4.2.1-7 gibt eine Zusammenstellung der grundlegenden Daten für die in der Praxis wichtigsten piezoelektrischen Werkstoffe. Die Tensorbeziehung (1) läßt sich auch über die Verzerrungen ε ausdrücken

$$\vec{D} = ((\varepsilon))\vec{E} + ((e))\vec{\varepsilon} \tag{3}$$

wodurch der **Tensor der piezoelektrischen Moduln** $((e))$ (Dimension Coulomb/m^2) definiert wird. Diese Definitionen der piezoelektrischen Koeffizienten und Moduln werden (wie die der entsprechenden elastischen Konstanten auch) in der Praxis nicht mit einheitlicher Bedeutung verwendet, im Zweifelsfall ist eine Orientierung an der Einheit erforderlich.

Bild 4.2.1-7 Werkstoffeigenschaften piezoelektrischer Materialien für Drucksensoren (nach [4.34])
  a) α–Quarz (Linksquarz, Bezeichnung über die Drehung der Polarisationsebene)

Matrix der Elastizitätskoeffizienten **Matrix der Elastizitätsmoduln**

$$
\begin{pmatrix}
s_{11} & s_{12} & s_{13} & s_{14} & 0 & 0 \\
s_{12} & s_{11} & s_{13} & -s_{14} & 0 & 0 \\
s_{13} & s_{13} & s_{33} & 0 & 0 & 0 \\
s_{14} & -s_{14} & 0 & s_{44} & 0 & 0 \\
0 & 0 & 0 & 0 & s_{44} & 2s_{14} \\
0 & 0 & 0 & 0 & 2s_{14} & 2(s_{11}-s_{12})
\end{pmatrix}
\qquad
\begin{pmatrix}
c_{11} & c_{12} & c_{13} & c_{14} & 0 & 0 \\
c_{12} & c_{11} & c_{13} & -c_{14} & 0 & 0 \\
c_{13} & c_{13} & c_{33} & 0 & 0 & 0 \\
c_{14} & -c_{14} & 0 & c_{44} & 0 & 0 \\
0 & 0 & 0 & 0 & c_{44} & c_{14} \\
0 & 0 & 0 & 0 & c_{14} & \tfrac{1}{2}(c_{11}-c_{12})
\end{pmatrix}
$$

Elastizitätskoeffizienten in $10^{-12}\,\mathrm{N}^{-1}\mathrm{m}^2$

	s_{11}^E	s_{12}^E	s_{13}^E	s_{14}^E	s_{33}^E	s_{44}^E	$[s_{66}^E]$
Adiabatische (25 °C)	12,777	$-1,807$	$-1,235$	4,521	9,735	19,985	29,167
Isotherme (25 °C)	12,809	$-1,775$	$-1,218$	4,521	9,743	19,985	29,167

Temperaturkoeffizienten der Elastizitätskoeffizienten in $10^{-6}\,\mathrm{K}^{-1}$ (25 °C)

$TK(s_{11}^E)$	$TK(s_{12}^E)$	$TK(s_{13}^E)$	$TK(s_{14}^E)$	$TK(s_{33}^E)$	$TK(s_{44}^E)$	$[TK(s_{66}^E)]$
8,5	$-1296,5$	$-168,8$	140,6	139,7	211,1	$-151,9$

Elastizitätsmoduln in $10^9\,\mathrm{Nm}^{-2}$

	c_{11}^E	c_{12}^E	c_{13}^E	c_{14}^E	c_{33}^E	c_{44}^E	$[c_{66}^E]$
Adiabatische (25 °C)	86,80	7,04	11,91	$-18,04$	105,75	58,20	39,88
Isotherme (25 °C)	86,48	6,72	11,66	$-18,04$	105,55	58,20	39,88

Temperaturkoeffizienten der Elastizitätsmoduln in $10^{-6}\,\mathrm{K}^{-1}$ (25 °C)

$TK(c_{11}^E)$	$TK(c_{12}^E)$	$TK(c_{13}^E)$	$TK(c_{14}^E)$	$TK(c_{33}^E)$	$TK(c_{44}^E)$	$[TK(c_{66}^E)]$
$-44,3$	-2690	-550	117	-160	$-175,4$	187,6

Matrix der piezoelektrischen Koeffizienten **Matrix der piezoelektrischen Moduln**

$$
\begin{pmatrix}
d_{11} & -d_{11} & 0 & d_{14} & 0 & 0 \\
0 & 0 & 0 & 0 & -d_{14} & -2d_{11} \\
0 & 0 & 0 & 0 & 0 & 0
\end{pmatrix}
\qquad
\begin{pmatrix}
e_{11} & -e_{11} & 0 & e_{14} & 0 & 0 \\
0 & 0 & 0 & 0 & -e_{14} & -e_{11} \\
0 & 0 & 0 & 0 & 0 & 0
\end{pmatrix}
$$

Piezoelektrische Koeffizienten (20 °C)   Piezoelektrische Moduln (20 °C)
in $10^{-12}\,\mathrm{CN}^{-1}$ in $\mathrm{C}^{-1}\mathrm{m}^2$ in Cm^{-2} in $10^9\,\mathrm{NC}^{-1}$

d_{11}	d_{14}	g_{11}	g_{14}	e_{11}	e_{14}	h_{11}	h_{14}
2,30	0,67	0,0578	0,0182	0,171	$-0,041$	4,36	$-1,04$

Temperaturkoeffizienten der piezoelektrischen   Temperaturkoeffizienten der piezoelektrischen
Koeffizienten in $10^{-4}\,\mathrm{K}^{-1}$ (20 °C)   Moduln in $10^{-4}\,\mathrm{K}^{-1}$ (20 °C)

$TK(d_{11})$	$TK(d_{14})$	$TK(e_{11})$	$TK(e_{14})$
$-2,15$	12,9	$-1,6$	$-14,4$

Matrix der Permittivitäten Permittivitätszahlen (20 °C) Temperaturkoeffizienten der Permittivitätszahlen in $10^{-4}\,\mathrm{K}^{-1}$ (20 °C) Ausdehnungskoeffizienten in $10^{-6}\,\mathrm{K}^{-1}$ (20 °C)

$$
\begin{pmatrix}
\varepsilon_{11} & 0 & 0 \\
0 & \varepsilon_{11} & 0 \\
0 & 0 & \varepsilon_{33}
\end{pmatrix}
$$

$\left(\dfrac{\varepsilon_{11}}{\varepsilon_0}\right)^T$	$\left(\dfrac{\varepsilon_{33}}{\varepsilon_0}\right)^T$	$\left(\dfrac{\varepsilon_{11}}{\varepsilon_0}\right)^S$	$\left(\dfrac{\varepsilon_{33}}{\varepsilon_0}\right)^S$	$TK\left(\dfrac{\varepsilon_{11}}{\varepsilon_0}\right)$	$TK\left(\dfrac{\varepsilon_{33}}{\varepsilon_0}\right)$	α_{11}	α_{33}
4,514	4,634	4,428	4,634	0,5	0,5	13,71	7,48

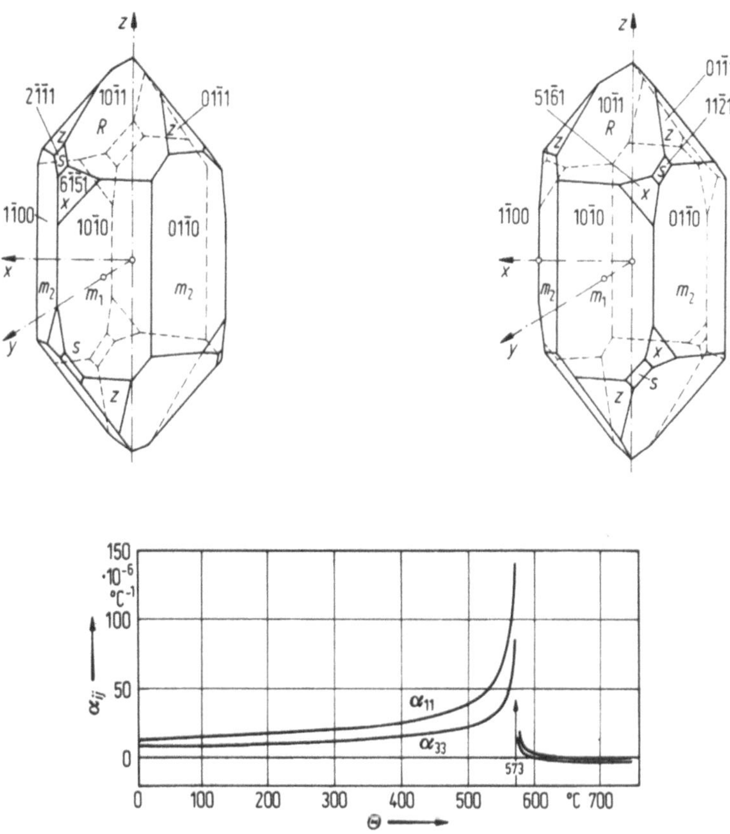

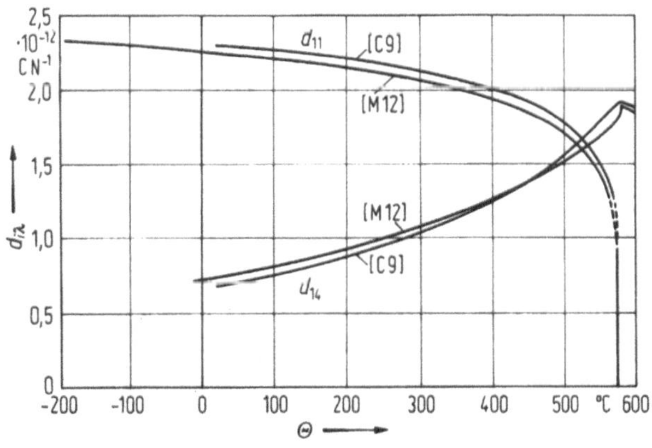

Bild 4.2.1-7　b) PZT

Symmetrieklasse 6 mm und ∞ m
Polarisierte piezoelektrische Keramik

	Curie-Temperatur Θ_C in °C	Dichte ϱ in $10^3\,\mathrm{kg\,m^{-3}}$
PZT–5A	365 °C	7,75
PZT–5H	193 °C	7,5

Matrix der Elastizitätskoeffizienten

$$\begin{pmatrix} s_{11} & s_{12} & s_{13} & 0 & 0 & 0 \\ s_{12} & s_{11} & s_{13} & 0 & 0 & 0 \\ s_{13} & s_{13} & s_{33} & 0 & 0 & 0 \\ 0 & 0 & 0 & s_{44} & 0 & 0 \\ 0 & 0 & 0 & 0 & s_{44} & 0 \\ 0 & 0 & 0 & 0 & 0 & 2(s_{11}-s_{12}) \end{pmatrix}$$

Elastizitätskoeffizienten in $10^{-12}\,\mathrm{N^{-1}m^2}$

	s_{11}^E	s_{12}^E	s_{13}^E	s_{33}^E	s_{44}^E	$[s_{66}^E]$
PZT–5A	16,4	−5,74	−7,22	18,8	47,5	44,3
PZT–5H	16,5	−4,78	−8,45	20,7	43,5	42,6

Matrix der Elastizitätsmoduln

$$\begin{pmatrix} c_{11} & c_{12} & c_{13} & 0 & 0 & 0 \\ c_{12} & c_{11} & c_{13} & 0 & 0 & 0 \\ c_{13} & c_{13} & c_{33} & 0 & 0 & 0 \\ 0 & 0 & 0 & c_{44} & 0 & 0 \\ 0 & 0 & 0 & 0 & c_{44} & 0 \\ 0 & 0 & 0 & 0 & 0 & \tfrac{1}{2}(c_{11}-c_{12}) \end{pmatrix}$$

Elastizitätsmoduln in $10^9\,\mathrm{Nm^{-2}}$

	c_{11}^E	c_{12}^E	c_{13}^E	c_{33}^E	c_{44}^E	$[c_{66}^E]$
PZT–5A	121	75,4	75,2	111	21,1	22,8
PZT–5H	126	79,5	84,1	117	23,0	23,2

Matrix der piezoelektrischen Koeffizienten

$$\begin{pmatrix} 0 & 0 & 0 & 0 & d_{15} & 0 \\ 0 & 0 & 0 & d_{15} & 0 & 0 \\ d_{31} & d_{31} & d_{33} & 0 & 0 & 0 \end{pmatrix}$$

piezoelektrische Koeffizienten in $10^{-12}\,\mathrm{CN^{-1}}$

	d_{15}	d_{31}	d_{33}	d_h
PZT–5A	584	−171	374	32
PZT–5H	741	−274	593	45

Matrix der piezoelektrischen Moduln

$$\begin{pmatrix} 0 & 0 & 0 & 0 & e_{15} & 0 \\ 0 & 0 & 0 & e_{15} & 0 & 0 \\ e_{31} & e_{31} & e_{33} & 0 & 0 & 0 \end{pmatrix}$$

piezoelektrische Moduln in $\mathrm{Cm^{-2}}$

	e_{15}	e_{31}	e_{33}
PZT–5A	12,3	−5,4	15,8
PZT–5H	17	−6,5	23,3

Matrix der Permittivitäten

$$\begin{pmatrix} \varepsilon_{11} & 0 & 0 \\ 0 & \varepsilon_{11} & 0 \\ 0 & 0 & \varepsilon_{33} \end{pmatrix}$$

Permittivitätszahlen

	$\left(\dfrac{\varepsilon_{11}}{\varepsilon_0}\right)^T$	$\left(\dfrac{\varepsilon_{33}}{\varepsilon_0}\right)^T$
PZT–5A	1730	1700
PZT–5H	3130	3400

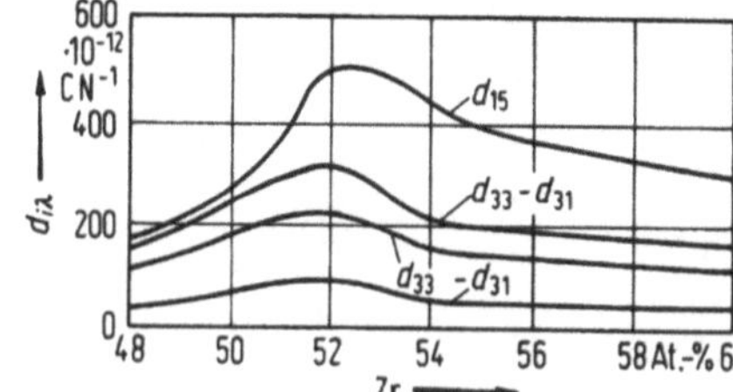

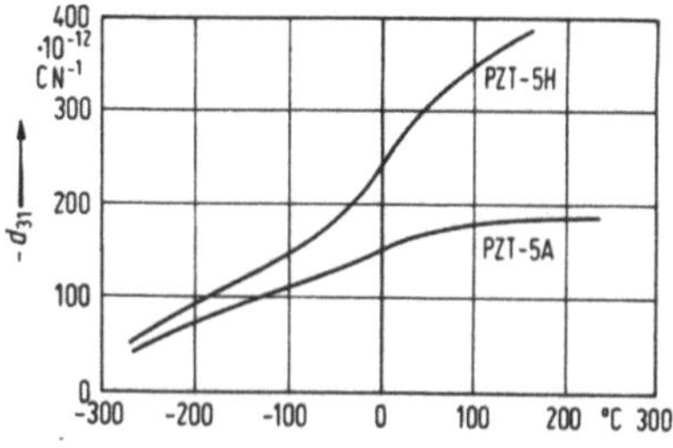

Bild 4.2.1-7   c)   Turmalin (Aluminiumborosilikat), Lithiumniobat und -tantalat

		Curie-Temperatur Θ_C in °C	Dichte ϱ in 10^3 kg m^{-3}
Symmetrieklasse 3 m			
Turmalin	$(Na, Ca)(Mg, Fe)_3B_3Al_6Si_6(O, OH, F$		3,1
Lithiumniobat	$LiNbO_3$	1210 °C	4,63
Lithiumtantalat	$LiTaO_3$	665 °C	7,454

Matrix der Elastizitätskoeffizienten

$$\begin{pmatrix} s_{11} & s_{12} & s_{13} & s_{14} & 0 & 0 \\ s_{12} & s_{11} & s_{13} & -s_{14} & 0 & 0 \\ s_{13} & s_{13} & s_{33} & 0 & 0 & 0 \\ s_{14} & -s_{14} & 0 & s_{44} & 0 & 0 \\ 0 & 0 & 0 & 0 & s_{44} & 2s_{14} \\ 0 & 0 & 0 & 0 & 2s_{14} & 2(s_{11}-s_{12}) \end{pmatrix}$$

Elastizitätskoeffizienten in 10^{-12} N^{-1}m^2

	s_{11}^E	s_{12}^E	s_{13}^E	s_{14}^E	s_{33}^E	s_{44}^E	$[s_{66}^E]$
Turmalin	3,85	−0,48	−0,71	0,45	6,36	15,4	8,66
LiNbO$_3$	5,78	−1,01	−1,47	−1,02	5,02	17,0	13,6
LiTaO$_3$	4,86	−0,29	−1,24	0,63	4,36	10,5	10,3

Matrix der Elastizitätsmoduln

$$\begin{pmatrix} c_{11} & c_{12} & c_{13} & c_{14} & 0 & 0 \\ c_{12} & c_{11} & c_{13} & -c_{14} & 0 & 0 \\ c_{13} & c_{13} & c_{33} & 0 & 0 & 0 \\ c_{14} & -c_{14} & 0 & c_{44} & 0 & 0 \\ 0 & 0 & 0 & 0 & c_{44} & c_{14} \\ 0 & 0 & 0 & 0 & c_{14} & \frac{1}{2}(c_{11}-c_{12}) \end{pmatrix}$$

Elastizitätsmoduln in 10^9 Nm^{-2}

	c_{11}^E	c_{12}^E	c_{13}^E	c_{14}^E	c_{33}^E	c_{44}^E	$[c_{66}^E]$
Turmalin	272	40	35	− 6,8	165	65	116
LiNbO$_3$	203	53	75	9	245	60	75
LiTaO$_3$	228	31	74	−12	271	96	98

Matrix der piezoelektrischen Koeffizienten

$$\begin{pmatrix} 0 & 0 & 0 & 0 & d_{15} & -2d_{22} \\ -d_{22} & d_{22} & 0 & d_{15} & 0 & 0 \\ d_{31} & d_{31} & d_{33} & 0 & 0 & 0 \end{pmatrix}$$

piezoelektrische Koeffizienten in 10^{-12} CN^{-1}

	d_{15}	d_{22}	d_{31}	d_{33}	d_b
Turmalin	3,63	−0,33	0,34	1,83	2,51
LiNbO$_3$	68	21	−1	6	4
LiTaO$_3$	26	8,5	−3,0	9,2	3,2

Matrix der piezoelektrischen Moduln

$$\begin{pmatrix} 0 & 0 & 0 & 0 & e_{15} & -e_{22} \\ -e_{22} & e_{22} & 0 & e_{15} & 0 & 0 \\ e_{31} & e_{31} & e_{33} & 0 & 0 & 0 \end{pmatrix}$$

piezoelektrische Moduln in Cm^{-2}

	e_{15}	e_{22}	e_{31}	e_{33}
Turmalin	0,25	−0,02	0,10	0,32
LiNbO$_3$	3,7	2,5	0,2	1,3
LiTaO$_3$	2,7	2,0	−0,1	2,0

Matrix der Permittivitäten

$$\begin{pmatrix} \varepsilon_{11} & 0 & 0 \\ 0 & \varepsilon_{11} & 0 \\ 0 & 0 & \varepsilon_{33} \end{pmatrix}$$

Permittivitätszahlen

	$\left(\dfrac{\varepsilon_{11}}{\varepsilon_0}\right)^T$	$\left(\dfrac{\varepsilon_{33}}{\varepsilon_0}\right)^T$
Turmalin	8,2	7,5
LiNbO$_3$	84	30
LiTaO$_3$	53	44

Ein piezoelektrischer Effekt kann auch bei elektrisch geladenen Polymeren, den **Elektreten** auftreten, weiterhin bei polaren Polymeren mit ausgerichteten elektrischen Dipolen. In Tab. 4.2.1-2 sind die Eigenschaften des polaren Polymers Polyvinylidenfluorid (PVDF) zusammengestellt.

Eine ausführlichere Behandlung der piezoelektrischen Effekte erfolgt im Band 5, Abschnitt 4.

Tab. 4.2.1-2   Eigenschaften piezoelektrischer Polymerfolien aus PVDF (nach [4.35])

Eigenschaften	Einheit	Biaxial gereckte Folie	Monoaxial gereckte Folie	nicht gereckte Folie
Foliendicken	μm	6...50	10...100	20...25
Dickenregularität	%	±10	±10	±10
polarisierte Breite (Rolle)	cm	18...2S	10...18	10...18
Rollenlänge (variabel)	m	5...> 200	> 5...20	> 5...20
Piezoelektrische Eigenschaften (nicht metallisierte Folie)				
$d_T = d_{33}{}^*$	10^{-12} C/N	13...22	ca. 16	ca. 10
d_{31}	10^{-12} C/N	6...10	ca. 20	ca. 5...10
d_{32}	10^{-12} C/N	6...10		
Regularität der piezoelektrischen Konstante	%	+10	+10	+10
Veränderung der Konstante nach	%	0...-15[2]	0...-15[2]	0...-15[2]
Dielektrizitätszahl ε_r zwischen 50 Hz und 100 kHz und T = 25 ($\varepsilon_0 = 8{,}85 \cdot 10^{-12}$ F/m)		10...12	10...12	10...12
$g_{33}{}^*$	V-m/N	0,14...0,22	ca. 0,16	ca. 0,10
Pyroelektrische Konstante p	10^{-6} C/m^{2}K	24...26	24...26	ca. 15
Durchgangswiderstand	Ω-cm	$5 \cdot 10^{14}$	$5 \cdot 10^{14}$	$5 \cdot 10^{14}$
Elektromechanischer Kopplungsfaktor K_T	%	ca. 10...15	ca. 10...15	ca. 10...15
Mechanische Eigenschaften Reißfestigkeit				
– längs	MPa	60...160	200...320	40...100
– quer	MPa	60...160	30...45	40...60
Reißdehnung				
– längs	%	40...140	20...55	200...700
– quer	%	40...140	20...110	300...500
Elastizitätsmodul				
– längs	MPa	1600...2200	2000...2600	1200...1600
– quer	MPa	1600...2200	2000...2600	1400...1700
Schrumpf – nach 1 h Lagerung bei 160 °C				
- längs	%	2...15	6...25	0...3
- quer	%	1...13	2...4	0...4
– nach 100 h Lagerung bei 80 °C				
- längs	%	2...3	2...3	ca. O
- quer	%	—	—	ca. O

(1) Es handelt sich um Versuchsprodukte, Änderungen sind daher nicht auszuschließen.

(2) Extreme Überhitzungen können die piezoelektrischen Eigenschaften zerstören.

4.2.2 Aufbau piezoelektrischer Kraft- und Drucksensoren

Der piezoelektrische Effekt wird zur Herstellung von **Druck-, Kraft** und Beschleunigungssensoren ausgenutzt. Dabei kommen sowohl der longitudinale, wie auch der transversale piezoelektrische Effekt zur Anwendung (Bild 4.2.2-1).

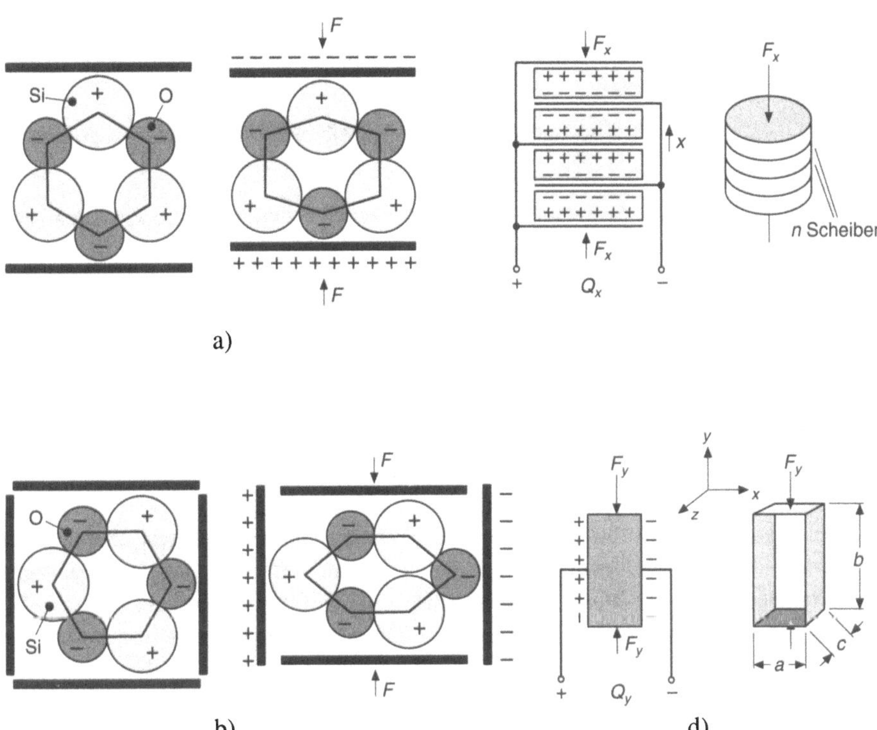

Bild 4.2.2-1   Anwendung des longitudinalen (a) und transversalen (b) piezoelektrischen Effekts in Quarz (SiO_2) bei Kraftaufnehmern (nach [4.28]): Dargestellt ist jeweils die Lage der Silizium- und Sauerstoffatome vor und nach Einwirkung der mechanischen Kraft F: Die Verschiebung bewirkt eine Trennung der Ladungsschwerpunkte und damit die Entstehung von Oberflächenladungen. Weiterhin ist dargestellt der typische Aufbau von Kraftsensoren:

   c) Mehrere piezoelektrische Elemente werden an den Stirnflächen mit Hilfe einer Metallschicht kontaktiert und in einer Polung hintereinandergeschaltet, bei der an gemeinsamen Elektroden jeweils gleiche Oberflächenladungen abgegriffen werden können. Dieser Aufbau führt zu einer mechanisch sehr stabilen Konstruktion mit einem einfachen elektrischen Abgriff der Signale, weiterhin addieren sich die Sensorsignale der piezoelektrische Elemente.

   b) Der Abgriff der Ladungen erfolgt an den leicht zugänglichen Seitenflächen des Quarzkristalls.

Piezoelektrische Kraftsensoren haben bei einem mechanischen Aufbau wie in Bild 4.2.2-1 gegenüber anderen Sensorprinzipien mehrere grundsätzliche Vorteile:

– Der Sensor ist mechanisch starr aufgebaut, d.h. es findet nur eine äußerst geringe Auslenkung einer Membran oder Halterung (deren Eigenschaften die Messung selbst nicht beeinflussen) in der Größenordnung der elastischen Verformung des piezoelektrischen Elements statt. Ein solcher Aufbau führt zu einer mechanisch sehr stabilen Konstruktion mit einer geringen Neigung zu mechanischen Eigenschwingungen oder Nachschwingeffekten bei kurzzeitiger Belastung, sowie einer sehr geringen Hysterese.

– der piezoelektrische Effekt selber hat einen vergleichsweise niedrigen Temperaturkoeffizienten

– der Sensor benötigt keine äußere Spannungsversorgung, er erfordert aber eine empfindliche elektronische Weiterverarbeitung (Integration kleiner Ladungen bis zur Spannungskompensation auf Null, s. auch Abschnitt 3.5)

– der Wirkungsgrad der Energieumwandlung (mechanische in elektrische Energie) ist besonders hoch.

Dagegen steht ein **typischer Nachteil** bei piezoelektrischen Sensoren, der auch schon bei den pyroelektrischen aufgetreten war:

– Eine Kraft*änderung* führt zu einer *Änderung* der induzierten Oberflächenladung, die auf den angeschlossenen Metallelektroden eine Differenz der Fermienergien (von außen meßbare Spannung oder EMK, s. Abschnitt C1) erzeugt. Diese Spannung kann aber durch den Fluß relativ geringer Elektronenzahlen abgebaut werden, d.h. zur Aufrechterhaltung der Spannung ist eine extrem hochohmige Isolation und Signalverstärkung erforderlich (Tab. 4.2.2-1). Auch in diesem Fall wird die Spannung gewöhnlich innerhalb von Sekunden bis Stunden abgebaut, so daß die Ladungsintegration kurzzeitig erfolgen muß. Piezoelektrische Sensoren eignen sich daher besonders zur Messung von Kraft-, Druck- oder Beschleunigungs*änderungen*, weniger zur Messung statischer Größen.

Tab. 4.2.2-1   Oberflächenladungen an piezoelektrischen Sensoren können nur präzise bestimmt werden bei Anwendung einer sehr hochohmigen Isolation und Verstärkerstufen mit niedrigen Eingangs-Leckströmen (nach [4.34])

a) Isolationswiderstände von Werkstoffen, welche für die Isolation piezoelektrischer Sensoren eingesetzt werden können, sowie andere Anwendungen dieser Werkstoffe

b) Leckströme verschiedener Ladungsverstärker-Eingangsstufen.

a)

Material	Anwendung	Isolationswiderstand bei 20°C [TΩ]
PTFE	Kabel, Stützpunkte, Stecker	>1000
Keramik, silikonisiert	Schalter, Stützpunkte	> 100
Diallylphtalat	Schalter, Stützpunkte, Stecker	> 100
Glas, hochisolierend und silikonisiert	Reed-Relais	>1000
Glas, normal	(zum Vergleich)	> 1
Magnesium-, Silizium-, Beryllium-Oxid	Kabel für hohe Temperaturen	> 10
Glas-Epoxy	Trägerplatten für gedruckte Scxhaltungen	> 1
Plexiglas	Rotoren für Stufenschalter	> 1

b)

Eingangsstufe mit	Leckstrom in fA bei	
	20°C	50°C
Varaktordioden	< 3	< 30
MOS-FET	< 100	< 10
J-FET	< 100	<1000

Piezoelektrische Sensoren messen grundsätzlich nur *Kräfte*. Bei Anwendungen in der Druckmeßtechnik muß der Druck erst – z.B. durch eine Membran – proportional in eine Kraft umgewandelt werden. Während Dehnungsmeßstreifen grundsätzlich Oberflächenspannungen messen, ist bei piezoelektrischen Sensoren der Spannungszustand im gesamten Sensorvolumen maßgebend. Eventuell vorhandene örtliche Schwankungen der Kraftverteilung werden gemittelt. Bild 4.2.2-2 zeigt technische Ausführungsformen von piezoelektrischen Kraft- und Drucksensoren. Bei den Kraftsensoren wird meistens der longitudinale piezoelektrischer Effekt ausgenutzt, bei den Drucksensoren der transversale.

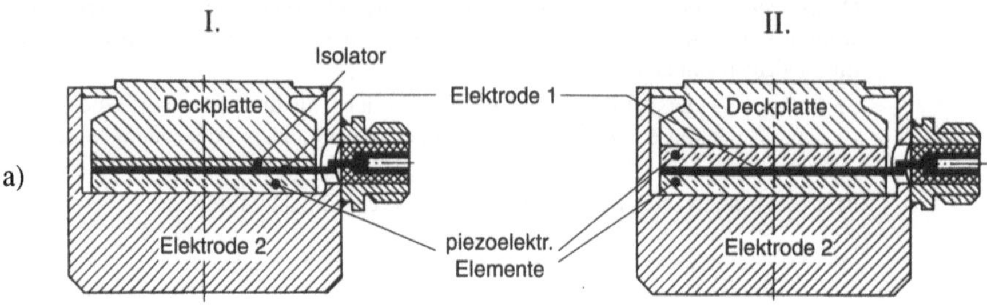

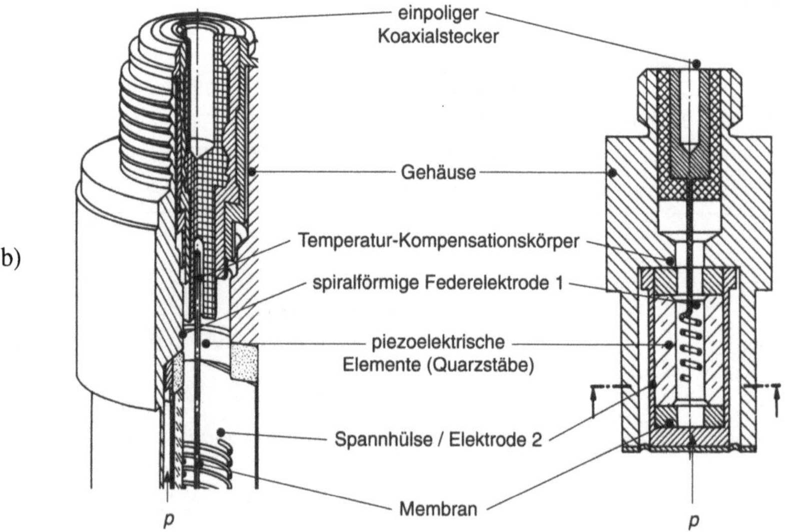

Bild 4.2.2-2   Technische Ausführungen piezoelektrischer Kraft- und Drucksensoren. Der Einbau der Sensorelemente erfolgt meist unter mechanischer Vorspannung (nach [4.34 und 36])

a) Kraftsensoren auf der Basis des longitudinalen piezoelektrischen Effekts:

Aufbau I: Bei Verwendung eines einzigen piezoelektrischen Elements ist eine hochwertige Isolation zwischen Element und Gehäuse erforderlich.

Aufbau II: Die Isolation beim Aufbau I entfällt bei Hintereinanderschaltung zweier piezoelektrischer Elemente mit entgegengesetzter Polarisationsrichtung entsprechend Bild 4.2.2-1c. Gleichzeitig wird die induzierte Ladung verdoppelt.

b) Drucksensoren auf der Basis des transversalen piezoelektrischen Effekts: Der Ladungsabgriff erfolgt auf einer Seitenfläche des piezoelektrischen Elements mit Hilfe einer spiralförmigen Elektrode

Bild 4.2.2-3 zeigt Datenblätter industriell hergestellter piezoelektrischer Druckaufnehmer sowie verschiedene Adapter für den Einbau in die Meßsysteme (z.B. zur Messung des Zylinder- und Einspritzdrucks in Verbrennungsmotoren).

Piezoelektrische Kraftsensoren eignen sich hervorragend zur Herstellung von Beschleunigungssensoren, da die Beschleunigung (Abbremsung) bei vielen Anwendungen innerhalb kurzer Zeiten abläuft (*dynamischer* Vorgang). In Bild 4.2.2-4 werden zwei Ausführungsformen beschrieben.

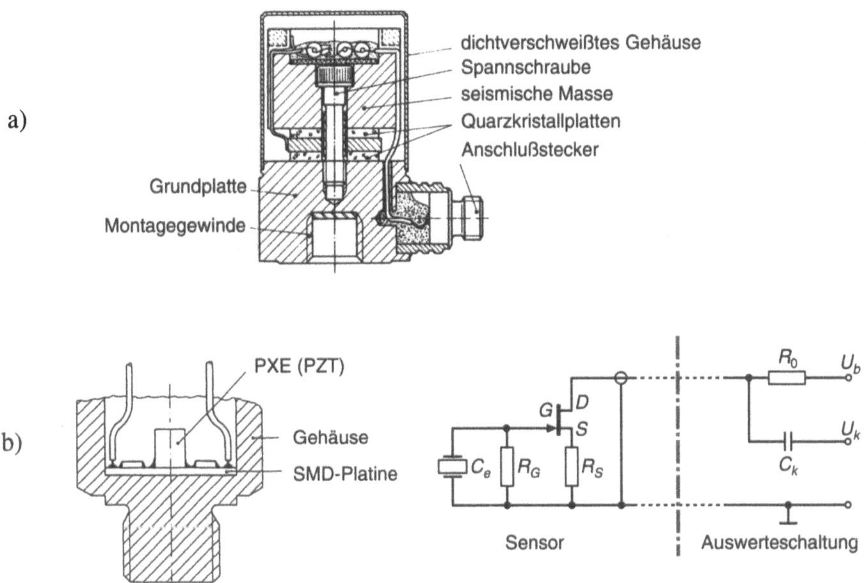

Bild 4.2.2-4   a) Beschleunigungssensor mit piezoelektrischen Kraftaufnehmern (nach [4.37])

b) Integrierter Beschleunigungssensor mit piezoelektrischem PZT-Element als Klopfsensor zur Motorüberwachung und dazugehörige Auswerteschaltung: Der Sensor ist so empfindlich, daß die Eigenmasse des PZT-Elements als seismische Masse ausreicht (nach [4.38])

Der Frequenzbereich für den Einsatz piezoelektrischer Sensoren erstreckt sich bis in den MHz-Bereich (Bild 4.2.1-5), so daß neben den erwähnten Sensoranwendungen zusätzliche hinzukommen wie ein Einsatz als Schallaufnehmer (Mikrofon), Schallecho-Signalaufnehmer usw.

Für Präzisionssensoren werden heute noch vielfach natürlich gewachsene oder synthetisch hergestellte Quarzeinkristalle verwendet, Turmalin (meist werden natürlich gewachsene Kristalle verwendet) hat den Vorteil einer geringeren Anisotropie der

Bild 4.2.2-3   Daten kommerzieller piezoelektrischer Drucksensoren (nach [4.36])

Quarzkristall-Druckaufnehmer

Quarzkristall-Druckaufnehmer zum Messen dynamischer und quasistatischer Drücke bis 1000 bar. Hohe Lebensdauer und Widerstandsfähigkeit im Dauerbetrieb mit Druckstössen, steilen Druckanstiegen, usw.

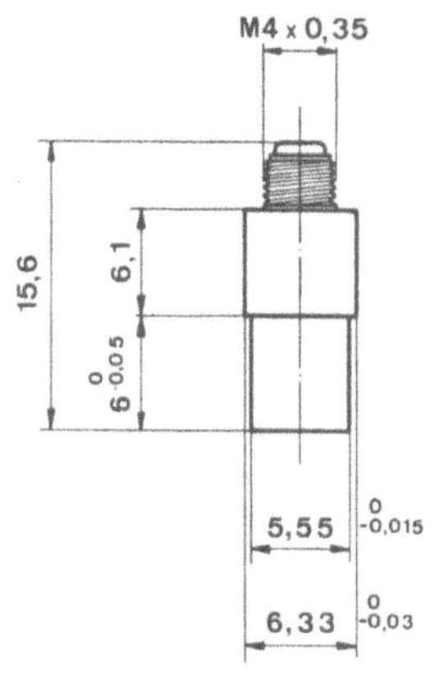

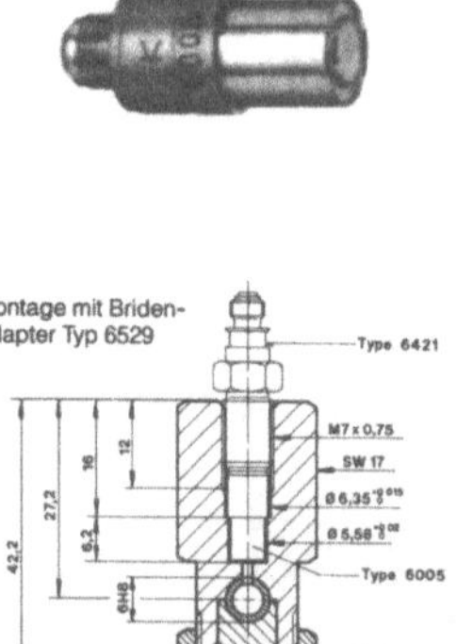

Montage mit Bridenadapter Typ 6529

Technische Daten

Bereich	bar	0 ... 1000
Kalibrierte Teilbereiche	bar	0 ... 100
	bar	0 ... 10
Überlast	bar	1500
Ansprechschwelle	bar	0,003
Empfindlichkeit	pC/bar	≈ -10
Eigenfrequenz	kHz	>140
Linearität, alle Bereiche	%FSO	$<\pm0,8$
Hysterese, alle Bereiche	%FSO	<0,5
Beschleunigungsempfindlichkeit		
axial	bar/g	<0,001
quer	bar/g	<0,0005
Stossfestigkeit	g	5000
Temperaturkoeffizient		
der Empfindlichkeit	°C^{-1}	$+10^{-4}$
Betriebstemperaturbereich	°C	$-196 ... 240$
Transient Temperaturfehler	bar	<-5,3
(Propanflamme intermittierend auf Front, 10 Hz)		
Isolationswiderstand		
bei 20 °C	Ω	$>10^{13}$
bei 200 °C	Ω	$>10^{12}$
Gewicht	g	1,9

Quarzkristall-Hochdruckaufnehmer

Quarzkristall-Hochdruckaufnehmer für die Messung dynamischer und quasistatischer Drücke bis 2000 bar. Kleine Einbaumasse, hohe Eigenfrequenz, dicht verschweisste Konstruktion. Besonders geeignet für Messungen an hydraulischen Systemen, z.B. Brennstoff-Einspritzpumpen von Dieselmotoren. Ungeeignet für Messungen an innenballistischen Systemen.

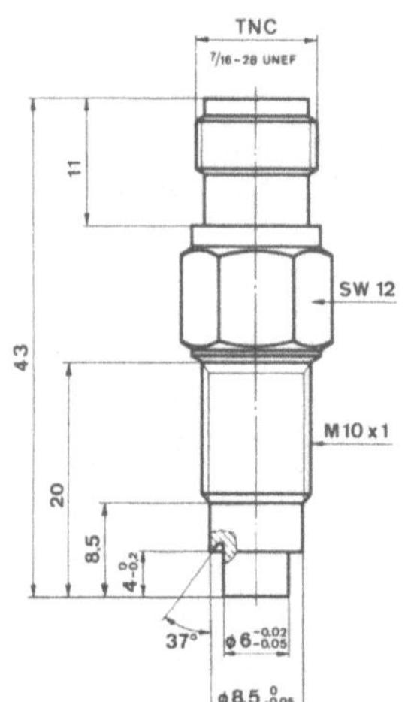

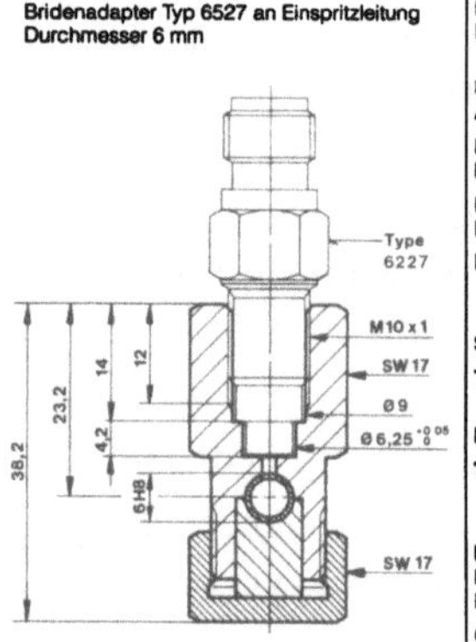

Bridenadapter Typ 6527 an Einspritzleitung Durchmesser 6 mm

Technische Daten

Bereich	bar	0 ... 1000
Kalibrierte Teilbereiche	bar	0 ... 100
	bar	0 ... 10
Überlast	bar	1500
Ansprechschwelle	bar	0,003
Empfindlichkeit	pC/bar	≈ -10
Eigenfrequenz	kHz	>140
Linearität, alle Bereiche	%FSO	$<\pm0,8$
Hysterese, alle Bereiche	%FSO	<0,5
Beschleunigungsempfindlichkeit		
axial	bar/g	<0,001
quer	bar/g	<0,0005
Stossfestigkeit	g	5000
Temperaturkoeffizient		
der Empfindlichkeit	°C^{-1}	$+10^{-4}$
Betriebstemperaturbereich	°C	$-196 ... 240$
Transient Temperaturfehler	bar	<-5,3
(Propanflamme intermittierend auf Front, 10 Hz)		
Isolationswiderstand		
bei 20 °C	Ω	$>10^{13}$
bei 200 °C	Ω	$>10^{12}$
Gewicht	g	1,9

ADAPTER FÜR DRUCKAUFNEHMER 60..

KIAG SWISS Quarzkristall-Druckaufnehmer werden mit hoher Genauigkeit hergestellt; dementsprechend sind auch für die Aufnahmebohrung im Messobjekt enge Toleranzen erforderlich. In vielen Fällen ist es schwierig, Messbohrungen mit engen Toleranzen herzustellen.

Bei den im Werk hergestellten *Adaptern* ist die genaue Aufnahmebohrung gewährleistet. Zum Einbau ins Messobjekt wird lediglich eine Gewindebohrung benötigt.

In den Kühladaptern werden die Aufnehmer durch Wasser gekühlt, sodass sie in Messobjekten eingesetzt werden können, deren Temperatur über der für den Aufnehmer zulässigen Grenze liegt.

Für 'die gezeigten Adapter stehen verschiedene *Steckernippel* zur Verfügung (Microdot, BNC, TNC, Microdot luftgekühlt, gemäss Datenblatt 4.014). Bei Bestellung eines Adapters muss ein passender *Steckernippel* extra bestellt werden.

MONTAGE DES AUFNEHMERS

Aufnehmer und Steckernippel werden zuerst zu einer Einheit zusammengeschraubt. Es ist empfehlenswert, die Stirnfläche mit einem Tropfen *Loctite* zu sichern. Das Steckergewinde des Aufnehmers soll nicht mit *Loctite* benetzt werden, um zu vermeiden, dass dabei auch der Teflonisolator benetzt wird und dadurch seine hohe Isolation verliert.

Die so entstandene Einheit wird nun in den Adapter eingeschraubt. Richtwert für das Ánzugsdrehmoment: 5 ... 8 Nm. Zur Abdichtung gegen das Medium verwendet man die Cu-Dichtung 1131 (Teflon Dichtung 1133 für Sonderfälle). Nach der Demontage des Aufnehmers muss die Dichtung aus der Bohrung entfernt und durch eine neue ersetzt werden.

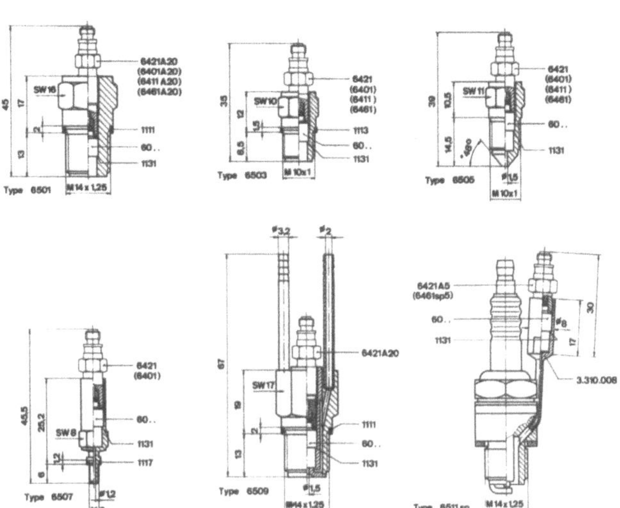

Piezoresistive 3-Leiter-Hydraulik-Drucktransmitter

Druckaufnehmer mit robuster Membrane zum Messen an Hydrauliksystemen (z.B. ABS-Bremssystemen) und Einspritzanlagen von Verbrennungsmotoren. Geeignet für statische und dynamische Druckanteile, speziell zum Optimieren von Einspritzsystemen. Die kleinen Abmessungen erlauben den Einbau mit einer Bride an der Einspritzleitung. Hohe Eigenfrequenz, sowie hohe Wechsellast- und Vibrationsfestigkeit.

Einer der kleinsten statisch und dynamisch messenden Druckaufnehmer auf dem Markt.

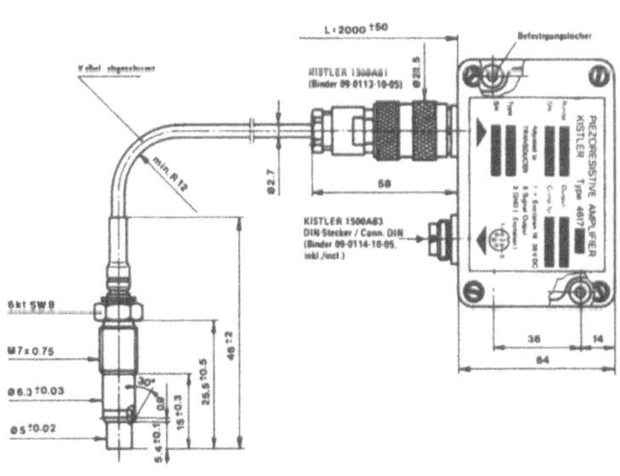

Technische Daten

Typ 4065A...		200A1	500A1	1000A1
Bereich	bar	200	500	1000
Überlast / Berstdruck	bar	300	750	1500
Ansprechschwelle	mbar	20	50	100
Empfindlichkeit (±0,5 % bei 25 °C)	mV/bar	50	20	10
Eigenfrequenz (Aufnehmer)	kHz	>40	>50	>100
Anstiegszeit (5 ... 95 %)	µs	<60	<40	<20
Vollbereichsignal (FSO)	VDC		10	
Ausgangswiderstand	Ω		10	
Speisung (Verstärker)	VDC / mA		18 ... 36 / ≤8	
Nullpunkt (bei 25 °C, 1 $\mathrm{bar_{abs}}$)	mV		<±100**	
Linearität & Hysterese	% FSO		<±0,5	
Repetierbarkeit	% FSO		<±0,2	
Totaler Fehler 20 ... 120 °C	% FSO		<±2	
Thermische Nullpunktverschiebung (20 .. 120 °C)	% FSO		≤±1,5	
Thermische Empfindlichkeitsänderung (20 ... 120 °C)	%		≤±1,5	
***Betriebstemperaturbereich** (Aufnehmer)	°C		20 ... 120	
Minimale/maximale Temperatur (Aufnehmer)	°C		−40 .. 140	
Betriebstemperaturbereich (Verstärker Typ 4617A0)	°C		0 ... 70	
Anzugsdrehmoment	Nm		4 .. 6	
Schutzart	–		IP 65	
Beschleunigungsfehler	mbar/g		<10	
Vibrationsfestigkeit	g		1000	
Lebensdauer (Anzahl Lastwechsel bei 80 % FSO Halbsinus)	–		>4 · 10^7	

piezoelektrischen Eigenschaften, d.h. bei Beschleunigungssensoren ist die Abhängigkeit von der Richtung der Beschleunigung geringer. Mischkeramiken wie PZT haben in der Regel eine größere Empfindlichkeit bei weit niedrigeren Materialkosten, nachteilig ist jedoch die geringere Reproduzierbarkeit und Langzeitstabilität der piezoelektrischen Eigenschaften, sowie ein größerer parasitärer *pyro*elektrischer Effekt.

Die Elektroden auf piezoelektrischen Elementen werden häufig über dünne Goldschichten, sowie über Edelstahlkontakte hergestellt, als Isolationswerkstoff wird Teflon, Kapton oder eine isolierende Keramik eingesetzt. Im Forschungsstadium befinden sich auch Sensoren mit aufgesputterten (Band 2, Abschnitt 8.2.3) piezoelektrischen Schichten (Bild 4.2.2-5).

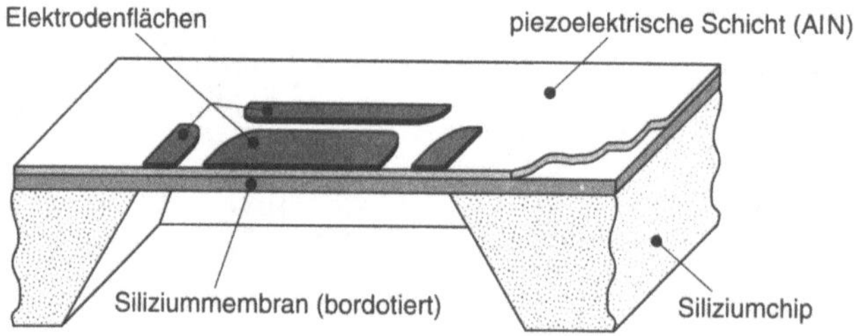

Bild 4.2.2-5   Aufbau eines Sensors mit aufgesputterter piezoelektrischer Dünnschicht (Aluminiumnitrid) auf einer Siliziummembran (nach [4.39])

4.3 Induktive und kapazitive Kraft- und Drucksensoren

Mechanische Kräfte oder Drücke können die reversible (elastische Verformung) oder irreversible (Verschiebung ohne rücktreibende Kraft) Verlagerung von Körpern verursachen. Wird auf diese Weise die Plattengröße oder der Plattenabstand von Kondensatorplatten in definierter Weise verändert, dann läßt sich die einwirkende Kraft über eine Kapazitätsänderung messen (**kapazitive Drucksensoren**, Bild 4.3-1). Alternativ dazu bewirkt die Verschiebung eines hochpermeablen Kerns innerhalb oder außerhalb einer Spulenwicklung die Veränderung der Induktivität der Spule (Band 1, Abschnitt 7.2, **induktive Druckaufnehmer**, Bild 4.3-2).

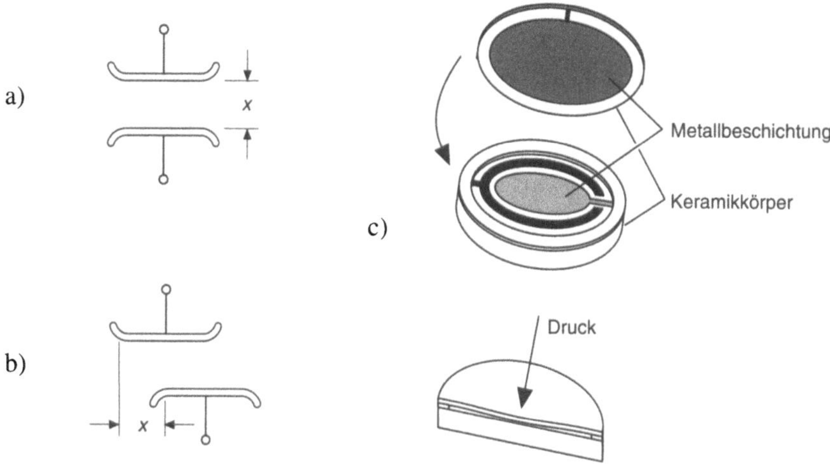

Bild 4.3-1:   Kapazitive Wegaufnehmer (nach [4.40]): Die Kapazität eines Plattenkondensators
wird bestimmt durch die Formel

$$C = \varepsilon_r \varepsilon_o \, \frac{A}{x} \tag{1}$$

Beim Aufbau a) wird der Plattenabstand x, beim Aufbau b) die Fläche A variiert.
c) Aufbau eines keramischen Drucksensors (nach [4.42])

Bei den induktiven und kapazitiven Sensoren gibt es eine große Vielfalt von mechanischen Ausführungen und elektrischen Meßtechniken, die häufig auf die speziellen
Bedingungen bei der Anwendung angepaßt sind.

Bei den **kapazitiven** Sensoren bieten *mikromechanische* Verfahren für den Werkstoff Silizium (s. Abschnitt 4.2.6) neue Möglichkeiten zur Herstellung extrem empfindlicher und dennoch kostengünstig zu produzierender Ausführungen [4.43 und
44]. Diese Technik ermöglicht die Fertigung sehr dünner und damit mechanisch
leicht und schnell auslenkbarer Siliziummembranen mit reproduzierbaren Eigenschaften. Die Auslenkung der Membran läßt sich auf einfache Weise kapazitiv erfassen (Bild 4.3-3).

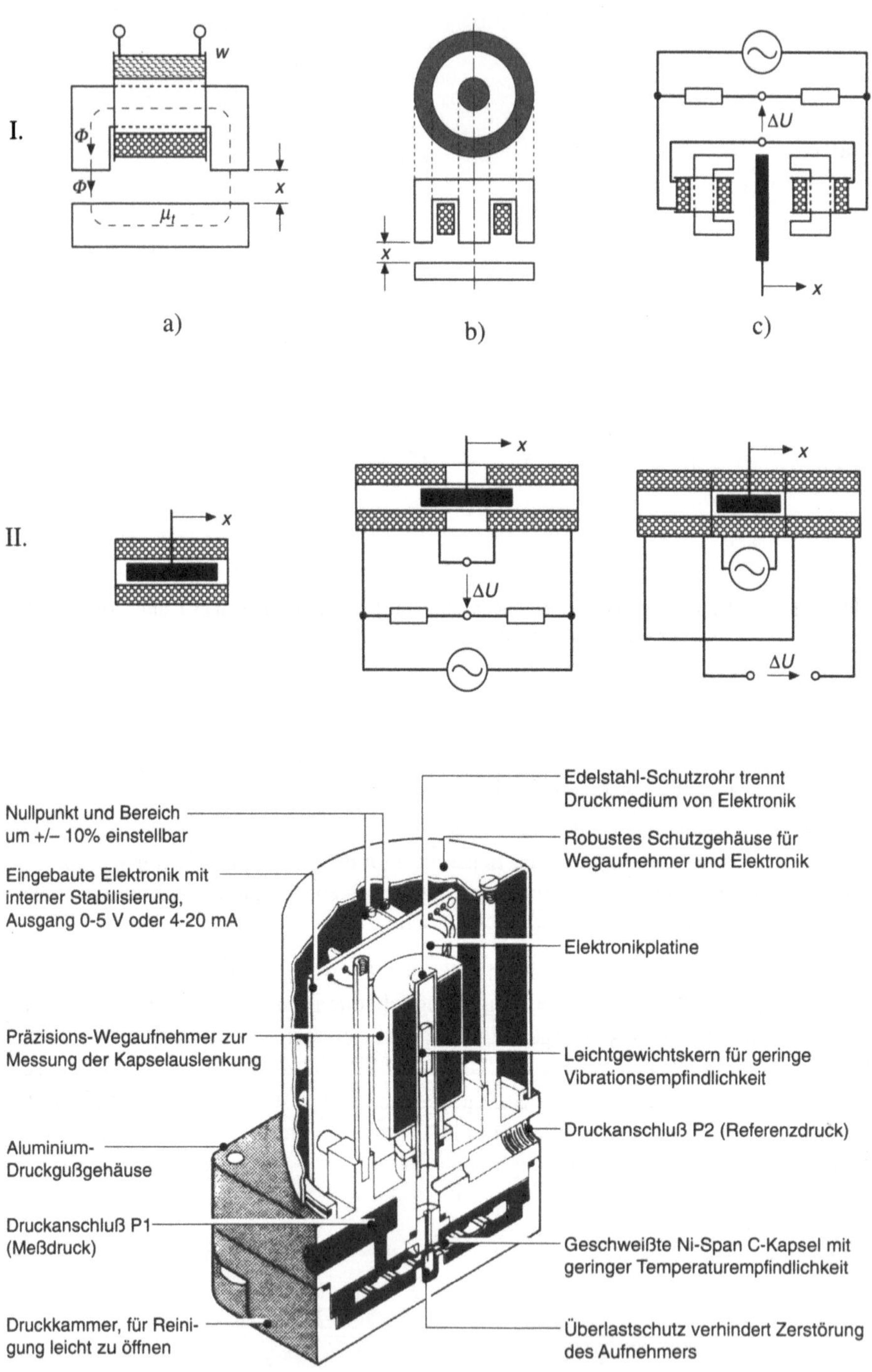
I.
w
Φ
Φ
μ_f
x
a)
x
b)
ΔU
x
c)
II.
x
x
ΔU
x
ΔU
ΔU
Nullpunkt und Bereich um +/– 10% einstellbar
Eingebaute Elektronik mit interner Stabilisierung, Ausgang 0-5 V oder 4-20 mA
Präzisions-Wegaufnehmer zur Messung der Kapselauslenkung
Aluminium-Druckgußgehäuse
Druckanschluß P1 (Meßdruck)
Druckkammer, für Reinigung leicht zu öffnen
Edelstahl-Schutzrohr trennt Druckmedium von Elektronik
Robustes Schutzgehäuse für Wegaufnehmer und Elektronik
Elektronikplatine
Leichtgewichtskern für geringe Vibrationsempfindlichkeit
Druckanschluß P2 (Referenzdruck)
Geschweißte Ni-Span C-Kapsel mit geringer Temperaturempfindlichkeit
Überlastschutz verhindert Zerstörung des Aufnehmers

⇐Bild 4.3-2   Induktive Wegaufnehmer (nach [4.40])

I)   Wegaufnehmer nach dem **Drosselprinzip**: Eine Veränderung des Luftspaltes x in einem weichmagnetischen Kreis verändert die Induktivität des Kreises:

a)   Drosselsystem mit einem Luftspalt der Breite x

b)   Schalenkernsystem

c)   Doppeldrossel (Differenzprinzip)

II)   Wegaufnehmer nach dem **Tauchkernprinzip**: Die Verschiebung eines weichmagnetischen Kerns in einer Spule verändert die Induktivität des Systems oder die magnetische Kopplung zwischen zwei Spulen:

a)   einfacher Tauchkernaufnehmer

b)   Doppelspulen-Tauchkernsystem

c)   Differentialtransformator-Tauchkernsystem

III) Mechanischer Aufbau eines induktiven Niederdruckaufnehmers (nach [4.41])

a) 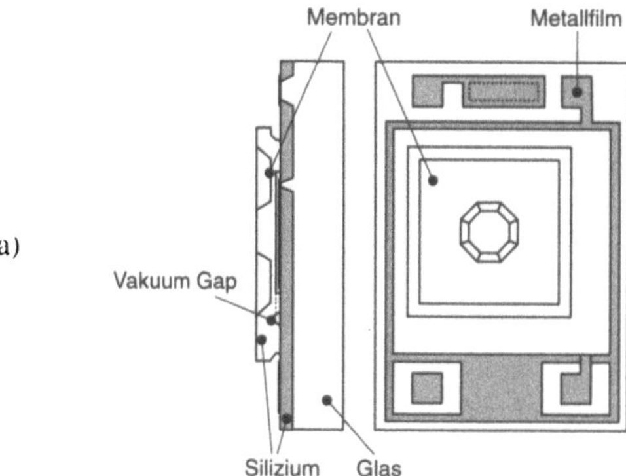

b) 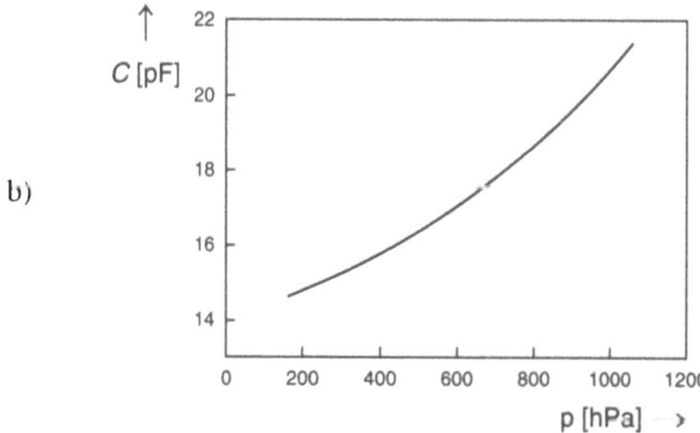

Bild 4.3-3   Kapazitiver Drucksensor mit Siliziummembran (nach [4.44])

a)   Aufbau des Sensors mit quadratischer Membran und verstärktem Bereich in der Mitte (ähnlich Kreisringmembran in den Bildern 4.1.5-8 und 11)

b)   Druckabhängigkeit der Sensorkapazität

Den Vorteilen eines einfachen Aufbaus und der guten mechanischen und elektrischen Stabilität kapazitiver Sensoren stehen gravierende Nachteile gegenüber.

– Die Messung einer Kapazität ist grundsätzlich aufwendiger als die eines Widerstands.

– das Ausgangssignal ist bei einfachen kapazitiven Sensoren (nicht bei Sensoren mit Differentialkondensatoren) in der Regel nichtlinear.

Möglicherweise kann die Integration elektrischer Funktionen auf Silizium-Sensorchips (**integrierte Sensoren**) langfristig diese Nachteile überwinden. In der Tabelle 4.3-1 werden die Leistungsdaten verschiedener Kraft- und Drucksensortechniken miteinander verglichen.

Tab. 4.3-1   Vergleich verschiedener Techniken für den Aufbau von Kraft- und Drucksensoren (nach [4.50])

Parameter	DMS	LVDT	Kapazitiv	Dünnfilm	Dickschicht
			Sensorprinzip		
Linearität	gut	sehr gut	schlecht	gut	gut
Hysterese	mittel	schlecht	sehr gut	gut	gut
Temperatur-Koeffizient	gut	mittel	mittel	gut	gut
Langzeitstabilität	mittel	mittel	gut	gut	gut
Dynamisches Verhalten	mittel	schlecht	sehr gut	gut	gut
Auflösung	mittel	gut	sehr gut	mittel	mittel

4.4 Andere Kraft- und Drucksensortechniken

Neben den beschriebenen Drucksensorprinzipien gibt es eine große Vielfalt weiterer Verfahren, die auf Spezialgebieten der Meßtechnik durchaus eine große Bedeutung haben können. Im folgenden werden einige typische Beispiele hierfür aufgeführt.

Elektrodynamische Kraftkompensation (Anwendung Präzisionswaage): Die zu messende Kraft F (Gewicht) wird durch eine elektrodynamisch (Tauchspule in einem Topfmagneten) erzeugte Gegenkraft exakt kompensiert. Die Einstellung der Gegenkraft erfolgt über die Stromstärke in der Tauchspule, sie wird in *der* Weise geregelt, daß eine durch die Kraft bewirkte Stabauslenkung durch die Gegenkraft exakt auf Null zurückgeführt wird (Bild 4.4-1). Dieses Verfahren wird überwiegend in der Wägetechnik eingesetzt, es hat einen außerordentlich großen Dynamikbereich (Milli- bis Kilogramm) bei einer Meßgenauigkeit, die in einem eingeschränkten Temperaturbereich 10^{-6} erreichen kann.

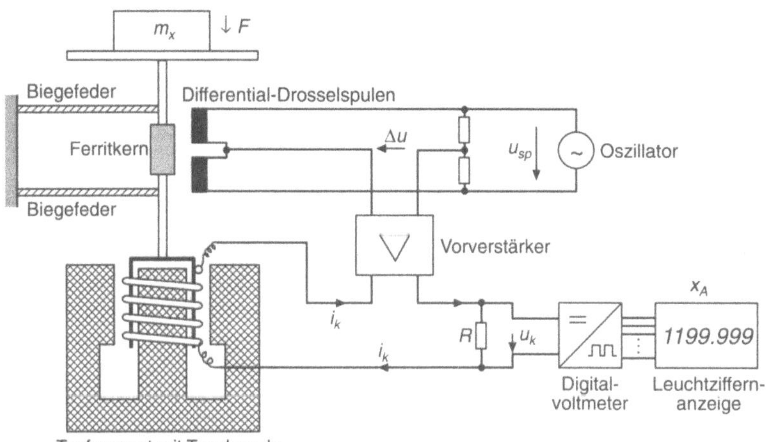

Bild 4.4-1 Kraftmessung durch elektrodynamische Kompensation (nach [4.46])

Durch die Kraft F wird ein Ferritkern auf einem Stab, der an Biegefedern aufgehängt ist, in seiner Höhe verschoben. Die Größe der Verschiebung kann über Drosselspulen gemessen werden; hierüber wird der Strom in einer Tauchspule geregelt, die in einem Topfkern so angeordnet ist, daß eine Gegenkraft auf den Stab erzeugt werden kann. Die Regelung ist so ausgelegt, daß die durch die Drosselspulen gemessene Verschiebung exakt auf Null zurückgeführt wird. In diesem Fall ist der Tauchspulenstrom ein exaktes Maß für die wirkende Kraft F.

Magnetoelastischer Kraftsensor: In einer Meßfeder aus parallelen Transformatorblechen ist eine Erreger-Spulenwicklung zusammen mit einer senkrecht dazu angeordneten Meß-Spulenwicklung angeordnet. Nur bei einer durch Kraftwirkung induzierten *Anisotropie* der Magnetisierbarkeit der Feder wird beim Wechselstrombetrieb der Erregerspule in die Meßspule eine kraftabhängige Meßspannung induziert (Bild 4.4-2). Dieses Verfahren läßt den Aufbau einfacher und robuster Meßzellen zu und liefert eine beachtliche Genauigkeit.

Ein induktiver Kraftsensor auf der Basis des magnetostriktiven Effekts wird in Abschnitt 5.3 beschrieben.

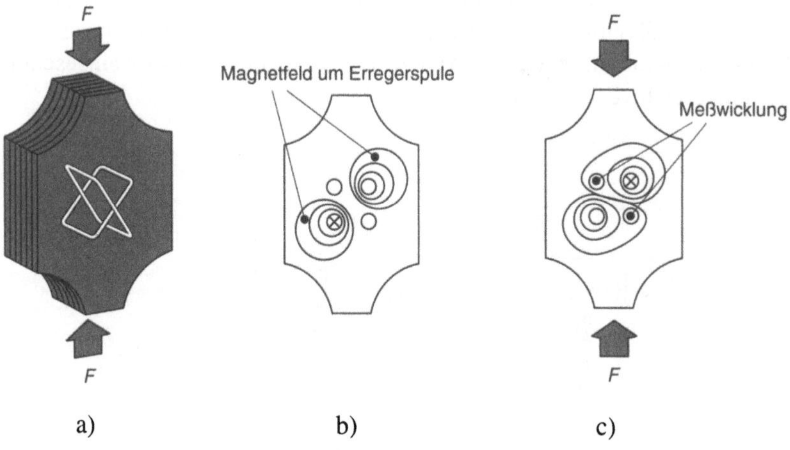

Bild 4.4-2   Magneto-elastischer Kraftaufnehmer (nach [4.46])

a) Eine Feder, die aus parallel angeordneten Transformatorblechen besteht, wird mit der Kraft F belastet, so daß sie sich in Kraftrichtung dehnt. Eingelagert sind in die Feder eine Erregerspule und eine senkrecht dazu angeordnete Meßspule.

b) ohne Wirkung einer äußeren Kraft wird wegen der symmetrischen Anordnung in die Meßspulenwicklung keine Meßspannung induziert.

c) bei elastischer Dehnung der Feder entstehen Vorzugsrichtungen für die Magnetisierung der Feder, d.h. die Magnetisierung um die Erregerspule wird verändert. Aufgrund der jetzt *un*symmetrisch verlaufenden Feldlinien wird eine Spannung in die Meßspule induziert.

Kraftsensoren mit akustischen Oberflächenwellen (SAW = surface acoustic wave)-Filtern: Bei Kristallen aus piezoelektrischen und anderen Werkstoffen lassen sich mit Hilfe von Kammstruktur-Elektroden (Bild 4.4-3) über eine Wechselspannungsansteuerung mechanische Schwingungen (Gitterschwingungen oder Phononen) der darunter angeordneten Atome und Ionen anregen, welche sich in Form von *Volumen-* und *Oberflächen*wellen ausbreiten. Über die Kristallorientierung, sowie die Form und Anordnung der Elektroden kann die Entstehung speziell von Oberflächenwellen begünstigt werden. Die Eigenschaften solcher Wellen können empfindlich von der atomaren Zusammensetzung und dem Gitterzustand an der Oberfläche abhängen, so daß sich Oberflächenwellen für Sensoranwendungen nutzen lassen. Stellt die akustisch angeregte Oberfläche z.B. gleichzeitig die Ober- oder Unterseite eines gebogenen Balkens dar, dann kann die Größe einer Biegelast *F* gemessen werden (Bild 4.4-3).

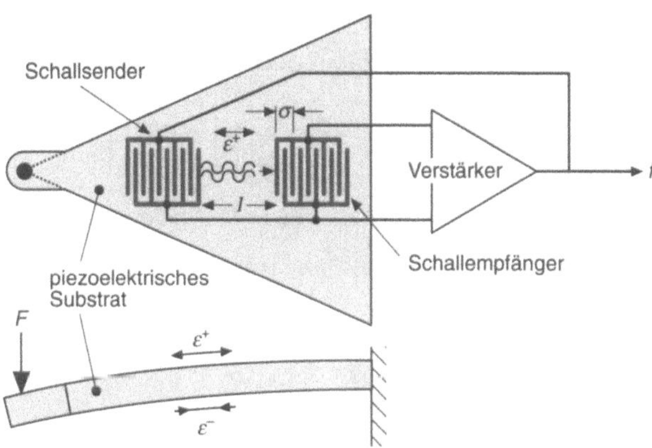

Bild 4.4-3   Kraftsensor mit akustischem Oberflächenwellen (SAW)-Resonator (nach [4.46]): Über zwei kammförmige Elektroden auf der Oberfläche eines Biegebalkens, der aus einem piezoelektrischen Werkstoff aufgebaut ist, werden akustische Oberflächenwellen erzeugt und detektiert (jeweils *ein* Kamm ist der Sender oder Empfänger). Durch Rückkoppelung über einen phasenstarren Verstärker entsteht eine freischwingende Oszillation, deren Eigenfrequenz (im Bereich von 50 bis 800 MHz) von dem Zustand der Oberfläche abhängt. Im dargestellten Fall hängt die Eigenfrequenz ab von der Oberflächendehnung des Biegebalkens, die ihrerseits durch die zu messende Kraft *F* bestimmt wird.

Quarz-Druckaufnehmer: Wie bei der Temperaturmessung liefert auch in der Druckmeßtechnik der Einsatz frequenzanaloger Verfahren mit Hilfe von Quarzen Vorteile in der elektronischen Weiterverarbeitung und der Meßgenauigkeit. Dabei werden Quarzkristall-Resonatoren verwendet, deren Eigenfrequenz sich bei Druckbelastung ändert (Bild 4.4-4). Typische Resonatorfrequenzen liegen im Bereich von 40 kHz, die sich bei maximal zulässiger Last um ca. 10% ändern. Der Zusammenhang zwischen Druck p und der Periodendauer τ der Resonanzschwingung wird beschrieben durch die Gleichung [4.47]:

$$p = C\left\{1 - \left(\frac{\tau_o}{\tau}\right)^2\right\}\left\{1 - D\left[1 - \left(\frac{\tau_o}{\tau}\right)^2\right]\right\} \tag{1}$$

wobei τ_o die Periodendauer ohne Einwirkung eines Drucks beschreibt; C und D sind Kalibrierkoeffizienten. Die Temperatur kann durch einen zweiten Quarz-Temperatursensor sehr genau bestimmt und zur Korrektur des Drucksensorsignals eingesetzt werden.

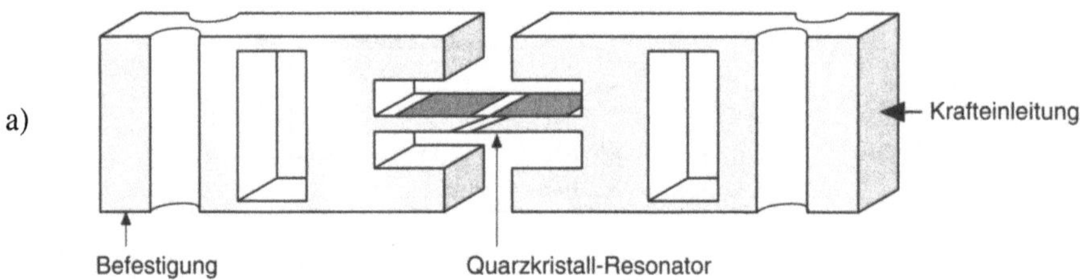

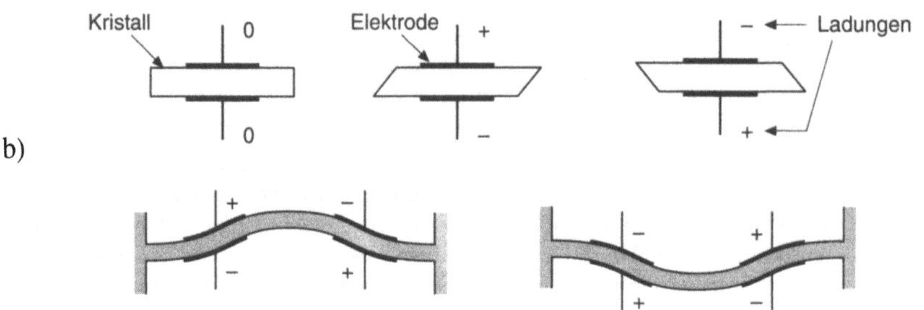

Bild 4.4-4   Quarz-Druckaufnehmer (nach [4.47])

a) Anordnung des Quarzkristall-Resonators in einer Halterung

b) Anregung der Resonatorschwingung durch Ansteuerung von Oberflächen-Elektroden

5 Magnetsensoren

5.1 Halleffekt-Sensoren

5.1.1 Halleffekt

Der Halleffekt wurde 1879 von dem amerikanischen Physiker Edwin Herbert Hall entdeckt. Er ist eine Konsequenz der Bewegung von Ladungsträgern (Masse m, Ladung q) unter Einfluß einer magnetischen Induktionsflußdichte $\vec{B}$, die durch die Wirkung der **Lorentz-Kraft** $\vec{F}_B$ (Band 2, Abschnitt 2.2.3, Band 11, Abschnitt 1.2.3)

$$\vec{F}_{feld} = m \cdot \dot{\vec{v}} = q \cdot \vec{v} \times \vec{B} =: \vec{F}_B \tag{1}$$

bestimmt wird. Das Magnetfeld $\vec{B}$ wirkt sich nach (1) nur dann auf die Teilchenbewegung aus, wenn die Geschwindigkeit $\vec{v}$ eine Komponente senkrecht zu $\vec{B}$ besitzt. In diesem Fall führt die allgemeine Lösung der Bewegungsgleichung (1) auf eine Bewegung der Ladungsträger entlang einer Spiralbahn (**Toroidbahn**) mit der Richtung der magnetischen Induktionsflußdichte als Achse (Band 11, Abschnitt 1.2.3, Bild 5.1.1-1b)

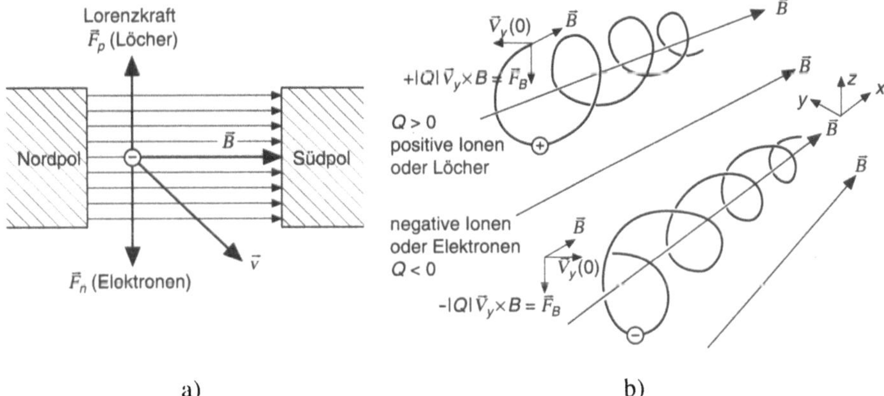

Bild 5.1.1-1   Bewegung freier geladener Teilchen in einem Magnetfeld (magnetische Induktionsflußdichte $\vec{B}$): Es wird vorausgesetzt, daß die Bewegung ohne Wechselwirkung mit anderen Teilchen stattfindet, d.h. sie erfolgt beschleunigt (ballistisch). In Festkörpern erfolgt die Bewegung in Richtung der wirkenden Kraft, d.h. als Lösung der Vektorgleichung (4), s. Band 11, Abschnitt 1.2.3 und Bild 5.1.1-2.

a) Richtung der Lorentz-Kraft

b) Spiralförmige Bewegung der Ladungsträger aufgrund der Lorentzkraft

Wirkt zusätzlich zu dem Magnetfeld ein elektrisches Feld $\vec{E}$, dann wird (1) erweitert zu:

$$\vec{F}_{feld} = q \cdot \left\{ \vec{E} + \vec{v} \times \vec{B} \right\} \qquad (2)$$

(2) beschreibt die *Feld*kraft auf die Ladungsträger, zu der im allgemeinen (Band 1, Abschnitt 4.1.1, Band 2, Abschnitt 4.3.2) eine *Diffusions*kraft $\vec{F}_{diff}$ aufgrund von Ladungsträger-Dichtegradienten tritt; **als Summe von beiden** ergibt sich die *chemische* Kraft $\vec{F}_{chem}$. Die Wechselwirkung der Ladungsträger untereinander läßt sich durch Einführung einer **Reibungskraft** beschreiben; nach Band 11, Abschnitt 1.2.3 ergibt sich dann auch bei Anwesenheit von Magnetfeldern als gemittelte Ladungsträger*geschwindigkeit* $<\vec{v}>$ aufgrund einer chemischen Kraft die Summe aus der (gemittelten) **Drift** ($\vec{v}_{dr}$)- und **Diffusionsgeschwindigkeit** ($\vec{v}_{diff}$):

$$\langle \vec{v} \rangle = \vec{v}_{dr} + \vec{v}_{diff} = \frac{\mu}{|q|} \vec{F}_{chem} \qquad (3)$$

mit der **Ladungsträgerbeweglichkeit** μ. Bisher wurde μ nur für die Wirkung elektrischer Feld- und Diffusionskräfte betrachtet, bei Anwesenheit magnetischer Felder kann sich die Ladungsträgerbeweglichkeit ändern ([5.1], s.u.).

Als Ladungsträger werden im folgenden zunächst Elektronen (später auch Löcher, s. Band 2, Abschnitt 2.2.3) betrachtet. Wenn wir bei Abwesenheit von Ladungsträgergradienten die Diffusionskräfte und -geschwindigkeiten vernachlässigen können, dann folgt aus (2) und (3):

$$\left\langle \vec{v}^{\,n} \right\rangle = \vec{v}_{dr}^{\,n} = \frac{\mu_n}{|q|} \vec{F}_{feld} \underset{(2)}{=} -\mu_n \left\{ \vec{E} + \vec{v}_{dr}^{\,n} \times \vec{B} \right\} \qquad (4)$$

Es ergibt sich also eine *Vektorgleichung* für $\vec{v}_{dr}$. Die aus der Teilchengeschwindigkeit resultierende elektrische Stromdichte $\vec{j}$ (Band 11 oder Anhänge in den Bänden 1 und 2) ist definiert (Volumendichte ρ_n = Teilchenzahl N pro Volumen Vol):

$$\vec{j}_n = -|q|\,\vec{j}_n^{\,T} = -|q|\rho_n \langle \vec{v} \rangle \underset{(4)}{=} -|q|\rho_n \vec{v}_{dr}^{\,n} \qquad (5)$$

und damit für den Fall der Lorentz-Feldkraft:

$$\vec{j}_n = -|q|\,\vec{j}_n^{\,T} = +|q|\mu_n\rho_n \left\{ \vec{E} + \vec{v}_{dr}^{\,n} \times \vec{B} \right\} = \sigma_{sp}^{n} \left\{ \vec{E} + \vec{v}_{dr}^{\,n} \times \vec{B} \right\} \qquad (6)$$

mit der **spezifischen Leitfähigkeit für Elektronen** $\sigma_{sp}^{\,n}$.

Aus Gleichung (6) folgt eine wichtige Konsequenz (Bild 5.1.1-2): Wir betrachten den **Stromfluß** durch einen Leiter in x-Richtung aufgrund eines in derselben Richtung wirkenden von außen angelegten Feldes $\vec{E}_{ax}$. Aus Gleichung (6) folgt unmittelbar (Anhang C2), daß bei *unendlich ausgedehnten* Leitern die Stromdichtevektoren $\vec{j}_n$ um einen definierten **Hallwinkel** θ_H gegenüber der Richtung des von außen ange-

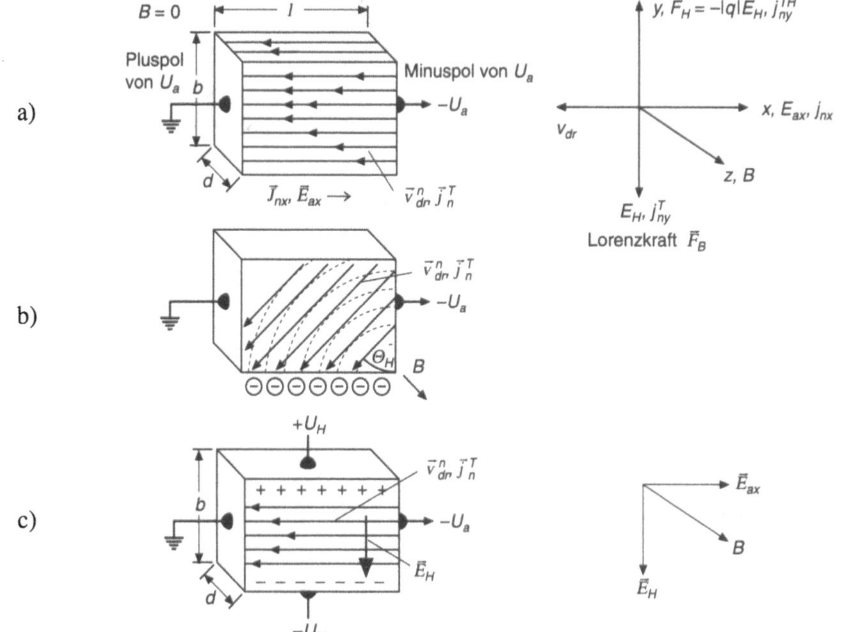

Bild 5.1.1-2   Entstehung des Hallfeldes bei einem stabförmigen Widerstand in x-Richtung

   a) Elektronenbahnen aufgrund des angelegten elektrischen Feldes $\vec{E}_{ax}$ bei *Ab*wesenheit eines Magnetfeldes B

   b) Elektronenbahnen kurz nach dem Einschalten eines Magnetfeldes B (es hat sich noch kein Hallfeld aufgebaut): Der Elektronenstrom fließt auf einer um den Hallwinkel θ_H geneigten Bahn (*freie* Elektronen würden sich auf Spiralbahnen, die gestrichelt eingezeichnet sind, bewegen) zu den Seiten des Stabes hin, die Ablenkung wird bewirkt durch die Lorentzkraft $F = -|q|\vec{v} \times \vec{B}$. Da die Elektronen an den Seitenflächen nicht nach außen abfließen können, baut sich dort eine Oberflächenladung auf, welche das Hallfeld E_H erzeugt, die hierdurch erzeugte zusätzliche Kraft ist der Lorentzkraft entgegengerichtet (d.h. das durch die Ablenkung von Elektronen entstehende Hallfeld zeigt in Richtung der Lorentzkraft).

   c) Auf die im Leiter fließenden Elektronen wirken nebeneinander die ablenkende Kräfte des Magnetfeldes und des Hallfeldes. Beide kompensieren sich gegenseitig, so daß sich die Elektronen bei langgestreckten Widerständen näherungsweise (s. Abschnitt 5.1.2) in der durch den geometrischen Aufbau des Stabes festgelegten Richtung bewegen.

legten Feldes $\vec{E}_{ax}$ verdreht sind (Bild 5.1.1-2b), wobei gilt:

$$\tan \theta_H^{xy} = \tan \theta_H = \frac{j_{ny}^T}{j_{nx}^T} = \frac{v_{dr}^{ny}}{v_{dr}^{nx}} = \mu_n B \tag{7}$$

Dabei werden die entsprechenden Komponenten der Vektoren $\vec{j}_n^{\,T}$ und $\vec{v}_{dr}^{\,n}$ verwendet. Bei *endlich ausgedehnten*, z.B. stabförmigen Widerständen wie in Bild 5.1.1-2, führt die Stromflußkomponente j_{ny}^T in Richtung der y-Achse, also senkrecht zur Widerstandsachse, zu einer elektrostatischen Aufladung an den Seitenflächen des Widerstandes: Dadurch entsteht ein elektrisches **Hallfeld** $\vec{E}_H$ in der Richtung der negativen y-Achse.

Die Wirkung dieses Feldes ist, daß eine Hallstromdichte fließt, welche die y-Komponente $\vec{j}_{ny}^{\,T}$ der Stromdichte $\vec{j}_n^{\,T}$ exakt kompensiert (Anhang C2):

$$j_{ny}^{TH} = -j_{ny}^T = +\rho_n\mu_n \cdot \left|E_{ay}^H\right| \underset{(7)}{=} -\mu_n B \cdot j_{nx}^T \tag{8}$$

$$\Rightarrow \left|E_{ay}^H\right| = -\frac{1}{\rho_n} B \cdot j_{nx}^T = +\frac{1}{|q|\rho_n} B \cdot j_{nx} \tag{9}$$

d.h. aufgrund des Hallfeldes wird der Strom wieder in die ursprüngliche (Bild 5.1.1-2a), durch die Widerstandsgeometrie vorgegebene Richtung abgelenkt (Bild 5.1.1-2c).

Das elektrische Feld $\vec{E}$ setzt sich dann insgesamt aus zwei Anteilen zusammen (Bild 5.1.1.3):

$$\vec{E} := \vec{E}_{ax} + \vec{E}_H \tag{10}$$

$$\text{mit dem } \textbf{Hallfeld } \vec{E}_H := -\vec{v}_{dr}^{\,n} \times \vec{B} \tag{11}$$

$$(6)\underset{\vec{E}_H + \vec{v}_{dr} \times \vec{B} = 0}{\Longrightarrow} \vec{j}_{nx} = \sigma_{sp}^n \vec{E}_{ax} = \frac{1}{\rho_{sp}^n}\vec{E}_{ax} \underset{(4)}{=} -\frac{\vec{v}_{dr}^{\,n}}{\rho_{sp}^n\mu_n} \underset{\rho_{sp}^n = \frac{1}{|q|\rho_n\mu_n}}{=} -|q|\rho_n\vec{v}_{dr}^{\,n} \tag{12}$$

mit dem **spezifischen Widerstand** des n-Leiters ρ_{sp}^n. Bei einer genaueren Betrachtung muß die Magnetfeldabhängigkeit der spezifischen Leitfähigkeit berücksichtigt werden (**magnetische Widerstandsänderung**, s.Abschnitt 5.2).

Mit (5) kann man in (11) die Driftgeschwindigkeit durch die Stromdichte ersetzen. Für einen stabförmigen Widerstand und eine Orientierung des Magnetfeldes wie in Bild 5.1.1-2 und 3 folgt dann

$$\vec{E}_H := +\frac{1}{|q|\rho_n}\vec{j}_{nx} \times \vec{B}_z \tag{13}$$

Die Projektion auf die y-Achse ergibt dann mit den Einheitsvektoren $\vec{e}_x$, $\vec{e}_y$, $\vec{e}_z$ in Richtung der Koordinatenachsen erwartungsgemäß einen negativen Wert, da das Hallfeld (13) in Richtung der *negativen* x-Achse zeigt:

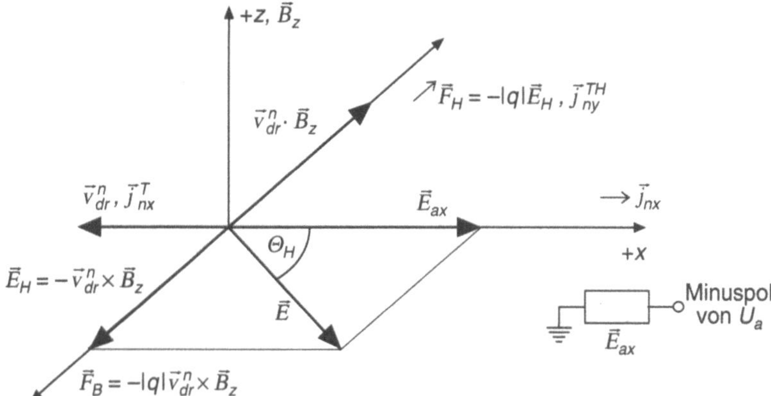

Bild 5.1.1-3   Darstellung der Vektorgrößen beim **Halleffekt für Elektronen**: Eingezeichnet sind das von außen angelegte elektrische Feld $\vec{E}_{ax}$, aufgrund dessen ein Strom durch den Stab fließt. Die Lorentzkraft $\vec{F}_B$ wird bestimmt durch den Vektor $\vec{v}_{dr} \times \vec{B}_z$, der in positiver y-Richtung verläuft, und die negative Ladung der Elektronen, sie zeigt damit in die Richtung der negativen y-Achse. In dieser Richtung zeigt auch nach (11) das Hallfeld, das eine Kraft $\vec{F}_H$ auf die Elektronen in die Richtung der positiven y-Achse bewirkt, die damit der Lorentzkraft entgegengerichtet ist.

Das von außen angelegte Feld $\vec{E}_{ax}$ addiert sich vektoriell mit dem Hallfeld $\vec{E}_H$ zu einem Gesamtfeld $\vec{E}$, welches senkrecht auf der magnetischen Induktionsflußdichte $\vec{B}_z$ steht. Der **Hallwinkel** θ_H zwischen elektrischem Feld $\vec{E}$ und angelegtem Feld $\vec{E}_{ax}$ hat dieselbe Größe wie der Winkel zwischen dem Stromdichtevektor $\vec{j}_n$ und angelegtem Feld $\vec{E}_{ax}$ bei unendlich ausgedehnten Widerständen (Anhang C2).

$$E_H = \vec{E}_H \Big|_{y-Komponente} = \vec{E}_H \cdot \vec{e}_y = + \frac{1}{|q|\rho_n}\left[\vec{j}_{nx} \times \vec{B}_z\right] \cdot \vec{e}_y$$

$$= + \frac{1}{|q|\rho_n}\,\vec{j}_{nx} \cdot \left[\vec{B}_z \times \vec{e}_y\right] = \frac{B_z}{|q|\rho_n}\,\vec{j}_{nx} \cdot \left[-\vec{e}_x\right]$$

$$\Rightarrow E_H = -\frac{B_z\, j_{nx}}{|q|\rho_n} =: R_H^n \cdot B_z\, j_{nx} \tag{14}$$

mit der **Hallkonstanten R_H^n für Elektronen**:

$$R_H^n := -\frac{1}{|q|\rho_n} \tag{15}$$

Eine aufwendigere Berechnung über die Boltzmanngleichung führt nur zu einem zusätzlichen statistischen Faktor der Größenordnung 1.

Unbesetzte Elektronenzustände an der Valenzbandkante (**Löcher**) können wie positiv geladene Ladungsträger behandelt werden (Band 2, Abschnitt 2.2.3). Anstelle von (4) bis (5) gilt **dann für Löcher**:

$$\vec{v}_{dr}^{\,p} = +\mu_p \left\{ \vec{E} + \vec{v}_{dr}^{\,p} \times \vec{B} \right\} \tag{16}$$

$$\vec{j}_{px} = +|q|\vec{j}_{px}^{\,T} = +|q|\rho_p \vec{v}_{dr}^{\,p} = +|q|\rho_p \mu_p \left\{ \vec{E} + \vec{v}_{dr}^{\,p} \times \vec{B} \right\} = +\sigma_{sp}^{p} \left\{ \vec{E} + \vec{v}_{dr}^{\,p} \times \vec{B} \right\} \tag{17}$$

Im Unterschied zu (5) haben jetzt die **elektrische Stromdichte und die Löchergeschwindigkeit** dieselbe Richtung. Wiederum baut sich bei geometrisch begrenzten Widerständen ein Hallfeld wie in (11) auf

$$\vec{E}_H = -\vec{v}_{dr}^{\,p} \times \vec{B} \tag{18}$$

(d.h. (11) gilt unabhängig vom Ladungsträgertyp!), so daß für den Stromfluß analog zu (12) gilt:

$$\vec{j}_{px} = \sigma_{sp}^{p} \vec{E}_{ax} = \frac{1}{\rho_{sp}^{p}} \vec{E}_{ax} = +\frac{\vec{v}_{dr}^{\,p}}{\rho_{sp}^{p}\mu_p} \tag{19}$$

Bild 5.1.1-4 zeigt die Vektordarstellung dieser Größen.

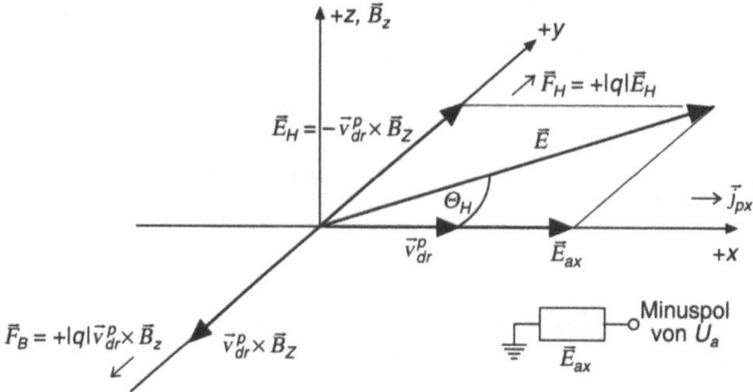

Bild 5.1.1-4   Darstellung der Vektorgrößen beim **Halleffekt für Löcher**: Im Gegensatz zu den Verhältnissen bei Elektronen in Bild 5.1.1-3 zeigt jetzt die Driftgeschwindigkeit in dieselbe Richtung wie die Stromdichte, damit zeigt der Vektor $\vec{v}_{dr} \times \vec{B}_z$ in Richtung der negativen y-Achse, das Hallfeld E_H hingegen in Richtung der positiven y-Achse.

Die Kräfte $\vec{F}_B$ und $\vec{F}_H$ auf die Löcher haben aber dieselbe Richtung wie bei den Elektronen, weil sich bei Elektronen die negativen Vorzeichen von Ladung und Geschwindigkeit gegenseitig aufheben. Bei gleichzeitiger Anwesenheit von Elektronen und Löcher kompensieren sich daher die Flächenladungen an den Seitenflächen des Stabes (Magnetokonzentrationseffekt, s. Bild 5.5.5-1), d.h. die Größe des Hallfeldes nimmt ab.

Analog zu (13) und (14) folgt aus (17) und (18)

$$\vec{E}_H = -\frac{1}{|q|\rho_p} \vec{j}_{px} \times \vec{B}_z \tag{20}$$

$$E_H = \vec{E}_H\Big|_{y-Komponente} = \vec{E}_H \cdot \vec{e}_y = -\frac{1}{|q|\rho_p}\left[\vec{j}_{px} \times \vec{B}_z\right] \cdot \vec{e}_y$$

$$= -\frac{1}{|q|\rho_p}\vec{j}_{px} \cdot \left[\vec{B}_z \times \vec{e}_y\right] = -\frac{B_z}{|q|\rho_p}\vec{j}_{px} \cdot \left[-\vec{e}_x\right]$$

$$\Rightarrow E_H = +\frac{B_z j_{px}}{|q|\rho_p} =: R_H^p \cdot B_z j_{px} \tag{21}$$

d.h. für positiv geladene Ladungsträger wie Löcher ist die Hallkonstante positiv:

$$R_H^p = +\frac{1}{|q|\rho_p} \tag{22}$$

Der Winkel zwischen dem elektrischen Feldvektor $\vec{E}$ und dem Vektor des von außen angelegten elektrischen Feldes $\vec{E}_{ax}$ ergibt sich nach den Bildern 5.1.1-3 und 4 aus dem Verhältnis der Feldstärken in transversaler (Hallfeld) und longitudinaler Richtung (angelegtes äußeres Feld) über die Beziehung

$$\tan\theta_H = \frac{\vec{E}_H \cdot \vec{e}_y}{E_{ax}} = \begin{cases} +\dfrac{|E_H|}{E_{ax}} & \text{für Löcher} \\[3mm] -\dfrac{|E_H|}{E_{ax}} & \text{für Elektronen} \end{cases} \tag{23}$$

Einsetzen der Beziehungen (14) und (15) bzw. (21) und (22) erbringt

$$\tan\theta_H = \begin{cases} +\dfrac{B_z j_{px}}{|q|\rho_p \cdot E_{ax}} & \text{für Löcher} \\[5mm] -\dfrac{B_z j_{nx}}{|q|\rho_n \cdot E_{ax}} & \text{für Elektronen} \end{cases} \tag{24}$$

Mit den Beziehungen (12) und (19) für die elektrischen Stromdichten für Elektronen und Löcher ergibt sich

$$j_{px} = |q| \cdot \rho_p \cdot \mu_{pH} \cdot E_{ax} = \sigma_{spH}^{p} \cdot E_{ax} \left.\vphantom{\int}\right\}$$

$$j_{nx} = |q| \cdot \rho_n \cdot \mu_{nH} \cdot E_{ax} = \sigma_{spH}^{n} \cdot E_{ax} \left.\vphantom{\int}\right\}$$
$$(26)$$

wobei die **Hallbeweglichkeit** μ_H (und damit auch die spezifische Leitfähigkeit σ_{spH}) wegen der bereits erwähnten magnetischen Widerstandsänderung von der Driftbeweglichkeit abweichen kann. Eingesetzt in (24) folgt schließlich

$$\tan \theta_H = \begin{cases} + B_z \cdot \mu_{pH} & \text{für Löcher} \\[2ex] \\[2ex] - B_z \cdot \mu_{nH} & \text{für Elektronen} \end{cases} \qquad (27)$$

d.h. es ergibt sich derselbe Wert wie bei dem für unendlich ausgedehnte Widerstände bestimmten Hallwinkel in (7) oder Anhang C2.

In die Definition der spezifischen Leitfähigkeit auf der rechten Seite von (26) können auch die expliziten Ausdrücke für die Hallkoeffizienten nach (15) und (22) eingesetzt werden, so daß sich ergibt:

$$\mu_{pH} = R_H^{p} \cdot \sigma_{spH}^{p} \left.\vphantom{\int}\right\}$$

$$\mu_{nH} = \left| R_H^{n} \right| \sigma_{spH}^{n} \left.\vphantom{\int}\right\}$$
$$(28)$$

Über das Vorzeichen des Hallfeldes $\vec{E}_H$ kann nach (14,15) oder (21,22) entschieden werden, **ob in einem Leiter die p- oder n-Leitung überwiegt**, dieses ist ein in der Praxis häufig angewendetes Verfahren, das allerdings mehr Aufwand erfordert als die in Bild 3.2.1-2 beschriebene thermoelektrische Messung. Die **Größe** des Hallfeldes ergibt bei bekanntem Probenstrom j_x weiterhin Auskunft über die Ladungsträgerdichten ρ_n oder ρ_p. Schließlich kann bei **bekanntem Probenstrom die Größe** σ_{spH} über (26) direkt ermittelt **und daraus** über (28) **die Hallbeweglichkeit** bestimmt werden. Die Messung des Halleffekts erlaubt **also eine getrennte Bestimmung der beiden unabhängigen physikalischen Größen,** die in die spezifische Leitfähigkeit eingehen: der Ladungsträgerdichte und -beweglichkeit. Dieses ist bei anderen Meßverfahren nicht ohne weiteres möglich; hieraus resultiert die große Bedeutung des Halleffekts bei der Analyse der elektrischen Eigenschaften von Werkstoffen.

Bei bekannter Breite b des Stabes (Bild 5.1.1-2c) kann aus dem Hallfeld die **Hallspannung** ermittelt werden über

$$E_H = - \frac{U_H}{b} \qquad (29)$$

Eingesetzt in (14) oder (21) ergibt sich für einen Stabquerschnitt $b{\cdot}d$ (s. Bild 5.1.1-2c)

$$U_H = -b \cdot R_H \cdot B_z j_x \Big|_{I_x = j_x \cdot bd} = -\frac{R_H \cdot B_z I_x}{d} \tag{30}$$

Je nach Wahl des Bezugspunktes für die Spannungsmessung kann U_H auch das umgekehrte Vorzeichen zugeordnet werden, das Vorzeichen des Hall*feldes* hingegen ist eindeutig festgelegt.

Aus den Bildern 5.1.1-3 und 4 ging hervor, daß die Feldstärke $\vec{E}$ im Leiter bei Anwesenheit eines Magnetfeldes aus der Richtung des Stromflusses herausgedreht wird (weil sich dem angelegten Feld ein Hallfeld überlagert). Diesem Verlauf der Feldstärke entsprechen definitionsgemäß geneigte planare Äquipotentialflächen (Flächen gleichen elektrischen Potentials φ), da allgemein gilt

$$\vec{E}(\vec{r}) = -\nabla\varphi(\vec{r}) \tag{31}$$

Nach einem allgemeinen Satz aus der Vektoranalysis steht der Vektor $\vec{E}$ immer senkrecht auf der dazugehörigen Äquipotentialfläche (Bild 5.1.1-5).

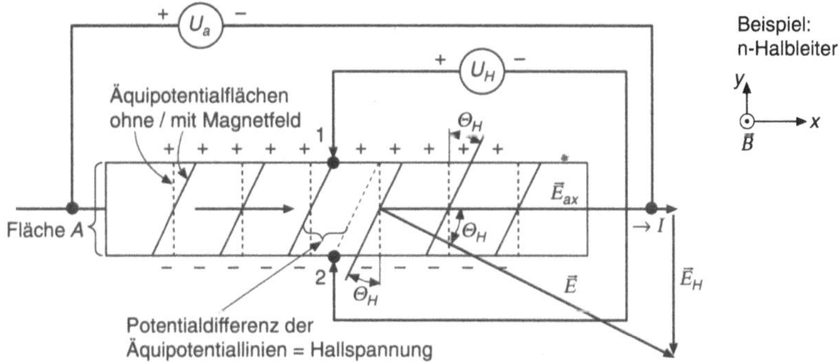

Bild 5.1.1-5   Verlauf der elektrischen Feldstärke $\vec{E}$, die sich aus der Vektorsumme von angelegter Feldstärke $\vec{E}_{ax}$ und Hallfeldstärke $\vec{E}_H$ ergibt mit den dazugehörigen Äquipotentialflächen (genauer: Flächen gleicher Fermienergie geteilt durch -|q|). Ohne Magnetfeld liegen die Äquipotentialflächen senkrecht zur Stromrichtung $\vec{I}_x = \vec{j}_x A$ (gestrichelte Linien, A = Querschnitt des Leiters), bei Anwesenheit eines Magnetfeldes sind sie dagegen um den Hallwinkel Θ_H geneigt (durchgezogene Linien).

An den Meßpunkten 1 und 2 wird als Hallspannung die Differenz der (chemischen) Potentiale (= Fermienergien) abgegriffen, die den durch 1 und 2 verlaufenden Äquipotentialflächen entsprechen. Eine exakte Messung setzt voraus, daß die beiden Punkte 1 und 2 genau gegenüberliegen (sonst wird auch beim Magnetfeld Null eine Spannung [ohmsche Komponente] gemessen).

Aus den Formeln (14) und (21) folgt, daß der Halleffekt besonders groß ist bei Werkstoffen mit niedrigen Ladungsträgerdichten, wie sie z.B. in Halbleitern, vielen elektronisch leitenden keramischen Werkstoffen, und Ionenleitern vorzufinden sind. Die Einspeisung des Stroms erfolgt dann gewöhnlich über flächenhafte Metallkontakte an den Enden des Stabes. Dort ist die Leitfähigkeit so groß, daß die Metallkontakte in guter Näherung als Äquipotentialflächen betrachtet werden können, deren Lage durch die Stabgeometrie vorgegeben ist und nicht vom äußeren Magnetfeld abhängt. Die Feldstärke muß dann zwangsläufig auf der Fläche der Metallkontakte senkrecht stehen, bei stabförmigen Widerständen wie in den Bildern 5.1.1-2 und 5 hat sie dann die Richtung des angelegten Feldes $\vec{E}_{ax}$. Das ist gleichbedeutend damit, daß das Hallfeld $\vec{E}_H$ am Ort der Metallkontakte aufgrund der Widerstandsgeometrie unterdrückt wird, so daß der Stromfluß wie beim unendlich ausgedehnten Widerstand nach (7) mit einer durch den Hallwinkel bestimmten Neigung relativ zur Widerstandsachse austritt (Bild 5.1.1-6). Erst in größerem Abstand von den Metallkontakten kann die Feldstärke die in Bild 5.1.1-6 dargestellte zur Widerstandsachse geneigte Richtung annehmen, gleichzeitig nimmt der Stromflußvektor die Richtung der Probenachse an. Bild 5.1.1-6 zeigt den berechneten Verlauf.

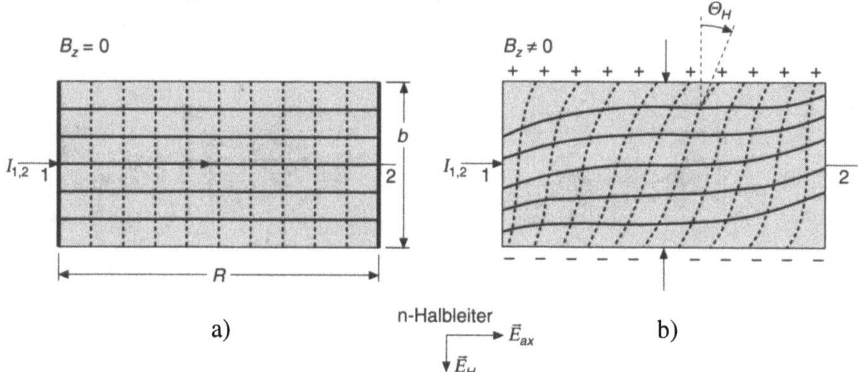

Bild 5.1.1-6   Strombahnen (definiert durch die ortsabhängigen Richtungen des Stromdichtevektors, durchgezogen eingezeichnet) und Äquipotentiallinien (gestrichelt) in einem Widerstand

a) ohne äußeres Magnetfeld

b) mit äußerem Magnetfeld

Erst in einem größeren Abstand von den Kontaktflächen werden die in Bild 5.1.1-5 dargestellten Verhältnisse angenommen, so daß dort die in (14) und (21) berechneten Hallfeldstärken gemessen werden können (nach [5.2]).

Effekte dieser Art spielen eine große Rolle bei der geometrisch bestimmten magnetischen Widerstandsänderung, sie werden im Abschnitt 5.2.1 und im Anhang C3 ausführlich behandelt.

Bei einer Widerstandsgeometrie wie in Bild 5.1.1-6 ist die gemessene Hallspannung vom Ort der Messung auf dem Stab abhängig, sie hat allenfalls in einem mittleren Bereich des Widerstands den theoretisch berechneten Wert und nimmt zu den Stirnflächen des Stabes hin ab. Für exakte Hallmessungen ist deshalb ein Geometrieverhältnis von *l/b* (Stablänge/Stabbreite) > 2 bei Abgriff der Hallspannung in der Stabmitte empfehlenswert. In Bild 5.1.1-7 sind gebräuchliche Probenformen für die Messung des Halleffekts dargestellt.

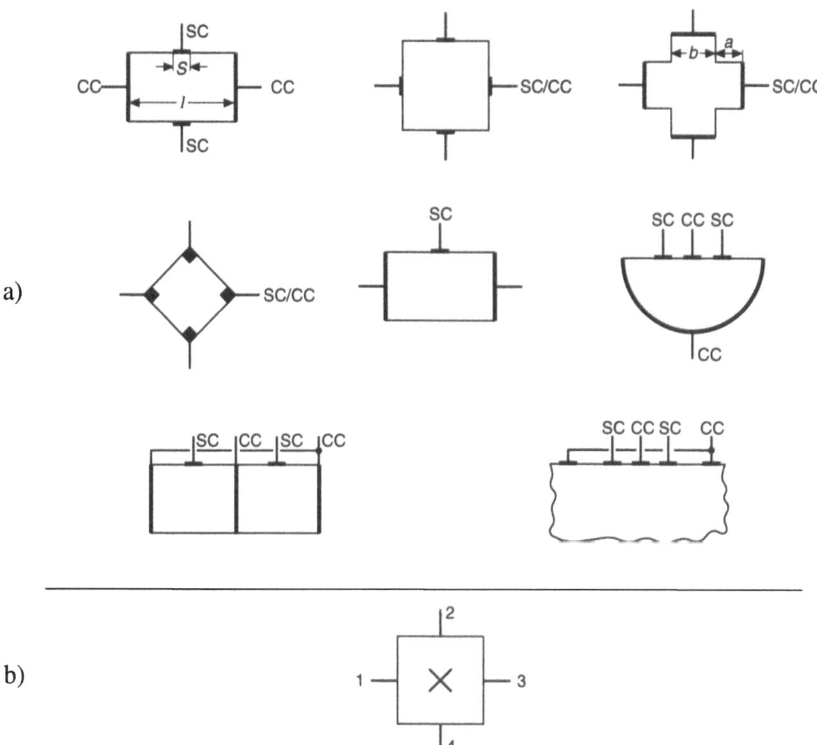

Bild 5.1.1-7   Bauelemente zur Messung des Halleffekts
a) Meßfiguren: In die Kontakte CC wird der Strom eingespeist, bei SC die Sensorspannung abgegriffen. SC/CC bedeutet, daß Strom- und Sensorkontakte vertauscht werden können (nach [5.3])
b) Schaltsymbol von Hallsonden (nach [5.2])

5.1.2 **Hallgeneratoren**

Der Halleffekt läßt sich zur **Messung von Magnetfeldern** einsetzen, die entsprechenden Sensoren werden als **Hallgeneratoren** bezeichnet. Ausgangspunkt für den Aufbau solcher Sensoren sind die Beziehungen (5.1.1-14 und 21), die sich zusammengefaßt in der folgenden Weise darstellen lassen:

$$\left|\frac{E_H}{B_z}\right| = R_H \cdot |j_x|\underset{(5.1.1-26)}{=} R_H \cdot \sigma_{spH} \cdot |E_{ax}| \tag{1}$$

$$\Rightarrow \left|\frac{E_H}{B_z}\right|\underset{(5.1.1-28)}{=} \mu_H \cdot |E_{ax}| \tag{2}$$

Wird die durch das Hallfeld bewirkte Leistungsabgabe vernachlässigt (stromlose Messung der Hallspannung) dann ist die am Sensor abfallenden Leistungsdichte

$$\rho_P = |j_x E_{ax}| \tag{3}$$

so daß aus (1) und (2) folgt

$$\left|\frac{E_H}{B_z}\right|^2 = R_H \mu_H \rho_P \tag{4}$$

Als **Forderungen an einen Hallsensor** ergeben sich damit:

1. Für eine vorgegebene Leistungsdichte ρ_P soll das **Verhältnis** E_H/B_z maximal sein, d.h. R_H muß möglichst groß sein. Nach (5.1.1-15 und 22) ergibt sich hieraus die Forderung nach möglichst niedrigen Elektronen- *oder* Löcherdichten (bei gleichzeitiger Anwesenheit vermindert sich der Halleffekt, s. Bild 5.1.1-2c), d.h. **hochohmige Halbleiter** sind als Grundmaterial für Hallgeneratoren **weit besser** geeignet als Metalle. Um eine gute Temperaturkonstanz des Hallkoeffizienten zu erreichen, sollte die **Ladungsträgerdichte** im eingesetzten Temperaturbereich möglichst konstant sein, d.h. der **Halbleiter** sich im *Sättigungsbereich* (Bilder 3.3.1-2b und 5.1.2-1) befinden.

2. Zur Maximierung von E_H/B_z muß weiterhin eine **möglichst große Ladungsträger(Hall-)Beweglichkeit** μ_H angestrebt werden, d.h. die eingesetzten Halbleiterwerkstoffe werden nach diesem Kriterium bestimmt.

3. Die **Leistungsdichte** selber sollte möglichst klein gehalten werden, um die Eigenerwärmung nach (3.1-1) niedrig zu halten. Demselben Zweck dient ein kleiner Wärmewiderstand R_{th}.

Tab. 5.1.2-1 zeigt eine Übersicht über die Ladungsträgerbeweglichkeiten verschiedener Element- und Verbindungshalbleiter.

Tab. 5.1.2-1   Eigenschaften verschiedener Element- und Verbindungshalbleiter (nach [5.4]): Von besonderer Bedeutung für Hallgeneratoren und Feldplatten (Abschnitt 5.2.1) ist eine große Ladungsträgerbeweglichkeit μ_n oder μ_p, da diese direkt in die Empfindlichkeit (4) des Sensors eingeht. Die Beweglichkeit bestimmt auch direkt die Größe des Hallwinkels nach (5.1.1-7 und 27). An dieser Stelle sei an die Dimension der magnetischen Induktionsflußdichte erinnert:

$$1\,\mathrm{T} = 10^{-4}\,\frac{\mathrm{V}\cdot\mathrm{s}}{\mathrm{cm}^2}$$

d.h. die Dimension der magnetischen Induktionsflußdichte entspricht der reziproken Dimension der Ladungsträgerbeweglichkeit.

Halbleiter		Gitter-konstante [Å]	maximaler Bandabstand [eV]	Band [*)	Beweglichkeit [cm^2/V·s] μ_n	μ_p	relative Dielektrizitätskonstante
Element	Ge	5,64	0,66	I	3900	1900	16,0
	Si	5,43	1,12	I	1450	450	11,9
IV-IV	SiC	3,08	2,99	I	400	50	10,0
III-V	AlSb	6,13	1,58	I	200	420	14,4
	GaAs	5,63	1,42	D	8500	400	13,1
	GaP	5,45	2,26	I	110	75	11,1
	GaSb	6,09	0,72	D	5000	850	15,7
	InAs	6,05	0,36	D	33000	460	14,6
	InP	5,86	1,35	D	4600	150	12,4
	InSb	6,47	0,17	D	80000	1250	17,7
II-VI	CdS	5,83	2,42	D	340	50	5,4
	CdTe	6,48	1,56	D	1050	100	10,2
	ZnO	4,58	3,35	D	200	100	9,0
	ZnS	5,42	3,68	D	165	5	5,2
IV-VI	PbS	5,93	0,41	I	600	700	17,0
	PbTe	6,46	0,31	I	6000	4000	30,0

*) I = indirekter, D = direkter Bandübergang

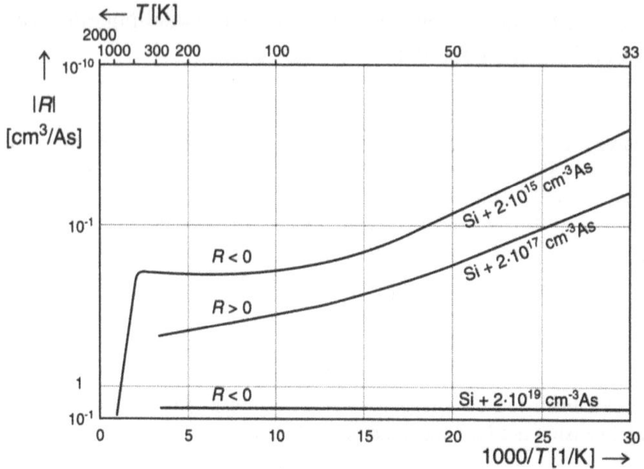

Bild 5.1.2-1   Temperaturabhängigkeit von Hallkoeffizienten bei unterschiedlich dotiertem Silizium (nach [5.3])

Man erkennt, daß die hohe **Ladungsträgerbeweglichkeit** der III-V-Halbleiter Indiumantimonid (InSb) und Indiumarsenid (InAs) verbunden ist mit einem relativ kleinen Bandabstand W_g. In diesem Fall setzt die intrinsische Elektron-Lochpaarerzeugung (Band 2, Abschnitt 2.2.4), die den Halleffekt stark vermindert (Bilder 5.1.1-4 und 5.1.2-1), bei relativ niedrigen Temperaturen ein. Dieses kann nur durch eine starke Dotierung verhindert werden, die ihrerseits den Hallkoeffizienten herabsetzt. Tab. 5.1.2-2 zeigte einen Überblick über die zur Herstellung von Hallsensoren eingesetzten Werkstoffe, deren Anwendungsbereich und wesentliche Merkmale.

Tab. 5.1.2-2   Einsatz verschiedener Halbleiterwerkstoffe als Hallgeneratoren (nach [5.5])

Material	Anwendung	Bemerkung
Indiumantimonid, kristallin	Signalsonden	hohe Leerlaufempfindlichkeit, großer TK
Indiumarsenid, kristallin	Meß- und Regelsonden	kleiner TK
Indiumarsenid-phosphid kristallin	Meßsonden	sehr kleiner TK
Indiumantimonid Aufdampfschicht	Signal- und Regelsonden	hohe Leerlaufempfindlichkeit großer TK, kleiner Steuerstrom
Indiumarsenid Aufdampfschicht	Meß- und Regelsonden	gute Leerlaufempfindlichkeit niedriger TK, kleiner Steuerstrom
Silizium	integrierte Sonden mit Verstärker	Verstärker + Hallgenerator aus einem Kristall
Galliumarsenid	Signal-Sonde punktförmige Meßsonde Differential-Sonde	Hohe Leerlaufempfindlichkeit niedriger Steuerstrom geringer TK geringe Abmessung des Hall-Systems geringe Baugröße hohe Betriebstemperatur

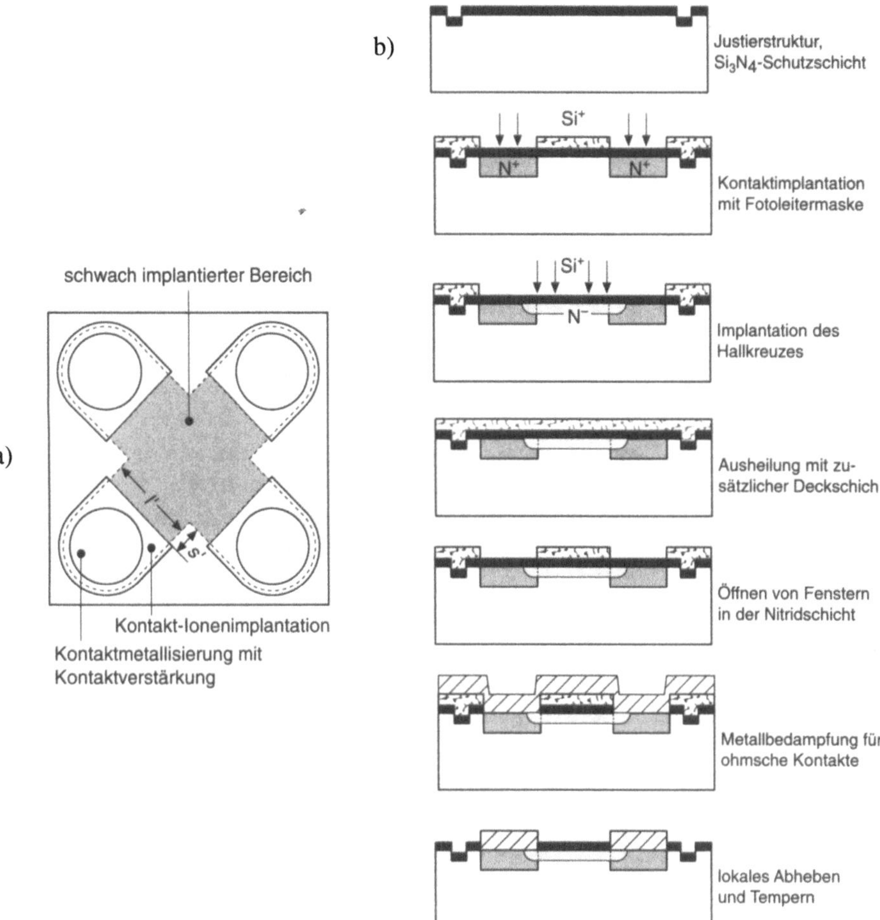

Bild 5.1.2-2   **Aufbau** von Halbleiter-Hallgeneratoren mit umdotierten aktiven Schichten (nach [5.2, 5.8]):

a) Wegen der starken Abhängigkeit des Hallkoeffizienten von der Ladungsträgerdichte wird die Dotierung der Sensorschicht (schwach implantierter Bereich) häufig über Ionenimplantation (Band 2, Abschnitt 8.2-5) eingestellt, auch Epitaxieverfahren können angewendet werden. Die ohmsche Kontaktierung über eine Metallschicht erfolgt in Bereichen, bei denen die Dotierung vergrößert worden ist (stark implantierte Bereiche, s. Band 2, Abschnitt 9.2)

b) Fertigung eines GaAs-Hallsensors in Planartechnologie

Hallgeneratoren aus den mono- oder polykristallinen Werkstoffen Indiumarsenid und -antimonid – oder Legierungen davon – werden durch Zersägen und Dünnschleifen und -ätzen (auf 10 bis 100 µm) der entsprechenden Kristalle mit anschließender

Kontaktierung durch Metalle hergestellt. **Polykristalline Halbleiterschichten** lassen sich **durch Aufdampfen** (Schichtdicke 2 bis 3 μm) auf ein **isolierendes** Substrat oder andere **Dünnschichtverfahren** (s. Band 2, Abschnitt 8.2) herstellen.

Hallgeneratoren auf der Basis der technologisch besser beherrschten Werkstoffe **Silizium und Galliumarsenid** bestehen meist aus **dünnen Schichten**, deren Dotierung **über Epitaxie- und Ionenimplantationsverfahren** (s. Band 2, Abschnitt 8) innerhalb enger Toleranzen eingestellt worden ist. Die **Isolation** zwischen der Sensorschicht (z.B. p-leitend) und dem Substrat (z.B. n-leitend) erfolgt **bei Silizium in der Regel durch die Raumladungszone des pn-Übergangs**, bei Galliumarsenid kann auch ein semiisolierendes Substrat verwendet werden. Bild 5.1.2-2 zeigt den Aufbau und die Herstellung solcher Halbleiter-Hallgeneratoren.

Bei Silizium- und Galliumarsenidsensoren bietet es sich an, den Fertigungsprozeß mit der gleichzeitigen Herstellung von aktiven Bauelementen auf demselben Chip zu verbinden, so daß ein *integrierter Sensor* entsteht, bei dem das Meßsignal auf dem Chip verstärkt und weiterverarbeitet (z.B. linearisiert) wird. In Bild 5.1.2-3 ist die vereinfachte Schaltung eines integrierten Silizium-Hall-Magnetfeldsensors wiedergegeben, in Bild 5.1.2-4 die Daten eines kommerziell erhältlichen Typs in Galliumarsenid-Technologie.

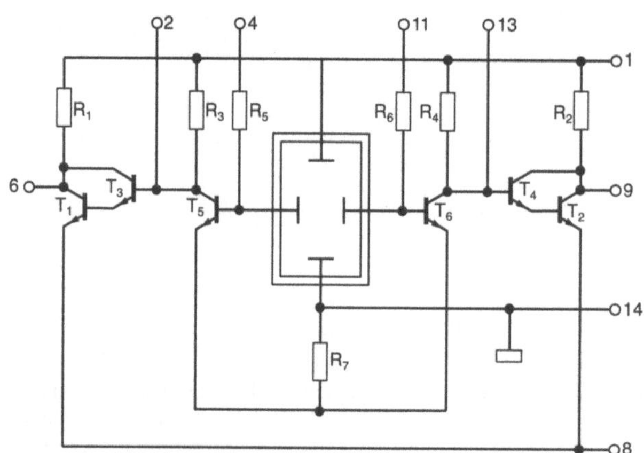

Bild 5.1.2-3   Schaltung eines integrierten Silizium-Hallsensors (nach [3.39]): Hallgenerator und Differenzverstärkerstufen sind auf demselben Chip integriert.

Wegen der höheren Ladungsträgerbeweglichkeit ist Galliumarsenid gegenüber Silizium als Werkstoff grundsätzlich überlegen, die Bilder 5.1.2-4 und 5 zeigen den Aufbau und die Leistungsdaten solcher Sensoren.

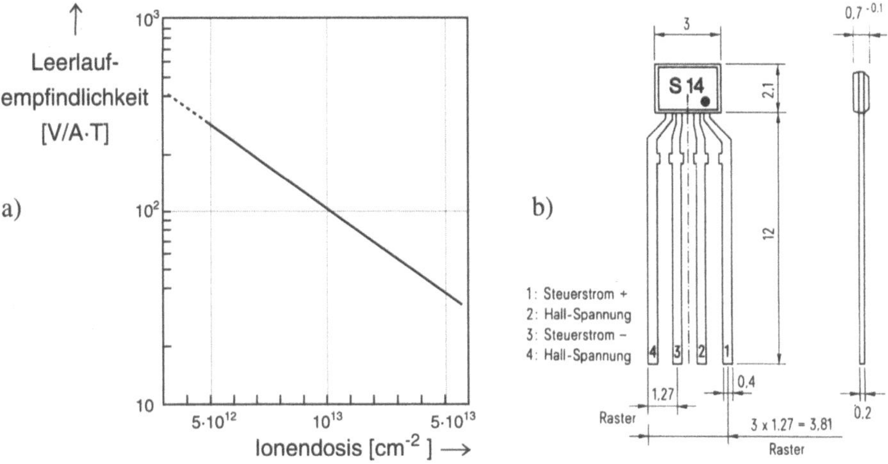

Bild 5.1.2-4   Galliumarsenid-Hallgeneratoren (nach [5.6,5.8])

a) Abhängigkeit der Sensorempfindlichkeit (Volt pro Ampere und Tesla) von der Implantationsdosis

b) Gehäuseform und Leistungsdaten eines diskreten (d.h. nicht integrierten) Hallsensors aus dem Halbleiterwerkstoff Galliumarsenid

---

HALL POSITIONSSENSOR KSY 14

Grenzdaten

Betriebstemperatur	T_A	-40 ... + 175	°C
Lagertemperatur	T_{stg}	-50 ... + 180	°C
Steuerstrom	I_1	7	mA
Wärmeleitwert	G_{thA} [1]	≥1,5	mW/K
	G_{thcase}	≥ 2,2	mW/K

Kenndaten (T_A = 25°C)

Nennsteuerstrom	I_{1N}	5	mA
Leerlaufempfindlichkeit	K_{B0}	190 ... 260	V/AT
Leerlaufhallspannung $I_1 = I_{1N}$; $B = 0,1\ T$	V_{20}	95 ... 130	mV
Ohmsche Nullspannung $I_1 = I_{1N}$; $B = 0\ T$	V_{R0}	≤ + /- 20	mV
Linearität der Hallspannung	F_L		
$B = 0...0,5T$		≤ +/-0,2	%
$B = 0...1\ T$		≤ +/-0,7	%
Steuer-und hallseitiger Innenwiderstand; $B = 0T$	$R_{10,20}$	900 ... 1200	Ohm
Temperaturkoeffizient der Leerlaufhallspannung $I_1 = I_{1N}$; $B = 0,1\ T$	TC_{V20}	- 0,03 ... - 0,07	%/K
Temperaturkoeffizient der Innenwiderstände; $B = 0T$	$TC_{R10,R20}$	0,1 ... 0,18	%/K
Nullspannungsänderung im Temperaturbereich 25° C...75° C	ΔV_{R0} [2]	≤ 2	mV

---

[1] gelötet, frei in Luft   [2] AQL 0,65

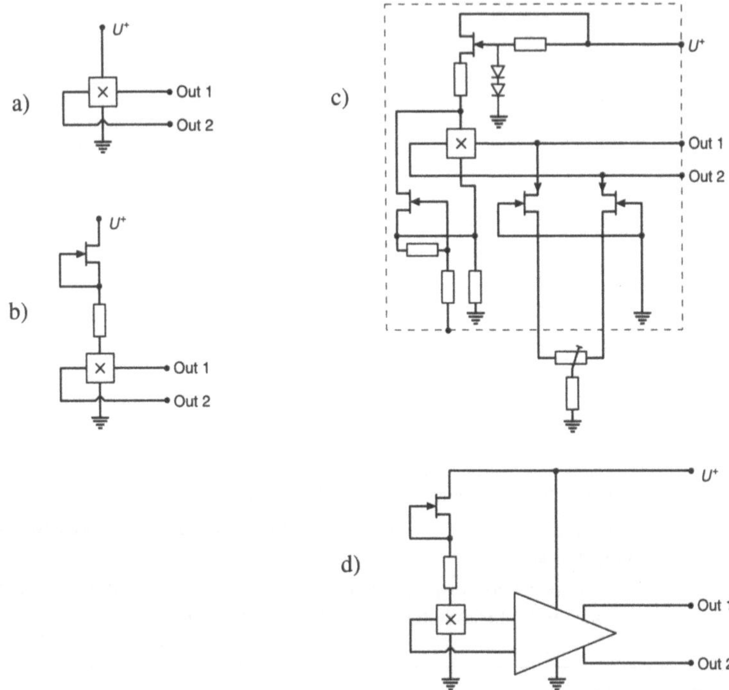

Bild 5.1.2-5 Integration zusätzlicher elektrischer Funktionen auf demselben Chip mit dem in Bild 5.1.2-4 charakterisierten diskreten Hallsensor in verschiedenen Integrationsstufen (nach [5.7])

a) diskreter Sensor

b) a) mit integrierter MESFET(s. Band 2, Abschnitt 10.3.2)-Konstantstromquelle

c) wie b), zusätzlich mit integrierter Nullspannungskompensation

d) wie b), zusätzlich mit integriertem Differenzverstärker

Die Magnetfeldmessung über Hallsensoren hat eine Reihe von Vorteilen wie

– hohe Empfindlichkeit
– eine Messung von Magnetfeld*stärke* und *-richtung* ist möglich
– relativ einfache Herstellung integrierter Sensoren,

denen aber gravierende Nachteile gegenüberstehen:

– Nullpunktstabilität ist kritisch
– relativ große Temperaturabhängigkeit, insbesondere bei Silizium-Hallgeneratoren
– bei Silizium-Hallgeneratoren gibt es eine relativ starke Querempfindlichkeit gegenüber mechanischen Spannungen

Der letzte Gesichtspunkt erweist sich als besonders gravierender Nachteil für *Silizium*-Hallgeneratoren. Die Ursache dafür liegt in dem *außerordentlichen* oder *Pseu-*

do-Halleffekt (Bild 4.2.2-4c und d) aufgrund des *piezoresistiven* Effekts, der bei Silizium-Drucksensoren gezielt zur Messung mechanischer Spannungen eingesetzt werden kann (Bild 4.2.6-4): Dieser Effekt erzeugt wie der Halleffekt ein transversales elektrisches Feld, d.h. **beide Effekte können bei der Messung nicht voneinander getrennt werden**. Bei integrierten Hallsensoren treten fast immer parasitäre mechanische Spannungen auf, welche durch die Fertigungsprozesse auf dem Halbleiterchip, sowie durch die Kontaktierung und Montage des Chips im Gehäuse eingeführt werden. Hierdurch wird der **Nullpunkt der Messung** (Meßsignal ohne äußeres Magnetfeld) in schwer zu beherrschender Weise verschoben. Langzeiteffekte, wie der Aufbau oder Abbau mechanischer Spannungen durch Nachgeben von Klebe- oder Legierungsverbindungen (Waferbondverbindungen), Bimetalleffekte usw. führen zu Verschiebungen in der Sensorkennlinie, welche die Einsatzmöglichkeiten dieser Sensoren erheblich einschränken können. Wegen des kleineren piezoresistiven Effekts in Galliumarsenid ist dieser Störeffekt bei GaAs-Hallsensoren weitaus geringer.

5.2 Magnetoresistive Sensoren

5.2.1 Feldplatten

Magneto*resistive* Sensoren haben den Vorteil, daß sie eine besonders einfache *Zwei*punktmessung ermöglichen, im Gegensatz zu den *vier* notwendigen Anschlüssen bei Hallgeneratoren. Wie bei den piezoresistiven Sensoren gibt es – wenn auch aus völlig unterschiedlichen Gründen – einen werkstoff- (**magnetische Widerstandsänderung**) und einen geometriebedingten (**geometrischer Magnetowiderstandseffekt**, s. Anhang C3) Effekt.

Die Änderung des elektrischen Widerstandes eines Werkstoffes mit der Größe eines angelegten äußeren Magnetfelds ist eines der wichtigen grundlegenden Probleme der Festkörperphysik [5.1]. In stark vereinfachter Form ergibt sich für Elektronenleiter (Beweglichkeit μ_n) als magnetische Widerstandsänderung [5.2 und 9]:

$$\frac{R(B)}{R(0)} = \begin{cases} \dfrac{\rho_{sp}(B)}{\rho_{sp}(0)}\left(1+\mu_n^{\,2}B_\perp^{\,2}\right); B_\perp < 0,1T \\[2em] \propto \mu_n |B|; \quad B >> 0,1T \end{cases} \tag{1}$$

Dabei ist $B_\perp$ die Komponente des Magnetfeldes senkrecht zum Stromdichtevektor.

Die *geometrische* Magnetowiderstandsänderung wird durch die Formel (C3-6) beschrieben:

$$\frac{R(B)}{R(0)} = 1 + \left(\mu_n B_\perp\right)^2 \qquad (2)$$

Beide Formeln (1) und (2) zeigen, daß im Gegensatz zu den Hallgeneratoren nur die *Stärke* des Magnetfeldes, nicht aber deren *Richtung* bestimmt werden kann. Weiterhin folgt, daß die magnetische Widerstandsänderung mit steigender Beweglichkeit zunimmt. Aus diesem Grunde werden für magnetoresistive *Halbleiter*sensoren (**Feldplatten**) grundsätzlich Werkstoffe mit einer besonders großen Ladungsträgerbeweglichkeit eingesetzt, d.h. nach Tab. 5.1.2-1 vorzugsweise der Verbindungshalbleiter Indiumantimonid. Auch bei diesem Werkstoff ist der werkstoffbedingte magnetoresistive Effekt relativ gering (z.B. 55% bei 1 T), er kann jedoch über den geometriebedingten Magnetowiderstandseffekt (Anhang C3) erheblich verstärkt werden (Bild 5.2.1-1).

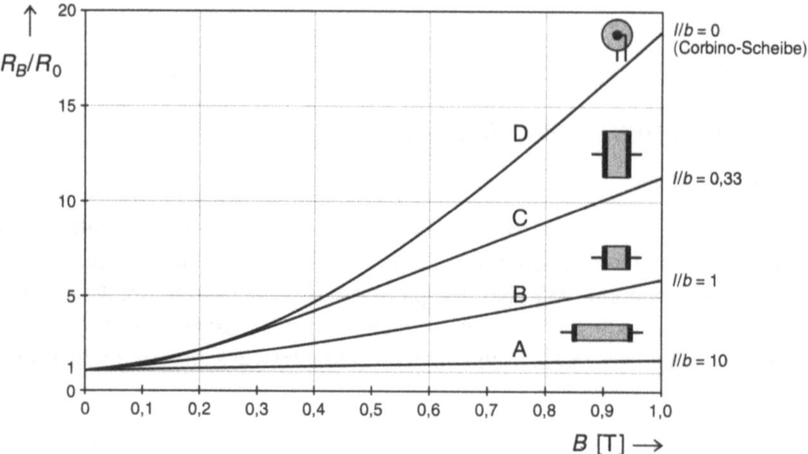

Bild 5.2.1-1   Abhängigkeit der magnetischen Widerstandsänderung von den geometrischen Abmessungen des Widerstands (geometrischer Magnetowiderstandseffekt, s. Anhang C3, nach [5.9]):

Bei *großen* Verhältnissen *l/b* von Länge *l* zu Breite *b* (langgestreckte Widerstände) werden die Strombahnen nur unwesentlich verlängert, d.h. der Widerstandsanstieg ist relativ gering (Kurve A), bei kurzen Widerständen (*l/b klein*) hingegen stark (Kurve C). Die Ursache dafür liegt darin, daß an den Randgebieten zu den Metallkontakten die Bahnverlängerung besonders ausgeprägt ist (die Feldstärke muß nahezu senkrecht auf den Kontaktflächen stehen, da diese näherungsweise Äquipotentialflächen bilden) und in der Mitte des Widerstandes das Hallfeld einer Bahnverschiebung entgegenwirkt.

Der maximal mögliche Effekt läßt sich mit der Corbinoscheibe (Anhang C3) mit *l/b* = 0 erreichen (Kurve D).

Kurze Widerstände mit einem kleinen *l/b*-Verhältnisse haben relativ niedrige Widerstandswerte, so daß eine Vergrößerung durch Hintereinanderschaltung vieler gleichartiger Widerstände erforderlich wird. Technologisch läßt sich das bei Dünnschichtwiderständen durch Herstellung paralleler metallischer Kurzschlußstreifen (metallischeKontaktstreifen, die nach Möglichkeit durch die gesamte Halbleiterschicht legieren sollten) über einen Lithographieprozeß (Bild 5.2.1-2a) oder durch gerichtete Ausscheidung einer gut leitfähigen zweiten Phase erreichen (Bild 5.2.1-2b).

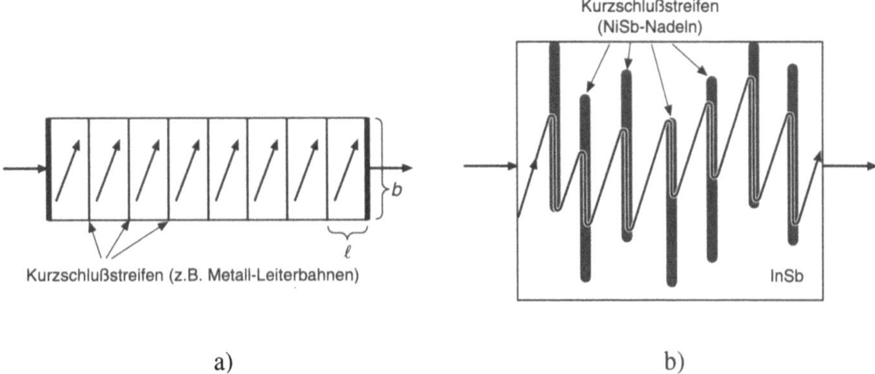

Bild 5.2.1-2   Herstellung hochohmiger magnetfeldabhängiger Widerstände durch Hintereinanderschaltung vieler gleichartiger Widerstände mit einem großen Verhältnis von Breite *b* zu Länge *l*. Die Widerstandslänge *l* wird durch Kurzschlußstreifen zur Herstellung von Äquipotentialflächen senkrecht zur Stromrichtung (s. Anhang C3) definiert (**Feldplatten**, nach [5.2]):

    a) Halbleiterdünnschichten: Die Kurzschlußstreifen werden durch parallele metallische Leiterbahnen erzeugt, welche nach einem Legierungsprozeß in die Dünnschicht eindringen

    b) Gerichtete Ausscheidungen einer gut leitfähigen NiSb-Phase in halbleitender InSb-Matrix nach Unterschreiten der eutektischen Temperatur einer ternären InNiSb-Legierung (Ausscheidungskinetik s. Band 1, Abschnitt 2.8). Die parallelen nadelförmigen Ausscheidungen übernehmen die Funktion der Kurzschlußstreifen

Ein kompakter Aufbau von Feldplatten wird durch mäanderförmige Widerstandbahnen erreicht (Bild 5.2.1-3). Tab. 5.2.1-1 zeigt typische Werkstoffeigenschaften von Halbleitern, die für die Herstellung von Feldplatten eingesetzt werden, Bild 5.2.1-4 die Sensorkennlinien und deren Temperaturabhängigkeit von zwei Feldplatten mit unterschiedlicher Dotierung.

a)

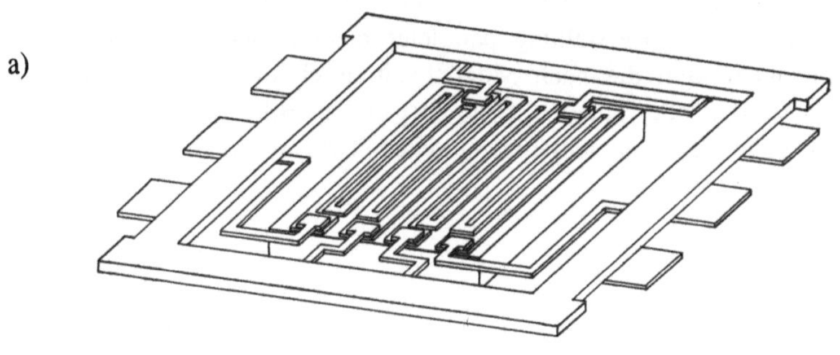

b)

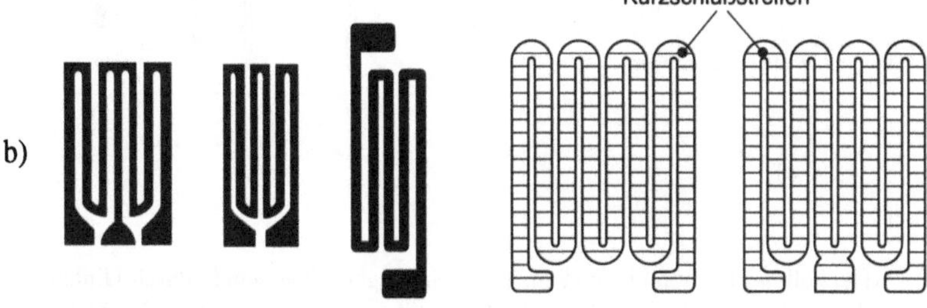

Bild 5.2.1-3 Feldplatten-Magnetsensoren (nach [5.5])
a) Aufbau einer Feldplatte auf einem Substrat (TAB-Bauform)
b) verschiedene Mäanderformen

Tab. 5.2.1-1 Typische physikalische Eigenschaften von Werkstoffen, die für Feldplatten eingesetzt werden (nach [5.9])

	Einheit	InSb	InAs	Si	GaAs
μ	cm²V⁻¹s⁻¹	$7{,}7 \cdot 10^4$	$3 \cdot 10^4$	$1{,}5 \cdot 10^3$	$8 \cdot 10^3$
W_g	eV	$0{,}24$	$0{,}45$	$1{,}12$	$1{,}43$
$\rho_i(RT)$	cm⁻³	$2 \cdot 10^{16}$	$6 \cdot 10^{14}$	$1.5 \cdot 10^{10}$	10^7
$\alpha\,(RT)$	K⁻¹	$-2 \cdot 10^{-2}$	$+1 \cdot 10{-}3$	$+5 \cdot 10^{-3}$	$+8 \cdot 10^{-4}$
$\beta\,(RT)$	K⁻¹	$-1{,}5 \cdot 10^{-2}$	$-1 \cdot 10^{-3}$	$+1{,}2 \cdot 10^{-3}$	$-5 \cdot 10^{-4}$
R_H	cm³ A⁻¹ s⁻¹	380	100	3000[1]	60[1]

[1] dotierungsabhängig

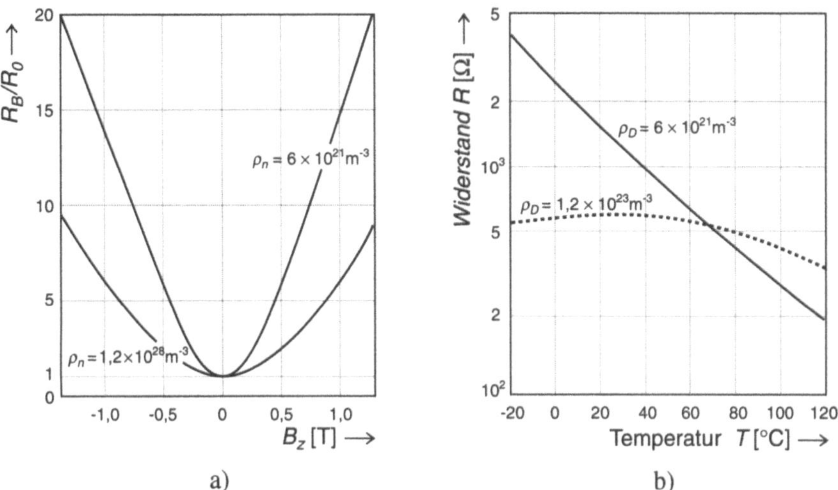

Bild 5.2.1-4   Sensorkennlinie (a) und Temperaturabhängigkeit (b) des Widerstandes für zwei verschieden dotierte InSb/NiSb-Feldplatten: Die höher dotierten Halbleiter haben zwar eine geringere Empfindlichkeit, aber auch einen niedrigeren Temperaturkoeffizienten (nach [5.5, 5.7])

Ein grundsätzliches Problem bei Feldplatten, welches nur durch sorgfältige Materialauswahl minimiert werden kann, entsteht durch die Temperaturabhängigkeit des Widerstandes (Bild 5.2.1-5).

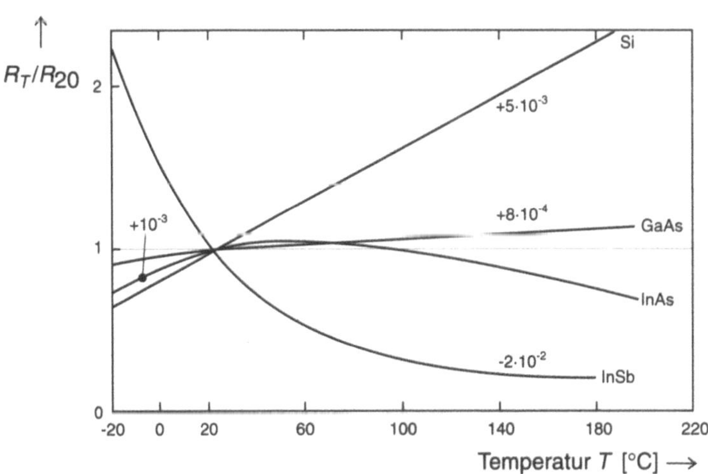

Bild 5.2.1-5   Temperaturabhängigkeit des normierten Widerstands $R(T)/R(20°C)$ für verschiedene Halbleiterwerkstoffe (nach [5.9])

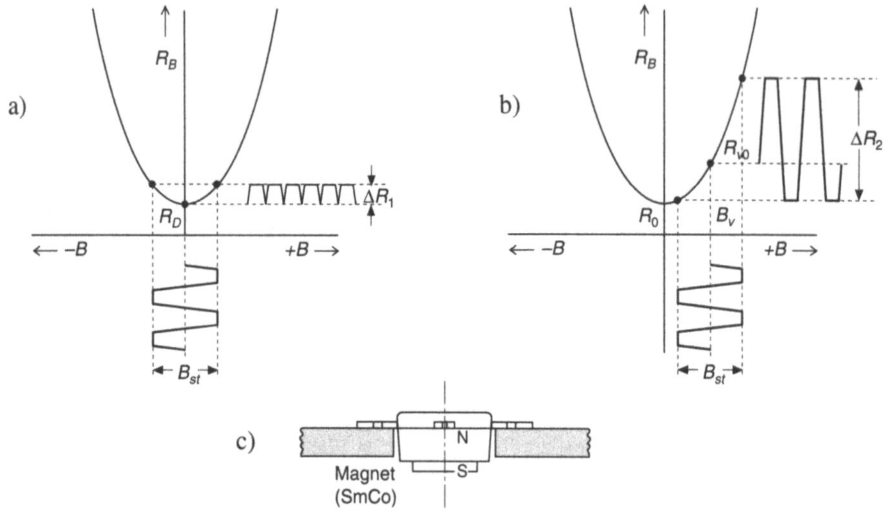

Bild 5.2.1-6   Zur Vergrößerung der Empfindlichkeit ($\Delta R/\Delta B$) gegenüber kleinen Änderungen der magnetischen Induktionsflußdichte wird der Arbeitspunkt aus dem Bereich mit der Steigung Null bei $B = 0$ (a) in einen Bereich mit größerer Steigung verschoben (b): Dieses läßt sich erreichen durch eine Vormagnetisierung mit Hilfe eines kleinen Permanentmagneten (c), der fest mit der Feldplatte verbunden ist (nach [5.5]).

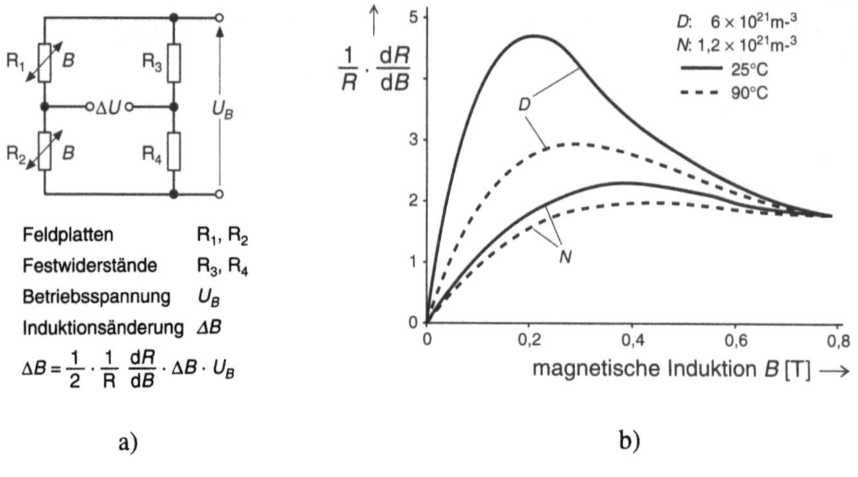

$$\Delta B = \frac{1}{2} \cdot \frac{1}{R} \frac{dR}{dB} \cdot \Delta B \cdot U_B$$

Bild 5.2.1-7   a) Brückenschaltung einer Differentialfeldplatte

b) Magnetfeldabhängigkeit der Sensorempfindlichkeit für die beiden Dotierungen in Bild 5.2.1-4 und zwei Temperaturen in Abhängigkeit von der magnetischen Induktionsflußdichte. Um bei der Messung kleiner Feldstärken eine maximale Empfindlichkeit zu erhalten, ist eine Vormagnetisierung von ca. 0,2 T durch einen Permanentmagneten notwendig (nach [5.10]).

Wegen des Minimums der Sensorkurve in Bild 5.2.1-4a ist die **Empfindlichkeit** bei niedrigen magnetischen Induktionsflußdichten gering, eine Vergrößerung kann durch Verschiebung des Arbeitspunktes über eine Vormagnetisierung erfolgen (Bild 5.2.1-6).

Wie in Bild 5.2.1-6b zu erkennen, kann bei vormagnetisierten Feldplatten auch die Richtung der magnetischen Induktionsflußdichte erfaßt werden. In diesem Fall können zwei verschiedene Feldplatten, die auf ein äußeres Magnetfeld mit unterschiedlichem Vorzeichen der Widerstandsänderung reagieren, in einer Brückenschaltung zusammengefaßt werden (**Differentialfeldplatte**). Damit kann die Wirkung der bei beiden Feldplatten in derselben Richtung verlaufenden Temperaturabhängigkeit reduziert werden (Bild 5.2.1-7).

5.2.2 Permalloy-Sensoren

Wie im Anhang C2 erläutert, besteht die Wirkung des Hallfeldes darin, daß die ursprünglich aufgrund der Lorentzkraft abgelenkten Ladungsträger wieder in die durch die Geometrie des Widerstandes vorgeschriebenen Bahnen zurückgedrängt werden (veranschaulicht in Bild 5.1.1-2). Hierdurch werden in der Regel die ursprünglich (und weiterhin in den Randbereichen an den Kontakten, s. Anhang C3) geometrisch verlängerten Strombahnen wieder verkürzt: Die Wirkung des Hallfeldes besteht also darin, daß der magnetoresistive Effekt verkleinert wird.

Bei Werkstoffen mit kleinen Hallkoeffizienten und -winkeln, wie z.B.den Metallen, liefert auch die Elimination des (verallgemeinerten) Hallfeldes keine wesentliche Vergrößerung des geometrisch bedingten magnetfeldabhängigen Widerstands, da in den Gleichungen (5.1.2-1) nur sehr kleine transversale Feldstärken E_H auftreten. Erst bei Wirkung extrem großer magnetischer Feldstärken, z.B. in der Größenordnung 1T=1 Tesla = 10 000 Gauß, lassen sich nach einem anderen Mechanismus – über den magnetischen Widerstandseffekt – gut meßbare Widerstandsänderungen im Prozentbereich erreichen. Induktionsflußdichten dieser Größenordnung können durch voluminöse elektrisch erregte oder supraleitende Magnete erzeugt werden, bei ferromagnetischen Werkstoffen treten sie aber in Form einer Sättigungspolarisation (s.u.) "von selbst" auf (Band 1, Abschnitt 7): Bei einigen Elementen des Periodensystems ist das Energiespektrum der Elektronen so beschaffen, daß **Elektronen** in bestimmten Unterschalen **zur** Minimierung ihrer freien Energie eine parallele Spinausrichtung annehmen (Band 1, Abschnitt 7.1.4). In diesem Fall können sich die magnetischen Momente der Elektronen zu einem Gesamtmoment erheblicher Größe aufaddieren. Bezogen auf das Werkstoffvolumen wird das magnetische Moment als **Sättigungsmagnetisierung** $\vec{M}_s$ (Einheit wie die der magnetischen Feldstärke, A/m) bezeichnet. Dieser entspricht eine **Sättigungspolarisation** $\vec{J}_s$ der Größe

$$\vec{J}_s = \mu_o \vec{M}_s \tag{1}$$

mit derselben Einheit wie die Induktionsflußdichte (T). **Setzt man einen** *weichmagnetischen* **Werkstoff** (Band 1, Abschnitt 7.2) einem äußeren Magnetfeld $\vec{H}$ aus, dann wird der Polarisationsvektor $\vec{J}$ auch bei sehr kleinen Werten von $\vec{H}$ in die Richtung von $\vec{H}$ gedreht und erzeugt eine Induktionsflußdichte der Größe

$$\vec{B} = \mu_o \vec{H} + \vec{J}_s = \mu_o \mu_r \vec{H} \tag{2}$$

mit der dimensionslosen **relativen Permeabilität** μ_r. Bei guten weichmagnetischen Werkstoffen hat μ_r Werte im Bereich mehrerer Tausend, so daß der Beitrag aufgrund des äußeren Feldes im allgemeinen vernachlässigt werden kann. In der Hysteresekurve von Einbereichsteilchen (keine Kompensation der Gesamtpolarisation durch magnetisch unterschiedlich orientierte Weißsche Bereiche, s. Band 1, Bild 7.1.5-4) hat die Induktionsflußdichte daher praktisch den konstanten Wert der Sättigungspolarisation (Bild 5.2.2-1).

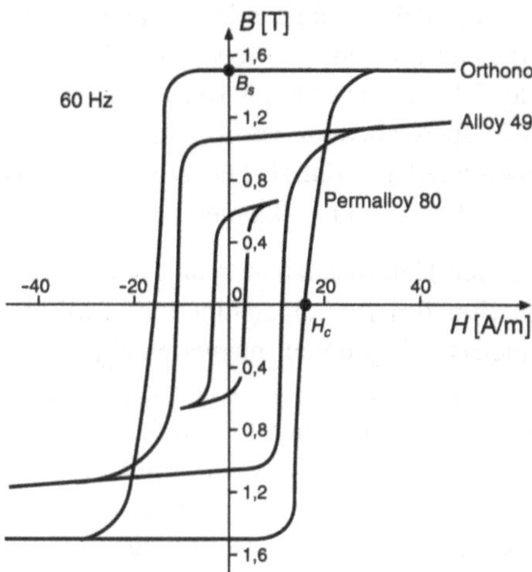

Bild 5.2.2-1   Hysteresekurven weichmagnetischer Eisen-Nickel-Legierungen (Einbereichsteilchen, d.h. bei der Feldstärke $H = 0$ tritt keine Kompensation der Induktionsflußdichte durch Weißsche Bezirke unterschiedlicher Magnetisierungsrichtung auf, nach [5.11]). Zum Vergleich: Das Erdmagnetfeld beträgt ca. 16 A/m.

Handelt es sich bei den weichmagnetischen Werkstoffen um elektrische Leiter, wie es bei den *metallischen* Weichmagneten immer der Fall ist, dann treten die Elektronen bei einem Stromfluß (aufgrund einer Feld- oder Diffusionskraft) in Wechselwirkung mit der durch Ferromagnetismus spontan erzeugten Induktionsflußdichte, welche sich in vergleichbarer Weise auswirkt wie eine durch ein äußeres Feld erzeugte Induktionsflußdichte. Bemerkenswert dabei ist die Größenordnung der spontanen

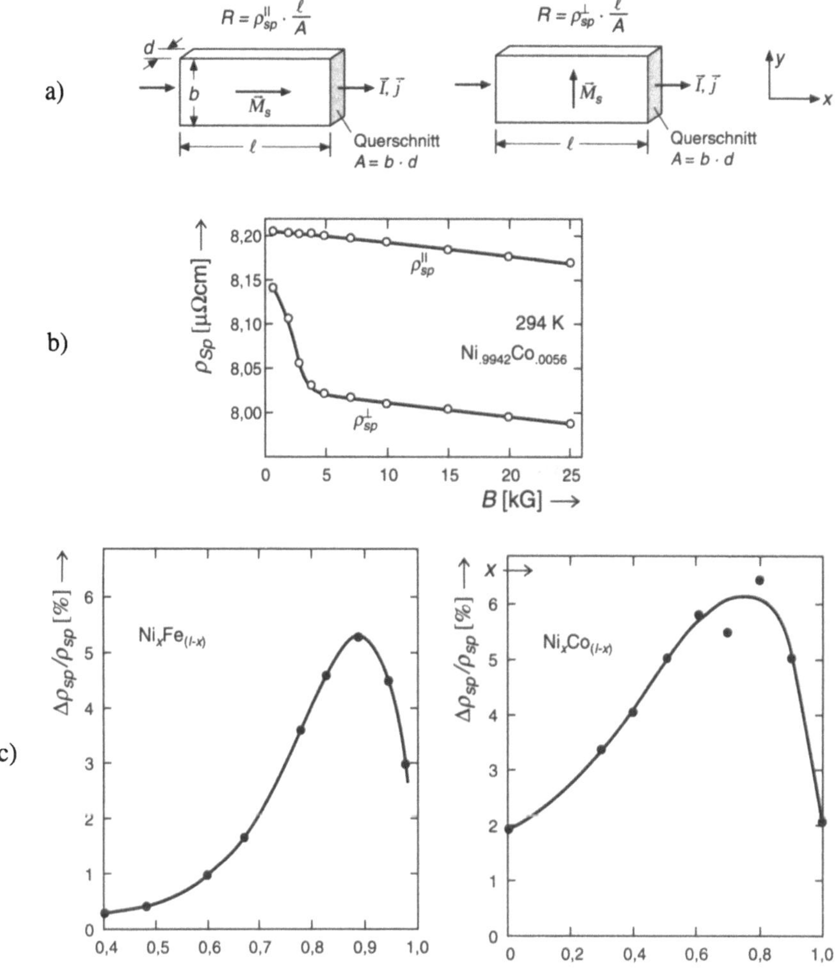

Bild 5.2.2-2   Anisotroper Magnetowiderstandseffekt (nach [5.12])

a) Meßanordnung zur Bestimmung des longitudinalen und transversalen spezifischen Widerstandes

b) Abhängigkeit des longitudinalen und transversalen Magnetowiderstands bei Raumtemperatur von der Größe eines angelegten äußeren Magnetfeldes $\vec{H}$ bis hin zu extrem hohen Feldstärken

c) Abhängigkeit der relativen Widerstandsänderung:

$$\frac{\Delta\rho_{sp}}{\rho_{sp}} := \frac{\rho_{sp}^{\parallel} - \rho_{sp}^{\perp}}{\rho_{sp}} \qquad (2)$$

von der Legierungszusammensetzung bei Nickel-Eisen- und Nickel-Kobalt-Legierungen.

Polarisation: Wie aus Bild 5.2.2-1 zu entnehmen, liegt die **Sättigungspolarisation** bei Ni-Fe-Legierungen (Daten anderer Werkstoffe in Band 1, Abschnitt 7.2.1 und 7.2.2) in der Größenordnung von 1 T, d.h. sie entspricht der obengenannten Induktionsflußdichte beachtlich großer induktiv betriebener Magnete! Das Bemerkenswerte ist, daß diese großen Induktionsflußdichten bei guten Weichmagneten durch außerordentlich kleine Felder – wie das Erdmagnetfeld – gesteuert werden können, d.h. kleine magnetische Steuerfelder können eine meßbare magnetische Widerstandsänderung hervorrufen, die allerdings auch unter diesen Voraussetzungen selten über einige Prozent hinausgeht. Der beschriebene Effekt wird für die Herstellung von Magnetsensoren aus ferromagnetischen Leitern, wie z.B. **Nickel-Eisen-Legierungen** (**Permalloy-Legierungen**, s. Band 1, Abschnitt 7.2.2) ausgenutzt.

Die **magnetische Widerstandsänderung** hängt stark von der relativen Orientierung zwischen dem Stromdichtevektor $\vec{j}$ und der Magnetisierungsrichtung $\vec{M}_s$ (oder Richtung der magnetischen Polarisation J_s, bzw. der damit verbundenen magnetischen Induktionsflußdichte B) ab (**anisotroper Magnetowiderstandseffekt**): In der Regel ist der Widerstand *parallel* zur Richtung der Magnetisierung größer als der *senkrecht* dazu (Bild 5.2.2-2).

Zur Berechnung des Effekts gehen wir aus von Bild 5.2.2-3. Eine **typische Konsequenz der anisotropen Leitfähigkeit** ist – wie beim piezoresistiven Effekt –, daß bei *unendlich ausgedehnten* Widerständen die Richtung der elektrischen Feldstärke nicht mit der Stromrichtung zusammenfällt. Bei *geometrisch begrenzten* Widerständen führt dieser Effekt zur **Entstehung eines Transversalfeldes** (Pseudo-Halleffekt, s. Anhang C2).

Der Transversaleffekt ist wegen der kleinen **Hallwinkel** relativ schwach, d.h. die Feldkomponente in Richtung des Stroms wird hierdurch nur in vernachlässigbarem Maße beeinflußt. Deshalb kann mit den Bezeichnungen in Bild 5.2.2-3 geschrieben werden

$$E_x \underset{\theta \approx \theta'}{\approx} E_\| \cos\theta + E_\perp \sin\theta \quad \text{für } -90° \le \theta \le +90° \tag{3}$$

Der Zusammenhang zwischen Feldstärke und Stromdichte ist in den Richtungen parallel und senkrecht zur Magnetisierung durch die entsprechenden spezifischen Widerstände gemäß Bild 5.2.2-2 festgelegt:

$$E_\| = \rho_{sp}^\| j_\| \; ; \quad E_\perp = \rho_{sp}^\perp j_\perp \tag{4}$$

$$\underset{(3)}{\Rightarrow} E_x \approx \rho_{sp}^\| j_\| \cos\theta + \rho_{sp}^\perp j_\perp \sin\theta \tag{5}$$

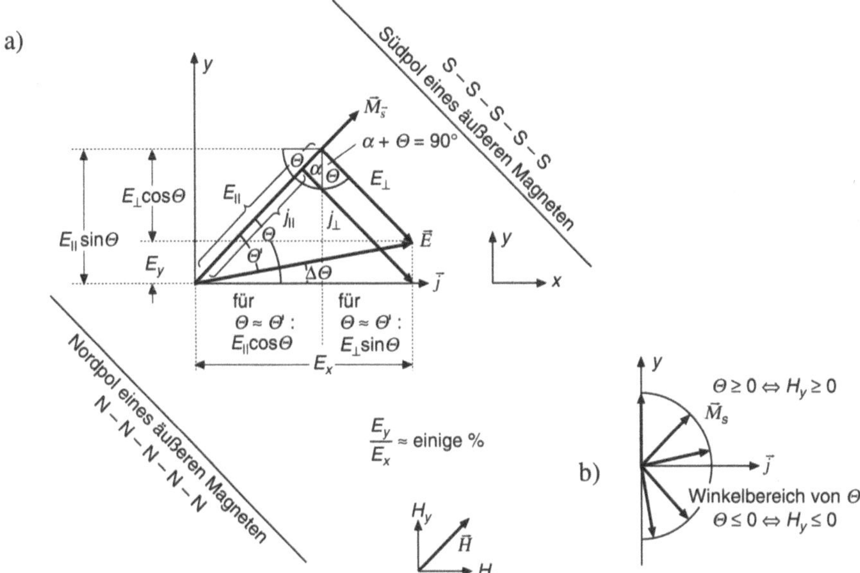

Bild 5.2.2-3 a) Größen zur Messung des **longitudinalen** und **transversalen anisotropen Wider-standseffekts**: Wegen des unterschiedlich großen spezifischen Widerstandes in Richtung der Magnetisierung und senkrecht dazu wird die Richtung der Feldstärke $\vec{E}$ aus der Richtung der Stromdichte $\vec{j}$ parallel zur Widerstandsachse x herausge-dreht (Anhang C2): Es entsteht eine transversale Komponente E_y von $\vec{E}$ senkrecht zu $\vec{j}$ (Pseudo-Halleffekt). Da die relative Widerstandsänderung $\Delta\rho_{sp}/\rho_{sp}$ klein ist (maximal einige Prozent), hat der Betrag des Transversalfeldes E_y jedoch viel kleinere Werte als der des Longitudinalfeldes E_x in Stromrichtung, so daß er bei der Berechnung des *longitudinalen* (natürlich nicht des transversalen) Wider-standseffekts vernachlässigt werden kann.

Für die folgende Berechnung ist eine Zerlegung des elektrischen Feldes $\vec{E}$ in eine Komponente $E_\parallel$ entlang der Magnetisierungsrichtung und eine Komponente $E_\perp$ senkrecht dazu vorteilhaft. Die Richtung der Magnetisierung $\vec{M}$ ist durch ein äußeres Magnetfeld, gekennzeichnet durch die Nord- und Südpole eines Magneten, festgelegt.

b) Der betrachtete Winkelbereich von Θ kann auf Werte zwischen -90° und +90° ein-geschränkt werden, da $\rho_{sp}^\perp$ und $\rho_{sp}^\parallel$ unabhängig vom Vorzeichen der Magnetisie-rungsrichtung sind.

In der Näherung $\theta \approx \theta'$ lassen sich auch die Komponenten des Stromdichtevektors darstellen durch

$$j_\parallel = j \cos\theta; \quad j_\perp = j \sin\theta \tag{6}$$

$$\underset{(5)}{\Rightarrow} E_x \approx j\left(\rho_{sp}^\parallel \cos^2\theta + \rho_{sp}^\perp \sin^2\theta\right)$$

$$\Rightarrow E_x \underset{\sin^2 \theta = 1 - \cos^2 \theta}{=} j \cdot \rho_{sp}^{\perp} \left(1 + \frac{\rho_{sp}^{\parallel} - \rho_{sp}^{\perp}}{\rho_{sp}^{\perp}} \cos^2 \theta \right)$$

$$= j \cdot \rho_{sp}^{\perp} \left(1 + \frac{\Delta \rho_{sp}}{\rho_{sp}^{\perp}} \cos^2 \theta \right) =: j \cdot \rho_{sp}(\theta) \tag{7a}$$

$$\text{mit} \quad \rho_{sp}(\theta) := \rho_{sp}^{\perp} + \left(\rho_{sp}^{\parallel} - \rho_{sp}^{\perp} \right) \cos^2 \theta = \rho_{sp}^{\perp} + \Delta \rho_{sp} \cos^2 \theta \tag{7b}$$

Dabei kann in (7a) die relative Widerstandsänderung $\Delta \rho_{sp}/\rho_{sp}$ nach (Bild 5.2.2-2c) eingesetzt werden. Gehen wir über auf die entlang des Widerstandes (Länge l) abfallende Spannung U_x, dann gilt mit dem Strom I durch den Widerstand in Bild 5.2.2-2a [5.13]:

$$U_x \approx -j \cdot l \cdot \rho_{sp}^{\perp} \left(1 + \frac{\Delta \rho_{sp}}{\rho_{sp}} \cos^2 \theta \right) = -I \cdot \frac{l}{A} \cdot \rho_{sp}^{\perp} \left(1 + \frac{\Delta \rho_{sp}}{\rho_{sp}} \cos^2 \theta \right) \tag{8}$$

Bei festliegendem Betrag der Stromdichte $\vec{j}$ kann also der Winkel θ zwischen der longitudinalen Achse des Widerstandes (gleichzeitig Stromrichtung) und der Richtung der Magnetisierung, welche durch ein (schwaches) äußeres Magnetfeld ausgerichtet werden kann, über die Größe von U_x bestimmt werden. Das Vorzeichen von θ kann allerdings wegen der quadratischen cos-Funktion nicht bestimmt werden.

Das Transversalfeld E_y ergibt sich durch die Projektion des $\vec{E}$-Feldes auf die y-Achse, diese entspricht der Differenz der Projektionen der parallelen und der senkrechten Komponente von $\vec{E}$ (Bild 5.2.2-3a):

$$E_y = E_{\parallel} \sin \theta - E_{\perp} \cos \theta \tag{9}$$

Näherungsweise können bei kleinen Winkeldifferenzen $\Delta \theta$ die Beziehungen (4) und (6) eingesetzt werden, so daß folgt [5.13]:

$$E_y \approx j \left(\rho_{sp}^{\parallel} \cos \theta \sin \theta - \rho_{sp}^{\perp} \sin \theta \cos \theta \right)$$

$$= j \cdot \Delta \rho_{sp} \sin \theta \cos \theta = j \cdot \rho_{sp} \frac{\Delta \rho_{sp}}{\rho_{sp}} \sin \theta \cos \theta \tag{10}$$

Das Transversalfeld ist also in der Größenordnung des θ-abhängigen Terms in (7) und beträgt damit einige Prozent des longitudinalen Feldes. Die Umrechnung auf die transversal gemessene verallgemeinerte Hallspannung U_y ergibt analog zu (8):

$$U_y \approx -j \cdot b \cdot \Delta\rho_{sp} \sin\theta \cos\theta = -\frac{I}{d} \cdot \Delta\rho_{sp} \sin\theta \cos\theta \tag{11}$$

Im Gegensatz zur longitudinal gemessenen Spannung U_x ist U_y abhängig vom Vorzeichen von θ und geht wie in allen Fällen des verallgemeinerten Halleffekts bei Abwesenheit der Anisotropie ($\theta = 0$) gegen Null.

Die beschriebenen Effekte lassen eine Messung der *Richtung* (charakterisiert durch den Winkel zwischen äußerem Magnetfeld und der longitudinalen Richtung des Permalloy-Widerstandes) zu, aber keine Messung der *Größe* und auch nicht des *Vorzeichens* des Magnetfeldes. Für einige Anwendungen ist diese Eigenschaft bereits hinreichend, wobei als Vorteil die große Empfindlichkeit des Verfahrens gewertet werden kann: Bereits minimale Felder in der Größenordnung des Erdmagnetfeldes erzeugen eine vollständige Ausrichtung der spontanen Magnetisierung. In diesem Bereich der magnetischen Feldstärke können magnetoresistive Sensoren weit empfindlicher gemacht werden als Hallsensoren. Bei größeren Feldstärken hingegen liegt die Hallspannung meist erheblich über den Werten aus (11).

Um auch die *Größe* eines Magnetfeldes $\vec{H}$ (genauer: der Komponente H_y senkrecht zur Widerstandsachse) messen zu können, muß die Winkelauslenkung θ abhängig gemacht werden von H_y, d.h. es muß eine rücktreibende Kraft für die Ausrichtung der Magnetisierung $\vec{M}$ geschaffen werden, welche gegen das zu messende Feld H_y arbeitet. Ein geeignetes Verfahren dazu ist die Erzeugung einer magnetischen **Formanisotropie** (Band 1, Abschnitt 7.3.1) im Permalloy-Widerstand, aufgrund welcher die Magnetisierung auch bei Abwesenheit äußerer Felder eine Vorzugsrichtung (**Richtung leichter Magnetisierung**) annimmt. Dabei soll die große Empfindlichkeit des Magnetsensors nach Möglichkeit erhalten bleiben. Das Vorhandensein und Größe einer Formanisotropie kann bei Schichtwiderständen technologisch auf einfache Weise gesteuert werden: Wenn die Permalloywiderstände eine langgestreckte geometrische Form haben, dann liegt die energetisch günstigste Ausrichtung der durch Ferromagnetismus erzeugten Magnetisierung im allgemeinen in einer Richtung entlang der Widerstandsachse. Dieses ist das Ergebnis einer Energiebetrachtung, bei der die gesamte Wechselwirkungsenergie zwischen dem weichmagnetischen Werkstoff und einem äußeren Magnetfeld bestimmt wird (Entropiegesichtspunkte werden meistens vernachlässigt): Die Wechselwirkungsenergie setzt sich aus drei Beiträgen zusammen:

- der *potentiellen Energie* der magnetischen Dipole *im äußeren Magnetfeld*

- der *Anisotropieenergie* (Wechselwirkung der magnetischen Dipole mit seiner Umgebung im Kristall)

- der *Entmagnetisierungsenergie* aufgrund der Erzeugung freier magnetischer Pole an den Rändern des Widerstandes

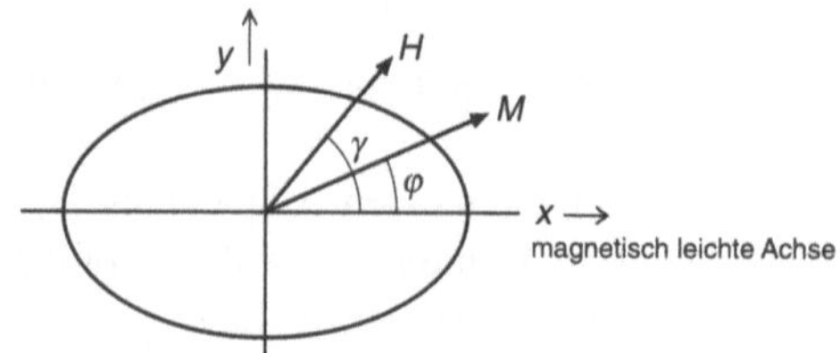

Bild 5.2.2-4 Koordinatensystem für die Berechnung der Abhängigkeit Magnetisierungsrichtung $\vec{M}$ von der Richtung des äußeren Magnetfeldes $\vec{H}$ (nach [5.14])

Die tatsächlich **angenommene Magnetisierungsrichtung** entspricht dem Minimum der **Summe** aller Beiträge zur Wechselwirkungsenergie. Für die in Bild 5.2.2-4 definierten Winkel und Widerstandsgeometrie (Ellipsoid, eine rechteckige Widerstandsform führt zu einer Modifikation) gilt die Beziehung [5.14]:

$$-1 \leq \sin\theta \leq +1: \quad \sin\theta = \cfrac{H_y}{H_k + \cfrac{H_x}{\cos\theta}}$$

$$\text{alle anderen Winkel } \theta: \quad \sin\theta = \pm 1$$

$$(12a)$$

Dabei ist H_k eine systembedingte Konstante, deren Bedeutung sich leicht ableiten läßt: Für den Fall $H_x = 0$ entspricht H_k gerade derjenigen Feldstärke H_y in y-Richtung, die erforderlich ist, um die Magnetisierung vollständig in y-Richtung zu drehen; eine weitere Vergrößerung von H_y bewirkt keine zusätzliche Veränderung der Magnetisierungsrichtung. In der Praxis wird meistens der einfache Fall $H_x/\cos\theta >> H_k$ betrachtet. Dann reduziert sich (12a) auf die einfache Form:

$$-1 \leq \sin\theta \leq +1: \quad \sin\theta = \frac{H_y}{H_x}\cos\theta \Rightarrow \tan\theta = \frac{H_y}{H_x} = \tan\gamma \Rightarrow \theta = \gamma \quad (12b)$$

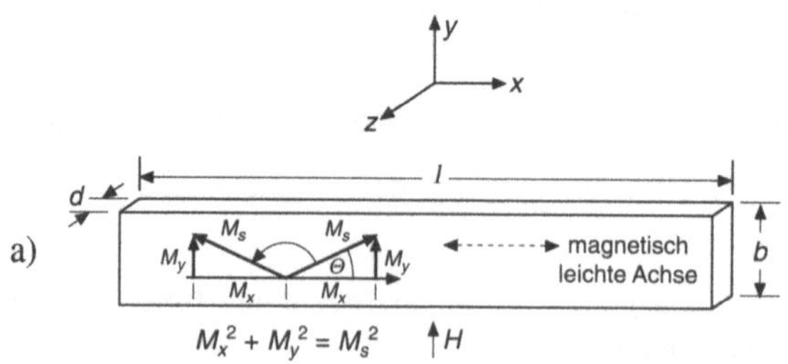

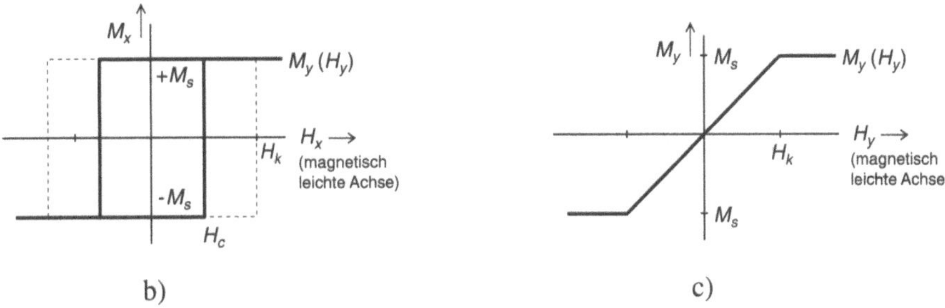

Bild 5.2.2-5   Magnetische Eigenschaften eines Widerstandes aus einem leitfähigen weichmagnetischen Werkstoff, dem durch eine langgestreckte Form ($l \gg b,d$) eine Formanisotropie (magnetisch "leichte" Richtung entlang l) eingeprägt wurde (nach [5.13]).

a) Aufbau des Widerstandes

b) Hysteresekurve für äußere Magnetfelder entlang der **magnetisch leichten** (Widerstands-)Achse: Die Magnetisierung hat nur zwei stabile Ausrichtungen: $M_x = \pm M_s$. Zur Umkehrung des Vorzeichens der Magnetisierung muß die Koerzitivfeldstärke H_c (Band 1, Abschnitt 7.1.5) aufgebracht werden. Dabei wird angenommen, daß beim äußeren Magnetfeld Null die volle Magnetisierung in einer der beiden Richtungen erhalten bleibt, d.h. es sollen keine Weißschen Bezirke mit entgegengesetzt orientierter Magnetisierung vorhanden sein (Einbereichsteilchen). In der Praxis werden häufig kleinere Koerzitivfeldstärken als H_k gemessen, weiterhin können – begünstigt durch Inhomogenitäten in der Widerstandsschicht – mehrere Weißsche Bezirke auftreten [5.14].

c) Hysteresekurve für äußere Magnetfelder entlang einer **magnetisch harten** Achse senkrecht zur magnetisch leichten Achse (in y-Richtung): Bei Auslenkung der Magnetisierung in y-Richtung müssen die durch Formanisotropie erzeugten rücktreibenden Kräfte überwunden werden, die Steigung der Hysteresekurve entspricht der magnetischen Suszeptibilität χ (Band 1, Abschnitt 7.1.3) für Magnetfelder entlang der magnetisch harten Achse, die näherungsweise als konstant angenommen werden kann. Bei Permalloy-Werkstoffen kann χ in der Größenordnung von einigen Tausend liegen. Bei einem äußeren Magnetfeld der Größe $H_y = H_k$ ist die Magnetisierung vollständig in y-Richtung gedreht, d.h. eine weitere Vergrößerung des äußeren Feldes kann sich nicht auswirken, so daß die Hysteresekurve in einen Sättigungswert M_s einmündet. Die Funktion der Hysteresekurve kann unter diesen Voraussetzungen beschrieben werden durch:

$$M_y\left(H_y\right)_{\chi=\frac{M_s}{H_k}=const} = \begin{cases} \dfrac{M_s}{H_k} H_y \text{ für } -H_k \leq H_y \leq H_k \\[2em] M_s \text{ für } H_y \leq -H_k \text{ und } H_y \geq H_k \end{cases} \tag{13a}$$

d.h. die Magnetisierung hat dieselbe Richtung wie das äußere Magnetfeld. Bei An-

wesenheit einer Anisotropie haben die Hysteresekurven der Widerstände für Feldstärken parallel (Bild 5.2.2-5b) und senkrecht (Bild 5.2.2-5c) zur Achse leichter
Magnetisierung eine signifikant unterschiedliche Form.

Auch die Form der Hysteresekurven kann aus der Minimierung der Wechselwirkungsenergie bestimmt werden, wobei aber zusätzliche Effekte wie die rechteckige
Widerstandform, das unerwünschte Auftreten mehrerer Weißscher Bezirke, magnetische Streufelder u.a. berücksichtigt werden müssen [5.14].

Für die weitere Betrachtung wird die theoretisch und experimentell näherungsweise
erfüllte Beziehung (13a) verwendet. Unter der Voraussetzung (12b), daß die Magnetisierung $\vec{M}$ dieselbe Richtung hat wie das äußere Magnetfeld $\vec{H}$, gilt:

$$\sin\theta \underset{\text{(Bild 5.2.2-5a)}}{=} \frac{M_y}{M_s} \underset{\text{(13a)}}{=} \frac{H_y}{H_k} \quad \text{für} \quad -H_k \leq H_y \leq H_k \tag{13b}$$

$$\Rightarrow \cos^2\theta = 1 - \sin^2\theta = 1 - \left(\frac{H_y}{H_k}\right)^2 \tag{14}$$

Für den Wert des longitudinalen ohmschen Widerstands erhalten wir mit (8) und (14):

$$R_x(H_y) = \left|\frac{U_x}{I}\right|_{j=\frac{I}{A}} \approx \rho_{sp}^{\perp} \frac{l}{A}\left(1 + \frac{\Delta\rho_{sp}}{\rho_{sp}}\left[1 - \left(\frac{H_y}{H_k}\right)^2\right]\right)$$

$$=: R_\perp + \Delta R\left[1 - \left(\frac{H_y}{H_k}\right)^2\right] \tag{15a}$$

$$\text{mit} \quad R_\perp := \rho_{sp}^{\perp} \frac{l}{A}; \quad \Delta R := \Delta\rho_{sp} \frac{l}{A} \tag{15b}$$

Der Widerstand hat einen Maximalwert R_{max} **für** $H_y=0$ **und nimmt bei Anlegen
eines Magnetfeldes in** y**-Richtung ab, bis er bei** $H_y=H_k$ **einen Minimalwert** R_{min}
erreicht:

$$R_{max} \underset{(15)}{=} R_x(H_y)\Big|_{H_y=0} = R_\perp + \Delta R \tag{16a}$$

$$R_{min} \underset{(15)}{=} R_x(H_y)\Big|_{H_y \geq H_k} = R_\perp \tag{16b}$$

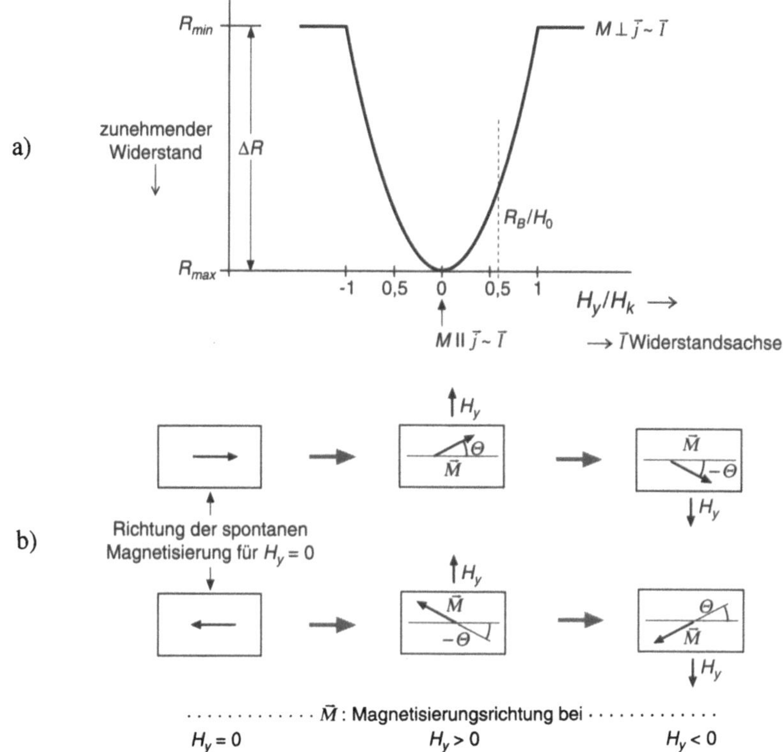

Bild 5.2.2-6   a) Abhängigkeit des longitudinalen (entlang der Widerstandsachse in x Richtung) Widerstandes eines magnetoresistiven Permalloy-Magnetsensors von der Größe des transversalen Magnetfeldes $\vec{H}_y$ (nach [5.14 und 15]). Bei $\vec{H}_y = 0$ ist der Sensorwiderstand maximal, bei $\vec{H}_y = \vec{H}_k$ ist die Komponente des Magnetfeldes senkrecht zur Widerstandsachse so groß, daß die Magnetisierung des Permalloy-Widerstandes senkrecht zur Probenachse gedreht worden ist: Dann nimmt der Sensorwiderstand seinen minimalen Wert an.

Die dazugehörige Sensorkennlinie wird durch Gleichung (17a) beschrieben.

b) Der Sensorwiderstand hängt nicht von der vorgegebenen Orientierung (bzw. dem Vorzeichen) der durch Formanisotropie festgelegten Magnetisierungsrichtung ab: Bei beiden Orientierungsmöglichkeiten ergeben sich nach Bild 5.2.2-3b äquivalente Werte von θ. Diese Aussage gilt nicht für die Pseudo-Hallspannung nach (17b), vgl. Bild 5.2.2-8.

Eingesetzt in (15) ergibt sich damit

$$R_x\left(H_y\right) \underset{(16c)}{=} R_{\max} - \Delta R \cdot \left(\frac{H_y}{H_k}\right)^2 \text{ für } -H_k \leq H_y \leq H_k \qquad (17a)$$

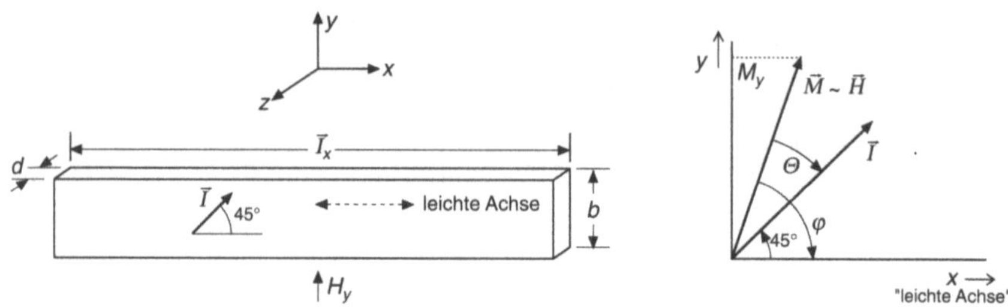

Bild 5.2.2-7   Magnetoresistiver Sensor, bei dem die Stromrichtung $\bar{I}$ aus der Richtung der leichten Magnetisierung entlang der Widerstandsachse $\bar{I}_x$ herausgedreht worden ist. Der Winkel zwischen Magnetisierungs- und Stromrichtung wird nach wie vor mit θ bezeichnet, der Winkel zwischen Magnetisierungsrichtung und Widerstandsachse beträgt jetzt aber $\varphi = \theta + 45°$.

Die Abhängigkeit des longitudinalen Widerstandes R_x von dem Verhältnis H_y/H_k ist in Bild 5.2.2-6a dargestellt. Die Pseudo-Hallspannung U_y nach (11) läßt sich mit Hilfe von (13) und (14) ausdrücken durch

$$U_y \approx -\frac{I}{d}\Delta\rho_{sp}\frac{H_y}{H_k}\sqrt{1-\left(\frac{H_y}{H_k}\right)^2} \qquad (17b)$$

Im Gegensatz zu (17a) beschreibt (17b) für den Grenzfall $H_y \ll H_k$ eine *lineare* Beziehung.

Diese Beziehungen gelten nach der Voraussetzung von (12b) nur für die Randbedingung $H_x/\cos\theta \gg H_k$.

Die Feldstärke H_k hängt bei Formanisotropie ab von den Abmessungen des Widerstands. Für langgestreckte Widerstände wie in Bild 5.2.2-5a gilt näherungsweise [5.16]:

$$d \ll b \ll l: \quad H_k = \frac{d}{b}M_s \qquad (18)$$

Aus diesem einfachen Zusammenhang ergibt sich ein großer Vorteil der magnetoresistiven Permalloy-Sensoren: Die Empfindlichkeit des Sensors kann einfach durch die geometrischen Abmessungen der Widerstandsschicht festgelegt werden. Durch Variation z.B. der Breite b kann *mit derselben Fertigungstechnologie* und nur veränderten geometriebestimmenden Masken in der Lithographie (Band 2, Abschnitt 8.2.6) eine ganze Sensor-Typenreihe hergestellt werden!

Typisch für einen Sensor mit dem Aufbau wie in Bild 5.2.2-5a und einer Sensorkennlinie nach (17a) ist die Spiegelsymmetrie, d.h. der Sensor kann nicht das Vorzeichen von H_y erkennen, da H_y in (17) quadratisch eingeht. Nachteilig ist weiterhin die Nichtlinearität und die geringe Sensorempfindlichkeit dR/dH_y bei kleinen H_y. Ein erheblicher Vorteil liegt aber in der Tatsache, daß die Kennlinie nicht von der Richtung der Ausgangsmagnetisierung entlang der magnetisch leichten Achse abhängt (Bild 5.2.2-6b).

Die aufgeführten Nachteile lassen sich beheben, wenn bei Abwesenheit eines äußeren Magnetfeldes die Magnetisierung $\vec{M}$ nicht mit der Stromrichtung $\vec{J}$ zusammenfällt. Diese Randbedingung läßt sich z.B. dadurch erreichen, daß $\vec{J}$ durch geometrische Maßnahmen aus der Richtung der leichten Magnetisierung herausgedreht wird (Bild 5.2.2-7).

Zur Berechnung schreiben wir die Beziehung (8) mit den Definitionen in (15b) und (16b) um in die Form:

$$R_x(\theta) \underset{(8,15b)}{=} R_\perp + \Delta R \cos^2 \theta \underset{(16)}{=} R_{\max} - \Delta R \cdot \sin^2 \theta \quad \text{für} \quad -90^o \leq \theta \leq 90^o \qquad (19)$$

In die Beziehung (13b) geht jetzt aber nach Bild 5.2.2-7 der Winkel φ ein:

$$\sin\varphi = \frac{M_y}{M_s} = \frac{H_y}{H_k} \quad \text{für} \quad -H_k \leq H_y \leq H_k \qquad (20)$$

Ist die Stromrichtung gegenüber der Widerstandsachse um 45° geneigt, dann gilt mit den Definitionen in Bild 5.2.2-7:

$$\varphi = \theta + 45^\circ \qquad (21)$$

$$\Rightarrow \sin^2 \theta = \sin^2 \left(\varphi - 45^\circ \right) = \left[\sin\varphi \cos 45^\circ - \cos\varphi \sin 45^\circ \right]^2$$

$$= \left[\frac{1}{\sqrt{2}} (\sin\varphi - \cos\varphi) \right]^2 = \frac{1}{2} - \cos\varphi \sin\varphi = \frac{1}{2} - \sqrt{1 - \sin^2\varphi} \cdot \sin\varphi \qquad (22)$$

Eingesetzt in (19) folgt mit dem Winkel φ als Variable:

$$R_x(\varphi) = R_{\max} - \Delta R \cdot \left(\frac{1}{2} - \sqrt{1 - \sin^2\varphi} \cdot \sin\varphi \right) \quad \text{für} \quad -45^o \leq \varphi \leq 135^o$$

$$= R_{\max} - \frac{\Delta R}{2} + \Delta R \sqrt{1 - \sin^2\varphi} \cdot \sin\varphi \qquad (23a)$$

Der maximale Widerstand wird jetzt angenommen bei $\varphi = 45^\circ$, dieses beschreibt wieder einen Zustand mit der Magnetisierung parallel zur Stromrichtung. Der minimale Widerstand bei einer Magnetisierung senkrecht zur Stromrichtung ergibt sich entsprechend für $\varphi = -45°$.

Drücken wir den Winkel φ nach (20) aus durch die Feldstärke H_y, dann folgt:

$$R_x\left(H_y\right) = R_{max} - \frac{\Delta R}{2} + \Delta R \cdot \frac{H_y}{H_k}\sqrt{1 - \left(\frac{H_y}{H_k}\right)^2}$$

$$=: R_o + \Delta R \cdot \frac{H_y}{H_k}\sqrt{1 - \left(\frac{H_y}{H_k}\right)^2} \tag{23b}$$

$$\text{mit } R_o := R_{max} - \frac{\Delta R}{2} = \frac{1}{2}\left(R_{min} + R_{max}\right) \tag{24}$$

Diese Sensorkennlinie hat erhebliche Vorteile gegenüber der Kennlinie (17a): Bei $H_y = 0$ und $H_y = H_k$ hat sie denselben Widerstandswert R_o. Um die Magnetisierung in die Richtung des Stroms zu drehen und damit den maximalen Widerstand zu erreichen, muß also eine positive Feldstärke

$$H_y \underset{(20)}{=} + H_k \cdot \sin 45° = +\frac{H_k}{\sqrt{2}} \tag{25}$$

angelegt werden, zur Minimierung des Widerstandes (die Magnetisierung steht senkrecht auf der Stromrichtung) eine negative Feldstärke derselben Größe.

Bild 5.2.2-8a zeigt den Verlauf der symmetrischen Sensorkennlinie (23b), die im Grenzfall $H_y \ll H_k$ einen linearen Verlauf hat. Wie (17b) zeigt, hat auch die Hallspannung U_y dieselbe Charakteristik.

Im Gegensatz zu dem symmetrischen Magnetsensor in Bild 5.2.2-6 ergibt sich aber ein wichtiger Unterschied (Bild 5.2.2-8b): **Die Sensorkennlinie wird abhängig von der Richtung der spontanen Magnetisierung entlang der Widerstandsachse.** Die Richtung der Magnetisierung muß also festgelegt sein. Das bedeutet, daß in Bild 5.2.2-5b die Koerzitivfeldstärke H_c nicht überschritten werden darf. Da dieses in der Praxis nicht immer gewährleistet werden kann, ist es erforderlich, an dem Sensor einen kleinen Permanentmagneten fest anzubringen. Dieser kann dann auch gleichzeitig die Funktion der rücktreibenden Kraft übernehmen, so daß H_k nicht über Formanisotropie aufgrund der Widerstandsgeometrie nach (18), sondern durch die Stärke des Permanentmagneten festgelegt wird. Dieser ist dann auch maßgebend für die Sensorempfindlichkeit.

a)

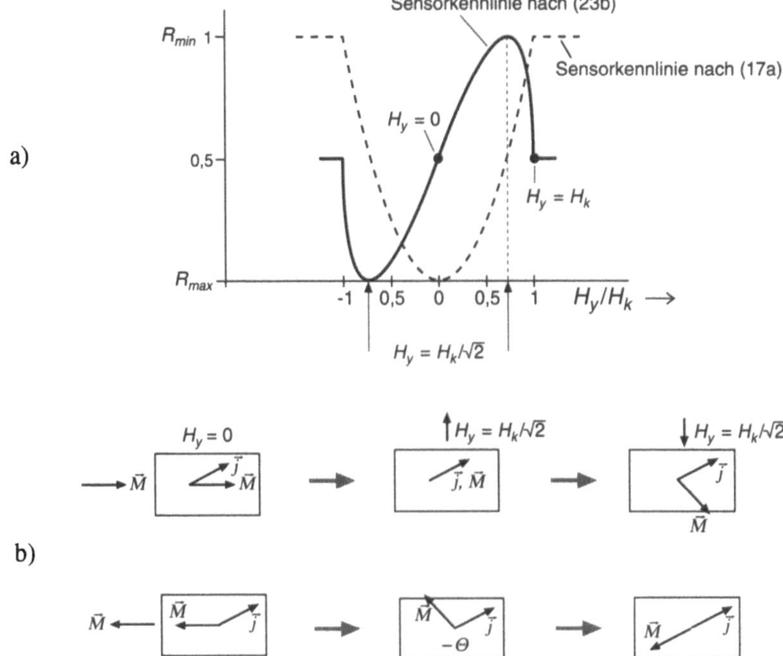

b)

Bild 5.2.2-8   a) Kennlinie eines magnetoresistiven Sensors nach Gleichung (12), bei dem die Richtung der leichten Magnetisierung und die Stromrichtung gegeneinander um 45° verdreht sind (nach [5.14 und 15]). Im Gegensatz zu der Kennlinie in Bild 5.2.2-6 kann bei dieser Anordnung das Vorzeichen des Magnetfeldes gemessen werden, weiterhin ist die Kennlinie bei kleinen Werten $H_y \ll H_k$ linear.

b) Abhängigkeit der Sensorkennlinie a) von der Richtung der spontanen Magnetisierung $\vec{M}$: Im oberen Fall wird der maximale Widerstand angenommen bei positiven Feldstärken H_y der Größe (25), bei einer Magnetisierungsrichtung wie im unteren Fall hingegen bei negativen, d.h. in der Kennlinie a) muß das Vorzeichen umgekehrt werden.

Die Verdrehung der Stromflußrichtung auf dem magnetoresistiven Sensor kann durch einen **barber-pole-Aufbau** (benannt nach den charakteristischen Pfosten vor den Friseurläden in einigen Ländern) erreicht werden (Bild 5.2.2-9).

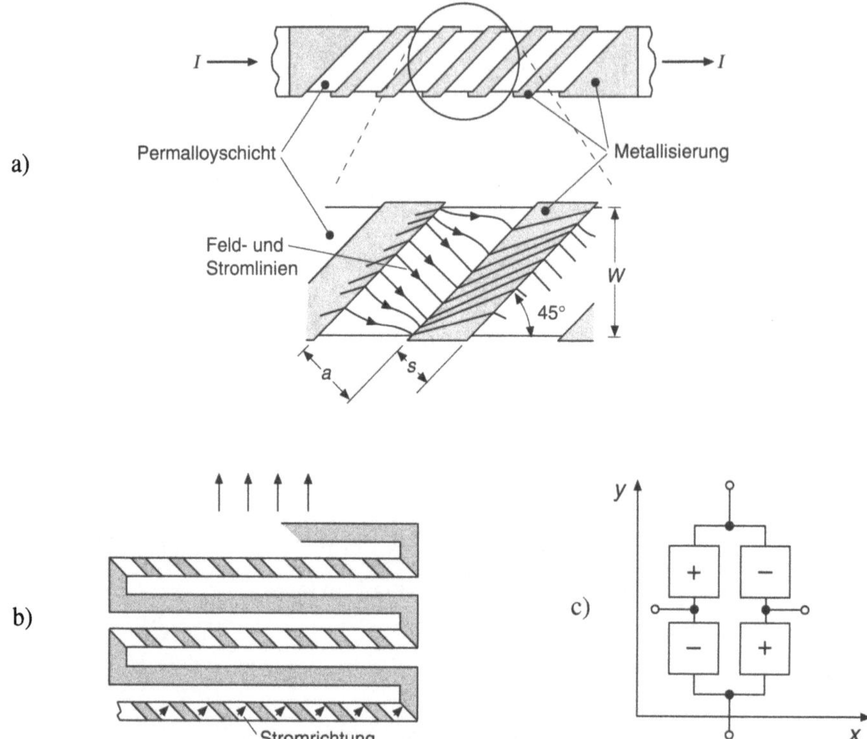

Bild 5.2.2-9   Verdrehung der Stromrichtung auf einem magnetoresistiven Widerstand aus der Widerstandsachse heraus (**barber-pole**-Struktur, nach [5.14 und 15]):

a) Auf der relativ hochohmigen Widerstandsschicht werden streifenförmige Metalleiterbahnen angebracht: Diese erzeugen schrägliegende Äquipotentialflächen, so daß die (senkrecht darauf stehenden) Feldlinien relativ zur Widerstandsachse geneigt sind. Der Stromfluß folgt dann den Feldlinien.

b) Hintereinanderschaltung von magnetoresistiven Widerstandsstreifen zur Vergrößerung des Sensorwiderstandes

c) Zusammenschaltung von vier magnetoresistiven Sensoren zu einer Brückenschaltung. Jeweils gegenüberliegende Widerstände haben eine gleichsinnige Verdrehung der Stromrichtung um + 45° oder 45°.

Bei Brückenschaltungen wie in Bild 5.2.2-9c sind Offsetspannungen (Brückenspannungen ungleich Null auch bei äußerem Feld $H_y = 0$) herstellungsbedingt nicht zu vermeiden, deshalb werden im Sensor meistens auch Korrekturwiderstände integriert, die über eine Lasertrimmung (Veränderung der Widerstandsgeometrie durch Verdampfung mittels eines Laserstrahls) individuell abgeglichen werden können. Zu einer noch feineren Offsetunterdrückung kann die Abhängigkeit der Sensorkennlinie von der Richtung der spontanen Magnetisierung nach Bild 5.2.2-8a herangezogen werden (Bild 5.2.2-10).

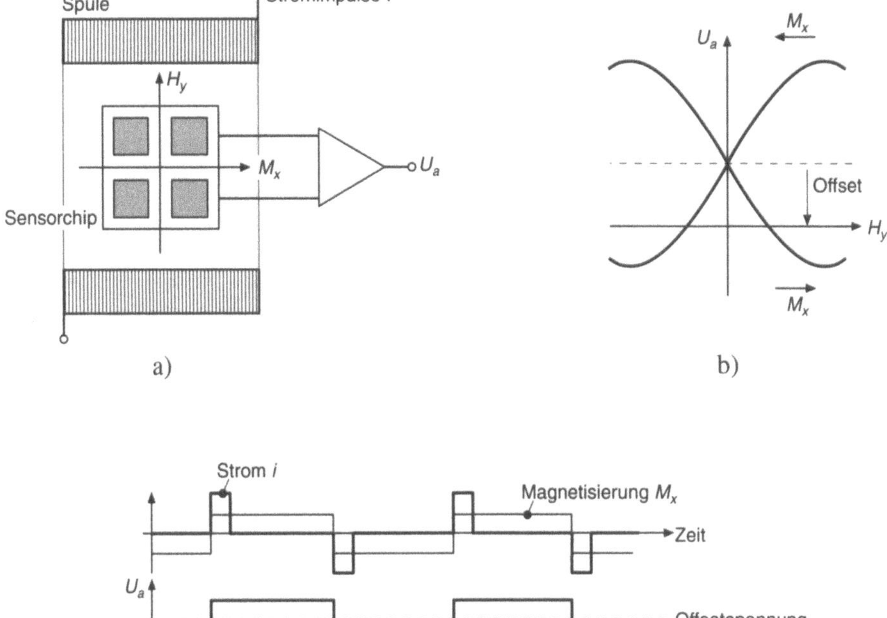

Bild 5.2.2-10   Bestimmung der Offsetspannungen von Meßbrücken mit Permalloy-Sensoren durch Vorzeichenumkehr der spontanen Magnetisierung (nach [5.27])

   a) Die Sensormeßbrücke wird in einer Zylinderspule angebracht. Über Strompulse unterschiedlichen Vorzeichens kann innerhalb der Spule ein Magnetfeld unterschiedlichen Vorzeichens erzeugt werden, das die spontane Magnetisierung der Permalloy-Sensoren (ohne Permanentmagneten!) in kontrollierter Weise umkehrt.

   b) Sensorkennlinien gemäß Bild 5.2.2-8a mit unterschiedlichen Richtungen der spontanen Magnetisierung: Es ergibt sich nach Bild 5.2.2-8b eine Vorzeichenumkehr der Sensorkennlinie. Aus dem Schnittpunkt oder dem Mittelwert beider Kennlinien kann die Offsetzspannung bestimmt werden.

   c) Zeitliche Abfolge der Steuergrößen (Strom und Magnetisierung) bei der periodischen Umkehr der Magnetisierung und Bestimmung der Offsetspannung aus dem Ausgangssignal.

Durch Offsetkorrektur kann die Meßgenauigkeit bei sehr kleinen Magnetfeldern (Anwendung elektronischer Kompaß) außerordentlich gesteigert werden.

Eine Temperaturabhängigkeit ergibt sich in der Größe des Ausgangssignals, nicht aber im relativen Verlauf der Sensorkennlinie, so daß eine Temperaturkompensation über die Brückenspannung möglich ist. Typische Werte sind [5.27]: Temperaturkoeffizient der Empfindlichkeit ca. -0,4%/°C, Temperaturkoeffizient des Widerstands (TCR) ca. +0,3%/°C, insgesamt wirkt sich die Differenz beider aus.

Anstelle von Permalloylegierungen können für magnetoresistive Sensoren auch Schichten aus anderen weichmagnetischen Legierungen mit Bestandteilen aus Kobalt, Gadolinium und anderen ferromagnetischen Elementen eingesetzt werden. Zunehmende Bedeutung gewinnen weichmagnetische Metalle, die durch schnelle Abschreckverfahren in einem amorphem Zustand hergestellt worden sind (**amorphe Metalle**). Diese Werkstoffe haben häufig sehr niedrige Anisotropiefeldstärken und damit hervorragende weichmagnetische Eigenschaften, relativ zu den Permalloylegierungen ergibt sich aber eine größere mechanische Festigkeit. In Tab. 5.2.2-1 sind wichtige Kenndaten zusammengestellt.

Tab. 5.2.2-1   Kenndaten kristalliner und amorpher weichmagnetischer Werkstoffe (nach [5.17])

Werkstoff	Sättig.-polarisation J_s [T]	Koerzitivkraft H_c statisch [A/cm]	Permeabilität μ_4	λ_s Sättigungsmagnetostriktion in 10^{-6}	Vickershärte HV	Zugfestigkeit N/mm^2	E-Modul kN/mm^2
kristallin							
Federstähle (z.B. 1.8159)	2,0	15,0	≈100	-1	550	1400...1600	210
78,5 Ni, 3 Cr	0,9	0,05	2000	+3	100	180	200
97 Fe, 3 Si (isotrop)	2,0	0,5	1000	+7...9	140...190	300...350	150
amorph							
$Fe_{80}B_{15}Si_5$	1,5	0,04	500	+30	≈1000	≈ 1600	≈ 150
$Fe_{39}Ni_{39}(Mo,Si,B)_{22}$*)	0,8	0,01...0,04	5000...60000	+8	≈1000	≈ 1600	≈ 150
$Co_{75}Si_{15}B_{10}$	0,7	0,02	3000	-3,5	≈1000	≈ 1600	≈ 150

*) je nach Form der Hysterese

Im folgenden sind die Kenndaten eines resistiven Permalloy-Magnetfeldsensors wiedergegeben.

Datenblatt KZM 10 B

Magnetic field sensor   KMZ10B

DESCRIPTION

The KMZ10B is a sensitive magnetic field sensor, employing the magneto-resistive effect of thin film permalloy.

Its properties enable this sensor to be used in a wide range of applications for current and field measurement, revolution counters, angular or linear position measurement, proximity detectors, etc.

PINNING

PIN	DESCRIPTION
1	output voltage (+)
2	supply voltage (−)
3	output voltage (−)
4	supply voltage (+)

PIN CONFIGURATION

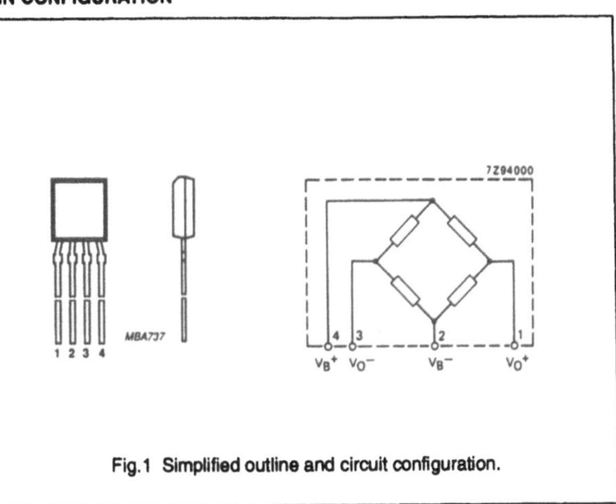

Fig.1 Simplified outline and circuit configuration.

QUICK REFERENCE DATA

SYMBOL	PARAMETER	MIN.	TYP.	MAX.	UNIT
V_B	operating voltage	–	5	–	V
H_y	operating range	−2	–	2	kA/m
H_x	auxiliary field	–	3	–	kA/m
S	sensitivity	–	4	–	$\frac{mV/V}{kA/m}$
V_{off}	offset voltage	−1.5	–	+1.5	mV/V
R_{bridge}	bridge resistance	1.6	–	2.6	kΩ

DEFINITIONS

Data sheet status	
Objective specification	This data sheet contains target or goal specifications for product development
Preliminary specification	This data sheet contains preliminary data; supplementary data may be published later.
Product specification	This data sheet contains final product specifications.

Limiting values
Limiting values given are in accordance with the Absolute Maximum Rating System (IEC 134). Stress above one or more of the limiting values may cause permanent damage to the device. These are stress ratings only and operation of the device at these or at any other conditions above those given in the Characteristics sections of this specification is not implied. Exposure to limiting values for extended periods may affect device reliability.

Application information
Where application information is given, it is advisory and does not form part of the specification.

Datenblatt KZM 10 B

Magnetic field sensor   KMZ10B

LIMITING VALUES

In accordance with the Absolute Maximum System (IEC 134).

SYMBOL	PARAMETER	CONDITIONS	MIN.	MAX.	UNIT
V_B	operating voltage		–	12	V
P_{tot}	total power dissipation	up to T_{amb} = 130 °C	–	120	mW
T_{stg}	storage temperature range		–65	150	°C
T_{bridge}	bridge operating temperature range		–40	150	°C

THERMAL RESISTANCE

SYMBOL	PARAMETER	VALUE	UNIT
$R_{th\ j-a}$	from junction to ambient	180	K/W

CHARACTERISTICS

T_{amb} = 25 °C and H_x = 3 kA/m. In applications with H_x < 3 kA/m, the sensor has to be reset before first operation of an auxiliary field H_x = 3 kA/m.

SYMBOL	PARAMETER	CONDITIONS	MIN.	TYP.	MAX.	UNIT
V_B	operating voltage		–	5	–	V
H_y	operating range of magnetic field		–2	–	2	kA/m
S	sensitivity	open circuit	3.2	–	4.8	$\frac{mV/V}{kA/m}$
TCV_o	temperature coefficient of output voltage	V_B = 5 V; T_j = –25 to 125 °C	–	–0.4	–	%/K
		I_B = 3 mA; T_j = –25 to 125 °C	–	–0.1	–	%/K
R_{bridge}	bridge resistance		1.6	–	2.6	kΩ
TCR_{bridge}	temperature coefficient of bridge resistance	T_{bridge} = –25 to 125 °C	–	0.3	–	%/K
V_{off}	offset voltage		–1.5	–	+1.5	mV/V
TCV_{off}	temperature coefficient of offset voltage	T_j = –25 to 125 °C	–3	–	+3	$\frac{\mu V/V}{K}$
FL	linearity deviation of output voltage	H_y = 0 to ±1 KAm⁻¹	–	–	±0.5	%FS
		H_y = 0 to ±1.6 KAm⁻¹	–	–	±1.7	%FS
		H_y = 0 to ±2 KAm⁻¹	–	–	±2	%FS
V_{oH}	hysteresis of output voltage		–	–	0.5	%FS
f	operating frequency		0	–	1	MHz

Datenblatt KZM 10 B

Magnetic field sensor   KMZ10B

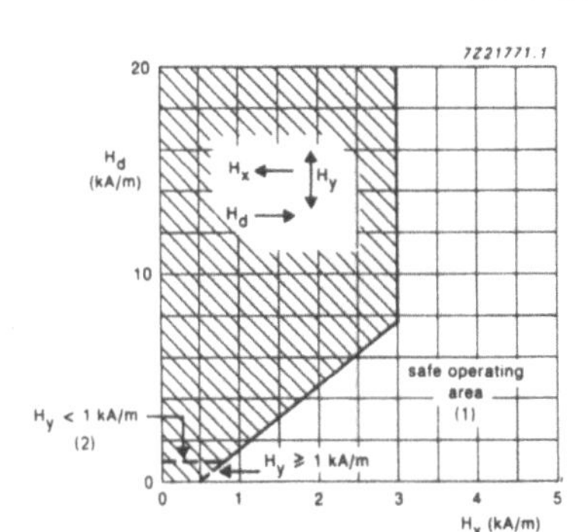

In applications with $H_x < 3$ kA/m, the sensor has to be reset after leaving the SOAR, by an auxiliary field of $H_x = 3$ kA/m.

(1) Region of permissible operation.

(2) Permissible extension if $H_y < 1$ kA/m.

Fig.2 Safe operating area (permissible disturbing field H_d as a component of auxiliary field H_x).

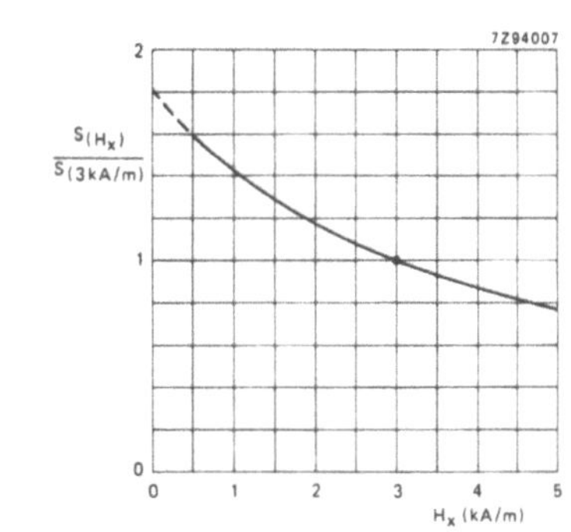

In applications with $H_x \leq 3$ kA/m, the sensor has to be reset by an auxiliary field of $H_x = 3$ kA/m before use.

Fig.3 Relative sensitivity (ratio of sensitivity at certain H_x and sensitivity at $H_x = 3$ kA/m).

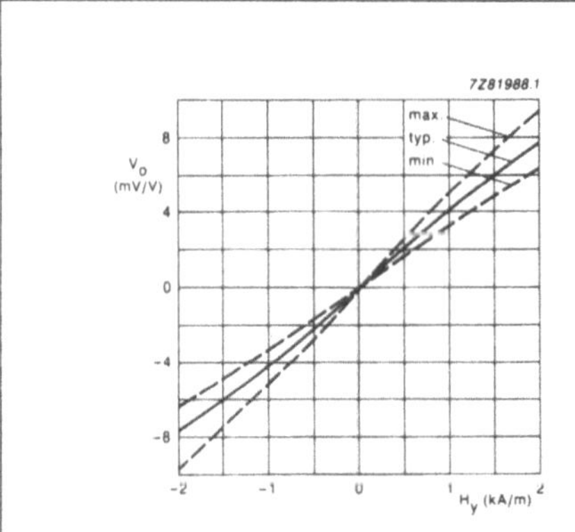

V_B = constant; $T_{amb} = 25$ °C; $H_x = 3$ kA/m; $V_{off} = 0$.

Fig.4 Sensor output characteristic.

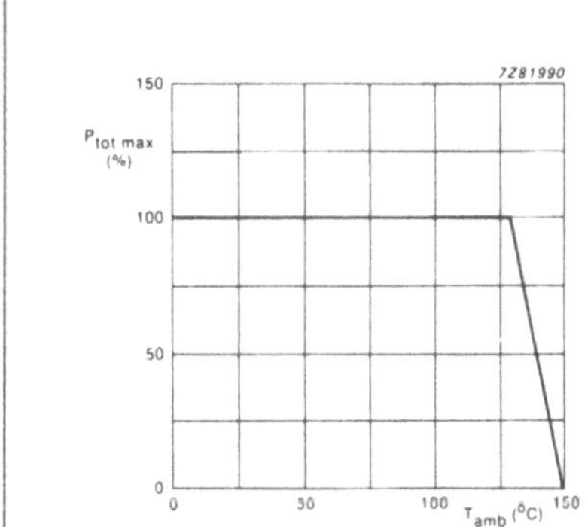

Fig.5 Power derating curve.

Datenblatt KZM 10 B

Magnetic field sensor   KMZ10B

PACKAGE OUTLINE

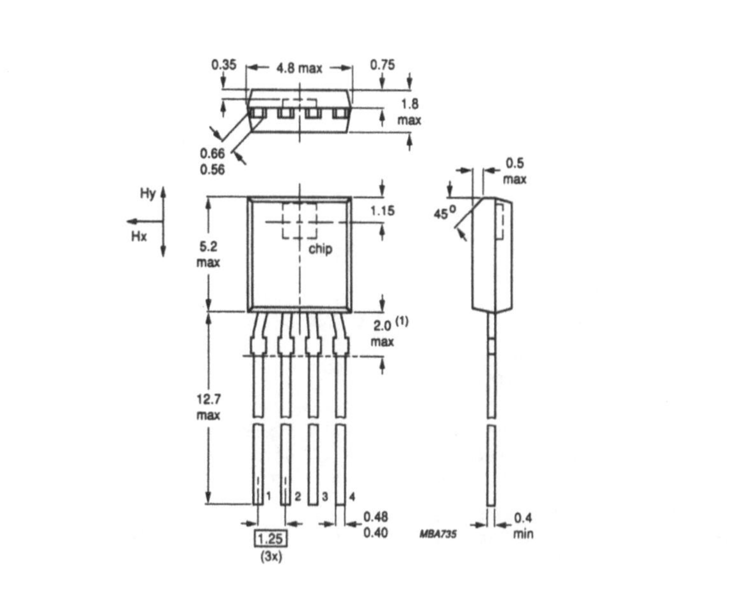

Dimensions in mm.

(1) Terminal dimensions uncontrolled within this area.

Fig.6 SOT195.

5.3 Spulen

5.3.1 Induktionsspulen

Ändert sich in einer geschlossenen Drahtschlaufe die dort wirkende Induktionsflußdichte $\vec{B}$, dann wird in die Anschlüsse der Spule eine Spannung U_{ind} induziert (Band 1, Abschnitt 7.1.1) der Größe

$$U_{ind} = -\iint\limits_{\substack{\text{Querschnitt } A \\ \text{der Drahtschlaufe}}} \frac{\partial \vec{B}}{\partial t}\, d\vec{A} = -\iint\limits_{A} \dot{\vec{B}}\, d\vec{A} = -\frac{\partial}{\partial t} \iint\limits_{A} \vec{B}\, d\vec{A} \tag{1}$$

Eine gleichsinnig gewickelte **Spule** besteht aus einer Hintereinanderschaltung von Drahtschlaufen: In diesem Fall vergrößert sich die induzierte Spannung um den Faktor der Windungszahl. Aus (1) geht hervor, daß nur zeitliche Änderungen des Magnetfeldes zu einer induzierten Spannung führen, d.h. nach diesem Prinzip können bevorzugt magnetische *Wechsel*felder erfaßt werden. Bei *in*homogenen *Gleich*feldern führt eine Relativbewegung zwischen Spule und Magnetfeld zu einer induzierten Spannung.

Bei einer kreisförmigen **Luftspule** mit dem Durchmesser D und der Windungszahl n, innerhalb der ein periodisch oszillierendes Magnetfeld senkrecht zur Spulenebene wirkt, ist die induzierte Spannung:

$$B(t) = \mu_o H(t) = \mu_o H_o \cos \omega t \tag{2}$$

$$U_{ind}(t) \underset{(1)}{=} -n \frac{\partial}{\partial t} \left\{ B(t) \cdot \pi \left(\frac{D}{2} \right)^2 \right\} \underset{(2)}{=} n \omega \mu_o \pi \frac{D^2}{4} H_o \sin \omega t =: U_o \sin \omega t \tag{3}$$

$$\text{mit } U_o := n \omega \mu_o \pi \frac{D^2}{4} H_o = n \frac{\pi^2}{2} D^2 \mu_o \cdot f \cdot H_o \tag{4}$$

mit der Frequenz f des Wechselfeldes. Als **Spulenempfindlichkeit** wird definiert [5.28]:

$$S_o = \frac{U_o}{f \cdot H_o} = n \frac{\pi^2}{2} D^2 \mu_o \tag{5}$$

Die Eigenschaften einer Spule werden maßgeblich von parasitären elektrischen Eigenschaften mitbestimmt: Bild 5.3.1-1 zeigt das dazugehörige Ersatzschaltbild.

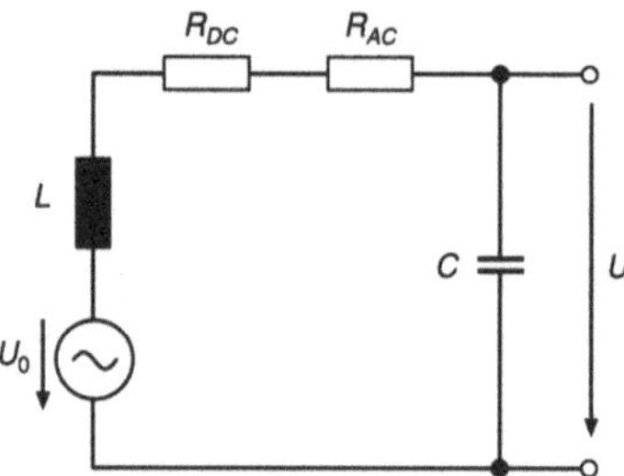

Bild 5.3.1-1   Ersatzschaltbild einer Luftspule (nach [5.28])

Der Gleichstrom-Serienwiderstand R_{DC} verursacht das thermische Rauschen (Band 2, Abschnitt 14.1) der Spule, welches die Empfindlichkeit begrenzt. Der Wechselstromwiderstand R_{AC} wird z.B. durch den Skineffekt und durch Wirbelströme hervorgerufen.

Die Wirkung von hochpermeablen Spulenkernen ist die Konzentration des magnetischen Flusses in das Innere der Spule (Bild 5.3.1-2), so daß – bei gleichbleibender Empfindlichkeit – die Spulenabmessungen erheblich reduziert werden können.

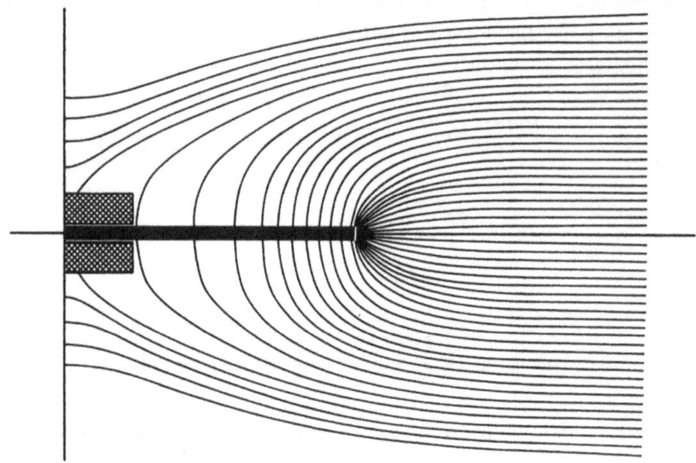

Bild 5.3.1-2   Verlauf der magnetische Feldlinien, wenn eine Spule mit einem hochpermeablen Spulenkern in ein homogenes Magnetfeld (rechts) eingebracht wird (nach [5.28])

Bild 5.3.1-3 zeigt den Aufbau eines Magnetfeldsensors mit einer Zylinderspule und hochpermeablem Magnetkern. Zur Vermeidung der kostenaufwendigen Wickeltechnik lassen sich diese Sensoren auch in einer Planartechnik herstellen (Bild 5.3.1-4).

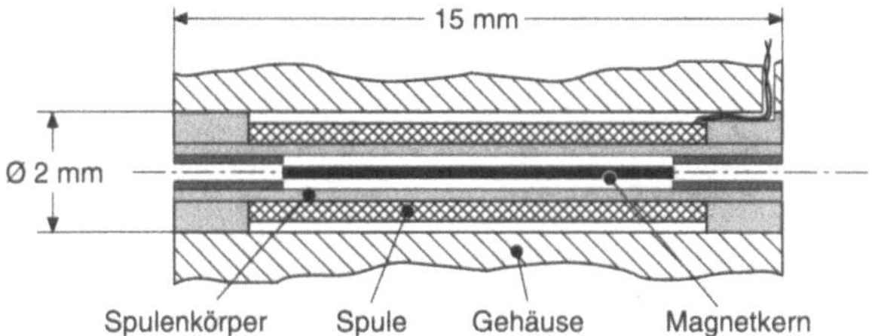

Bild 5.3.1-3   Magnetfeldsensor mit einer Zylinderspule, in die ein weichmagnetischer Kern eingelagert ist (nach [5.29]). Ein schwaches äußeres Magnetfeld in Richtung der Spulenachse ändert die Richtung der Induktionsflußdichte des Spulenkerns und induziert damit nach (1) eine Spannung an den Spulenanschlüssen. Bei Verwendung hochpermeabler Spulenkerne können Magnetfelder in der Größenordnung des Erdmagnetfeldes detektiert werden. Zur Messung dreidimensional orientierter Feldstärken müssen drei getrennte Sensoren verwendet werden, die in den drei Raumrichtungen ausgerichtet sind.

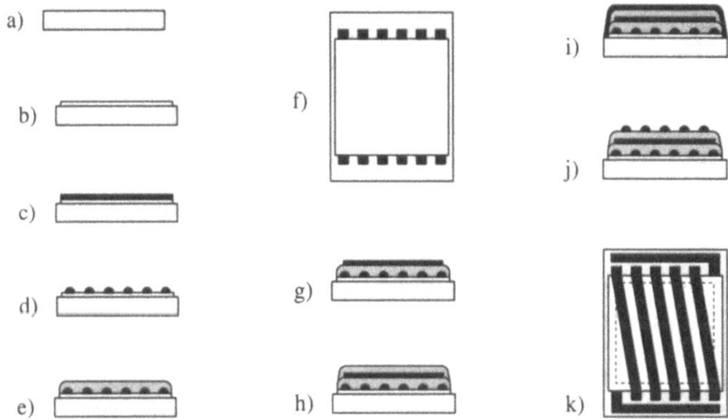

Bild 5.3.1-4   Herstellung von Induktionsspulen mit hochpermeablem Spulenkern in einer Planartechnik: Wie bei den Halbleiterbauelementen ergibt sich bei der Fertigung eine Kostenersparnis dadurch, daß in *einem* Fertigungsprozeß eine große Anzahl von Sensoren parallel hergestellt werden kann.

Ausgegangen wird von einem isolierenden Keramiksubstrat (a), das zunächst mit einer Haftschicht (b) und dann einer gut leitenden Metallschicht (c, z.B. Kupfer) bedeckt wird. Über einen Lithographieschritt wird diese Schicht so strukturiert, daß parallele Leiterbahnen übrigbleiben (d), unterer Teil der Induktionsspule). Anschließend werden die Leiterbahnen mit einer Isolierschicht bedeckt (f), auf der eine weichmagnetische Schicht abgeschieden wird (g), welche den Spulenkern bildet. Nach Herstellung einer weiteren Isolationsschicht (h) werden Kontaktlöcher zu den bereits vorhandenen Leiterbahnen durchgeätzt. Im nächsten Schritt wird wieder eine Metallschicht für die obere Verdrahtungsebene abgeschieden (i) und in Leiterbahnen so strukturiert, daß beide Verdrahtungsebenen zusammen eine Spule bilden (j und k), d.h. die Kontaktflächen der oberen und unteren Leiterbahnen werden versetzt miteinander verbunden.

Der Aufbau von Sensorspulen mit hochpermeablem Kern führt – im Vergleich zu Luftspulen – zu kürzeren Drahtlängen und damit zu einem geringeren Rauschen. Sekundäreigenschaften der Permeabilität, sowie der geometrischen Aufbau des Spulenkerns können zu einer Nichtlinearität der Sensorkennlinie und einer zusätzlichen Frequenz- und Temperaturabhängigkeit führen.

Bei Anwesenheit eines Spulenkerns der relativen Permeabilität μ_{rc} wird die magnetische Induktionsflußdichte (2) um den Faktor μ_{rc} verstärkt, d.h. als Amplitude U_o der induzierten Spannung ergibt sich analog zu (3) und (4):

$$U_o = n\omega \cdot \mu_{rc}\mu_o \cdot \pi \frac{D_c^{\,2}}{4} H_i = n \cdot \mu_{rc}\mu_o \cdot \pi^2 \frac{D_c^{\,2}}{2} \cdot f \cdot H_i \qquad (6)$$

Mit dem Durchmesser D_c des Spulenkerns und der Magnetfeldamplitude H_i im Kern. Dabei muß berücksichtigt werden, daß der magnetisierte Kern ein Entmagnetisierungsfeld erzeugt, welches dem äußeren Feld H entgegenwirkt, so daß nur eine "effektive" Permeabilität μ_{rc} wirken kann. Nur bei langgestreckten Stäben mit einem großen Verhältnis von Länge zu Durchmesser geht das Entmagnetisierungsfeld gegen Null, so daß diese Stabform häufig bevorzugt wird. Analog zu (5) ergibt sich als Empfindlichkeit des Spulensensors mit Magnetkern:

$$S_o = n \cdot \frac{\pi^2}{2} D_c^{\,2} \cdot \mu_{rc}\mu_o \qquad (7)$$

d.h. für $D \approx D_c$ ergibt sich relativ zur Luftspule eine Vergrößerung der Empfindlichkeit um den Faktor μ_{rc}. Im Ersatzschaltbild 5.3.1-1 treten bei Anwesenheit von Spulenkernen zu den Serienwiderständen noch weitere hinzu aufgrund von Wirbelströmen und Hystereseverlusten.

Induktionsspulen finden vielfältige Anwendungen, wenn es auf große Empfindlichkeit und Zuverlässigkeit ankommt und keine große Ortsauflösung gefordert wird. Messungen des Erdmagnetfeldes, sowie magnetischer Felder in der Astronomie werden häufig in dieser Technik ausgeführt. In anderen Anwendungsbereichen erfolgt lediglich die Anzeige *bewegter* magnetisierter Materie, z.B. bei Sicherungssystemen im Eisenbahnverkehr.

5.3.2 Sättigungskernverfahren

Bei den Sättigungskernverfahren (**Saturationskernverfahren, Flux Gate Magnetometer**) sind zwei getrennte Wicklungen um einen hochpermeablen Spulenkern angeordnet (Bild 5.3.2-1). Während *eine* der Wicklungen zur Erzeugung eines Magnetfeldes $\vec{H}$ für die periodische Aussteuerung der Magnetisierung des Kerns bis in den

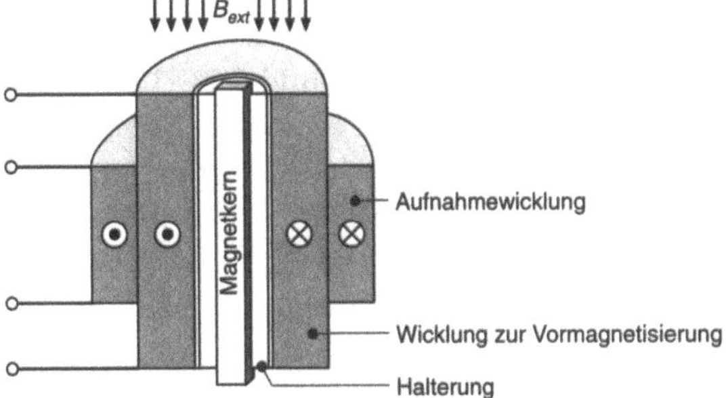

Bild 5.3.2-1   Prinzipieller Aufbau eines Sensors nach dem Sättigungskernverfahren (nach [5.18])

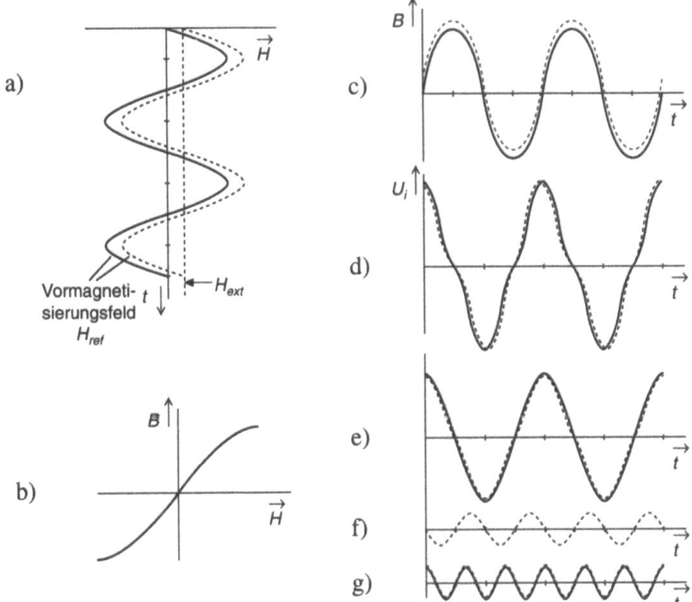

Bild 5.3.2-2   Sättigungskernverfahren mit Auswertung der zweiten Harmonischen einer sinusförmigen Aussteuerung des Kerns (nach [5.18]): Betrachtet werden die Signalformen ohne äußeres Magnetfeld (durchgezogen) und bei Wirkung eines Magnetfeldes H_{ext}(gestrichelt).

a) Magnetfeld der Ansteuerungsspule

b) Hysteresekennlinie des hochpermeablen Spulenkerns

c) Induktionsflußdichte im Kern aufgrund der Anstcucrung

d) induzierte elektrische Spannung in der Aufnahmespule

e) bis g) Oberwellenanalyse der induzierten elektrischen Spannung nach d):

e) Grundwelle

f) 2. Harmonische

g) 3. Harmonische

Sättigungsbereich dient, wirkt die *zweite* als Induktionsspule und mißt die resultierende Änderung der Induktionsflußdichte $\vec{B}$ im Kern. Die Abhängigkeit $\vec{B}(\vec{H})$ wird durch eine Hysteresekurve wie z.B. in Bild 5.2.2-1 beschrieben (schematisch in Bild 5.3.2-2b), sie ist deutlich nichtlinear. Es wird sich zeigen, daß die Signalform der induzierten Spannung sehr empfindlich von der Anwesenheit äußerer Magnetfelder abhängt, so daß die ursprünglich eingegebene Zeitabhängigkeit des Magnetfeldes in charakteristischer Weise verzerrt wird. Die Art und Stärke der Verzerrung läßt sich durch eine Oberwellenanalyse bestimmen.

Die verschiedenen Sättigungskernverfahren unterscheiden sich in der Signalform der periodischen Ansteuerung des Kerns, sowie in der Signalauswertung. In Bild 5.3.2-2 ist das Prinzip des Sättigungskernverfahrens mit Auswertung der zweiten Harmonischen einer sinusförmigen Ansteuerung erläutert.

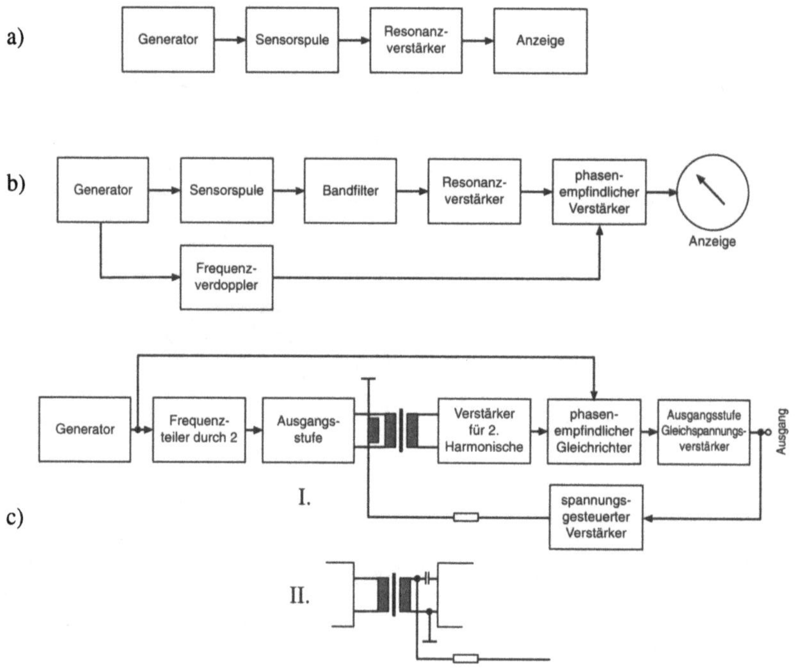

Bild 5.3.2-3 Schaltungsrealisierungen für Sättigungskernsensoren mit Auswertung der 2. Harmonischen (nach [5.18]):
- a) mit frequenzabgestimmtem Verstärker
- b) mit phasenempfindlichem Gleichrichter
- c) mit Rückkopplung zur Kompensation des äußeren Magnetfeldes in der Sensorspule (Ausführung I: mit zusätzlicher Wicklung im Sensor, Ausführung II: ohne zusätzliche Wicklung): Im Vergleich zu a) und b) ergibt sich eine verbesserte Linearität.

Die Fourieranalyse ergibt, daß bei einer sinusförmigen Ansteuerung des Magnetkerns *ohne äußeres Magnetfeld* nur *un*geradzahlige Oberwellen auftreten, bei Wirkung eines äußeren Feldes H_{ext} jedoch auch geradzahlige. Die Amplitude der zweiten Harmonischen kann also als Maß für die Stärke des äußeren Magnetfeldes herangezogen werden. In Bild 5.3.2-3 sind verschiedene Prinzipschaltbilder für den Aufbau von Sättigungskernsensoren dargestellt.

Neben dem beschriebenen Verfahren mit Auswertung der 2. Harmonischen gibt es eine Vielzahl weiterentwickelter Verfahren. Bild 5.3.2-4 zeigt einen Sättigungskernsensor mit Auswertung von Impulshöhen, Bild 5.3.2-5 den entsprechenden Schaltungsaufbau.

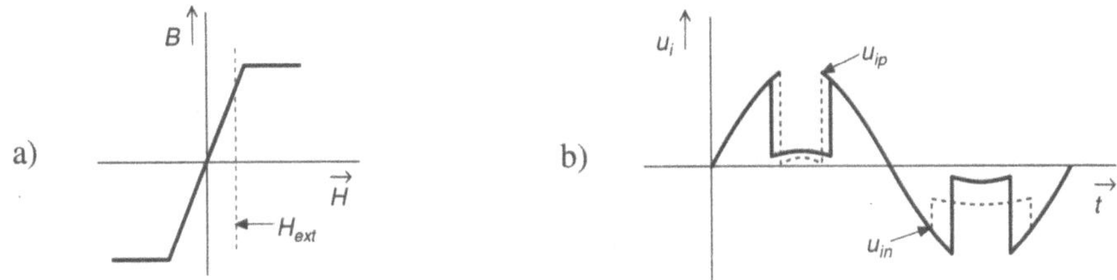

Bild 5.3.2-4   Pulshöhenauswertung von sinusförmig angesteuerten Sättigungskernsensoren (nach [5.18]): Betrachtet werden die Signalformen *ohne* äußeres Magnetfeld (durchgezogen) und bei Wirkung eines Magnetfeldes H_{ext}.

a) Hysteresekurve des Magnetkerns

b) Induzierte Spannung: Bei Aussteuerung des Magnetfeldes H bis weit in die Sättigung hinein ändert sich in den Amplitudenspitzen die magnetische Induktionsflußdichte B nur noch wenig mit der Zeit, so daß nach (1) die induzierte Spannung u_i abnimmt. Die Differenz der Pulshöhen

$$\Delta u_i = u_{ip} - u_{in} \tag{1}$$

ist dann ein Maß für die Größe des äußeren Feldes.

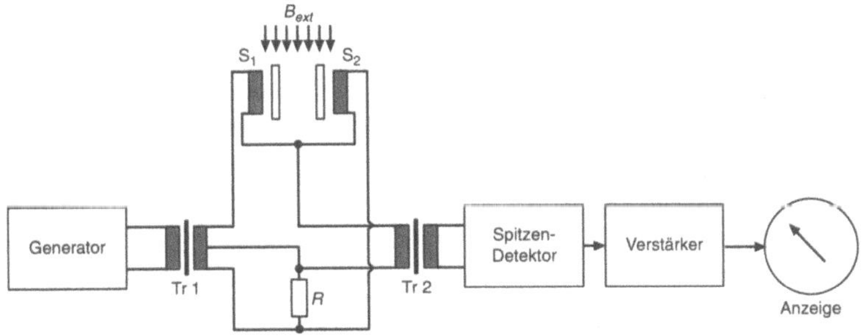

Bild 5.3.2-5   Blockschaltbild eines Impulshöhen-Magnetometers (nach [5.19])

Sättigungskernverfahren ermöglichen eine außerordentlich genaue Messung von Magnetfeldern, sie gelten – bei vertretbarem Meßaufwand – als besonders zuverlässig und wirtschaftlich. Vielfältige Einsatzmöglichkeiten ergeben sich für die Messung von Erdmagnetfeldern (z.B. zur Ermittlung von Fundstätten für Rohstoffe), in der Weltraumtechnik und bei militärischen Anwendungen, weiterhin in der Werkstoffkontrolle zur Identifikation von Inhomogenitäten (z.B. schweißnahtlose Rohre für Pipelines etc.).

5.4 Wiegand- und Impulsdrahtsensoren

Typisch für weichmagnetische Werkstoffe mit einer Hysteresekurve, welche z. B. die in Bild 5.3.2-4a dargestellte Form hat, ist die Ausbildung mehrerer *Domänen* (**Weißscher Bereiche**, s. Band 1, Abschnitt 7.1.5) mit unterschiedlich orientierter spontaner Magnetisierung. Die **Remanenz** $\vec{B}_r$ (Induktionsflußdichte bei der Feldstärke $\vec{H} = 0$) ergibt sich durch eine unvollständige gegenseitige Kompensation der magnetischen Polarisation dieser Bereiche. Im Gegensatz dazu haben Bauelemente, in denen sich aufgrund einer **Form**- oder **Kristallanisotropie** (Band 1, Abschnitt 7.3.1) nur *ein einziger* Weißscher Bezirk ausbilden kann, fast rechteckig ausgebildete Hysteresekurven wie in Bild 5.2.2-5b. In diesem Fall ist die Remanenz nur unwesentlich kleiner als die Sättigungsmagnetisierung. Erst wenn ein äußeres Magnetfeld die Koerzitivfeldstärke überschreitet, springt die Magnetisierung – und damit auch die Induktionsflußdichte – spontan (d.h. unabhängig von der *Änderungsgeschwindigkeit* des äußeren Magnetfeldes) um und nimmt einen entgegengerichtet gleichen Betrag an. Befindet sich der magnetische Werkstoff innerhalb einer Induktionsspule, dann wird in diese nach (5.3.1-1) eine erhebliche Spannung induziert, da die Sättigungsmagnetisierung $\vec{M}_s$ gewöhnlich einen großen Wert hat und damit eine Veränderung der Sättigungsinduktionsflußdichte B_s eintritt, die von sich aus innerhalb einer sehr kurzen Zeit erfolgt.

Der geschilderte Effekt bildet die Grundlage für **Wiegand**- und **Impulsdrahtsensoren**, welche in digitaler Form die Änderung äußerer Magnetfelder anzeigen können. Ausgegangen wird von *Drähten* aus magnetischen Werkstoffen, die a priori eine Formanisotropie aufgrund des langgestreckten Aufbaus besitzen, welche durch Anlegen mechanischer Zugspannungen noch erheblich verstärkt werden kann (**Magnetostriktion**, s. Abschnitt 5.5.2 und Band1,Abschnitt 7.2.2). Bild 5.4-1 zeigt den prinzipiellen Aufbau, die Hysteresekurve und den zeitlichen Verlauf der induzierten Spannung bei diesen Sensoren.

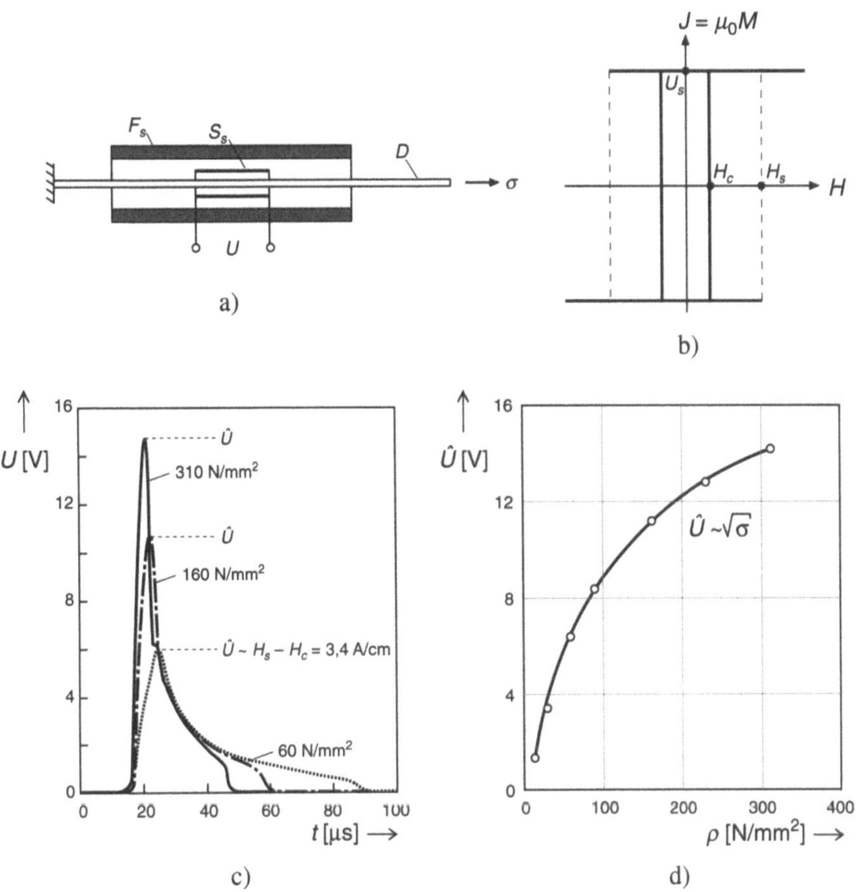

Bild 5.4-1   Prinzip der Wiegand-und Impulsdrahtsensoren (nach [5.20])

a) Aufbau des Sensors aus einem Draht D innerhalb einer Induktionsspule S_s, in welche bei einer Umkehr der Drahtmagnetisierung eine Spannung U induziert wird. An den Draht wird eine mechanische Zugspannung σ gelegt.

b) Hysteresekurve: Dargestellt ist die magnetische Polarisation $J = \mu_0 \vec{M}$ in Abhängigkeit von der Feldstärke $\vec{H}$ des äußeren Magnetfeldes. Zur Bildung eines Ummagnetisierungs*keims* (durch dessen Vergrößerung die Ummagnetisierung erfolgt) ist eine Feldstärke $\vec{H}_s$ oberhalb der Koerzitivfeldstärke $\vec{H}_c$ erforderlich.

c) Zeitlicher Verlauf der induzierten Spannung in einer Induktionsspule bei Umklappen der Polarisation aufgrund eines äußeren Magnetfeldes bei verschiedenen Zugspannungen σ.

d) Zunahme der Impulsspannung (Maximalspannung in c)) mit der mechanischen Zugspannung σ.

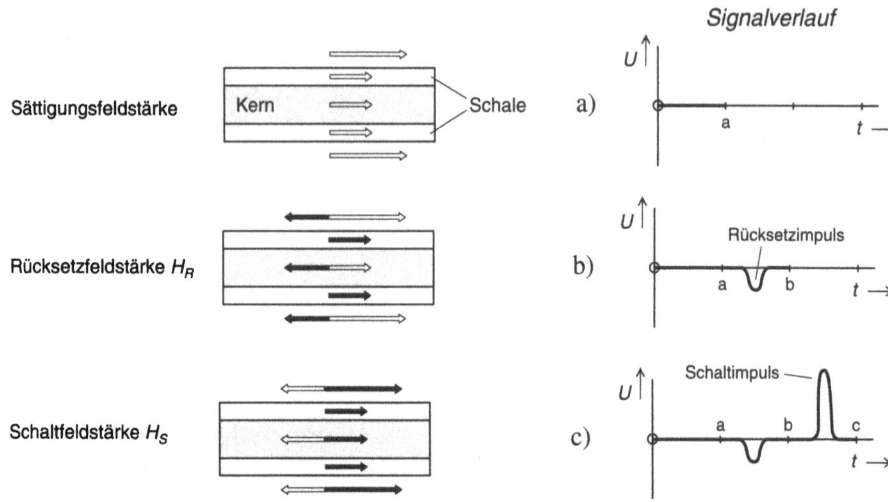

Bild 5.4-2   **Wiegand-Effekt** am Vicalloy-Draht (52Co-10V-Fe, nach [5.20 bis 22]): Der weichmagnetische Drahtkern ist von einem magnetisch härteren Mantel umgeben, dem
eine festgelegte Magnetisierungsrichtung eingeprägt ist. Diese Eigenschaften werden
durch eine mechanische Behandlung des Drahtes (Tordieren und Drehen) eingestellt.
Die Magnetisierung des Kerns hat zwei stabile Ausrichtungen entlang und entgegengesetzt der äußeren Magnetisierungsrichtung.

a) Ausgangszustand: Drahtkern und -mantel haben dieselbe Magnetisierungsrichtung

b) Durch ein äußeres Magnetfeld wird die Magnetisierung des Kerns umgepolt. Der
in die Spule induzierte Spannungsimpuls hat eine relativ geringe Amplitude (die
Feldstärken von Mantel und äußerem Feld wirken gegeneinander, $\vec{H}_s$-$\vec{H}_c$ klein).

c) Durch ein entgegengesetzt gepoltes äußeres Magnetfeld wird der Ausgangszustand wieder hergestellt: Die Richtungen des äußeren und des Mantel-Magnetfel-
des stimmen überein, es ergibt sich ein großer induzierter Spannungspuls ($\vec{H}_s$-$\vec{H}_c$
groß).

Typisch für das Verhalten der Sensoren ist, daß eine äußere Magnetfeldstärke $\vec{H}_s$
oberhalb der Koerzitivfeldstärke $\vec{H}_c$ angelegt werden muß, um die Polarisationsän-
derung einzuleiten. Hohe Werte für die treibende Kraft $\vec{H}_s - \vec{H}_c$ erhält man durch ein
feinkörniges Gefüge im Draht und hohe Zugspannungen. Tab. 5.4-1 gibt die typischen Eigenschaften einer magnetischen Legierung wieder, aus der Impulsdrähte
hergestellt werden können.

Bild 5.4-2 zeigt den Aufbau und die Funktionsweise eines Wieganddrahtes.

Das spezielle Herstellungsverfahren des Wieganddrahtes führt zu einer komplexen
Abhängigkeit des Impulsverlaufs und der Impulsamplitude von der Ansteuerung
(Bild 5.4-3).

In Tab. 5.4-2 sind die Leistungsdaten von Wieganddrähten zusammengestellt.

Tab. 5.4-1   Eigenschaften der Legierung VACOFLUX 50 für die Herstellung von Impulsdrähten (nach [5.20])

		VACOFLUX 50 (49Co–2V–Fe)
Sättigungspolarisation	J_s	2,35 T
Sättigungsmagnetorestriktion	λ_s	$+70 \cdot 10^{-6}$
Koerzitivfeldstärke (abhängig von Glühbedingungen)	H_c	0,2...20 A/cm
Spezifischer Widerstand	ρ_{sp}	$0,4 \cdot 10^{-6}$ Ωm
Festigkeit (abhängig von Glühbedingungen)	R_m	600...2000 N/mm²
Elastizitätsmodul	E	230 kN/mm²

Tab. 5.4-2   Typische Eigenschaften eines Wieganddrahtes bei optimaler Ansteuerung (Typ PN 30020, Echlin Sensor Co. , USA-Branford CT, nach [5.20]))

Impulsamplitude ohne Last	$\hat{U}_0$	2,5 V
Impuls-Halbwertsbreite	$\hat{\tau}_{1/2}$	18 µs
Optimales Rücksetzfeld	H_R	−18 A/cm
Setzfeld		+80 A/cm
Schaltfeldstärke	H_s	19 A/cm
Innenwiderstand	R_i	200 Ω
Max. Impulsleistung (bei Leistungsanpassung)	$\hat{P}_L$	8 mW
Max. Impulsenergie (– " –)	E_L	170 nWs
Betriebstemperatur		−200...+180 °C

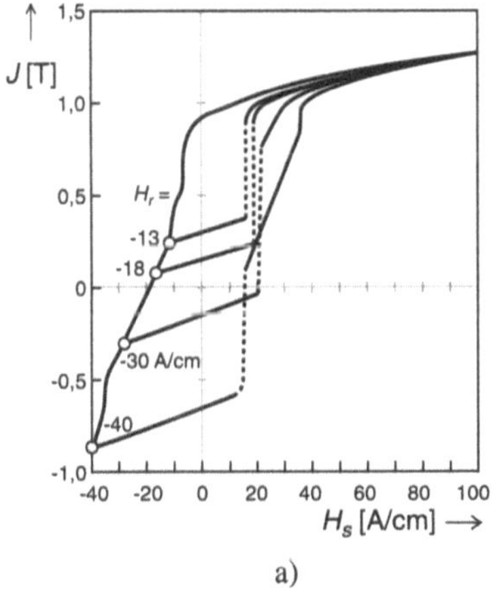

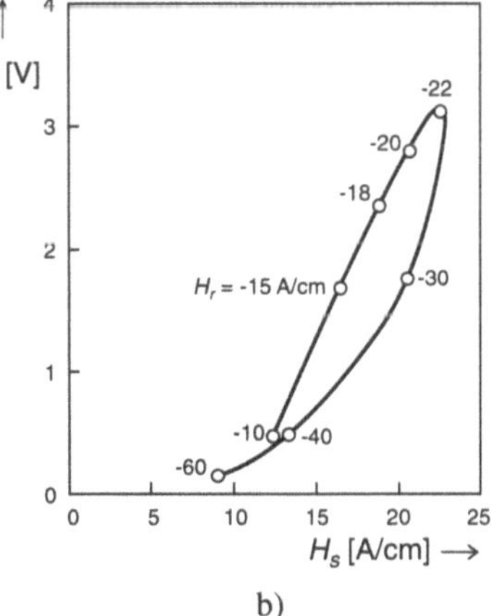

Bild 5.4-3   Abhängigkeit der Eigenschaften von Wieganddrähten von der Größe der Rücksetzfeldstärke $\vec{H}_r$ (nach [5.20]):
a) Hysteresekurven
b) Schaltamplitude in Abhängigkeit von der Schaltfeldstärke $\vec{H}_s$.

Die komplizierte Abhängigkeit des Schaltverhaltens von Wieganddrähten entsteht durch magnetische Abschlußbezirke an den Drahtenden, deren Wirkung nur bei optimaler Rücksetzfeldstärke reduziert werden kann. Problematisch ist auch die relativ geringe Koerzitivfeldstärke des Mantelbereichs von ca. 30 A/cm, die bei größeren Rücksetzfeldstärken überschritten wird: In diesem Fall werden die Verhältnisse in Bild 5.4-2 umgedreht, so daß der Schaltimpuls stark abnimmt (Bild 5.4-3b).

Aufgrund der Unsicherheiten im Schaltverhalten von Wieganddrähten ist es wünschenswert, die Koerzitivfeldstärke des Mantelbereichs so weit zu vergrößern, daß sie mindestens eine Größenordnung über der Schaltfeldstärke des Kerns liegt. Außerdem ist ein einfacheres Herstellungsverfahren vorzuziehen; beides ist bei den **Impulsdrähten** realisiert (Bild 5.4-4): Dabei wird von Schaltkernen aus VACOFLUX (s. Tab. 5.4-1) ausgegangen, die mit einem Mantel aus 28Ni-18Co-Fe (VACON 10) umgeben sind. Bei einer starken Dehnung dieses Verbunddrahtes wird nur der Außenmantel, nicht aber der Kernbereich *plastisch* verformt, d.h. bei Zugentspannung hat der Mantel eine größere Länge als der Kern, so daß der Kern einer bleibenden elastischen Zugspannung unterworfen ist. Da es kein Dauermagnetmaterial mit den für den Mantel gewünschten mechanischen Eigenschaften gibt, muß zur Festlegung der Magnetisierungsrichtung ein zweiter permanentmagnetischer Draht neben dem Impulsdraht angeordnet werden.

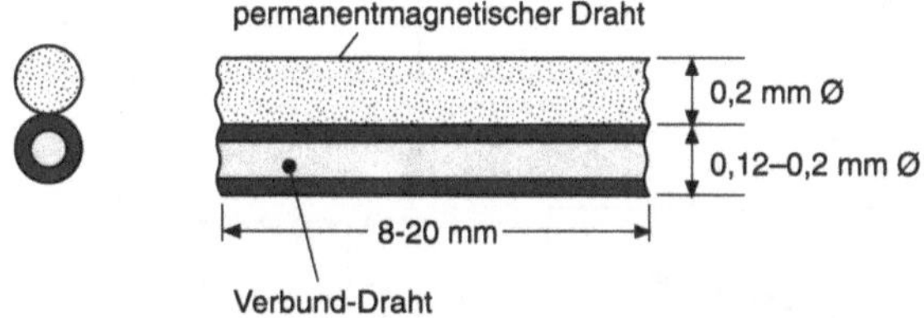

Bild 5.4-4   Aufbau eines Impulsdrahtes (nach [5.20]): Neben dem mechanisch verformten Verbunddraht mit permanenter elastischer Vorspannung ist zur Festlegung der Magnetisierungsrichtung ein weiterer permanentmagnetischer Draht angeordnet.

In Tab. 5.4-2 und Bild 5.4-5 sind die Eigenschaften eines Impulsdrahtes nach Bild 5.4-4 zusammengefaßt.

Tab. 5.4-2   Typische Eigenschaften eines Impulsdrahtes, nach [5.20])

Type MSE 590/003 (Fa.Vacuumschmelze, D-Hanau)	Sensorspule: 1000 Wdg. auf 12mm, $R_c = 40\ \Omega$	
Impulsamplitude ohne Last	$\hat{U}_0$	2,5 V
Impuls-Halbwertsbreite	$\overset{o}{\tau}_{1/2}$	10 µs
Ansteuerfeld		±30...±300 A/cm
Schaltfeldstärke	H_s	20 A/cm
Innenwiderstand	R_i	300 Ω
Max. Impulsleistung (bei Leistungsanpassung)	$\hat{P}_L$	4 mW
Max. Impulsenergie (– " –)	E_L	70 nWs

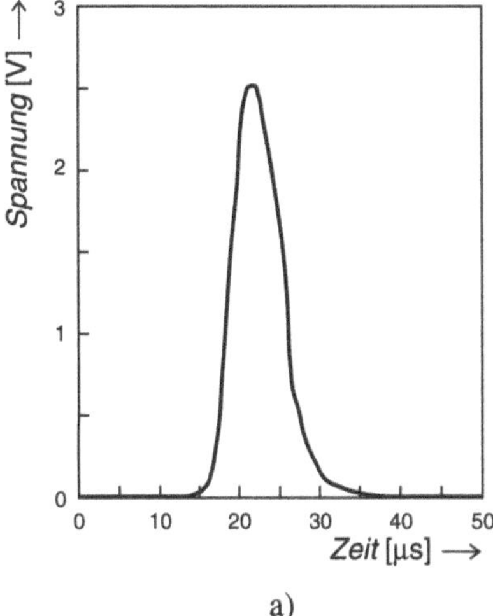
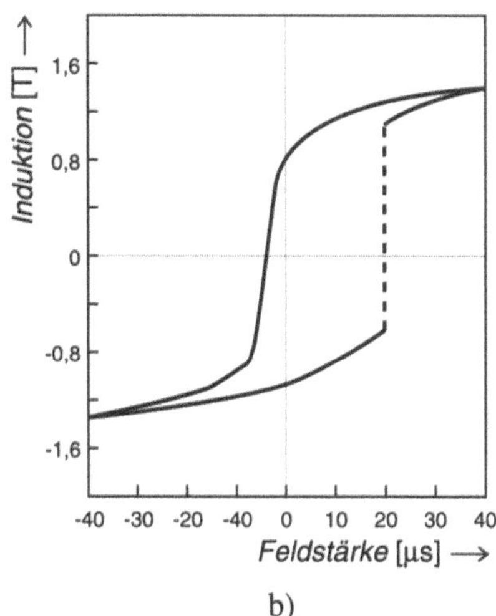

Bild 5.4-5   Impulsspannung (a) und Hystereseschleife (b) des Impulsdrahtsensors MSE 590/003 (nach [5.20]): Wie beim Wiegandsensor entsteht ein signifikanter Impuls nur beim Einschalten (Bild 5.4-2c) des Sensors (gestrichelte Kurve in b).

Im Gegensatz zum Wieganddraht ist der Impulsdraht symmetrisch ansteuerbar und benötigt nur eine Feldstärke von 30 A/cm. Die Koerzitivkraft des Dauermagnetdrahts beträgt 450 A/cm und liegt damit weit außerhalb des kritischen Bereichs. Unterhalb von 100 Hz ist die Impulshöhe frequenzunabhängig. Naturgemäß nimmt die Impulsamplitude mit kleiner werdendem Lastwiderstand ab; ein typischer Innenwiderstand liegt bei 300 Ω.

Bei anderen Ausführungsformen von Impulsdrahtsensoren für kleine Ansteuerfelder können permanentmagnetische Mantellegierungen verwendet werden, die Zugspannung wird in diesem Fall durch unterschiedliche thermische Ausdehnungskoeffizienten der beiden Werkstoffe bewirkt

Im Gegensatz zu den Hall- und Permalloysensoren erfordern Wiegand- und Impulsdrahtsensoren *keine Stromversorgung*. Das große Impulssignal läßt sich problemlos störungsfrei über große Strecken übertragen. Sie sind anwendbar auch für niedrigste Schaltfrequenzen und einsetzbar bis zu Temperaturen um 200°C. Bild 5.4-6 zeigt eine für Impulsdrahtsensoren typische Anordnung von Schalt- und Rücksetzmagneten, z.B. auf einem Rad, dessen Umdrehungszahl magnetisch bestimmt werden soll.

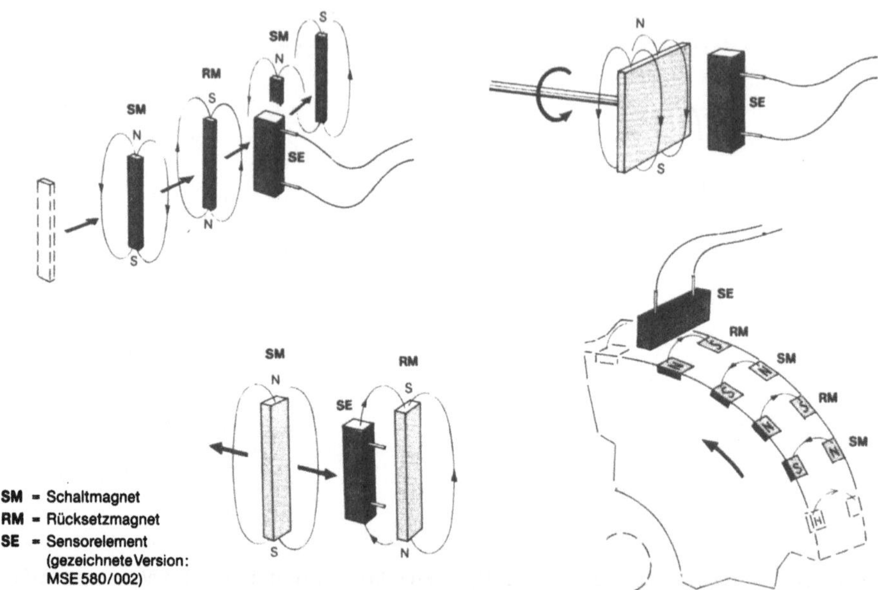

Bild 5.4-6   Anwendungen von Impulsdrahtsensoren mit einer abwechselnden Folge von Schalt- (SM) und Rückstellmagneten (RM) (nach [5.23]):

Bei der Anordnung auf einem Rad ist die Impulsfrequenz des Impulsdrahtsensors ein Maß für die Umdrehungszahl. Der Sensor selbst benötigt keine Spannungsversorgung

Besonders vorteilhafte Einsatzmöglichkeiten des Impulsdrahtsensors ergeben sich dadurch, daß keine Spannungsversorgung erforderlich ist, z.B. an unzugänglichen Stellen, in Bereichen hoher elektrischer Spannungen u.a. Die erzeugte Energie reicht zum Betrieb von Leuchtdioden aus, deren Signal über Glasfasern weitergeleitet werden kann (Bild 5.4-7)

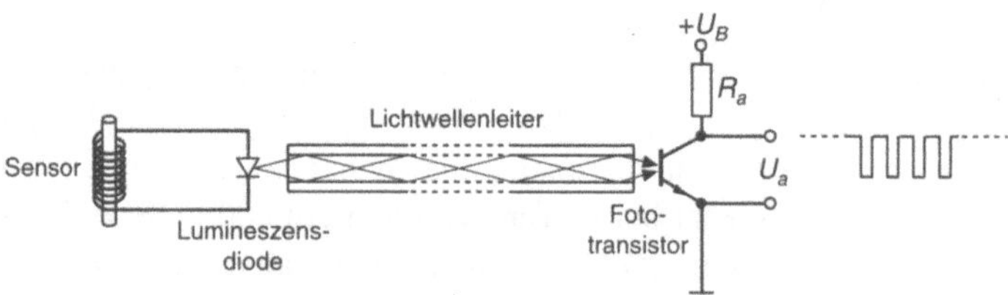

Bild 5.4-7   Optische Weiterleitung der Signale eines Impulsdrahtsensors:
Über den Spannungspuls wird eine Lumineszenzdiode betrieben, deren Strahlung über Glasfasern weitergeleitet wird. Auf diese Weise können auch Messungen an schwer zugänglichen Stellen durchgeführt werden (nach [5.21]).

5.5 Andere Magnetsensortechniken

5.5.1 Reed-Sensoren

Die Impulsdrahtsensoren sind ein Beispiel für einen Sensortyp, der nicht ein *konti-nuierliches* Spektrum einer Meßgröße erfassen kann, sondern nur zwei *diskrete* Zu-stände: Nur die *Richtung* des äußeren Feldes kann erfaßt werden, nicht aber deren *Größe*. In dieselbe Kategorie eines digital anzeigenden Sensors fallen – wenn auch physikalisch aus einem anderen Grund – auch die **Reed-Dioden**: Zwei metallische Kontakte können durch eine mechanische Auslenkung aufgrund eines Magnetfeldes geschlossen werden, nach Wegnahme des Magnetfeldes trennen sie sich wieder durch Wirkung mechanischer Federkräfte (Bild 5.5.1-1).

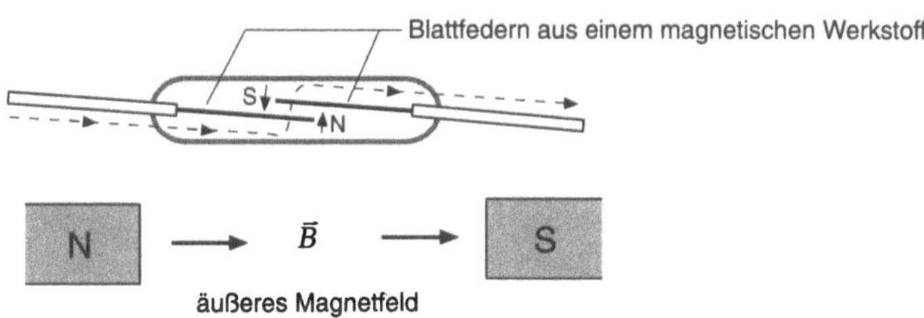

Bild 5.5.1-1   Aufbau und Wirkungsweise eines Reed-Schalters (nach [5.24]):
Zwei Blattfedern aus einem mittelharten magnetischen Werkstoff sind so ange-ordnet, daß sie sich bei einer Verbiegung der Federn berühren und damit einen Kontakt schließen können. Die Verbiegung tritt ein bei Anlegen eines äußeren Magnetfeldes: In das magnetisierbare Material werden Nord- und Südpole indu-ziert, die sich gegenseitig magnetostatisch anziehen und deshalb die Blattfedern auslenken. Wird das Magnetfeld durch eine Spule erzeugt, dann spricht man von **Reed-Relais**, bei Ansteuerung durch einen Permanentmagneten von **Reed-Kon-takten**, **Reed-Schaltern** oder **Reed-Sensoren**.

Reed-Kontakte stellen sehr hochwertige Schalter mit vollständiger galvanischer Trennung dar, die ohne mechanische Berührung von außen betätigt werden können und keine wesentlichen Abnutzungs- und Alterungserscheinungen aufweisen. Sie sind z. B. für 10^{10} **Schaltspiele** (Schaltvorgänge) ausgelegt; bei starker Strombela-stung reduziert sich dieser Wert auf 10^7. Da die Relais in einem Schutzgas betrieben und von der Außenwelt hermetisch abgeschlossen werden können, spielt die Ober-flächenkorrosion, welche den Kontaktwiderstand erheblich vergrößern kann (Band 1,

Abschnitt 4.2.2), nur eine untergeordnete Rolle. Darüber hinaus lassen sie sich sehr preiswert herstellen.

Bei den genannten Eigenschaften ergeben sich viele Anwendungsmöglichkeiten in der Computertechnik,Telekommunikation, Automobiltechnik und Gebrauchselektronik. In der Sensorik können Reed-Sensoren auf einfache und zuverlässige Weise die Anwesenheit von Magnetfeldern anzeigen. Typische Anwendungsbeispiele sind

- Füllstandssensoren mit Magnetschwimmer

- hochwertige Schalter, die durch mechanisches Verschieben eines kleinen Magneten betätigt werden

- Automatische Brems-Systeme (ABS): Die Schaltmagnete sind mit einer trägen Masse verbunden

- Beleuchtungsüberwachung durch Einfügen einer Spule in den Stromkreis der Lichtquelle, welche ein Reed-Relais schaltet

- Positionssensoren, Tachogenerator u.a., s. Abschnitt 5.7

Die Werkstoffanforderungen an Reedsensoren unterscheiden sich von denen anderer Magnetsensoren: Die Sensoren müssen *mechanisch* gut verarbeitet werden können, d.h. hinreichend duktil (Band 1, Abschnitt 3.2.1) für einen Drahtziehprozeß sein und gute Federeigenschaften haben. Für eine starke magnetostatische Anziehung der Federkontakte ist eine hohe Sättigungspolarisation $\vec{B}_s$ erforderlich. Die Koerzitivkraft sollte nicht zu klein sein, um Fehlschaltungen durch parasitäre Magnetfelder zu vermeiden. In Tab. 5.5.1-1 sind Eigenschaften geeigneter magnetischer Werkstoffe für Reed-Relais zusammengestellt, in Bild 5.5.1-2 die Daten einer kommerziellen Reed-Diode.

Tab. 5.5.1-1   Eigenschaften von Werkstoffen für Reed-Kontakte (nach [5.25])

Legierung	Koerzitivkraft $[A/cm^2]$	Remanenz $B_r\,[T]$	Magnetostriktiver Koeffizient $\times 10^6$	thermischer Ausdehnungskoeffizient $\times 10^6$ bei 200 °C	Verformbarkeit
49Co–48Fe+3V (Remendur)	24	1,8	50	10,2	gut
38Co–39Fe–20Ni–3Nb	24	1,6	≈ 45	9,8	gut
Co–Fe–Ni–Al-Ti (Vacozet 655)	32	1,4	48	11	gut
85Co–12Fe–3Nb (Nibcolloy)	16	1,5	2	12,1	gut
82Co–13Fe–5Mo	24	1,3	$\gtrsim 0$	ca. 12	gut
84Co–12Fe–4Ti	18	1,4	$\gtrsim 0$	ca. 12	gut
82Co–12Fe–6Au	11	1,6	klein	12,5	gut
89Co–10Fe–1Be	24		klein	ca. 12	gut
54Fe–28Ni–18Co (Kovar)	<8	1,8		5	gut
80Fe–16Ni–3Al–1Ti	24	1,3	0,4	12,5	gut
76Fe–16Ni–5Cu–1W	28	1,4		13	gut
80Fe–18Cu–2Mn	24	1,5		11,5	gut

Philips Components

Data sheet	
status	Preliminary specification
date of issue	October 1990

RI-26 series
Dry-reed switches

DESCRIPTION

Close differential micro dry-reed switch hermetically sealed in a gas-filled glass capsule. Single-pole. single-throw (SPST) type, having normally open contacts, and containing two magnetically actuated reeds. The switch is of the double-ended type and may be actuated by an electromagnet. a permanent magnet or a combination of both. The device is intended for use in high load applications in relays or switching devices.

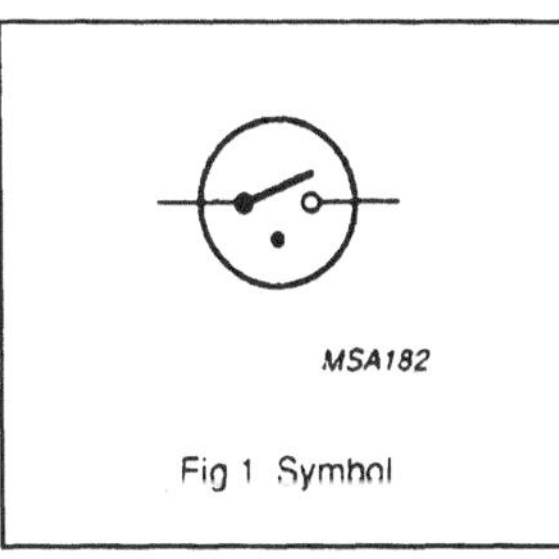

Fig 1 Symbol

QUICK REFERENCE DATA

Contacts	SPST normally open
Switched power	
RI-26AA, RI-26A	max. 15 W
RI-26B	max. 20 W
Switched voltage	
DC	max. 200 V
AC (RMS)	max. 140 V
Switched current	max. 1 A
Contact resistance (initial)	typ. 75 mΩ

BASIC MAGNETIC CHARACTERISTICS OF THE RI-26 SERIES

PARAMETER	MAGNETIC CHARACTERISTIC (At)		
	RI-26AA	RI-26A	RI-26B
Standard coil			
Operate range	14 to 23	18 to 32	28 to 52
Release range	typically 75% of the operate range		
3/4 inch coil			
Operate range	13 to 20	16 to 26.5	23.5 to 41
Release range	typically 75% of the operate range		

MECHANICAL DATA

Contact arrangement	normally open
Lead finish	tinned
Resonant frequency of single reed	approx. 5500 Hz
Net mass	approx. 0.19 g
Mounting position	any

Bild 5.5.1-2   Daten eines kommerziellen Reedschalters (nach [5.24])

5.5.2 Magnetoelastische Sensoren

Ein Kennzeichen vieler weichmagnetischer Werkstoffe ist, daß sie *unter Einfluß einer mechanischen Spannung* anisotrop werden, d.h. daß die ursprünglich S-förmige Hysteresekurve, die typisch ist für eine geringe Kristallanisotropie und eine hohe Blochwandbeweglichkeit (Band 1, Abschnitt 7.1.5), übergeht in die Hysteresekurve eines magnetisch härteren Werkstoffs wie in Bild 5.2.2-5b und c. Beispiele hierfür sind in Bild 5.5.2-1 zusammengestellt. Die Ursache für diesen Effekt liegt in dem

Zusammenhang zwischen elastischer Gitterdehnung und einer Vorzugsorientierung der Magnetisierung (**Magnetostriktion**, s. Band 1, Abschnitt 7.2.2).

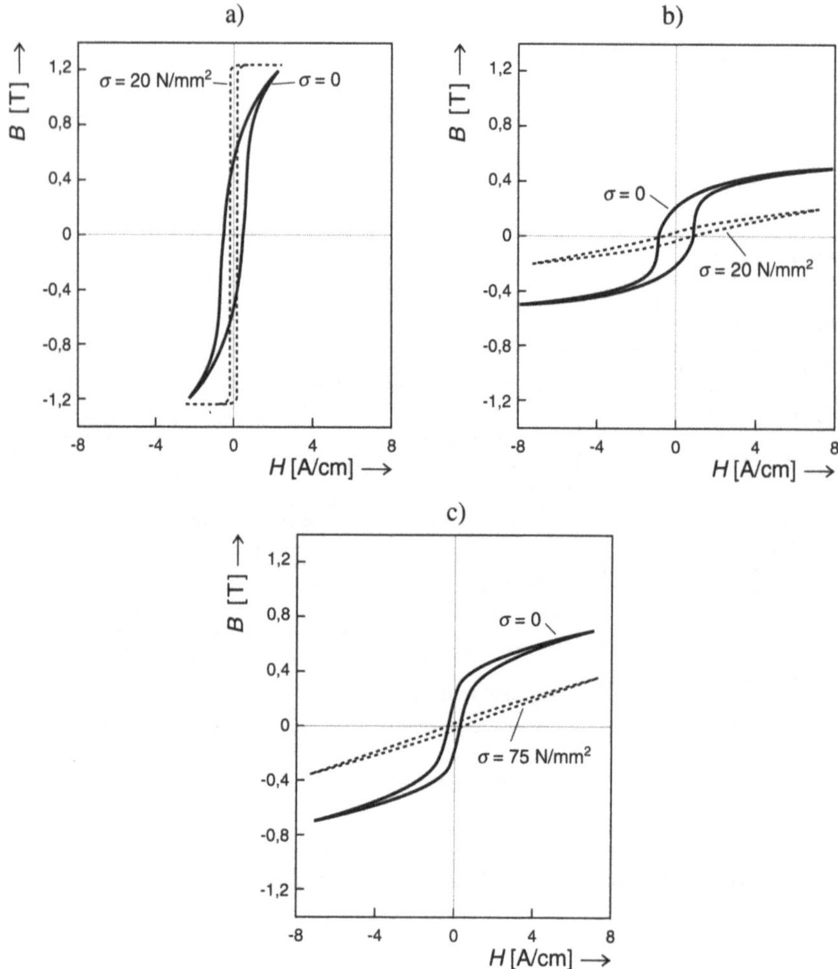

Bild 5.5.2-1   Hysteresekurven verschiedener Werkstoffe (charakterisiert durch die longitudinale Sättigungsmagnetostriktion λ_s, s. Band 1, Abschnitt 7.2.2) ohne (durchgezogen) und mit (gestrichelt) Einwirkung einer mechanischen Spannung σ (nach [5.30])

a) kristallines NiFe, $\lambda_s = +25 \cdot 10^{-6}$

b) kristallines reines Ni, $\lambda_s = -35 \cdot 10^{-6}$

c) amorphe Co-Legierung, $\lambda_s = -3{,}5 \cdot 10^{-6}$

Bild 5.5.2-2 gibt die Feldstärke-Abhängigkeit der magnetischen Polarisation J_s bei verschiedenen äußeren mechanischen Spannung wieder.

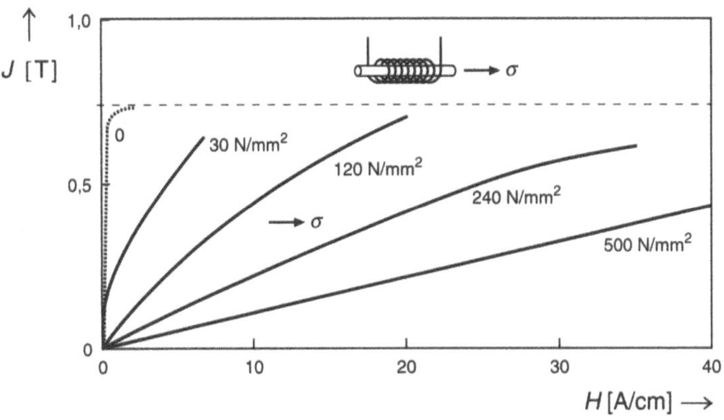

Bild 5.5.2-2   Abhängigkeit der Magnetisierungskurve der magnetischen Polarisation J_s von der mechanischen Spannung σ für eine amorphe Co-Legierung (nach [5.30])

Wird durch einen Spulenstrom ein konstantes Magnetfeld erzeugt, dann führt eine Änderung der mechanischen Spannung zu einer induzierten elektrischen Spannung, d.h. das System kann zur Messung von Kraft- oder Spannungs*änderungen* eingesetzt werden (Bild 5.5.2-3).

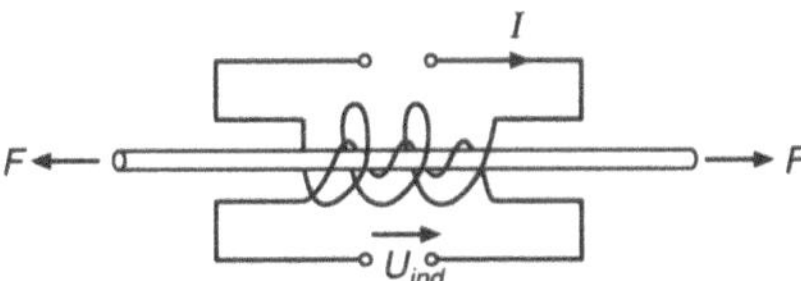

Bild 5.5.2-3   Der Spulenkern eines induktiven Magnetsensors dient gleichzeitig als Federkörper für eine Kraftmessung: Eine Dehnung führt bei vorgegebenem Magnetfeld H (eingestellt über den Strom I) über den magnetostriktiven Effekt zu einer Änderung der Magnetisierung, welche eine Spannung U_{ind} in die Induktionsspule induziert. Als Spulenkerne für Zug-, Druck- und Torsionsbelastung eignen sich z.B. amorphe Metalle, die eine erhebliche mechanische Festigkeit (Tab. 5.2.2-1) aufweisen können (nach [5.31]).

In ähnlicher Weise können auch Sensoren für eine mechanische Belastung durch Biegung, Torsion (Drehmomentsensor) u.a. aufgebaut werden. Auch der in Bild 4.4-2 beschriebene Kraftaufnehmer basiert grundsätzlich auf dem beschriebenen Effekt.

5.5.3 Wirbelstromverfahren

Zeitlich veränderliche Magnetfelder erzeugen in leitenden Werkstoffen Wirbelströme. Zur Berechnung gehen wir aus von dem vollständigen Satz der Maxwellschen Gleichungen (Band 1, Abschnitt 6.4; dabei werden nur *Feld-*, aber keine *Diffusionsströme* berücksichtigt):

$$\nabla \times \vec{E} = -\frac{\partial \vec{B}}{\partial t} =: -\dot{\vec{B}} = -\mu_o \dot{\vec{H}} \tag{1}$$

$$\nabla \times \vec{H} = \frac{\partial}{\partial t}\left(\varepsilon_r \varepsilon_o \vec{E}\right) + \sigma_{sp}\vec{E} = \vec{j} \tag{2}$$

$$\nabla\left(\varepsilon_r \varepsilon_o \vec{E}\right) = \rho_{mono} \tag{3}$$

$$\nabla \vec{B} = 0 \tag{4}$$

Drücken wir die magnetische Induktionsflußdichte $\vec{B}$ durch ein **Vektorpotential** $\vec{A}$ aus über die Definition (Band 11, Abschnitt 2)

$$\vec{B} = \nabla \times \vec{A} \tag{5}$$

Dann folgt zusammen mit (1):

$$\vec{E} = -\dot{\vec{A}} \tag{6}$$

Daraus resultiert ein Beitrag zum Feldstrom, der als **Wirbelstrom** bezeichnet wird:

$$\vec{j}_w = \sigma_{sp}\vec{E} = -\sigma_{sp}\dot{\vec{A}} \tag{7}$$

Zur Berechnung des Wirbelstroms muß also die Zeit- und Ortsabhängigkeit des Vektorpotentials $\vec{A}$ berechnet werden. Wir ersetzen in (2) die magnetische Feldstärke $\vec{H}$ durch die Induktionsflußdichte $\vec{B}$ und erhalten für den Fall, daß neben den Wirbelströmen keine anderen Ströme fließen:

$$\nabla \times \frac{\vec{B}}{\mu_r \mu_o} = \nabla \times \frac{\nabla \times \vec{A}}{\mu_r \mu_o} \underset{(2)}{=} \vec{j}_w \underset{(7)}{=} -\sigma_{sp}\dot{\vec{A}} \tag{8}$$

Mit der sich aus den Grundlagen der Vektoranalysis ergebenden Beziehung

$$\nabla \times \left(\nabla \times \vec{A}\right) = \nabla\left(\nabla \vec{A}\right) - \Delta \vec{A} \underset{(4)}{=} -\Delta \vec{A} \tag{9}$$

folgt aus (8):

$$\frac{\Delta \vec{A}}{\mu_r \mu_o} = -\vec{j}_w \underset{(7)}{=} \sigma_{sp} \dot{\vec{A}} \Rightarrow \Delta \vec{A} = \mu_r \mu_o \cdot \sigma_{sp} \dot{\vec{A}} \qquad (10)$$

Das Vektorpotential muß für die genannten Voraussetzungen dieselbe Differentialgleichung erfüllen wie das elektrische Feld $\vec{E}$ im Sonderfall langsam veränderlicher
Felder (Fall vernachlässigbarer Verschiebungsströme, s. Band 1, Abschnitt 6.4, Band
11, Abschnitt 3.1) Wird $\vec{A}$ durch äußere Randbedingungen die Zeitabhängigkeit einer Sinusschwingung gegeben gemäß

$$\vec{A} = \vec{A}_o \exp(j\omega t) \qquad (11)$$

dann ergibt sich schließlich aus (10) die Vektor-Differentialgleichung

$$\Delta \vec{A} = \mu_r \mu_o \sigma_{sp} \dot{\vec{A}} = j\omega \cdot \mu_r \mu_o \sigma_{sp} \vec{A} \qquad (12)$$

Diese Differentialgleichung kann für viele praktisch vorkommende Fälle nur numerisch gelöst werden.

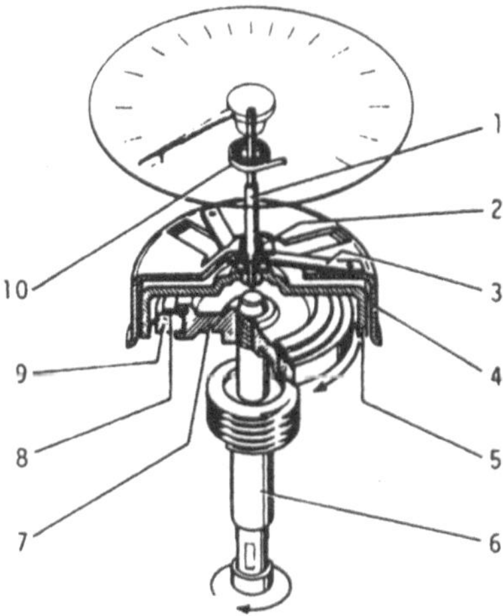

Bild 5.5.3-1   Wirbelstromtachometer (Kraftfahrzeug-Geschwindigkeitsmesser, nach [5.32]):
Auf einer rotierenden Welle 6 ist eine Scheibe 7 befestigt, an deren Außenseite
ein Multipol-Permanentmagnet angeordnet ist. Die Scheibe wird eingeschlossen
von einem drehbaren Metallbecher 5, in den durch die rotierenden Magnete Wirbelströme induziert werden. Diese erzeugen ihrerseits ein Magnetfeld, das mit
dem der rotierenden Scheibe wechselwirkt, so daß auf den Becher 5 ein Drehmo-
ment in Richtung der Rotationsbewegung entsteht. Die Größe des Drehmoments
ist proportional zur Umdrehungszahl der Welle, sie wird gemessen durch einen
Zeiger, der fest mit dem Becher verbunden ist, wobei eine Torsionsfeder 10 für
die rücktreibende Kraft sorgt. Die weiteren Elemente des Tachometers sind: 1 –
Spindel für die Verbindung von Wirbelstrombecher und Zeiger, 2 – Lagerdurch-
führung für die Spindel, 3 – Halterungsfeder, 4 – Eisenjoch, 6 – Magnetschaft, 8 –
Temperaturkompensation.

Eine wichtige und weitverbreitete Anwendung der Eigenschaften von Wirbelströmen in der Sensortechnik ist der **Wirbelstromtachometer** (Bild 5.5.3-1), der in der Kraftfahrzeugtechnik routinemäßig eingesetzt wird.

Bei **Wirbelstrom-Näherungssensoren** ist die Spule eines Hochfrequenz-Resonanzkreises so ausgelegt, daß ihr Magnetfeld nach außen dringt. Befindet sich ein metallischer Körper im Bereich des Magnetfeldes, dann werden dort Wirbelströme induziert, welche den Resonanzkreis dämpfen (Bild 5.5.3-2).

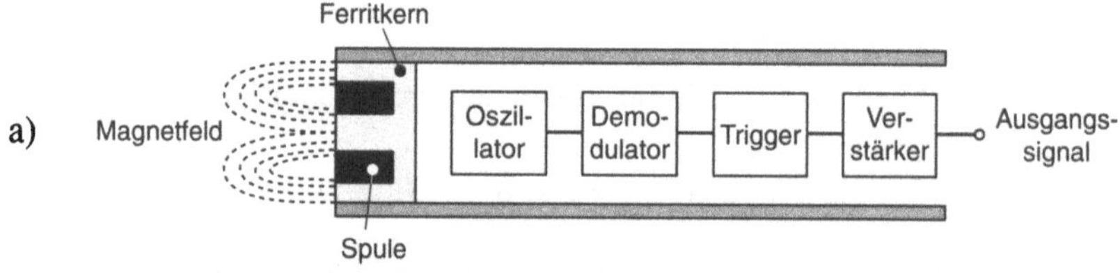

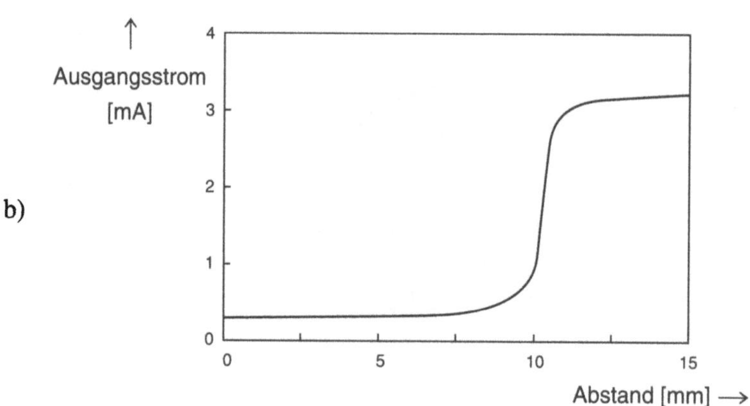

Bild 5.5.3-2   Wirbelstrom-Näherungssensor (nach [5.32])

a) Ein Oszillator wird mit einer Spule betrieben, deren Magnetfeld sich nach außen ausbreitet. Befindet sich dort ein *leitfähiges* Werkstück, dann werden Wirbelströme induziert, welche die Oszillation dämpfen, so daß die Ausgangsspannung abnimmt; sie kann im Extremfall vollständig zusammenbrechen.

b) Abhängigkeit des Ausgangsstroms eines Wirbelstrom-Näherungssensors von dem Abstand zu einem elektrisch leitfähigen Werkstück.

Mit Hilfe eines weichmagnetischen Kerns (Band 5 dieser Reihe) kann das Magnetfeld der Spule eines Wirbelstrom-Näherungssensors für spezifische Anwendungen optimiert werden (Bild 5.5.3-3).

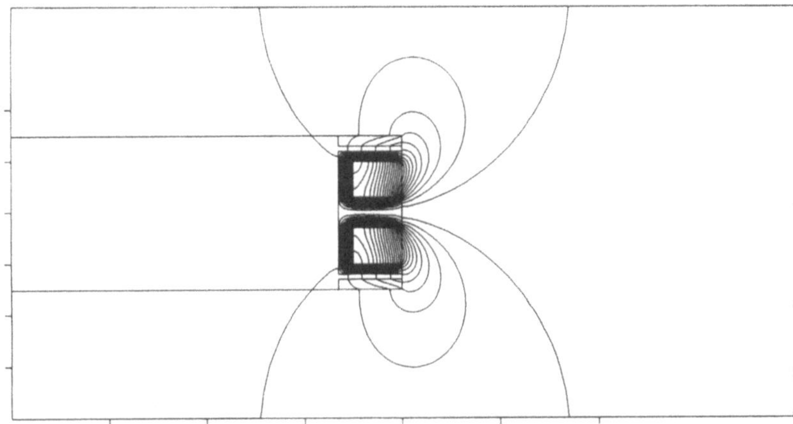

Bild 5.5.3-3   Optimierung des Spulenaufbaus für einen Wirbelstrom-Näherungssensor mit Hilfe eines E-förmigen oder Topfkerns (Band 5: "Weichmagnetische Keramiken") aus einem weichferritischen Werkstoff: Eingezeichnet ist der resultierende Verlauf der magnetischen Feldlinien (nach [5.32]).

5.5.4 SQUIDs

SQUIDs (superconducting **qu**antum **i**nterference **d**evices) erlauben die Messung außerordentlich kleiner Magnetfelder bis in den fT(Femtotesla)-Bereich. Sie lassen sich herstellen aus ringförmig strukturierten **supraleitenden** Werkstoffen (Band 1, Abschnitt 4.2.1). In diesen Materialien kondensieren die Elektronen bei Temperaturen unterhalb einer **Sprungtemperatur** T_c und unterhalb einer **kritischen Feldstärke** H_c zu **Cooper-Paaren** mit entgegengesetzt gerichtetem Spin. Bei metallischen Supraleitern liegen die Sprungtemperaturen gewöhnlich unterhalb 20 K, bei keramischen können sie bis auf 120 K – in Zukunft möglicherweise auf noch höhere Werte – ansteigen (s. Tabellen in Band 1, Abschnitt 4.2.1). Die Cooper-Paare ermöglichen einen Ladungstransport *ohne jeden Energieverlust,* sie führen damit zu einer *unendlich großen Gleichstromleitfähigkeit.* Weiterhin führt der **Meißner-Effekt** dazu, daß in kompakten Supraleitern bei Anlegen einer magnetischen Feldstärke unterhalb von H_c (bei Supraleitern 2. Art H_{c1} (Band 1, Abschnitt 4.2.1)) die resultierende Magnetisierung (bzw. Polarisation oder die magnetische Induktionsflußdichte) vollständig aus dem Supraleiter verdrängt wird, d.h. der Werkstoff nimmt eine magnetische Suszeptibilität $\chi = -1$ (**vollständiger Diamagnetismus**) an. Eine ausführliche Behandlung der Theorie und Technik supraleitender Bauelemente würde über den Rahmen dieses Buch weit hinausführen, es muß daher auf die umfangreiche Spezialliteratur ([5.33], [5.35 bis 37]) verwiesen werden.

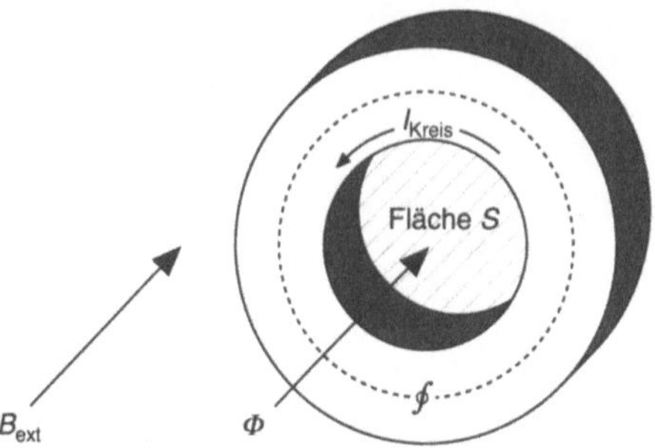

Bild 5.5.4-1   Supraleitender Ring, auf den eine von außen angelegte Induktionsflußdichte B_{ext}
wirkt, so daß ein Induktions*fluß* (Produkt aus Fluß*dichte* und Fläche) ϕ eingeschlossen wird. Für das Phasen-Kreisintegral (Integral des Wellenzahlvektors
[Impulses $\vec{p}$ geteilt durch $h/2\pi$] über einen vorgegebenen *geschlossenen* Weg,
s. Band 11 oder Standardliteratur zur Quantentheorie) der dazugehörigen Wellen-
funktion muß – wie beim Bohrschen Atommodell – die Quantisierungsbedingung
gelten [5.33 und 36]:

$$2\,\pi n = \frac{1}{\hbar}\oint \vec{p}\cdot d\vec{l} = \frac{1}{\hbar}\oint\left(2m_e\vec{v} + 2|q|\vec{A}\right)\cdot d\vec{l} \tag{1a}$$

Dabei ist das dazugehörige Vektorpotential $\vec{A}$ nach (5.5.3-5) verwendet worden.
Der Impuls $2m_e\vec{v}$ eines Cooperpaares kann nach Band 11, Abschnitt 3, in eine
Stromdichte $\vec{j}$ umgerechnet werden. Bei einer Wahl des Integrationsweges im In-
nern des Supraleiters kann der erste Term im Integral vernachlässigt werden, da
dort im Idealfall wegen des Meißner-Effekts keine Induktionsflußdichte – und damit auch kein Stromfluß – zugelassen ist:

$$\Rightarrow 2\,\pi n = \frac{1}{\hbar}\oint\left(\frac{2m_e}{\rho_s\left(2|q|\right)^2}\,\vec{j} + 2|q|\vec{A}\right)\cdot d\vec{l}\ \underset{\substack{\text{Integrationsweg im}\\ \text{Innern des Supraleiters}}}{\approx}\ \frac{2|q|}{\hbar}\oint\vec{A}\cdot d\vec{l} \tag{1b}$$

Diese Beziehung läßt sich nach dem Satz von Stokes (Band 1, Abschnitt 7.1.1) in
ein Flächenintegral über die eingeschlossene Fläche S (um Verwechslungen mit
dem Vektorpotential zu vermeiden, wird die Fläche an dieser Stelle nicht mit A
bezeichnet) umwandeln, so daß gilt:

$$2\,\pi n = \frac{2|q|}{\hbar}\oiint_S\left(\nabla\times\vec{A}\right)d\vec{S}\ \underset{(5.5.3\text{-}5)}{=}\ \frac{2|q|}{\hbar}\oiint_S\vec{B}d\vec{S} =: \frac{2|q|}{\hbar}\,\phi \quad . \tag{2}$$

$$\text{mit } \phi := \oiint_S\vec{B}d\vec{S} = \frac{2\,\pi n\cdot\hbar}{2|q|} = n\cdot\frac{h}{2|q|} =: n\cdot\phi_o \tag{3}$$

$$\text{und dem \textbf{Flußquantum }} \phi_o := \frac{h}{2|q|} \tag{4}$$

Der eingeschlossene Induktionsfluß kann nur ganzzahlige Vielfache eines Flußquantums annehmen.

Im Gegensatz zu den *geschlossenen* kann in *ringförmig strukturierten* Supraleitern ein Induktionsfluß ϕ (= Induktionsflußdichte · wirkende Fläche) aufgrund eines von außen wirkenden Induktionsflußdichtefeldes B_{ext} *eingeschlossen* werden: Für die Größe von ϕ sind aber nach den Regeln der Quantentheorie nur ganzzahlige Vielfache eines (sehr kleinen) Flußquantums $\phi_o = 2{,}07 \cdot 10^{-14}$ Vs zulässig ((4) in Bild 5.5.4-1).

Dieser Zustand wird z.B. dann erreicht, wenn ein supraleitender Ring bei Einwirkung eines äußeren Feldes B_{ext} vom normalleitenden in den supraleitenden Zustand überführt wird. Die Differenz ϕ_s zwischen dem äußeren Fluß und dem eingebauten (also mit einem Wert $(n–1)\phi_o < \phi_s < n\phi_o$) muß durch durch einen Kreisstrom im Supraleiter abgeschirmt werden (Bild 5.5.4-2), da nach dem Maxwellschen Gesetz (5.5.3-4) keine Gradienten der magnetischen Induktionsflußdichte zulässig sind (sonst müßten die bisher experimentell nicht nachgewiesenen magnetischen Monopole existieren).

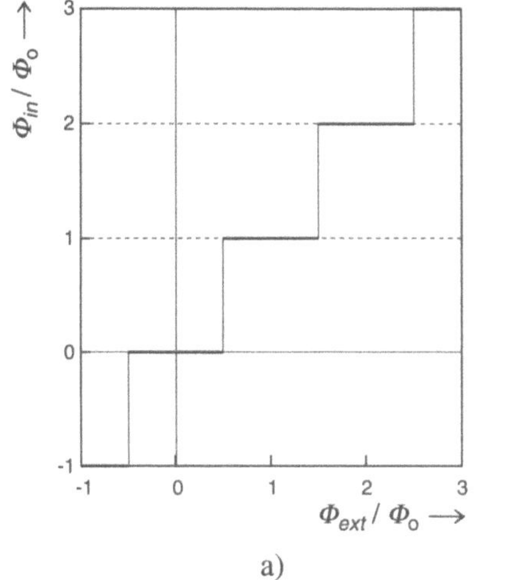

a)

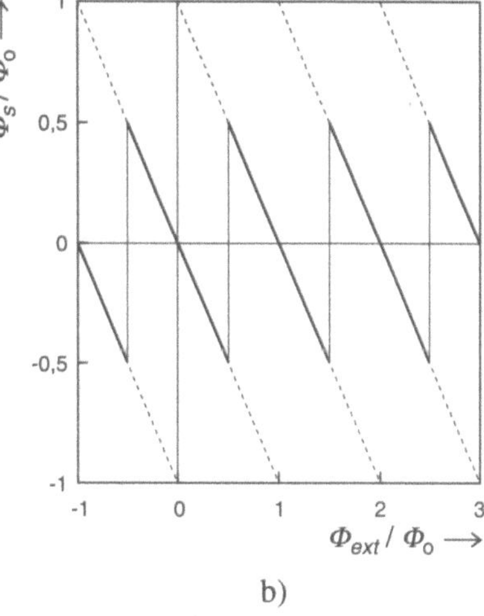

b)

Bild 5.5.4-2   Wird ein supraleitender Ring unter Einwirkung eines äußeren Magnetfeldes B_{ext} durch Abkühlung unter die Sprungtemperatur T_c vom normalleitenden in den supraleitenden Zustand überführt, dann kann der Fluß nur als ganzzahliges Vielfaches des Flußquants ϕ_o innerhalb des Rings existieren (a). Die Differenz zwischen (ungequanteltem) äußeren und dem eingebauten Fluß muß der Supraleiter durch Kreisströme I_{kreis} ausgleichen (abschirmen), wobei gilt:

$$\phi_s = L \cdot I_{kreis} \qquad (5)$$

Dabei ist L die Induktivität des supraleitenden Rings (nach [5.33]).

Bei Squid-Sensoren müssen zusätzliche Forderungen an den supraleitenden Ring gestellt werden:

– der durch Supraleitung erzeugte Strom innerhalb des Rings muß auf endliche Werte begrenzt werden,

– der Induktionsfluß muß auch während des supraleitenden Betriebs in den Ring eindringen können.

Beides wird erreicht durch Einbau von **schwachen Koppelstellen** (weak links) in den supraleitenden Ring (Bild 5.5.4-3).

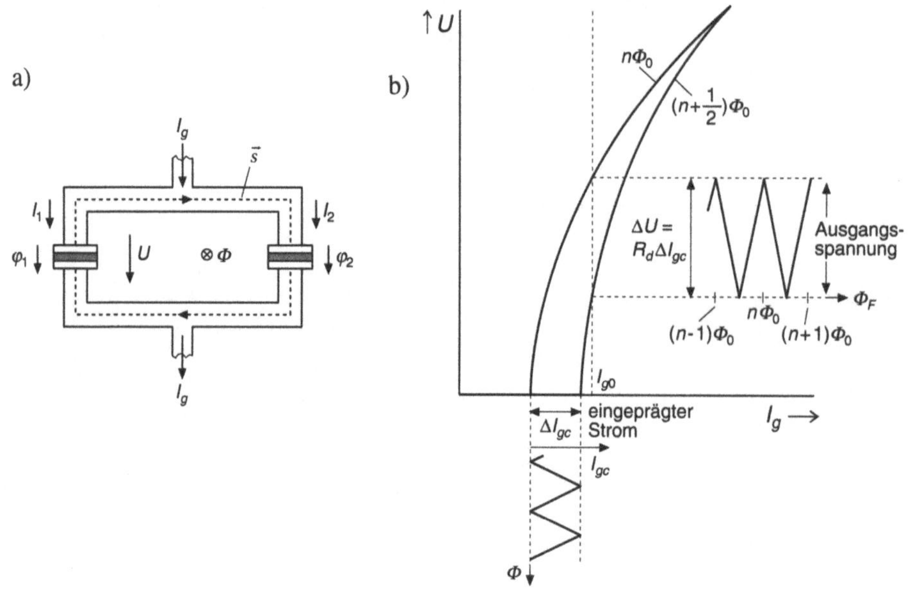

Bild 5.5.4-3   Gleichstrom-SQUID (nach [5.36 und 37]):
a) Der durch Supraleitung bestimmte Stromfluß durch den Ring wird durch Koppelstellen begrenzt; von außen eingespeist wird ein konstanter Gleichstrom I_g. Gemessen wird die über dem SQUID abfallende Spannung U.
b) Strom-Spannungskennlinie des Gleichstrom-SQUIDs: Die über dem Ring abfallende Spannung ist beim Gleichstrom-SQUID periodisch vom äußeren Fluß abhängig. Bei einer präzisen Messung der Spannungsamplitude läßt sich das Auflösungsvermögen des Verfahrens zur Messung des magnetischen Flusses auf Werte weit unterhalb des Flußquants steigern.

Die Anwesenheit der beiden Koppelstellen bewirkt eine Phasenverschiebung im Phasenintegral um die Werte φ_1 und φ_2, so daß die Phasenbedingung (2) mit den Definitionen (3) und (4) ergänzt werden muß zu

$$2\,\pi n ==: 2\,\pi\,\frac{\phi}{\phi_o} + \varphi_2 - \varphi_1 \qquad (5)$$

Die Koppelstellen können aus nur wenige Atomlagen dicken Isolatorbarrieren (**Josephson-Kontakten**) bestehen. Der äußere Strom I_g in Bild 5.5.4-3a kann dann wie bei einer Parallelschaltung zweier Josephson-Elemente (Schichtfolge Supraleiter – dünner Isolator – Supraleiter) berechnet werden, dabei ergibt sich eine magnetfeldabhängige Strom-Spannungskennlinie wie in Bild 5.5.4-3b. Alternativ dazu können Koppelstellen auch aus sehr schmalen (unterhalb der **Londonschen Eindringtiefe**) Einschnürungen im Querschnitt der supraleitenden Schleife erzeugt werden, die z.B. durch hochauflösende Lithographie- und Ätzverfahren (Band 2, Abschnitt 8) erzeugt werden können.

Wechselstrom-SQUIDs benötigen nur eine einzige Koppelstelle (Bild 5.5.4-4):

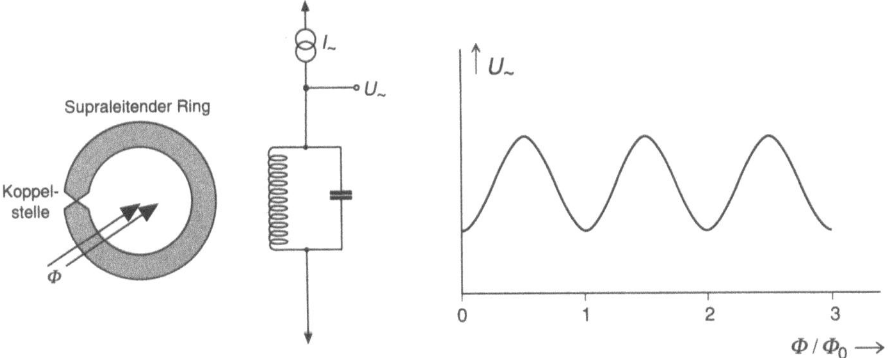

Bild 5.5.4-4   Wechselstrom-SQUID: Die periodische Abhängigkeit des maximalen supraleitenden Stroms im Ring vom Induktionsfluß belastet einen angekoppelten Resonanzkreis (Eigenfrequenz z.B. 30 MHz), so daß die dort abfallende Wechselspannung dieselbe periodische Abhängigkeit zeigt.

5.5.5 Magnetodioden und Magnetotransistoren

Durch Magnetfelder kann der Stromfluß von Elektronen und Löchern in *Halbleiterbauelementen* beeinflußt werden, so daß sich die entsprechenden Bauelement*kennlinien* in charakteristischer Weise ändern. Hierfür sind in Forschungsarbeiten vielfältige Vorschläge erarbeitet worden, die allerdings bisher wenig praktische Bedeutung erlangt haben. Im folgenden werden einige Beispiele hierfür erläutert.

Magnetodiode: Werden in ein Halbleitergebiet (z.B. die i-Zone einer pin-Diode [Band 2, Abschnitt 9.3.4]) gleichzeitig Elektronen und Löcher injiziert, dann erfolgt bei Wirkung eines äußeren Magnetfeldes aufgrund des Halleffekts eine Ablenkung beider Ladungsträgersorten in dieselbe Randzone des Widerstands (**Magnetokonzentrationseffekt**, Bild 5.5.5-1, s. auch Bild 5.1.1-4) .

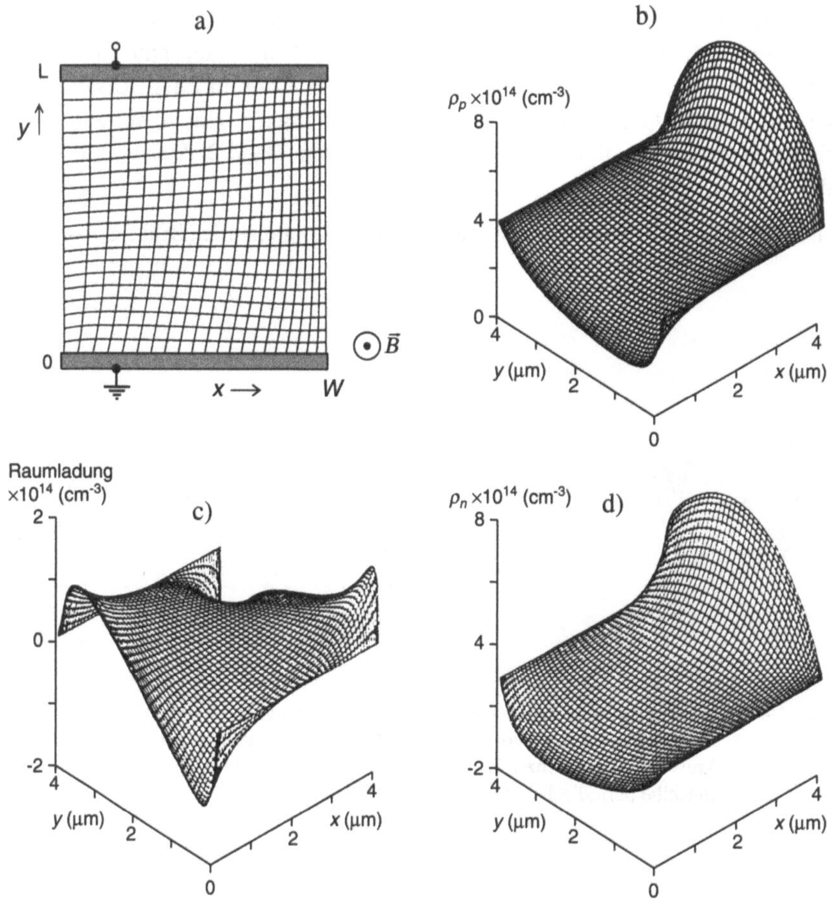

Bild 5.5.5-1   Magnetokonzentrationseffekt in einem fast intrinsischen Siliziumwiderstand mit einem Längen-zu-Breiten-Verhältnis von 1:1: Aufgrund der Elektronen- und Löcherkonzentration an der Seitenfläche mit $x = W$ nimmt dort die Stromdichte zu (nach [5.26]).

a) Stromlinien (etwa parallel zur y-Achse) und Äquipotentiallinien (etwa parallel zur x-Achse)

b) Ortsabhängigkeit der Löcherkonzentration

c) Ortsabhängigkeit der Raumladung

d) Ortsabhängigkeit der Elektronenkonzentration

Die Magnetodiode besteht aus einer pin-Diode mit zwei Oberflächen S_1 und S_2, die aufgrund ihrer technologischen Vorbehandlung sehr unterschiedliche Oberflächenrekombinationsraten haben (Bild 5.5.5-2).

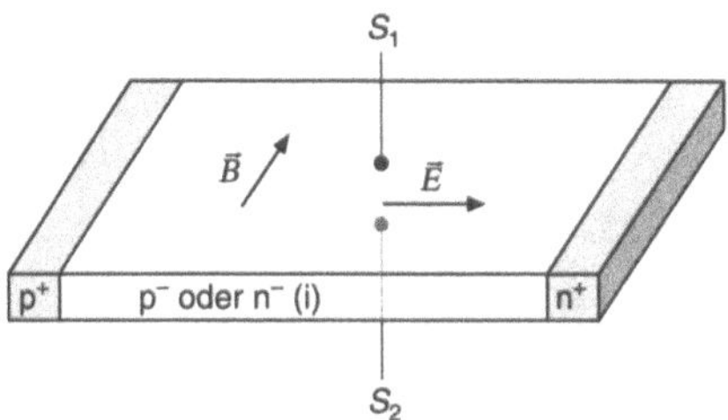

Bild 5.5.5-2   Aufbau einer Magnetodiode: Die beiden Oberflächen S_1 und S_2 im i-Bereich einer pin-Diode haben aufgrund ihrer technologischen Vorbehandlung unterschiedliche Rekombinationslebensdauern (groß für oxidierte, klein für aufgerauhte Oberflächen). Werden injizierte Ladungsträger aufgrund des Magnetokonzentrationseffekts auf eine der beiden Oberflächen abgelenkt, dann ändert sich die Lebensdauer – und damit der Diodenstrom – in charakteristischer Weise (s. Band 2, Abschnitt 9.3.4, nach [5.9])

Werden die Ladungsträger im i-Bereich einer pin-Diode aufgrund des Magnetokonzentrationseffekts an die Oberflächen des intrinsischen Bereichs gelenkt, dann können dort aufgrund einer Oberflächenrekombination (die durch technologische Maßnahmen beeinflußt werden kann) die Trägerlebensdauern erheblich abnehmen, d.h. der Widerstand der pin-Diode ändert sich in Abhängigkeit von der Größe und dem Vorzeichen eines angelegten Magnetfelds.

Magnetotransistor (Magnistor): Magnetfelder können in sehr verschiedener Weise auf die Funktionsweise von *Transistoren* einwirken [5.9]: durch eine Ladungsträgerablenkung, eine Beeinflussung der Injektion, eine Beeinflussung des Basis-Transportfaktors (Band 2, Abschnitt 10.2) und durch den Magnetokonzentrationseffekt. Über diese Effekte – und weitere – können im Prinzip Transistoren als Magnetsensoren eingesetzt werden.

Eine weitere Abhängigkeit kann durch die magnetfeldabhängige Verteilung der Transistorströme entstehen: Ein vertikal aufgebauter bipolarer Transistor (Band 2, Abschnitt 10.2) besitzt zwei symmetrisch angeordnete Kollektoranschlüsse (Bild 5.5.5-3). Bei Abwesenheit eines Magnetfeldes fließt durch beide Kollektorelektroden der gleiche Kollektorstrom. Wirkt aber eine Lorentzkraft, dann werden die aus der Basis kommenden Ladungsträger auf ihrem Weg zum Kollektoranschluß abgelenkt, so daß sich die Kollektorströme in Abhängigkeit von der Richtung und Stärke des Magnetfeldes unterscheiden.

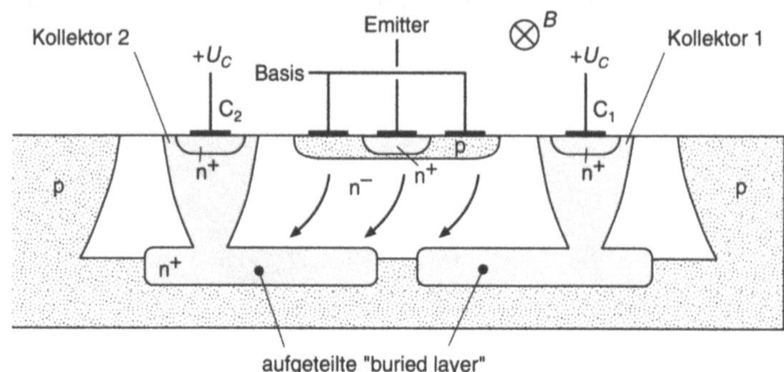

Bild 5.5.5-3   Magnetotransistor (nach [5.9]): Die Induktionsflußdichte $\vec{B}$ bewirkt aufgrund der Lorentzkraft eine Ablenkung der Elektronen im Kollektorgebiet. Dadurch treffen mehr Elektronen auf der Elektrode C_2 auf als auf der Elektrode C_1, d.h. der Kollektorstrom aus C_2 ist größer als der aus C_1.

5.6 Anwendungen von Magnetsensoren

Magnetsensoren dienen primär zur Messung von Magnetfeldstärken. Tab. 5.6-1 gibt einen Überblick über die Anwendungsbereiche der verschiedenen **Sensorverfahren**, zusammen mit Kriterien, die für die Anwendung von Bedeutung sind.

Neben ihrer Funktion zur Messung von Magnetfeldern haben Magnetfeldsensoren auch eine große Bedeutung bei der Messung weiterer Sensorparameter. Grundsätzliche Argumente hierfür sind

– In vielen Meßsystemen kommen a priori keine oder nur schwache Magnetfelder vor. Durch gezieltes Einbringen von Permanentmagneten können daher spezifische örtliche Markierungspunkte gesetzt werden, die durch Magnetsensoren in einfacher Weise erkannt werden können. Damit ist eine empfindliche Bestimmung der Anwesenheit, Position und Bewegung von Maschinenteilen, produzierten Gegenständen, u.a. möglich.

– Magnetfelder sind weitgehend unempfindlich gegenüber Störeinflüssen, hohen elektrischen Störpegeln, etc.

– Bei Anwendung empfindlicher Magnetsensoren sind relativ große Abstände zwischen Gebermagnet und Sensor zugelassen, beide können mechanisch voneinander getrennt werden, sogar durch mechanische Halterungen oder gasdichte Wandungen aus nicht magnetisierbarem Material (z.B. Kupfer, Kunststoffe etc.).

Tab. 5.6-1 Eigenschaften und Anwendungsbereiche von Magnetsensoren zur Messung magnetischer Feldstärken (nach [5.34])

a) Anwendungsbereiche der in den vorangegangenen Abschnitten beschriebenen Sensoren

Anwendungsgebiet	Halleffekt	Flux-Rate	Induktions-spule	Induktiv	Magneto-resistiv	SQUID	Resonanz-verfahren
Biomagnetismus		+	+			+++	
Geomagnetismus		++	+++		+	+	+++
Erkennung	++	++	+	+	+++		
Feldmessung im Labor	+++	+	++	++			++
Nichtzerstörende Prüfverfahren		++	++	++	+	+	
Weltraumforschung		+++	+++				++
Unterseeboooterkennung und -kommunikation	+	+++	++	+		++	

b) Anwendungsspezifische Kennzeichen der verschiedenen Sensortypen

Sensortyp		Größe [mm] [a]	$T\,/\,°C$	Leistung [W]	Kosten [b]	Bemerkung
Halleffekt	min.	0,1	−270	0,001	+	gute Linearität, strahlungsempfindlich
	max.	10	150 (200) [c]	1		
Magnetoresistiv	min.	0,1	−40	0,001	+	empfindlicher als Halleffekt, weniger linear
	max.	10	150	1		
Flux-Gate	min.	10	−40	0,001	+	große Linearität, digitale Messung möglich
	max.	100	200	10		
Induktionsspule	min.	5	−273	0 [e]	+	Absolutmessung, keine Strom-quelle bei Wechselfeldern, strahlungsresitent, nichtlinear
	max.	1000	>300 [d]	10 [f]		
Induktive Verfahren	min.	10	−273		+	sehr robustes Verfahren, lange Lebensdauer
	max.	1000	>300			
SQUID	min.	1	−273	g)	+++	äußerst empfindlich, aufwendig
	max.	1000 [h]	50 [h]			

a) typische lineare Abmessung
b) relaive Kosten
c) obere Grenze für GaAs
d) wegen Drahtisolation
e) von außen aufgebrachte Leistung
f) rotierende Induktionsspule
g) Sensorleistung Milliwatt, Kühlleistung nicht berücksichtigt
h) mit Kühleinrichtung

Aufgrund dieser Eigenschaften können mit Hilfe von Magnetsensoren weitere Sensorfunktionen für die Messung nichtmagnetischer Größen abgeleitet werden, wie z.B. eine Druck- oder Beschleunigungsmessung über induktive Druckaufnehmer (Abschnitt 4.3) und viele andere (Tab. 5.6-2).

Tab. 5.6-2   Messung nichtmagnetischer Umweltgrößen mit Magnetsensoren (nach [5.34]): P (primärer Effekt) kennzeichnet eine direkte Messung magnetischer Größen, S (sekundärer Effekt) eine abgeleitete.

Sensor	mechanische Messung (Festkörper)							mech. Messung (Flüssigkeit)			elektromagnetische Messung			
	x	$\Delta x/x$	dx/dt	Θ	$d\Theta/dt$	m,F,ρ	T	Pegel	p	Fluß	I	I,U	B,H	ϕ
Hall-Effekt	S		S								P	P	P	
Magnetoelastik	P	P		S	S	P	P		S				P	
Fluxgate		S			S						S	S	P	
Induktionsspule	S												P	P
Induktive Verfahren	P		P	P	P	S	S	P	S	P	S		P	P
Wiegand				P	S						S		P	
Magnetoresistiv	S		S	S	S			S			S	S	P	
SQUID			S	S	S						S	S	P	P

Aus der großen Vielfalt der Anwendungsmöglichkeiten für Magnetsensoren werden im folgenden einige typische aus dem Bereich der Industrie- und Verbraucherelektronik ausführlicher besprochen. Die meisten Anwendungen sind nicht sensorspezifisch, d.h. es können z. B. ebenso Hallsensoren wie magnetoresistive Permalloy-Sensoren oder andere eingesetzt werden, sofern deren Empfindlichkeit vergleichbar ist.

Magnetfeld- und Strommessung: Für die exakte Messung von hinreichend großen Magnetfeldern werden wegen ihrer Linearität und Vorzeichenabhängigkeit überwiegend Hallsensoren eingesetzt (Bild 5.6-1). Magnetfelder in hochpermeablen Eisenkernen können sehr empfindlich gemessen werden, wenn sich die Hallsonde in einem Luftspalt befindet, weil dort das Magnetfeld außerordentlich verstärkt wird (Gleichung 3). Weiterhin ist eine sehr empfindliche Messung des Spulenstroms I möglich (Gleichung 4), bei welcher die Stromleitung nicht aufgetrennt zu werden braucht (kontaktfreie Strommessung).

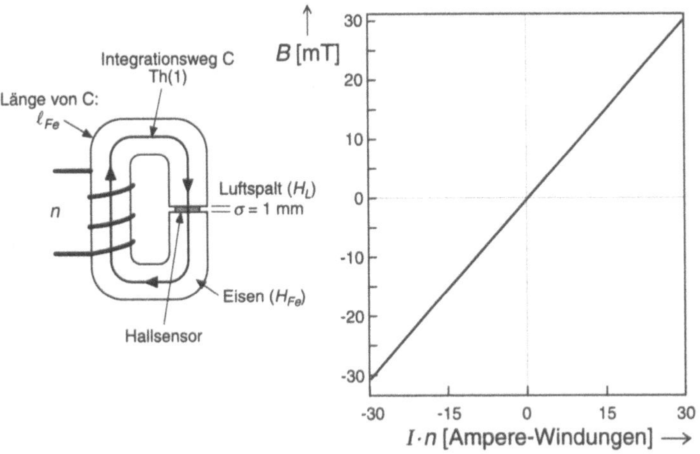

Bild 5.6-1   Messung des Magnetfeldes im Luftspalt eines Eisenkerns (nach [5.9]): Durch Verwendung kleiner Luftspaltbreiten δ kann die magnetische Induktionsflußdichte im Luftspalt vergrößert werden. Die Anwendung des Durchflutungsgesetzes (Band 1, Abschnitt 7.1.1 oder Band 11) ergibt für n Windungen, die von einem Strom I durchflossen werden, die Beziehung

$$n \cdot I = \oint_C \vec{H} \cdot d\vec{r} = H_{Fe} l_{Fe} + H_L \cdot \delta \tag{1}$$

Dabei läuft die geschlossene Kurve C durch den Ringkern (Weglänge l_{Fe}, dort hat die magnetische Feldstärke den Wert H_{Fe}) und den Luftspalt (Feldstärke H_L). Die magnetische Induktionsflußdichte ist im Kern und Luftspalt konstant (Abwesenheit magnetischer Monopole nach (5.5.3-4)), d.h. es gilt mit den Ergebnissen aus Band 1, Abschnitt 7.1.5:

$$\left.\begin{array}{l} \text{Eisenkern: } B_{Fe} = \mu_r^{Fe} \cdot \mu_o H_{Fe} \\[2em] \text{Luftspalt: } B_L = \mu_o H_L \end{array}\right\} \tag{2}$$

$$B_L = B_{Fe} \Rightarrow \begin{cases} H_{Fe} = \dfrac{B_L}{\mu_r^{Fe} \cdot \mu_o} \\[2em] H_L = \dfrac{B_L}{\mu_o} = \mu_r^{Fe} \cdot H_{Fe} \end{cases} \tag{3}$$

Eingesetzt in (1) ergibt sich nach Auflösung nach B_L:

$$B_L = \frac{\mu_o \cdot n \cdot I}{\dfrac{l_{Fe}}{\mu_r^{Fe}} + \delta} \underset{\frac{l_{Fe}}{\mu_r^{Fe}} \ll \delta}{\approx} \frac{\mu_o \cdot n \cdot I}{\delta} \tag{4}$$

Eine überschlägige Messung relativ großer elektrischer Ströme (z.B. An- oder Abwesenheit hoher Ströme) kann über ein Magnetfeld um einen stromdurchflossenen Leiter mit Hilfe eines empfindlichen Magnetsensor erfolgen (Bild 5.6-2). Die naturgemäß starke Abhängigkeit der Messung von dem relativen Abstand von Leiter und Sensor läßt sich durch Anbringen eines weichmagnetischen Ferritkerns am Sensor reduzieren, der das Magnetfeld am Ort des Sensors konzentriert. Ein grundsätzlicher Vorteil ist, daß bei dieser Strommessung der Leiter nicht aufgetrennt zu werden braucht.

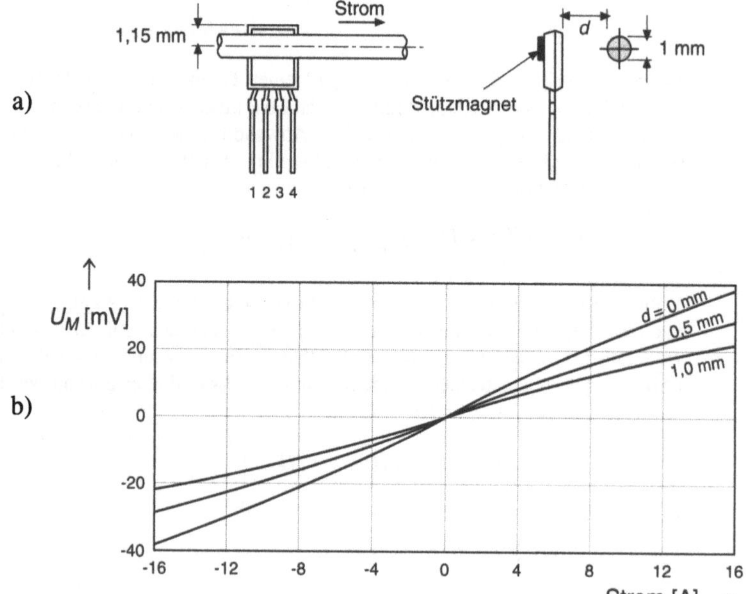

Bild 5.6-2   Strommessung mit einem Magnetsensor (nach [5.27])
a) Anordnung von stromdurchflossenem Leiter und Magnetsensor
b) Meßkurve

In den folgenden Anwendungsbeispiele werden magnetoresistive Permalloy-Sensoren verwendet. Im Prinzip können hierfür – bei entsprechender Modifikation des Meßaufbaus – auch Feldplatten oder Hallsensoren eingesetzt werden.

Positionsmessung: Die Position des zu messenden Gegenstandes wird durch einen

Permanentmagneten markiert, dessen Anwesenheit durch den Sensor angezeigt wird. Eine relative Bewegung zwischen Magnet und Magnetsensor verändert die Richtung (der Permalloy-Sensor mißt nur die Feldstärke H_y!) und Feldstärke des Magnetfeldes am Ort des Sensors und kann dadurch quantitativ erfaßt werden (Bild 5.6-3):

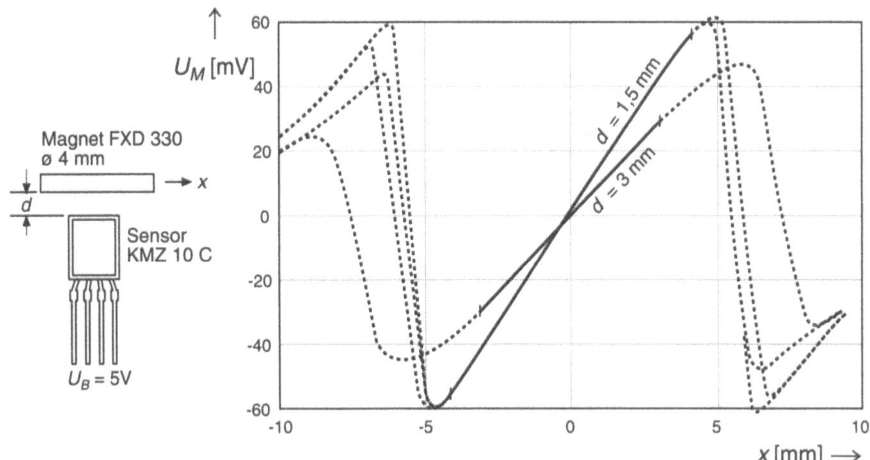

Bild 5.6-3   Positionsmessung mit einem Magnetsensor: Sensorsignal in Abhängigkeit von der Verschiebung x bei unterschiedlichem Abstand d zwischen Sensor und Permanentmagnet (nach [5.27]). Bei nicht zu großen Verschiebungen ergibt sich ein nahezu lineares Ausgangssignal.

Ähnlich wie bei der Positionsmessung erfolgt auch bei der Winkelmessung eine gegenseitige Verschiebung (in diesem Fall Verdrehung) von Sensor und Permanentmagnet (Bild 5.6-4).

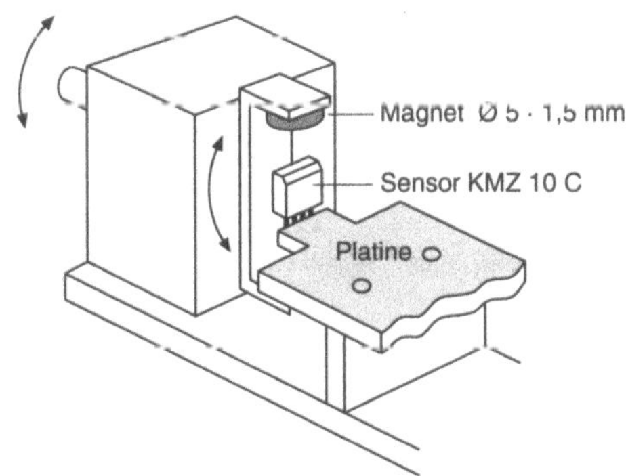

Bild 5.6-4   Winkelmessung (nach [5.27])
a) Ein Permanentmagnet wird kreisförmig um einen Magnetsensor herumgeführt

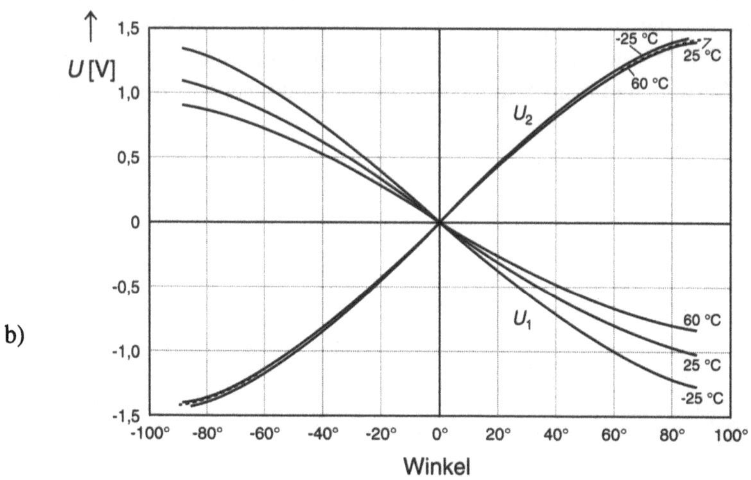

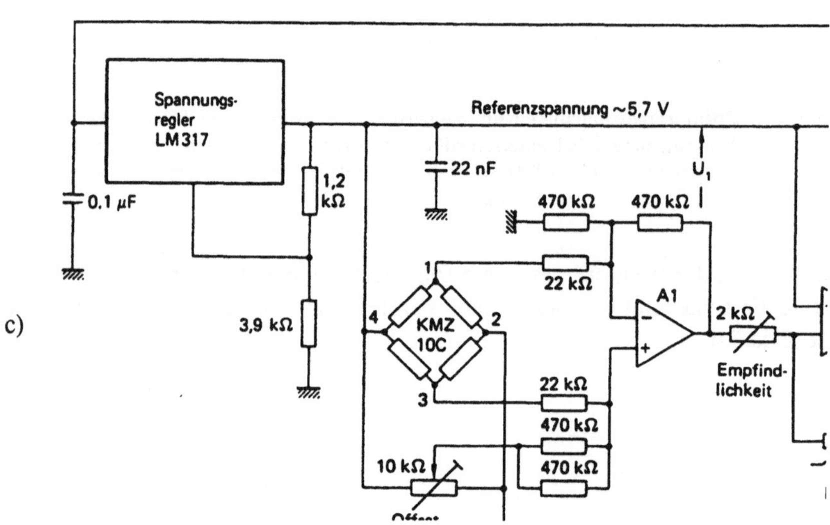

Bild 5.6-4   b) Abhängigkeit des Sensorsignals vom Winkel

c) Meßschaltung

Die Anwesenheit magnetisierbarer Werkstoffe, z.B. Eisen- oder Stahlteile, kann auch dadurch detektiert werden, daß direkt am Sensor ein Permanentmagnet befestigt wird und die durch Fremdeinflüsse bestimmte Störung des Magnetfeldes erfaßt wird (Bild 5.6-5). Dieses Verfahren kann auch zur Drehzahlmessung eingesetzt werden

(Bild 5.6-6).

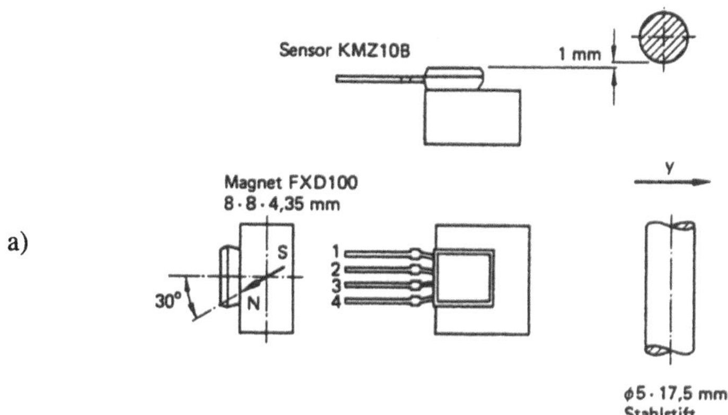

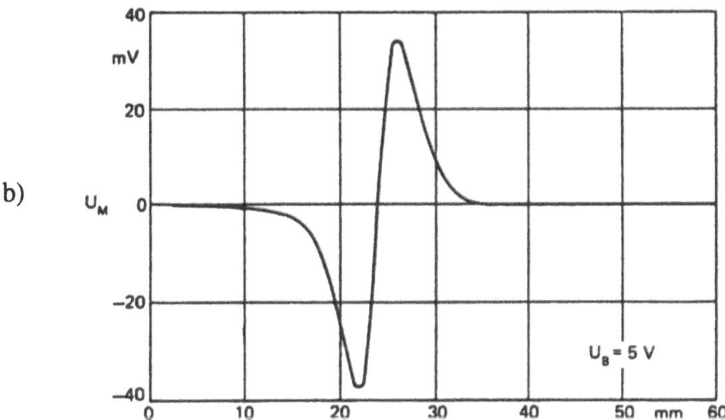

Bild 5.6-5   Anwesenheitserkennung eines Eisen- oder Stahlteils (nach [5.27])

a) Meßaufbau: Das durch einen Permanentmagneten am Sensor erzeugte Magnetfeld wird durch die Anwesenheit magnetisierbarer Materie gestört, die Veränderung durch den Sensor gemessen

b) Meßkurve

a)

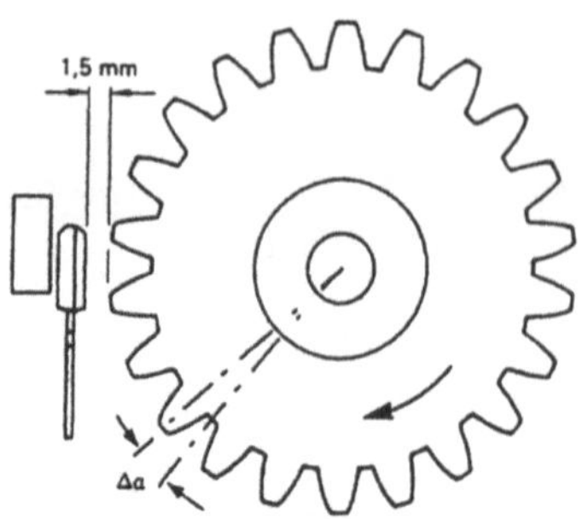

b)

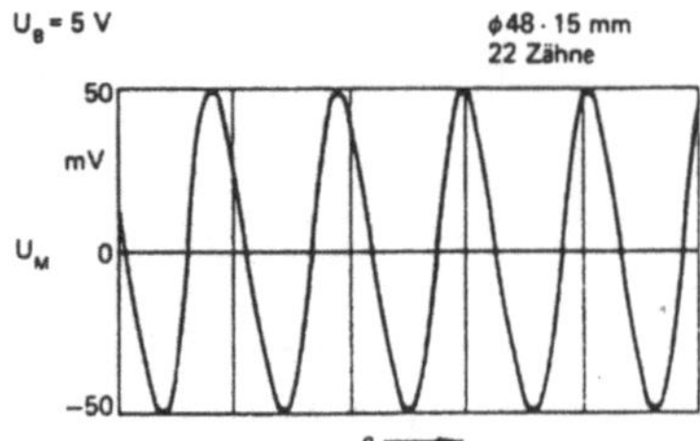

c)

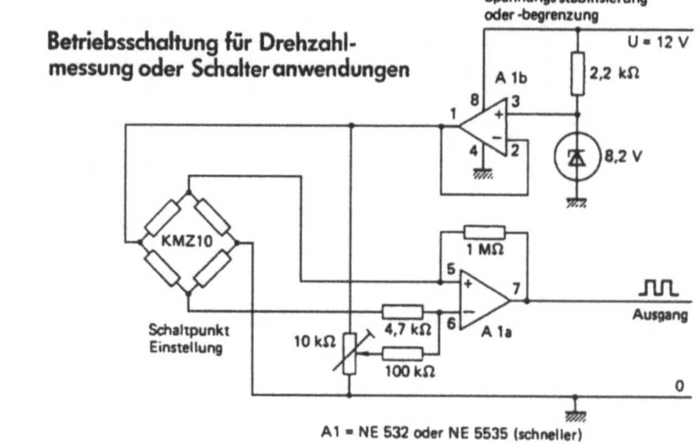

Bild 5.6-6   Drehzahlmessung (nach [5.27]):

a) Als Meßobjekte gemäß dem Prinzip aus Bild 5.6-5 dienen die Zähne eines Zahnrades, dessen Umdrehungsgeschwindigkeit gemessen werden soll

b) Meßkurve

c) Sensorschaltung

6 Optische Sensoren (Photosensoren)

6.1 Wirkung optischer Strahlung auf Festkörper

Bei der physikalischen Beschreibung der optischen Strahlung und der Materie innerhalb der Quantentheorie gibt es einige Analogien: In beiden Fällen können den betrachteten Größen sowohl Teilchen- wie Welleneigenschaften zugeordnet werden (**Welle-Teilchen-Dualismus**). Die experimentell beobachteten Eigenschaften sind in einigen Fällen typische *Wellen*eigenschaften (z.B. Beugung und Interferenz, bei Lichtstrahlen auch die elektrische Polarisation), andere hingegen *Teilchen*eigenschaften (z.B. die Anregung eines Teilchens von einem niedrigen auf ein höher liegendes Energieniveau mit einer durch den Abstand der Energieniveaus vorgegebenen "quantisierten" Anregungsenergie).

Licht*wellen* sind zeit- und ortsabhängige elektromagnetische Wellen hoher Frequenz, die sich als Lösung der Maxwellschen Gleichungen – auch in Abwesenheit von Materie – ergeben (Band 1, Abschnitt 6.4, Band 11, Abschnitt 3). Für die x-Komponente des elektrischen Feldes $\vec{E}$ einer ebenen Lichtwelle in der Ausbreitungsrichtung z erhält man

$$E_x = E_o \exp\left(j\left[\frac{2\pi z}{\lambda_{di}} - \omega t \right] \right) \cdot \exp\left(-\frac{\omega \kappa}{c_{vak}} z \right) \tag{1}$$

Die erste Exponentialfunktion beschreibt eine harmonische Schwingung mit einer Wellenlänge λ_{di}, welche im betrachteten Werkstoff (**Dielektrikum**) die Größe hat:

$$\lambda_{di} = \frac{\lambda_{vak}}{n} \tag{2}$$

wobei λ_{vak} die Wellenlänge im Vakuum darstellt. Letztere hängt mit der **Lichtgeschwindigkeit** c_{vak} im Vakuum und der dazugehörigen Frequenz v (daraus ergibt sich die **Kreisfrequenz** ω durch $\omega = 2\pi v$) zusammen über

$$\lambda_{vak} \cdot v = c_{vak} \,. \tag{3}$$

In (2) ist n ist der **Brechungsindex** oder die **Brechzahl**, diese Größe ergibt sich zusammen mit der **Dämpfungskonstanten** κ aus der Gleichung (Band 1, Abschnitt 6.4):

$$n + j\kappa = \sqrt{\varepsilon_r + \frac{j\sigma_{sp}}{\omega \varepsilon_o}} \tag{4}$$

Als **Gruppen-** oder **Ausbreitungsgeschwindigkeit** (s. Band 2, Abschnitt 1.1.2) c_{di} im Dielektrikum ergibt sich damit

$$\lambda_{di} \cdot v =: c_{di} \underset{(2)}{=} \frac{\lambda_{vak}}{n} \cdot v \underset{(3)}{=} \frac{c_{vak}}{n} \tag{5}$$

also eine Geschwindigkeit, die kleiner ist als im Vakuum.

Die zweite Exponentialfunktion in (1) hat einen reellen Exponenten, d.h. sie beschreibt einen Abfall der Amplitude der elektrischen Feldstärke beim Eindringen in den Werkstoff (Bild 6.1-1) mit der Abfallkonstanten $\kappa\omega/c_{vak}$.

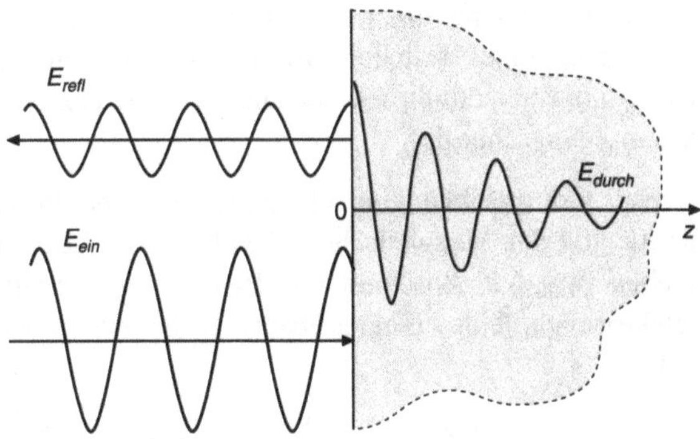

Bild 6.1-1   Trifft eine elektromagnetische Welle E_{ein} senkrecht auf die Oberfläche eines Werkstoffs, dann wird sie beim Eindringen in den Werkstoff exponentiell mit einer Abfallkonstanten $\kappa\omega/c_{vak}$ abgeschwächt. Ein anderer Teil E_{refl} der einfallenden Welle wird reflektiert.

Im Werkstoff erzeugt die eindringende Welle eine elektrische Stromdichte $\vec{j}_{ges}$, die sich aus der **Verschiebungsstromdichte** $\vec{j}_{di}$ (Band 11, Abschnitt 2.1.5) aufgrund einer elektrischen Polarisation des Werkstoffs und den durch (2.2-18) beschriebenen elektrischen **Driftstromdichten** aufgrund eines Elektronen- und Löcherflusses zusammensetzt (zur Erinnerung: Bei der Herleitung von (1) waren nur die Driftstrom- und keine **Diffusionsstromdichten** berücksichtigt worden):

$$j_{ges} = j_{di} + j_n + j_p \underset{\substack{\text{keine} \\ \text{Diffusion}}}{=} j_{di} + \sigma_{sp} E_x \tag{6}$$

$$j_{di} = \frac{\partial}{\partial t} \left(\varepsilon_r \varepsilon_o E_x \right) \tag{7}$$

Für die ebene Welle (1) ergibt sich damit bei zeitunabhängigen Dielektrizitätskonstanten als Verschiebungsstromdichte

$$j_{di} = -j\omega\varepsilon_r\varepsilon_o E_x \tag{8}$$

so daß die Gesamtstromdichte die Form erhält:

$$j_{ges} = \left(-j\omega\varepsilon_r\varepsilon_o + \sigma_{sp}\right)E_x \tag{9}$$

$$= -j\omega\varepsilon_o\left(\varepsilon_r - \frac{\sigma_{sp}}{j\omega\varepsilon_o}\right)E_x \underset{(4)}{=} -j\omega\varepsilon_o\left(n + j\kappa\right)^2 E_x \tag{10}$$

Im Werkstoff erzeugt das ortsabhängige elektrische Feld der Lichtwelle für alle Ladungen Gradienten der potentiellen Energie, so daß diese mit Entropiegewinn energetisch günstigere Zustände annehmen können. Die dabei freiwerdende Energie wird in Form von **Joulescher Wärme** P an den Werkstoff abgegeben, als örtliche Dichte ρ_P davon ergibt sich nach Band 11, Abschnitt 1.1.6:

$$\rho_P = \left\langle\text{Realteil}\left(\vec{j}\cdot\vec{E}\right)\right\rangle \tag{11}$$

Für die Lichtwelle (1) ergibt sich dann mit (10)

$$\rho_P = \left\langle\text{Realteil}\left(-j\omega\varepsilon_o\left(n + j\kappa\right)^2 E_x{}^2\right)\right\rangle \tag{12}$$

Der Ortsverlauf der freiwerdenden Energie wird also bestimmt durch das Quadrat der Funktion (1) – dieses charakterisiert nach Band 11, Abschnitt 1.3.3 die elektrische Feldenergie – und damit durch das Quadrat der exponentiell abnehmenden Funktion in (1), d.h. die Energieabnahme im Dielektrikum kann charakterisiert werden durch den **Absorptionskoeffizienten**

$$\alpha = \frac{2\omega\kappa}{c_{vak}} \tag{13}$$

Zusätzlich zu den hier betrachteten Absorptionseffekten, welche durch die Dielektrizitätskonstante ε_r und die spezifische Leitfähigkeit σ_{sp} charakterisiert werden, können noch weitere auftreten, die durch Störstellen, Inhomogenitäten etc., verursacht werden. Solche Effekte lassen sich aber besser durch das *Teilchenmodell* beschreiben.

Im Teilchenmodell wirkt eine optische Strahlung wie ein *Teilchenstrom* aus **Photonen** (Band 11, Abschnitt 1.1.5) mit der Energie W_n *pro Teilchen*

$$W_n = h\nu = m\vec{v}^2 \tag{14}$$

so daß sich die **Energiestromdichte** $\vec{j}_{h\nu}$, die mit der optischen Strahlung verbunden ist, mit der **Photonen-Teilchenstromdichte** $j_{phot}{}^T$ ergibt aus der Beziehung (zur besseren Unterscheidung zur Frequenz v wird die Variable v im Gegensatz zur Konvention steil [v] gedruckt):

$$j_{hv} := hv \cdot j_{phot}^{T} = \frac{hc}{\lambda} \cdot j_{phot}^{T} \underset{j^T = \rho v}{=} \left(hv \cdot \rho_{phot} \right) v \tag{15a}$$

$$\underset{hv \cdot \rho_{phot} =: \rho_{hv}}{\Rightarrow} j_{hv} = \rho_{hv} v \underset{\substack{\text{Band 11,} \\ \text{Abschnitt 1.1.2}}}{=} \frac{\partial \sigma_{hv}}{\partial t} =: \sigma_P \tag{15b}$$

d.h. die Energiestromdichte hat die Bedeutung einer **Flächendichte der Strahlungsleistung** P. Bei gleichbleibender Leistungsdichte σ_P der Strahlung nimmt also nach (15a) die Photonenstromdichte $\bar{j}_{phot}^{T}$ mit zunehmendem v oder abnehmendem λ ab!

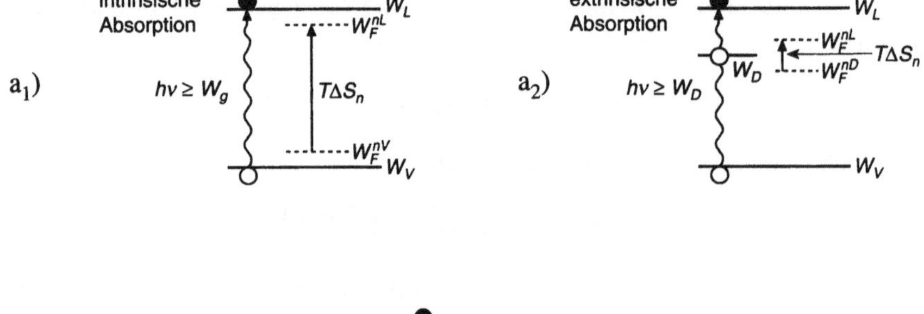

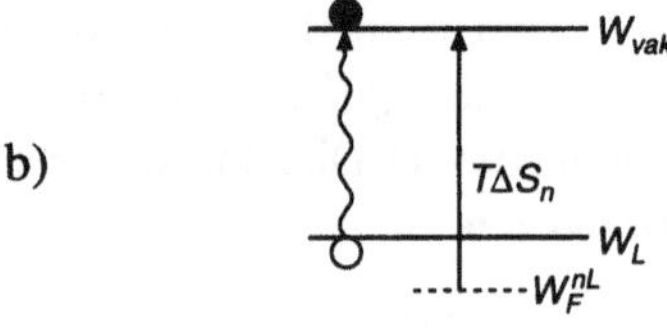

Bild 6.1-2   Absorption optischer Strahlung in einem Werkstoff in Verbindung mit der Anregung von Elektronen. Beim Übergang von der niedrigen auf die hohe Quasifermienergie (die eingezeichneten Werte sind Beispiele) wird die Entropie verkleinert (vgl. Band 2, Abschnitt 6.2).

a) **innerer Photoeffekt**:
Elektronen werden innerhalb des Werkstoffs (in diesem Fall ein Halbleiter) angeregt. Dabei wird unterschieden zwischen **intrinsischer** Absorption (Elektronen werden vom Valenz- in das Leitungsband angeregt) und **extrinsischer** Absorption (Elektronen werden z.B. von einem Fremdatomzustand in das Leitungsband angeregt, so daß für den Fremdatomzustand und das Leitungsband verschiedene Quasifermienergien angenommen werden).

b) **äußerer Photoeffekt**:
Elektronen werden von der Werkstoffoberfläche weg in den freien Raum angeregt.

Bei allen optischen Übergängen müssen die Energie- und Impulserhaltung gewährleistet sein (Band 2, Abschnitt 6.2.1).

Das *Wellen*modell des Lichts eignet sich besonders zur Beschreibung der Lichtabsorption aufgrund einer elektrischen Polarisation des Dielektrikums (Joulesche Wärme aufgrund des Verschiebungsstroms). Im Gegensatz dazu eignet sich das *Teilchen*modell in besonderem Maße zur Beschreibung einer anderen Form der Lichtabsorption, nämlich derjenigen durch Elektronenübergänge *innerhalb* des Festkörpers (**innerer Phototoeffekt**, Band 2, Abschnitt 6.2.1) oder aus dem Festkörper heraus (**äußerer Photoeffekt**), beide Effekte werden in Bild 6.1-2 näher erläutert.

Die Erzeugung optisch angeregter Elektronen läßt sich im einfachsten Fall wie die Rekombinationskinetik in Band 2, Abschnitte 6.2.2 und 6.3, über ein Modell aus der kinetischen Gastheorie (Band 1, Abschnitt 4.1.3) berechnen. Wir gehen aus von einer **Volumen-Photonendichte** ρ_{phot} und einer **Volumendichte** ρ_T **von Einfangzentren**, bei denen eine optische Absorption stattfinden kann und erhalten als zeitliche Abnahme der Photonendichte (= zeitliche Zunahme der Dichte der angeregten Elektronen) die **optische Generationsrate** G_n für Elektronen:

$$\left. \begin{array}{c} G_n := -\dot{\rho}_{phot} =: +r \cdot \rho_{phot}\rho_T \\[2em] [G_n] = \dfrac{1}{m^3 s}; \quad [r] = \dfrac{m^3}{s} \end{array} \right\} \tag{16}$$

mit der **Übergangswahrscheinlichkeit** r. Jedes Photon hat eine Geschwindigkeit mit dem Betrag v, bezüglich der optischen Anregung eines Elektrons möge der Wirkungsquerschnitt den Wert σ_{opt}^{WQ} haben (d.h. bei der Bewegung des Photons erfolgt eine optische Anregung aller Zentren, die in dem aus der Photonenbahn und dem Wirkungsquerschnitt gebildeten Volumen liegen; bei der Berechnung in Band 1 entsprach der Wirkungsquerschnitt dem Wert πD^2 bei einem Teilchendurchmesser D). Unter den gegebenen Voraussetzungen überstreicht jedes Photon pro Sekunde einen Volumenbereich $v\sigma_{opt}^{WQ}$. Bei einer Photonendichte ρ_{phot} im Festkörper ist das von allen Photonen pro Sekunde und Einheitsvolumen überstrichene Volumen $\rho_{phot}v \cdot \sigma_{opt}^{WQ}$. Alle Zentren, die sich in diesem von den Photonen überstrichenen Volumen befinden, werden durch die Photonen energetisch angeregt, d.h. die Dichte der optischen Anregungsvorgänge pro Sekunde (**optische Generationsrate**) ist

$$G_n = \rho_T \left(\rho_{phot} v \cdot \sigma_{opt}^{WQ} \right) \underset{(16)}{=} r \cdot \rho_{phot}\rho_T \tag{17}$$

$$\Rightarrow r = v \cdot \sigma_{opt}^{WQ} \tag{18}$$

Die Gleichungen (16) bis (18) führen auf die Differentialgleichung

$$-\dot{\rho}_{phot} = (r \cdot \rho_T)\rho_{phot} = \left(v \cdot \sigma_{opt}^{WQ} \cdot \rho_T\right)\rho_{phot} \tag{19}$$

Die Integration dieser Differentialgleichung führt zu einem exponentiellen Abfall der Photonendichte mit der Zeit:

$$\rho_{phot}(t) =: r_{phot}(0)\exp\left(-\frac{t}{\tau_{phot}}\right) \tag{20a}$$

$$\tau_{phot} := \frac{1}{r \cdot \rho_T} = \frac{1}{v \cdot \sigma_{opt}^{WQ} \cdot \rho_T} \tag{20b}$$

$$\underset{(19)}{\Rightarrow} \dot{\rho}_{phot} = -\frac{\rho_{phot}}{\tau_{phot}} \tag{21}$$

τ_{phot} wird als **Photonenlebensdauer** bezeichnet.

Auch für Photonen in einem vorgegebenen Volumen gilt ein Erhaltungsgesetz: Im allgemeinsten Fall ergibt sich die Änderung der Volumen-Photonendichte aus der Summe von **Photonengenerationsrate** G_{phot} (z.B. durch eine strahlende Rekombination im Festkörper), der **Photonenvernichtungsrate** (= negativer Generationsrate G_n für angeregte Elektronen) nach (21) und dem Beitrag heraus- und hereinfließender Photonen. Die mathematische Formulierung des Erhaltungsgesetzes entspricht der Kontinuitätsgleichung (Band 2, Abschnitt 6.3 oder Band 11, Abschnitt 1.1.2):

$$\dot{\rho}_{phot} \underset{(21)}{=} G_{phot} - \frac{\rho_{phot}}{\tau_{phot}} - \frac{\partial j_{phot}^T}{\partial x} \underset{\substack{(15) \\ v=const}}{=} G_{phot} - \frac{\rho_{phot}}{\tau_{phot}} - v\frac{\partial \rho_{phot}}{\partial x} \tag{22}$$

Bei Abwesenheit einer Photonenerzeugung ergibt sich daher im stationären Gleichgewicht (zeitlich konstante Photonendichte):

$$\text{stationäres Gleichgewicht: } \dot{\rho}_{phot} = 0 \underset{G_{phot}=0}{\Rightarrow} v\frac{\partial \rho_{phot}}{\partial x} = -\frac{\rho_{phot}}{\tau_{phot}} \tag{23}$$

$$\Rightarrow \rho_{phot}(x) =: \rho_{phot}\big|_{x=0}\exp\left(-\frac{x}{L_{phot}}\right) \tag{24}$$

$$L_{phot} := \tau_{phot}\,v \tag{25}$$

Mit der **Diffusionslänge für Photonen** L_{phot}. Die *Energie* der optischen Strahlung nimmt also wie in (12) nach einem Exponentialgesetz ab:

$$\rho_{hv}(x) = hv \cdot \rho_{phot} = \rho_{hv}(0)\exp\left(-\frac{x}{L_{phot}}\right) \tag{26}$$

Aus (24) ergibt sich weiterhin für den Ortsverlauf der *Photonenstromdichte*

$$j_{phot}^{T}(x) = \rho_{phot}(x) \cdot v = j_{phot}^{T}(0)\exp\left(-\frac{x}{L_{phot}}\right) \tag{27}$$

bzw. nach (15b) eine Ortsabhängigkeit der Photonenenergie-Stromdichte oder Strahlungsleistung

$$\sigma_P(x) = j_{hv}(x) = hv \cdot j_{phot}^{T}(x) =: \sigma_P(0)\exp(-\alpha x) \tag{28}$$

mit dem Energie-Absorptionskoeffizienten

$$\alpha := \frac{1}{L_{phot}}. \tag{29}$$

6.2 Kenngrößen optischer Sensoren

In (6.1-15b) wurde als wichtige Kenngröße der optischen Strahlung die Strahlungsleistung σ_P definiert. Bei Strahlungsquellen, deren räumliche Ausdehnung klein ist im Vergleich zum bestrahlten Volumen, ergibt sich für die in den Raumwinkel Ω (definiert durch die auf einer Einheitskugel durch den Raumwinkel festgelegte Oberfläche, geteilt durch 4π) abgestrahlte Leistung, die von dem betrachteten Lichtwellenlängenintervall abhängige **spektrale Strahlungsdichte** K_λ:

$$K_\lambda = \frac{\text{abgestrahlte Energie } [\text{W}\cdot\text{s}]}{\text{strahl. Fläche }\left[\text{cm}^2\right]\cdot\text{Zeit } [\text{s}]\cdot\lambda-\text{Intervall } [\mu\text{m}]\cdot\text{Raumwinkel}} \tag{1}$$

Bild 6.2-1 gibt Kenngrößen an für die Wärmestrahlung schwarzer Körper. Diese Wärmestrahlung ist bei jedem Objekt für $T > 0$ grundsätzlich parasitär vorhanden.

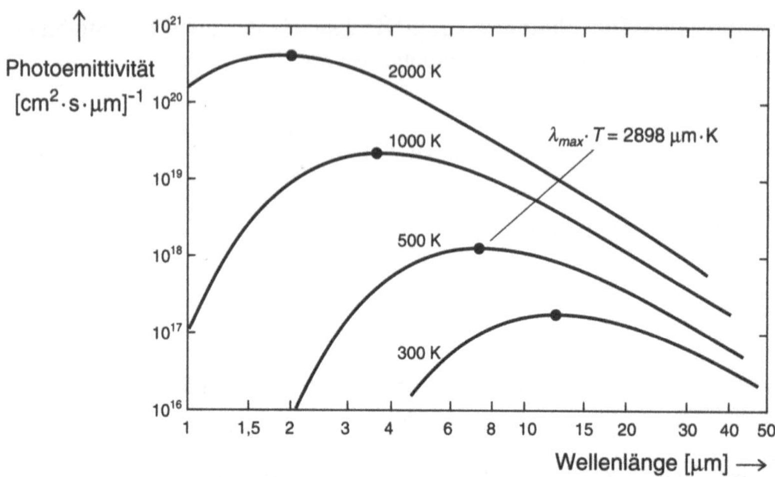

Bild 6.2-1   **Photoemittivität** (Anzahl der pro s emittierten Photonen pro cm² strahlender Fläche und Wellenlängenintervall in µm) schwarzer Körper (nach [6.1]):

Als maximale Strahlungsdichte ergibt sich für eine Wellenlänge λ_{max} (Temperaturen T in Kelvin).

$$K_\lambda \big|_{\lambda=\lambda_{max}=2898\mu m/T} = 1,288 \cdot 10^{-15} \, T^5 \, \frac{W}{\text{strahlende Fläche} \left[cm^2\right] \cdot \mu m} \qquad (2)$$

Die integrierte Strahlungsleistung über eine Halbkugel (Raumwinkel $\Omega = 2\pi$) beträgt:

$$\sigma_P = \sigma \cdot T^4 = 5,67 \cdot 10^{-12} \, T^4 \, \frac{W}{\text{strahlende Fläche} \left[cm^2\right]} \qquad (3)$$

σ wird als **Stefan-Boltzmannkonstante** bezeichnet

Typisch für eine Vielzahl optischer Sensoren ist, daß sich ein **Sensorstrom** I_{sens} oder eine **Sensorspannung** U_{sens} in Abhängigkeit von der **Strahlungsleistung** P

$$P = \sigma_P \cdot A \underset{(6.1-15)}{=} h\nu \cdot j^T_{phot} \cdot A \qquad (4)$$

ändert (A = Sensorfläche). Eine **grundlegende Kenngröße** für jeden Sensor ist dann die **spektrale Empfindlichkeit (responsivity)** des Sensors:

$$R^U_\lambda = \frac{U_{sens}}{P} = \frac{U_{sens}}{h\nu \cdot j^T_{phot} \cdot A} \underset{(6.1-5)}{=} \frac{U_{sens} \cdot \lambda_{di}}{hc_{di} \cdot j^T_{phot} \cdot A} \qquad (5a)$$

$$R^I_\lambda = \frac{I_{sens}}{P} = \frac{I_{sens}}{h\nu \cdot j^T_{phot} \cdot A} \underset{(6.1-5)}{=} \frac{I_{sens} \cdot \lambda_{di}}{hc_{di} \cdot j^T_{phot} \cdot A} \qquad (5b)$$

In vielen Fällen werden die elektrischen Größen U_{sens} und I_{sens} durch die Teilchenstromdichten j_{sens}^{T} optisch generierter Elektronen oder Löcher bestimmt, welche bei der Absorption von Photonen entstehen (entsprechend Abschnitt 6.1 ist dann z.B. die Photonenvernichtungsrate proportional zur Erzeugungsrate G_n optisch angeregter Elektronen). In diesem Fall gilt die Beziehung

$$U_{sens}, I_{sens} \propto j_{sens}^{T} = \eta \cdot j_{phot}^{T} \underset{(4)}{=} \eta \cdot \frac{\sigma_P}{h\nu} \underset{(6.1\text{-}5)}{=} \eta \cdot \frac{\sigma_P}{hc_{di}} \lambda_{di} \tag{6}$$

Die Proportionalitätskonstante η heißt **Quantenausbeute** oder **Quantenwirkungsgrad**. Sensoren, deren Verhalten durch Gleichungen des Typs (6) beschrieben werden, heißen **Quantenzähler**, weil das Sensorsignal proportional zur Dichte der absorbierten Licht*quanten* ist. Bei konstanter absorbierter Strahlungsleistung σ_P ergibt sich in (6) eine Proportionalität des Sensorsignals zur Wellenlänge des Lichts, da in (6.1-15) bei konstanter Strahlungsleistung die Anzahl der Photonen mit zunehmender Wellenlänge (d.h. abnehmender Photonenenergie) ansteigt. Als spektrale Empfindlichkeit nach (5) erhält man dann:

$$R_\lambda = \frac{U_{sens}\,\text{oder}\,I_{sens}}{\sigma_P \cdot A} \propto \frac{\eta}{hc_{di}} \lambda_{di} \tag{7}$$

In den Kurven A und B in Bild 6.2-2 sind die Funktion (7), die das Verhalten eines **idealen Quantenzählers** beschreibt, sowie eine typische experimentell gefundene Abhängigkeit graphisch dargestellt.

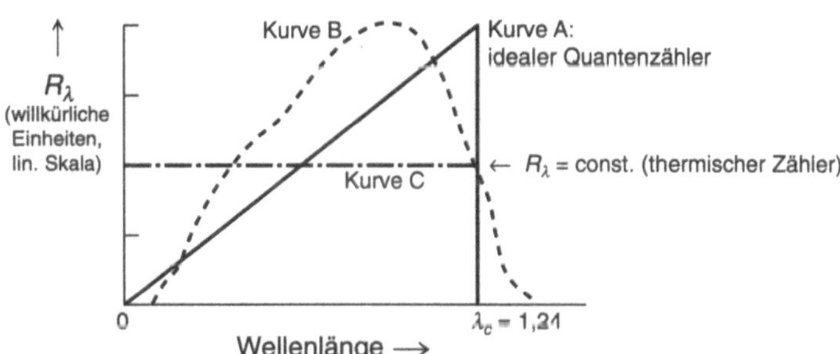

Bild 6.2-2   Quantenzähler und thermische Zähler

Kurve A: Linearer Anstieg der spektralen Empfindlichkeit mit der Wellenlänge λ nach (7). In der Praxis wird die Kurve häufig begrenzt durch die minimale Photonenenergie, bei der noch eine optische Absorption stattfindet, diese kann z.B. dem Bandabstand von Halbleiterwerkstoffen entsprechen.

Kurve B: Bei experimentell gemessenen Abhängigkeiten ist die Wellenlängenabhängigkeit des idealen Quantenzählers gemäß Kurve A qualitativ noch zu erkennen.

Kurve C: Bei idealen thermischen Zählern liegt keine Wellenlängenabhängigkeit der spektralen Empfindlichkeit vor.

Eine ganz andere Wellenlängenabhängigkeit zeigen optische Sensoren auf der Basis von **thermischen Zählern (Bolometern)**. In diesem Fall ist das Sensorsignal nicht proportional zur *Photonen*flußdichte $j_{phot}{}^T$, sondern zur *Energie*flußdichte j_{hv} nach (6.1-15). Damit gilt

$$U_{sens}, I_{sens} \propto j_{sens}^T \propto hv \cdot j_{phot}^T = j_{hv} \underset{(6.1\text{-}15)}{=} \sigma_P \tag{8}$$

$$\Rightarrow R_\lambda = \frac{U_{sens} \,\text{oder}\, I_{sens}}{P} = \frac{U_{sens} \,\text{oder}\, I_{sens}}{\sigma_P \cdot A} \underset{(8)}{\propto} const \Rightarrow R_\lambda = const \tag{9}$$

d.h. es ergibt sich eine von der Wellenlänge unabhängige spektrale Empfindlichkeit (Kurve C in Bild 6.2-2).

Eine weitere wichtige Kenngröße für optische Sensoren ist die **Ansprechzeit** τ, die z.B. charakterisiert werden kann durch die maximale gerade noch zu detektierende Modulationsfrequenz f_{max} der Lichtintensität:

$$f_{max} := \frac{1}{\tau} \tag{10}$$

Die **Nachweisgrenze** optischer Sensoren ergibt sich als minimale optische Strahlungsleistung, die vom Sensor gerade noch detektiert werden kann, sie wird maßgeblich durch das **Sensorrauschen** bestimmt. Bei der optischen Strahlungsquelle selber entstehen Rauschquellen durch das **Quantenrauschen**, sowie durch das **thermische Rauschen** (Band 2, Abschnitt 14) des Hintergrunds, aus dem die Strahlung emittiert wird (Bild 6.2-3a).

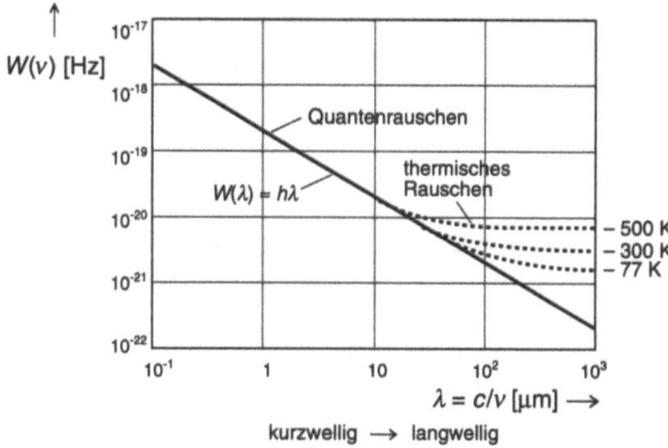

Bild 6.2-3a   Rauschursachen in optischen Signalquellen (nach [6.2]): Aufgetragen ist die spektrale Leistungsdichte des Rauschens in Abhängigkeit von der Lichtwellenlänge.

Im Bereich großer Photonenenergien (kurze Wellenlängen) dominiert das Quantenrauschen, das durch Schwankungen der Photonendichte entsteht. Bei großen Wellenlängen überwiegt das thermische Rauschen aufgrund der Wärmestrahlung (Bild 6.2-1).

Bei optischen *Halbleiter*sensoren kann eine Vielzahl von Rauschquellen die Nachweisempfindlichkeit der Sensoren einschränken (Band 2, Abschnitt 14.1, [6.3 und 4]). Bild 6.2-3b zeigt das Ersatzschaltbild eines Photodetektors mit den einzelnen Rauschquellen.

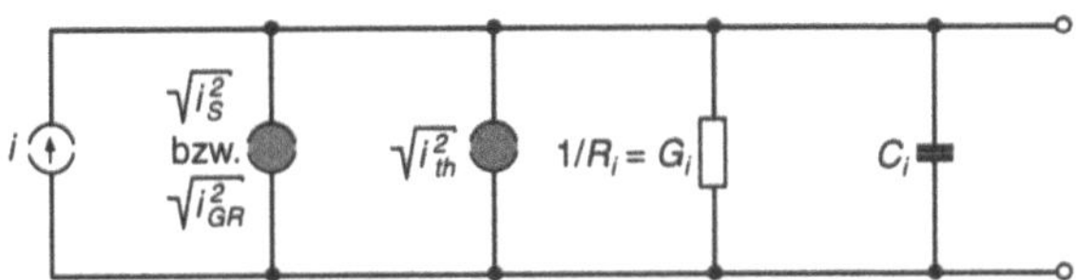

Bild 6.2-3b   Ersatzschaltbild eines Photodetektors mit Rausch-Stromquellen (nach [6.4]):

i = Signalstrom

i_S^2 = **Schrotrauschen**, i_{GR}^2 = **Generations-Rekombinationsrauschen**:
Beide können zusammengefaßt werden zu [6.3]:

$$\overline{i_r^2} = 4|q|I_{sens}B \cdot M^2 \tag{15}$$

mit der **Frequenzbandbreite** B des betrachteten Systems und einem **Multiplikationsfaktor** (s.u.) M

i_{th}^2 = **thermisches** oder **Widerstandsrauschen** am Widerstand $R_i = 1/G_i$ [6.4]:

$$\overline{i_{th}^2} = 4kT \cdot \frac{B}{R_i} \tag{16}$$

Als **spektrales Nachweisvermögen** oder **Detektivität** D wird das Verhältnis von spektraler Empfindlichkeit zur normierten Rauschspannung gewählt. Da die Rauschspannung U_N im allgemeinen proportional ist zur Wurzel aus der **Frequenzbandbreite** B und der Sensorfläche A:

$$U_N \propto \sqrt{B \cdot A} \tag{17a}$$

definiert man als normierte Rauschspannung

$$U_N^* = \frac{U_N}{\sqrt{B \cdot A}} \tag{17b}$$

so daß man als Detektivität erhält:

$$D = \frac{R_\lambda^U}{U_N^*} = \frac{R_\lambda^U}{U_N} \cdot \sqrt{B \cdot A} \tag{17c}$$

Das Verhältnis von Rauschspannung zu spektraler Empfindlichkeit wird auch als

äquivalente Rauschleistung (*NEP* aus noise equivalent power) bezeichnet:

$$NEP = \frac{U_N}{R_\lambda^U} \tag{18}$$

Diese Bezeichnung wird unmittelbar aus der Beziehung (9) verständlich: U_N/R_λ^U entspricht gerade der Strahlungsleistung P_{min}, bei der die Sensorspannung U_{sens} gleich der Rauschspannung U_N ist, d.h.

$$R_\lambda^U\Big|_{U_{sens}=U_N} = \frac{U_N}{P_{min}} \underset{(18)}{\Rightarrow} P_{min} = NEP \tag{19}$$

Häufig wird ein meßtechnisch begründeter Faktor $1/\sqrt{2}$ hinzugefügt. Nach (17) bekommt insgesamt die Detektivität die Form

$$\Rightarrow D = \frac{\sqrt{B \cdot A}}{NEP} \tag{20}$$

Die Bilder 6.2-4, sowie die Tabellen 6.2-1 und 2 zeigen einen Vergleich der spektralen Nachweisvermögen und anderer optischer Kenngrößen verschiedener Halbleitersensoren.

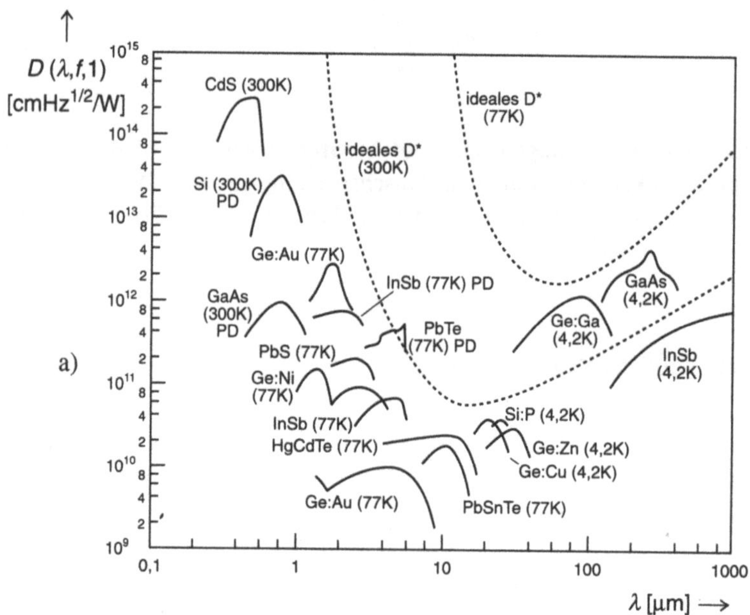

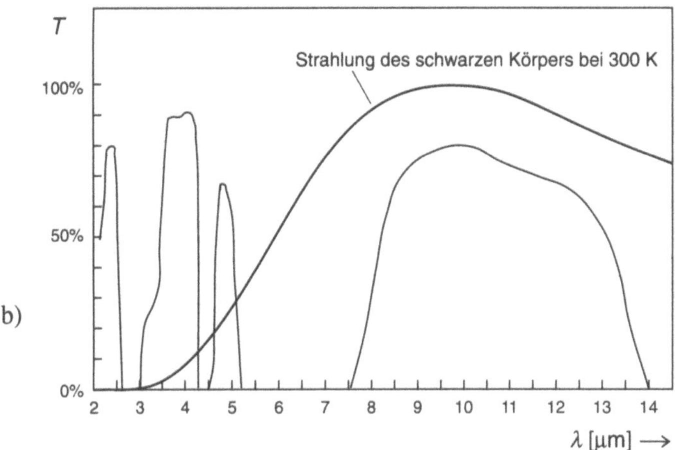

Bild 6.2-4   a) Wellenlängenabhängigkeit der spektralen Detektivität optischer Halbleitersensoren (nach [6.5]). Sensoren, die als Photodioden aufgebaut sind, werden gekennzeichnet mit PD, alle anderen Sensoren werden als Photoleiter betrieben.

Bei der großen Vielzahl von Werkstoffen, die im Wellenlängenbereich der Infrarotstrahlung eingesetzt werden können, haben zum gegenwärtigen Zeitpunkt das Cadmium-Quecksilbertellurid CdHgTe und dotiertes Silizium die größte technische Bedeutung. Von besonderem Interesse sind Sensoren mit einer hohen Empfindlichkeit in einem Wellenlängenbereich, wo die Absorption in der Luftatmosphäre gering ist:

b) Durchlässigkeit T der *Luftatmosphäre* im Bereich infraroter Strahlung (nach [6.6]). Von besonderer Bedeutung sind die Bänder zwischen 3 und 5 und 8 und 13 μm. In den dazwischenliegenden Bereichen tritt eine starke Lichtabsorption auf, z.B. über Wassermoleküle.

Tab. 6.2-1   Kenndaten optischer Sensoren aus verschiedenen Halbleiterwerkstoffen (nach [6.1])

	Multiplikationsfaktor oder Verstärkung M_o	Ansprechzeit [s]
Photoleiter	$1 \dots 10^6$	$10^{-2} \dots 10^{-8}$
Sperrschichtphotodetektoren:		
PN–Photodetektor	1	$10^{-8} \dots 10^{-10}$
PIN–Photodetektor	1	$10^{-8} \dots 10^{-10}$
MS–Photodetektor	1	10^{-12}
Hetero–Photodetektor	1	10^{-12}
MIS–Photodetektor	1	10^{-8}
Lawinenphotodiode	$< 10^3$	$10^{-8} \dots 10^{-10}$
Phototransistor	$< 10^3$	$10^{-6} \dots 10^{-8}$
Photothyristor	$< 10^3$	10^{-6}

Tab. 6.2-2   Kenndaten optischer Halbleitersensoren in verschiedenen Bauelementtechniken (nach [6.2])

Werkstoff	Betriebsart [a]	Betriebstemperatur	Ansprechzeit [µs]	Empfindlichkeit [V/W] [b]	Detektivität D_λ [(cm·Hz$^{1/2}$)/W] [c]
Kadmiumsulfid, CdS	PC	300	100.000	1×10^8	1×10^{14}
Silizium, Si	PV	300	100	1×10^8	5×10^{13}
	CCD	300		1×10^5	1×10^{12}
Germanium, Ge	PV	300	10	1×10^6	7×10^{11}
Bleisulfid, PbS	PC	300	300	4×10^3	1×10^{11}
	PC	200	1.000	5×10^4	5×10^{11}
Bleiselenid, PbSe	PC	200	50	5×10^4	2×10^{10}
	PC	77	150	1×10^6	2×10^{10}
Indiumarsenid, InAs	PV	200	1	5×10^2	1×10^{11}
	PV	77	5	1×10^5	5×10^{11}
Indiumantimonid, InSb	PV	77	1	2×10^4	1×10^{11}
Quecksilber-Cadmium-Tellurid, HgCdTe					
$\lambda_c = 3{,}0$ µm	PC	200	200	7×10^5	5×10^{11}
$\lambda_c = 4{,}5$ µm	PC	200	10	2×10^5	1×10^{11}
	PV	200	10	1×10^5	1×10^{11}
$\lambda_c = 12$ µm	PC	77	1	5×10^4	2×10^{10}
	PV	77	1 oder 0,1	5×10^4	2×10^{10} od. $1 \times 10^{\varepsilon}$
Ge–Hg	PC	30	0,1	5×10^5	1×10^{14}
Ge–Cu	PC	8	0,1	5×10^5	4×10^{10}
Si–Ga	PC	35	0,1	5×10^5	2×10^{10}
Blei-Zinn-Tellurid, PbSnTe $\lambda_c = 12$ µm	PV	77	1 oder 0,1	5×10^4	3×10^{10} od. $1 \times 10^{\varepsilon}$

[a] PC: Photoleiter; PV: pn-Diode; CCD: charge-coupled device
[b] Maximalwert
[c] Maximalwert für 300 K Hintergrundstrahlung und 180° Betrachtungswinkel (field of view FOV)

Aus den vorangegangenen Bildern und Tabellen geht hervor, daß verschiedene optische Sensoren bei niedrigen Temperaturen weit unterhalb 0° Celsius betrieben werden müssen, um brauchbare Sensoreigenschaften zu erhalten. Praktisch eingesetzte Kühlverfahren sind in Bild 6.2-5 zusammengestellt:

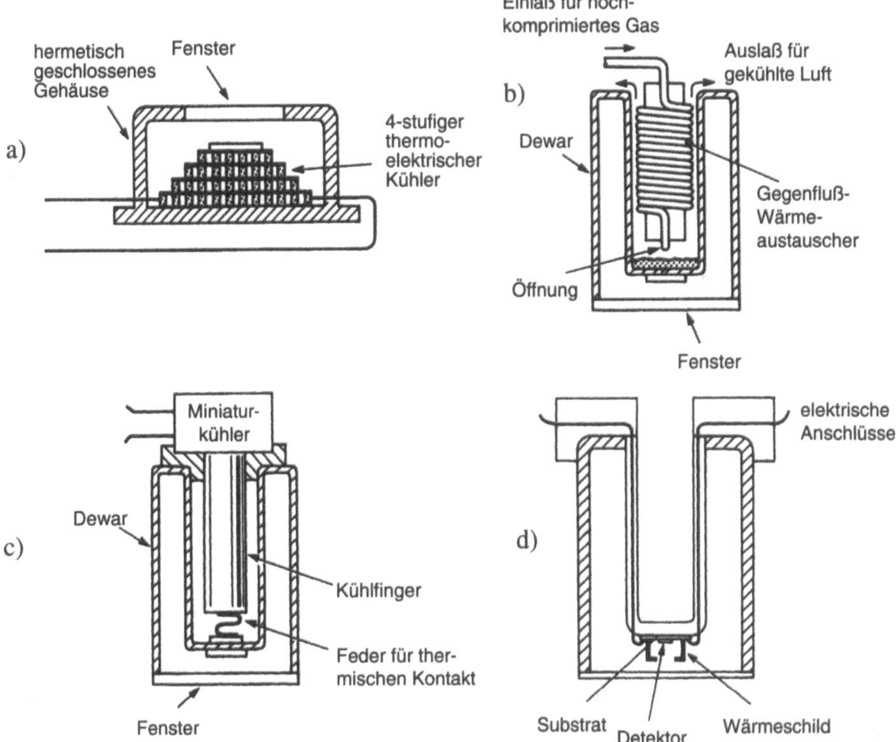

Bild 6.2-5   Abkühlungsverfahren für optische Sensoren (nach [6.6]):

a) vierstufige thermoelektrische Kühler (Peltier-Effekt) erreichen 193 K in ca. 25 s mit einigen Watt Betriebsleistung

b) Joule-Thomson-Kühler werden aus Gasflaschen (die von einem Kompressor kontinuierlich gefüllt werden können) mit hochkomprimiertem Gas (z.B. Argon) betrieben, sie erreichen 80 K.

c) Stirling-Kältemaschinen werden mit Heliumgas betrieben, sie erreichen inzwischen Temperaturen unterhalb von 50 K.

d) Für Laboraufbauten können Thermogefäße (Dewars) verwendet werden, die mit flüssigem Stickstoff, Argon oder Helium gefüllt werden.

6.3   Thermische Photosensoren (Bolometer)

Bei thermischen Photosensoren bewirkt die Absorption einer optischer Strahlungsleistung P eine Temperaturerhöhung, die ihrerseits charakteristische Meßgrößen des Sensors, wie z.B. seinen Widerstand, ändert. Dabei kann die **Energieaufnahme durch** die **Erzeugung Joulescher Wärme** (Band 11, Abschnitt 1.1.6) erfolgen, **aber auch** aufgrund anderer Mechanismen, wie z.B. dadurch, daß **optisch angeregte Elektronen** nichtstrahlend rekombinieren, indem sie ihre Energie an das Festkörpergitter abgeben.

Die zeitliche Änderung der Temperatur T bei Aufnahme der Strahlungsleistung P wird durch die bereits (3.3.4-11) behandelte Differentialgleichung mit der Lösung (3.3.4-12) beschrieben:

$$\frac{\partial(T - T_u)}{\partial t} = \frac{P}{C_{th}} - \frac{G_{th}}{C_{th}}(T - T_u) \tag{1}$$

$$(T - T_u) = \frac{P}{G_{th}}\left\{1 - \exp\left(-\frac{t}{\tau_{th}}\right)\right\} \tag{2a}$$

$$\tau_{th} = \frac{C_{th}}{G_{th}} = R_{th} \cdot C_{th} \tag{2b}$$

Dabei bezeichnet T_u die Umgebungstemperatur, $G_{th}=1/R_{th}$ ist der Wärmeableitungskoeffizient, C_{th} die Wärmekapazität und τ_{th} die thermische Zeitkonstante. *Schnelle* thermische Sensoren erfordern also nach (2b) niedrige Wärmekapazitäten (z.B. durch Verwendung sehr kleiner oder dünner Sensoren) und hohe Wärmeableitungskoeffizienten (Verwendung stark wärmeleitender Substrate). **Große Temperaturerhöhungen** und damit *große Empfindlichkeiten* lassen sich hingegen nach (2a) **mit kleinen Wärmeableitungskoeffizienten** erzeugen, so daß bei thermischen Photosensoren ein **Kompromiß** zwischen Empfindlichkeit und Ansprechzeit gefunden werden muß.

Die Messung (Auslesung) der Temperaturerhöhung ist besonders empfindlich bei Sensoren mit einer Ausgangsgröße x, die mit einem hohen Temperaturkoeffizienten nach (3.1-2)

$$\alpha_T^x = \frac{1}{x}\frac{\partial x}{\partial T}; \quad \left[\alpha_T^x\right] = \frac{\%}{K} \tag{3}$$

verbunden ist. Charakteristisch für thermische Sensoren ist eine wellenlängen*unab*hängige Empfindlichkeit (thermischer Zähler in Bild 6.2-2). Sie werden bevorzugt in solchen Wellenlängenbereichen eingesetzt, in denen der Aufbau geeigneter Quantendetektoren (die im allgemeinen empfindlicher sind) einen zu großen Aufwand erfordert oder praktisch kaum durchführbar ist, z.B. im Bereich des fernen Infrarotlichts **oder der Submillimeterwellen.**

Zu den thermischen Sensoren zählen auch die im Abschnitt 3.5 behandelten pyroelektrischen Sensoren. Weitere Ausführungsformen ergeben sich bei Anwendung von Thermoelementen, sowie generell von temperaturabhängigen Widerständen.

Bei Bolometern mit Thermoelementen werden Werkstoffkombinationen mit hoher Thermospannung (Abschnitt 3.2.2) bevorzugt. Die Optimierung auf Empfindlichkeit ergibt Werte von 5 bis 25 *V/W* bei Ansprechzeiten von 10 bis 100 *ms*. Die Verwendung sehr dünner (0,1 μm) Folien aus Silber und Wismut auf einem Berylliumsubstrat hoher Wärmeleitung führt zwar zu niedrigen Empfindlichkeiten ($5 \cdot 10^{-4} V/W$), aber Ansprechzeiten mit weniger als 15 *ns* [6.7]. Ein empfindlicher Sensor mit Halbleiter-Thermoelementen wurde in Bild 3.2.2-2 beschrieben.

In *resistiven* Bolometern werden vor allem Werkstoffe mit besonders großem TC_R eingesetzt. Hierfür eignen sich Heiß- und Kaltleiter (Abschnitt 3.3.4), die sich auf relativ einfache Weise (Sintertechnik) mit geringen Wärmekapazitäten herstellen lassen. Noch weit höhere Temperaturkoeffizienten und damit Sensorempfindlichkeiten ergeben sich in der Umgebung der Sprungtemperatur vom supra- in den normalleitenden Zustand von Supraleitern (Band 1, Bild 4.2.1-9), diese erfordern aber eine Kühlung auf sehr niedrige Temperaturen. Die Anwendung keramischer *Hochtemperatur*supraleiter (Band 1, Bild 4.2.1-12) wird in der Zukunft den Meßaufwand bei supraleitenden Bolometern wesentlich vereinfachen, Sensorempfindlichkeiten von $10^3 V/W$ sind bereits berichtet worden [6.8].

Neben einer Vielzahl weiterer spezieller Ausführungsformen sei hier der **Putley-Detektor** erwähnt: Bei sehr niedrigen Temperaturen ($4K$) führt in Indiumantimonid die Absorption thermischer Energie zur Bildung angeregter (heißer) Elektronen im Leitungsband, deren Leitfähigkeit auf diese Weise vergrößert wird. Hierdurch erhält man eine quadratische Abweichung vom ohmschen Gesetz [6.2]:

$$j_n^T = \sigma_{sp}\left(1 + \beta E^2\right)E \qquad (3)$$

die sich gezielt auswerten läßt. Der Einsatzbereich dieser Sensoren liegt bevorzugt oberhalb von 100 μm Wellenlänge.

6.4 Photokathoden und -multiplier

Bei Photozellen wird der in Bild 6.1-2b beschriebene **äußere Photoeffekt** ausgenutzt (Bild 6.4-1).

Eine Photoemission in das Vakuum wird dadurch erreicht, daß die Elektronen im Werkstoff der Photokathode durch eine Absorption der Photonenenergie so stark angeregt werden, daß sie anschließend ein Energieniveau oberhalb der Vakuumenergie besetzen (Bild 6.4-2).

Durch eine **starke Absenkung der Vakuumenergie an der Oberfläche** kann bei NEA-Kathoden (Bild 6.4-2d) erreicht werden, daß im Prinzip alle optisch generierten Leitungsbandelektronen, welche die Oberfläche erreichen, den Festkörper verlassen und in das Vakuum austreten können. Die Herstellung dieser Kathoden erfordert die Ausbildung von stark n-dotierten Schichten an der Halbleiteroberfläche: Dieses läßt sich technologisch durch Abscheidung sehr dünner Cs- oder Cs_2O-Oberflächenschichten realisieren. Tab. 6.4-1 zeigt die Eigenschaften verschiedener Photokathodenwerkstoffe, Bild 6.4-3 die Abhängigkeit des Quantenwirkungsgrades verschiedener Photokathoden von der Wellenlänge der optischen Strahlung.

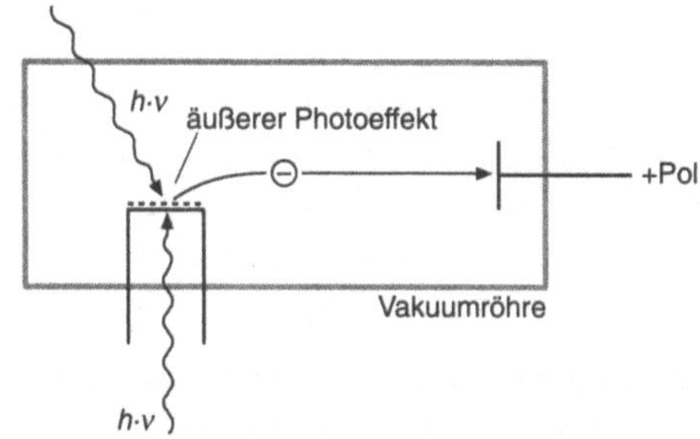

Bild 6.4-1 Prinzip der Photozelle: Bei optischer Bestrahlung der Photokathode in einer Vakuumröhre werden Elektronen emittiert, die elektrostatisch von einer Anode angezogen werden. Der Anodenstrom ist ein Maß für die pro Zeiteinheit erzeugte Anzahl der Elektronen. Die spektrale Empfindlichkeit der Photokathode ist proportional zur Quantenausbeute η für die Photoemission bei der entsprechenden Wellenlänge.

Tab. 6.4-1 Eigenschaften verschiedener Werkstoffe für Photokathoden (nach [6.4])

Werkstoff	Bezeichnung	η [%] (bei λ in μm)	Bandlücke [eV]	Austrittsarbeit [eV]	Dunkelstromdichte [A/cm^2]
GaAs–Cs		35 (0,4) 2 (0,9)	1,4	–0,55	10^{-16}
InAs$_{0,15}$P$_{0,85}$–Cs$_2$O		0,8...1,8 (1,06)	1,1	–0,25	
Ag–O–Cs	S1	0,5 (0,8)			10^{-11}
Cs$_3$Sb	S 17	30 (0,5)	1,6	0,45	10^{-14}
Na$_2$KSb–Cs	S 20	40 (0,4)	1	0,55	10^{-15}
NaKSb–Cs	S 35	15 (0,9) 0,5 (0,9)			10^{-13}

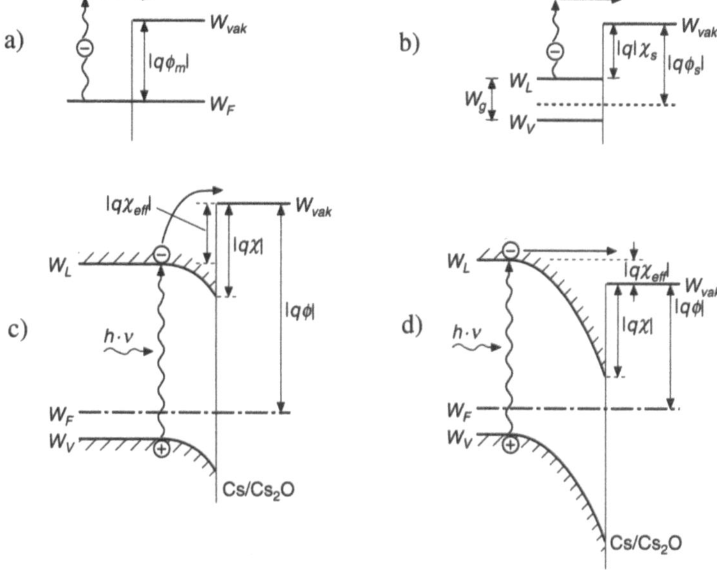

Bild 6.4-2   Photoemission von Elektronen aus unterschiedlich aufgebauten Photokathoden: Durch Absorption eines Photons mit einer Energie, die größer ist als die Elektronenaffinität $|q\chi|$, werden Elektronen auf ein Energieniveau oberhalb der Vakuumenergie angehoben und können dann den Festkörper verlassen.

a) Photoemission aus einem Metall

b) Photoemission aus einem Halbleiter

c) Absenkung der Vakuumenergie an der Oberfläche eines p-Halbleiters durch Elektronenanreicherung oder Abschwächung (Kompensation) der p-Dotierung: Die wirksame Elektronenaffinität $|q\chi_{eff}|$ wird im Vergleich zu b) verkleinert, es gilt aber weiterhin $|q\chi_{eff}| = W_{vak}$ (Oberfläche)$-W_L$ (Halbleitervolumen) > 0.

d) Absenkung der Vakuumenergie an der Oberfläche eines p-Halbleiters durch Inversion oder Umdotierung auf n-Leitfähigkeit: Jetzt gilt W_{vak} (Oberfläche)$-W_L$ (Halbleitervolumen) < 0, diesem Zustand wird eine **negative Elektronenaffinität** $|q\chi_{eff}|$ zugeordnet (**NEA-Kathode**).

Um die Dunkelströme niedrig zu halten, werden ausschließlich p-Halbleiter mit niedrigen Gleichgewichts-Elektronenkonzentrationen eingesetzt. Photokathoden können sehr kurze Ansprechzeiten haben und sind einsetzbar für Frequenzen bis hin **zu** 10 GHz.

Der aus Photokathoden emittierte Elektronenstrom kann verstärkt werden, wenn eine Kette von **Sekundärelektronenmultipliern** oder **-vervielfachern** (die entsprechenden Elektroden heißen **Dynoden**) angeschlossen wird (Bild 6.4-4).

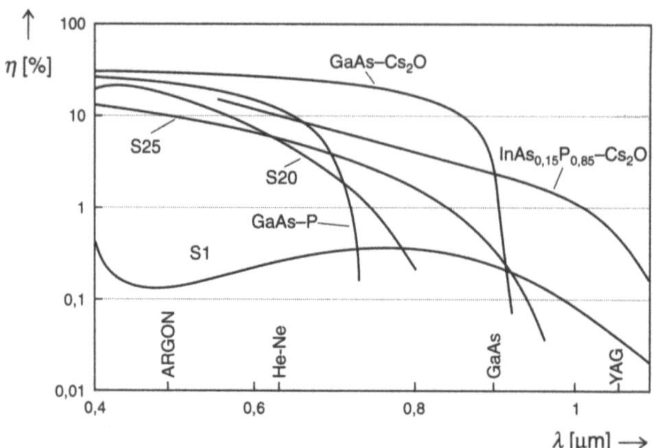

Bild 6.4-3   Abhängigkeit der Quantenausbeute η verschiedener Werkstoffe für Photokathoden von der Wellenlänge der einfallenden Strahlung (nach [6.9])

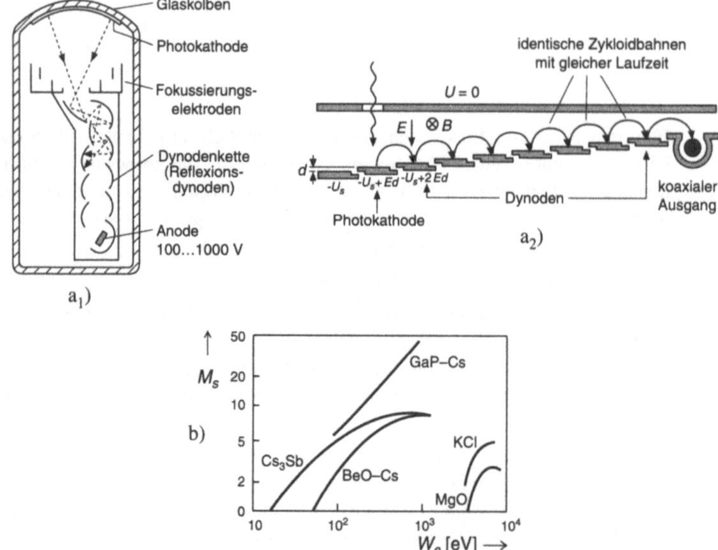

Bild 6.4-4   Verstärkung des Stroms aus Photokathoden durch Sekundärelektronenvervielfachung (**Photomultiplier**): Die emittierten Elektronen werden in einem elektrischen Spannungsfeld auf eine kinetische Energie der Größe W_e beschleunigt und treffen damit auf eine **Dynode** auf. Dort geben sie ihre Energie ab durch Erzeugung von Sekundärelektroden, die ihrerseits die Dynode verlassen und weiter beschleunigt werden.

a) zwei Ausführungen von Photovervielfachern (nach [6.4])

b) Abhängigkeit der Sekundärelektronenmultiplikation (Multiplikationsfaktor M_s) von der Energie W_e bei einer Beschichtung der Reflexionsdynoden mit verschiedenen Werkstoffen (nach [6.4]).

6.5 Photoleiter

Photoleiter sind **elektrische Widerstände**, deren Wert durch optische Bestrahlung verändert und damit zur Messung der Bestrahlungsstärke herangezogen werden kann. Besonders große relative Empfindlichkeiten ergeben sich bei Verwendung von niedrigdotierten Halbleitern als Widerstandswerkstoffe, die im folgenden ausführlich behandelt werden. Die Berechnungen erfolgen ohne Beschränkung der Allgemeinheit für einen n-Halbleiter (Bild 6.5-1)

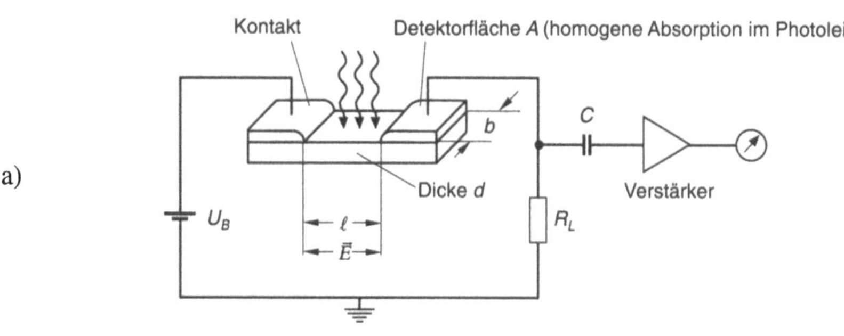

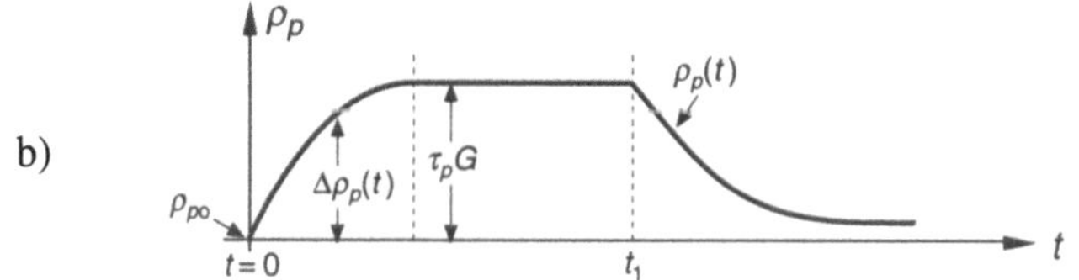

Bild 6.5.-1:   Photoleiter

    a) Ein gleichmäßig dotierter n-Halbleiter wird homogen optisch bestrahlt, so daß im aktiven Gebiet des Sensors eine konstante Überschußkonzentration von Elektron-Loch-Paaren erzeugt wird. Die *relative* Änderung der Majoritätsträgerdichte (Elektronen) ist dann viel kleiner als die der Minoritätsträgerdichte (Löcher).

    b) Zeitliche Abhängigkeit der Löcherkonzentration: Wird bei $t = 0$ eine optische Bestrahlung konstanter Intensität (d.h. konstanter Generationsrate G) eingeschaltet, dann steigt die Minoritätsträgerdichte innerhalb eines Zeitraums der Größenordnung τ_p (Minoritätsträgerlebensdauer) auf den stationären Gleichgewichtswert $\rho_{po} + G_p \tau_p$ an. Beim Abschalten der Bestrahlung bei t_1 geht sie innerhalb derselben Zeitspanne auf den Wert ρ_{po} zurück.

Die quantitative Behandlung der Photoleitung erfolgt durch Lösung der Kontinuitäts-
gleichungen (Band 2, Abschnitt 6.3, Band 11, Abschnitt 1.1.2), welche für Elektronen und Löcher die allgemeine Form haben:

$$\dot{\rho}_n = G_n - \frac{\Delta\rho_n}{\tau_n} + \rho_n\mu_n\frac{\partial E}{\partial x} + \mu_n E\frac{\partial\rho_n}{\partial x} + D_n\frac{\partial^2\rho_n}{\partial x^2} \tag{1a}$$

$$\dot{\rho}_p = G_p - \frac{\Delta\rho_p}{\tau_p} - \rho_p\mu_p\frac{\partial E}{\partial x} - \mu_p E\frac{\partial\rho_p}{\partial x} + D_p\frac{\partial^2\rho_p}{\partial x^2} \tag{1b}$$

Dabei sind G_n und G_p die bereits im Abschnitt 6.1 verwendeten Generationsraten
für optisch erzeugte Elektronen und Löcher, τ_n und τ_p die entsprechenden Trägerlebensdauern. Entlang der aktiven Fläche des Photoleiters in Bild 6.5-1a ergibt sich
keine Ortsabhängigkeit der Ladungsträgerdichten ρ_n und ρ_p sowie der elektrischen
Feldstärke, so daß sich die Gleichung (1b) für Minoritätsträger in n-Halbleitern (Löcher) reduziert auf:

$$\dot{\rho}_p\Big|_{\rho_p=\rho_{po}+\Delta\rho_p} = \Delta\dot{\rho}_p = G_p - \frac{\Delta\rho_p}{\tau_p} \tag{2}$$

Dabei haben wir die Löcherkonzentration in einen konstanten Gleichgewichtswert
ρ_{po} und einen durch die Elektron-Loch-Paare erzeugten zeitabhängigen Überschuß-
wert $\Delta\rho_p$ aufgeteilt. Als Einschaltverhalten gemäß den Randbedingungen in Bild
6.5-1b ergibt sich als typische Lösung der Kontinuitätsgleichung unter diesen Voraussetzungen (Band 11, Anhang):

$$0\le t\le t_1:\quad \Delta\rho_p = G_p\tau_p\left\{1-\exp\left(-\frac{t}{\tau_p}\right)\right\} \tag{3}$$

Nach einer Einschwingzeit in der Größenordnung von τ_p wird eine zeitlich konstante Löcher-Überschußkonzentration $G_p\tau_p$ erreicht. Dieses Verhalten läßt sich anschaulich erklären: Die Rekombinationsrate U nimmt mit steigender Überschuß-Ladungsträgerkonzentration zu. Bis zum Erreichen des stationären Gleichgewichts
steigt daher die Überschuß-Ladungsträgerkonzentration so lange an, bis die dazugehörige Rekombinationsrate gerade denselben Wert wie die Generationsrate erreicht
hat.

Nach Abschalten der optischen Bestrahlung bei $t = t_1$ wird die Generationsrate
$G_p = 0$. In diesem Falle reduziert sich die Kontinuitätsgleichung (2) auf die Beziehung

$$\Delta\dot{\rho}_p = -\frac{\Delta\rho_p}{\tau_p} \Rightarrow \Delta\rho_p = \Delta\rho_p\big|_{t=t_1} \exp\left(-\frac{t-t_1}{\tau_p}\right)$$

$$\Rightarrow \Delta\rho_p \underset{(3)}{=} G_p\,\tau_p\,\exp\left(-\frac{t-t_1}{\tau_p}\right) \tag{4}$$

Die Anzahl $\partial N_{sens}/\partial t$ der durch Lichtabsorption in einem Photoleiter der Fläche $A = b \cdot l$ pro Zeit erzeugten Elektron-Loch-Paare ist nach (6.2-6):

$$\frac{\partial N_{sens}}{\partial t} = \dot{N}_{sens} = j^T_{sens} \cdot A = \eta \cdot j^T_{phot}\,(b \cdot l) \underset{(6.2\text{-}6)}{=} \eta \cdot \frac{\sigma_P}{hv}\,(b \cdot l) = \eta \cdot \frac{P}{hv} \tag{5}$$

so daß sich die Generationsrate G_N der Elektron-Lochpaare – ausgedrückt durch die Leistungsdichte σ_P der optischen Strahlung – bestimmen läßt über (d = Dicke des Photoleiters):

$$G_N = \frac{\dot{N}_{sens}}{Vol} = \eta \cdot \frac{\sigma_P}{hv}\,\frac{(b \cdot l)}{b \cdot l \cdot d} = \eta \cdot \frac{\sigma_P}{hv}\,\frac{1}{d} \tag{6}$$

Andererseits ergibt sich eine Darstellung der Generationsrate G_N für Elektron-Lochpaare aus (3), im zeitlich eingeschwungenen (stationären) Zustand ($t_1 > t \gg \tau_p$) folgt nämlich:

$$\Delta\rho := \Delta\rho_p = \Delta\rho_n = G_N\,\tau_N = G_N\,\tau_p \tag{7}$$

da die Lebensdauer der Elektronen-Loch-Paare der Minoritätsträgerlebensdauer τ_p entspricht. Wir betrachten jetzt den Stromfluß durch den Photoleiter, bezogen auf den Leiterquerschnitt $b \cdot d$: Die Änderung der Stromdichte Δj ist dann nach (Band 2, Abschnitt 4.3.2, σ^n_{sp} und σ^p_{sp} sind die spezifischen Widerstände für Elektronen und Löcher):

$$\Delta j = \left(\Delta\sigma^n_{sp} + \Delta\sigma^p_{sp}\right)E = \left(|q|\Delta\rho\mu_n + |q|\Delta\rho\mu_p\right)E \underset{(7)}{=} |q|G_N\,\tau_p\left(\mu_n + \mu_p\right)E \tag{8}$$

Für die Driftgeschwindigkeiten (= Länge l des Photoleiters, geteilt durch die Lauf- oder **Transitzeiten** t^n_{tr} und t^p_{tr} von Elektronen und Löchern) gilt mit Band 2, (4.3.3-1):

$$\left.\begin{array}{l} |v_n| = \mu_n E = \dfrac{l}{t^n_{tr}} \\[2ex] E < \text{Sättigungsfeldstärke} \\[2ex] |v_p| = \mu_p E = \dfrac{l}{t^p_{tr}} \end{array}\right\} \Rightarrow \left(\mu_n + \mu_p\right)E = l\left(\frac{1}{t^n_{tr}} + \frac{1}{t^p_{tr}}\right) =: \frac{l}{t_{tr}} \tag{9}$$

t_{tr} ist eine zusammengesetzte Transitzeit; bei Ladungsträgern unterschiedlicher Beweglichkeit wird sie im wesentlichen festgelegt durch die Transitzeit der schnelleren (beweglicheren) Ladungsträgersorte. Das Einsetzen von (6) und (9) in (8) erbringt:

$$\Delta j = |q| G_N l \cdot \frac{\tau_p}{t_{tr}}_{\ (6)} = |q| \eta \cdot \frac{\sigma_P}{h\nu} \frac{l}{d} \frac{\tau_p}{t_{tr}} \tag{10}$$

Häufig geht man von den flächenbezogenen Größen auf die absoluten über:

$$\left. \begin{array}{l} \Delta I = \Delta j \cdot (b \cdot d) \\[2ex] P = \sigma_P \cdot (b \cdot l) \end{array} \right\} \underset{(10)}{\Rightarrow} \Delta I = |q| \eta \cdot \frac{P}{h\nu} \frac{\tau_p}{t_{tr}} \tag{11}$$

d.h. die geometrischen Größen des Photoleiters fallen heraus. Würde jedes Elektron-Loch-Paar genau *einen* Ladungsträger erzeugen, welcher der Photoleitung über die gesamte Länge l zur Verfügung steht, dann wäre die Änderung des Photostroms gleich der Elektronenladung, multipliziert mit der Anzahl der *pro Zeit* erzeugten Ladungsträger, also mit (5):

$$|\Delta I| = \frac{\text{fließende Ladung}}{\text{Zeit}} = |q| \eta \cdot \frac{P}{h\nu} \tag{12}$$

Das Verhältnis von Minoritätsträgerlebensdauer zur Transitzeit hat also die Bedeutung eines **Verstärkungs-** oder **Multiplikationsfaktors** M_0:

$$M_o = \frac{\tau_p}{t_{tr}} \tag{13}$$

Dieser hängt bei Anliegen elektrischer Felder unterhalb der Sättigungsfeldstärke von der wirkenden Spannung U ab. Aus (9) folgt:

$$t_{tr}\underset{E\ <\text{Sättigungsfeldstärke}}{=} \frac{l}{\left(\mu_n + \mu_p\right)E} = \left|\frac{l^2}{\left(\mu_n + \mu_p\right)U}\right| \tag{14a}$$

$$\underset{(13)}{\Rightarrow} M_o = \left|\frac{\left(\mu_n + \mu_p\right)U \cdot \tau_p}{l^2}\right| \tag{14b}$$

Bei großen elektrischen Feldstärken oberhalb des Sättigungswertes geht die Driftgeschwindigkeit nach Band 2, Bild 4.3.3-5, in eine Sättigungsgeschwindigkeit v_s über, die in der Größenordnung von 10^7 cm/s liegt. Damit folgt aus (13):

$$M_o \underset{E \geq \text{Sättigungsfeldstärke}}{\longrightarrow} \frac{\tau_p}{l} \cdot v_s \approx \frac{\tau_p}{l} \cdot 10^7 \frac{\text{cm}}{\text{s}} \tag{15}$$

Empfindliche Photoleiter haben daher große Minoritätsträgerlebensdauern, dafür müssen aber hohe Zeitkonstanten, d.h. eine geringe Bandbreite der Frequenz, in Kauf genommen werden.

Als **spektrale Empfindlichkeit des Photoleiters** gemäß der Definition (6.2-5) ergibt sich

$$R_\lambda^I = \frac{\Delta I}{P} \underset{(11)}{=} |q| \cdot \frac{\eta}{h\nu} \cdot \frac{\tau_p}{t_{tr}} \underset{(13)}{=} |q| \cdot \frac{\eta}{h\nu} \cdot M_o = |q| \cdot \frac{\eta}{hc_{dt}} \cdot M_o \cdot \lambda \tag{16}$$

d.h. die Charakteristik eines idealen Quantenzählers gemäß Bild 6.2-2. Die spektrale Empfindlichkeit bezüglich der Spannungsänderung bei konstantem Strom über dem Photoleiter folgt einfach aus

$$R_\lambda^U = \frac{\Delta U}{P} = \frac{\Delta U}{\Delta I} \cdot \frac{\Delta I}{P} = R \cdot R_\lambda^I \tag{17}$$

Beim Übergang auf eine zeitlich periodische Bestrahlung können wir das Ergebnis aus Band 2, Abschnitt 6.3, übernehmen: die Form der Kontinuitätsgleichung bleibt im Wechselstromfall erhalten, wenn wir die Minoritätsträgerlebensdauer τ_p ersetzen durch die komplexe Größe ($\omega =$ Kreisfrequenz der periodischen Anregung)

$$\tau_p^* = \frac{1}{\dfrac{1}{\tau_p} + j\omega} = \frac{\tau_p}{1 + j\omega\tau_p} \tag{18}$$

Aus (16) folgt daraus für die spektrale Empfindlichkeit im Wechselstromfall:

$$R_\lambda^{I^*} = |q| \cdot \frac{\eta}{h\nu} \frac{\tau_p^*}{t_{tr}} \underset{(18)}{=} \frac{R_\lambda^I}{1 + j\omega\tau_p} \tag{19}$$

Tab. 6.5-1 zeigt die Kenndaten wichtiger photoleitender Sensoren.

Tab. 6.5-1   Kenndaten von Ausführungen wichtiger photoleitender Sensoren (nach [6.2])

Halbleiter	Wellenlängen-bereich [µm]	λ_{max} [µm]	Betriebs-temperatur [K]	D_{max}^{*} [cmHz$^{1/2}$W^{-1}]
ZnS	0,34 ... 0,4	0,38	300	3×10^{14}
CdS	0,45 ... 0,67	0,60	300	$1,5 \times 10^{11}$
CdSe	0,72 ... 0,83	0,80	300	2×10^{12}
SiAu	0,50 ... 1,1	1,0	300	5×10^{12}
Si:Zn	0,50 ... 1,1	1,0	300	3×10^{12}
PbS	0,5 ... 3,5 (5)	2,5 (2,8)	300	2×10^{11}
PbSe	0,5 ... 5 (7,5)	3,8 (5)	300 (77)	10^{10}
InSb	1 ... 7,3	6,8 (5,3)	300 (77)	8×10^{8}
InAs	1 ... 3,8	3,3	300 (77)	3×10^{8}
Ge:Au	1 ... 10,6	5	77	10^{10}
Ge:Cu	0,5 ... 31	20	4,2	10^{-3}
Hg/CdTe	1 ... 25	4 ... 21	77	2×10^{10}

Bemerkenswert ist die große Empfindlichkeit photoleitender Sensoren aus vielen Halbleiterverbindungen, die natürlich durchweg mit großen Ansprechzeiten verknüpft ist. Industrielle Bedeutung haben insbesondere Photoleiter aus Kadmiumverbindungen (Bild 6.5-2 und 3), mit weitverbreiteten Anwendungsmöglichkeiten als preiswerte Sensoren für die Flammenüberwachung in Heizanlagen, als Belichtungsmesser in der Photographie, und bei vielfältigen Kontrollaufgaben in der Industrie und Umweltüberwachung.

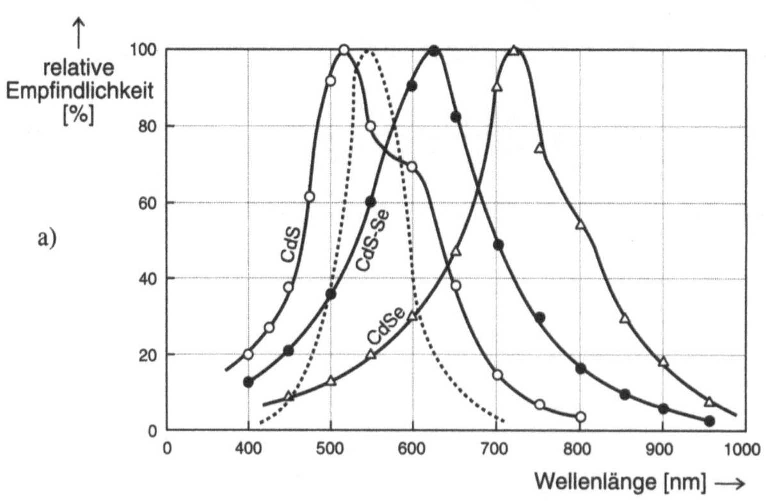

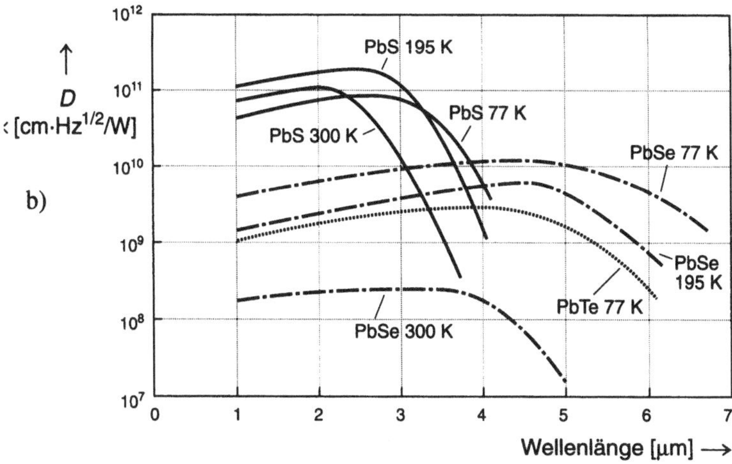

Bild 6.5-2   Spektrale Empfindlichkeit verschiedener Bleisalze (Blei-Halbleiterverbindungen), die als Photoleiter eingesetzt werden können (nach [3.39, 6.1])

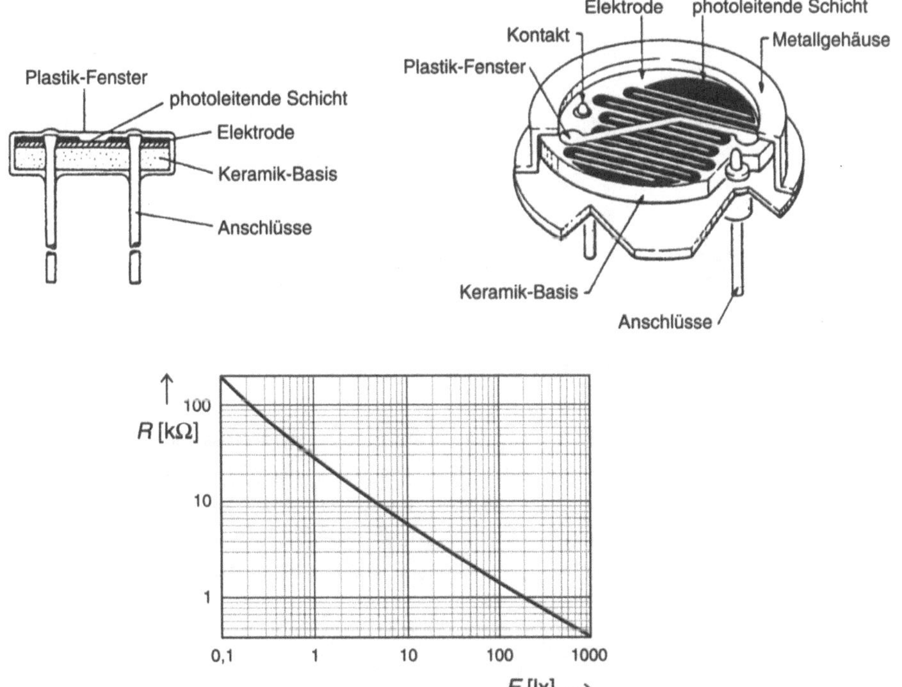

Bild 6.5-3   Aufbau und Kennlinie eines Kadmiumsulfid-Photowiderstands (nach [3.39])

Photoleitende Sensoren werden häufig eingesetzt, wenn aus übergeordneten Gesichtspunkten Werkstoffe (z.B. einem kleinen Bandabstand bei Infrarotsensoren) verwendet werden müssen, die technologisch noch zu wenig beherrscht werden, um die wirtschaftliche Fertigung höherentwickelte Bauelemente (z.B. mit pn-Übergängen) zu ermöglichen. Einige Beispiele für solche Werkstoffe sind in Tab. 6.5-1 zu finden.

Eine überragende Bedeutung haben Mischkristalle der Legierungen Quecksilber-Tellurid (HgTe) und Kadmiumtellurid (CdTe), bei denen sich über die Zusammensetzung die Breite der Bandlücke kontinuierlich – bis zur Bandlücke Null – einstellen läßt (Bild 6.5-4).

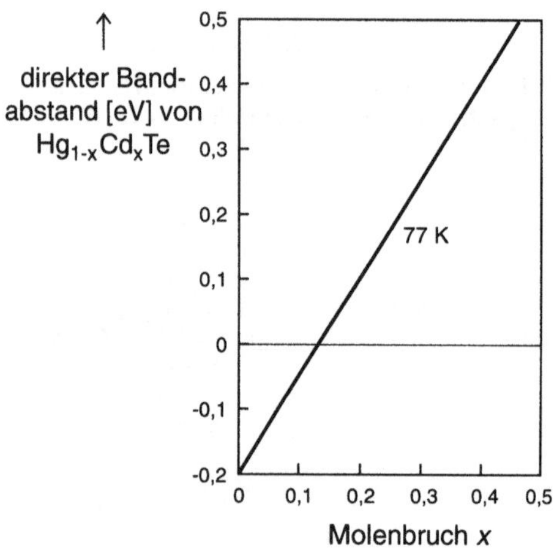

Bild 6.5-4   Größe der Bandlücke von Mischkristallen der Legierungen HgTe und CdTe in Abhängigkeit von der Zusammensetzung (nach [6.1])

Mit solchen Legierungen lassen sich Infrarotsensoren herstellen, deren maximale Empfindlichkeit im Bereich sehr langer Wellenlängen – also im tiefen Infraroten – liegen kann. Die Herstellung vieler Sensoren in eindimensionalen oder zweidimensionalen Anordnungen (**Arrays**) erlaubt die Aufnahme von Infrarot*bildern*. Bild 6.5-5/I. zeigt einen Ausschnitt aus einer Zeile von Photoleitern, Bild 6.5-5/II. die entsprechende Fertigungstechnologie.

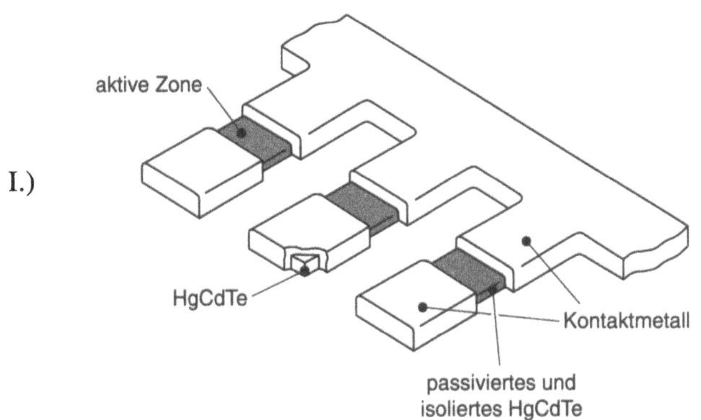

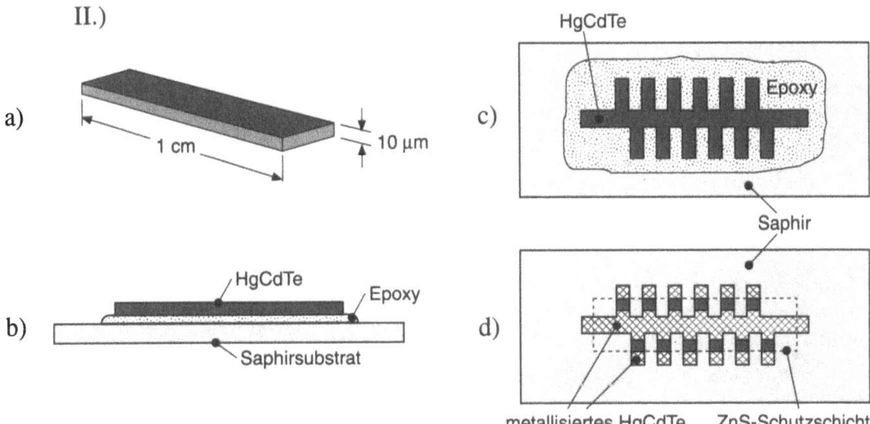

Bild 6.5-5   Photoleitende Infrarotsensoren aus $Hg_{1-x}Cd_xTe$ (nach [6.1]):

I.) Ausschnitt aus einer Sensorzeile

II.) Fertigung von Sensorzeilen mit dem Aufbau wie in I.):

a) Ausgegangen wird von einem $Hg_{1-x}Cd_xTe$-Kristall, der auf ein Saphirsubstrat aufgeklebt wird (b). Anschließend wird der $Hg_{1-x}Cd_xTe$-Kristall durch Ätzen in die Form (c) strukturiert. Die Metallisierung erfolgt auf den schraffierten Gebieten in (d). Die Sensorflächen zwischen den Metallkontakten werden schließlich mit einer durchsichtigen Passivierung geschützt.

Um mit einer Sensorzeile wie in Bild 6.5-5 ein zweidimensionales Bild aufnehmen zu können, muß die optische Abbildung des Aufnahmeobjektes über der Zeile hin- und hergeführt (**gescannt**) werden (Bild 6.5-6). Ein Verfahren zur seriellen Auslesung der Zeileninformation mit Integration der optisch generierten Ladungsträger bei einer Scan-Richtung entlang der Zeile (**Sprite-Detektor**) wird in Bild 6.5-7 beschrieben.

Beim heutigen Stand der Technik können mit großem Aufwand und relativ geringer Fertigungsausbeute auch aktive Infrarotbauelemente, insbesondere Infrarot-CCDs (Abschnitt 6.7), aus dem Werkstoff $Hg_{1-x}Cd_xTe$ hergestellt werden. Ein günstigeres Preis-Leistungsverhältnis ergibt sich allerdings bei Verwendung von dotiertem Silizium als Ausgangswerkstoff.

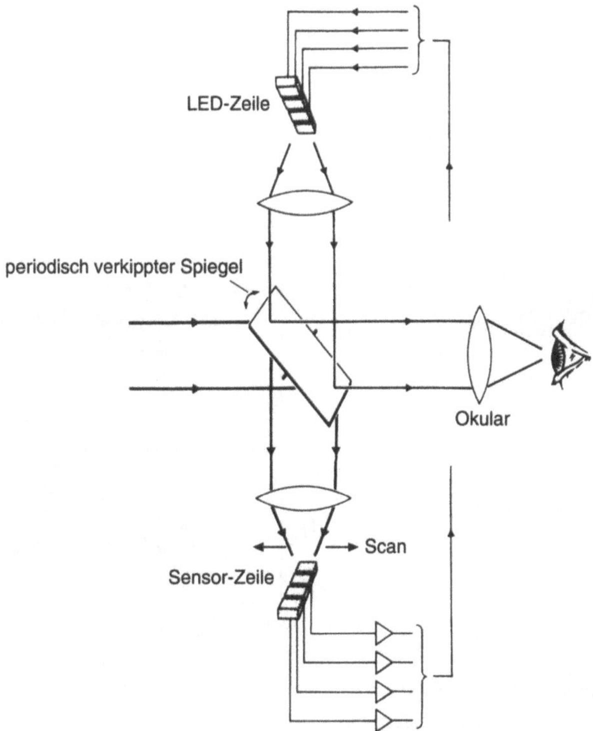

Bild 6.5-6   Erzeugung zweidimensionaler Abbildungen mit Hilfe von Zeilensensoren (nach [6.6]):

Das Infrarotbild wird mit einem doppelt halbdurchsichtig verspiegelten Glas zeilenförmig über die Sensorzeile hinweggeführt. Das verstärkte Sensorsignal steuert eine Zeile von Leuchtdioden (LEDs) an. Bei der dargestellte Anordnung kann der Betrachter gleichzeitig das Originalbild und das verstärkte Infrarotbild betrachten.

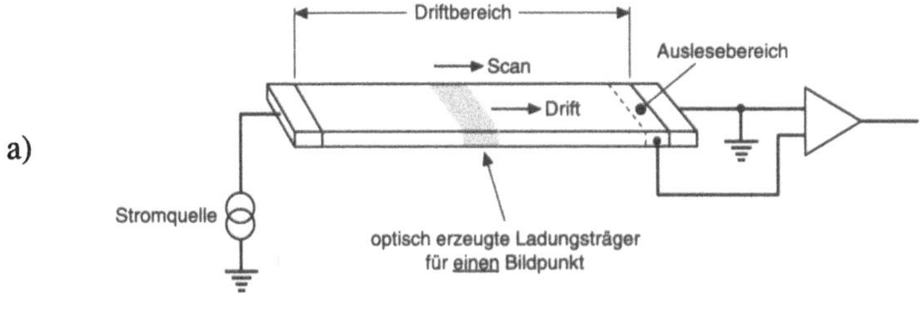

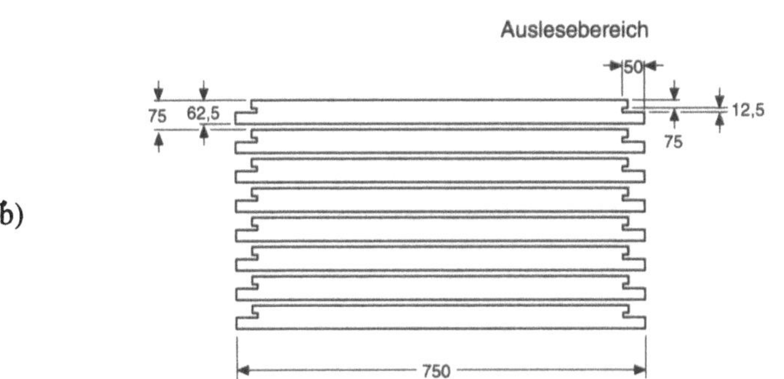

Bild 6.5-7 Sprite(signal processing in the element)-Sensorelement (nach [6.6])

a) Prinzip: Die Driftgeschwindigkeit der Ladungsträger wird durch Vorgabe der elektrischen Feldstärke genauso groß eingestellt wie die Scangeschwindigkeit. Auf diese Weise belichtet derselbe Bildpunkt über die gesamte Driftzeit denjenigen Bereich im Photoleiter, der diesem Bildpunkt zugeordnet wird. Am Ort der Auslesung wird daher das über die Driftzeit integrierte Photosignal abgeführt.

b) Ausführung eines 8-Element SPRITE-Arrays.

✳ 6.6   Bipolare optische Halbleitersensoren

6.6.1   pn-Photodioden

Bei den Photoleitern wird ein erheblicher Anteil der Energie der absorbierten optischen Strahlung für die Erzeugung von Elektron-Loch-Paaren aufgewendet (das ist ein alternativer Prozeß zur Erzeugung unmittelbarer Joulescher Wärme z.B. durch Anregung einer vergrößerten Wärmebewegung von Elektronen und Gitteratomen).

Auf beide Ladungsträgersorten wirken die chemischen Kräfte (Band 2, 4.3.2-4 und 5):

$$F^n_{chem} = -\frac{\partial W_F^{nL}}{\partial x} = -\frac{\partial W_L}{\partial x} - \frac{kT}{\rho_n} \frac{\partial \rho_n}{\partial x} \tag{1}$$

$$F^p_{chem} = -\frac{\partial W_F^{pV}}{\partial x} = +\frac{\partial W_F^{nV}}{\partial x} = \frac{\partial W_V}{\partial x} - \frac{kT}{\rho_p} \frac{\partial \rho_p}{\partial x} \tag{2}$$

Die physikalischen Ursachen für das Auftreten von Kräften können sehr unterschiedlich sein. Liegen *keine Konzentrationsgradienten* (**homogener Halbleiter**) vor, dann reduzieren sich (1) und (2) bei Verwendung der elektrischen Feldstärke E nach Band 2, Gleichung 4.3.2-8, auf

$$F^n_{chem} = -\frac{\partial W_F^{nL}}{\partial x} = -\frac{\partial W_L}{\partial x} = -|q|E \tag{3}$$

$$F^p_{chem} = -\frac{\partial W_F^{pV}}{\partial x} = +\frac{\partial W_F^{nV}}{\partial x} = \frac{\partial W_V}{\partial x} = +|q|E \tag{4}$$

Die chemische Kraft wirkt auf Elektronen und Löcher zwar mit dem gleichen Betrag, aber – wegen des unterschiedlichen Vorzeichens der Ladung – in entgegengesetzter Richtung: Die Elektronen-Lochpaare werden damit durch ein vorhandenes elektrisches Feld E elektrostatisch auseinandergezogen, d.h. die Ladungsträger voneinander *getrennt*.

Das Auftreten von elektrischen Feldern in (3) und (4) ist bei homogenen Halbleitern mit einem Gradienten der Fermienergie verbunden, d.h. am Bauelement liegt eine äußere Spannung an, so daß – bei hinreichend großer Ladungsträgerbeweglichkeit – ein elektrischer Strom fließt.

Auch bei Abwesenheit von Gradienten der Fermienergie, d.h. im stromlosen Fall, können elektrische Felder erzeugt werden, wenn gleichzeitig Gradienten der Ladungsträgerdichten (**inhomogener Halbleiter**) vorliegen. Aus den allgemeineren Gleichungen (1) und (2) folgt dann:

$$F^n_{chem} = -\frac{\partial W_F^{nL}}{\partial x} = 0 \Rightarrow +\frac{\partial W_L}{\partial x} = -|q|E = +\frac{kT}{\rho_n} \frac{\partial \rho_n}{\partial x} \tag{5}$$

$$F^p_{chem} = -\frac{\partial W_F^{pV}}{\partial x} = 0 \Rightarrow \frac{\partial W_V}{\partial x} = |q|E = +\frac{kT}{\rho_p} \frac{\partial \rho_p}{\partial x} \tag{6}$$

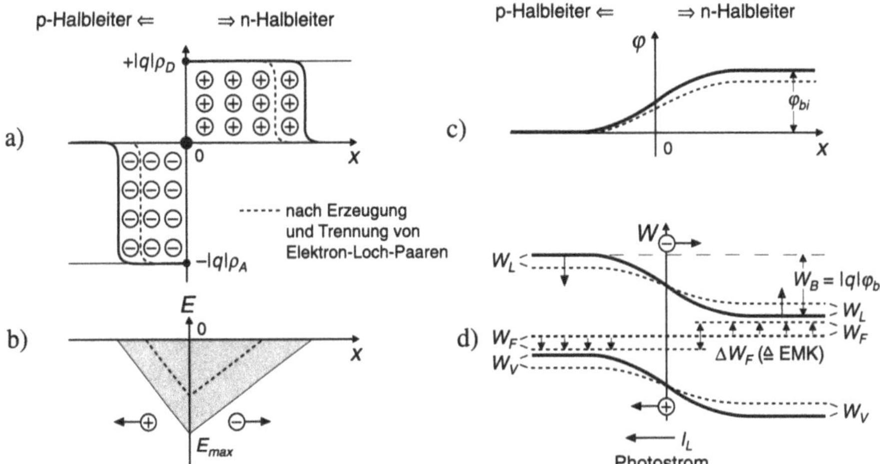

Bild 6.6.1-1. Entstehung einer Photospannung bei optischer Bestrahlung des pn-Übergangs (Bändermodell s. Band 2, Bild 5.2.2-2): In der Raumladungszone möge – z.B. durch Absorption optischer Strahlung – ein Elektron-Loch-Paar gebildet werden, das durch Einwirkung des elektrischen Feldes (Konsequenz der Bandverbiegung) getrennt wird. Das
Elektron bewegt sich in das n-Gebiet, das Loch in das p-Gebiet. Auf diese Weise *verkleinert* sich auf beiden Seiten des pn-Übergangs die Breite und Ladung der Raumladungszone. Die Integration der Poissongleichung (s. Band 2, Abschnitt 5.2.2) ergibt
dann eine Abnahme der elektrischen Feldstärke und damit der Barrierenhöhe im Bändermodell. Da außerhalb der Raumladungszone der energetische Abstand zwischen
den Bandkanten und den Fermienergien durch die Dotierung festgelegt ist, stellt sich
als Konsequenz der Elektron-Loch-Paarbildung eine Verschiebung der Fermienergien
von p- und n-Material gegeneinander ein: Es entsteht – wie beim Thermoelement,
wenn auch aus grundsätzlich verschiedenen Ursachen – eine von außen meßbare Spannung (EMK, s. Anhang C1), d.h. es liegt ein spannungserzeugender (galvanischer) Effekt vor (**Prinzip der Solarzelle**). In den Darstellungen sind die Größen ohne (durchgezogen) und nach (gestrichelt) der Erzeugung und Trennung von Elektron-Lochpaaren graphisch dargestellt:

a) Ortsabhängigkeit der Raumladungen (ρ_D und ρ_A sind die Konzentrationen der
   Donatoren und Akzeptoren im n- und p-Halbleiter)

b) Ortsabhängigkeit der elektrischen Feldstärke E

c) Ortsabhängigkeit des elektrischen Potentials φ

d) Bändermodell

Dieser Fall ist beispielsweise bei einem pn-Übergang realisiert, der durch Elektronenübergänge vom n- in das p-Gebiet nach Band 2, Bild 5.2.2-1 (z.B. durch einen
äußeren elektrischen Kurzschluß beider Seiten), in ein thermischen Gleichgewicht
gebracht worden ist (Bild 6.6.1-1).

Werden nun innerhalb der Raumladungzone Elektronen-Loch-Paare erzeugt (oder
gelangen diese von außerhalb in die Raumladungszone) und durch Einwirkung des
elektrischen Feldes voneinander getrennt, dann verändert sich die Größe der Raumla-

dungen auf beiden Seiten des pn-Übergangs. Wie aus Bild 6.6.1-1 zu erkennen, ist die Konsequenz eine Verschiebung der (im thermischen Gleichgewicht auf gleicher Höhe liegenden) Fermienergien der Halbleiterbereiche gegeneinander, also die Generation einer von außen meßbaren elektrischen Spannung (**photovoltaischer Effekt**). Dieses ist ein Spezialfall einer viel allgemeineren Aussage, die durch Integration der Poissongleichung in einfacher Weise bewiesen werden kann (Anhang C1): **Werden zwei Systeme durch eine elektrische Ladungsdoppel- oder Dipolschicht voneinander getrennt, dann bewirkt eine Veränderung der Ladungen auf beiden Seiten der Schicht eine Verschiebung der Fermienergien der Systeme gegeneinander.** Hierdurch können z.B. zwei ursprünglich nicht im Gleichgewicht befindlichen Systeme (mit unterschiedlichen Fermienergien) in ein Gleichgewicht (mit gleichen Fermienergien) gebracht werden (Band 1, Abschnitt 2.8.3). Alternativ dazu kann ein System aus dem Gleichgewichtszustand in einen Nichtgleichgewichtszustand mit unterschiedlichen Fermienergien überführt werden, wenn es gelingt, durch einen äußeren Einfluß die Ladung der Dipolschicht zu verändern. Hieraus kann eines der allgemeinen Prinzipien zur Generation einer elektromotorischen Kraft (EMK = Differenz der Fermienergien bei gleicher Temperatur) abgeleitet werden. Auch die Spannungserzeugung über den piezo- und pyroelektrischen Effekt (Abschnitte 3.5 und 4.2.1), bei dem Oberflächenladungen (die zusammengenommen als Dipolschicht betrachtet werden können) durch einen Temperaturgradienten oder eine mechanische Spannung verändert werden, fällt in dieselbe Kategorie.

Beim photovoltaischen Effekt ergibt sich die maximale generierbare äußere Spannung durch die Flachbandbedingung: In diesem Fall verschwindet das elektrische Feld, so daß keine Ladungstrennung mehr erfolgt (Bild 6.6.1-2).

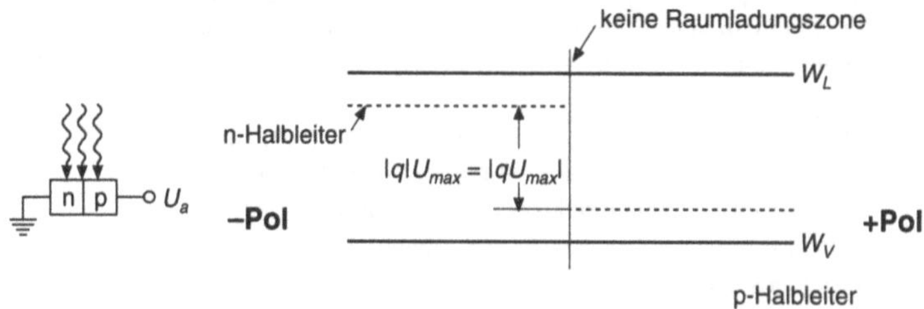

Bild 6.6.1-2   **Maximale Photospannung** U_{max}**:** Bei Erzeugung und Trennung einer hinreichend großen Anzahl von Elektron-Lochpaaren in Bild 6.6.1-1 wird die Raumladung schließlich vollständig kompensiert, d.h. die Bandkanten werden so weit gegeneinander verschoben, bis der oben dargestellte Flachbandfall (s. auch Band 2, Bild 5.2.2-1) angenommen wird. In diesem Fall verschwindet das elektrische Feld am pn-Übergang, so daß die erzeugten Elektron-Lochpaare nicht mehr getrennt werden können. Die maximale Photospannung U_{max} ergibt sich damit aus der Differenz der Fermienergien für den Flachbandfall, sie entspricht also der Flachbandspannung U_a^{FB}.

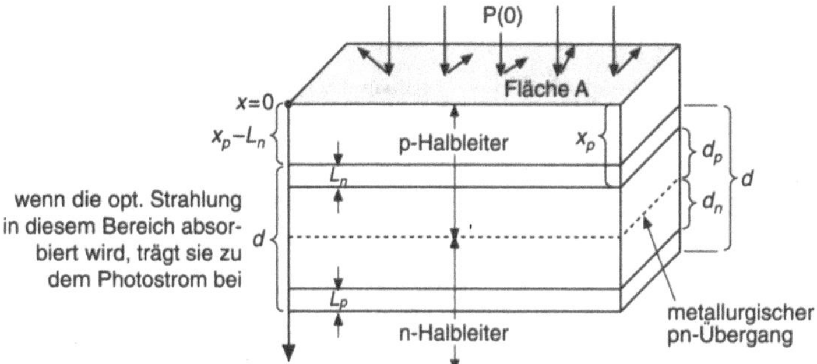

Bild 6.6.1-3   Zur Berechnung der spektralen Empfindlichkeit der Photodiode gehen wir aus von einem pn-Übergang, auf den eine optische Strahlung mit der Leistung P(0) senkrecht auftrifft. Die Raumladungszone des pn-Übergangs möge zwischen den Flächen bei $x = x_p$ und $x = x_p + d_n + d_p$ liegen. Auch Elektron-Lochpaare, die außerhalb der Raumladungszone generiert werden, tragen zum Photostrom bei, sofern die Generation in einem Abstand von der Raumladungszone erfolgt, der nicht mehr als die mittleren Diffusionslängen L_n und L_p beträgt. Damit beträgt die Dicke der optisch aktiven Schicht insgesamt $d = d_n + d_p + L_n + L_p$.

Zur Berechnung der spektralen Empfindlichkeit gehen wir aus von einem Aufbau der Photodiode wie in Bild 6.6.1-3.

Innerhalb der optisch aktiven Schicht mit der Dicke d hat die Generationsrate G_N (= Anzahl der erzeugten Elektron-Lochpaare pro Zeit und Volumen) nach (6.5-6) den Wert:

$$G_N = \eta \cdot \frac{\sigma_P}{h\nu} \frac{1}{d} \tag{1}$$

Jedes erzeugte Elektron-Lochpaar soll mit *einer* Elektronenladung zum Photostrom I_L in x-Richtung beitragen, d.h. die aus dem Absorptionsgebiet pro Zeit herausflie-ßende Ladungsmenge (= I_L) ist wie in (6.5-12):

$$I_L = |q| \cdot G_N \cdot Vol = |q| \cdot G_N \cdot (A \cdot d) \tag{2}$$

$$\underset{(1)}{=} |q| \cdot \eta \cdot \frac{\sigma_P \cdot A}{h\nu} = \frac{|q| \cdot \eta}{h\nu} \cdot P \tag{3}$$

wenn wir die Leistungsdichte σ_P durch die Strahlungsleistung P ersetzen. Damit ergibt sich nach (6.2-9) die spektrale Empfindlichkeit

$$R_\lambda^I = \frac{I_L}{P} = \frac{|q| \cdot \eta}{h\nu} \tag{4}$$

Das ist nach (6.5-16) derselbe Wert wie für eine Photoleiter mit $M_o = 1$, da in beiden Fällen der Strom durch die optisch erzeugten Elektron-Lochpaare getragen wird. Die Photodioden weisen also keinen Multiplikationsfaktor auf. Daher sind sie bei einem Aufbau wie in Bild 6.6.1-3 unempfindlicher als viele Photoleiter, entsprechend können sie aber auch kürzere Ansprechzeiten haben.

Im folgenden soll die geometrisch bestimmte Quantenausbeute η_{geom} für die Photodiode berechnet werden. Dabei setzen wir zunächst voraus, daß jedes absorbierte Lichtquant *ein* Elektron-Lochpaar erzeugt (werkstoffbedingter Quantenwirkungsgrad 100%), müssen aber berücksichtigen, daß nur ein Teil der einfallenden Lichtquanten in der optisch aktiven Zone absorbiert wird [6.4]. Wir gehen aus von (6.1-28) und erhalten für die absoluten (nicht flächenbezogenen) Größen:

$$P(x) = P(0)\exp(-\alpha x) \tag{5}$$

In Bild 6.6.1-3 wird also zwischen $x = x_p - L_n$ und $x = x_p + d$ die folgende Leistung in eine Elektronen-Lochpaarerzeugung umgewandelt:

$$\Delta P = P\left(x_p - L_n\right) - P\left(x_p - L_n + d\right)$$

$$\underset{(5)}{=} P(0)\exp\left(-\alpha\left[x_p - L_n\right]\right)\left\{1 - \exp(-\alpha d)\right\} \tag{6}$$

Die in den Halbleiter eindringende Strahlungsleistung ergibt sich aus der insgesamt eingestrahlten nach Abzug der reflektierten (Korrektur über den Reflexionskoeffizienten R, s. Band 11, Abschnitt 3.3), so daß insgesamt gilt

$$\Rightarrow \eta_{geom} = \frac{\Delta P}{P(0)} = \left(1 - |R|^2\right)\exp\left(-\alpha\left[x_p - L_n\right]\right)\left\{1 - \exp(-\alpha d)\right\} \tag{7}$$

Diese *geometriebedingten* Quantenwirkungsgrade müssen im allgemeinen Fall mit den *werkstoffbedingten* multipliziert werden, Bild 6.6.1-4 zeigt die letzteren für verschiedene Werkstoffe. Die photoelektrisch erzeugten Ströme werden belastet durch die Dunkelströme (Bild 6.6.1-5).

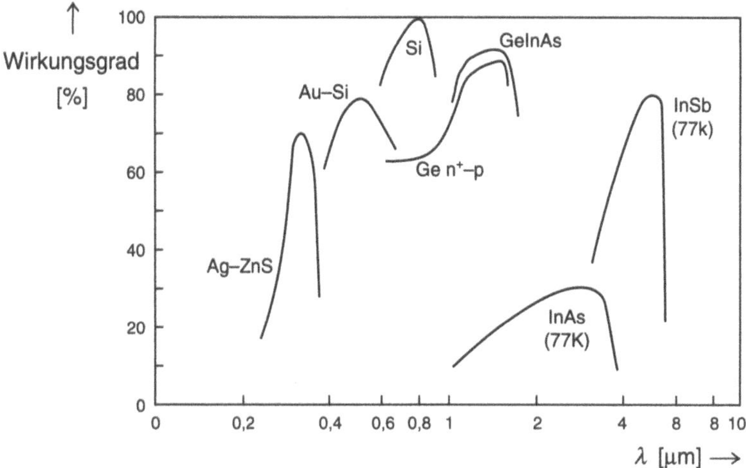

Bild 6.6.1-4 Quantenwirkungsgrade einiger Photodetektoren (nach [6.1])

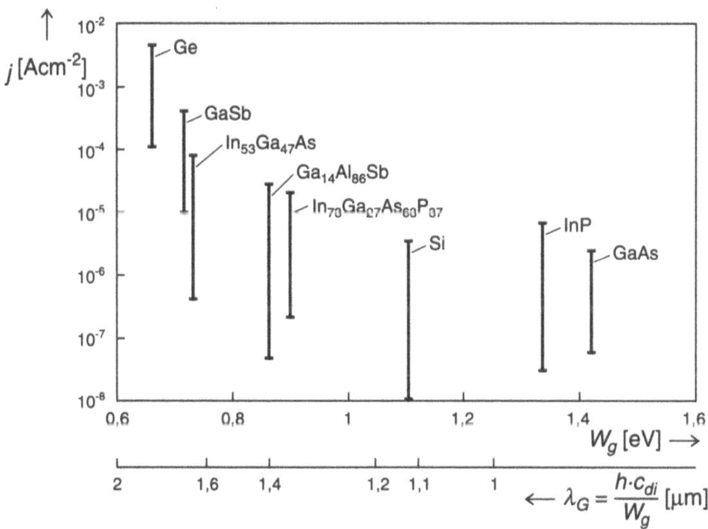

Bild 6.6.1-5 Typische Dunkelströme von pn-Übergängen aus verschiedenen Halbleiter-materialien (nach [6.2])

In Bild 6.6.1-6 sind die Kenndaten von Silizium-Photodioden zusammengestellt.

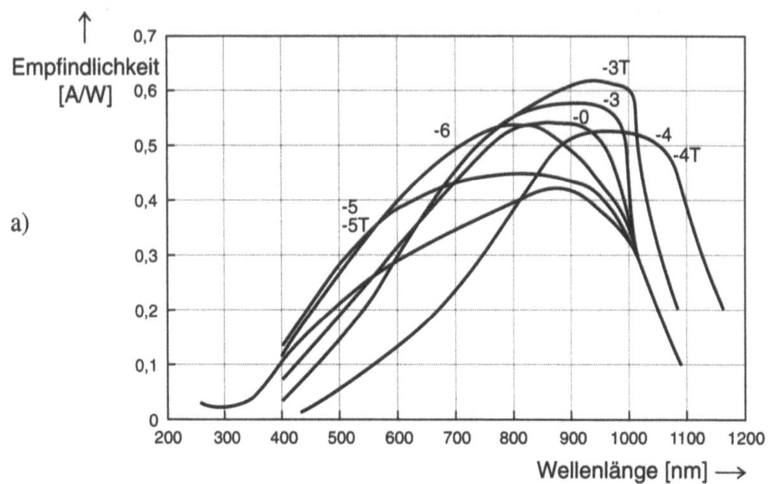

b) Standard-Baureihe –0

Typenbezeichnung	Aktive Fläche (n)			Dunkelstrom U_R(max) Typ [nA]	NEP $\lambda = 900$ nm typ [W/√ Hz]	Kapazität U_R(max) max [pF]	Anstiegszeit $\lambda = 900$ nm typ [nsec]	Gehäuse
	A	F [mm²]	B/D [mm]					
Einzelelement-Detektoren								
OSDI-0	1	1	1,13	5	1,6 x 10E-13	3	10	TO 18
OSDS-0	1	5	2,52	8	2 x 10E-13	8	8	TO 5
OSD15-0	1	15	3,8	20	3,2 x 10E-13	20	9	TO 5
OSD35-0	1	35	5.9	200	5 x 10E-13	400	11	TO 8
OSD50-0	1	50	7,98	180	6,9 x 10E-13	65	13	TO 8
OSD100-0	1	100	11,3	300	1,3 x 10E-12	130	19	25-TO
OSD200-0	1	200	15,96	440	1,5 x 10E-12	300	30	25-TO
OSD300-0	1	300	19,54	570	1,7 x 10E-12	450	42	32-TO
Zeilen-Detektoren								
LD2-0A	2	1	0.5 · 2.00	2	1 x 10E-13	3	15	TO 5
LD2-DB	2	2,02	1.42 · 1.42	4	1,3 x 10E-13	4	11	TO 5
LD20-0	20	3,6	0.9 · 4.0	4	1,3 x 10E-13	7	10	DIL-22
LD35-0	35	4,42	0.96 · 4.6	5	1,5 x 10E-13	8	10	DIL-40
Quadranten-Detektoren								
QD7-0	4	7	2,99	7	1,8 x 10E-13	4	10	TO 5
QD50-0	4	50	7,98	40	4,2 x 10E-13	18	9	TO 8
QD100-0	4	100	11,3	70	5,5 x 10E-13	30	10	25 TO
QD320-0	4	320	20,2	200	9,4 x 10E-13	100	16	32 TO
Matrix-Detektoren								
MD25-0	5 x 5	7,29	2.7 · 2.7	4	1,3 x 10E-13	15	9	spezial
M0100-0	10 x 10	1,96	1.4 · 1.4	4	1,3 x 10E-13	4	11	spezial

Bild 6.6.1-6   Kenndaten von Silizium-Photodioden (nach [6.11])

a) Spektrale Empfindlichkeit für verschiedene Standardreihen von Siliziumdioden, die sich in der Dotierung und geometrischer Struktur unterscheiden

b) Kenndaten für die Standardreihe -0 in a). Zur Vergrößerung des ladungstrennenden Feldes kann an die Dioden auch eine Sperrspannung angelegt werden, s. u.

Durch Verwendung spezieller Bauformen und Bauelementprinzipien lassen sich die Eigenschaften von Photodioden weiter verbessern. In der Raumladungszone wird der Bereich maximaler Feldstärke (mit maximal effizienter Ladungstrennung) durch Einlagerung einer intrinsischen (i-) Zone verbreitert, so daß eine **pin-Diode** (Bild 6.6.1-7, Band 2, Abschnitt 9.3.4) entsteht. Hierdurch kann weiterhin der nutzbare Bereich der absorbierten Strahlung, d.h. der geometrisch bestimmte Quantenwirkungsgrad nach (8) **vergrößert** werden.

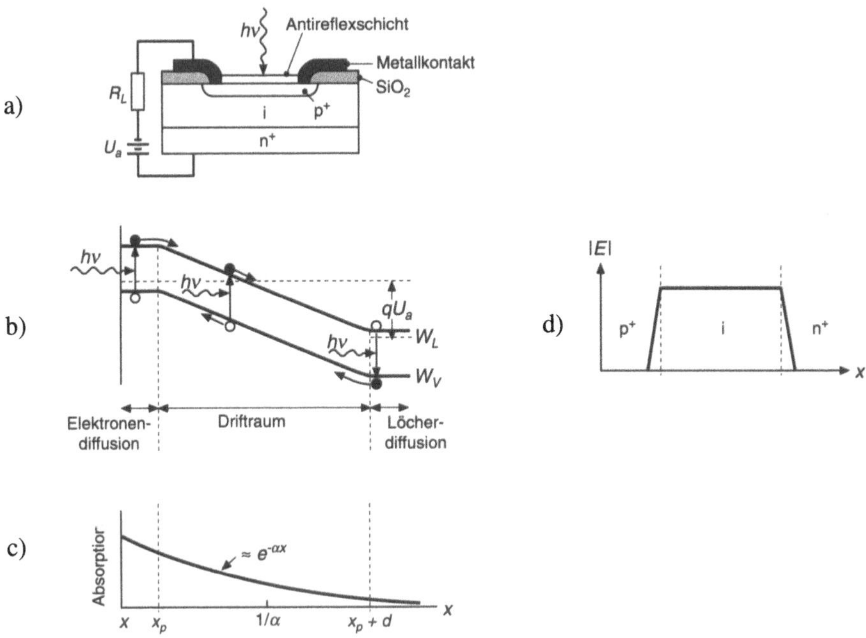

Bild 6.6.1-7   pin-Photodioden (nach [3.3])

    a) Aufbau der pin-Diode

    b) Bändermodell bei Anlegen einer Sperrspannung: Eingezeichnet sind die Bereiche für eine Driftbewegung (bei Anwesenheit eines elektrischen Feldes im Bereich der Bandverbiegung) und eine Diffusionsbewegung (kein elektrisches Feld, d.h. flacher Bandverlauf) von Elektronen und Löchern

    c) Ortsverlauf der optischen Strahlungsleistung

    d) Ortsverlauf des elektrischen Feldes

In Bild 6.6.1-8 sind einige Kenndaten kommerzieller pin-Photodioden zusammengestellt.

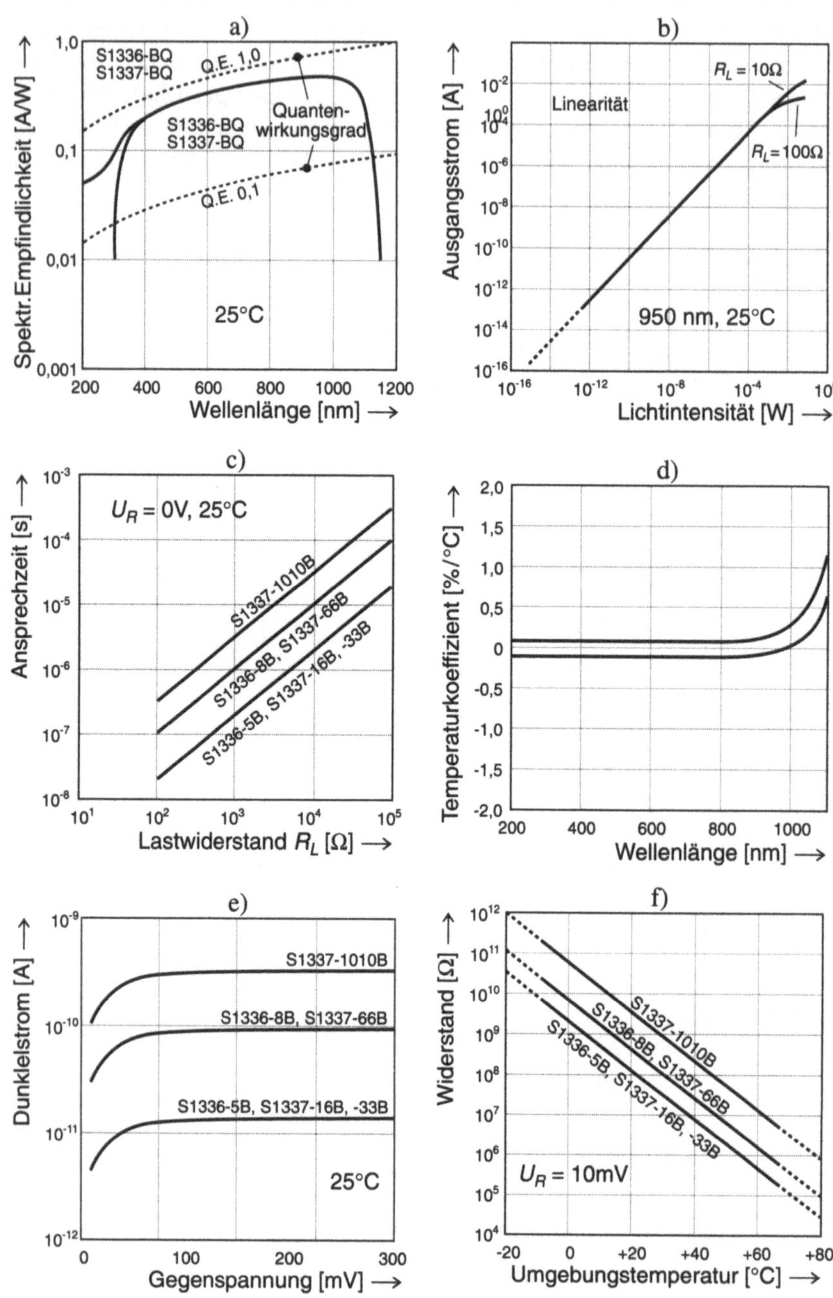

Bild 6.6.1-8   Kenndaten kommerzieller pin-Dioden (nach [3.48])

Bild 6.6.1-9 zeigt die Wellenlängenabhängigkeit der Quantenausbeute schneller Photodioden, die bei den technologisch gut beherrschten Halbleiterwerkstoffen häufig als pin-Dioden ausgeführt werden; in Tab. 6.6.1-1 erfolgt ein Vergleich der Kenndaten.

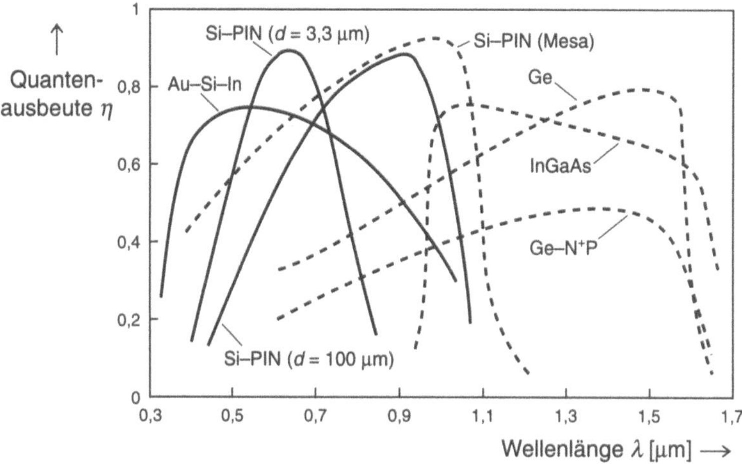

Bild 6.6.1-9 Quantenausbeute schneller Photodioden in Abhängigkeit von der Wellenlänge (nach [6.4]

Tab. 6.6.1-1   Kenndatenvergleich schneller Photodioden (nach [6.4])

Diodenart	Wellenlängen [µm]	Maximale Quantenausbeute in %	Ansprechzeit bei 50-Ω Belastung [ns]	Kapazität [pF]	Dunkel strom [nA]	Strahlungs empfindliche Fläche in mm²
Si-pin	0,5 ...0,7	≥90	0,1	1	< 1	0,002
Si-pin	0,4 ...1,1	90	3	3	50	2
Si-Mesa, seitlich eingestrahlt	0,4 ...1,1	90	0,5	1,8	10	
Ge-n⁺p	0,6 ...1,65	70	0,1	0,5	500	0,008
Au-Si-in	0,38...0,8	75	5	4	0,1	0,2
InGaAs Heterodiode	0,95...1,65	80	0,1			

In Bild 6.6.1-10 sind einige spezielle Ausführungsformen von Photodioden – meist optimiert auf eine Vergrößerung der Empfindlichkeit – zusammengestellt.

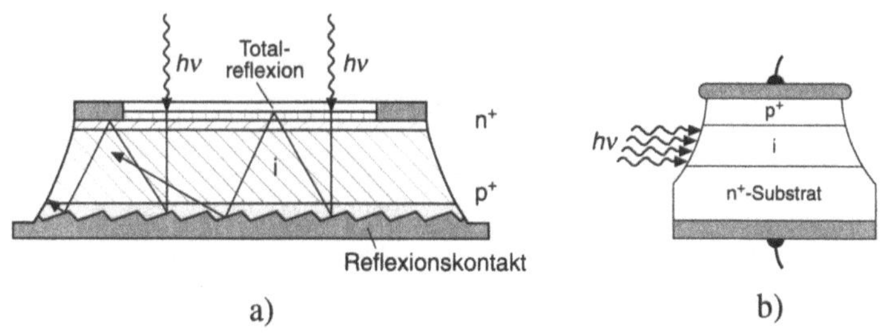
hv
Total-
reflexion
hv
n+
i
p+
Reflexionskontakt
a)
hv
p+
i
n+-Substrat
b)

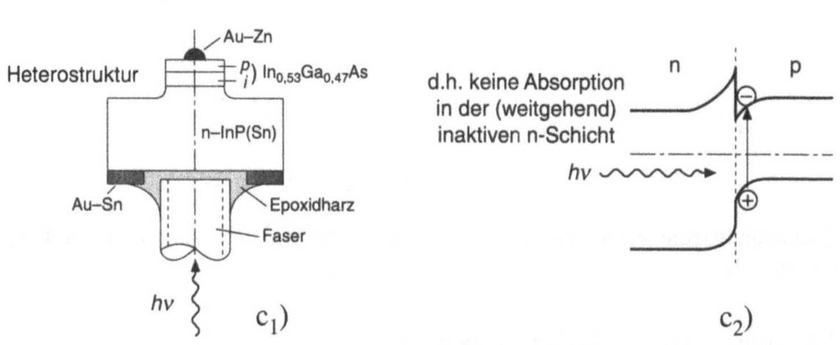
Au–Zn
Heterostruktur
p
i) In0,53Ga0,47As
n–InP(Sn)
Au–Sn
Epoxidharz
Faser
hv
c1)
d.h. keine Absorption
in der (weitgehend)
inaktiven n-Schicht
n
p
hv
c2)

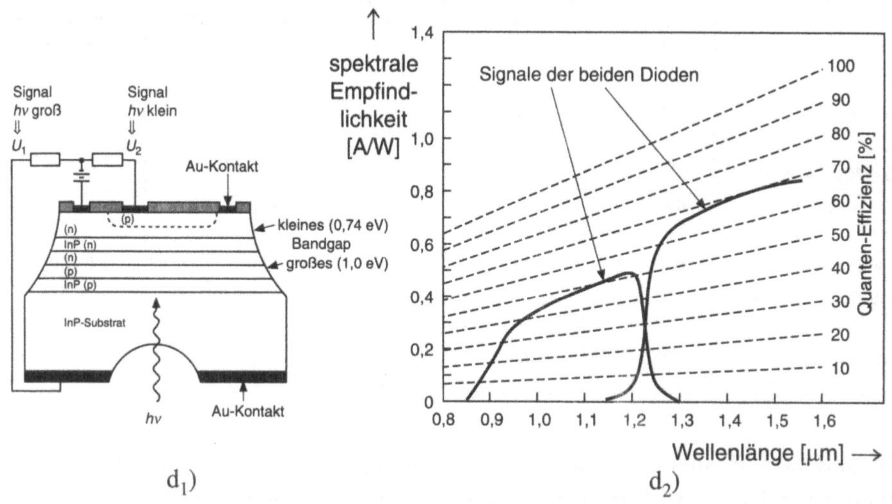
Signal
hv groß
U1
Signal
hv klein
U2
Au-Kontakt
(p)
(n)
InP (n)
(n)
(p)
InP (p)
kleines (0,74 eV)
Bandgap
großes (1,0 eV)
InP-Substrat
hv
Au-Kontakt
d1)
spektrale
Empfind-
lichkeit
[A/W]
1,4
1,0
0,8
0,6
0,4
0,2
0
Signale der beiden Dioden
100
90
80
70
60
50
40
30
20
10
Quanten-Effizienz [%]
0,8 0,9 1,0 1,1 1,2 1,3 1,4 1,5 1,6
Wellenlänge [µm] →
d2)

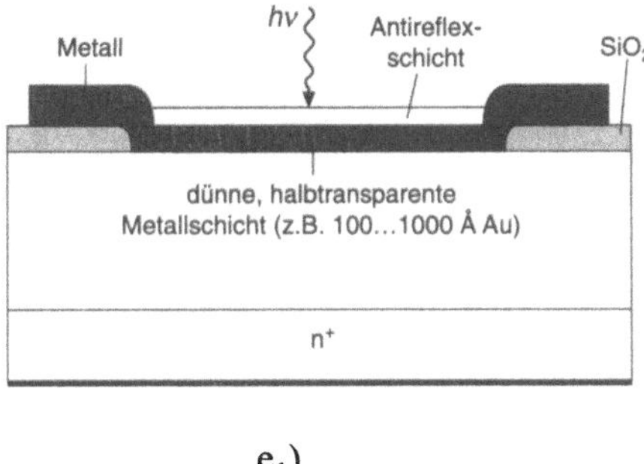

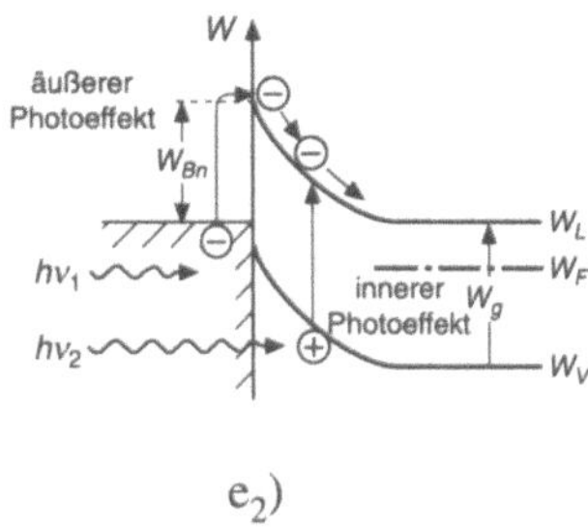

Bild 6.6.1-10   Spezielle Ausführungen von Photodioden

a) Dioden mit Mehrfachreflexion (nach [6.4]): Um die Empfindlichkeit der Diode im Wellenlängenbereich mit geringer Absorption zu vergrößern, wird der Laufweg der Strahlung in der i-Zone durch **Reflexion** vergrößert.

b) **Seitliche Einstrahlung** (nach [6.4]): Erfolgt eine Lichteinstrahlung wie in a), dann können in einem Wellenlängenbereich mit starker Absorption die Verluste in der obersten (in der Abbildung a) die n$^+$-Schicht) groß werden. Dieser Effekt läßt sich durch seitliche Einstrahlung vermeiden.

c) Alternativ zu b) läßt sich die Oberflächenabsorption dadurch reduzieren, daß man die Diode aus einem Halbleiter-**Heteroübergang** (Band 2, Abschnitt 5.2.3) herstellt. Dabei ist der Bandabstand der obersten Schicht größer als der in der darunterliegenden (c$_1$), wo die gewünschte Strahlungsabsorption stattfindet. Die Lichteinspeisung erfolgt bei Ausführung (c$_2$) über eine Glasfaser (nach [6.4]).

d) **Zweifarben-Sandwich-Detektoren** (nach [3.3]): In einer Halbleiter-Heterostruktur werden zwei hintereinanderliegende Dioden hergestellt, wobei der Bandabstand in den absorbierenden Zonen unterschiedlich ist. Das einfallende Licht wird zunächst auf die Diode mit dem größeren Bandabstand geleitet: Dort wird der kurzwellige Anteil des Lichts stärker absorbiert, während der längerwellige Anteil die erste Diode nur wenig geschwächt durchläuft und durch die zweite hintereinandergeschaltete Diode mit dem kleineren Bandabstand absorbiert wird.

e) **Schottky-Photodioden** (nach [3.3,6.2]): Sehr dünne Metallschichten können optisch weitgehend transparent sein, so daß auch die Herstellung von Schottky-Photodioden möglich wird. Bei diesen Bauelementen trägt auch eine Absorption unmittelbar an der Oberfläche zum Photostrom bei. Naturgemäß (Band 2, Abschnitt 9.2) haben Schottky-Photodioden eine besonders hohe Ansprechgeschwindigkeit (z.B. größer als 25 GHz).

Bei Siliziumdioden lassen sich mit einer Silizidmetallisierung besonders niedrige Schottkybarrieren erzeugen, so daß auch infrarotempfindliche Schottkydioden hergestellt werden können.

Eine weitere Möglichkeit, die Empfindlichkeit von Photodioden zu steigern, entsteht durch die Anwendung des Lawinendurchbruchs (Band 2, Abschnitt 4.3.4): Oberhalb der elektrischen Durchbruchfeldstärke erzeugen die Ladungsträger durch Stoßionisation neue Elektron-Lochpaare und können damit den Strom beträchtlich verstärken (großer Verstärkungs- oder Multiplikationsfaktor M_o). Photodioden, die nach diesem Prinzip arbeiten, werden als **Lawinenphotodioden** oder **APD**s (avalanche photo diodes) bezeichnet. Die Durchbruchfeldstärke läßt sich im Bereich maximaler Feldstärke am pn-Übergang durch Anlegen hinreichend hoher Sperrspannungen erzeugen. Durch Einfügen spezieller Schichtfolgen läßt sich der Ort des Lawinendurchbruchs auch geometrisch festlegen (Bild 6.6.1-11). Tabelle 6.6.1-2 gibt die Leistungsdaten verschiedener Lawinen-Photodioden an.

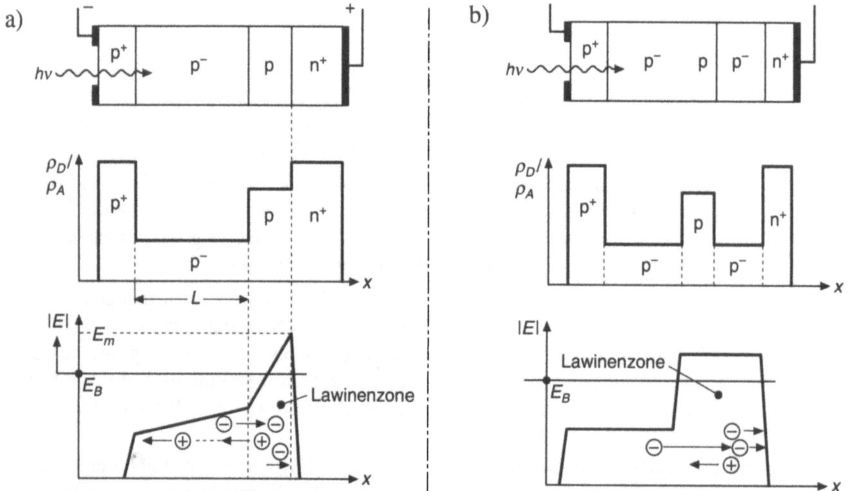

Bild 6.6.1-11   Geometrische Festlegung des Orts für den Lawinendurchbruch im Bereich niedrig dotierter Schichten (nach [6.2])

    a) Lawinenzone mit ansteigender Feldstärke

    b) Lawinenzone mit konstanter Feldstärke: **Durchgreifdiode** (reach through avalanche photo diode, **RAPD**)

Tab. 6.6.1-2   Leistungsdaten von Lawinen-Photodioden (nach [6.4])

Diodenart	Si RAPD	Ge-p^+n-APD	InGaAs-Mesa-APD
Fläche in mm^2	0,02	0,008	0,03
Vorspannnung [V]	400	23...33	140
Quantenausbeute [%]	90	80	65
(bei λ in µm)	(0,85)	(1,55)	(1,3,1,55)
Primärer Dunkelstrom [nA]	0,5	200	
Ionisierungsverhältnis	0,04	1,2	
Kapazität [pF]	0,3	1,8	
Ansprechzeit [ns]	1	0,2	0,3
Maximales M_0	> 500	100	> 200
Verstärkungs-Bandbreiteprodukt [GHz]	>100	> 20	1

6.6.2 Phototransistoren und -thyristoren

In Verbindung mit einer Transistorwirkung kann das Signal von Photodioden unmittelbar verstärkt werden. Wird die Photodiode parallel zum Basis-Kollektorübergang des Transistors geschaltet (Bild 6.6.2-1), dann erzeugt der Photostrom I_L der Diode einen gleich großen Basisstrom, der nur dadurch aufrechterhalten werden kann, daß gleichzeitig ein um die β–Stromverstärkung (Band 2, Abschnitt 10.2.1) vergrößerter Kollektorstrom fließt.

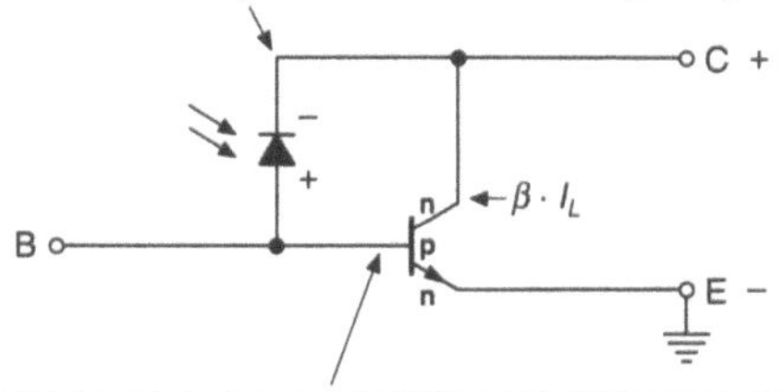

der Photostrom I_L muß durch den Emitter "gesaugt" werden

das ist nur bei einem weit größeren Kollektorstrom möglich

Bild 6.6.2-1   Aufbau eines Phototransistors: Eine Photodiode wird parallel zum Basis-Kollektorübergang eines bipolaren Transistors geschaltet. Bei Bestrahlung erzeugt sie einen Photostrom I_L, der wie ein Basisstrom bei Emitterschaltung wirkt, d.h. durch den Transistor mit der Stromverstärkung β verstärkt wird.

Die Berechnung des Kollektorstrom erfolgt ähnlich wie die Berechnung des Kollektor-Emitterstroms bei offener Basis in Band 2, Abschnitt 10.2.1, es ergibt sich:

$$I_C = (\beta + 1)(I_{CBo} + I_L) \underset{\substack{I_L \gg I_{CBo} \\ \beta \gg 1}}{\approx} \beta \cdot I_L \tag{1}$$

Die spektrale Empfindlichkeit des Phototransistors ist damit

$$R_\lambda^I \Big|_{\text{Phototransistor}} = \frac{I_L}{P} \underset{(1)}{\approx} \beta \cdot \frac{I_L}{P} \underset{(6.6.1\text{-}4)}{=} \beta \cdot R_\lambda^I \Big|_{\text{Photodiode}} \tag{2}$$

also relativ zur Photodiode um den Faktor der β-Stromverstärkung vergrößert (Multiplikationsfaktors $M_o = \beta$). Ein Aufbau des Phototransistors wie in Bild 6.6.2-1 kann hybrid oder integriert (Band 1, Abschnitt 4.2.2) erfolgen. Bei einem Hybridaufbau können die Photodiode und der Transistor unabhängig voneinander optimiert werden. Einfacher und kostengünstiger ist hingegen ein integrierter Aufbau wie in Bild 6.6.2-2: Die Photodiode ist in den Transistor monolithisch integriert. Technologisch ist dieses in der Siliziumtechnologie am einfachsten zu realisieren.

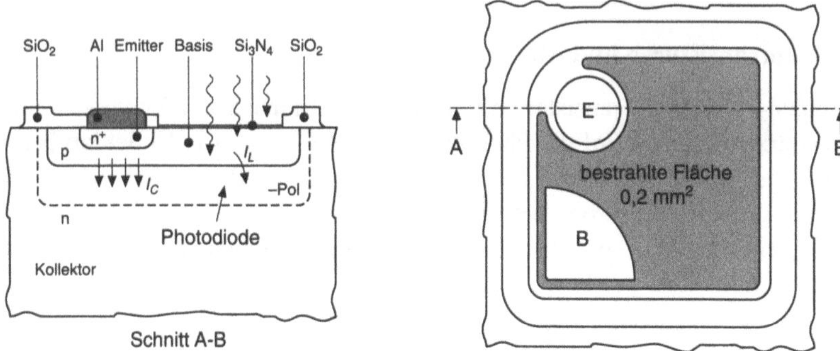

Bild 6.6.2-2   **Integrierter Phototransistor**: Die Photodiode in Bild 6.6.2-1 wird durch eine vergrößerte Fläche des Basis-Kollektorübergangs erzeugt (nach [3.39]).

Die Bilder 6.6.2-3 und 4 zeigen das Ersatzschaltbild und die Kennlinie eines Phototransistors.

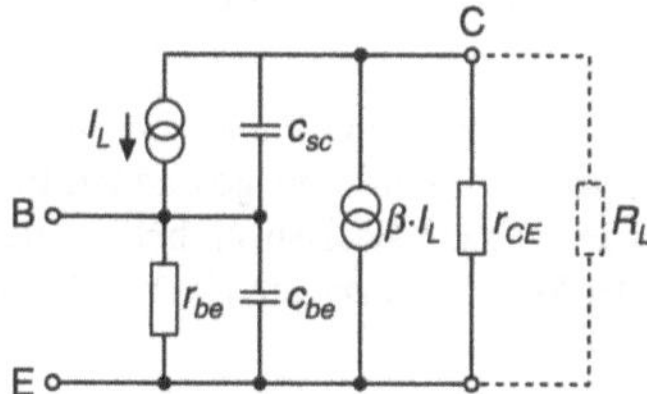

Bild 6.6.2-3   Dynamisches Ersatzschaltbild eines Phototransistors (nach [6.2])

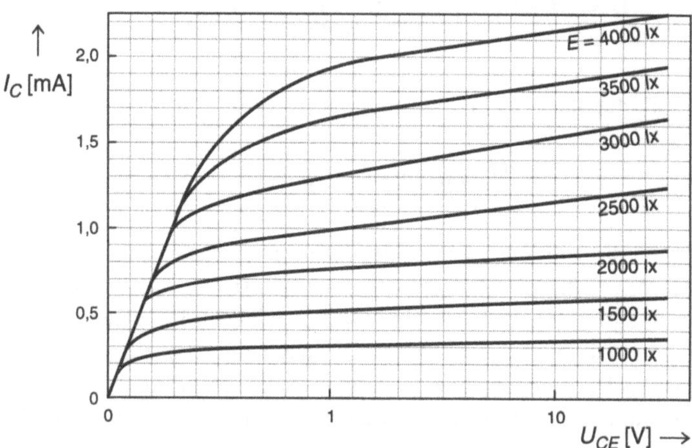

Bild 6.6.2-4   Kennlinienfeld eines Silizium-Phototransistors für verschiedene Beleuchtungsstärken (nach [3.39])

Als Kriterium für das Durchschalten eines Thyristors ergab sich in Band 2, Abschnitt 11.1, die Bedingung, daß die Summe zweier interner α-Stromverstärkungen den Wert eins annehmen mußte. Durch den Einfluß einer optischen Bestrahlung kann diese Bedingung bei niedrigeren Thyristorspannungen erreicht werden, d.h. die Schaltspannungen für den Durchbruch des Thyristors (Band 2, Bild 11.1.-3) lassen sich in Abhängigkeit von der optischen Bestrahlungsstärke gezielt absenken (**optisches Triggern**, Bild 6.6.2-5c).

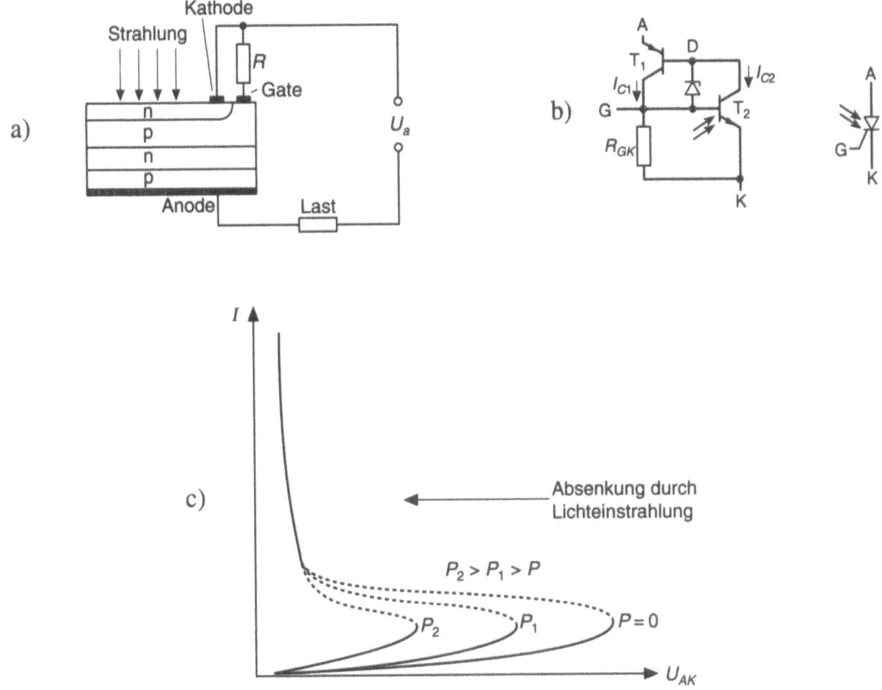

Bild 6.6.2-5   Photothyristor (nach [6.2])

    a) Aufbau des Photothyristors

    b) Ersatzschaltbild des Thyristors: Zwei-Transistor-Analogon nach Band 2, Bild 11.1-4, mit integrierter Photodiode

    c) Kennlinie des Photothyristors für unterschiedlich starke Leistungen P einer optischen Bestrahlung

Die Schaltung großer Stromstärken durch optische Zündung von Thyristoren hat in der Starkstromtechnik an Bedeutung gewonnen. Dabei wird die technische Möglichkeit ausgenutzt, daß über die hochisolierende Glasfaser optische Signale ohne zusätzlichen Aufwand auch in Bereiche hoher elektrischer Spannungen geleitet werden können.

6.6.3 Ortsauflösende bipolare Halbleitersensoren

Die bisher besprochenen optischen Sensoren konnten zwar die Anwesenheit und Stärke einer optischen Strahlung detektieren, in nur eingeschränktem Maß aber den Ort, an dem eine gebündelte Strahlung (z. B. aus LEDs oder Lasern) auftrifft (Ausnahme: Sensorarrays wie in Abschnitt 6.5). Ein einfaches Verfahren hierfür läßt sich ableiten, wenn die Größe einer Photospannung oder eines Photostroms monoton abhängt vom Abstand zwischen dem Ort der Entstehung und der Lage vorgebener Spannungselektroden (Bild 6.6.3-1).

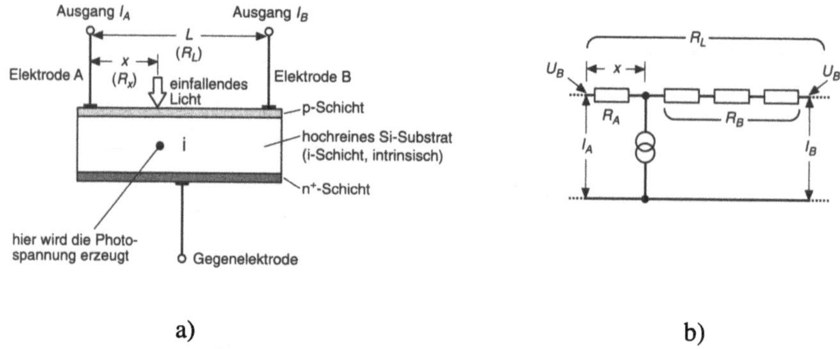

Bild 6.6.3-1   Ortsauflösende Messung einer punktförmigen Lichtquelle (LED, Laser, nach [3.48]):

a) Fällt der Laserstrahl am Ort x einer langausgedehnten Photodiode auf, dann entsteht dort die Photospannung. Bei einem Abgriff am Ort der Elektroden A und B vermindert sich die Photospannung um den Wert des Spannungsabfalls über der p-Schicht, entsprechend werden die dort gemessenen Ströme I_A und I_B verkleinert.

b) Ersatzschaltbild von a):
Die Größe der Ströme I_A und I_B hängt ab von dem Verhältnis der Widerstände R_A und R_B, die ihrerseits durch den Ort x festgelegt werden

Ein geeignetes Maß für den Ort der Lichtquelle ist die zusammengesetzte Funktion

$$f(x) = \frac{I_A(x) - I_B(x)}{I_A(x) + I_B(x)} \tag{1}$$

die stark vom Ort x der Lichtquelle, weniger stark aber von der Bestrahlungsstärke der Lichtquelle und der Empfindlichkeit des Sensors abhängt. Die Funktion (1) läßt sich direkt elektronisch erzeugen (Bild 6.6.3-2).

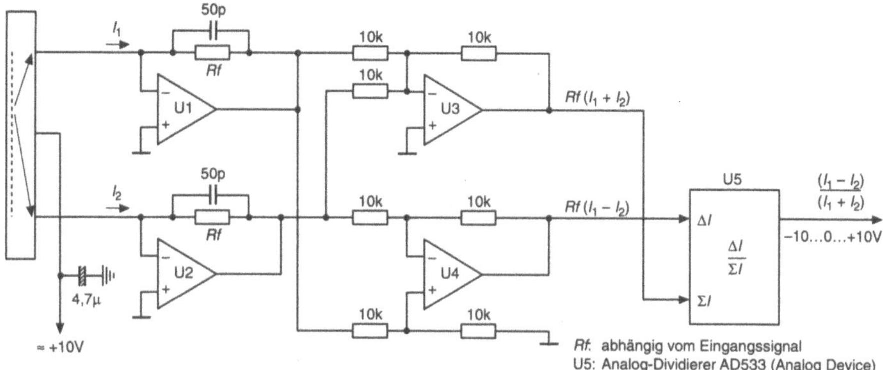

Bild 6.6.3-2   Signalauswertung bei einem linearen ortsauflösenden Sensor (nach [3.48]): Die Auswertung erfolgt über die elektronisch gebildete Funktion (1)

Das Meßverfahren läßt sich auf zwei Dimensionen ausdehnen (Bild 6.6.3-3).

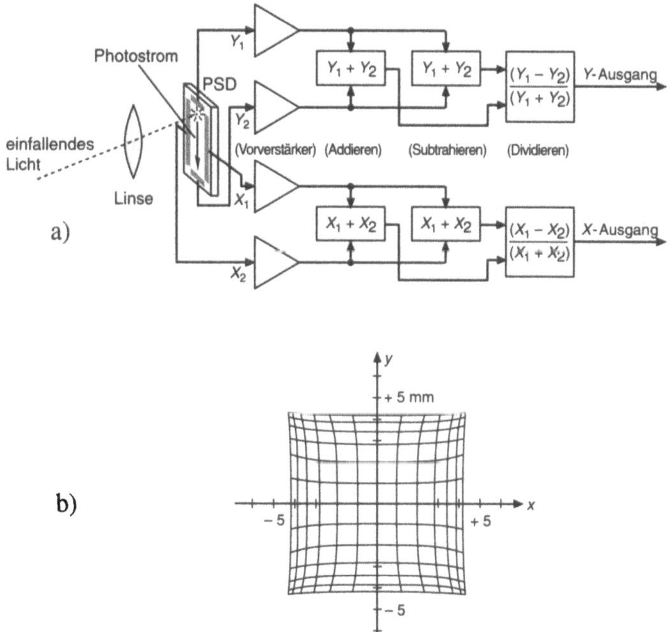

Bild 6.6.3-3   Zweidimensionale ortsauflösende Messung einer punktförmigen Lichtquelle (nach [3.48])

a) Aufbau des Sensors (links) mit zwei Auswerteschaltungen analog zu Bild 6.6.3-2

b) Linearität der Positionsmessung.

Bei Verwendung von optisch hinreichend transparenten *zwei*dimensionalen Sensoren läßt sich sogar eine *drei*dimensionale Ortsauflösung erreichen (Bild 6.6.3-4).

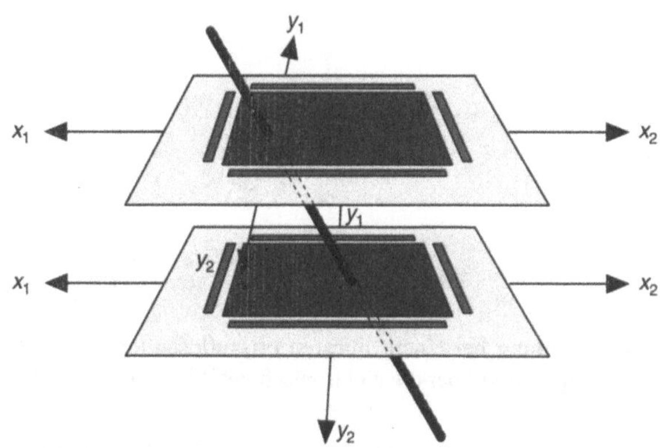

Bild 6.6.3-4   Dreidimensionale Ortsauflösung (Bestimmung von Strahlrichtungen) mit zwei optisch semitransparenten zweidimensionalen ortsauflösenden Sensoren (nach [6.12]). Die Sensoren bestehen aus dünnen wasserstoffdotierten Polysiliziumschichten (a-Si:H) mit einer optisch transparenten elektrisch gut leitenden Schottky-Metallisierung (z.B. Indium-Zinnoxid – ITO)

Optische Sensoren, welche die ortsauflösende Messung punktförmiger Lichtquellen zulassen, lassen sich für die Justierung von Strahlengängen, aber auch für abgewandelte Meßverfahren, wie eine Vibrationsmessung (Bild 6.6.3-5), einsetzen.

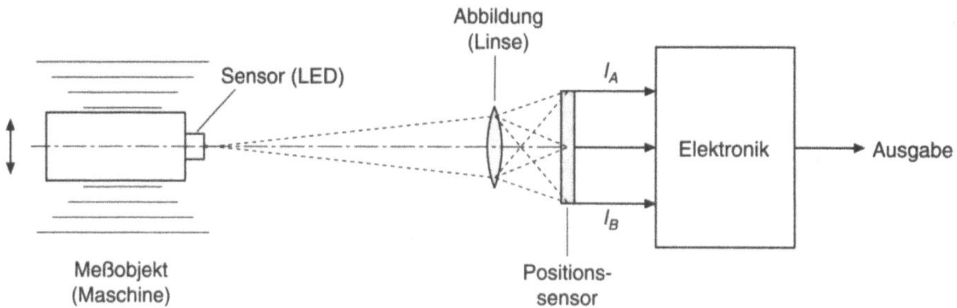

Bild 6.6.3-5   Vibrationsmessung mit ortsauflösenden optischen Sensoren (nach [3.48])

6.7   Ladungsspeicher und CCDs

Wie im Abschnitt 6.6.1 erläutert, führt die Elektron-Lochpaarerzeugung in pn-Übergängen nach einer Ladungstrennung zu einer Verkleinerung der Raumladungszonen, die ihrerseits eine Verschiebung der Fermienergien auf beiden Seiten des Übergangs relativ zueinander bewirkt (Bild 6.6.1-1d). Wird jetzt die optische Bestrahlung abgeschaltet, dann kehrt das System wieder in das thermische Gleichgewicht zurück, indem Elektronen vom n-Bereich mit der höheren Fermienergie in den p-Bereich mit der niedrigeren übergehen. Wie aus Bild 6.6.1-1 ersichtlich, verhält sich das System bei einem Stromfluß in dieser Richtung wie ein in *Durchflußrichtung* gepolter pn-Übergang (Band 2, Bild 9.3.1-1), d.h. die Ströme, welche zur Einstellung des thermischen Gleichgewichts führen, sind relativ groß. Die aufgrund der optischen Bestrahlung entstandene Ladung(sverkleinerung) wird also nur für kurze Zeit gespeichert.

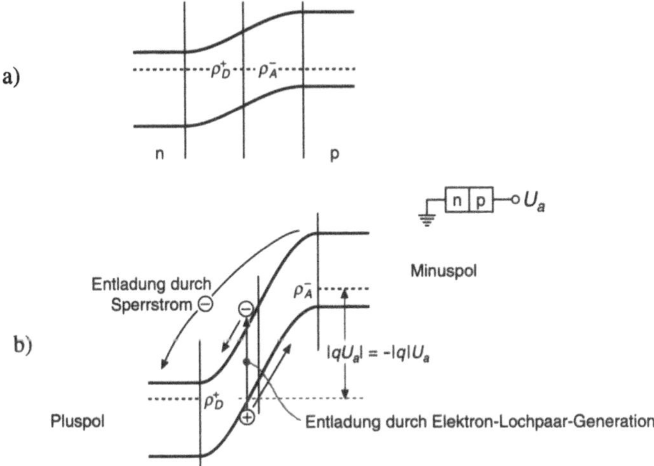

Bild 6.7-1   Ladungsspeicherung am gesperrten pn-Übergang: Der pn-Übergang wird aus dem Gleichgewichtszustand (a) durch Anlegen einer Sperrspannung U_a in den Zustand (b) überführt. Nach Abschalten der äußeren Spannung bleibt zunächst die Spannung U_a erhalten, weil die vergrößerte Raumladung am pn-Übergang erst abgebaut werden muß. Dieser Prozeß erfolgt durch Elektronenübergänge vom Bereich hoher Fermienergie (p-Seite) in den Bereich niedriger Fermienergie (n-Seite); er ist relativ langsam, da der Ladungsausgleich über einen Sperrstrom (der pn-Übergang ist bezüglich dieses Stromflusses in Sperrichtung gepolt) erfolgt. Mit zunehmendem Abbau der Raumladung wird die Differenz der Fermienergien auf beiden Seiten des Übergangs kleiner, d.h. die dort meßbare Spannung nimmt ab, bis sie schließlich im thermischen Gleichgewicht (a) wieder auf Null zurückgegangen ist.

Auch eine Elektron-Lochpaarerzeugung in der Raumladungszone (eingezeichnet in (b)) mit anschließender Ladungstrennung durch das innere elektrische Feld bewirkt einen Abbau der Raumladung.

Werden größere Speicherzeiten angestrebt, dann muß der pn-Übergang durch Anlegen einer Sperrspannung zunächst stärker aufgeladen werden (Bild 6.7-1).

Nach Abklemmen der äußeren Spannung wird die gespeicherte Raumladung über den *Sperrstrom* des pn-Übergangs abgebaut. Denselben Effekt liefert auch eine Elektron-Lochpaarerzeugung: Nach Ladungstrennung bewirkt auch diese eine Verkleinerung der Raumladung (Bild 6.7-1 und 2).

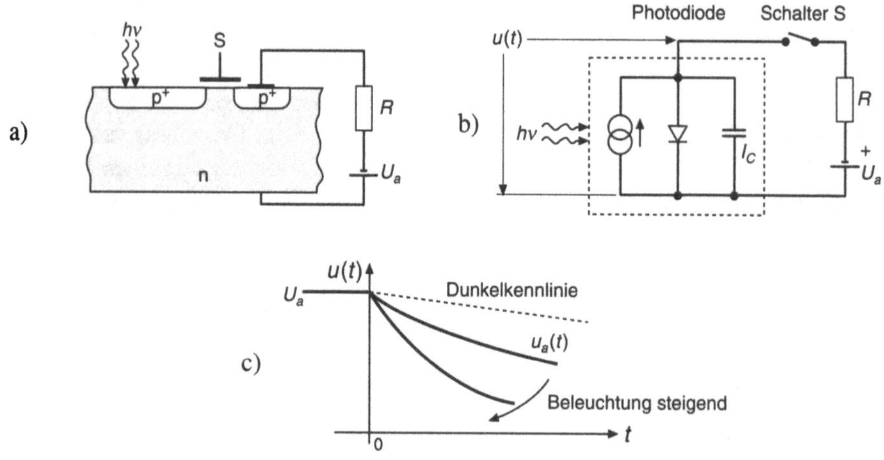

Bild 6.7-2   Zeitliche Abnahme der gespeicherten Ladung von pn-Übergängen, die durch Anlegen einer Sperrspannung zusätzlich aufgeladen werden (nach [6.2])

     a) Schaltungsanordnung: Der Schalter S wird realisiert durch eine MIS-Diode: Im eingeschalteten Zustand bewirkt das Anlegen einer negativen Spannung die Bildung eines p-Inversionskanals, der die beiden p$^+$-Zonen miteinander leitend verbindet.

     b) Ersatzschaltbild

     c) zeitliche Abnahme der Spannung über der Photodiode nach Ausschalten des Schalters S. Bei $t < 0$ ist S geschlossen, so daß die Photodiode über die äußere Spannung U_a aufgeladen wird. Bei $t > 0$ (Schalter geöffnet) wird die aufgrund der Sperrspannung zusätzlich gespeicherte Raumladung durch den Sperrstrom abgebaut; der Abbau wird verstärkt durch eine optische Bestrahlung mit Elektron-Lochpaarerzeugung.

Zur Messung der Strahlungsintensität geht man auf eine Schaltungsanordnung wie in Bild 6.7-3 über.

Bei einem anderen Verfahren der Ladungsspeicherung wird von Metall-Isolator-Halbleiter (MIS-Dioden) ausgegangen (Band 2, Abschnitt 5.3.1). Kennzeichnend bei diesen Oberflächenbauelementen ist die Tatsache, daß über die von außen angelegte

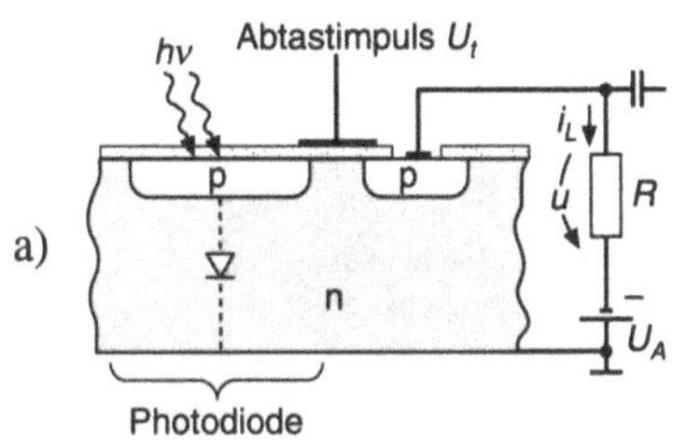

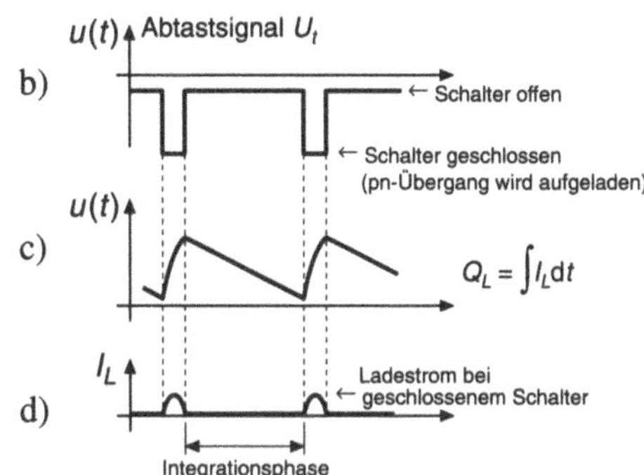

Bild 6.7-3   Messung der Bestrahlungsintensität nach dem Ladungsspeicherprinzip (nach [6.2]):

a) Aufbau des Systems

b)...d) Durch negative Tastpulse der Abtastspannung u_t wird für eine kurze Zeit ein p-Inversionskanal (leitende Verbindung) zwischen den beiden p-dotierten Gebieten in a) hergestellt. Dadurch wird die äußere Spannung U_A kurzzeitig an die Photodiode gelegt, so daß deren Raumladung vergrößert wird: In dieser Zeit steigt in c) die Spannung $u(t)$ in den p-Gebieten auf den Wert U_A an. Nach Abschalten der Tastpulse fällt $u(t)$ wie in Bild 6.7-2c – d.h. bei Bestrahlung verstärkt – ab.

Die Messung der Bestrahlungsintensität erfolgt durch Integration des Stroms I_L in (d), der bei Wiedereinschalten des Tastpulses auf die Photodiode fließt: Dieser Stromfluß gleicht gerade die Ladungsverluste aus, die durch die optisch beschleunigte Entladung (sowie die Entladung aufgrund des Sperrstroms) entstanden waren. Bei offenem Schalter wirkt die Photodiode also als Ladungsspeicher und integriert die Wirkung der einfallenden optischen Bestrahlung.

Spannung die Ladungen im Halbleiter – und damit die Bandverbiegung im Halbleiter – gesteuert werden kann. Gelingt es, zusätzliche (in Ergänzung zu den ionisierten Störstellen)Ladungen in die Raumladungszone einzuführen, wie etwa durch optische Generation von Elektron-Lochpaaren in der Raumladungszone (diese werden durch das eingebaute elektrischen Feld, das proportional ist zum Gradienten der Bandkanten, getrennt und eine entweder die Elektronen oder die Löcher gespeichert in dem durch die Bandkanten an der Halbleiteroberfläche erzeugten Energieminimum), dann verändert sich die Bandverbiegung, weil der Anteil der ionisierten Dotierungsatome (häufig vergrößert durch eine *tiefe Entleerung*, s. Band 2, Abschnitt 5.3.1) an der Ladungserzeugung durch die gespeicherte Ladung verkleinert wird. Bild 6.7-4 zeigt dieses am Beispiel einer n-Kanal-MOS-Diode.

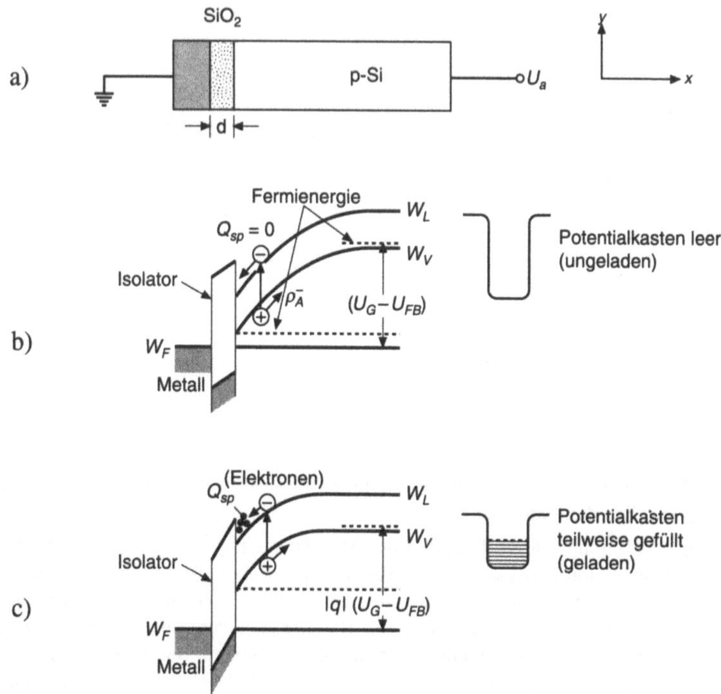

Bild 6.7-4   Ladungsintegration und -speicherung mit einer n-MOS-Diode (p-dotierter Halb-
                  leiter mit n-leitfähigem Inversionskanal, nach [6.13])

a) Aufbau der Diode

b) Nach Anlegen eines negativen Spannungspulses an den Halbleiter (relativ zum
   Metall) bildet sich auf der Halbleiterseite durch *tiefe* Entleerung (Band 2, Abschnitt 5.3.1: Es können innerhalb der kurzen Impulsdauer keine Inversionsla-
   dungsträger gebildet werden, daher vergrößert sich die Raumladungszone zunächst durch Ionisation zusätzlicher Akzeptoren) eine negative Raumladung,
   die mit einer starken Bandverbiegung verbunden ist und ein entsprechend großes elektrisches Feld erzeugt.

c) Das elektrische Feld bewirkt eine Ladungstrennung von Elektron-Lochpaaren,
   die in der Raumladungszone durch optische Bestrahlung erzeugt werden. Dabei werden die Elektronen an der Grenzfläche Halbleiter-Oxid eingefangen
   und erzeugen dort eine negative Grenzflächenladung. Bei gleichbleibender
   elektrischer Spannung über die Diode brauchen jetzt weniger Akzeptoren negativ ionisiert zu werden, d.h. die Bandverbiegung wird kleiner. Die Berechnung des Bandverlaufs erfolgt auch für diesen Fall nach den Verfahren aus
   Band 2, Abschnitt 5.3.1. Die optisch erzeugte Ladung ist wie in einem **Potentialkasten** "eingefangen".

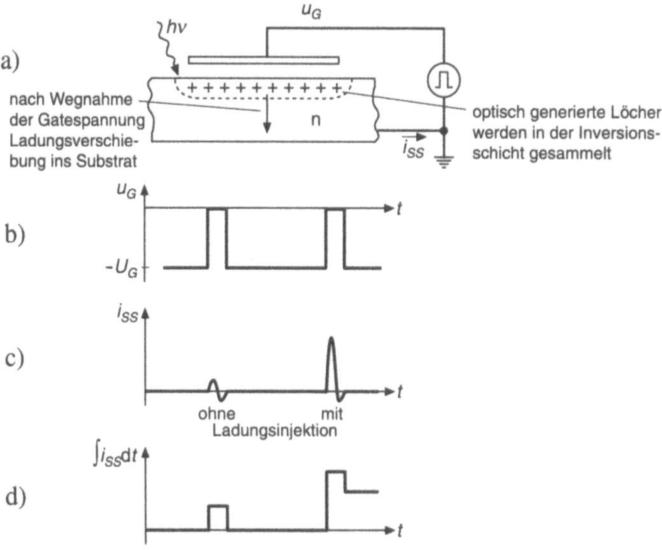

Bild 6.7-5   Auslesen der in einer MOS-Diode gespeicherten Ladung durch Ladungsinjektion (**CID**, nach [6.2])

Nur bei Anliegen einer Gatespannung erfolgt im Halbleiter eine Trennung der Elektron-Lochpaare und Speicherung der Ladungsträger. Wird die Gatespannung auf Null verringert, dann kann die gespeicherte Ladung nicht mehr gebunden werden, sie wird in das Substrat injiziert und erzeugt dort z.B. über Rekombinationsprozesse einen kurzzeitigen Strom. Die Integration dieses Stroms ergibt die gespeicherte Ladung.

a) Aufbau des Systems

b) Zeitlicher Verlauf der Gatespannung

c) Rekombinationsstrom

d) Integration des Rekombinationsstroms

Das Auslesen der optisch generierten Ladungen in Potentialkästen, die in MOS-Dioden erzeugt werden, kann auf verschiedene Art erfolgen; am verbreitetsten ist ein Auslesen nach dem **Ladungsinjektionsprinzip (CID – charge injection device**, Bild 6.7-5) oder durch **Ladungsverschiebung (CCD- charge coupled device**, Bild 6.7-6).

CCD-Anordnungen haben eine große Bedeutung bei Halbleiter-Bildaufnehmern, da die optisch eingeschriebene Bildinformation mit relativ geringem Aufwand ausgelesen werden kann. Bei Anwendung von Platinsilizid-Schottkydioden als Speicherzellen und gallium- oder indiumdotiertem Silizium lassen sich auch CCDs für die Aufnahme von Infrarotbildern herstellen [6.16].

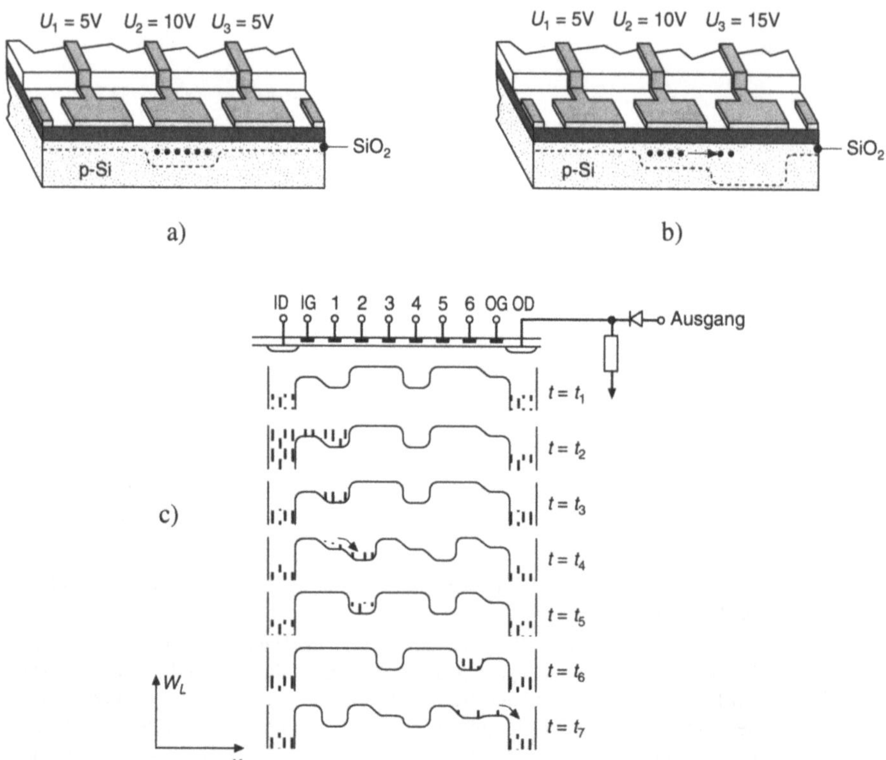

Bild 6.7-6   Auslesen der in einer MOS-Diode gespeicherten Ladung durch Ladungsverschiebung (**CCD**, nach [6.14 und 15])

Auf der Oberfläche eines oxidierten p-dotierten Siliziumkristalls sind nebeneinander verschiedene Gatemetallelektroden angeordnet, die elektrisch einzeln angesteuert werden können.

a) Durch Anlegen einer hinreichend großen positiven elektrischen Spannung an eine der Elektroden wird in dem darunter liegenden Halbleitergebiet ein Potentialkasten erzeugt, in dem optisch generierte Elektronen gespeichert werden können.

b) Legt man jetzt an die benachbarte Elektrode eine noch größere positive Spannung, dann entsteht dort ein tieferer Potentialkasten: Die Elektronen fließen aus dem benachbarten weniger tiefen Potentialkasten ab. Auf diese Weise kann die Ladung im Bild nach rechts verschoben werden.

c) Sequenz von Spannungszuständen (und daraus resultierenden Profilen für Potentialkästen) einer Reihe von sechs nebeneinanderliegenden Gateelektroden: Ladungen aus einer Quelle (links) werden in eine Senke (rechts) verschoben.

6.8 Überblick über die Glasfasersensoren

Durch Verwendung von Lichtwellenleitern (Abschnitt 3.7) kann die Strahlungsführung in optischen Systemen erheblich vereinfacht werden. Diese Tatsache findet auch vielfältige Anwendungen in der Sensorik. Im einfachsten Fall wird die Lichtführung in der Faser selbst oder die Streuung bzw. Reflexion am Faserende für den Aufbau von Sensoren ausgewertet (Abschnitt 3.7 und Bild 6.8-1).

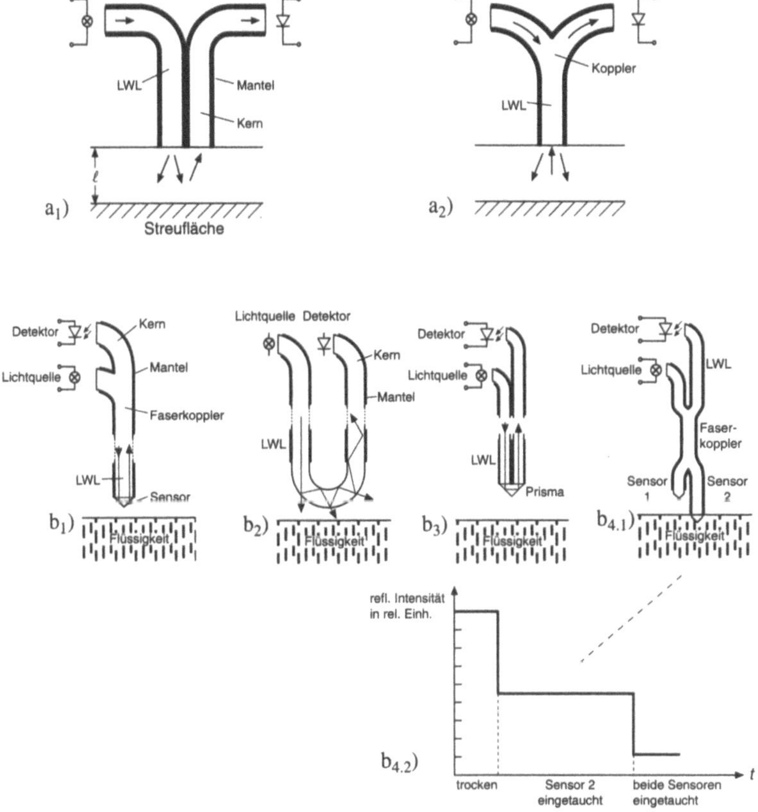

Bild 6.8-1   Optische Sensoren mit einer Lichtführung über Glasfasern (Lichtwellenleiter – LWL). Der bei Sensoranwendungen gemessene Parameter ist die Streuung und Reflexion des Lichts an einem vorgegebenen Ort.

a) Abstandsmessung (nach [6.17]): Durch Reflexion an einer Streufläche wird Lichtintensität in den Ausgangs-Wellenleiter eingespeist und über einen Detektor gemessen.

b) Füllstandsmessung (nach [3.48]): Durch Eindringen der Sensorspitze in die Flüssigkeit wird die reflektierte Intensität verkleinert.

Neben der einfach zu realisierenden dämpfungsarmen Übertragung der Lichtintensität über Glasfasern besteht auch die Möglichkeit, andere Eigenschaften von Licht*wellen*, wie deren Phase, Polarisation etc. in gezielter Weise zu beeinflussen. Bild 6.8-2 gibt einen Überblick über den Aufbau spezieller faseroptischer Bauelemente und Funktionseinheiten für Anwendungen als Grundkomponenten in einer optischen Informationsverarbeitung und Sensorik (**integrierte Optik**).

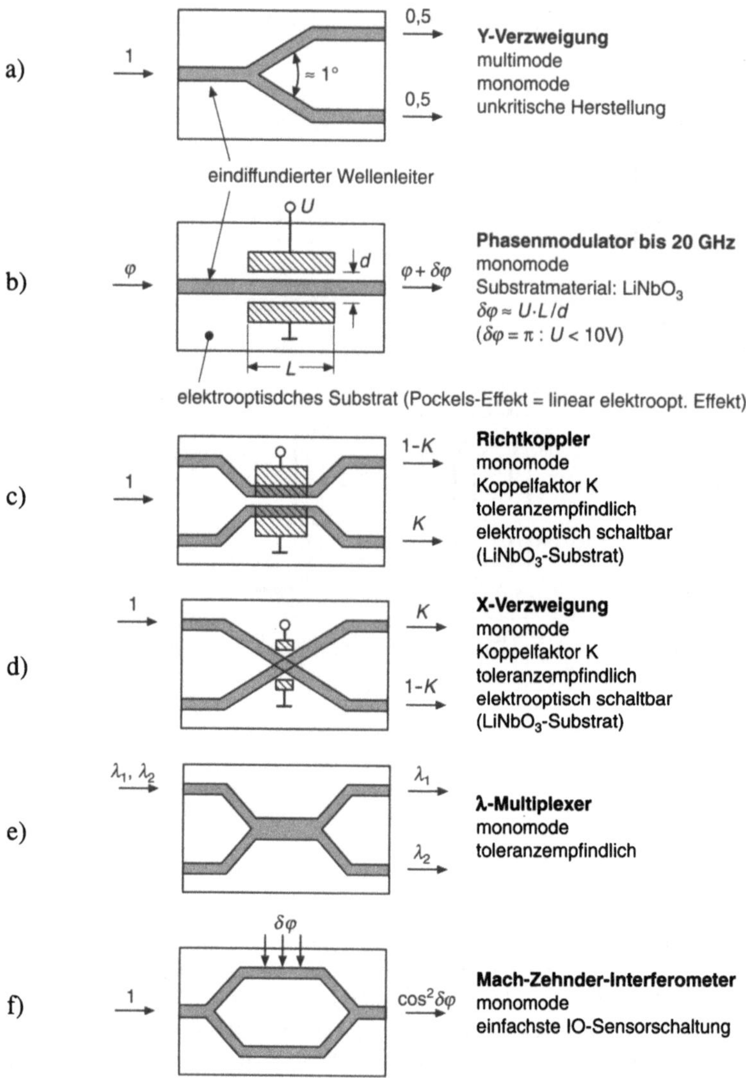

Bild 6.8-2   Grundkomponenten für die optische Datenerfassung und-verarbeitung (nach [6.18])

Bei faseroptischen Systemen (**FOS**) unterscheidet man nach [6.19] prinzipiell zwischen **extrinsischen FOS**, mit einer teilweise offenen (aus dem Fasersystem herausführenden) Lichtführung und **intrinsischen FOS** (Strahlführung nur innerhalb des Fasersystems). In Bild 6.8-3 sind Ausführungsbeispiele für beide Systemarten dargestellt. Zunehmende Bedeutung haben – insbesondere bei Anwendungen in der Forschung – interferometrische FOS (Bild 6.8-4).

Faseroptische Sensoren zeichnen sich im Prinzip durch eine außerordentlich große Anwendungsbreite aus (Tab. 6.8-1). Den eindrucksvollen prinzipiellen Vorteilen steht aber nach dem heutigen Stand der Technik eine Reihe von Nachteilen gegenüber (Tab. 6.8-2), so daß es zur Zeit noch wenige praktische Anwendungen gibt.

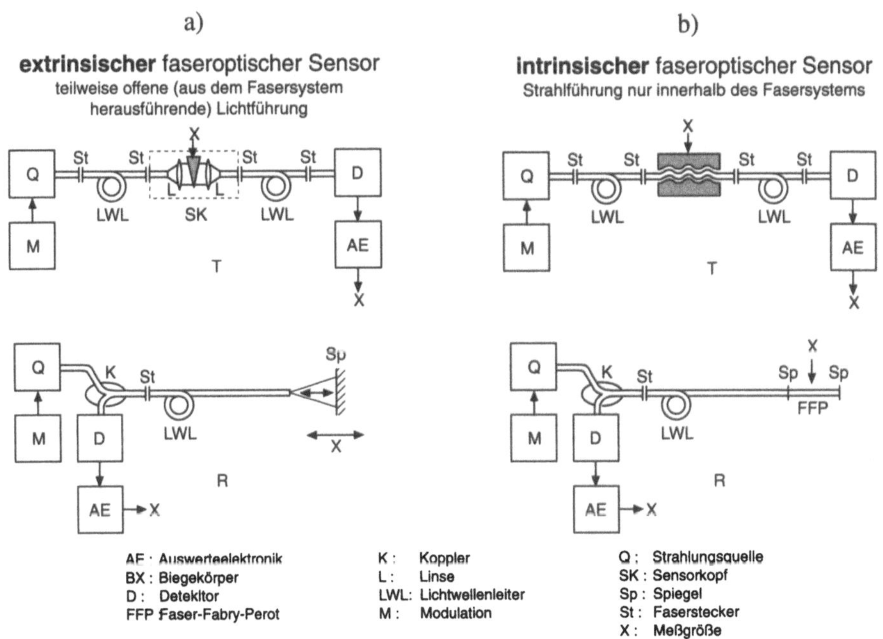

Bild 6.8-3   Extrinsische (a) und intrinsische (b) faseroptische Systeme (FOS, nach [6.19]) in reflektierenden (R) und transmissiven (T) Ausführungen

Tab. 6.8-1   Meßeffekte, die sich für faseroptische Sensoren ausnutzen lassen (nach [6.19])

- Reflexion δI_R / δx
- Refraktion δI / $\delta n(x)$
- Thermische Expansion δL / δT
- Photothermischer Effekt δT / δI_{absE}

- Thermooptischer Effekt δn / δT
- photoelastischer Effekt δn / $\delta \varepsilon$
- Kernstrahlungsabsorption $\delta \alpha$ / δF_K

- Mikrobiegung δI / $\delta r_B(x)$

- Kopplung über evaneszente Welle δI / $\delta n(x)$

- Temperaturabhängigkeit der Photo- δI_{PL} / δT
  lumineszenz (Intensität oder Ab klingzeit)δ_{PL} / δT

- Magnetostriktion δL / δB
- Elektrostriktion δL / δE
- Magnetooptischer Effekt δn / δB
- Elektrooptischer Effekt δn / δE
- Induzierte Doppelbrechung $\delta \beta$ / δx
- Sagnac-Effekt $\delta \varnothing$ / $\delta \Omega$

Dabei bedeuten: I = optische Intensität
I_R = reflektierte opt. Intensität
I_{PL} = Intensität der Photolumineszenz
I_{abs} = absorbierte optische Intensität
F_K = Kernstrahlungsfluß
L = Länge
n = Brechzahl
    = Dehnung (~ L/L)
T = Temperatur
    = Absorptionskoeffizient
r_B = Biegeradius
$_{PL}$ = Abklingzeit der Photolumineszenz
B = Magnetische Induktion
E = elektrisches Feld
$\varnothing$ = optische Phase
β = $2\pi\Delta n/\lambda$ = Differenz der Ausbreitungskonstanten (Maß für Doppelbrechung)
Ω = Drehrate

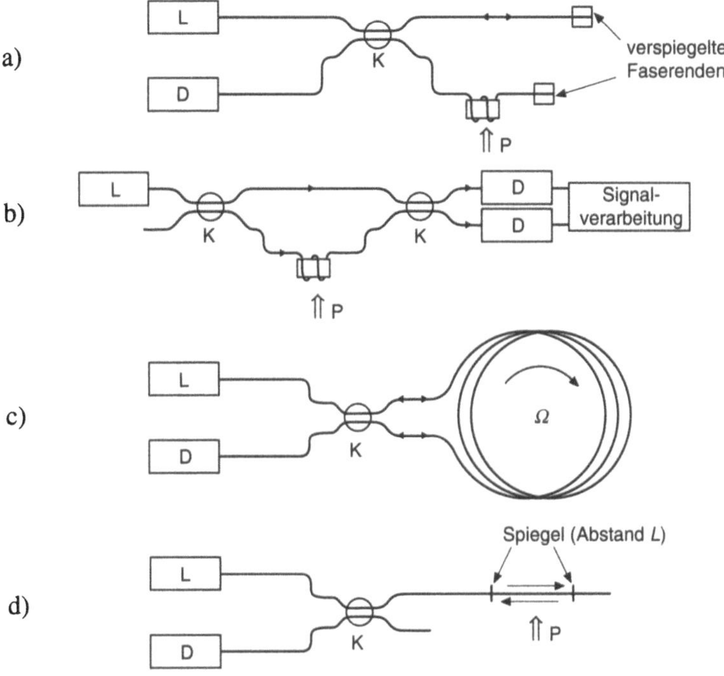

Bild 6.8-4   Faseroptische Interferometeranordnungen (nach [6.19])

Tab. 6.8-2   Vor- und Nachteile bei der Herstellung und dem Einsatz faseroptischer Sensoren (nach [6.19])

Vorteile:
- Gleiche Technologie für Signalgewinnung (Sensorelement) und Signalübertragung (Faserstrecke)
- Großer Abstand zwischen Meßort und Auswerteeinheit möglich, da die Faserdämpfung je nach Bandbreite um Größenordnungen unter der elektrischer Kabel liegt
- Hohe Empfindlichkeit
- Potentialfreiheit
- Sensorelement klein, leicht, flexibel konfektionierbar
- Einsetzbar
  - in elektromagnetisch kontaminierten Umgebungen (EMI, EMP)
  - bei hohen Temperaturen
  - in korrosiven, explosiven, entflammbaren Umgebungsmedien
  - in Kernstrahlungs- und Hochspannungsbereichen
  - an schwer zugänglichen und "unwirtlichen" Meßorten
- Passives Multiplexen möglich (Sensornetzwerke)

Nachteile:
- mangelnde Reproduzierbarkeit und Langzeitstabilität (Lebensdauernachweis)
- zu große Querempfindlichkeit als Folge unzureichend entwickelter Aufbau- und Verbindungstechnik (Packaging)
- mangelnde Streckenneutralität (Unabhängigkeit des gemessenen Wertes von Störungen auf der Faserstrecke)
- zu hohe Kosten

6.9 Gasgefüllte Strahlungsdetektoren

Gasgefüllte Strahlungssensoren finden weit verbreitete Anwendungen in Form von Geiger-Müller-Zählrohren und anderen Ausführungen. Sie dienen zur Messung von Stromdichten der folgenden Teilchensorten:

– α-Teilchen (Kanalstrahlen): zweifach positiv geladene Heliumatome

– β-Teilchen: Elektronen

– Röntgen- und γ-Strahlen: Photonen (s. Abschnitt 6.1)

Eine Vielzahl von Anwendungsmöglichkeiten ergeben sich im Überwachungs- und Sicherungsbereich von Kernreaktoren, der Röntgentechnik und verwandten Einsatzgebieten. Bild 6.9-1 zeigt den prinzipiellen Aufbau eines gasgefüllten Strahlungssensors. Beim Betrieb wird einfach eine hohe Spannung kurz unterhalb der Durchbruchspannung an die Elektroden gelegt und der Kathodenstrom gemessen (Bild 6.9-2).

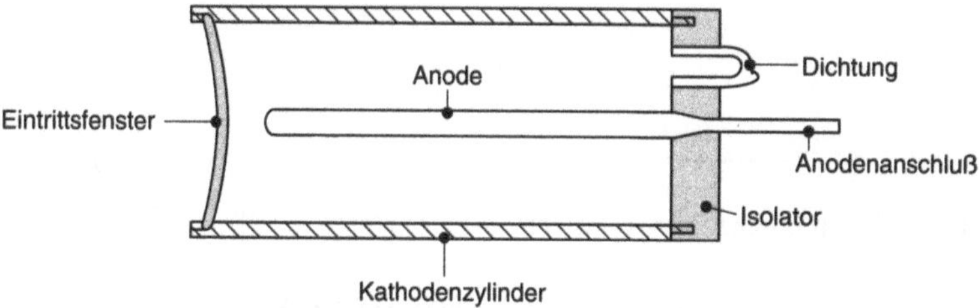

Bild 6.9-1   Aufbau eines gasgefüllten Strahlungsdetektors (nach [6.20]): Eine Vakuumröhre mit Kathoden- und Anodenelektroden wird bis zu einem geringen Druck (50 bis 100 Torr) mit Argon- oder Kryptongas gefüllt. Die Strahlung tritt ein durch ein Fenster, das aus einer dünnen Platte aus Glimmer oder Metall besteht.

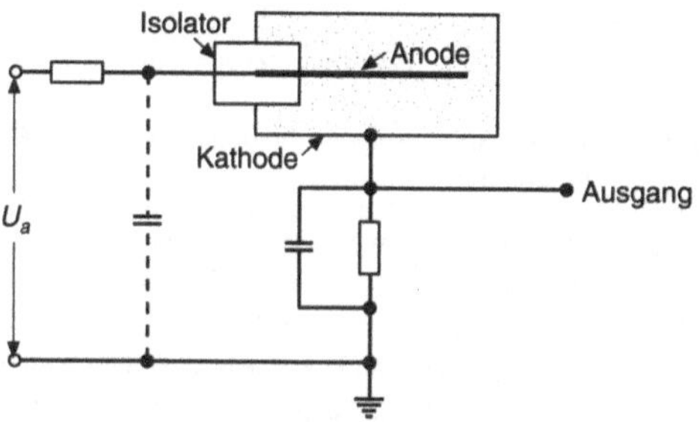

Bild 6.9-2   Elektrischer Meßaufbau eines gasgefüllten Strahlungsdetektors (nach [6.20]): Die Spannung U wird so gewählt, daß sie kurz unterhalb der Durchbruchspannung für eine Glimmentladung liegt.

Bei Abwesenheit einer ionisierenden Strahlung wirkt das Gas als Isolator (Band 1, Abschnitt 6.1), d.h. es fließt kein Strom durch den gasgefüllten Detektor. Werden dagegen unter Strahlungseinwirkung die Gasmoleküle ionisiert, dann werden bei hinreichend großen elektrischen Feldstärken Elektronen von den Atomen getrennt und erzeugen damit positiv geladene Ionen. Wenn diese jeweils die Anode oder Kathode erreichen, dann fließt ein Strom durch den Detektor und zeigt die Anwesenheit ionisierender Strahlung an. Die Ladungs(Strompuls)-Spannungskennlinie des Detektors weist fünf charakteristische Bereiche auf (Bild 6.9-3).

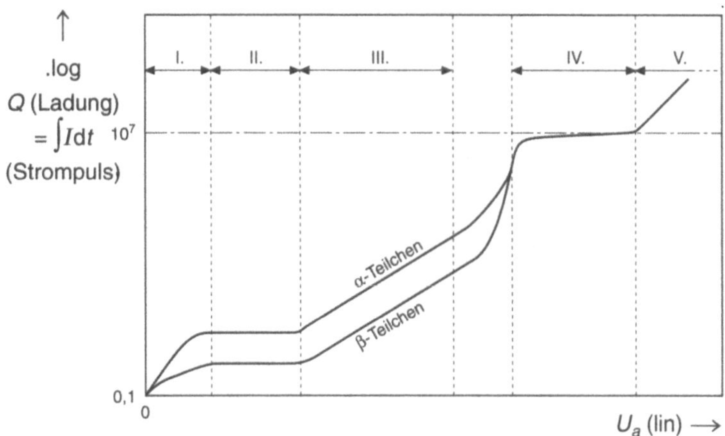

Bild 6.9-3   Abhängigkeit der von den Elektroden des Detektors in Bild 6.9-1 aufgenommenen Ladung (Integration über den Strompuls) bezogen auf eine konstante Anzahl einfallender Teilchen von der Betriebsspannung U_a (nach [6.20]):

Bereich I:
Bei niedrigen Spannungen rekombinieren die meisten ionisierten Gasatome mit den dazugehörigen Elektronen und liefern nur einen geringen Beitrag zum Strom.

Bereich II:
Positiv ionisierte Gasatome und Elektronen erreichen die Kathode und Anode und erzeugen einen fast spannungsunabhängigen Kathodenstrom. In diesem Bereich werden viele Ionisationskammern betrieben.

Bereich III (**Proportionalbereich**):
Die hochbeweglichen Elektronen werden durch das elektrische Feld auf hohe kinetische Energien beschleunigt, in diesem Zustand können sie weitere Gasmoleküle mit einem Multiplikationsfaktor bis zu 10^6 ionisieren (vgl. Band 2, Abschnitt 4.3.4). Der resultierende Strom ist proportional zur Energie der ionisierenden Strahlung.

Bereich IV (**Geiger-Müller-Plateau**, vgl. Lawinendurchbruch in Halbleitern):
In diesem Zustand werden alle primären und sekundären Elektronen so stark beschleunigt, daß sie immer mehr Gasmoleküle ionisieren. Es ergibt sich eine sehr große Empfindlichkeit des Detektors; die Energie der ionisierenden Strahlung kann aber nicht detektiert werden.

Bereich V:
Der Lawinendurchbruch tritt auch ohne ionisierende Strahlung ein.

Gasgefüllte Strahlungsdetektoren, die im Bereich IV der Strom-Spannungskennlinie nach Bild 6.9-3 arbeiten, werden auch als **Geiger-Müller-Zählrohre** bezeichnet.

Durch das Auftreffen von Ladungen an der Kathode und Anode wird die (durch einen Widerstand von der Spannungsversorgung getrennte, s. Bild 6.9-2) Kapazität des Detektors entladen. Dadurch wird eine Entionisierung des Gases erzeugt, so daß der Detektorstrom zusammenbricht. Gleichzeitig wird die Kapazität durch die äußere Spannung wieder aufgeladen. Dabei können eine Zeitlang restliche, sich langsam bewegende Ionen den Aufbau der elektrischen Feldstärke verzögern (**Totzeit**). Um zu vermeiden, daß diese Ionen beim Auftreffen auf der Kathode erneut Sekundärelektronen losschlagen und damit einen neuen Strompuls auslösen, wird meistens der Gasfüllung ein **Löschgas** (**Quenchgas**) aus Chlor- oder Bromverbindungen beigefügt (**Halogenlöschen**). Dieses besteht aus einer anderen Gassorte mit einer höheren Ionisierungsenergie. Viele Ionen des Zündgases werden durch Elektronen aus dem Löschgas neutralisiert: Wenn die Ionen auf dem Löschgas auf die Kathode auftreffen, wird so viel Energie verbraucht, daß deutlich weniger Sekundärelektronen entstehen können.

Die Kennlinie eines Geiger-Müller Zählrohrs beschränkt sich auf den Spannungsbereich IV der Kennlinie in Bild 6.9-3 (Bild 6.9-4). Aufgrund der Totzeit geht die Zählrate bei steigender Dosisrate (Anzahl der auf den Detektor auftreffenden Teilchen pro Sekunde) gegen einen konstanten Wert (Bild 6.9-5).

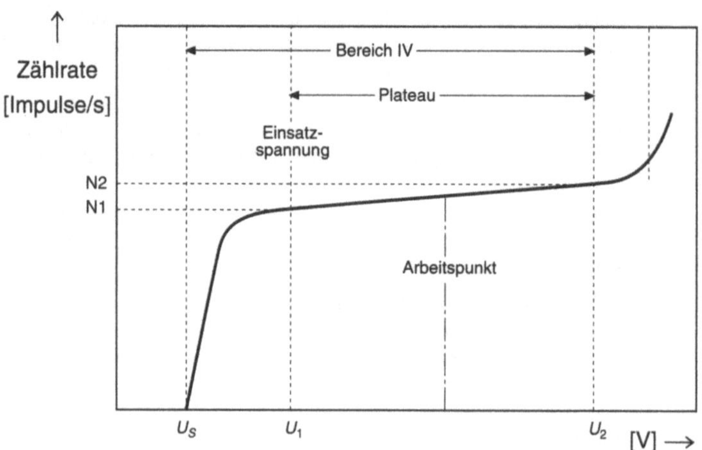

Bild 6.9-4   Kennlinie eines Geiger-Müller-Zählrohrs (nach [6.20]): Anstelle der Ladung pro absorbiertem Teilchen ist die Zählrate für eine konstante Bestrahlungsstärke eingetragen.

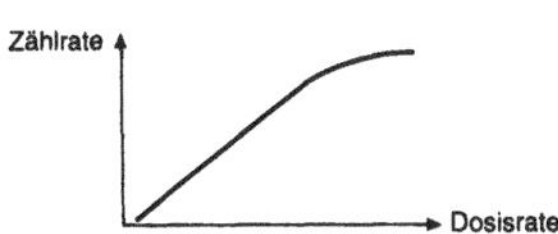

Bild 6.9-5   Zunahme der Zählrate eines Geiger-Müller-Zählrohrs mit der Dosisrate der Bestrahlung (nach [6.20])

6.10 Halbleiter-Kernstrahlungsdetektoren

Unter **Kernstrahlung** faßt man verschiedene Arten hochenergetischer radioaktiver Strahlung zusammen, wie die Teilchen- und Gammastrahlung aus natürlichen und künstlichen radioaktiven Quellen, sowie die Strahlung aus Teilchenbeschleunigern. Dabei besteht nicht nur die Aufgabe, jedes in den Detektor gelangendeTeilchen einzeln nachzuweisen, sondern auch dessen *Energie* möglichst genau zu bestimmen.

Neben den herkömmlichen Detektortypen, wie den Gasionisationsdetektoren (s. Abschnitt 6.9) und Szintillationszählern (z.B. mit Messung der Lichtemission aus Zinksulfidschichten bei Teilchenbestrahlung), gewinnen heute Halbleiterdetektoren zunehmend an Bedeutung, diese eignen sich auch gut für weniger spezialisierte Aufgaben wie die allgemeine Strahlenüberwachung, medizinische Diagnostik, Umweltüberwachung und die Werkstoffanalyse.

Halbleiterdetektoren wirken wie eine Festkörperionisationskammer (Bild 6.10-1).

Da die Ladungstrennung vorwiegend in einer intrinsischen Zone erfolgt, sollte diese eine möglichst große Dicke besitzen, um auch relativ schwach absorbierte Strahlung erfassen zu können. Vorzugsweise werden daher pin-Dioden (Abschnitt 6.6.2) eingesetzt mit Sperrschichtdicken bis zu 5 mm. Diese Ausdehnungen lassen sich erreichen durch Verwendung von besonders hochohmigem Material. Eine Alternative dazu ist die Eindiffusion von Lithium in Germanium und Silizium, das aufgrund seiner tiefen Störstellenniveaus (Band 2, Bild 3.2.1-3) eine vorhandene schwache Dotierung wirkungsvoll kompensiert.

Allgemein nimmt die Wechselwirkung des Sensorwerkstoffs mit der Kernstrahlung und damit die Nachweisempfindlichkeit zu mit der Ordnungszahl des Detektorwerkstoffs, aus diesem Grund ist Germanium in vielen Fällen (z.B. bei Gammadetektoren) gegenüber Silizium überlegen. Wegen der höheren Sperrströme ist allerdings häufig eine Kühlung auf die Temperatur des flüssigen Stickstoffs erforderlich.

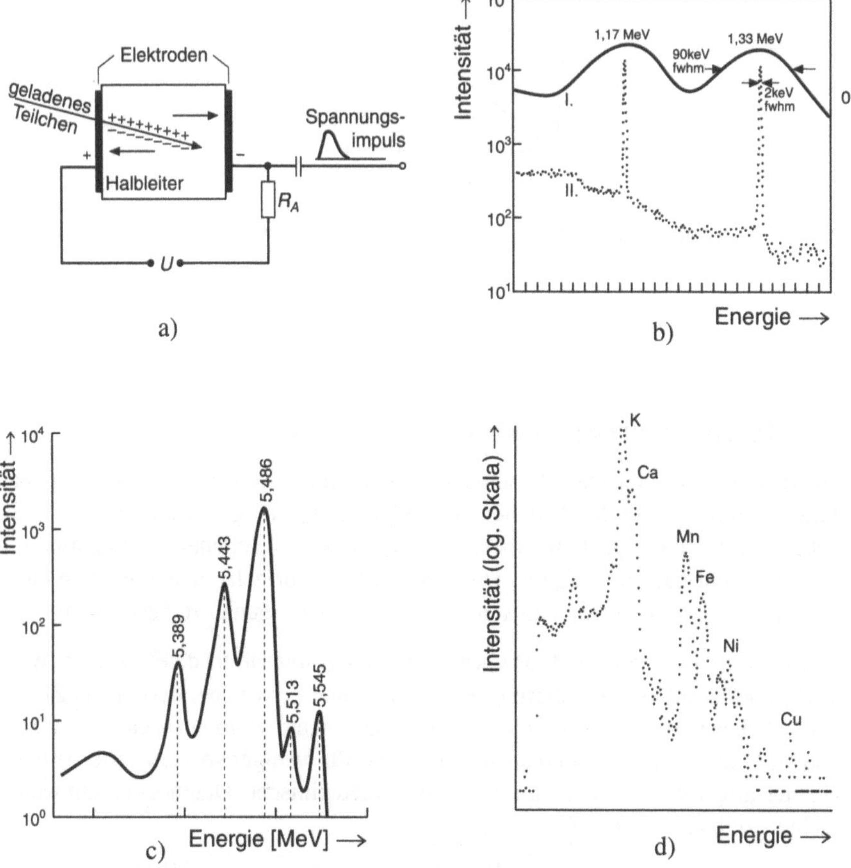

Bild 6.10-1   Halbleiter-Kernstrahlungsdetektor (nach [6.21]):

a) Ein einfallendes geladenes Teilchen erzeugt entlang seiner Bahn in der Sperr-schicht einer Halbleiter-Photodiode (Abschnitt 6.6.1) oder in einem intrinsisch dotierten homogenen Halbleiter eine Anzahl von Elektron-Lochpaaren, die durch das elektrische Feld des pn-Übergangs bzw. die angelegte Spannung ge-trennt werden und am Ausgang der Diode einen Strom- oder Spannungsimpuls erzeugen.

b) bis d) Die Größe des Ausgangssignals ist proportional zur Anzahl der erzeugten Elektron-Lochpaare und damit zur Energie des einfallenden Teilchens, daher lassen sich *Energiespektren* für die einfallende Strahlung aufnehmen. Darge-stellt ist

b) das Gammaspektrum einer ^{80}Co-Quelle, aufgenommen mit einem NaJ (TL)-Szintillationszähler (I) und einem lithiumdotierten Ge(Li)-Halbleiterdetektor (II)

c) Energiespektrum der Alphateilchen einer ^{241}Am-Quelle, aufgenommen mit ei-nem Siliziumdetektor

d) Protoneninduziertes Röntgenspektrum einer geologischen Probe

Eine *ortsabhängige* Detektion ist nach demselben Prinzip (Ladungsteilerprinzip) möglich wie bei den in Abschnitt 6.6.1 beschriebenen ortsauflösenden optischen Sensoren (Bild 6.9-2). Alternativ dazu kann eine große Anzahl nebeneinanderliegender Photodioden hergestellt werden, die einzeln adressiert und ausgelesen werden können. Eine vereinfachte Auslesung läßt sich auch mit CCD-Anordnungen (Abschnitt 6.7) erreichen. Bild 6.9-3 zeigt schließlich die Rekonstruktion eines Teilchenzerfalls aufgrund von Messungen über ortsauflösende Kernstrahlungsdetektoren.

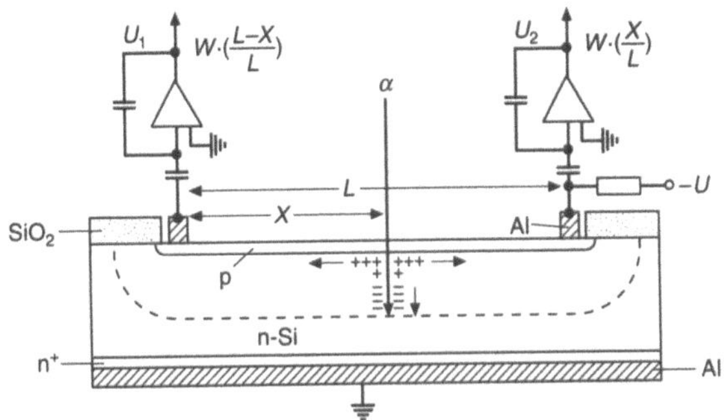

Bild 6.10-2   Ortsauflösender Kernstrahlungsdetektor nach dem Ladungsteilerprinzip (Verfahren wie in Abschnitt 6.6.3, nach [6.22])

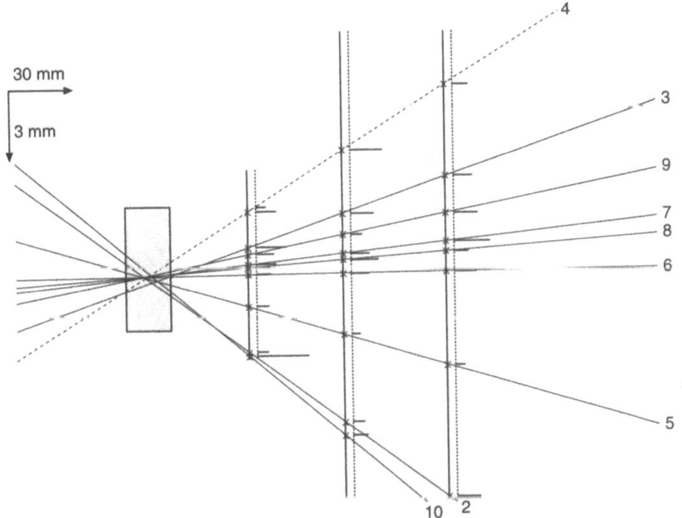

Bild 6.10-3   Computer-Rekonstruktion eines D –> K$^+\pi^-\pi^-$ –Zerfalls (nach [6.22]). Rechts sind drei ortsauflösende Kernstrahlungsdetektoren angeordnet, die Länge der horizontalen Linien ist proportional zu der am entsprechenden Ort gemessenen Impulshöhe. Eingezeichnet sind die rekonstruierten Spuren.

7 Feuchtesensoren

7.1 Kapazitive und resistive Feuchtesensoren

Unter **absoluter Feuchte** F_{abs} versteht man die Masse des in einem Luftvolumen enthaltenen Wasserdampfes:

$$F_{abs} := \frac{\text{Masse des Wasserdampfes}}{\text{Luftvolumen}} \; ; \; [F_{abs}] = \frac{g}{m^3} \tag{1}$$

Die **Sättigungsfeuchte** F_{sat} entspricht der maximalen Masse des Wasserdampfes, die von der Luft bei einer vorgegebenen Temperatur T aufgenommen werden kann.

$$F_{sat}(T) := \frac{\text{maximale Masse des Wasserdampfes}}{\text{Luftvolumen}} \; ; \; [F_{sat}] = \frac{g}{m^3} \tag{2}$$

Aus den Definitionen (1) und (2) ergibt sich eine **relative Luftfeuchtigkeit** F_{rel} durch die Definition:

$$F_{rel}(T) := \frac{F_{abs}}{F_{sat}(T)} \; ; \; [F_{rel}] = \text{Prozent} \; (\%) \tag{3}$$

Bild 7.1-1 zeigt experimentell gemessene Werte.

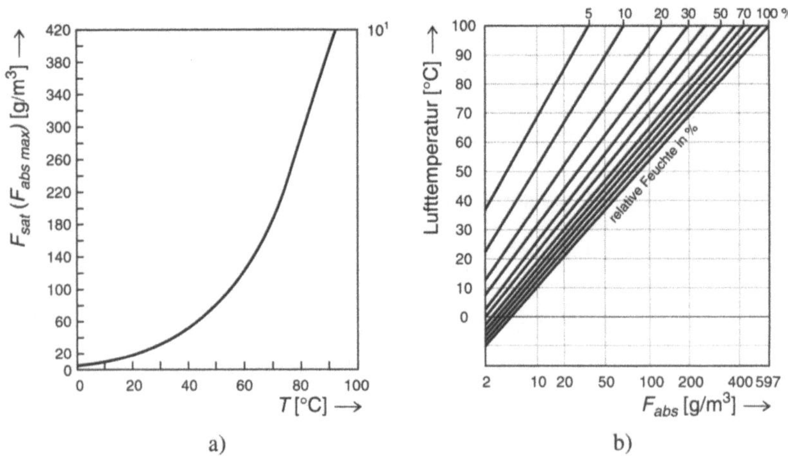

Bild 7.1-1   Gemessene Luftfeuchtigkeiten (nach [7.1])

       a) Sättigungsfeuchte in Abhängigkeit von der Temperatur

       b) Absolute Luftfeuchtigkeit bei verschiedenen Lufttemperaturen und relativen Luftfeuchtigkeiten (Kurvenparameter)

Sensoren zur Messung der Luftfeuchtigkeit werden als **Feuchtesensoren** oder **Hygrometer** bezeichnet. Tab. 7.1-1 gibt einen Überblick über die Einsatzbereiche von Feuchtesensoren.

Tab. 7.1   Anwendungsbereiche von Feuchtesensoren (nach [7.2])

Einsatzbereich	Beispiel	Temperaturbereich (°C)	Feuchte (% r.F.)
Elektronik	Klimaanlage	5...40	40...70
	Kleidertrockner	80	0...40
	Mikrowellenöfen	5...100	2...100
	Videorecorder	-5...60	60...100
Automobil	Heckscheibenheizung	-20...80	50...100
Medizin	Beatmungsgerät	10...30	80...100
Industrie	Textilherstellung	10...30	50-100
	Trockner	50...100	0...50
	Mikroelektronik-Produktion	5...40	0...50
Landwirtschaft	Gewächshäuser	5...40	0...100
	Tee-Anbau	-10...60	50...100
Meßgeräte	Thermostatische Bäder	-5...100	0...100
	Radiosonde (Meteorologie)	-50...40	0...100
	Hygrometer	-5...100	0...100

Das Wassermolekül hat ein beachtliches Dipolmoment (Band 1, Abschnitt 6.2), entsprechend vergrößert sich die Dielektrizitätskonstante $\varepsilon_r^{\,i}$ eines Dielektrikums um den Wert $c \cdot \varepsilon_r^{\,w}$, wenn Wasser mit der Konzentration c (in Prozent) aufgenommen wird ($\varepsilon_r^{\,w}$ ist die Dielektrizitätskonstante des Wassers):

$$\varepsilon_r(c) = \varepsilon_r^{\,i} + c \cdot \varepsilon_r^{\,w} \tag{4}$$

Als Dielektrika kommen isolierende Werkstoffe wie Kunststoffe oder Keramiken in Frage. Die Bestimmung der Dielektrizitätskonstanten $\varepsilon_r(c)$ kann z.B. durch die Messung der Kapazität eines Plattenkondensators erfolgen, dessen Dielektrikum Feuchtigkeit aufnehmen kann. Dabei muß die Feuchtigkeit zumindest *eine* der Kondensatorelektroden durchdringen können. Bild 7.1-2 zeigt verschiedene Ausführungsformen kapazitiver Feuchtesensoren.

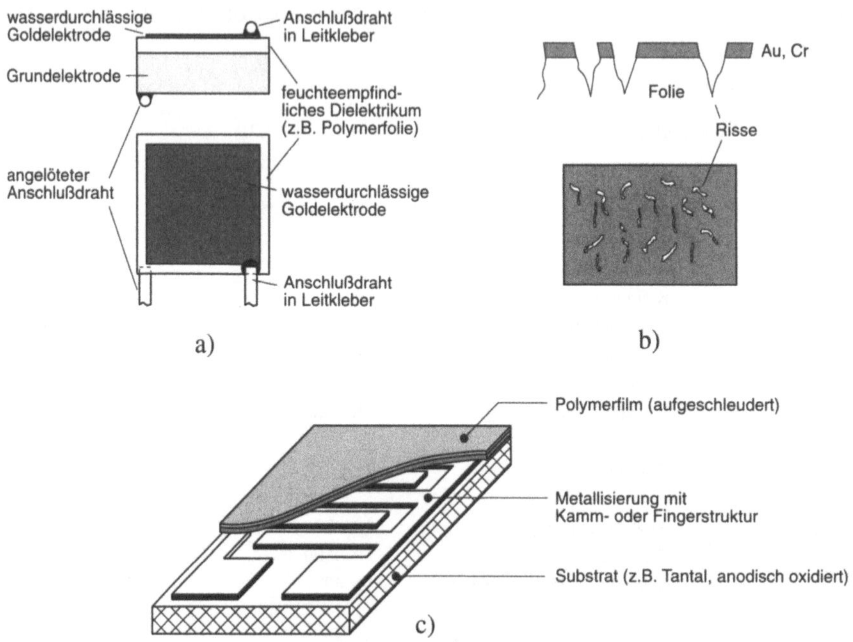

Bild 7.1-2   Ausführungsformen kapazitiver Feuchtesensoren

a) Ein feuchteempfindliches Dielektrikum, wie z.B. eine Polymerfolie, wird mit einer dünnen wasserdurchlässigen Goldfolie als Kondensatorelektrode bedampft (nach [7.1])

b) Die Wasserdurchlässigkeit der Metallelektrode kann durch Einführung von Rissen (z.B. durch Strecken der Folie nach dem Aufdampfprozeß) vergrößert werden

c) Das Problem der Wasserdurchlässigkeit der Kondensatorelektroden kann umgangen werden, wenn planare Elektroden (Finger- oder Interdigitalstruktur) verwendet werden. Allerdings ergeben sich auf diese Weise deutlich geringere Kapazitätswerte für den Sensor.

Bild 7.1-3 zeigt die Kenndaten eines industriell gefertigten Sensors.

Bei *resistiven* Feuchtesensoren wird die Widerstandsänderung elektrisch leitfähiger Kunststoffe (s. Band 6 dieser Reihe) mit der Feuchtigkeitsaufnahme oder alternativ dazu der Beitrag des Wassers zur Leitfähigkeit (über das Proton H^+) in einem feuchteaufnehmenden Isolator gemessen. Für das letztgenannte Verfahren kommen insbesondere poröse Keramiken in Frage, Tab. 7.1-2 gibt eine Zusammenstellung der hierfür eingesetzten keramischen Verbindungen.

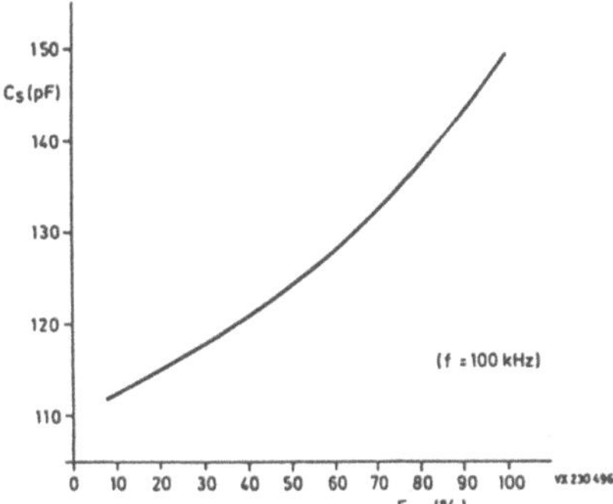

Bild 4. Kapazität des Sensors als Funktion der relativen Feuchte

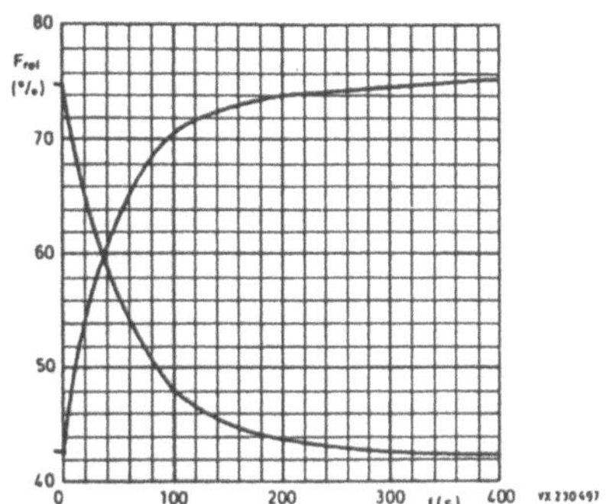

Ansprech- und Abklingzeit des Sensors bei sprung-förmiger Änderung der relativen Feuchte von 43 % auf 75 % und von 75 % auf 43 %

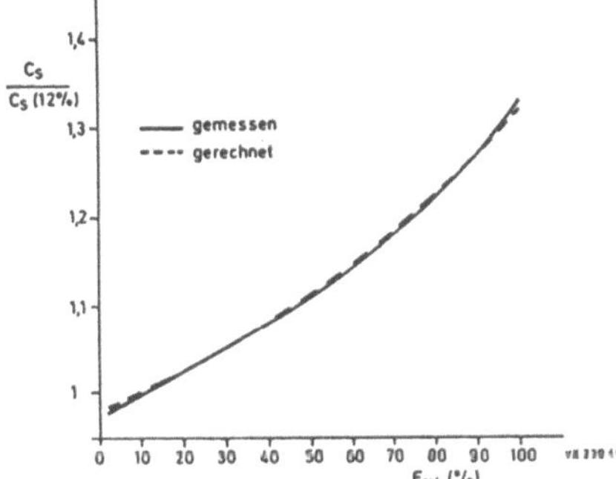

Bild 5. Zusammenhang zwischen der relativen Feuchte und der auf F_{rel} = 12 % normierten Kapazität des Sensors

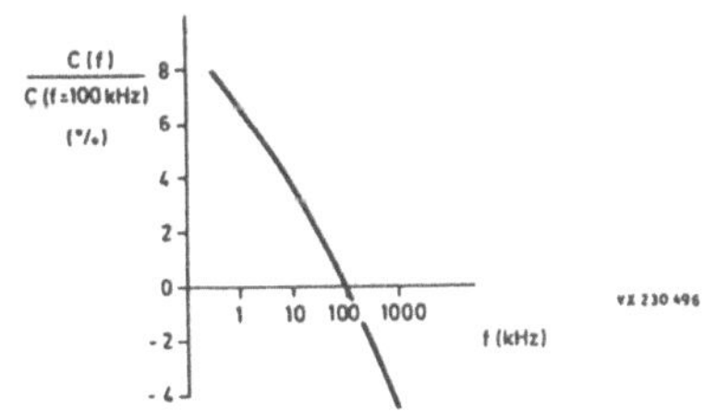

Bild 6. Änderung der Kapazität des Sensors mit der Frequenz, bezogen auf die Kapazität bei der Frequenz f = 100 kHz

Tabelle 2. Kenndaten des Valvo-Feuchtesensors

Kapazität	122 pF ± 15 %
(ϑ = 25 °C, F_{rel} = 43 %, f = 100 kHz)	
Empfindlichkeit	(0,4 ± 0,05) pF/% [1]
(F_{rel} = 43 %)	
Temperaturabhängigkeit	≈ 0,1 %/K [2]
(f = 1 kHz ... 1 MHz)	
Meßfrequenzbereich	1 kHz ... 1 MHz
Feuchtigkeitsmeßbereich	10 % ... 90 % [3]
Lagerungstemperaturbereich	–25 °C .. 80 °C
Lagerungsfeuchtebereich	0 % ... 100 % [3]
Betriebstemperaturbereich	0 °C ... 85 °C
maximale Betriebsspannung	15 V
(Gleich- u. Wechselsp.)	
Verlustfaktor (tan δ)	< 35 · 10⁻³
bei ϑ_U = 25 °C, f = 100 kHz	
Ansprechzeit (90%-Wert)	
bei ϑ_U = 25 °C in bewegter Luft	
a) im Bereich F_{rel} = 10 ... 43 %	< 3 min
b) im Bereich F_{rel} = 43 ... 90 %	< 5 min
Hysteresis bei einem Zyklus	
F_{rel} = 10 % → 90 % → 10 %	ca. 3 % [3]
Lötbarkeit	max. 240 °C,
	max. 2 s

Bild 7.1-3   Datenblatt eines industriell hergestellten Feuchtesensors

Tab. 7.1-2   Keramische Werkstoffe für den Einsatz in Feuchtesensoren (nach [7.3])

I. Einkomponenten-Systeme CoO, $NaNbO_3$, $LiNbO_3$, $LiTaO_3$, $MTiO_3$ (M = Ni,Mn,Co,Fe,Zn),
$MgCr_2O_4$, Li_5AlO_4 und Li_5GaO_4 bei T = 500°C, Na-ß-aluminat, $AlPO_4$

II. Oxidmischungen   (Typischerweise 2h bei 1300°C gebrannt, **Gehaltsangaben in Mol-%**)

  1. <u>Chromoxid</u>   1.1 Cr_2O_3 (98) + GeO_2, ZrO_2, SnO_2, DyO_2, TiO_2, HfO_2, MnO_2,
Ta_2O_5, Nb_2O_5,

                  1.2 Cr_2O_3 (98) + TiO_2 (<2) + ZnO, CaO, PbO, CuO, MgO, BeO, CdO,
SrO, BaO (zur Erniedrigung des elektrischen Widerstandes)

  2. <u>Chromat</u> $MgCr_2O$ (p-leitend, 70) + TiO_2 oder SnO_2

  3. <u>Aluminate</u> $MgAl2O4$ (Spinell 70-90) + TiO2

  4. <u>Eisenoxid</u>   4.1 Fe_2O_3 (98-99) + Li_2O, Na_2O, K_2O oder Cs_2O

                  4.2 Fe_2O_3 (90) + K_2O (5) + WO_3, ZnO, Al_2O_3, TiO_2 oder Nb_2O_5

  5. <u>Nickeloxid</u>   5.1 $NiO + Al_2O_3$ (1-0,01 oder 50)

                  5.2 NiO (90) + SeO_2, TiO_2, GeO_2, SiO_2, SnO_2, ZrO_2, MnO_2, ThO_2

  6. <u>Wolframoxid</u> WO_3 (50) mit Cr_2O_3 oder CaO, BaO, NiO, MgO, SrO

  7. <u>Vanadiumoxid</u> V_2O_5 (50) + MgO, Cr_2O_3, Fe_2O_3 oder Co_2O_3

  8. <u>Andere</u> $LiZnVO_4$ (50-80) + ZnO

Die Verwendung sehr kleiner Poren kann die Selektivität für die Aufnahme von (ebenfalls sehr kleinen) **Wassermolekülen begünstig**en: Größere Moleküle können weniger gut in die Keramik eindringen.

Die Langzeitkonstanz von Feuchtesensoren aus **porösen Keramik**en wird herabgesetzt durch eine Kontamination der Keramik aus der umgebenden Atmosphäre. Abhilfe kann hier eine periodische Reinigung (**Dekontamination**) des Sensors durch eine elektrische Aufheizung auf höhere Temperaturen (bis einige Hundert Grad Celsius) schaffen. Hierfür lassen sich Sensoren direkt auf einem beheizbaren Substrat aufbringen (Bild 7.1-4)

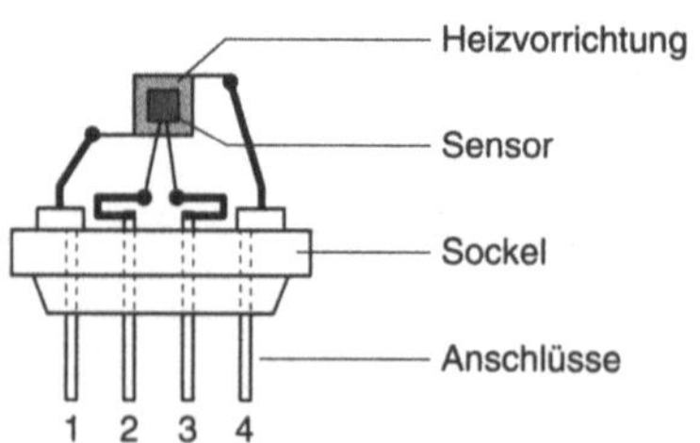

Bild 7.1-4   Anordnung eines Feuchtesensors aus poröser Keramik auf einem elektrischen
Heizelement (nach [7.4])

7.2 Taupunktverfahren

Neben den behandelten kapazitiven und resistiven Verfahren gibt es für die Feuchtemessung eine Vielzahl weiterer Sensorprinzipien, die für spezielle Anwendungen optimiert sind. Eines der physikalisch grundlegendsten ist die Feuchtemessung über die Bestimmung des **Taupunktes**. Dieser kennzeichnet die Temperatur, bei welcher eine vorhandene Luftfeuchtigkeit ihren Sättigungswert erreicht: Wird der Taupunkt unterschritten, dann kondensiert die Luftfeuchtigkeit in Form kleiner Tropfen auf der gekühlten Oberfläche. Dort kann sie die Oberflächenleitfähigkeit erheblich herabsetzen (Bild 7.2-1).

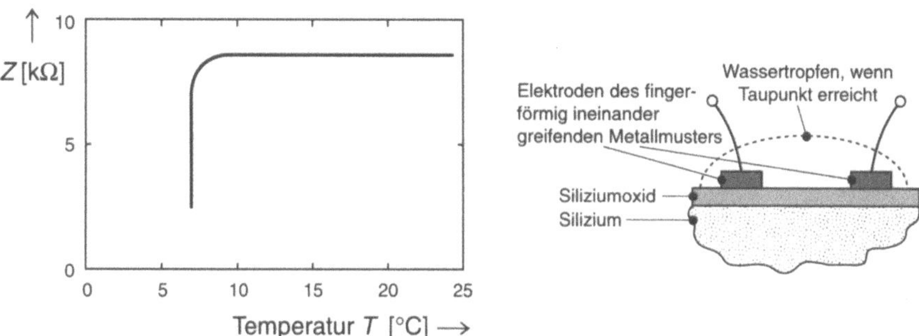

Bild 7.2-1   Feuchtemessung nach dem Taupunktverfahren: Auf einem isolierten Substrat sind kammartige Elektroden wie in Bild 7.1-2c angebracht. Der Sensor kann – z.B. durch ein Peltierelement – abgekühlt werden. Wird für eine vorhandene Luftfeuchtigkeit die Temperatur unterschritten, bei welcher die Feuchtigkeit ihren Sättigungswert erreicht (**Taupunkt**), dann kondensiert Wasserdampf in Form von Wassertröpfchen auf der Oberfläche und setzt auf diese Weise den (komplexen) Widerstand Z zwischen den Elektroden der Kammstruktur herab (nach [8.3]).

Weitere Feuchtemeßverfahren seien hier stichwortartig aufgeführt:

– **"Haar"-Hygrometer:** Tierische Haare haben häufig die Eigenschaft, bei Aufnahme von Feuchtigkeit ihre Länge zu ändern

– **Schwingquarz-Hygrometer:** Änderung der Schwingfrequenz eines Quarzes bei Feuchteaufnahme, dieser Effekt wird verstärkt durch eine hygroskopische Schicht auf der Quarzoberfläche

– **Mikrowellenverfahren:** Änderung der Güte eines gasgefüllten Resonanzkreises mit dem Feuchtigkeitsgehalt

– **Optische Verfahren:** Messung der Intensität einer optischen Absorption aufgrund der Anwesenheit von Wassermolekülen, vgl. Bild 6.2-4.

8 Chemische Sensoren

8.1 Übersicht und Funktionsprinzipien

8.1.1 Erkennung chemischer Stoffe durch Sensoren

Nach den Definitionen in Abschnitt 1 enthält ein (bio-)chemischer Sensor ein **stofferkennendes** Element und einen Transducer, der die Information über die Anwesenheit und Konzentration festgelegter chemischer Verbindungen in dem zu messenden Medium in ein elektrisches Signal umwandelt. Stoffe, die mit (bio-)chemischen Sensoren erkannt werden, sind *Atome*, *Ionen* oder *Moleküle* in *Gasen*, *Flüssigkeiten* oder *Festkörpern*. Häufig werden anstelle der *Konzentrationen* die *Aktivitäten* (s. Band 1, Abschnitt 2.4) gemessen. Die zu messenden Stoffe werden dabei entweder **selektiv** (z.B. Moleküle wie CO, NO_2, CO_2, CH_4) oder **summarisch** (z.B. *brennbare* oder *toxische* Gase, organische *Lösungs*mittel, etc) erfaßt.

Eine spezifische Erkennung auf molekularer Basis kann z.B. in der (bio-)chemischen Sensorik durch spezifische **Schlüssel/Schloß-Wechselwirkungen** erzielt werden, die bekannt sind bei natürlichen biologischen Systemen (z.B. für die Identifizierung von Geruch oder Geschmack über die Rezeptorproteine in Biomembranen der Zunge oder der Nasenschleimhäute) und die neuerdings auch in Forschungsarbeiten mit synthetisch hergestellten Werkstoffen angewendet werden. Typische Beispiele hierfür sind in Bild 8.1.1-1 zusammengestellt.

Prinzipien der **biologischen Detektion, Transduktion und Verstärkung** werden in Bild 8.1.1-1a beispielhaft charakterisiert durch die Bindung eines **Effektormoleküls** an ein **Rezeptorprotein** R, das eine Konformationsänderung bewirkt, die dann einen Ionenkanal öffnet und dadurch Elektrolytdiffusion und Membrandepolarisation bewirkt. Alternativ dazu kann durch die Molekülbindung die Bildung eines zweiten Botenmoleküls (hier Cycloadenosinmonophosphat (CAMP)) bewirkt werden, wodurch eine **katalytische Verstärkung** und schließlich eine Kanalöffnung induziert wird.

Bild 8.1.1-1b zeigt das Schlüssel-Schloß-Prinzip bei synthetisch hergestellten chemischen Sensoren mit Oberflächen und Grenzflächen aus einem anorganischen Werkstoff (Beispiel Zinkoxid). Das spezifische Detektionsprinzip basiert z. B. auf einer Oberflächen-Leitfähigkeitsänderung des Halbleiters bei Ausbildung eines definierten Oberflächenkomplexes und gleichzeitiger Ladungsübertragung von Elektronen e^-. Dieser Effekt kann ausgenutzt werden, um bestimmte Teilchen selektiv in einer Mi-

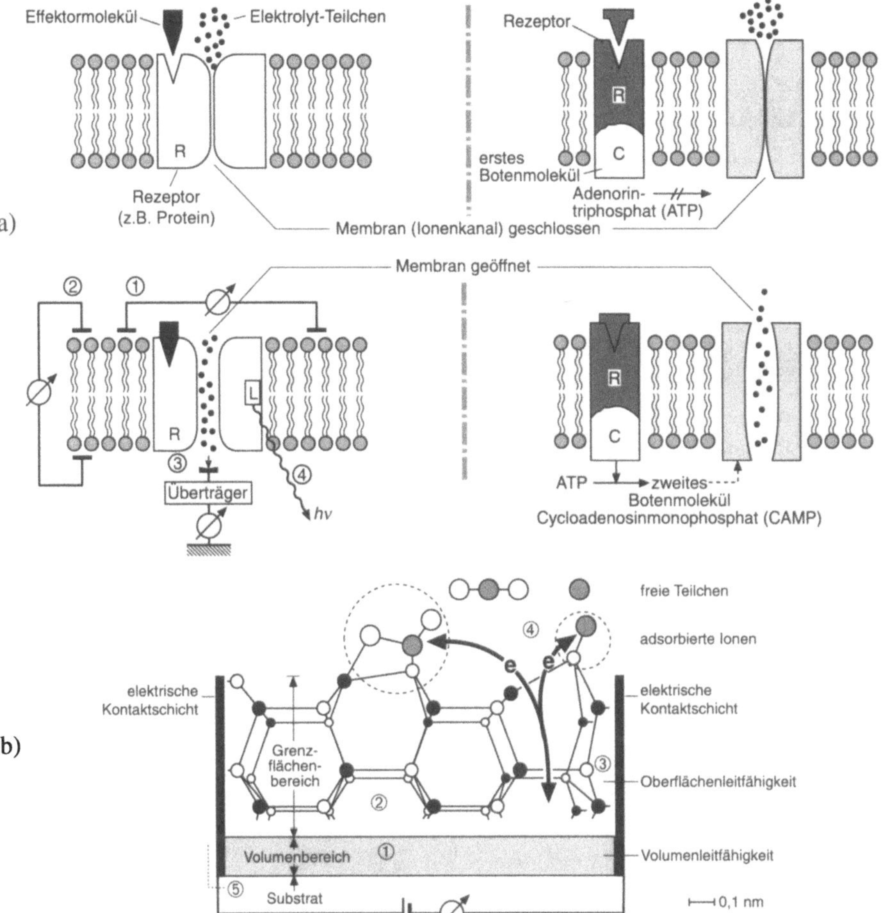

Bild 8.1.1-1:   Beispiele für eine Stofferkennung nach dem Schlüssel-Schloß-Prinzip:

a) Schematische Darstellung der Bindung eines Effektormoleküls an einen Rezeptor R (Abbildungen auf der linken Seite) und mit zusätzlicher Wirkung eines Botenmoleküls C (Abbildungen auf der rechten Seite). Durch die Bindung wird ein Transport von Elektrolytteilchen (schwarze Punkte) durch die Membran (Ionenkanal) möglich. Dieser Prozeß läßt sich durch elektrische (1-3) oder optische (4) Detektionsprinzipien (Bild links unten) nachweisen. Auf der rechten Seite ist die Kanalöffnung nach katalytischer Verstärkung schematisch dargestellt.

b) Schematische Darstellung der Wechselwirkung von freien Teilchen (Atomen oder Molekülen) mit einer Festkörperoberfläche unter Ausbildung von **adsorbierten Ionen**. Mögliche Wechselwirkungsprozesse sind:

(1) Volumeneinlagerung der Teilchen,

(2) Grenzflächenreaktionen,

(3) Dreiphasengrenzreaktionen an den Kontakten,

(4) Oberflächenreaktionen,

(5) Reaktionen an Kontakten und Substratmaterialien (meist unerwünscht).

Tab. 8.1.1-1:   Beispiele für physikalische Größen G, die mit (bio-)chemischen Sensoren zur Detektion chemischer Stoffe erfaßt werden.

Flüssigkeitselektrolytsensoren:	Spannungen U, Ströme I, Leitfähigkeiten σ_{sp}
Elektronische Leitfähigkeitssensoren:	Leiffähigkeiten σ_{sp}
Festkörperelektrolytsensoren:	Spannungen U, Ströme I
Feldeffektsensoren:	Potentiale
Optochemische Sensoren:	Optische Konstanten als Funktion der Frequenz
Massen-sensitive Sensoren:	Massen M adsorbierter Teilchen
Kalorimetrische Sensoren:	Adsorptions- oder Reaktionswärmen q^{ad} oder q^{reakt}

schung von vielen anderen nachzuweisen. Anstelle von Leitfähigkeitsänderungen können jedoch auch Änderungen anderer Sensoreigenschaften zum Teilchennachweis herangezogen werden, die in Tab. 8.1.1-1 zusammengestellt sind und die im folgenden näher diskutiert werden.

Bei der Entwicklung technisch einsetzbarer Sensoren wird vorzugsweise nach Systemen gesucht, bei denen die gemessenen Größen im thermodynamischen Sinne Zustandsfunktionen darstellen und damit – unabhängig von der Vorgeschichte des Sensors – eindeutig sind. Dies wird im folgenden näher ausgeführt. Weiterhin ist von praktischer Bedeutung, daß die partielle Ableitung der Größen nach der Konzentration nur *einer* Teilchensorte möglichst groß ist, so daß in Bezug auf diese Komponente eine hohe **Selektivität** des Sensorsignals entsteht. Falls dieses Ziel nicht befriedigend erreicht werden kann, werden Signale verschiedener Sensoren über Mustererkennung in einer Multikomponentenanalyse ausgewertet.

Die ausgenutzten Wechselwirkungsprozesse zwischen Teilchen und Sensoren lassen sich einteilen in

- **Physisorption** (schwache Bindung, die z.B. durch eine elektrostatische Anziehungskraft zwischen Multipolen in Atomen und Molekülen entsteht, ein Beispiel hierfür ist die van-der-Waals-Kraft, s. Band 1, Abschnitt 1.3.5)
- **Chemisorption** (starke chemische Bindung, wie die kovalente, metallische und ionische Bindung, s. Band 1, Abschnitt 1.3.2 bis 1.3.4)
- **Oberflächen-,**
- **Volumen-,**
- **Korngrenzen-,**
- **Grenzflächen- und Dreiphasengrenz-Reaktionen**
- **Reaktionen mit Käfigverbindungen** sowie
- **spezifische Reaktionen in Biosensoren,**

die jeweils in charakteristischen Temperaturbereichen optimal ablaufen (vgl. Abschnitt 8.1.3). Typische Untersuchungsverfahren für die Identifikation optimaler Werkstoffe in Verbindung mit chemischen Sensoren sind in Tab.8.1.1-2 zusammengestellt, Tab.8.1.1-3 gibt einen Überblick über die gegenwärtig eingesetzten und untersuchten Werkstoffe (eine ausführliche Behandlung dieser Werkstoffe erfolgt innerhalb dieser Reihe, wie z.B. in den Bänden "Keramik" und "Polymere").

Tab. 8.1.1-2:   Untersuchungen zur Identifikation geeigneter Werkstoffe für den Einsatz in chemischen Sensoren. Zur Erläuterung der Abkürzungen siehe Abschnitt 8.1.5.

---

1. Spektroskopische Identifizierung von thermodynamisch kontrollierten Größen

    1.1   Strukturen reiner Oberflächen

    1.2   Physisorption

    1.3   Chemisorption

    1.4   Punktdefektbildung

        – reine Oberflächendefekte

        – Volumendefekte im Gleichgewicht mit Oberflächendefekten

    1.5   Phasenübergänge im Volumen

2. Studium von Dotierungseinflüssen

    2.1   Oberflächendotierung

    2.2   Volumen im Gleichgewicht mit Oberflächendotierung (Segregationsgleichgewichte)

3. Studium von Koadsorptionsphänomenen

4. Studium der Kinetik allgemeiner Festkörper/Gas (oder Flüssigkeit)-Wechselwirkungen nach unterschiedlichen Probenpräparationen

5. Vergleich unterschiedlicher Substrate

    5.1   Einkristalle

    5.2   Dünnschichtstrukturen

    5.3   Dickschichtstrukturen

    5.4   Polykristalline und amorphe Materialien

    5.5   Keramiken und Gläser

    5.6   Strukturierte Bauelemente

6. Spektroskopische Identifizierung von reproduzierbaren und instabilen Sensorbetriebsbedingungen im Vergleich mit Resultaten aus "billigen" Techniken mit praktischer Bedeutung

    6.1   Spektroskopische Methoden XPS, TDS, AES, ISS, SIMS, ...

    6.2   "billig" bestimmbare Sensorparameter: $U,\ I,\ \sigma,\ \Phi,\ c,\ q^{ad},\ q^{reakt},\ M,\ \varepsilon$

Tab. 8.1.1-3:   Übersicht über gegenwärtig untersuchte Werkstoffe für chemische Sensoren

---

1. Halbleiter

Si, III/V-Halbleiter mit schmaler und breiter Bandlücke, Photoleiter ...

(Si, GaAs, InP, GaAsP, HgCdTe, SiC, ...)

2. Oxide und Nitride ohne und mit Dotierungen

Passivierungsschichten, Isolatoren, Elektronen- und gemischte Leiter, (elektro-)katalytisch-aktive Materialien ...

(SiO_2, Si_3N_4, Oxinitride, Al_2O_3, SnO_2, TiO_2, ZnO, RhO_2, Cu_2O, $SrTiO_3$, Hoch-T_c-Supraleiter, ...)

3. Optimierte Katalysatorsysteme

Substrate

(Al_2O_3, SiO_2, ...)

Chemische Modifizierung

(Oxide von Rh, Ce, Mo, Cr, Co, ...)

Promotoren

(Pt, Rh, Ru, Ni, Pd, ...)

4. Festkörper-Ionenleiter

Kristalline und amorphe Materialien ·

(ZrO_2, CeO_2, Oxinitride, LaF_3, β-Aluminate, Nasicon, AgCl, AgJ, ...)

5. Keramiken und Gläser

Materialien für Isolatoren, Kondensatoren, für optische, magnetische, piezo- und elektrooptische Bauelemente, Varistoren, ...

(Substanzen der Punkte 2. - 4., dazu Si-Al-O-N, $BaTiO_3$, Pb-(La-)Zr-Ti-O_3 ("P(L)ZT"), Ferrite, ...)

6. (Metall-)organische Verbindungen und Polymere

Kristallisierbare und amorphe thermisch-stabile Leiter, Halbleiter, Photoleiter und Isolatoren mit definierten elektrischen, optischen und magnetischen Eigenschaften, nichtlinear-optische und magnetische Materialien, Flüssigkristalle, Klebstoffe, ...

(Pb, Ru, ...-Phthalocyanine (Pb-, RuPc), Porphyrine, Donator/Akzeptorkomplexe, siliziumorganische Verbindungen, Langmuir-Blodgett-Schichten, Polypyrrol, ...)

7. Membranen

8. Enzym-Systeme, Antikörper, Rezeptoren (Proteine), Organellen, Mikroorganismen, Tier- und Pflanzen-Zellen (und -Gewebe)

Der Aufbau chemischer Sensoren wird bestimmt durch Anforderungen im praktischen Einsatz. Er erfolgt wie bei anderen elektronischen Bauelementen vorzugsweise in miniaturisierter Form unter Einsatz von Verfahren, die im Zusammenhang mit der Halbleitertechnologie (s. Band 2, Abschnitt 8) entwickelt worden sind. Im Gegensatz zu der sehr verbreiteten Siliziumtechnologie ist aber das Spektrum der eingesetzten Werkstoffe und Verfahren weitaus größer. Eine besondere Bedeutung haben dabei die spezifisch *chemischen* Eigenschaften der Werkstoffe, wie die folgende Beispiele zeigen.

– In der **heterogenen Katalyse** werden Katalysatoren optimiert, um beispielsweise aus giftigen Molekülen wie NO ungiftige Moleküle wie O_2 und N_2 herzustellen (vgl. Bild 8.1.1-2) oder um aus kleinen Molekülen wie CO und H_2 größere Moleküle wie Methanol selektiv zu synthetisieren (vgl. Bild 8.1.1-3). *Die Verwendung der dazu optimierten Katalysatoren in Kombination mit einfachen chemischen Sensoren zum CO- bzw. H_2-Nachweis ermöglicht umgekehrt die selektive Detektion von organischen Molekülen wie Methan, Methanol oder Benzin nach deren selektriver Zersetzung am Katalysator in CO bzw. H_2.*

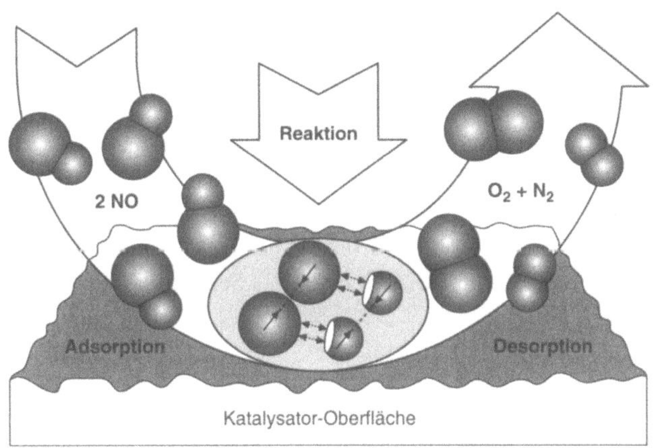

Bild 8.1.1-2:   Chemisorption und heterogene Katalyse am Beispiel der Reaktion $2NO \rightarrow O_2 + N_2$. NO-Gasmoleküle werden an der Oberfläche des Katalysators *adsorbiert* und *nach Dissoziation atomar gebunden* (chemisorbiert). **In dieser Form können die adsorbierten Teilchen an der Oberfläche Reaktionen eingehen, die in der Gasphase wegen hoher Aktivierungsenergiebarrieren nicht möglich sind.** So können in Oberflächenreaktionen N_2 und O_2-Moleküle entstehen, die nach *Desorption* in die Gasphase den heterogen katalysierten Prozeß abschließen. Sensoren auf der Basis von Chemisorptionseffekten sowie der heterogene Katalyse sind in empflndlicher Weise durch die Oberflächenstruktur und -elementzusammensetzung beeinflußbar. Elementzusätze, welche die Katalyse beschleunigen, werden als **Promotoren**, Zusätze, welche diese verlangsamen, als **Inhibitoren** bezeichnet.

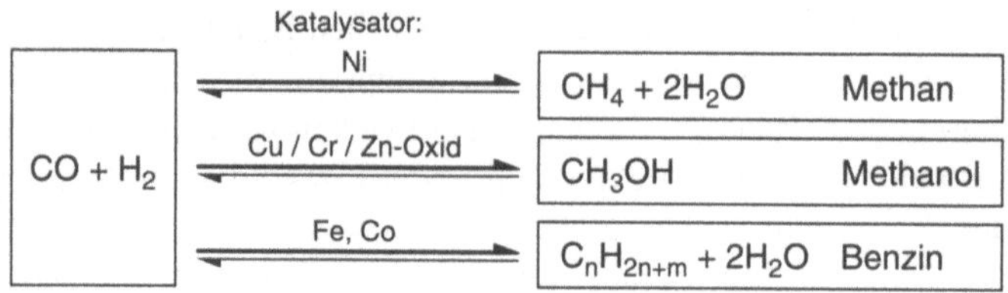

Bild 8.1.1-3:   Durch unterschiedliche Wahl von Katalysatoren lassen sich bei gleichen Ausgangsstoffen (hier: CO und H_2) unterschiedliche Endprodukte herstellen. Umgekehrt
können die verwendeten Katalysatoroberflächen als Sensoren zum Nachweis von
Methan, Methanol, Benzin bzw. CO oder H_2 herangezogen werden.

– Die Enzymimmobilisierung spielt in der Biotechnologie eine entscheidene Rolle,
um die in biotechnologischen Verfahren sehr teure Produkt-/Enzym-Trennung bei
homogen gelösten **Enzymen (Bio-Katalysatoren)** im Bioreaktor zu vermeiden.
Bei der Immobilisierung muß das katalytisch aktive Zentrum des Enzyms durch
geeignete Verfahren (z.B. durch Einlagerung in Membranen) funktionsfähig erhalten bleiben. In neueren Biosensoren wird nun erprobt, die am Zentrum auftretende Änderung der Enzymeigenschaften bei Produktmolekülanlagerung direkt
elektronisch oder optisch abzuleiten. Darüber hinaus wird die Entwicklung **selekti-
ver Membranen** in der Biotechnologie entscheidende Impulse für die (Bio-)Sen-
sorik liefern.

– Bei keramischen Werkstoffen ist die **Elektronen-, Ionen-** oder **gemischte Leitfähigkeit** häufig abhängig von der Konzentration von Teilchen in der Umgebung
(s. Band 5 dieser Reihe) und läßt sich daher als Sensoreigenschaft ausnutzen. Bild
8.1.1-4 gibt einen Überblick über die elektrische Leitfähigkeit verschiedener, z.T.
als Keramiken herstellbarer Verbindungen.

Heutige Schwerpunkte bei der Entwicklung (bio-)chemischer Sensoren sind:

– Tests und empirische Optimierung einfacher Teststrukturen,

– Grenzflächenanalytik und systematische Optimierung dieser Strukturen,

– Theoretische Grundlagen zur schnelleren und gezielteren Optimierung,

– Präparations- und Strukturierungsmethoden neuer Materialien,

– Entwicklung und Optimierung von Sensorsystemen sowie

– Mustererkennung zur Multikomponentenanalyse.

Wie aus den Beispielen in den Bildern 8.1.1-2 und 3 deutlich wurde, hat die heterogene Katalyse eine besondere Bedeutung, da hier weitgehend ähnliche Materialeigenschaften optimiert werden wie bei der chemischen Sensorik. Daher soll dieser
Aspekt im folgenden vertieft werden.

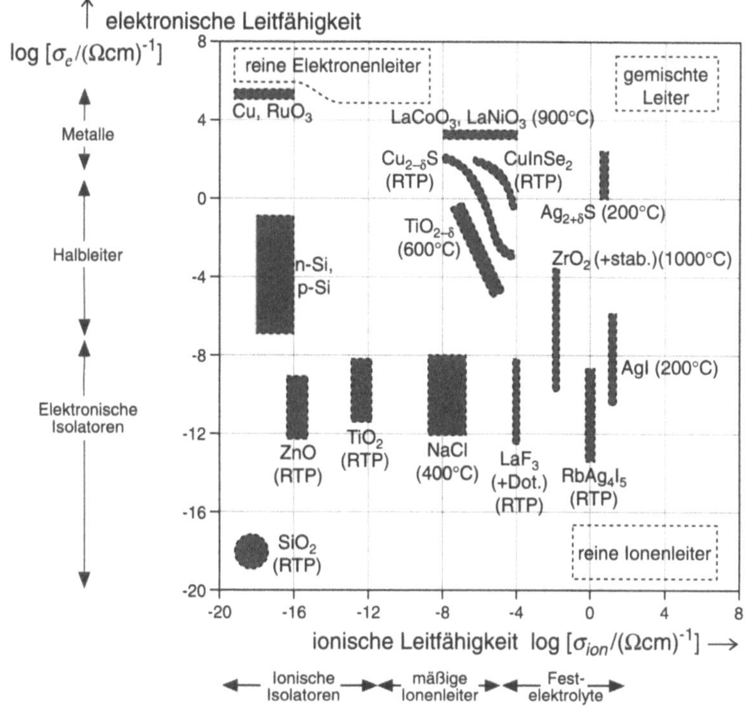

Bild 8.1.1-4:   Ionen- und Elektronenleitung (im Volumen) verschiedener anorganischer Werkstoffe.

8.1.2 Thermodynamische und kinetische Aspekte der chemischen Sensorik und heterogenen Katalyse

Ziel der Sensorentwicklung ist es, die Meßgröße G des Sensors als eindeutige und von der Vorbehandlung unabhängige Funktion der Konzentrationen oder Partialdrucke p_i verschiedener chemischer Komponenten und der Temperatur zu erfassen. In diesem Fall hat G die Bedeutung einer **Zustandsfunktion**, die charakterisiert werden kann durch das *totale Differential*:

$$dG = \left(\frac{\partial G}{\partial p_1}\right)_{p_i \neq 1;T} dp_1 + \left(\frac{\partial G}{\partial p_2}\right)_{p_i \neq 2;T} dp_2 + ... + \left(\frac{\partial G}{\partial T}\right)_{p_i} dT \tag{1}$$

Die Überführung des Systems von einem Zustand G_1, charakterisiert durch die Parameter $p_1, p_2,...p_i,...,T$, in einen anderen Zustand G_2 hängt dann nicht ab von der Art und Weise (ausgedrückt z.B. durch die Orts- oder Zeitabhängigkeit der Parameter), in welcher die Zustandsänderung durchgeführt wurde. Dieses ist gleichbedeutend mit der Aussage, daß die Änderung der Zustandsgröße G bei jedem Kreisprozeß Null ist:

$$\oint dG = 0 \tag{2}$$

Bei **hochselektiven** Sensoren überwiegt in (1) der Wert *einer* partiellen Ableitung alle anderen. Ist diese Randbedingung nicht erfüllt, dann kann im Prinzip über Mustererkennung von Sensor-Arrays auch eine Mehrkomponentenanalyse vorgenommen werden. Diese Ansatz befindet sich aber zur Zeit noch im Forschungsstadium.

Die gegenüber freien Molekülen veränderten elektronischen und chemischen Eigenschaften von *Molekülen an und in Festkörpern* ermöglichen die Moleküldetektion (wobei der Festkörper als Sensor wirkt) und bewirken eine *veränderte chemische Reaktivität* der Moleküle (wobei der Festkörper als Katalysator wirken kann). Damit ergeben sich die grundlegenden Fragestellungen:

I) Was ist die Ursache der Reaktion zwischen Teilchen und Festkörpern, d.h. was ist die *Triebkraft* der chemischen Reaktion?

II) Wenn Reaktionen möglich sind, wie schnell laufen diese ab, d.h. wie groß ist die Geschwindigkeit (Reaktionsrate) der chemischer Reaktionen?

Zu I): Die erste Frage wird durch den Kompromiß zwischen der Minimierung der Energie und der Maximierung der Konfigurationsentropie (beide Forderungen sind enthalten in Maximierung der Gesamtentropie, s. Band 1, Abschnitt 2, und Band 2, Abschnitt 1.2) entschieden, sie führt auf das Prinzip der Minimierung der **freien Energie**. Bei Sensorbetrieb unter konstantem Gesamtdruck (Atmosphärendruck) ist es zweckmäßig, das Produkt aus Systemdruck p und -volumen V im Energieterm zu berücksichtigen (beide zusammen ergeben die **Enthalpie** H). Damit geht die freie Energie über in die **freie Enthalpie (Gibbssche Energie)**:

$$G = F + p \cdot V = W + p \cdot V - T \cdot S = H - T \cdot S \tag{3a}$$

wobei W die Systemenergie (Summe aus kinetischer und potentieller Energie) und S die Entropie des Systems beschreibt. Eine Vergrößerung der Gesamtentropie (s. Band 1, Abschnitt 2, und Band 2, Abschnitt 1.2) findet statt, wenn bei einem Prozeß die freie Enthalpie verkleinert wird, bzw. wenn bei einem isothermen Prozeß mit $dT = 0$) die differentielle Änderung

$$dG = d(W + p \cdot V) - T \cdot dS \tag{3b}$$

der freien Enthalpie negativ ist. Im thermischen Gleichgewicht wird ein Minimum angenommen, d.h. es gilt:

$$dG \stackrel{!}{=} \min \;\Leftrightarrow\; dG|_{p,T=\text{const}} = 0 \tag{3c}$$

– Bei der **Chemisorption** ist beispielsweise $\Delta H < 0$ (es wird Bindungsenergie gewonnen) und $dS < 0$ (die Anzahl der Anordnungskonfigurationen nimmt ab), d.h. bei tiefen Temperaturen wird der energetisch günstigere gebundene Zustand der Absorption von Teilchen bevorzugt, während bei höheren Temperaturen der für die freien Teilchen entropisch begünstigte Zustand (nach Desorption der chemisorbierten Teilchen in die Gasphase) zu einer minimalen freien Enthalpie führt.

– Bei der Einführung von **Punktdefekten** hingegen gilt (Band 1, Abschnitt 2.7.1) $\Delta H > 0$ und $\Delta S > 0$, d.h. die Defektdichte ist aus energetischen Gründen bei niedrigen Temperaturen vernachlässigbar klein, während sie bei höheren Temperaturen aus Entropiegründen drastisch ansteigt und damit u.a. die Festkörperreaktivität beeinflußt.

Zu II): Die Geschwindigkeit chemischer Reaktionen wird ähnlich wie die Festkörperdiffusion in Band 1, Abschnitt 2.7.2 über Aktivierungsbarrieren und entsprechende Gibbs-Energie-Änderungen zwischen Ausgangs- und Übergangszustand im Rahmen der Eyring-Theorie erklärt [8.1].

Der Zusammenhang zwischen Gibbs-Energie G und den quantentheoretisch festgelegten Energiezuständen W_i des Systems (Band 2, Abschnitt 1.2) von Elektronen, Phononen, Plasmonen etc. wird nach den Gesetzen der statistischen Thermodynamik durch die Berechnung der **Zustandssumme**

$$Q = \sum_i \exp\left(-\frac{W_i}{kT}\right) \tag{4a}$$

des Systems hergestellt. Es läßt sich zeigen, daß sich die Gibbs-Energie G aus Q direkt berechnen läßt über die Beziehung:

$$G = -kT\left\{\ln Q - \frac{\partial \ln Q}{\partial \ln V}\right\} \tag{4b}$$

Daraus ergeben sich für die Gleichgewichtszustände thermische und kalorische Zustandsgleichungen, wie z.B. der Bedeckungsgrad adsorbierter Teilchen als Funktion von Druck und Temperatur oder die spezifische Exzeßwärme von Adsorptionskomplexen.

Die Gleichungen zeigen den engen Zusammenhang zwischen der Spektroskopie von Systemzuständen – und damit z.T. auch atomaren Energiezuständen W_i –, der Thermodynamik von zweidimensionalen Systemen an Festkörperoberflächen und der chemischen Sensorik sowie der heterogenen Katalyse. Durch die schnelle Entwicklung in der Oberflächen- und Grenzflächenspektroskopie können heute Energiezustände W_i von freien Oberflächen und Teilchen an Oberflächen experimentell bestimmt werden. Dies ermöglicht im Prinzip ein sehr detailliertes quantitatives Verständnis von Elementarprozessen zumindest für einfache Modellsysteme.

Bevor wir im Abschnitt 8.1-4 Ähnlichkeiten – aber auch Unterschiede – zwischen der chemischen Sensorik und der heterogenen Katalyse diskutieren, sollen im folgenden einige Grundlagen der heterogenen Katalyse erläutert werden.

8.1.3   Der Begriff des Katalysators

Katalysatoren [8.1] können die Aktivierungsenergie chemischer Reaktionen herabsetzen, wodurch die Reaktionsgeschwindigkeit erhöht wird, ohne daß das chemische Gleichgewicht beeinflußt wird. Der Katalysator selbst tritt im Bruttoumsatz nicht in Erscheinung, greift aber *über die Bildung aktiver Zwischenstufen* in das Reaktionsgeschehen ein. Man unterscheidet **homogene** und **heterogene Katalyse**. Bei ersterer sind die Katalysatoren im Reaktionsmedium gelöst. Bei letzterer bieten sie ihre große Oberfläche für Reaktionen in der Gas- oder der Flüssigphase an. Bei der heterogenen Katalyse liegen Katalysator und Reaktionsprodukt nach Reaktionsablauf getrennt vor, während homogene Katalysatoren in der Regel durch *Trennoperationen* aus dem Reaktionsgemisch entfernt werden müssen.

Katalysatoren können nicht nur die Reaktionsgeschwindigkeit einer Reaktion erhöhen, sondern sie können auch eine Reaktion, die unter Umständen auf verschiedenen Wegen zu unterschiedlichen Produkten führen kann, bevorzugt in eine bestimmte Richtung lenken. Das heißt, die Reaktion verläuft selektiv zu einem unter mehreren möglichen Produkten.

Damit eine chemische Reaktion zwischen Molekülen ablaufen kann, müssen diese in einen energetisch angeregten Zustand überführt, d.h. energetisch **aktiviert** werden, um die dem Reaktionsablauf entgegenstehenden Barrieren der potentiellen Energie auf dem Reaktionsweg zu überwinden. Dies ist in Abb.6 veranschaulicht.

Der energetisch leichteste Übergang von einem stabilen Zustand (**Edukte**) zu einem anderen stabilen Zustand (**Produkte**) führt über einen zwischen zwei Tälern liegenden Paß; um auf dessen Gipfel zu gelangen, ist eine **Aktivierungsenergie** W_A erforderlich. Sie stellt die minimale Energie dar, die den reagierenden Molekülen zugeführt werden muß, um die chemische Reaktion zu ermöglichen, d.h. die Reaktanten in einen reaktionsfähigen Zustand zu bringen.

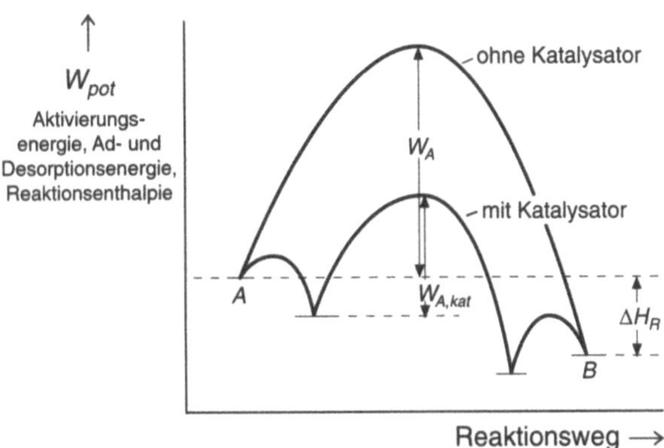

Bild 8.1.3-1: Schematische Darstellung der potentiellen Energie W_{pot} längs des Reaktionsweges bei einer chemischen Reaktion (wie sie z.B. in Bild 8.1.1-2 dargestellt ist, dabei entspräche A zwei NO_2-Molekülen und B den $O_2 + N_2$-Molkülen). Die in der Gasphase vorhandene hohe Aktivierungsenergie W_A wird durch geeignete Katalysatoren herabgesetzt, wobei jeweils eine charakteristische Adsorptionsenergie, Desorptionsenergie und Oberflächenaktivierungsenergie $W_{A,kat}$ aufgebracht werden muß. ΔH_R ist die **Wärmetönung (Reaktionsenthalpie**, d. h. die freiwerdende und in Wärme umgesetzte Energie bei der chemischen Reaktion.

Die hierfür erforderliche Energie wird im allgemeinen aus der Wärmebewegung der Moleküle gedeckt. Der Anteil der Moleküle, deren Energie groß genug ist, entspricht unter den Voraussetzungen der Boltzmannstatistik (Band 2, Abschnitt 1.2.3):

$$\exp\left(-\frac{W_A}{kT}\right) \tag{5}$$

Von den Molekülen, die einen zur Überwindung der Potentialschranke (**Paß**) ausreichenden Energiebetrag besitzen, erreicht jedoch nur ein gewisser Anteil den anderen stabilen Zustand (Produkte), während der Rest vor der Reaktion seine Energie wieder abgibt.

Bei katalysierten Reaktionen wird die für den Reaktionsablauf aufzubringende Aktivierungsenergie durch den Katalysator herabgesetzt. Die Reaktion verläuft auf einem anderen Weg, der einer kleineren zu überwindenden Potentialbarriere entspricht. Dies wird dadurch erreicht, daß sich am Katalysator andere Zwischenstufen (**Übergangszustände**) zu bilden vermögen, die ohne ihn nicht möglich sind.

Die **Aktivität eines Katalysators** ist ein Maß dafür, wie schnell die chemische Reaktion in seiner Gegenwart verläuft; der Zusammenhang zwischen der **Reaktionsge-schwindigkeit** (**Reaktionsrate**) und den sie beeinflussenden Größen ist durch die Kinetik gegeben. Die **Selektivität** sagt etwas darüber aus, in welchem Maße das gewünschte Produkt einer katalytischen Reaktion im Vergleich zu anderen möglichen, aber unerwünschten Produkten gebildet wird.

Die Geschwindigkeit chemischer Reaktionen hängt von den Konzentrationen der Reaktionsteilnehmer A und von der Temperatur T ab. Für eine Reaktion des Typs

$$A \xrightarrow{\;k\;} P \tag{6}$$

gilt (wenn die Geschwindigkeit der Rückreaktion vernachlässigbar klein ist) für die zeitliche Änderung der Molzahl n_A der Komponente A *mit der Geschwindigkeits-konstanten*

$$\frac{dn_A}{dt} = -k \cdot \text{Vol} \cdot f(C_A) \tag{7}$$

Wird die dn_A/dt auf das Reaktionsvolumen Vol bezogen, so ergibt sich die allgemein gebräuchliche Definition der Reaktionsgeschwindigkeit (= Reaktions*rate*, s. auch Generations- und Rekombinationsraten in Band 2, Abschnit 6.2.2) r_A

$$r_A := \frac{dn_A}{\text{Vol} \cdot dt} = -k \cdot f(C_A) \tag{8}$$

Befindet sich das Reaktionssystem in der Nähe seines thermodynamischen Gleichgewichts, so ist auch die Geschwindigkeit der Rückreaktion (vgl. Rücksprung bei der Diffusion in Band 1, Abschnitt 2.7.2), die von den Produktkonzentrationen bestimmt wird, zu berücksichtigen.

In den Gleichungen (2) und (3) ist k die Geschwindigkeitskonstante (in Band 1, Abschnitt 2.7.2 vergleichbar mit dem Diffusionskoeffizienten), deren Temperaturabhängigkeit durch die Arrhenius-Beziehung gegeben ist:

$$k = k_o \exp\left(-\frac{W_A}{RT}\right) \tag{9}$$

Hierin sind W_A (in der Chemie meist angegeben in kJ mol^{-1}, in der Physik und Elektrotechnik dagegen häufig in eV pro Teilchen) die Aktivierungsenergie der Reaktion, R (in kJ mol^{-1}·K^{-1}) die Gaskonstante, T (in K) die Temperatur und k_o der **Häufig-keitsfaktor**, dessen Dimension durch $f(C_A)$ bestimmt wird.

Bei heterogen katalysierten Reaktionen, die in Gegenwart eines Feststoffkatalysators schneller als in dessen Abwesenheit ablaufen, gelten im Prinzip dieselben Zusammenhänge, wobei es jedoch oft zweckmäßig ist, die zeitliche Molzahländerung nicht auf den Reaktions*raum*, sondern auf die *katalytisch aktive Oberfläche S* des Katalystors zu beziehen:

$$\frac{dn_A}{dt} = -k \cdot S \cdot f(C_A) \tag{10}$$

Im allgemeinen besteht eine direkte Proportionalität zwischem dem mit Katalysator gefüllten Reaktorvolumen V_R und der Katalysatoroberfläche S, so daß V_R häufig als Bezugsgröße für die Reaktionsgeschwindigkeit verwendet wird. Da die chemische Reaktion jedoch nur auf der Katalysatoroberfläche abläuft, ist es vom physikalischen Phänomen her sinnvoller, die aktive Katalysatoroberfläche S als Bezugsgröße zu verwenden.

Für die auf die Katalysatoroberfläche bezogene Reaktionsgeschwindigkeit $r_{A,s}$, erhalten wir dann analog zu (8):

$$r_{A,s} := \frac{dn_A}{S \cdot dt} = -k \cdot f(C_A) \tag{11}$$

Für die katalysierte Reaktion ist auch hier die Temperaturabhängigkeit der Geschwindigkeitskonstanten k durch Gleichung (9) gegeben. Werden die Aktivierungsenergien für den Ablauf einer Reaktion in Gegenwart und in Abwesenheit eines Katalysators miteinander verglichen, so ist W_A für den katalysierten Reaktionsweg kleiner als für den nichtkatalysierten Reaktionsablauf. Hierdurch wird die Geschwindigkeit der Reaktion erhöht.

Zur vollständigen Ableitung der Kinetik einer katalysierten Reaktion, d.h. des funktionalen Zusammenhangs zwischen der Reaktionsgeschwindigkeit und den sie beeinflussenden Variablen (Konzentration der Reaktanten und Temperatur), ist es erforderlich, den Mechanismus der Reaktion zu kennen. Meist laufen mehrere sogenannte Elementarschritte hineinander ab, wobei W_A der höchsten der dabei auftretenden Aktivierungsbarrieren entspricht (vgl. dazu auch Abschnitt 8.1.4).

Bei heterogen katalysierten Reaktionen erfolgen diese Elementarvorgänge auf der Katalysatoroberfläche; es handelt sich dabei um Adsorption der Edukte, Spaltung und/oder Bildung chemischer Bindungen der adsorbierten Reaktanten sowie Desorption der Produkte. Die Geschwindigkeiten dieser Einzelschritte sind meist sehr unterschiedlich. Da die Geschwindigkeit der Reaktion durch den langsamsten dieser hintereinander geschalteten Vorgänge bestimmt wird, ist es meist ausreichend, einen kinetischen Ansatz auf der Grundlage des geschwindigkeitsbestimmenden Elementarschritts zu formulieren. Dabei werden häufig Beziehungen folgender allgemeiner Form verwendet:

$$r_A = \frac{kC_A{}^m}{(1 + K_A C_A + K_P C_P)^n} \tag{12}$$

Hierin sind die Größen K_A und K_P Konstanten, die das Ausmaß der Adsorption der Komponenten A und P auf der Katalysatoroberfläche beschreiben und temperaturabhängig sind. Die Größe m ist die **Ordnung der Reaktion** (für $n = 0$), während für den allgemeinen Fall der Gl. (12) der Exponent n im Nenner i. a. von der Zahl der am geschwindigkeitsbestimmenden Elementarschritt der Reaktion beteiligten katalytisch wirksamen Zentren der Katalysatoroberfläche abhängt.

Bei aus Parallel- und Folgereaktionen zusammengesetzten Reaktionsnetzwerken erhält man ein System von teilweise miteinander gekopppelten Geschwindigkeitsgleichungen.

In der Praxis wird die *Aktivität von Katalysatoren* häufig durch die folgenden Größen beschrieben:

– Erzielbarer Umsatz bei vorgegebenen (gleichen) Reaktionsbedingungen,

– erzielbare Ausbeute je Zeiteinheit und Reaktionsraum (Raum-Zeit-Ausbeute),

– erforderliche Temperatur zur Erzielung eines bestimmten Umsatzes bei sonst gleichen Reaktionsbedingungen.

Der Begriff der *Selektivität* soll nun erläutert werden: Neben der Herabsetzung der Aktivierungsenergie einer Reaktion kommt dem Katalysator die wichtige Aufgabe zu, den Reaktionsweg so festzulegen, daß möglichst nur das gewünschte Produkt entsteht und daß zugleich die Bildung anderer, thermodynamisch durchaus möglicher, jedoch im Ergebnis unerwünschter Produkte unterdrückt wird. Diese Aussage kann auch in *der* Weise abgewandelt werden, daß jeweils nur ein Katalysator K_i einen bestimmten Reaktionsweg zum gewünschten Produkt P_i zuläßt. Diesem Prinzip der Selektivität des Reaktionsablaufs kommt bei der industriellen Anwendung der Katalyse ganz besondere Bedeutung zu.

Ausdrücklich sei darauf hingewiesen, daß die Anwesenheit eines Katalysators keinen Einfluß auf die Thermodynamik einer Reaktion nimmt, die auf unterschiedlichen Wegen zu denselben Produkten führen kann, sondern daß lediglich die Geschwindigkeiten, mit denen die verschiedenen Reaktionen verlaufen, beeinflußt werden.

Sterische und *energetische Aspekte* katalysierter Reaktionen sind für das molekulare Verständnis entscheidend. Bevor die Aktivierungsenergie einer chemischen Reaktion durch einen Katalysator herabgesetzt werden kann, müssen die Reaktanten zunächst mit diesem in Wechselwirkung treten. Dies kann am Beispiel einer heterogen katalysierten Gasreaktion, nämlich dem Stickstoffoxidzerfall, veranschaulicht werden (vgl. Abb. 8.1.1-2).

$$2\,NO \rightarrow N_2 + O_2 \tag{13}$$

Das NO muß zunächst aus der den Katalysator umgebenden Gasphase durch Diffusion an dessen Oberfläche gelangen, wo es adsorbiert wird. Nach der Adsorption erfolgt die katalytische Reaktion auf der Oberfläche. Anschließend desorbieren die gebildeten Produkte N_2 und O_2 und diffundieren in die umgebende Gasphase zurück.

Die mit der Oberfläche verbundenen katalytischen Vorgänge lassen sich für eine einfache Reaktion

$$A \to P \qquad (14)$$

in allgemeiner Form durch folgende Reaktionsgleichungen beschreiben, worin das Symbol z für einen **katalytisch aktiven Oberflächenplatz** (auch **aktives Zentrum** genannt) steht:

Adsorption des Edukts

$$A + z \to A...z \qquad (14a)$$

Katalysierte Reaktion auf der Katalysatoroberfläche

$$A...z \to P...z \qquad (14b)$$

Desorption des Produkts

$$P...z \to P + z \qquad (14c)$$

Die der heterogen katalysierten Reaktion vorgeschaltete Adsorption und ihre Auswirkung auf das adsorbierte Molekül hängt nicht nur von der Art des aktiven Zentrums, sondern auch von seiner *Anordnung* auf der Oberfläche ab (**sterische Gesichtspunkte**) .

Energetische Aspekte sollen im folgenden kurz erläutert werden. Bei einer nichtkatalysierten Reaktion muß eine bestimmte Aktivierungsenergie aufgebracht werden, die im Falle der katalytischen Reaktion herabgesetzt wird. Wird wieder der schon oben beschriebene Fall der heterogen katalysierten Reaktion betrachtet, laufen neben der an der Feststoffoberfläche katalysierten Reaktion auch noch vor- und nachgeschaltete Ad- und Desorptionsvorgänge ab.

Bei der Adsorption muß zwischen einer dem Kondensationsvorgang ähnlichen Adsorption (Physisorption) und einer aktivierten Adsorption, bei der es zu einer chemischen Wechselwirkung zwischen Katalysator und Reaktant kommt (Chemisorption), unterschieden werden. Beide Prozesse laufen *exotherm* ab, d.h. Wärme wird abgegeben (s. Band 1, Abschnitt 5.1).

Die Physisorptionswärme liegt meist in der Größenordnung der Kondensationswärme (s. auch Band 1, Abschnitt 5.1) der zu adsorbierenden Moleküle; üblicherweise erfolgt die Physisorption ohne eine zusätzliche Aktivierung. Die Chemisorptionswärme beträgt wegen der stärkeren Wechselwirkung zwischen Reaktant und Katalysator allgemein ein Mehrfaches der Physisorptionswärme, so daß diese in der Größenordnung der Reaktionsenthalpien liegt.

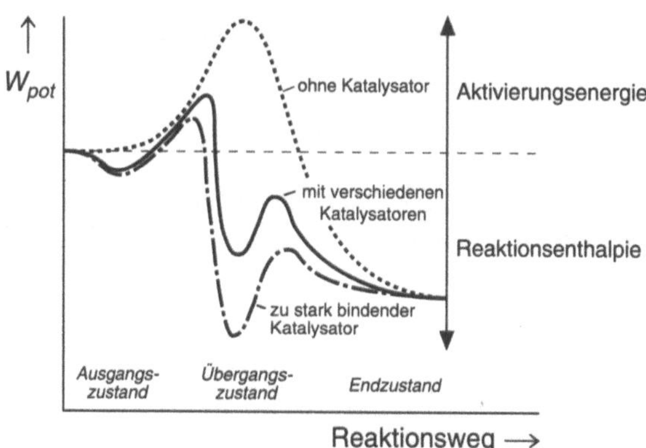

Bild 8.1.3-2: Einfaches Energiediagramm für unterschiedliche Katalysatoren im Vergleich zum Energiediagramm *ohne* Katalysatoren als Funktion des Reaktionsweges.

Für die Katalyse ist die aktivierte Adsorption von Bedeutung. Auch die Desorption der Produke ist ein aktivierter Prozeß, da auch hier zunächst eine gewisse Aktivierungsenergie aufgebracht werden muß, bevor das Molekül in einen "*desorptionsbereiten*" Zustand gelangt. Da es sich bei der Desorption um einen der Adsorption entgegengesetzten Vorgang handelt, ist dieser *endothermer* Natur, d.h. Wärme wird verbraucht (Band 1, Abschnitt 5.1).

Die energetischen Verhaltnisse für eine chemische Reaktion mit und ohne Katalysator sind in den Abb. 8.1.3-1 und 2 schematisch dargestellt.

Es wird wiederum deutlich, daß sowohl die Aktivierungsenergien für die Ad- und Desorption als auch für die katalytische Reaktion wesentlich niedriger liegen als die Aktvierungsenergien für die nichtkatalysierte Reaktion.

Es besteht ein indirekter Zusammenhang zwischen *Energetik* und *Kinetik* heterogen katalysierter Reaktionen. Die Aktivität eines Katalysators hängt vom Adsorptionszustand des Reaktanten ab. Eine schwächere adsorptive Bindung führt zu einer höheren Aktvität; andererseits ist jedoch eine aktivierte Adsorption nötig, damit das Molekül überhaupt in den reaktionsfähigen Zustand gelangt. Verallgemeinert kann festgestellt werden, daß weder eine zu geringe noch eine zu starke adsorptive Bindung des Reaktanten seine Reaktionsfähigkeit herbeiführen kann, sondern daß eine gewisse mittlere Bindungsstärke notwendig ist, die es dem Molekül ermöglicht, mit einem zweiten Molekül zum Zwecke der Reaktion mit genügender Geschwindigkeit in Wechselwirkung zu treten.

Unter Umständen kann bei einem Katalysator das entstehende Produkt oder ein sich ausbildender Übergangszustand zu stark an die katalytische Oberfläche gebunden sein, so daß seine Weiterreaktion beziehungsweise Desorption wegen der dafür erforderlichen hohen Aktivierungsenergie erschwert und damit der Katalysator "vergiftet" wird.

8.1.4 Chemische Sensoren und Katalysatoren: Ähnlichkeiten und Unterschiede im Überblick

Die Einsatzbedingungen von Katalysatoren und chemischen Sensoren sind sehr unterschiedlich: Katalysatoren werden mit *definierten Ausgangsstoffen* betrieben und sollen möglichst nur *ein* Endprodukt liefern. Chemische Sensoren sollen in *beliebig zusammengesetzten Mischungen* von Atomen und Molekülen möglichst nur *eine* Komponente selektiv nachweisen. *Daher sind die Anforderungen an eine vernachlässigbare Kontaminationsanfälligkeit bei chemischen Sensoren erheblich höher als bei Katalysatoren.* Bei letzteren wird häufig erheblicher Aufwand bei der Reinigung der Ausgangsstoffe betrieben für den Fall, daß Katalysatorgifte bei den auf Umsatz optimierten Katalysatoren vermieden werden müssen.

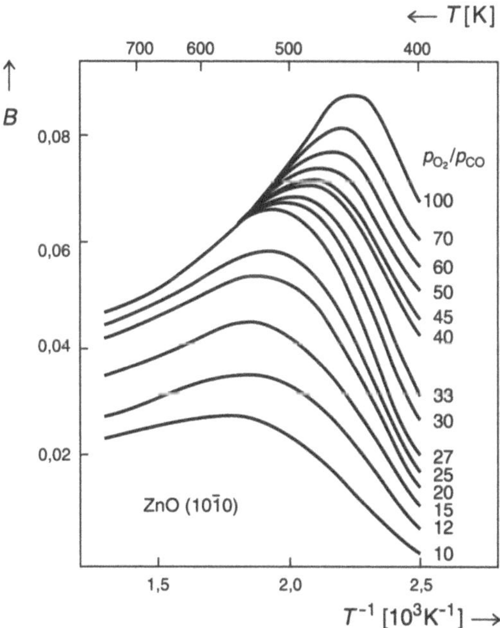

Bild 8.1.4-1:   Bildungsrate B der CO-Moleküle (Bruchteil von CO_2-Molekülen pro CO-Molekül, die auf die Oberfläche treffen) als Funktion der Temperatur für verschiedene Partialdruckverhältnisse $P(O_2)/P(CO)$ an einem ZnO-Katalysator.

Umsätze und Selektivität zeigen charakteristische Ähnlichkeiten: Bei Katalysatoren ist die Optimierung des selektiven Reaktionsumsatzes bei minimalen Prozeßkosten entscheidend. Bei Sensoren ist die Optimierung des selektiv ausgelösten Signals bei zuverlässiger Reproduzierbarkeit entscheidend.

Die Einstellung der optimalen Betriebstemperatur ist in beiden Fällen wichtig. Wie das nachfolgende Bild 8.1.4-1 am Beispiel der CO-Oxidation über ZnO-Einkristall-Katalysatoren zeigt, findet man typische Temperaturmaxima in der katalytischen Aktivität, die durch die konkurrierenden Einflüsse von möglichst hohen Bedeckungsgraden der Ausgangsstoffe (hier CO und O_2) und andererseits möglichst hohen Desorptionsraten der Produkte (hier CO_2) bestimmt sind.

Wie das nachfolgende Bild 8.1.4-2 zeigt, werden auch für chemische Sensoren charakteristische Maxima in der Ansprech*temperatur* gefunden.

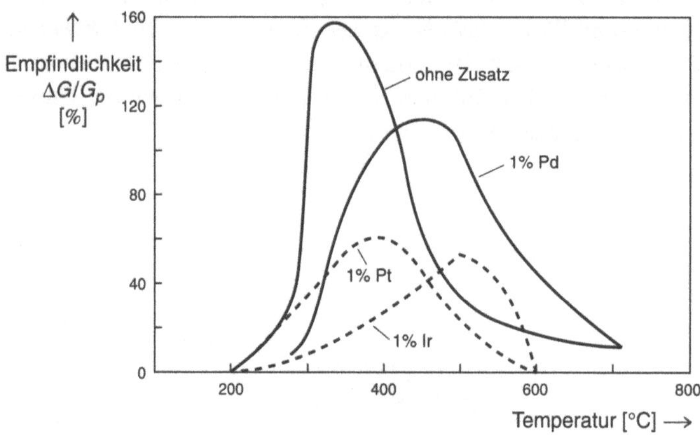

Bild 8.1.4-2:   Relative Leitwertänderung $\Delta G/G_o$ bei der Wechselwirkung von 100 ppm CO in Luft mit SnO_2 (Abschnitt 8.5) für verschiedene Edelmetalldotierungen.

In dem hier vorliegenden Fall führt der CO-Nachweis am SnO_2-Sensor zur Bildung von CO_2 und ist damit direkt mit der katalytischen Aktivität des Sensors gekoppelt. Unter gleichen Bedingungen wird beispielsweise an einem Metalloxid-Sensor gefunden, daß sich relative Leitfähigkeitsänderungen ergeben zu

$$\frac{G}{G_o} = \left(\frac{P_{CO}}{P_{CO,o}}\right)^{0,46} \cdot \left(\frac{P_{H_2O}}{P_{H_2O,o}}\right)^{0,55} \tag{15}$$

Dagegen ist die katalytische Bildungsrate von CO_2 am gleichen Sensor über

$$\frac{dn_{CO_2}}{dt} = B(CO_2) = k_o \exp\left(-\frac{W_A}{RT}\right) \cdot (P_{CO})^1 (P_{H_2O})^0 \tag{16}$$

gegeben. Bei gleichen molekularen Reaktionsmechanismen sind die formalen Beschreibungen des Reaktionsumsatzes (erfaßt über die CO_2-Bildungsrate B) und die Sensorempfindlichkeit (erfaßt über die relativen Leitwertänderungen $\Delta G/G_o$ bezogen auf den Standardzustand bei $P_{CO,o}$ und $P_{H2O,o}$) unterschiedlich.

Die eingesetzten Werkstoffe sind z.T. sehr ähnlich: Katalysatoren sind üblicherweise aus Substraten wie Al_2O_3, SiO_2 oder TiO_2 aufgebaut, die durch Oxide chemisch modifiziert werden. Zur Modifizierung werden Oxide von Rh, Ce, Mo, Cr, Co, o.ä. eingesetzt. Die Katalysatoren werden meist mit *Promotoren* wie Pt, Rh, Ru, Ni, Pd o.ä. optimiert. Daneben finden als Elektrokatalysatoren auch Festkörperelektrolyte, beispielsweise auf der Basis von ZrO_2 oder CeO_2 Verwendung. Die Materialien für eine Reihe von chemischen Sensoren sind diesen weitgehend ähnlich (vgl. Tabelle 8.1.1-3).

Metallorganische Verbindungen werden für heterogene Katalysatoren selten, für Sensoren zunehmend häufiger eingesetzt. Materialien der Biosensoren sind z.T. als Biokatalysatoren (**Enzyme**) bekannt, so daß auch hier Ähnlichkeiten zu finden sind.

Die Grundprobleme der atomarer Strukturen und der Kinetik von Elementarschritten der Festkörper/Gas-Wechselwirkung sind in der chemischen Sensorik und heterogenen Katalyse weitgehend identisch. Sie lassen sich einteilen in

I. **Statische Aspekte**:

a) Chemische Zusammensetzung der Oberfläche und des Volumens,

b) geometrische und elektronische Struktur der Oberfläche und des Volumens,

c) Bedeckungsgrade adsorbierter Teilchen,

d) Konfiguration adsorbierter Teilchen untereinander und gegenüber dem Substrat,

e) Bindungsenergien adsorbierter Teilchen,

f) Wechselwirkungsenergien zwischen den adsorbierten Teilchen,

g) Ladungsverteilung im Adsorbatkomplex und Ladungstransfer mit dem Volumen und

h) Energie und Energieverteilung von Chemisorptions-induzierten Orbitalen.

II: **Dynamische Aspekte**:

i) Bewegungszustände des Adsorbatkomplexes,

j) Oberflächendiffusion,

k) Mechanismus und Kinetik der chemischen Reaktion an der Oberfläche,

l) Adsorptions- und Desorptionskinetik und

m) Stofftransportvorgänge.

8.1.5 Charakterisierung von Grenzflächen

In den vorangegangenen Abschnitten wurde deutlich, daß bei chemischen Sensoren häufig die Grenzfläche zwischen dem zu messenden Medium und der Festkörperoberfläche des Sensors die entscheidende Rolle spielt. Damit kommt der obersten atomar oder molekular belegten Schicht auf dem Sensor eine besondere Bedeutung zu. Die Bilder 8.1.5-1 und 2 demonstrieren dieses noch einmal am Beispiel von Halbleiter-Gassensoren (Abschnitt 8.5) und Biosensoren.

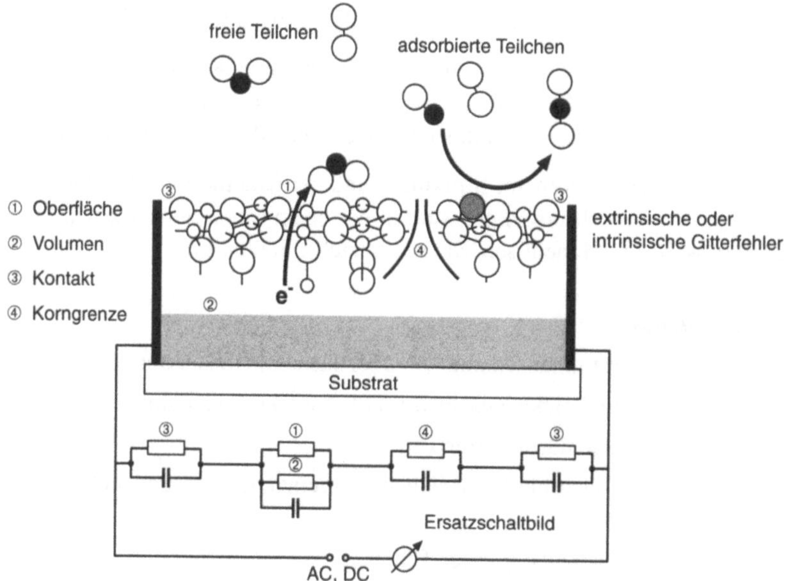

Bild 8.1.5-1:   Charakteristische Beispiele von Oberflächen und Grenzflächen, die bei chemischen Sensoren ausgenutzt werden. Das spezifische Detektionsprinzip, das hier im Detail an einem anorganischen Bauelement gezeigt ist (vgl. auch Bild 8.1.1-1b), basiert auf der Änderung der Oberflächen-Leitfähigkeit an einem n-dotierten Halbleiter als Folge der Ausbildung eines Oberflächenkomplexes [8.2, Abschnitt 8.5]. Das Ersatzschaltbild unten zeigt, daß die Strom-Spannungs-Kennlinien im allgemeinen frequenzabhängig sind. Es gibt verschiedene Sensorprinzipien, bei denen die Teilchen an den mit 1-4 gekennzeichneten Stellen wechselwirken [8.2-5, 8.15].

   1) Oberfläche,

   2) Volumen,

   3) Dreiphasengrenze oder Kontakt und

   4) Korngrenzen.

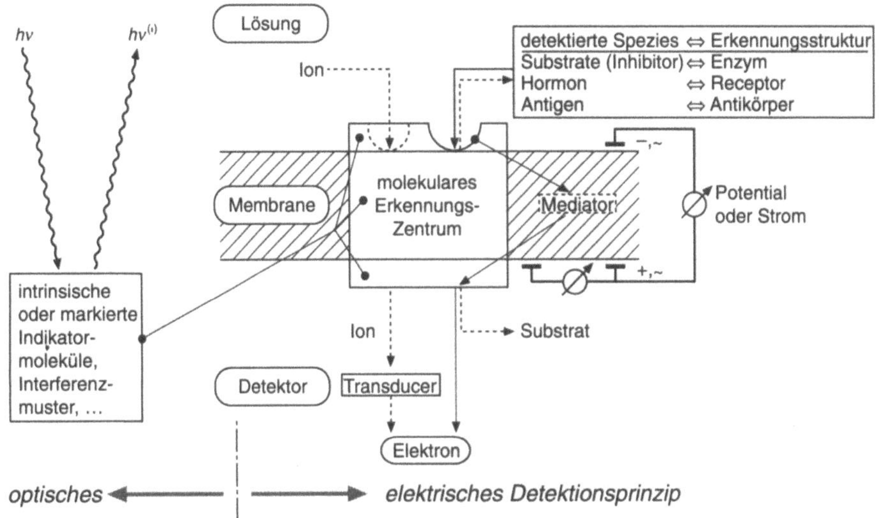

Bild 8.1.5-2:   Charakteristische Grenzflächen an biologischen Hybridsystemen: Das Beispiel
zeigt schematisch experimentelle Ansätze, um die Funktion modifizierter biologi-
scher Membranen für Biosensoren elektrisch oder optisch zu charakterisieren. Geeignete Kontakte ermöglichen das Messen von Elektronen- und/oder Ionentran-
sport und von Ladungsverteilungen an den Grenzflächen vor und nach der Wechselwirkung der zu detektierenden Spezies mit bioaktiven Erkennungsstrukturen
[8.4, 8.16].

Bei praktisch eingesetzten Gassensoren, die häufig auf der Basis empirischer Erfahrungen entwickelt wurden, ist die Zusammensetzung der Grenzfläche in vielen Fällen äußerst kompliziert, da vorwiegend polykristalline Legierungen mit einer kom-
plizierten chemischen Zusammensetzung verwendet werden.

Zur Bestimmung der elementaren Prozesse bei chemischen Sensoren werden dagegen z. Zt. in der Forschung überwiegend einfachere Prototyp-Bauelemente aus einkristallinen Werkstoffen mit eng kontrollierter Zusammensetzung untersucht, die bevorzugt unter Reinstelektrolyt-, Inertgas- oder Ultrahochvakuumbedingungen hergestellt werden [8.2]. Zur möglichst umfassenden Charakterisierung von praktischen,
aber auch von Prototyp-Bauelementen ist eine Vielzahl experimenteller Techniken
verfügbar, um elektronische und ionische Leitfähigkeiten, Potentiale, elektromotorische Kräfte, optische, magnetische oder katalytische Eigenschaften zu messen [8.2].

Die Messung der charakteristischen Oberflächeneigenschaften wird im allgemeinen
als Funktion der Partialdrücke oder Konzentrationen und der Temperatur entweder
unter Gleichgewichtsbedingungen oder zeitabhängig durchgeführt (siehe Tabelle
8.1.5, Teile 1 und 2).

Tab. 8.1.5-1:   Charakterisierungstechniken für Oberflächenuntersuchungen und praktische Sensoranwendungen

---

1. Elektrische und elektrochemische Gleichstromtechniken ohne und mit Photonen

– Stromspannungscharakteristiken

– Punktkontaktmessungen

– 2- und 4-Punkt Leitfähigkeitsmessungen

– Hebb-Wagner Polarisationstechniken

– Bestimmung von Transferzahlen

– Permeationsmessungen

– Thermoelektrische Messungen

– Austrittsarbeits- und Bandverbiegungsmessungen

2. Elektrische und elektrochemische Relaxationstechniken ohne und mit Photonen

– Zeitabhängige Polarisationsmessungen

– Impedanzspektroskopie und Fouriertransformationstechniken

– Druckmodulationsspektroskopie

– Thermisch-stimulierte Depolarisationsmessungen

3. Spektroskopien auf der Basis von Elektronen, Photonen, neutralen Teilchen und Ionen als Sonden

– Elektronenenergieverlustspektroskopie (EELS)

– Ionenrückstreuspektroskopie (ISS)

– Raster-Augenmikroskopie (SAM)

– Raster-Elektronenmikroskopie (SEM)

– Raster-Tunnelmikroskopie (STM)

– Thermische Desorptionsspektroskopie (TOS)

– UV Photoelektronenspektroskopie (UPS)

– Röntgenphotoelektronenspektroskopie (XPS, ESCA)

– Optische (IR-, sichtbare und UV-)Spektroskopie

– Kern- und Elektronenparamagnetische Resonanz (NMR, EJR)

– Elektronenbeugung

– Röntgenbeugung

Die einzelnen Beiträge der verschiedenen elektronischen und ionischen Leitfähigkeiten können voneinander separiert werden, wenn geeignete elektronen- oder ionenleitende Kontakte verwendet und lokale Einflüsse von Kontakten eliminiert werden (Bild.8.1.5-3).

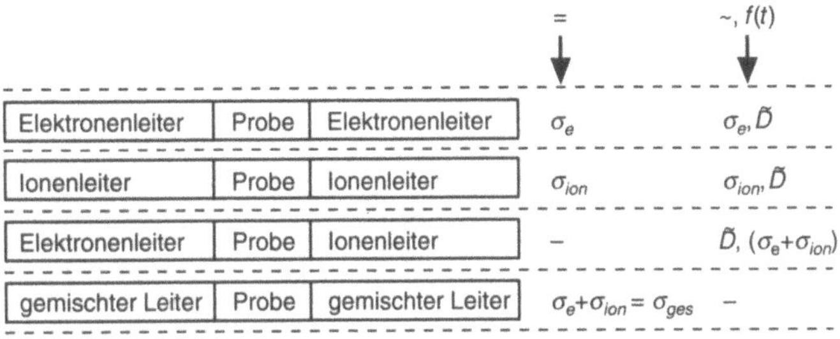

Elektronenleiter	Probe	Elektronenleiter	σ_e	$\sigma_e, \tilde{D}$
Ionenleiter	Probe	Ionenleiter	σ_{ion}	$\sigma_{ion}, \tilde{D}$
Elektronenleiter	Probe	Ionenleiter	–	$\tilde{D}, (\sigma_e + \sigma_{ion})$
gemischter Leiter	Probe	gemischter Leiter	$\sigma_e + \sigma_{ion} = \sigma_{ges}$	–

Bild 8.1.5-3:   Elektronen(σ_e)- und ionenleitende (σ_{ion}) Kontakte zur Charakterisierung von Leitungsmechanismen in Sensoren bei Gleich(=)- und Wechselspannungs(~) betrieb. $\tilde{D}$ ist der effektive Diffusionskoeffizient [8.6]:

Ein Beispiel ist die Vierspitzenanordnung zur Leitfähigkeitsmessung sowohl für Elektronen- als auch für Ionenleitung (Bild 8.1.5-4) [8.6].

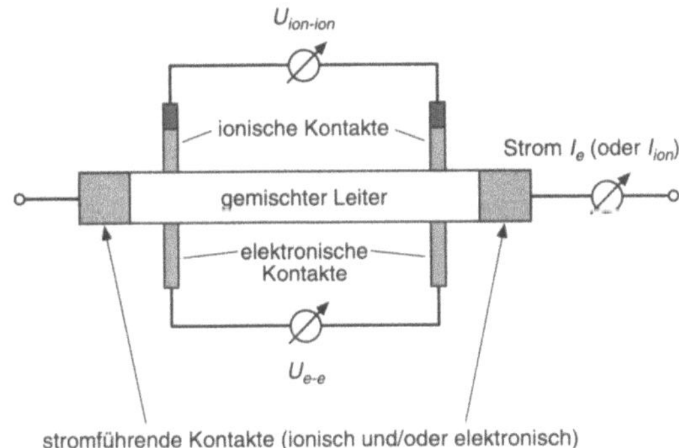

Bild 8.1.5-4:   Aufbau von Elektronen- und Ionenleitungsmessungen, die zur Optimierung von Sensoreffekten eingesetzt werden können, ohne daß Kontakteinflüsse eine Rolle spielen

Eine neue Möglichkeit, um phänomenologisch die Kinetik von Grenzflächenreaktionen unter atmosphärischen Druckbedingungen zu bestimmen, ist die *frequenzabhängige Variation* von Partialdrucken und elektrischen Potentialen über elektrochemischen Zellen [8.7] (Bild 8.1.5-5).

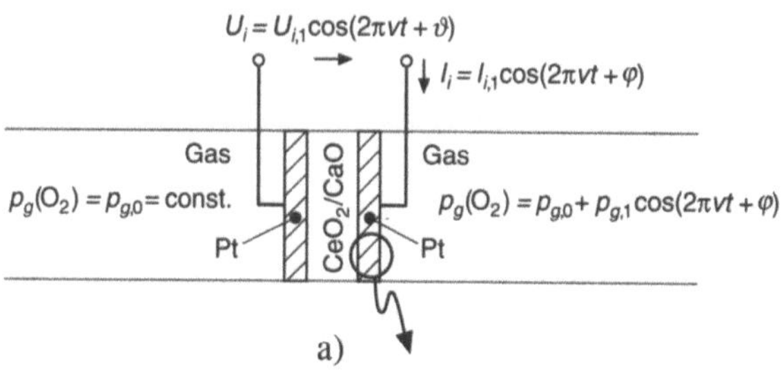

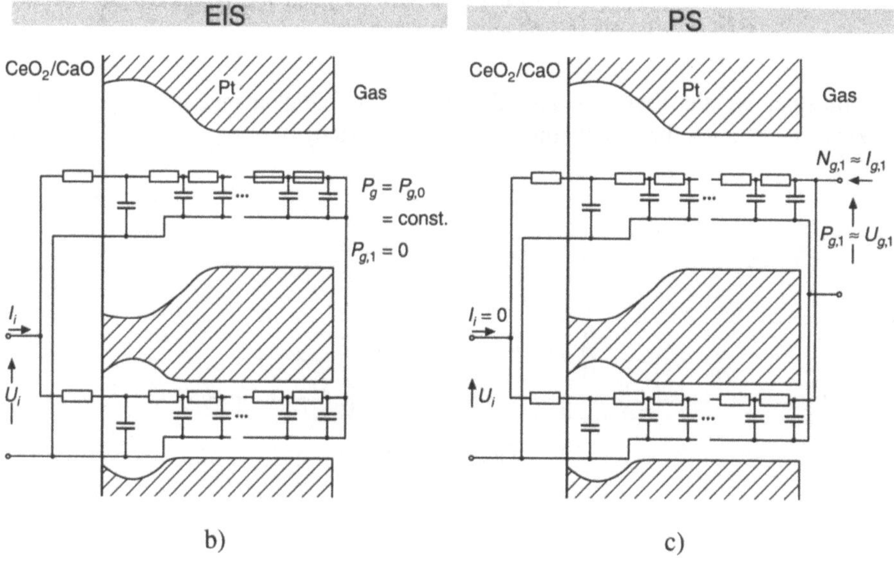

Bild 8.1.5-5:   Druckmodulationsspektroskopie (PS) und klassische elektrochemische Impedanz-spektroskopie (EIS) zur Charakterisierung der Antwortkinetik von Elektrodenreaktionen (hier: Bei Wechselwirkung mit O$_2$ unter dem Gesamtdruck $p(O_2)$). Der schematisch experimentelle Aufbau (a) und Details der Porenfeinstruktur für eine CeO$_2$/Pt/O$_2$-Dreiphasengrenze sind ebenfalls gezeigt, die einerseits mit EIS (b) und andererseits mit PS (c) untersucht wurden, wobei entsprechende Schaltkreise formal die frequenzabhangigen Antwortfunktionen beider Modulationstechniken beschreiben [8.7].

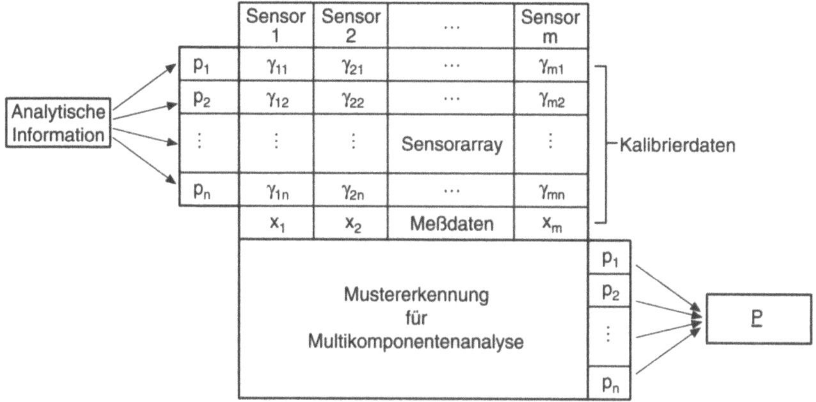

Bild 8.1.5-6:   Schematische Darstellung der Multikomponentenanalyse mit Sensorarrays [8.10]. Die Auswertung der Signale ergibt die gesuchten Partialdrücke $p_1...p_n$.

Ergebnisse von diesen oder anderen verwandten Techniken, die beispielsweise auch zeitabhängige Sensorantworten charakterisieren und die als Signale von Sensor-Arrays verwendet werden können, machen es dann im Prinzip möglich, Parameter zu bestimmen, die Multikomponentenmischungen charakterisieren. Über Mustererkennung können diese Parameter dann ausgewertet werden, um individuelle Komponenten auch in Mischungen zu identifizieren (Bild 8.1.5-6) [8.10].

Bild 8.1.5-7 zeigt eine Übersicht über die Natur der Grenzflächen, Bild 8.1.5-8 einige typische Grenzflächenphänomene. Die heute verfügbaren Untersuchungstechniken (s. auch Tab. 8.1.5-1) sind für eine Charakterisierung der Grenzflächen mit unterschiedlichen Tiefen von der Oberfläche (gemessen in Atomlagen) geeignet.

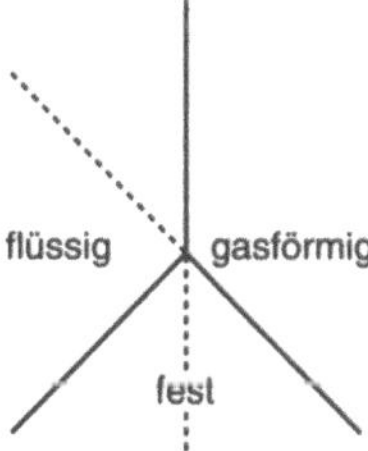

Bild 8.1.5-7:   Übersicht verschiedener möglicher Grenzflächen für unterschiedliche Sensorprinzipien.

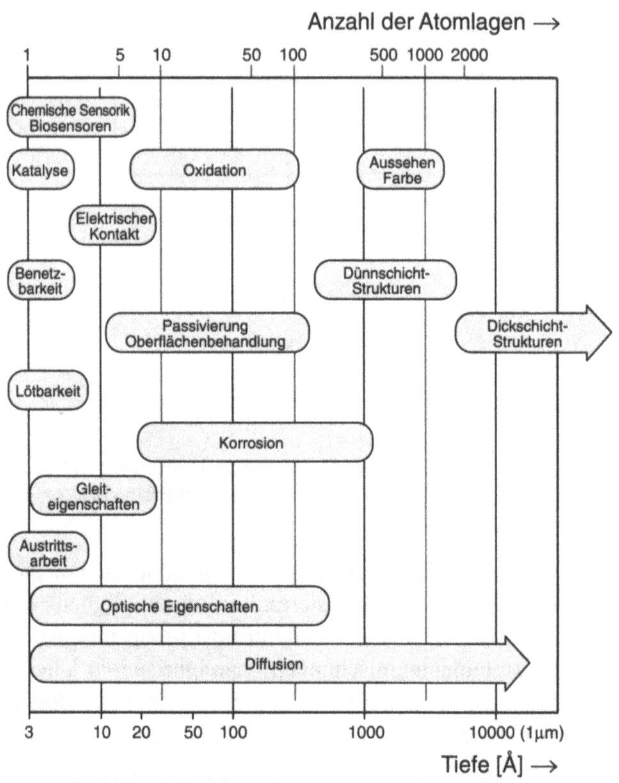

Bild 8.1.5-8:   Beispiele für Grenzflächenphänomene mit charakteristischen Tiefen.

Ein atomistisches Verständnis für molekulare Erkennung kann gewonnen werden, wenn gleichzeitig verschiedene grenzflächenspektroskopische Untersuchungen angewendet werden, von denen die am häufigsten verwendeten in Bild 8.1.5-9 und Tabelle 8.1.5-1 (Teil 3) aufgelistet sind.

Die Präparation und Charakterisierung von Keramik-, Dick- oder Dünnschicht-Strukturen im allgemeinen und von chemischen Sensoren insbesondere wird am besten unter kontrollierten Lösungsmittel-, Inertgas oder Ultrahochvakuum-Bedingungen durchgeführt. Die Ergebnisse von so hergestellten Prototyp-Bauelementen mit wohl-definierten Grenzflächen werden dann mit denen praktischer Bauelemente verglichen, indem beide unter realistischen Meßbedingungen getestet und nachfolgend charakterisiert werden mit Hilfe von Elektronen-, Photonen- und Ionenspektroskopien. Dabei müssen ggf. Ultrahochvakuumtransfersysteme eingesetzt werden [8.2].

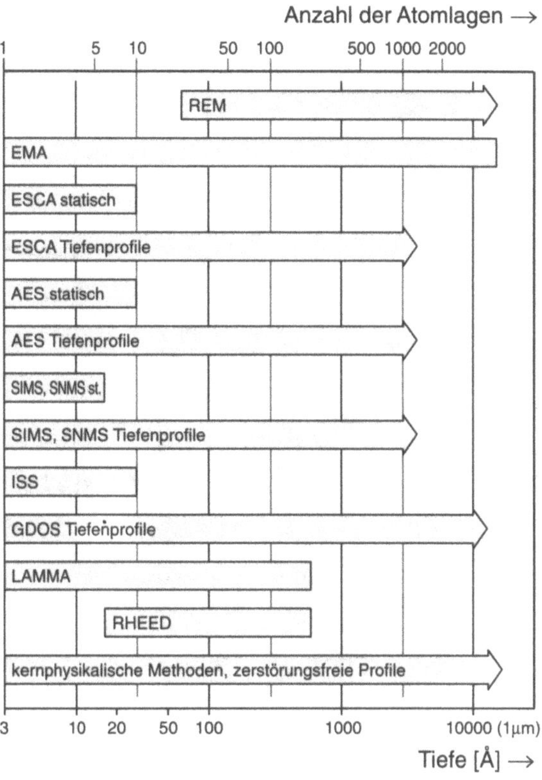

Bild 8.1.5-9: Beispiele für experimentelle Verfahren zur Grenzflächenanalyse mit unterschiedlichen Informationstiefen:

EMA   = Electron Micro Analysis (Mikroprobenanalyse über Emission charakteristischer Röntgenstrahlen),

AES   = Auger Elektronenspektroskopie,

GDOS   = Glow Discharge Optical Spectroscopy (Glimmentladungs-optische Spektroskopie),

LAMMA = Laser Induced Mass Spectrometric Micro-Analysis (Massenspektrometrische Analyse von Laserdesorbierten Molekülen von Oberflächen),

RHEED   = Reflexion High Energy Electron Defraction (Beugung schneller Elektronen an Oberflächen). Andere Abkürzungen sind im Text und Tab. 8.1.5-1 erläutert.

Wichtig ist, daß verschiedene Methoden am gleichen Sensor eingesetzt werden können, um geometrische Atomanordnungen, Elementverteilungen, elektronische, optische und dynamische Strukturen erfassen zu können. Ein typischer Aufbau ist in Bild. 8.1.5-10 gezeigt.

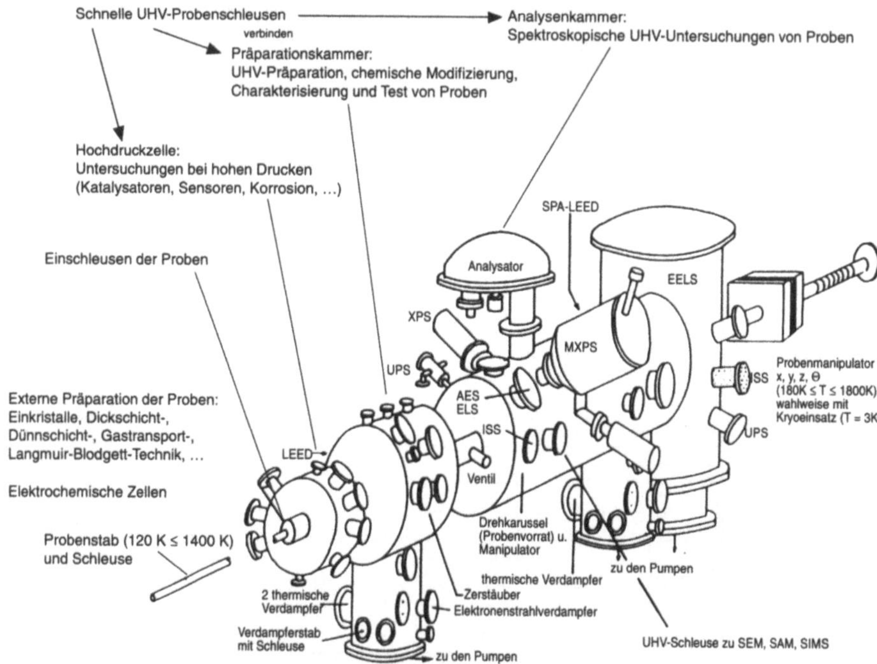

Bild 8.1.5-10:   Schematischer Aufbau eines Multimethodenanalysegeräts zur kontrollierten Herstellung, Charakterisierung und Untersuchung von Sensoren auch unter realistischen Sensor-Einsatzbedingungen. Andere Versuchsaufbauten ermöglichen die Bestimmung geometrischer Strukturen bis in den atomaren Bereich. Über Transfersysteme werden die verschiedenen Versuchsaufbauten miteinander verbunden [8.2].

Häufig verwendete Techniken für spektroskopische Untersuchungen sind [8.2]:

– Röntgenphotoemissionsspektroskopie (XPS oder ESCA) zur Bestimmung von chemischen Elementen und deren Oxidationszuständen,

– Ultraviolettphotoemissionsspektroskopie (UPS) zur Charakterisierung von Valenzbandstrukturen, Elektronenaffinitäten, Bandverbiegungen und Austrittsarbeiten,

– thermische Desorptionsspektroskopie (TDS) zur Charakterisierung von Bindungsenergien und -Entropien adsorbierter Teilchen,

– Ionenrückstreuspektroskopie (ISS) zur Charakterisierung von Elementzusammensetzungen in der ersten Monolage,

– Rasterelektronen- und Augerelektronenmikroskopie (SEM und SAM), zur Charakterisierung von geometrischen Strukturen,

– Sekundärionen- oder Sekundärneutralteilchenmassenspektroskopie (SIMS oder SNMS), für Tiefenprofilanalyse zur Elementverteilung,

– Rastertunnelmikroskopien (STM) und verschiedene modifizierte Ausführungen (SXM) zur lokalen Charakterisierung von Strukturen, Zustandsdichten und Austrittsarbeiten bis hin zu atomarer Auflösung und

– Molekularstrahlstudien zur Charakterisierung der Kinetik von Gas/Sensor-Wechselwirkungen.

Drei charakteristische Beispiele für die Bedeutung der Grenzflächencharakterisierung zur Optimierung chemischer Sensoren sollen hier kurz vorgestellt werden:

– Die Bestimmung von *Temperaturbereichen* für reversible Sensor/Gas-Wechselwirkungen ist ein wesentliches Optimierungskriterium für viele Sensoren. Dabei laufen charakteristische Wechselwirkungsprozesse ab, die über die thermische Desorptionsspektroskopie erfaßt werden können: Der Sensor wird nach der Gaswechselwirkung aufgeheizt, wobei charakteristische Desorptionsmaxima im Massenspektrometer bestimmten Bindungsenergien charakteristischer Sensor/Gas-Wechselwirkungen zugeordnet werden. Sauerstoff spielt dabei bei eine besondere Rolle, wenn die Sensoren der Luftatmosphäre ausgesetzt sind: Ein Beispiel für entsprechende TDS-Spektren an oxidischen Leitfähigkeits-Sensoren mit Kammstrukturen und integrierten Heizern (Bild 8.1.5-11) zeigt Bild 8.1.5-12. Aus solchen Untersuchungen ergeben sich optimale Betriebstemperaturen für Sensoren, beidenen definierte Elementarprozesse der Wechselwirkung ausgenutzt werden.

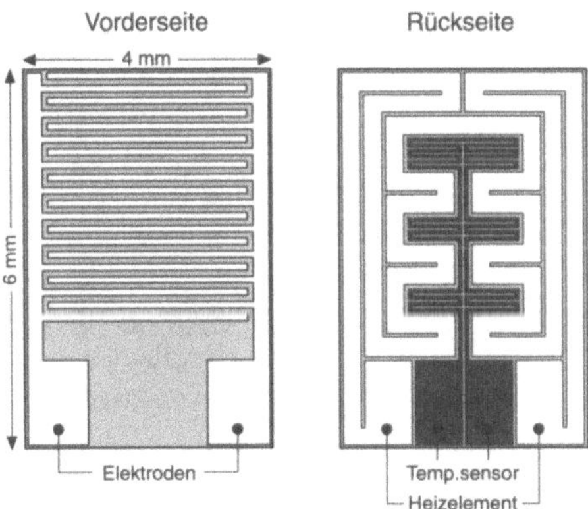

Bild 8.1.5-11:   Kammstrukturen und integrierte Heizer auf Al_2O_3-Substrat für Leitfähigkeits- und Kapazitätssensoren mit einer Arbeitstemperatur zwischen Raumtemperatur und 700°C [8.17].

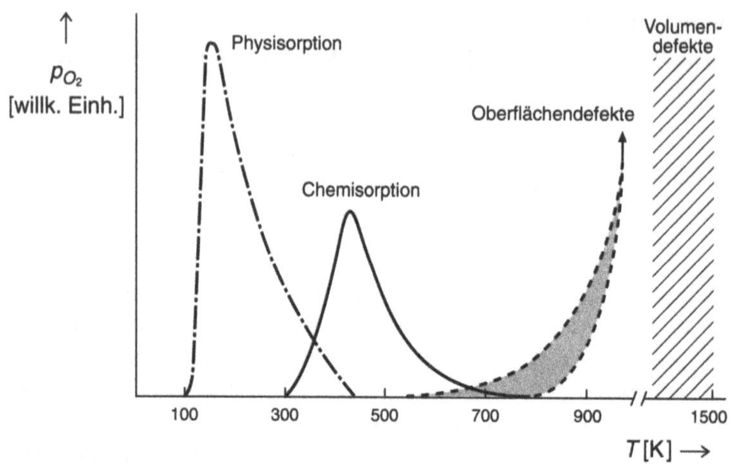

Bild 8.1.5-12:   Charakteristische Temperaturbereiche, welche die Sensorfunkton von Oxidsensoren bestimmen, ermittelt aus dem thermischen Desorptionsspektrum (Bestimmung des O_2-Massenanstiegs im Massenspektrometer bei linearer Erhöhung der Temperatur nach Adsorption von Sauerstoffbei tiefen Temperaturen) [8.2].

Analog lassen sich Adsorptions-Desorptionszyklen in der zyklischen Voltammetrie durch Variation der Elektrodenspannungen und Messen des Stromverlaufs verfolgen, um beispielsweise optimale Spannungen für spezifische amperometrische Sensoren zu finden.

– Die Bildung von stabilen ohm'schen Kontakten oder Schottky-Barrieren oder allgemein von stabilen Dreiphasengrenzflächen zwischen Metallen, Oxiden und der Gasphase ist ein typisches Problem bei der Entwicklung von elektronen- oder ionenleitenden Sensoren. Als Beispiele dienen hier vergleichende spektroskopische und elektrische Studien der Sensoreigenschaften an Platin- oder Palladium-Metallkontakten, die mit Metalloxid-Sensormaterialien wie TiO_2 oder SnO_2 bei tiefen Temperaturen Schottky-Barrieren bilden. Die *Eindiffusion* der ionisierten Kontaktmetalle zwischen die 1. und 2. Atomlage des Substrats produziert drastische Änderungen in den elektrischen Eigenschaften: Die Schottky-Diodencharakteristik geht beispielsweise über in eine ohm'sche Kennlinie bei den Systemen Pd/SnO_2 (Bild 8.1.5-13) oder Pt/TiO_2 (Bild 8.1.5-14).

Schottky-Barrieren-Sensoren auf der Basis von TiO_2 sind zwar sehr empfindlich, aber nur stabil bei tiefen Temperaturen (Bild 8.1.5-15) [8.9]. Details werden in Kapitel 4.7 vorgestellt.

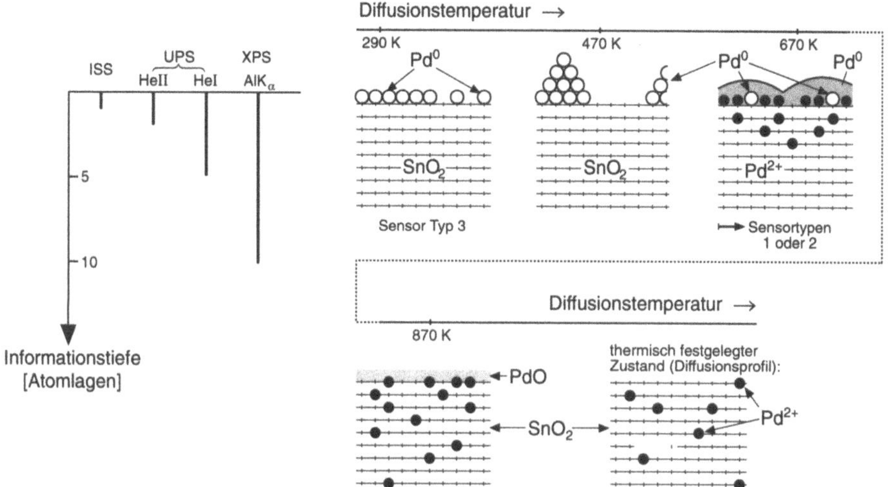

Bild 8.1.5-13: Das System Pd/SnO_2, untersucht mit verschiedenen Grenzflächenanalysemethoden bei unterschiedlicher Probenvorbehandlung [8.9].

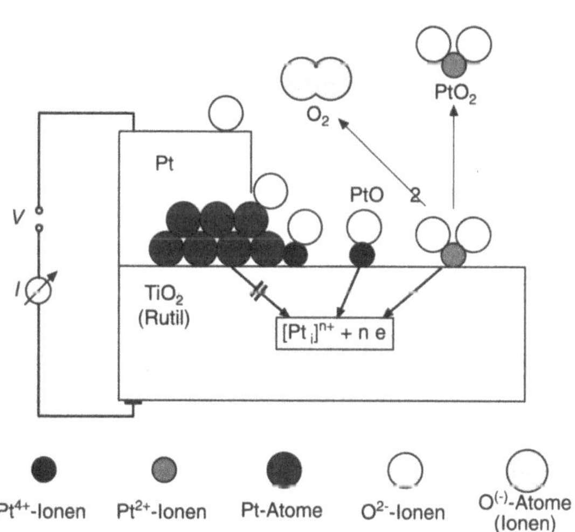

Bild 8.1.5-14: Das System Pt/TiO_2 mit der Verteilung von Pt-Atomen bzw. -Ionen an der Oberfläche [8.9].

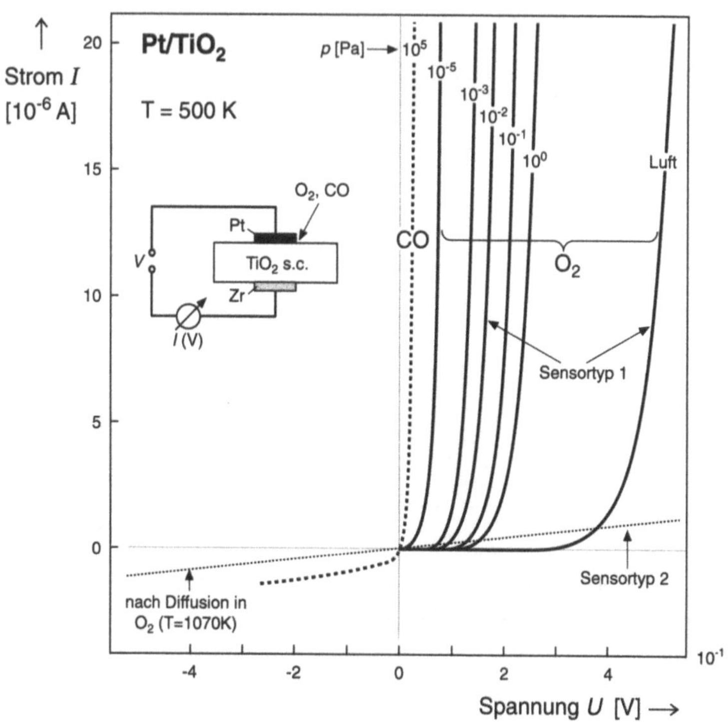

Bild 8.1.5-15: Kennlinien des Pt/TiO$_2$-Sensors mit einer druckabhängigen (p(O$_2$) oder p(CO)) *Schottky-Dioden-Kennlinie* nach Ausheilung im Bereich tiefer Temperaturen und einer *ohmschen Kennlinie* nach Ausheilung im Bereich hoher Temperaturen [8.9, 8.18].

– Lichtempfindlichkeiten und Driftprobleme in ionensensitiven Feldeffekttransistoren (ISFETs, Abschnitt 8.6) zum Nachweis von pH-Werten (Bild 8.1.5-16) sind ein allgemeines Problem, das dadurch gelöst werden kann, daß die Preparation des Schichtsystems im Hinblick auf die Grenzflächenbindungen zwischen Ta$_2$O$_5$ und SiO$_2$, auf die aluminiumbedeckte Gateelektrode des Feldeffekttransistors (Band 2, Abschnitt 10.4) und auf die metallischen Grenzflächen zum Schutz der Elektrode vor lichterzeugenden Ladungsträgern optimiert wird (Bild 8.1.5-17) [8.8].

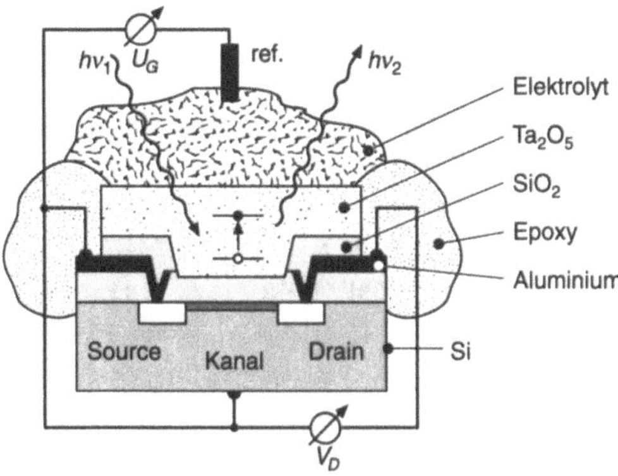

Bild 8.1.5-16: Schematischer Aufbau eines Tantalpentoxid-ISFETS (Abschnitt 8.6) [8.8].

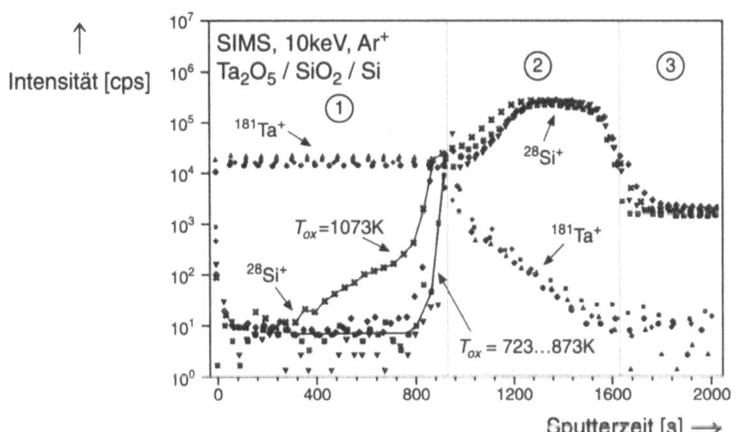

Bild 8.1.5-17:   Tiefenprofilanalyse eines optimierten Gates am Tantalpentoxid-ISFET [8.8].

8.1.6 Funktionsprinzipien von chemischen Sensoren

In der Gassensortechnik werden im allgemeinen Bauelemente mit einem ähnlichen Aufbau und ähnlichen elektrischen Ausgangssignalen bevorzugt wie auch sonst in der Sensortechnik, d.h. der Sensor sollte nach Möglichkeit aus einem Festkörpermaterial bestehen, dessen Leitfähigkeit, Kapazität, EMK o.ä. sich möglichst linear (zumindest eindeutig) mit der Konzentration eines vorgegebenen chemischen Stoffes ändert. Diese Forderung wird z. T. erfüllt von den Metalloxidsensoren (Abschnitt 8.5) mit einer Potenzfunktion in der Ansprechempfindlichkeit. Wegen der heute noch häufig nicht gewährleisteten Langzeitstabilität werden diese allerdings im praktischen Einsatz teilweise nur mit Vorbehalt eingesetzt. An diesen Sensoren sind aber wichtige Grundprinzipien der molekularen Erkennung bereits gut verstanden, so daß derzeit weltweit eine systematische Optimierung erfolgt. Sie sollen daher im folgenden exemplarisch als Modellsysteme ausführlicher behandelt werden.

Binäre und ternäre Oxide (wie auch vakuum-sublimierbare organische Substanzen) repräsentieren die wichtigste Klasse von Gas-Sensorwerkstoffen, die bei Atmosphärendruck betrieben werden können. Systematische Untersuchungen fangen üblicherweise mit den undotierten stöchiometrisch zusammengesetzten Verbindungen an, die dann systematisch verunreinigt werden mit unterschiedlichen Volumen- oder Oberflächendotierungen und dem Ziel, ihre elektronischen und/oder ionischen Leitfähigkeitseigenschaften zu optimieren. Dabei müssen zunächst die Elementarschritte der *Sauerstoffwechselwirkungen* verstanden werden, bevor die Wechselwirkung des Sensors mit anderen Gasen erfolgreich untersucht werden kann. Die detailliertesten Ergebnisse liegen vor für die Prototypmaterialien TiO_2, SnO_2, ZnO, PbPc und ZrO_2 [8.2,8.11,8.12].

Chemische Sensoren für Gasmoleküle können im Prinzip basieren auf **Physisorptions-**, **Chemisorptions-**, **Oberflächendefekt-**, **Korngrenzen-** oder **Volumendefekt-Reaktionen**. Aufgrund der vorwiegend *energie*-getriebenen Reaktionen bei *tiefen* Temperaturen und der *entropie*-getriebenen Reaktionen bei *hohen* Temperaturen findet bei *tiefen* Temperaturen bevorzugt eine *Adsorption* und bei *höheren* Temperaturen *Defektreaktion* und *Desorption* statt. Diese Prozesse müssen bei Sensoren auf Partialdruckvariationen in der Gasphase reagieren. Dabei sind *reversible* Änderungen erforderlich zum Betrieb eines zuverlässigen Sensors. Eine sorgfältige Auswahl von Temperatur- und Partialdruckbereichen ist deshalb extrem wichtig für den Betrieb zuverlässig anzeigender und langzeitstabiler Sensoren. Das Ziel ist dabei üblicherweise, den überwiegenden Einfluß von nur *einem* Typ der Festkörper/Gas-Wechselwirkung auszunutzen.

Alle unterschiedlichen Sensorprinzipien zur selektiven Detektion von Teilchen können phänomenologisch einheitlich beschrieben werden. Dazu müssen thermodynamische und kinetische Konzepte der physikalischen Chemie zur Beschreibung allgemeiner chemischer Reaktionen verwendet werden. Drei unterschiedliche Typen kann man danach unterscheiden:

a) Gleichgewichtssensoren (beschrieben über thermodynamische Gleichgewichte),

b) umsatzratenbestimmte Sensoren (beschrieben über kinetische Fließgleichgewichtsbedingungen) und

c) Einwegsensoren.

Bei dem zuletzt genannten Sensortyp braucht keine Reversibilität gefordert zu werden; dennoch ist er – häufig mangels einer geeigneten Alternative – in der Praxis weitverbreitet und gewinnt vor allem bei regenerierbaren Sensoren an Bedeutung.

In der praktischen Anwendung haben gegenwärtig noch alle drei Sensortypen Probleme mit der Langzeitstabilität und sogenannten Memory-Effekten, d.h. einer Abhängigkeit des Sensorsignals von der Vorgeschichte des Sensors. Hierdurch werden häufig die potentiellen Anwendungsfelder enorm eingeengt. Eine Möglichkeit, diese Schwierigkeit zu lösen, ist die systematische Aufklärung des Sensorprinzips und die systematische Verbesserung der Teilkomponenten des Sensors.

Im folgenden werden die grundlegenden Detektionsmechanismen kurz dargestellt.

Physisorptionssensoren

Dieses Funktionsprinzip ist typisch für den Einsatz bei tiefen Temperaturen. Die Physisorption beschreibt die schwache Sensor/Teilchen-Wechselwirkung ähnlich wie die intermolekulare Wechselwirkung zwischen zwei Molekulen in nicht-idealen Gasen (z.B. über van der Waals-Bindung in Band 1.3.5). Tieftemperatur-Physisorptionssensoren messen üblicherweise Änderungen in der Masse oder der Dielektrizitätskonstanten an Sensoroberflächen, an denen Chemisorptionsbindungen entweder nicht auftreten können oder kinetisch behindert sind.

Da die intermolekularen Kräfte bei der Physisorption im allgemeinen relativ *unselektiv* sind, treten grundsätzlich Querempfindlichkeiten mit anderen Gasen auf, die z.B. durch Temperaturvariationen bei der Sensorsignalerfassung reduziert werden können. Feuchtesensoren (Abschnitt 7) sind die am häufigsten verwendeten Physisorptionssensoren, die entweder Physisorption oder Multilagen-Kondensation von Wasser bei einer festgelegten Temperatur erfassen.

Chemisorptionssensoren

Selektive Chemisorptionsbindungen können zu sehr spezifischen Änderungen von elektrischen oder optischen Eigenschaften des Sensors führen, wie dies am Beispiel der Chemisorption einfacher Atome und Moleküle in der Abb. 8.6.1-1 einerseits schematisch und andererseits an einem konkreten Meßergebnis gezeigt ist.

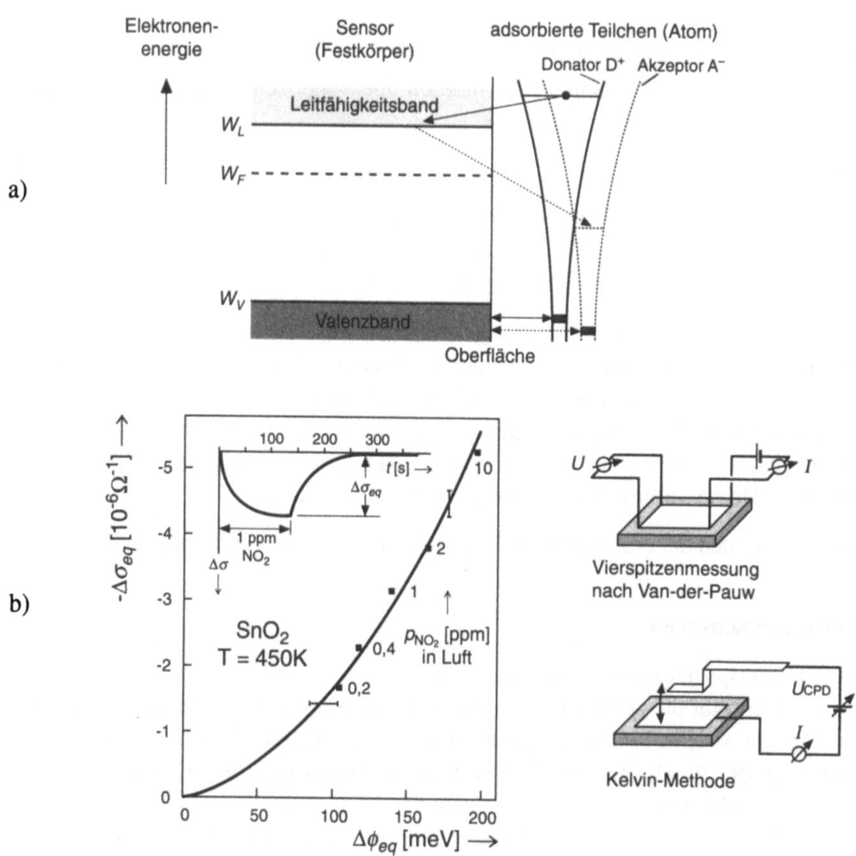

Bild 8.1.6-1:   Chemisorptionssensoren:

a) Donator(D)- und Akzeptor(A)-Wechselwirkung von adsorbierten Atomen mit Sensoroberflächen: Dargestellt sind das Bändermodell (Band 2, Abschnitt 2) und das Energie-Abstands-Diagramm (Band 1, Abschnitt 1.3.1) von geladenen (D⁺ und A⁻) adsorbierten Atomen an der Oberfläche.

b) Typische Ergebnisse zur Änderung der stationären Oberflächenleitfähigkeit $\Delta\sigma_{eq}$ (gemessen mit der Vierspitzen-Methode) und Austrittsarbeit $\Delta\phi_{eq}$ (gemessen mit der Kelvin-Methode) – jeweils als Funktion des NO₂-Partialdrucks – an SnO₂-Chemisorptionssensoren mit schematischer Darstellung der Versuchsanordnungen [8.17].

Veränderte Ladungsverteilungen, Elektronen-Donator- oder Akzeptor-Eigenschaften des Adsorptionskomplexes, aber auch veränderte optische Eigenschaften können u.a. als Sensorsignale ausgenutzt werden. Haufig werden Leitfähigkeitseffekte gemessen mit einem typischen Beispiel in Bild 8.1.6-1b. Die erniedrigte Oberflächenleitfähig-

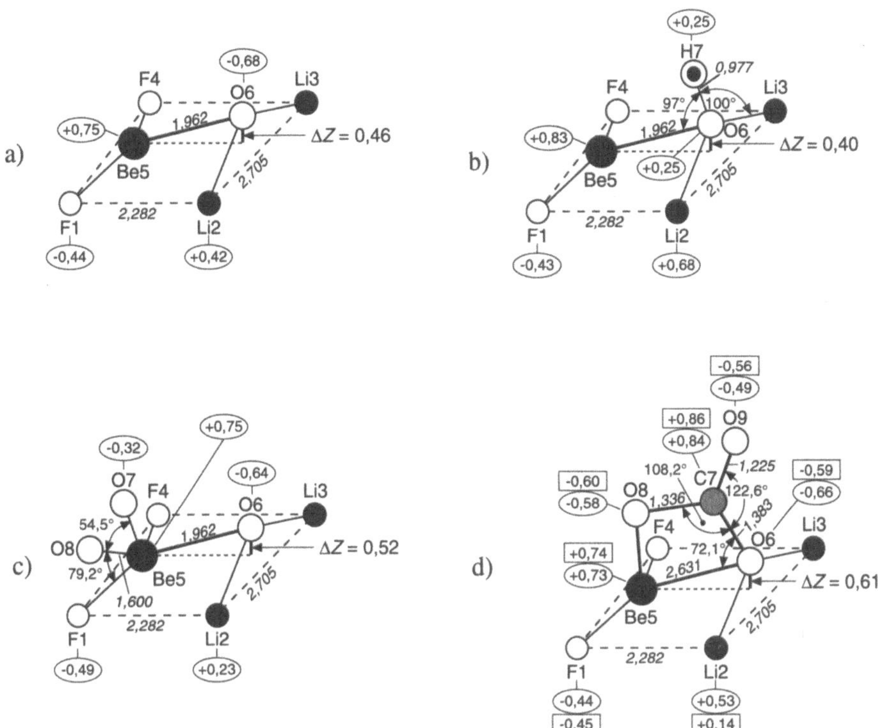

Bild 8.1.6-2:   Chemisorption von H, O_2 und CO_2, simuliert über Clusterrechnungen:
Das Substrat – bestehend aus Be-, O-, F- und Li-Atomen wird über die Atomanordnung oben links simuliert [8.2]. Freie Zahlen entsprechen den Atomabständen (in 10^{-10}m), Zahlenangaben in Kreisen und Rechtecken entsprechen partiellen Elementarladungen der Atome vor (Kreise) bzw. nach (Rechtecke) der zusätzlichen Ladungsübertragung. H liegt als Donator (H^+), O_2 als Akzeptor (O_2^-) vor.

keit und erhöhte Austrittsarbeit an der Oberfläche kann durch den Akzeptortyp der Wechselwirkung mit einem resultierenden Elektroneneinfang und dem Aufbau eines Oberflächendipols quantitativ erklärt werden. Dazu dienen entweder Clusterrechnungen (Bild 8.1.6-2) oder ein Bänderschema, das schematisch in Bild 8.1.6-3 gezeigt ist und in dem die Wechselwirkung der freien im Volumen beweglichen Ladungen mit lokalisierten Oberflächenzuständen durch Donator- und Akzeptorwechselwirkung erfaßt wird.

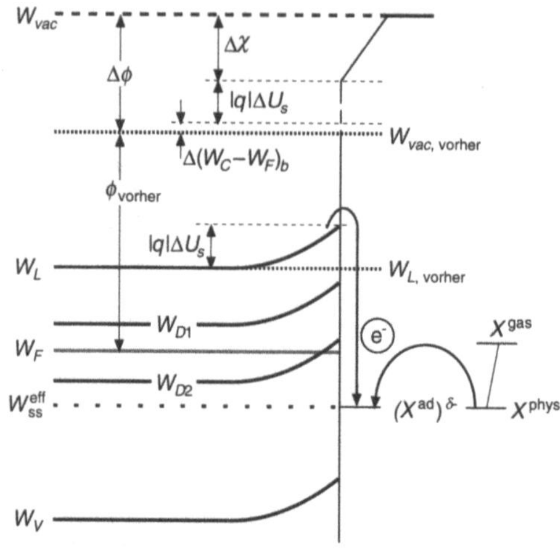

Bild 8.1.6.3   Bänderschema zur Beschreibung des Elektronentransfers von Chemisorptionssensoren an n-Typ-Halbleitem (hier Akzeptortyp der Wechselwirkung) [8.2]: Dabei bedeuten W_{vac} das Vakuumniveau (Band 2, Abschnitt 2), Φ die Austrittsarbeit mit Austrittsarbeitsänderungen $\Delta\phi$ durch Elektronenaffinitätsänderungen $\Delta\chi$, Bandverbiegungen an der Oberfläche $|q|\Delta U_s$ und Verschiebungen des Ferminiveaus relativ zur Bandkante im Volumen $\Delta(W_L\text{-}W_F)_b$ (zur Vereinfachung unten im Bild nicht eingezeichnet) W_L ist die Unterkante des Leitungsbandes, W_V die Oberkante des Valenzbandes, W_{D1} und W_{D2} sind Donatorniveaus, W_F das Fermi-Niveau, W_{ss}^{eff} das effektive Fermi-Niveau von Oberflächenakzeptorzuständen, die durch die Wechselwirkung des n-Halbleiters mit Gasmolekülen X_{gas} über den **Precursor**-Zustand X^{phys} im Physisorptionzustand unter Ausbildung von negativ geladenen Chemisorptionskomplexen $(X^{ad})^{\delta-}$ gebildet werden.

Oberflächendefekt- und Katalysesensoren

Bei gleichzeitiger Anwesenheit von Donator- und Akzeptor-Molekülen wie z.B. beim Nachweis von CO (als Donator) in Luft mit O_2 (als Akzeptor) laufen katalytische Prozesse an der Halbleiteroberfläche ab, wie dies schematisch in Bild 8.1.6-1a gezeigt ist. Falls Prozesse dieser Art über Leitfähigkeiten erfaßt werden, muß ein kontinuierlicher Gasstrom dafür sorgen, daß die Reaktionsprodukte (beispielsweise bei der Wechselwirkung von CO in O_2 das CO_2) als katalytisch gebildete Produkte kontinuierlich abgeführt werden. Chemisorptionssensoren werden als Typ a) Sensoren, katalytische Sensoren als Typ b) Sensoren bezeichnet. Die Reaktionswärme bei dem katalytischen Umsatz läßt sich in Pellistoren (Abschnitt 8.2) ausnutzen.

Häufig sind bei der katalytischen Umsetzung Oberflächendefekte beteiligt, so z.B. bei der katalytischen Umsetzung von CO an TiO_2 die Sauerstofflücken (Bild 8.1.6-4). Diese sogenannten *intrinsischen* Defekte, aber auch *extrinsische* Defekte durch Einbau von Fremdatomen bestimmen ganz wesentlich die katalytischen Sensoreigenschaften und erklären den empfindlichen Einfluß der Vorgeschichte des Sensors bei der Präparation oder beim praktischen Einsatz auf die resultierenden Sensoreffekte.

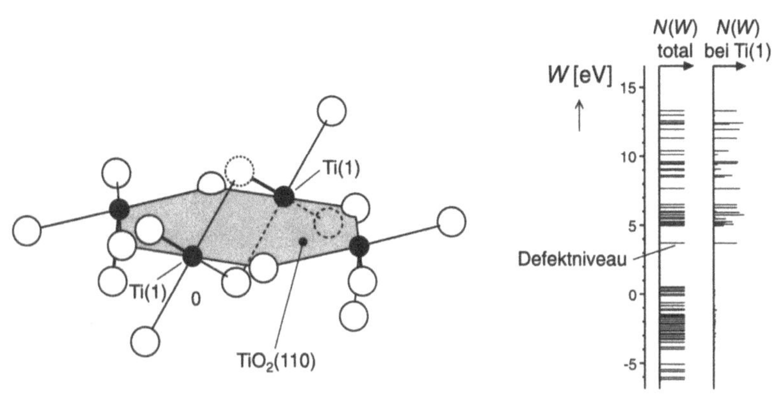

Bild 8.1.6-4:   Sauerstofflücken an TiO_2-(110)-Oberflächen: Geometrische und elektronische Eigenschaften mit Gesamtzustandsdichten (Band 2, Abschnitt 1.1.3) $N(W)$, bzw. den Zustandsdichten des Ti(1)-Atoms [8.2].

Volumendefekt-Sensoren

Bei tiefen Temperaturen sind Volumendefekte häufig unerwünscht, bei höheren lassen sie sich zum selektiven Detektieren von Teilchen ausnutzen. Dabei muß die Temperatur hoch genug sein, so daß entweder die gemischte (Elektronen- und Ionen-) oder schnelle Ionenleitung ausgenutzt werden kann. Die Aktivierungsbarriere für die erste Reaktion des Teilchens an der Oberfläche während der allgemeinen Festkörper-Gas-Wechselwirkung muß hinreichend niedrig sein, so daß der Prozeß *ratenbestimmend* durch Volumeneffekte beeinflußt wird. Ein typisches Beispiel ist die Wechselwirkung von Sauerstoff mit TiO_2 unter Einstellung von thermodynamisch stabilen Konzentrationen von Sauerstofflücken (Bild 8.1.6-5). Selbst mit unterschiedlichen TiO_2-Sensormaterialien können mehr als zwanzig Zehnerpotenzen des Sauerstoffpartialdrucks mit vergleichbaren Eichkurven erfaßt werden.

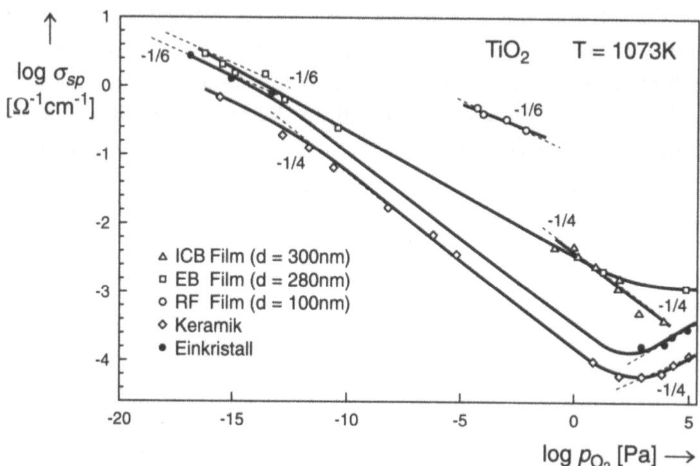

Bild 8.1.6-5:   Volumenleitfähigkeit von verschiedenen TiO$_2$-Sensormaterialien als Funktion des Sauerstoffpartialdrucks [8.19].

Die Separation der Einflüsse von Volumen- und Oberflächendefekten ist möglich, wenn schichtdickenabhängig Leitfähigkeiten erfaßt werden. Ein typisches Beispiel zeigt Bild 8.1.6-6. Die veränderte Steigung läßt sich bei höheren Temperaturen um 470 K reversibel über den Sauerstoffpartialdruck einstellen, während der veränderte Achsenabschnitt bei tieferen Temperaturen um 300 K zum selektiven Nachweis von NO$_2$ bis in den ppb-Bereich hinunter ausgenutzt werden kann.

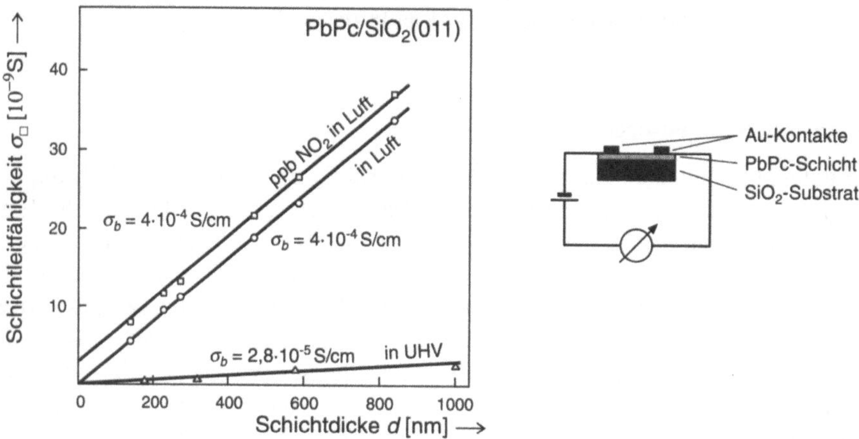

Bild 8.1.6-6:   Schichtdickenabhängige Flächenleitfähigkeit $\sigma_\square$ von dünnen Bleiphthalocynanin (PbPc)-Filmen vor und nach der Wechselwirkung mit O$_2$ bzw. NO$_2$ [8.11 und12].

Korngrenzensensoren

In **mikrokristallinen Bereichen (Clustern)** lassen sich gezielt elektronische Eigenschaften einstellen, die zwischen denen der individuellen Atome und Moleküle und denen von Festkörpern liegen (Bild 8.1.6-7).

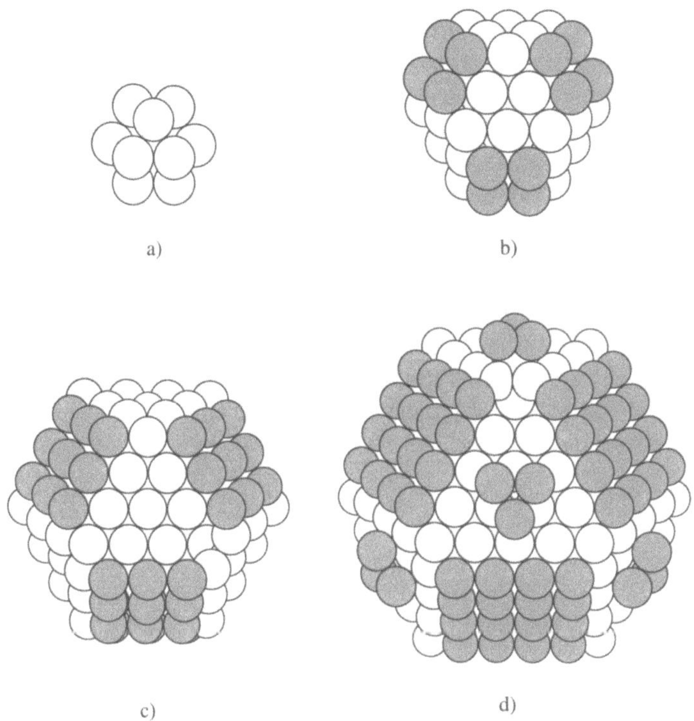

Bild 8.1.6-7:   Anorganische Cluster (mikrokristalline Bereiche; hier: kleine Pt-Teilchen) mit spezifischen Oberflächen.

Bei Clustern ist das Oberflächen/Volumenverhältnis sehr groß (s. Abschnitt 8.5), so daß damit besonders oberflächenempfindliche Sensoren aufgebaut werden konnen. Elektronische Gesamtleitfähigkeiten sind bestimmt durch statistische **Perkolationspfade** (vgl. Bild 8.5-2 und Band 5, Abschnitt "Lineare und nichtlineare Widerstände")) über die verschiedenen, sich berührenden Körner mit einem Engpaß der Leitfähigkeit zwischen zwei Körnern, an denen analog zu den oben diskutierten Bandverbiegungseffekten symmetrische Bandverbiegungen auftreten, die den Durchtritt durch die Grenzfläche außerordentlich empfindlich beeinflussen. Die damit um Zehnerpotenzen variierbaren Gesamtleitfähigkeiten werden beispielsweise in sogenannten Taguchi-Sensoren (Abschnitt 8.5) zum Nachweis von reduzierbaren Gasen ausgenutzt.

Grenzflächen- und Dreiphasengrenzen-Sensoren

Dieser Sensortyp wird durch drei charakteristische Beispiele beschrieben:

- Ein erstes Beispiel ist der chemisch sensitive Feldeffekt-Transistor (CHEMFET, Abschnitt 8.6) mit Potentialvariationen an inneren Grenzflächen (Bild 8.1.5-16).

- Ein zweites Beispiel ist die Ausnutzung von gemischter Leitung von PbPc und Ionenleitung von AgJ zum elektrochemischen Erfassen von O_2- und NO_2-Partialdrucken mit typischen Ergebnissen und einem schematischen Aufbau in Bild 8.1.6-9. Einzelheiten der chemischen Zusammensetzung, geometrischen Strukturen und Volumenspezies, Grenzflächenreaktionen mit den eingefangenen Ionen O_2^{2-} und NO_2^- sowie den Bandkanten W_V, W_L und dem Bandgap W_g, der Austrittsarbeit Φ, sowie dem Ferminiveau W_F folgen aus spektroskopischen Untersuchungen.

- Das dritte Beispiel eines Dreiphasen-Grenzflächensensors ist die Schottky-Diode (Band 2, Abschnitt 9.2) in Bild 8.6.1-8 an einer Pt/TiO_2-Grenzfläche (vgl. Bild 8.1.5-14). Nach Eindiffusion der Pt-Atome ins TiO_2 geht die Diodenkennlinie in eine ohmsche Gerade über (vgl. Bild 8.1.5-15). Im ersten Fall erfolgt eine gasspezifische Verschiebung der Kennlinie, im zweiten Fall eine gasspezifische Änderung der Steigung der Geraden.

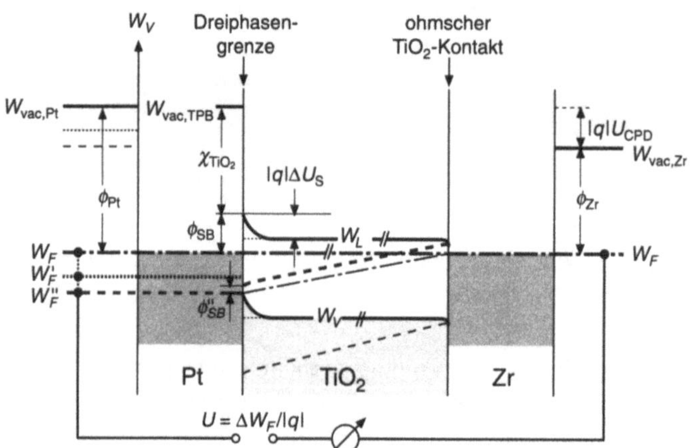

Bild 8.1.6-8:   Potentialverhältnisse an der Dreiphasengrenze $Pt/Gas/TiO_2$ (vgl. 8.1.5-14) [8.9]. Darin bedeuten W_F, W_F', W_F'' die Ferminiveaus bei unterschiedlicher Austrittsarbeit, eingestellt über unterschiedliche O_2-Partialdrücke. X_{TiO_2} ist die Elektronenaffinität, Φ_{SB} die Schottky-Barrieren-Höhe an der Grenzfläche, $|q|\Delta U_s$ die Bandverbiegung im TiO_2, W_L und W_V die Leitungsband- bzw. Valenzbandkanten, $|q|U_{CPD}$ die Kontaktpotentialdifferenz, $W_{vac,Zr}$ das Vakuumniveau von Zirkon, $U = W_F/|q|$ die vorgegebene äußere Spannung und $W_{vac,\,TPB}$ das Vakuumniveau der Dreiphasengrenze

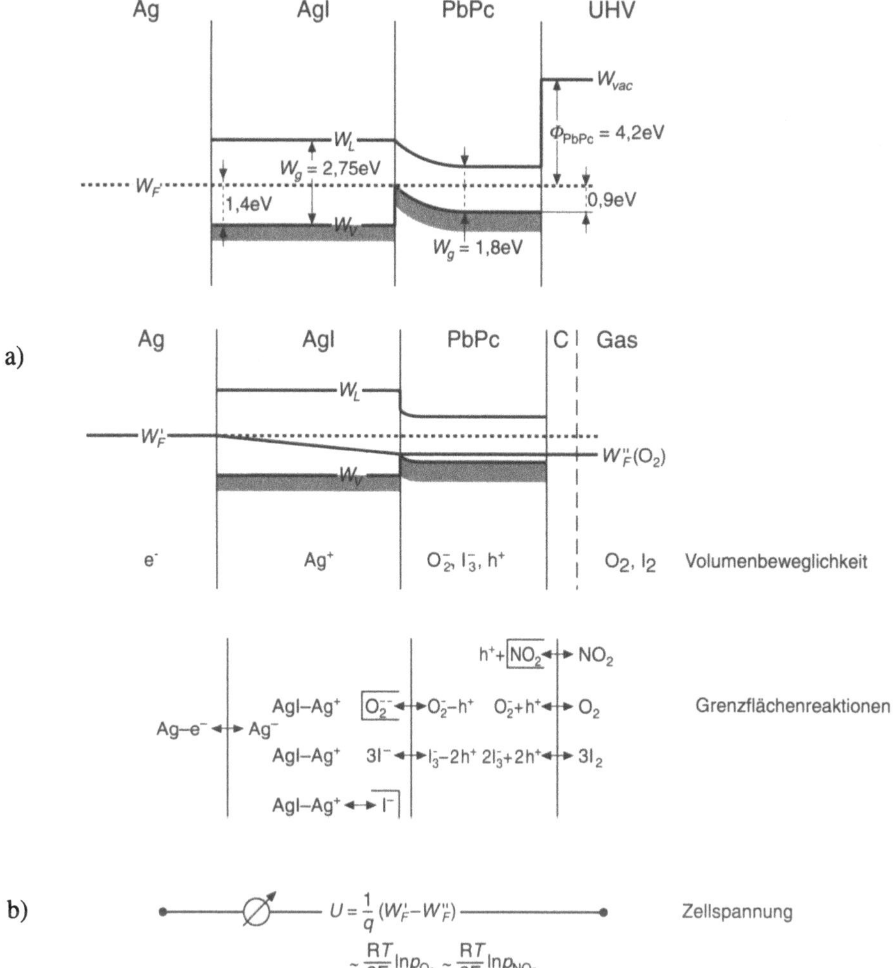

Bild 8.1.6-9: Schematischer Aufbau eines elektrochemischen Festkörpersensors zum potentiometrischen Nachweis von NO_2 und O_2 und Darstellung der Funktion dieses Sensors im Bänderschema mit Angabe der verschiedenen elektronen-, ionen- und gemischtleitenden Bereiche [8.11 und 12, s. auch Abschnitt 8.4].

Darin bedeuten W_F das Fermi-Niveau, W_g die Bandlücke, ϕ die Austrittsarbeit, W_{vac} das Vakuumniveau. Der *Elektronen*leiter Ag kontaktiert den Ag⁺-*Ionen*leiter AgI und dieser den *gemischten* Leiter (O_2^-, I_2^-, h⁺) Bleiphthalocyanin (PbPc). Letzterer wird durch gasdurchlässigen Kohlenstoff C elektronisch kontaktiert. Die an dem Sensor auftretende Zellspannung EMK $U = (W_F'-W_F'')/|q|$ ist proportional zu $RT/2F \cdot \ln(p_{O_2})$ bzw. proportional zu $RT/2F \cdot \ln(p_{NO_2})$ (s. Abschnitt 8.4). Die potentialbildenden Prozesse werden im Falle der NO_2-Detektion an der Phasengrenze PbPc/C durch NO_2^-charakterisiert, im Falle des O_2-Nachweises durch die Ausbildung von O_2^{2-}an der inneren Grenfläche AgI/PbPc (jeweils eingerahmte Zone im Diagramm).

– Das vierte Beispiel ist die Pt/ZrO_2-Phasengrenze der Lambdasonde (Abschnitt 8.4) in Bild 8.1.6-10. An dieser Phasengrenze muß eine Umwandlung von elektrisch neutralem O_2 (Gasphase) in O^{2-} (ZrO_2-Volumen) erfolgen. Das Sensorsignal wird durch die Nernstspannung (Abschnitt 8.4) zwischen den Elektroden bestimmt. Bei tieferen Temperaturen wird die Phasengrenzreaktion durch konkurrierende Einflüsse auch von anderen Gasen beeinträchtigt. Damit lassen sich im Prinzip diese anderen Gase (wie CO oder NO_2) auch mit einem Sauerstoffsensor nachweisen.

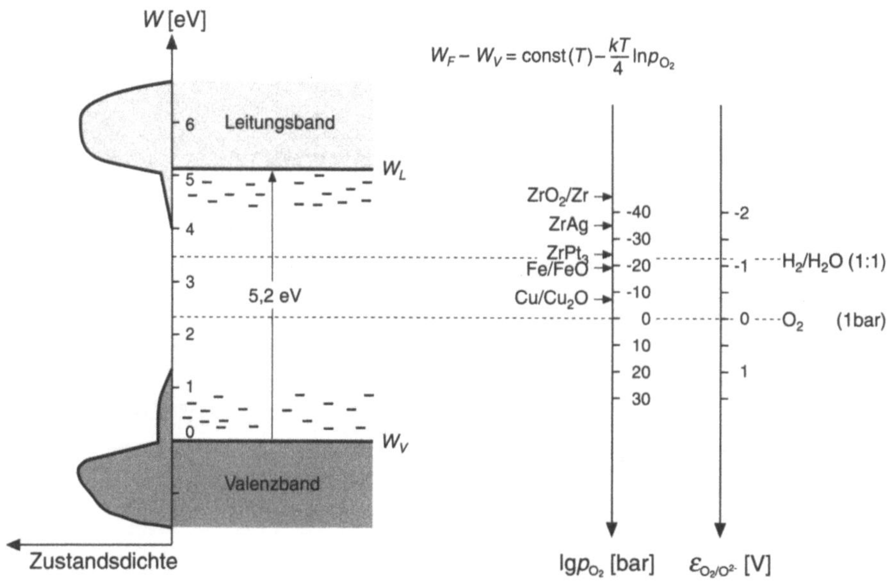

Bild 8.1.6-10:   Potentialverhältnisse an der Dreiphasengrenze $Pt/Gas/ZrO_2$ mit Anwendung der Sauerstoffionenleitung im ZrO_2 als Sensorprinzip [8.20].

Die Beispiele dieses Abschnitts zeigen, daß ein erhebliches Entwicklungspotential darin liegt, Materialien auszunutzen mit unterschiedlichen elektronischen, ionischen oder gemischtleitenden Eigenschaften unter Anwendung und Optimierung von Dreiphasengrenzen. Dies gilt sowohl für Gas- als auch für Flüssigkeits-Sensoren, die jeweils auf Selektivität bzw. gezielte Einstellung von Querempfindlichkeiten optimiert werden. Tab. 8.1.6 zeigt einen Überblick über einige der heute eingesetzten und anwendungsnah entwickelten Gassensoren.

Tab. 8.1.6:   Einsatzparameter und Entwicklungsstadium von keramischen Gassensoren (nach [8.30])

	Festelektrolyt-Sensoren (λ-Sonden)	Halbleiter-(Taguchi) Sensoren	Resistive Sensoren	PTC-Mikrokalorimeter
Keramisches Material	Stab. ZrO_2	SnO_2	TiO_2, $SrTiO_3$	Halbl. $BaTiO_3$ + Katalysator
Ausgenutzter physikalischer Effekt	O-Ionenleitung eines Festkörperelektrolyten	Elektronische Leitung in Grenzschichten	Elektronische Leitung im Volumen	Messung katalytisch erzeugter Wärmetönung
Arbeitstemperatur	300 - 700 °C	300 - 400 °C	600 - 1000 °C	50 - 350 °C
Industrielle Reife	Industrielles Produkt	Industrielles Produkt	Prototypen vor Markteinführung	Entwicklung
Nachweisbare Gase	Sauerstoff	Brennbare Gase	Sauerstoff	Brennbare Gase

Käfigverbindungs-Sensoren

Bild 8.1.6-11 zeigt typische *an*organische Käfigverbindungen, Bild 8.1.6-12 *organische* **Käfigverbindungen**, *die zum* **selektiven** *Einbau von Ionen, Atomen oder Molekülen* und damit zur selektiven molekularen Detektion *verwendet werden können.*

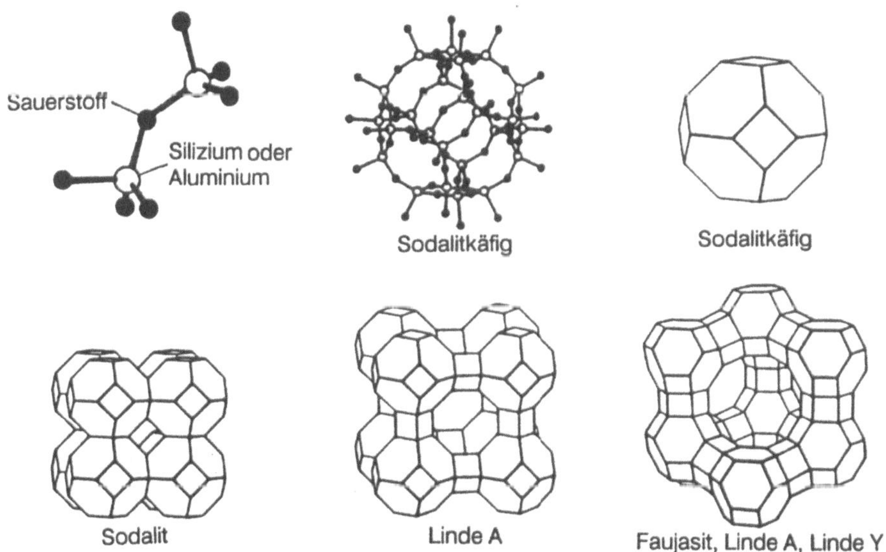

Bild 8.1.6-11:   Anorganische Käfigverbindungen (Zeolite).

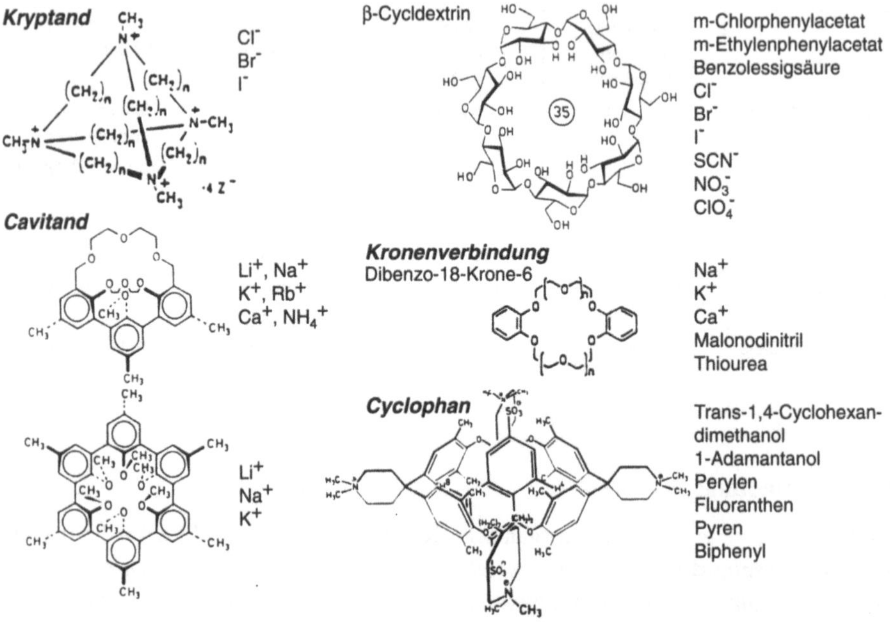

Bild 8.1.6-12: Typische organische Einschlußverbindungen für die chemische Sensorik zum Nachweis der angegebenen Ionen oder Moleküle.

Die kontrollierte Signalableitung nach Eintreten der Sensor-Teilchen-Wechselwirkung ist im allgemeinen problematisch. Diese kann beispielsweise über massensensitive, elektrische oder optische Detektionsverfahren nach Einbetten dieser Verbindungen in Matrizes oder nach kovalentem Ankoppeln an eine Unterlage erfolgen. Dies sind typische Probleme, wie sie vor allem auch bei Biosensoren auftreten.

Biosensoren

Bei Biosensoren werden verschiedene Detektierungsmechanismen ausgenutzt. Man unterscheidet dabei prinzipiell zwischen **Metabolismussensoren** (mit Enzymen, deren Reaktionsprodukte nachgewiesen werden) und **Bioaffinitätssensoren** (mit selektiven Schlüssel-Schloß-Molekülkonfigurationen). Die folgende Abb.8.1.6-13 zeigt als Beispiel den Aufbau eines typischen häufig verwendeten amperometrischen Biosensors (typisches Beispiel für einen Metabolismussensor), bei dem eine Selektivität durch Optimierung der folgenden Teilkomponenten erzielt werden kann:

– Selektive Diffusion von Molekülen durch die äußere Trennmembran (Abtrennung von höhermolekularen Spezies etc.),

– selektive Reaktion der nachzuweisenden Spezies (hier: Glukose) am katalytisch aktiven Zentrum des Enzyms (hier: Glukoseoxidase),

– Auswahl eines geeigneten Mediatorsystems und Mediators (hier: Ferrocen) zur Kommunikation zwischen katalytisch aktivem Zentrum und der Elektrode und

– Auswahl des geeigneten Elektrodenmaterials und des Elektrodenpotentials für die spezifische Detektion des Teilchens über den Strom.

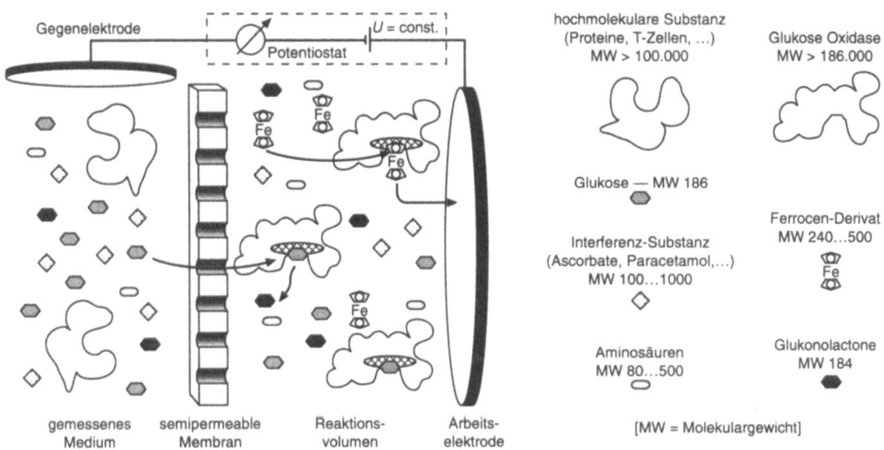

Bild 8.1.6-13:   Typischer Aufbau eines amperometrischen Biosensors [8.21].

Deutlich wird auch an diesem Beispiel die zentrale Rolle von Grenzflächenreaktionen.

Ausblick

Die Verfügbarkeit von Reinstmaterialien, Reinsträumen und Ultrahochvakuumtechnologien setzt uns heute in die Lage, nahezu perfekte Grenzflächen mit einer Kontrolle bis in den atomaren Bereich herzustellen. Methoden der Oberflächenspektroskopie führen zu detaillierten Informationen über chemische Zusammensetzung, geometrische, elektronische und dynamische Strukturen von Grenzflächen, die vor, während und nach dem Sensoreinsatz bestimmt werden können. Daraus können Rückschlüsse auf molekulare Detektionsmechanismen gezogen werden. Durch Vergleich von Ergebnissen an realen praktischen Sensorstrukturen mit denen von Prototypstrukturen werden Ergebnisse aus der Grundlagenforschung übertragbar und für den Anwender verfügbar. Damit lassen sich praktische Sensoren systematisch optimieren und neue Sensor-Konzepte entwickeln.

Kontrollierte Transporteigenschaften in *Dünnschichtstrukturen* sind von prinzipiellem Interesse für zukünftige Anwendungen nicht nur in der chemischen Sensorik, sondern auch in der Molekularelektronik oder Bioelektronik. Dies schließt die Kontrolle von Elektronen-, Ionen- und gemischter Leitung, photobeschleunigter Leitung und von Diffusionseffekten ein.

In den folgenden Abschnitten werden einige der heute technisch verfügbaren chemischen Sensoren ausführlicher beschrieben, gleichzeitig werden auch die grundlegenden Beziehungen für die Sensorcharakteristiken hergeleitet. Es wird sich zeigen, daß auch bei chemischen Sensoren *im Prinzip* dieselben Meßtechniken angewendet werden, wie bei den anderen Sensoren, allerdings ist der eigentliche Sensoreffekt – die chemische Wechselwirkung – grundsätzlich verschieden. Aus diesem Grund wurde diese in der Physik und Elektrotechnik häufig weniger bekannte Grundproblematik im vorliegenden Abschnitt 8.1 ausführlicher behandelt, als das bei den anderen Sensortypen erforderlich war.

8.2 Pellistoren

Geht bei einer einzelnen *chemischen Reaktion* innerhalb eines Systems ein Teilchen von einem Zustand 2 mit einer höheren Energie W_n^2 in einen Zustand 1 mit niedrigeren Energie W_n^1 über, dann kann die Energiedifferenz in die kinetische Energie $\Delta W_{kin,n}^g$ (hierunter wollen wir allgemein jede Bewegungsenergie, d.h. auch z.B. die Energie von Molekülrotationen, Molekülschwingungen etc. verstehen, wobei wir wissen, daß bei elastisch gebundenen Systemen die Bewegung auch mit einer mittleren *potentiellen* Energie im Feld der Federkräfte verbunden ist) einer im Mittelwert ungerichteten Bewegung (auch **Wärme** genannt) aller Teilchen des Systems umgewandelt werden gemäß der Beziehung (Band 2, Abschnitt 1.2.1):

$$\frac{\partial W_{kin}^{g1}}{\partial n} =: \Delta W_{kin,n}^g = W_n^2 - W_n^1 \tag{1}$$

Wir nehmen an, daß einzelne Reaktionen die Systeme in den Zuständen 1 und 2 nicht wesentlich ändern, in diesem Fall ergibt sich für n nebeneinander ablaufende Reaktionen:

$$\Delta W_{kin}^g = n \cdot \Delta W_{kin,n}^g = n \cdot \left(W_n^2 - W_n^1 \right) \tag{2}$$

Bezieht man die Anzahl der ablaufenden Reaktionen auf die Zeit, dann erhält man als *chemisch* **erzeugte Wärmeleistung** P_{chem}:

$$P_{chem} = \frac{\partial \Delta W_{kin}^g}{\partial t} = \frac{\partial n}{\partial t} \cdot \left(W_n^1 - W_n^2 \right) \tag{3}$$

mit der Reaktionsrate (Anzahl der Reaktionen pro Zeit, in Abschnitt 8.1.3 Reaktionsgeschwindigkeit genannt) $\partial n / \partial t$. Die chemisch erzeugte Wärmeleistung bewirkt wie die Joulesche Wärme beim Stromfluß durch einen Widerstand eine Temperaturerhöhung des Systems analog zu (3.1-1)

$$T\left(P_{chem} \right) = P_{chem} \cdot R_{th} + T_u \tag{4}$$

wobei R_{th} den Wärmewiderstand des Systems beschreibt. Die Messung der Systemtemperatur kann also – wenn die Parameter in (3) und (4) bekannt sind – zur Messung der Reaktionsrate herangezogen werden. Diese Größe hängt unter anderem von der Dichte der vorhandenen Reaktionspartner ab (für die theoretische Behandlung kann ein ähnlicher Ansatz gemacht werden wie bei der Festkörperdiffusion in Band 1, Abschnitt 2.7.2 oder bei der Rekombinationsrate von Überschußladungsträgern in Band 2, Abschnitt 6.2.2, s. auch Abschnitt 8.1.3) , d.h. über die Reaktionsrate kann die Anwesenheit und Konzentration bestimmter chemischer Substanzen nachgewiesen werden, sofern eine Reaktion des Typs (2) stattfindet.

Da der Ablauf chemischer Reaktionen durch Katalysatoren (Abschnitt 8.1) entscheidend gefördert werden kann, liegt es nahe, die Temperatur der Katalysatoren (oder von Substraten mit Katalysatorzusätzen) selbst zu messen. Dieses ist das Funktionsprinzip der **katalytischen Sensoren** oder **Pellistoren**.

Als Sensorkörper dienen bei den Pellistoren häufig porös gesinterte Körper aus einer chemisch inaktiven Oxidkeramik, in welcher katalytisch aktive Metallatome enthalten sind (Bild 8.2-1). Die Porösität des Sensors sorgt für eine große Oberfläche des Katalysators, wodurch die Reaktionsrate gesteigert wird.

Die Wirkung vieler Katalysatoren wird erst bei hohen Temperaturen signifikant, so daß eine Aufheizung des Pellistors während der Messung erforderlich ist. Dieses läßt sich zweckmäßig mit einer Platin-Heizwendel durchführen, deren Widerstand nach Abschnitt 3.3.2 gleichzeitig zur Temperaturmessung herangezogen werden kann.

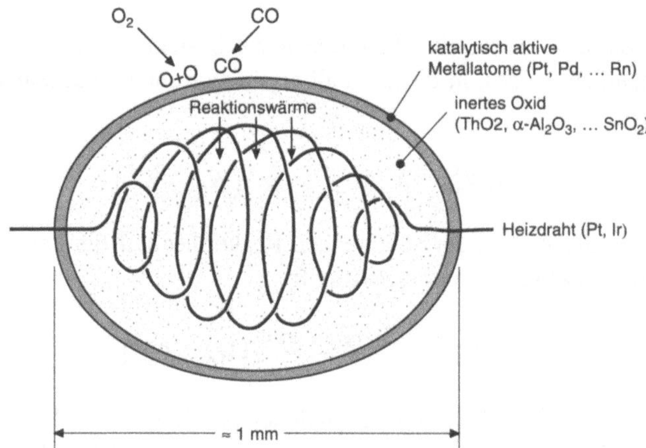

Bild 8.2-1   Aufbau eines Pellistors aus einer porösen Sinterkeramik (inertes Oxid wie ThO_2, Al_2O_3, SnO_2 oder andere mit katalytisch aktiven Metallzusätzen, nach [1.1]): Eingesintert wird eine Wendel aus einem Platin- oder Iridiumdraht, über die der Pellistor auf die Reaktionstemperatur des Katalysators (z.B. 500°C) aufgeheizt werden kann. Der Widerstand des Drahtes dient gleichzeitig zur Temperaturmessung.

Durch den Katalysator kann z.B. die Reaktion $2CO+O_2 \rightarrow 2CO_2$ eingeleitet werden, d.h. der Sensor kann zum Nachweis von CO verwendet werden.

Pellistoren werden vielfach zum Nachweis reduzierender Gase wie Kohlenmonoxid (CO) oder Methan (CH_4) eingesetzt, d.h. sie finden Anwendungen in Feuerwarnanlagen und beim Explosionsschutz. Zur Vergrößerung der Meßgenauigkeit werden als Referenz häufig oberflächenpassivierte chemisch inaktivierte **Blindpellistoren** eingesetzt.

Nachteilig bei Pellistoren ist die geringe Empfindlichkeit und mangelnde Selektivität, da häufig verschiedene chemische Reaktionen einen Beitrag zur Wärmeentwicklung (**Wärmetönung**) ergeben. Eine Möglichkeit zur Verbesserung der Selektivität ergibt sich, wenn nebeneinander mehrere Pellistoren bei unterschiedlichen Reaktionstemperaturen betrieben werden, da die Reaktionsrate häufig bei bestimmten Katalysatoren eine gasspezifische Temperaturabhängigkeit besitzt (Bild 8.2-2).

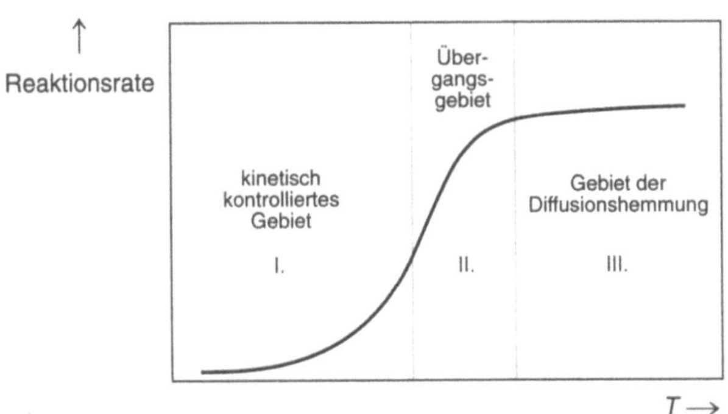

Bild 8.2-2   Temperaturabhängigkeit der Reaktionsrate von Katalysatoren (nach [8.22]): Im Bereich I wird die Reaktionsrate durch die Geschwindigkeit der chemischen Reaktion bestimmt, dort nimmt sie in vielen Fällen exponentiell mit der Temperatur zu. Im Bereich III ist der bestimmende Prozeß die Heranführung des reagierenden Gases an den Katalysator durch Diffusion.

Weiter entwickelte Ausführungsformen von Pellistoren verwenden anstelle des Heizdrahtes Kaltleiter-Keramiksubstrate, die durch Eigenerwärmung bei Stromfluß auf eine vorgegebene Katalysatortemperatur gebracht werden (Abschnitt 3.3.4 und Bild 8.2-3). Bei der Auswertung des Widerstandes zur Bestimmung der Gaskonzentration werden die in den Bildern 3.3.4-17 und 18 beschriebenen Kaltleitereigenschaften berücksichtigt.

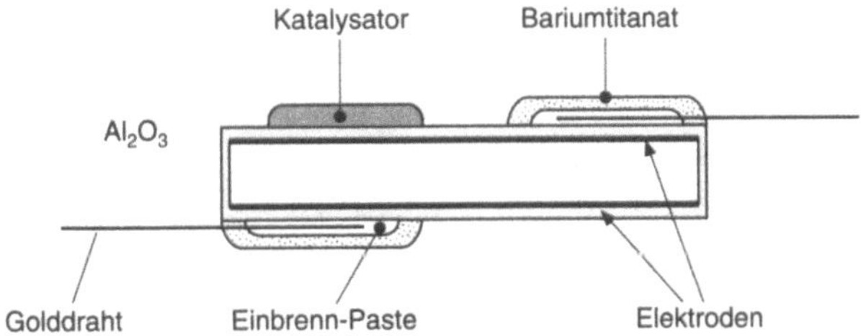

Bild 8.2-3   Pellistor mit einem beheizbaren Substrat aus einem Kaltleiterwerkstoff (Bariumtitanat) mit aufgedampfter Katalysatorschicht (nach [8.22 und 30])

8.3   Elektrochemische Sensoren mit ionensensitiven Elektroden

Dieser Typ von chemischen Sensoren wendet das im Anhang C1 ausführlich beschriebene Prinzip der Verschiebung von chemischen Potentialen durch Veränderung der Ladung von Dipolschichten an: Bei ionensensitiven Elektroden (Bild 8.3-1) erfolgt dieser Prozeß durch eine chemische Reaktion an einer **Meßelektrode** in einem (meist ionen-)leitfähigen Medium (im folgenden: **Elektrolyten**). Eine **Referenzelektrode** hat die Funktion, die Fermienergie des Elektrolyten konstant festzulegen gegenüber dem Vakuumniveau. Nach den im Anhang C1 entwickelten Gesichtspunkten kann die Messung grundsätzlich sowohl **potentiometrisch** (stromlose Spannungsmessung), wie **amperometrisch** (Strommessung bei konstanter Spannung) erfolgen.

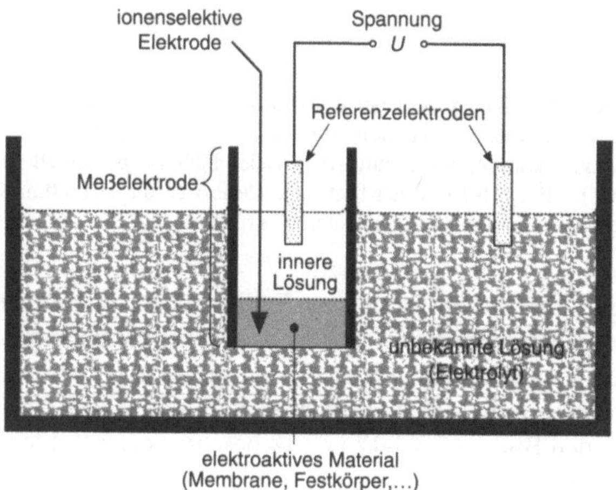

Bild 8.3-1   Schematischer Aufbau eines potentiometrischen elektrochemischen Sensors mit ionensensitiver Elektrode: Die elektrische Dipolschicht wird an der Grenzfläche zwischen einem elektrochemisch aktiven Material (Membrane, Festkörper u.a.) und dem Elektrolyten erzeugt (nach [1.1]).

Ein wichtiges Ausführungsbeispiel für den in **Bild 8.3-1** beschriebenen Sensor ist ein **pH-Wert-Sensor** zur Messung der H^+- oder Protonenkonzentration in einem Elektrolyten (Bild 8.3-2).

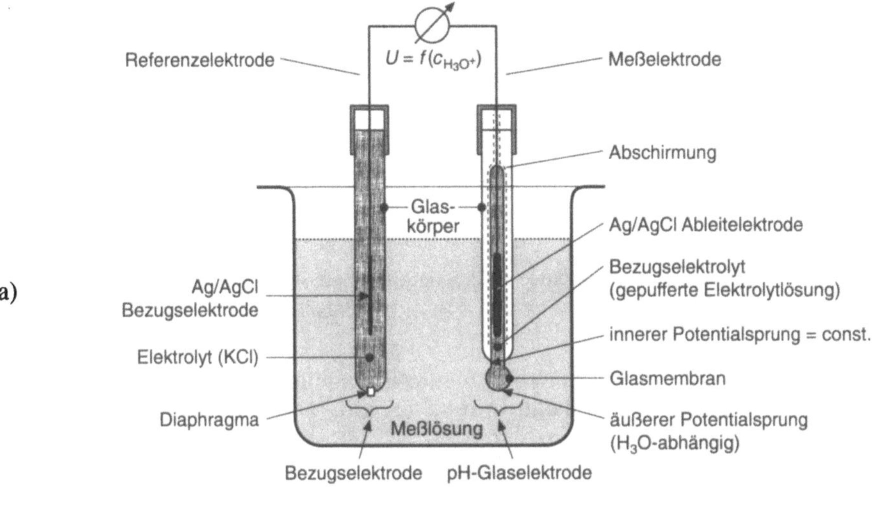

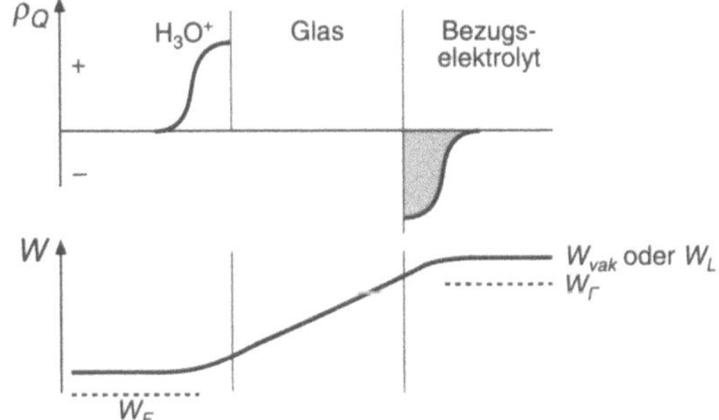

Bild 8.3-2   pH-Sensor mit Glaselektrode: Gemessen wird die Wasserstoffionen- (oder Protonen-)Konzentration in der wäßrigen Meßlösung (nach [1.1]).

a) An der Glasmembran entsteht durch Reaktion mit H_3O^+-Molekülen eine elektrische Dipolschicht, welche eine EMK erzeugt, deren Größe von der H_3O^+-Konzentration in der Meßlösung und damit vom pH-Wert abhängt. Der Abgriff der Fermienergien zur Bestimmung der EMK wird jeweils über Bezugselektrolyten und Ableitelektroden vorgenommen.

b) Schematischer Verlauf der Raumladung ρ_Q auf beiden Seiten der Glaselektrode, zusammen mit dem Ortsverlauf der Vakuumenergie $W_{vak}(x) = -|q|U(x)$, s. Anhang C1.

Bild 8.3-3 zeigt schematisch den allgemein verwendbaren Aufbau eines elektrochemischen Sensors für beliebige elektroaktive Materialien.

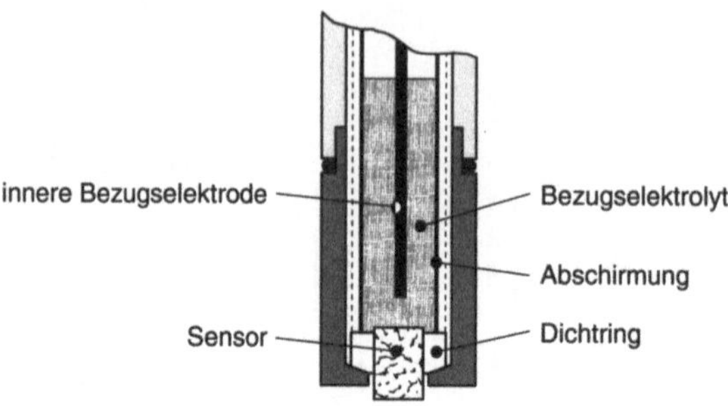

Bild 8.3-3   Aufbau der Meßelektrode elektrochemischer Sensoren mit beliebigem elektroakti-
ven Material (hier als "Sensor" bezeichnet) gemäß Bild 8.3-1 (nach [1.1]).

In Bild 8.3-4 ist der Aufbau einer kommerziell erhältlichen Einstab-Meßkette zur
Messung des pH-Wertes dargestellt. Bild 8.3-5 zeigt verschiedene Sensormeßköpfe
mit Membranelektroden.

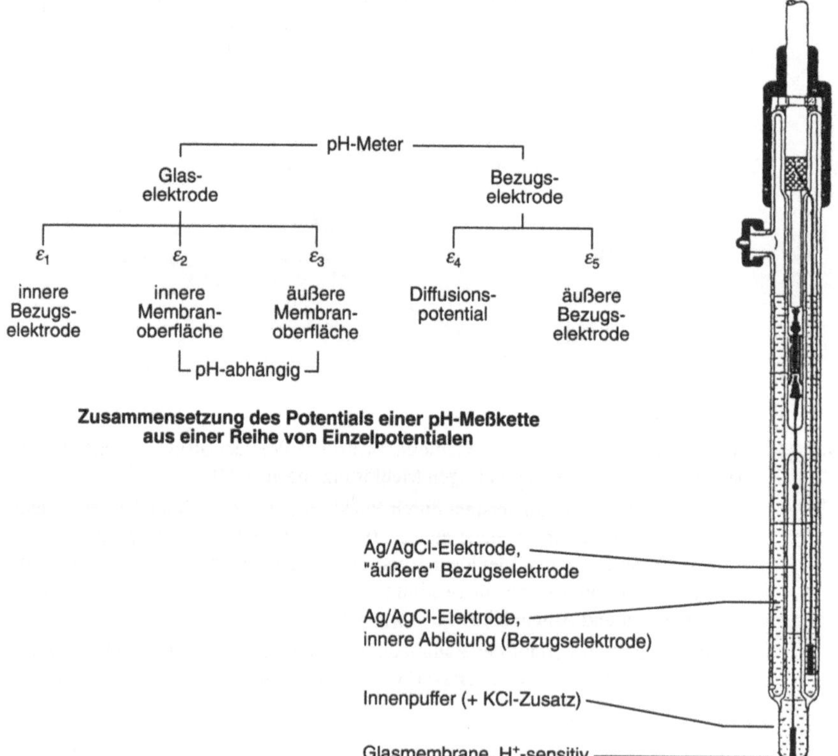

Bild 8.3-4   Aufbau einer Einstab-Meßkette als pH-Sensor. Eingezeichnet sind die Potential-
beiträge der einzelnen beteiligten Grenzflächen (nach [1.1]).

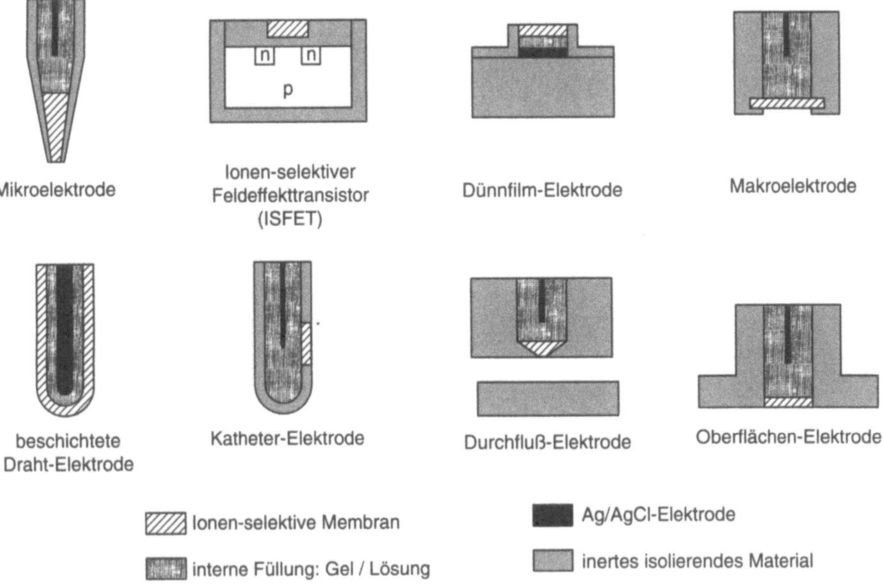

Bild 8.3-5   Ausführrungsformen von Membranelektroden elektrochemischer Sensoren für verschiedene Anwendungen (nach [8.2])

In Tab. 8.3-1 sind verschiedene Kombinationen von Anoden- und Kathodenwerkstoffen in Verbindung mit verschiedenen chemischen Reaktionen zusammengestellt. Der Sensoraufbau entspricht dem Prinzip, das in Bild 8.3-6 gezeigt ist.

Tab. 8.3-1   Übersicht über die Elektrodenwerkstoffe und chemischen Reaktionen bei elektrochemischen Gassensoren mit einem Aufbau ähnlich wie in Bild 8.3-6 (nach [1.1]).

Gaskomponenten	Anode	Anodenreaktion	Kathode	Kathodenreaktion
H_2S	Ag	$H_2S + 2\,Ag^+ \rightarrow Ag_2S + 2H^+$ $2\,Ag^0 \rightarrow 2\,Ag^+ + 2e^-$	Ag	$1/2\,O^2 + 2H^+ + 2e^- \rightarrow H_2O$
HCN	Ag	$2HCN + 2\,Ag^+ \rightarrow 2\,AgCN + 2H^+$ $2\,Ag^0 \rightarrow 2\,Ag^+ + 2e^-$	Ag	$1/2\,O^2 + 2H^+ + 2e^- \rightarrow H_2O$
$COCl_2$	Ag	$COCl_2 + H_2O \rightarrow CO_2 + 2HCl$ $2HCl + 2\,Ag^+ \rightarrow 2\,AgCl + 2H^+$ $2Ag^0 \rightarrow 2Ag^+ + 2e^-$	Ag	$1/2\,O_2 + 2H^+ + 2e^- \rightarrow H_2O$
N_2H_4	Au	$N_2H_4 + 4OH^- \rightarrow N_2 + 4H_2O + 4e^-$	Pt	$O_2 + 2H_2O + 4e^- \rightarrow 4OH^-$
CO	Pt	$CO + H_2O \rightarrow CO_2 + 2H^+ + 2e^-$	C	$1/2\,O_2 + 2H^+ + 2e^- \rightarrow H_2O$
Cl_2	Pt	$H_2O \rightarrow 1/2\,O_2 + 2H^+ + 2e^-$	Au	$Cl_2 + 2e^- \rightarrow 2Cl^-$
O_2	Pb	$Pb + 3OH \rightarrow PbHO_2^- + H_2O + 2e^-$	Au	$O2 + 2H_2O + 4e^- \rightarrow 4OH^-$
SO_2	Au	$SO_2 + 2H_2O \rightarrow H_2SO_4 + 2H^+ + 2e^-$	Pt	$1/2\,O_2 + 2H^+ + 2e^-$

Die chemisch erzeugte Dipolschicht als Ursache für die Entstehung der EMK kann auch auf andere Weise als in Bild 8.3.1 über chemische Reaktionen an einer Dreiphasengrenze (Abschnitt 8.1.6) erzeugt werden (Bild 8.3-6).

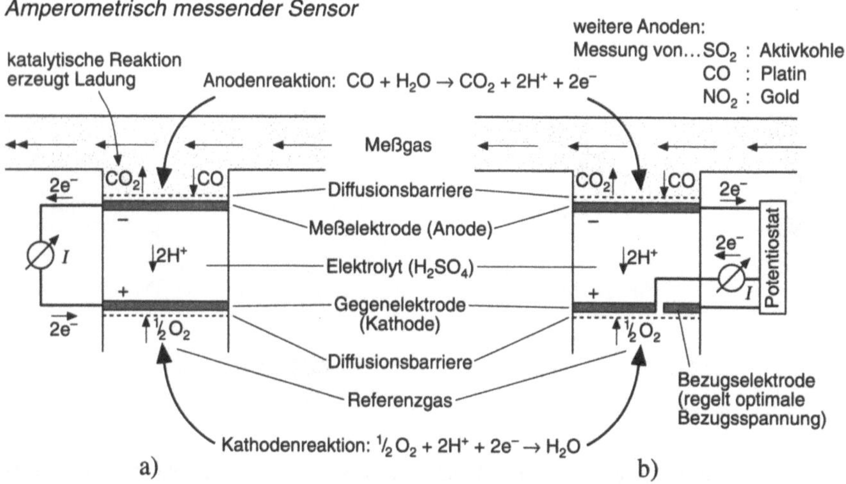

Bild 8.3-6   Trennung von Ladungen in elektrochemischen Sensoren durch zwei katalytisch begünstigte chemische Reaktionen (nach [1.1]): Die Oxidation des Kohlenmonoxids zu Kohlendioxid an einer ersten (oberen) Elektrode ist mit der Erzeugung von Elektronen und Protonen (Wasserstoffkationen) verbunden, wobei die letzteren in einem schwefelsäurehaltigen Elektrolyten gelöst werden können. Werden an einer zweiten (unteren) Elektrode im Elektrolyten durch eine andere chemische Reaktion (Wasserstoffverbrennung) Protonen vernichtet, dann wandern diese im Konzentrationsgradienten kontinuierlich von der ersten zur zweiten Elektrode und transportieren auf diese Weise ihre Ladung durch den Elektrolyten: Die erste Elektrode wird negativ, die zweite hingegen positiv aufgeladen.

Zwischen beiden Elektroden entsteht eine EMK, die mit dem Aufbau eines Potentials verbunden ist, welches im stromlosen Zustand die Reaktion schließlich zum Stillstand bringt (**potentiometrischer Sensor**). Wird die EMK kontinuierlich durch einen Stromfluß abgebaut, dann ist der fließende Strom proportional zur chemischen Reaktionsrate (**amperometrischer Sensor**, wie in der Abbildung dargestellt).

a) einfacher Aufbau des amperometrischen CO-Sensors

b) verbesserte Ausführung mit einer Bezugselektrode zur Einhaltung einer konstanten Spannung an der Arbeitselektrode.

8.4   Sensoren mit Feststoffelektrolyten

Die Verwendung von **Feststoffelektrolyten** oder **Ionenleitern** (Band 1, Abschnitt 2.7.3) ergibt die Möglichkeit zum Aufbau von chemischen Sensoren ohne Flüssigelektrolyten. Der große Vorteil von Feststoff- gegenüber Flüssigelektrolyten liegt in der Möglichkeit, mechanisch robuste Festkörperbauelemente herzustellen und z. T. in der Selektivität: Feststoffelektrolyten lassen meist nur eine Ionenleitung für eine einzige oder sehr wenige Ionensorten zu. Ein Stromtransport ist stets verbunden mit einem Materialtransport im Sensor und darüber hinaus mit der Nachlieferung von Materie (Anwendung als Gaspumpe, s. Bild 8.4-7) an eine der Oberflächen des Ionenleiters, wenn der Sensor stationär betrieben wird.

Bild 8.4-1 zeigt den Aufbau eines Sauerstoffsensors mit einem Feststoffelektrolyten aus Zirkondioxid ZrO_2, dessen Ionenleitfähigkeit im Bereich hoher Temperaturen durch eine Beimengung von Y_2O_3 eingestellt worden ist (durch Stabilisierung der ionenleitenden Kristallstruktur).

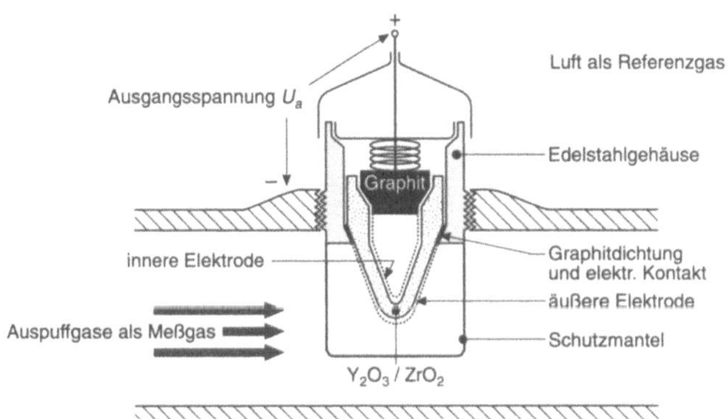

Bild 8.4-1: **λ-Sonde** (nach [1.1]): Oberhalb (z. B. mit Luft als Referenzgas) und unterhalb (z. B. Auspuffgase als Meßgas) des sauerstoffleitenden Feststoffelektrolyten (ZrO_2/ Y_2O_3) befinden sich zwei getrennte Bereiche mit unterschiedlichen Sauerstoffpartialdrücken. Die unterschiedlichen Sauerstoffkonzentrationen erzeugen über dem Ionenleiter eine Diffusionskraft (Gradient des chemischen Potentials aufgrund der unterschiedlichen Teilchenkonzentration, s. Band 1, Abschnitt 2.1), die ihrerseits einen Stromfluß von Sauerstoffionen bewirkt. Die Beweglichkeit der Sauerstoffionen (O^{2-}) bestimmt die elektrolytische Leitfähigkeit. Dazu ist eine Aufheizung auf mindestens 500°C erforderlich.

Kennzeichnend ist, daß der Sauerstoff in gasförmigem Zustand elektrisch neutral ist, aber nur in ionisierter Form (O^{2-}) durch den Feststoffelektrolyten geleitet werden kann, d.h. er muß auf der einen Seite des Sensors negativ aufgeladen, auf der anderen hingegen entladen werden. Dadurch baut sich zwischen der inneren und äußeren Elektrode eine Ladungs-Doppelschicht – und damit eine EMK – auf. Diese ist ein Maß für die Differenz der Sauerstoffpartialdrücke.

Die Ionenleitung im Feststoffelektrolyten führt zur Ausbildung einer Ladungs-Doppelschicht (Anhang C1), weil die neutralen Sauerstoffatome aus dem Gas erst ionisiert werden müssen, bevor sie in den Festkörper eingebaut werden können, gleichzeitig werden sie beim Austritt aus dem Festkörper wieder neutralisiert. Auch in diesem Fall führt die Ausbildung einer Ladungsdoppelschicht zu einer EMK, die als Maß für den Konzentrationsunterschied zwischen beiden Dreiphasengrenzflächen im thermischen Gleichgewicht herangezogen werden kann (Bild 8.4-2)

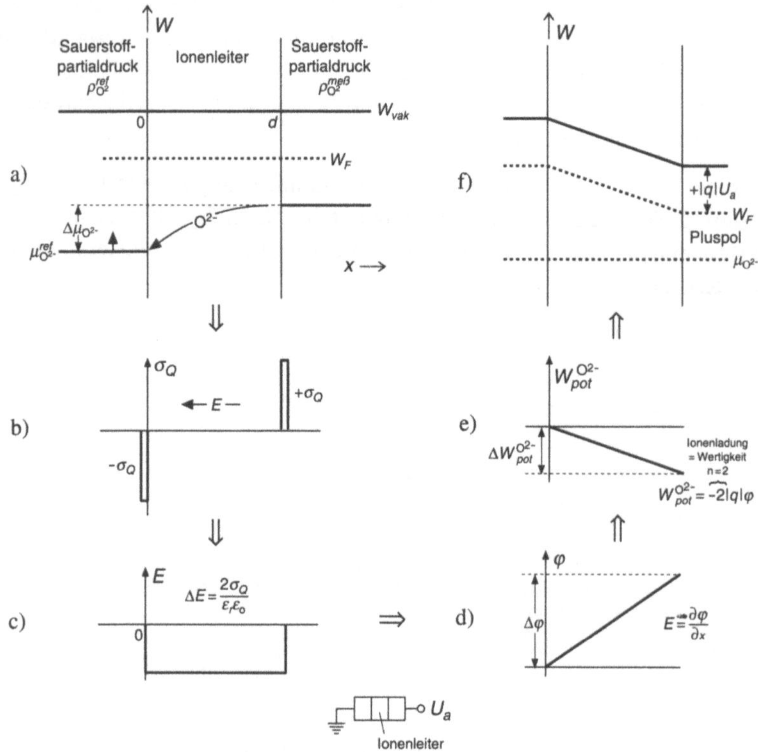

Bild 8.4-2:   Entstehung der EMK bei einem Sauerstoffsensor mit einem Aufbau wie in den Bildern 8.1-5 oder 8.4-1.

a) Energiediagramm des Systems Gasraum-Festkörperelektrolyt-Gasraum *vor Beginn der Ionenleitung*: Eingetragen sind die chemischen Potentiale μ_{O2^-} für O^{2-}-Ionen an den gegenüberliegenden Kontaktflächen des Ionenleiters (es wird angenommen, daß diese proportional sind zu den chemischen Potentialen der neutralen O^{2-}-Moleküle in den beiden Gasräumen rechts und links vom Ionenleiter) und die Fermienergien W_F (chemisches Potential für Elektronen). Als Referenz dient die Vakuumenergie W_{vak}.

b) Aufgrund des Gradienten von μ_{O2^-} diffundieren O^{2-}-Ionen von rechts nach linksDurch Ionisation (rechte Seite) der ursprünglich neutralen O^{2-}-Moleküle und Neutralisierung (linke Seite) entstehen die positiven und negativen Flächenladungen σ_Q.

c) Die Flächenladungen erzeugen ein konstantes elektrisches Feld E.

d) Der Feldstärkeverlauf E ist verbunden mit einem linearen Anstieg des Potentials φ.

e) Aufgrund des Potentialfeldes nimmt die potentielle Energie $W_{pot}^{O^{2-}}$ für negativ geladene Sauerstoffionen O^{2-} linear ab.

f) Die potentiellen Energien aus e) addieren sich zu den Werten der Energien in a). Die Wirkung ist ein Ausgleich der chemischen Potentiale $\mu_{O^{2-}}$ aufgrund der zusätzlichen elektrostatischen Wechselwirkung (d.h. durch Bildung der Dipolschicht in b) gehen die O^{2-}-Ionen in ein thermisches Gleichgewicht über). Die physikalische Interpretation ist, daß die Flächenladungen ein elektrisches Feld bilden, dessen Feldkraft der ursprünglich vorhandenen Diffusionskraft entgegenwirkt, bis beide entgegengesetzt gleich groß sind. Da das Potentialfeld d) aber gleichzeitig auch auf Elektronen wirkt, verschieben sich im thermischen Gleichgewicht der O^{2-}-*Ionen* die Fermieenergien W_F für Elektronen gegeneinander: Es entsteht eine Elektronen-EMK, d.h. eine von außen meßbare Spannung der Größe U_a.

Die Bedingung für das thermische Gleichgewicht ist, daß sich eine Potentialdifferenz $\Delta\varphi$ aufbauen muß der Größe

$$\Delta\mu_{O^{2-}} = \mu_{O^{2-}}^{me\beta} - \mu_{O^{2-}}^{ref} = \left| \Delta W_{pot}^{O^{2-}} \right| = n|q|\Delta\varphi \qquad (1)$$

mit der Ionenladungszahl oder Wertigkeit n, die im obigen Fall zwei (bei Betrachtung vion Sauerstoffmolekülen vier) beträgt. Die EMK ist dann

$$U_a \underset{\substack{\text{Ionenleiter}\\ \text{homogen}}}{=} \Delta\varphi \underset{(1)}{=} \frac{\Delta\mu_{O^{2-}}}{n|q|} \qquad (2)$$

Die neutralen Sauerstoffmoleküle rechts und links vom Ionenleiter verhalten sich nährungswcisc wic cin idealcs Gas: Dann ergibt sich als chemisches Potential analog zu der Betrachtung bei Elektronen in Abschnitt 2.1

$$\mu_{O_2} = W_{O_2} - kT \cdot \ln\left(\frac{N_{eff}}{\rho_{O_2}} \right) \qquad (3)$$

Wir nehmen an, daß für die negativ geladenen O^{2-}-Ionen eine ähnliche Beziehung gilt (die zu W_{O2} und N_{eff} äquivalenten Größen kürzen sich ohnehin heraus) und erhalten

$$\Delta\mu_{O^{2-}} = kT \cdot \left\{ \ln\rho_{O_2}^{me\beta} - \ln\rho_{O_2}^{ref} \right\} = kT \cdot \ln\frac{\rho_{O_2}^{me\beta}}{\rho_{O_2}^{ref}} \qquad (4)$$

Damit ergibt sich als EMK

$$U_a \underset{(2)}{=} \frac{\Delta\mu_{O^{2-}}}{|q|n} = \frac{kT}{|q|n} \ln\frac{\rho_{O_2}^{me\beta}}{\rho_{O_2}^{ref}} \qquad (5)$$

Diese Beziehung wird auch als **Nernstsche Gleichung** bezeichnet.

Die Nernstsche Gleichung (5) gilt näherungsweise auch für die Partial*drücke* $p_{O_2}^{meß}$ und $p_{O_2}^{ref}$ des Sauerstoffs im Meß- und Referenzgas, so daß man eine EMK der Größe erhält (das chemische Potential wird auf Sauerstoffmoleküle bezogen)

$$U_a \approx \frac{\Delta\mu_{O_2}}{|q|n} = \frac{kT}{4|q|} \ln \frac{p_{O_2}^{meß}}{p_{O_2}^{ref}} \tag{6}$$

Diese Beziehung wird experimentell gut bestätigt (Bild 8.4-3).

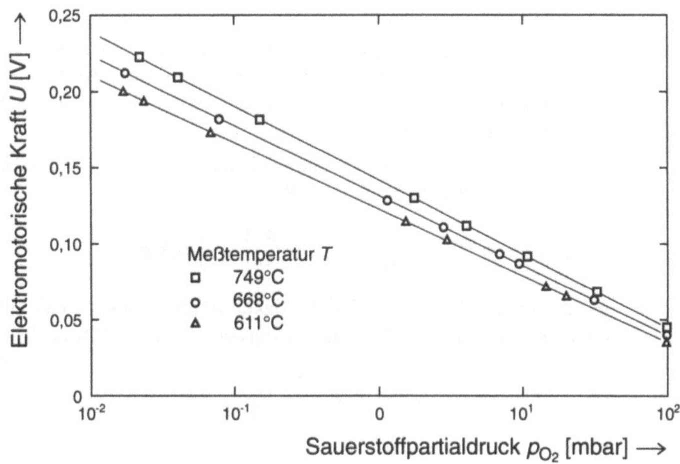

Bild 8.4-3:   Abhängigkeit der EMK eines Sauerstoffsensors mit Feststoffelektrolyten vom Sauerstoffpartialdruck bei verschiedenen Temperaturen. Der Referenzdruck beträgt $p_{O_2}^{ref}$ = 720 mbar (nach [8.24]).

Da die Änderungs*geschwindigkeit* der EMK bei Feststoffelektrolytsensoren, die maßgebend ist für die *Ansprechgeschwindigkeit* des Sensors, abhängt von der Diffusionsgeschwindigkeit des die Leitfähigkeit im Elektrolyten erzeugenden Ions, müssen schnell reagierende Sensoren bei relativ hohen Temperaturen betrieben werden (Bild 8.4-4).

Sauerstoffsensoren nach dem in Bild 8.4-2 beschriebenen Prinzip finden eine wichtige Anwendung bei der Abgaskontrolle von Verbrennungsmotoren: Dabei wird als Steuergröße das **Luft-Kraftstoffverhältnis** λ gemäß

$$\lambda = \frac{\text{zugeführte Luftmenge}}{\text{theoretischer Luftbedarf}} \tag{7}$$

mit Hilfe einer λ-**Sonde** auf einen Wert von λ ungefähr bei 1 geregelt, bei dem sich eine optimale Wirkung des Abgaskatalysators einstellt (Bild 8.4-5):

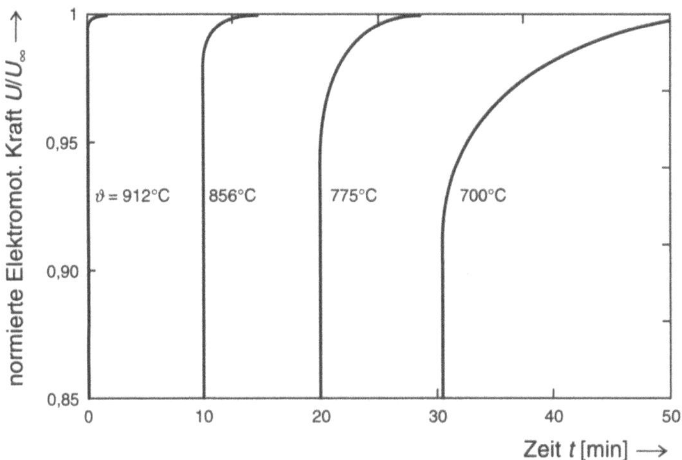

Bild 8.4-4:   Ansprechgeschwindigkeit eines Sauerstoffsensors mit Feststoffelektrolyten bei einem Wechsel der Gasatmosphäre von Luft (O_2/N_2-Gemisch von 21:79) auf eine sauerstoffarme Mischung (O_2/N_2-Gemisch von 3:97) für verschiedene Temperaturen. Wegen der relativ langsamen Festkörperdiffusion ergeben sich schnelle Ansprechzeiten erst bei sehr hohen Temperaturen (nach [8.24]).

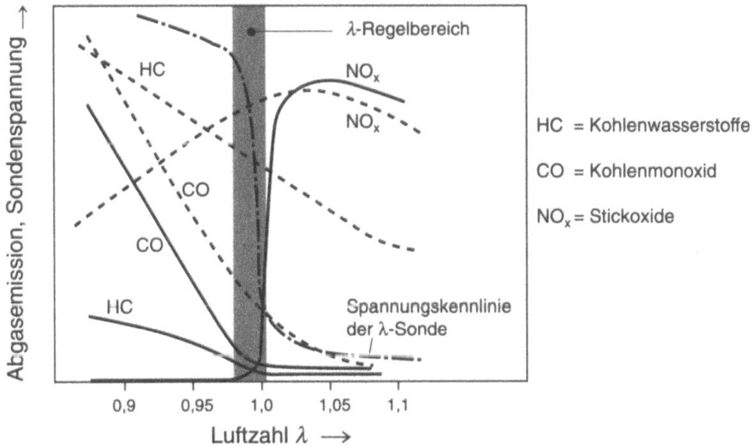

Bild 8.4-5   Regelbereich der λ-Sonde und Verringerung des Schadstoffanteils im Abgas von Verbrennungsmotoren (nach [8.25]); Die gestrichelte Kurve gibt die Motoremission ohne, die durchgezogene mit katalytischer Nachbehandlung wieder.

Ein λ-Wert kleiner oder gleich eins ist gleichbedeutend mit einem starken Abfall der Sauerstoffkonzentration. Wie auch die elektrochemischen Sensoren können λ-Sonden sowohl *potentiometrisch* wie *amperometrisch* eingesetzt werden (Bild 8.4-6).

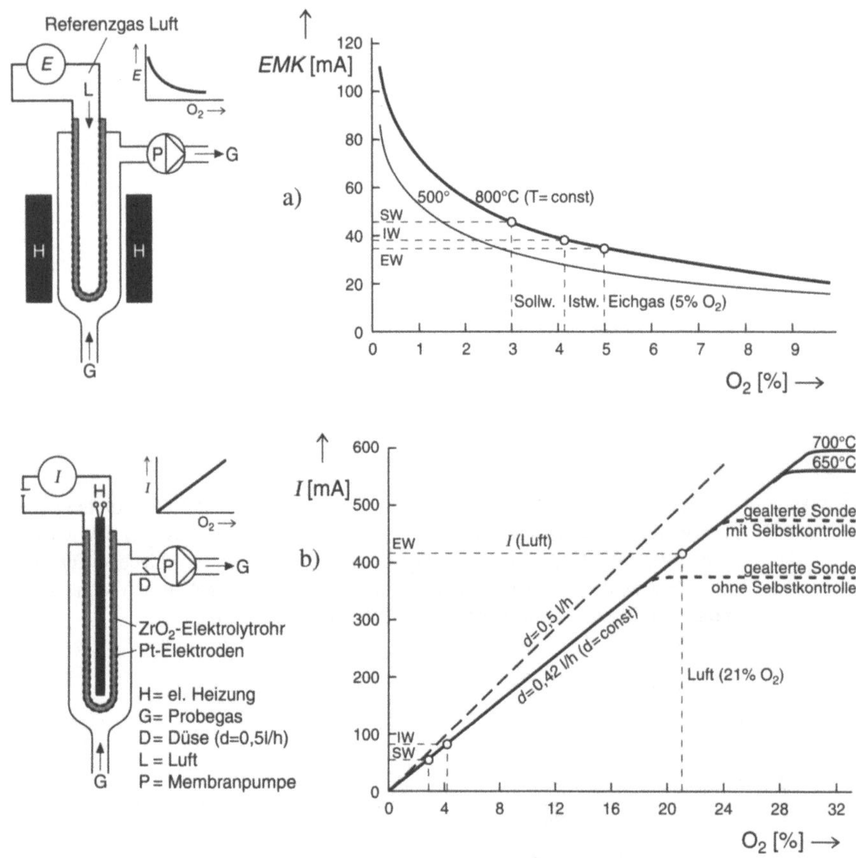

Bild 8.4-6   Ausführungsformen und Kennlinien der λ-Sonde (nach [8.25])

a) potentiometrischer Sensor (**Spannungssonde**)

b) amperometrischer Sensor (**Stromsonde**)

In der Tabelle 8.4-1 ist eine Übersicht über weitere Systeme zur potentiometrischen Messung von Gaskonzentrationen mit Feststoffelektrolyten zusammengestellt.

In einem Festkörperelektrolyten ist der elektrische Stromfluß stets mit einem Materialtransport der leitenden Ionensorte verbunden, d.h. bei dem System in Bild 8.4-2 ist nur ein Stromfluß möglich, wenn gleichzeitig Sauerstoff durch den Sensor transportiert wird. Auf diese Weise kann der Sensor auch als **Gaspumpe** verwendet werden: Bei Anlegen einer äußeren Spannung an den Sensor wird ein Stromfluß erzwungen, der nur durch Abtransport von Sauerstoff von der einen zur anderen Elektrode ermöglicht wird. Durch kontrolliertes Abpumpen können auf diese Weise die Verhältnisse in einem Referenzgas definiert eingestellt werden (Bild 8.4-7).

Tab. 8.4-1   Übersicht über den Aufbau von Zellen zur potentiometrischen Messung von Gaskonzentrationen mit Feststoffelektrolyten (nach [1.1]): ME bezeichnet die Meßelektrode, MR die Referenzelektrode: Anstelle über ein Referenzgas mit vorgegebenem Partialdruck des zu messenden Gases kann der Referenzpartialdruck in vielen Fällen auch über ein thermisches Gleichgewicht innerhalb der Referenzelektrode eingestellt werden.

Gas	Zelle	Temp.-bereich	Druckbereich
O_2	$Ref|ZrO_2$-$Y_2O_3|ME$, O_2		O_2-inert gas: 1 - 10-7 atm
H_2-H_2O	Ref: Luft, Ni-NiO, Pd-PdO, Co-CoO	500 - 800	CO-CO_2, H_2, H_2O; 10^{-8}
	CO-CO_2 ME:Pt, Ag		10^{-27} atm
Cl_2	$Ag|SrCl_2$-KCl-$AgCl|ME$, Pt, Cl_2		
	Ref: $Ag|Ag^+$	100...450	$10^{-6} \cdot 1$ atm
	ME: Graphit, RuO_2		
SO_2, SO_3	$Ref|K_2SO_4|ME$, $SO_2 + SO_3 + O_2$		
	$Ag|K_2SO_4$-$Ag_2SO_4|ME$, $SO_2 + SO_3 + O_2$		
	Luft, $Pt|ZrO_2$-$CaO|K_2SO_4|ME$, SO_3, Luft	700...900	$>10^{-6}$ atm
	Ref: $Ag|Ag^+$		
	ME :Pt		
	$Ag|Li_2SO_4$-$Ag_2SO_4|Pt$, $SO_2 + SO_3 +$ Luft	500...750	$10^{-5}...10^{-2}$ atm in Luft
	Pt, $SO_2 + SO_3 + O_2|Na_2SO_4|Pt$, $SO_2 + SO_3 + O_2$	700	> 10 atm
H_2	$Ref|H.U.P.|ME$, H_2		
	Ref:Pd oder Pt-H_2, PdH_x	20	$10^{-4}...10^{-1}$ atm
	ME:Pd or Pt, moist Atmosphäre		
	$Pd|\beta$-$\beta'' Al_2O_3(Na)|Pt$, $N_2 + H_2$		
CO	$O_2 + CO$, $MR|ZrO_2$-$Y_2O_3|ME$, $O_2 + CO$		
	MR:Al_2O_3-Pt	250...350	$0...5 \times 10^{-4}$
	ME:Pt		atm in Luft
S_x	$Ag|AgI|Ag_2S$, S (vap.)	90...400	
	$Ag|\beta$-$Al_2O_3(Ag)|Ag_2S$, S (vap.)	90...800	
	$Ref|CaS$-$Y_2S_3|Pt$, S_x	600...900	$< 10^{-6}$ atm
H_2-H_2S	$Ref|CaF_2$-$CaS|Pt$, $H_2 + H_2S$	700...950	$3 \times 10^{-3} <$ ratio $< 0,2$
CO_2	$Ag|K_2CO_3$-$Ag_2SO4|Pt$, CO_2	700...800	$> 10^{-6}$ atm
	Ref : $Ag|Ag+$		
NO_2	$Ag|Ba(NO_3)_2$-$AgCl|Pt$, NO_2	500	$>10^{-6}$ atm
	Ref.: $Ag|Ag^+$		
I_2	$Ag|KAg_4I_5|Pt$, I_2	40	$> 10^{-7}$ atm
Na	Na (vap.)$|\beta$-$Al_2O_3(Na)|$Na (vap.)	200...360	$10^{-10}...10^{-5}$ atm

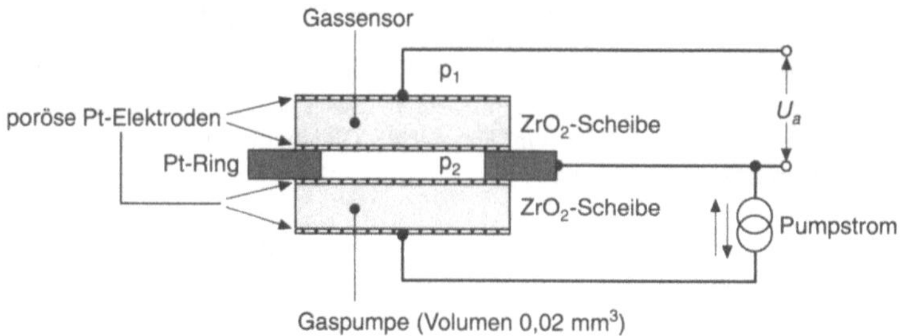

Bild 8.4-7   Kombination aus einem Gassensor mit Feststoffelektrolyten und einer Gaspumpe: Über die letztere kann der Partialdruck in einer abgeschlossenen Referenzkammer definiert eingestellt werden (nach [8.26])

8.5 Metalloxidsensoren

Die Entstehung von Ladungsdoppelschichten bei der Reaktion chemischer Stoffe mit Festkörperoberflächen ist in den vorangegangenen Abschnitten ausführlich diskutiert worden. Bei Halbleitern und Isolatoren erfolgt die Ladungserzeugung auf der Festkörpergrenzfläche in vielen Fällen über Prozesse wie die Akkumulation, Entleerung oder Inversion (Band 2, Abschnitt 4.2), d.h. über eine durch die Werkstoffeigenschaften festgelegte typischeVerbiegung der Valenz- und Leitungsbandkanten im Bändermodell. Hierdurch wird die *Oberflächendichte beweglicher Ladungsträger* beeinflußt, d.h. die elektrische Oberflächenleitfähigkeit σ_{sp} verändert sich in charakteristischer Weise. Auf dieser Basis läßt sich eine Vielzahl **resistiver Gassensoren** mit wichtigen Anwendungsmöglichkeiten realisieren (s. auch Diskussion in Abschnitt 5.1). Die von der Molekülkonzentration des chemischen Stoffes abhängigen Leitfähigkeitsänderungen können bei halbleitenden Werkstoffen eine erhebliche Größenordnung annehmen, wobei insbesondere **halbleitende Metalloxide** zur Anwendung kommen (Tab. 8.5-1 und 2).

Tab. 8.5-1   Halbleitende Metalloxide für Anwendungen in Gassensoren (nach [1.1])

Detektierte Gase	Oxide in entsprechenden Halbleiter-Sensoren
H_2O	Cr_2O_3, TiO_2, $MnO(+1\%Li_2O)$, Fe_2O_3, ZnO, $LiMn_2O_4$, $LiCrGeO_4$
O_2	TiO_2, Fe_2O_3, CoO, ZnO, ZrO_2, SnO_2, $SrTiO_3$, $BaTiO_3$, La_2O_3
Co	Cr_2O_3, NiO, ZnO, ZrO_2, SnO_2, In_2O_3, $(Nd, Eu, Sm) CoO_{3-x}$, $LaCoO_{3-}x$
CH4	Fe_2O_3, Fe_3O_4, Co_3O_4, ZnO, In_2O_3
Andere Kohlen wasserstoffe	Ga_2O_3, CdO, PdO, WO_2, MnO_2, $MoOt$, CuO, NiO, VO_2, V_3O_8
NOx	SnO_2, V_2O_5, VO
H2	CO_3O_4, ZnO, SnO_2, WO_3, MnO_2, MoO_3
Halogene	ZnO, Al_2O_3, SnO_2

Bei der katalytischen Oxidation von Gasen wie H_2, CH_4, CO, C_2H_5OH oder H_2S als **oxidierbare Gase** an der Festkörperoberfläche vergrößert sich effektiv die positive Wertigkeit der Adsorptionskomplexe, d.h. bei der Reaktion werden Elektronen an die Festkörperoberfläche abgegeben. Dadurch erhöht sich die Elektronenkonzentration an der Oberfläche (**Oberflächeneffekt**), so daß in n-leitenden Halbleitern eine Aufladung durch *Akkumulation* erfolgt, in p-Halbleitern hingegen durch *Entleerung*. Entsprechend ist auch die Wirkung auf die Elektronen*oberflächen*leitfähigkeit: Sie vergrößert sich bei n-Leitern, verkleinert sich jedoch bei p-Leitern.

Bei hinreichend großer Beweglichkeit von Sauerstoffionen im Festkörper (Temperaturen oberhalb von ca. 500°C) tritt auch ein **Volumeneffekt** auf: Die Sauerstoffkonzentration eines Gases *außerhalb* des Festkörpers bestimmt über ein chemisches Gleichgewicht mit den Sauerstoffionen des Metalloxids dort die Fehlstellen-, vor allem häufig die Leerstellendichte. Bei vielen oxidischen Werkstoffen steigt die Elektronen*volumen*leitfähigkeit mit der Konzentration der Sauerstoffleerstellen an (dort lagern sich schwach gebundene – quasifreie – Elektronen an und verursachen eine Donatorwirkung der Leerstellen).

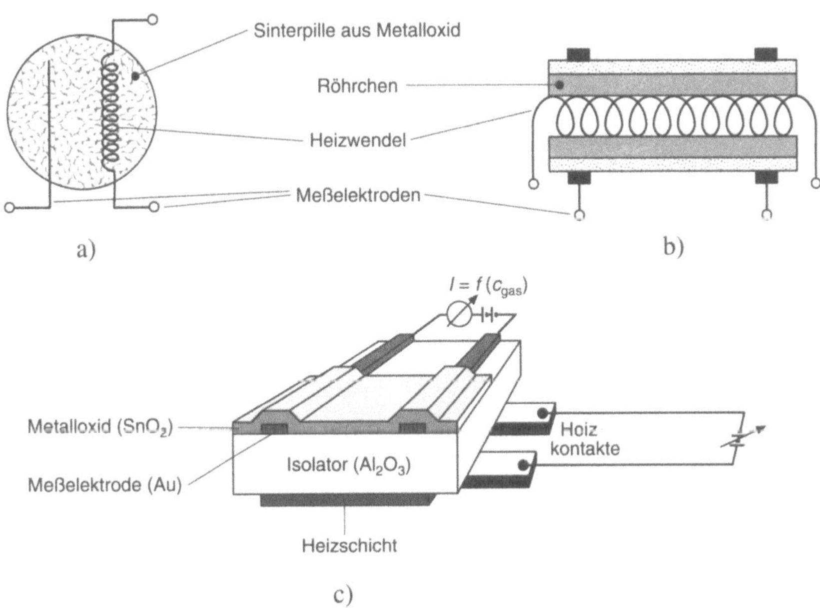

Bild 8.5-1:   Aufbauformen von Gassensoren mit Metalloxidschichten (nach [1.1]):
a) Sinterkörper mit eingeschlossener Heizwendel
b) Sinterkörper mit separater Heizwendel
c) Dick- oder Dünnschichtsensor mit separater Heizschicht.

Die chemische Reaktion zwischen Gas und Sensor ermöglicht in den meisten Fällen erst bei höheren Temperaturen die Einstellung eines Gleichgewichts, so daß im Aufbau des Sensors (Bild 8.5-2) eine Heizvorrichtung vorgesehen sein muß. Für diesen Sensortyp – wie für andere chemische Sensoren aus anderen Gründen (s. Bild 8.1.5-12) auch – ist die Einstellung einer konstanten Betriebstemperatur eine wichtige Voraussetzung für die Reproduzierbarkeit der Sensoreigenschaften.

Bei Sensoren auf der Basis des Oberflächeneffekts ergibt sich eine besonders hohe Empfindlichkeit durch ein günstiges Verhältnis von Oberflächen- zu Volumenleitfähigkeit, wenn die Sensoren aus porösen Sinterkörpern hergestellt werden, in welche das Gas eindringen kann (Prinzip in Bild 8.5-3, Ausführungsformen in Bild 8.5-1a und b).

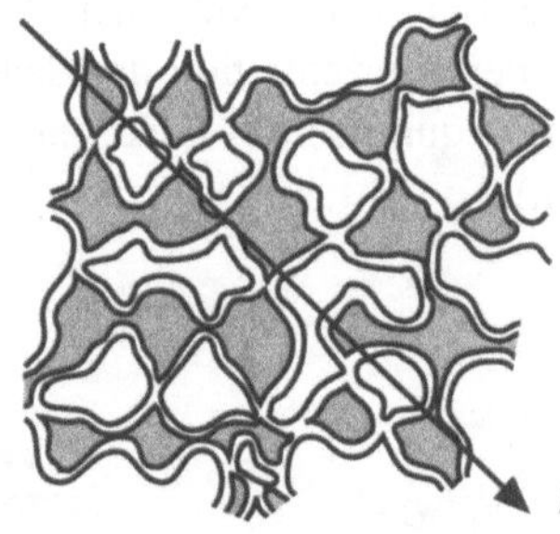

Bild 8.5-2   Steigerung der Empfindlichkeit von Gassensoren durch Anwendung **poröser Sinterkörper**.

Oberflächeneffekt: Die Gasreaktion erfolgt auf einer sehr großen Oberfläche, ein parasitärer Beitrag der Volumenleitfähigkeit wird durch Verwendung kleiner Körner herabgesetzt (großes Verhältnis Oberfläche/Volumen).

Volumeneffekt: Bei Verwendung kleiner Körner sind die Abstände von der Oberfläche relativ gering, d.h. Sauerstoffleerstellen benötigen nur relativ geringe Diffusionslängen, um in das Volumen zu gelangen. Dadurch entsteht eine größere Empfindlichkeit und Ansprechgeschwindigkeit.

Die meisten Gassensoren mit Metalloxidschichten sind aus der empirischen Erfahrung heraus entwickelt worden. Verschiedene Zusätze mit den Metallen Pd, Pt, Au, Ag und Cu können die Empfindlichkeit vergrößern (z. B. durch Katalysatorwirkung), weiterhin können sie die Selektivität, Lebensdauer und Stabilität verbessern aufgrund von Mechanismen, die häufig atomistisch noch nicht im Detail verstanden werden.

In der Anwendung am verbreitetsten ist zur Zeit der **Taguchi-Gassensor** (Bild 8.5-3), der für vielfältige Anwendungen in der Feuer- und Gaswarntechnik, Verbrennungsüberwachung, etc. eingesetzt werden kann, nur mit Einschränkungen hingegen für quantitative Messungen.

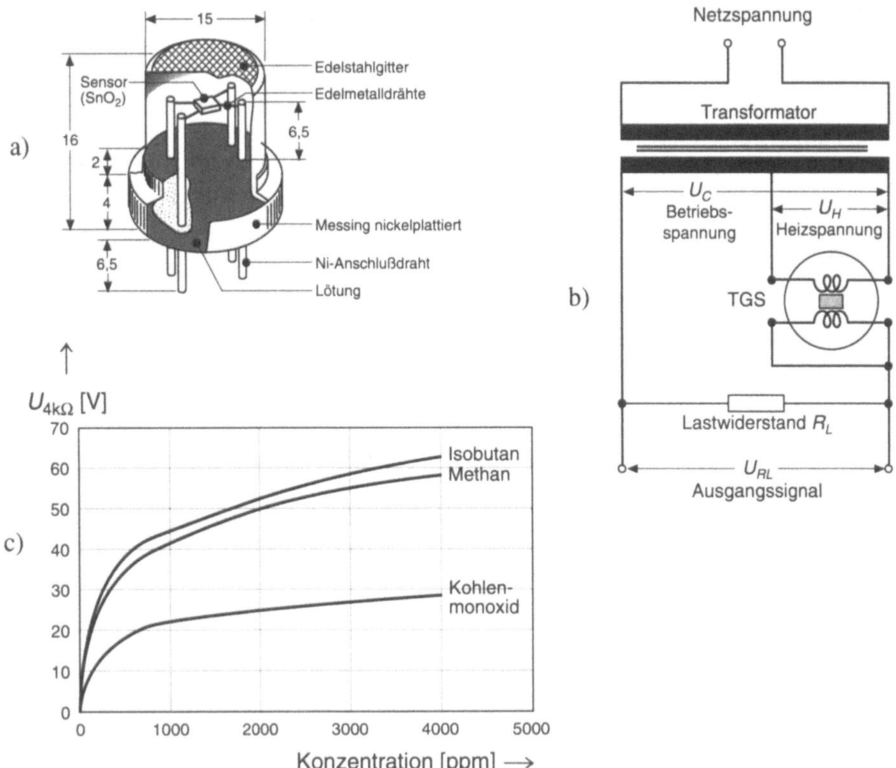

Bild 8.5-3:   Taguchi-Sensor (nach [8.27]): Der Gassensor hat einen ähnlichen Aufbau wie in Bild 8.5-1a.

    a) Montage des Sensors in einem Gehäuse

    b) Einfache Meßschaltung

    c) Kalibrier-Kurve für verschiedene Gase (Typ TGS 109)

Bei Verwendung von Dick- und Dünnschichtausführungen wie in Bild 8.5-1c sind – im Gegensatz zur Sintertechnik – keine Prozesse bei sehr hohen Temperaturen erforderlich. Bei Verwendung von *Dickschichtverfahren* können weitgehend dieselben Ausgangswerkstoffe (feinkörniges Pulver aus Werkstoffen bekannter Zusammensetzung) wie bei den Sinterverfahren eingesetzt werden, so daß vorhandene empirische Erfahrungen genutzt werden können. Bei *Dünnschichtverfahren* hingegen müssen die aktiven Sensorschichten sorgfältig synthetisiert werden, wodurch die Zusammensetzung in der Stöchiometrie und dem Gitteraufbau besser kontrolliert werden kann. Diese Verfahren könnten auch – bei einem relativ zum heutigen Wissensstand verbesserten physikalischen Verständnis der grundlegenden Mechanismen – langfristig zu definierteren Werkstoffeigenschaften und damit einer reproduzierbareren Beherrschung der Sensoreigenschaften führen.

8.6   Chemisch sensitive Feldeffekttransistoren (CHEMFETs)

Es liegt nahe, die Empfindlichkeit von chemischen Sensoren auf der Basis von Oberflächeneffekten dadurch zu steigern, daß sie in Halbleiter-Oberflächenbauelementen integriert werden. Hierfür bieten sich insbesondere die MIS-Techniken (Band 2, Abschnitte 5.3.1 und 10.4) an. Feldeffektbauelemente nach diesem Prinzip werden unter dem Sammelbegriff **CHEMFET** (**chemically sensitive field effect transistor**) zusammengefaßt, mit den speziellen Bezeichnungen **ISFET** (**ion sensitive field effect transistor**) oder **GASFET** (**gas sensitive field effect transistor**) für die Detektion von Ionen und Gasmolekülen. Die Steuerung erfolgt über eine chemisch empfindliche Schicht oberhalb des Kanalgebiets von Metalloxid-Feldeffekttransistoren (MOSFETs, Bilder 8.6-1 und 2).

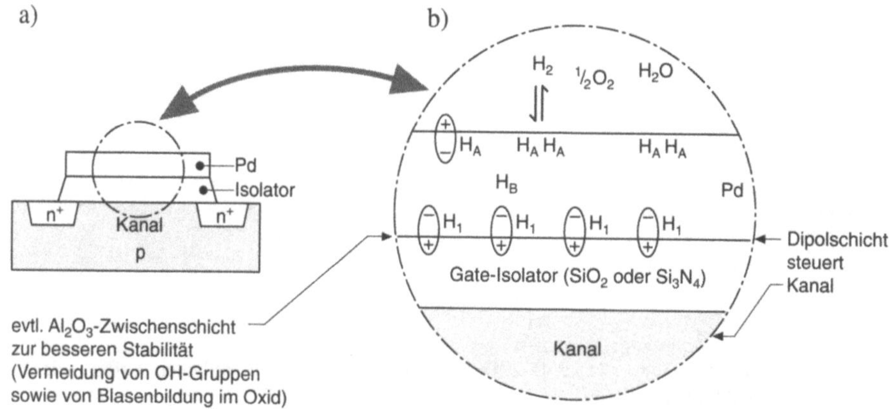

Bild 8.6-1:   Wasserstoff-GASFET mit Palladium-Gatemetall (nach [8.28 und 29]): Wasserstoffmoleküle H_2 dissoziieren bereits bei Raumtemperatur an der Oberfläche des Palladiums zu H_A und diffundieren an die Grenzfläche zwischen Gatemetall und Gateoxid. Dort erzeugen sie als H_1 eine Ladungs-Doppelschicht, die sich auswirkt wie eine Veränderung der Gatespannung (Veränderung der "effektiven" Austrittsarbeit).

a) Aufbau des GASFETs

b) Entstehung der Ladungs-Doppelschicht durch Anlagerung von Wasserstoffionen an der Grenzfläche Gatemetall-Gateoxid.

In der Tabelle 8.6-1 sind weitere mögliche Werkstoffkombinationen für den Aufbau chemisch empfindlicher Feldeffekttransistoren zusammengestellt. Auch Schottkydioden (Band 2, Abschnitte 5.3.2 und 9.2) lassen sich als gasempfindliche Halbleiter-Oberflächenbauelemente aufbauen; in diesem Fall dient die Schottky-Barrierenhöhe als Steuergröße (s. Abschnitt 8.1.6).

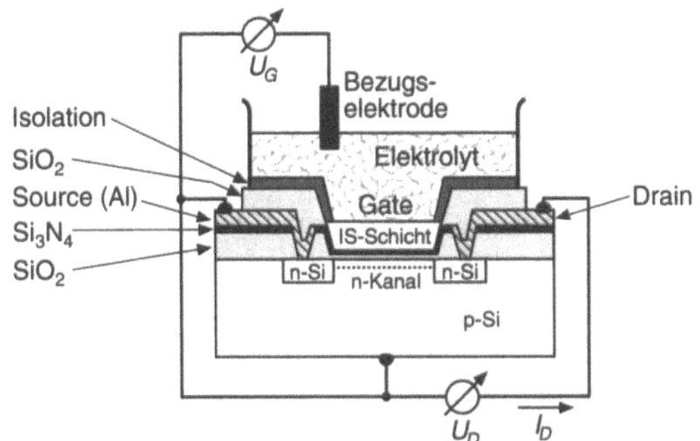

Bild 8.6-2:   Aufbau eines ISFETs zur Messung spezifischer Ionenkonzentrationen in einem Elektrolyten (nach [1.1]): Die Gatespannung wird durch die EMK zwischen dem Elektrolyten (verbunden mit der Source) und dem n-Kanal definiert, sie ist nach den Abschnitten 8.1 und 8.3 abhängig von der Ladungs-Doppelschicht zwischen dem Elektrolyten und dem Halbleiter. Durch Wahl spezieller ionensensitiver(IS)-Schichten können spezifische Ionenreaktionen begünstigt werden.

Tab. 8.6-1   Werkstoffkombinationen für chemisch sensitive Halbleiter-Oberflächenbauelemente (nach [1.1])

---

1) Gas FETS

Pd-SiO$_2$-p-Si

Pd-Al$_2$O$_3$-SiO$_2$-p-Si

Pd-Si$_3$N$_4$-SiO$_2$-p-Si

Pd-Ta$_2$O$_5$SiO$_2$-p-Si

Pd-Al$_2$O$_3$-SiO$_2$-p-Si

Pd-SiO$_2$-Si-Al

Pd-SnO$_x$-SiO$_2$-Si-Al

Pd-SnO$_x$-Si$_3$N$_4$-Si-Al

Pd-SnO$_x$-Si$_3$N$_4$-SiO$_2$-Si-Al

Au oder Ag-dotiertes Pd als Gate-Material

für eine MOS-Diode

Pd-ZnO(n$^-$)-ZnO(n$^+$)-Au-Cr-Substrat

als Feuchte-Sensor

2) ISFETs mit anorganischen Gate-Beschichtungen

SiO$_2$

SiO$_2$

SiO$_2$-Si$_3$N$_4$

Si$_3$N$_4$

SiO$_2$-Si$_3$N$_4$+AgBr

Ta$_2$O$_5$

ZrO$_2$

3) FETs mit organischen Gate-Beschichtungen

Valinomycin in Photoresist

Ammoniumchlorid

4) Neue Membranen als ISFET-Beschichtungen

Langmuir-Blodgett-Filme

implantierte SiO$_2$-Schichten

modifizierte SiO$_2$

Polymere (Teflon und Perylen)

modifiziertes Perylen

5) Schottkydioden

Pd-Si-Schottky

Pd-Pd-Silizid-Si-Schottky

Pd-CdS-Schottky

Pd-ZnO-Schottky

Pd-TiO2-Schottky

Pd-TiO2-Schottky

Pt, Au, Ni, Al, Cu, Mg, Zn auf TiO$_2$

und Pd auf ZnO, GaP, CdS, Si

Pd-SiO$_2$-n-Si-Schottky

Der Drainstrom chemisch aktiver MOS-Transistoren oberhalb der Abschnürspannung (Sättigungsbereich der MOS-Kennlinien) wird durch die Standardtheorie (Band 2, Abschnitt 10.4.1: dort werden auch die einzelnen Größen weiter erläutert) beschrieben:

$$I_{Dsat} = -\frac{Z}{2L}\mu_n C_F^{ox}\left(U_G - U_T\right)^2 \tag{1}$$

Spannungsnullpunkt: Substrat, angelegte Spannung = Gatespannung

die Bandaufbiegungen W_{BI} werden stets positiv gerechnet

$$|q|U_a^{FB} = +|q|\Phi_{ms} - \frac{|q|}{\delta \cdot C_F^{ox}}\int_0^d x \cdot \rho_Q(x)dx - \frac{|q|\sigma_{Qf}}{C_F^{ox}} \tag{2}$$

$$\left.\begin{array}{c}\text{p - Halbleiter}\\ \text{(n - Kanal)}\end{array}\right\}: \; |q|U_T = +|q|U_a^{FB} + 2\frac{|q|}{C_F^{ox}}\sqrt{\varepsilon_r(S)\varepsilon_0 W_{BI}\rho_A} + 2W_{BI} \tag{3}$$

$$\left.\begin{array}{c}\text{n - Halbleiter}\\ \text{(p - Kanal)}\end{array}\right\}: \; |q|U_T = +|q|U_a^{FB} - 2\frac{|q|}{C_F^{ox}}\sqrt{\varepsilon_r(S)\varepsilon_0 W_{BI}\rho_D} - 2W_{BI} \tag{4}$$

Die durch die chemische Reaktion gesteuerte elektrische Größe ist dabei in vielen Fällen die Gatespannung U_G, welche durch die EMK der Ladungsdoppelschicht beeinflußt wird. Alternativ dazu können sich aber auch andere Größen, wie die Flachbandspannung U_a^{FB} ändern, die ihrerseits nach (2) von einer Anzahl von Werkstoffparametern (Arbeitsfunktionen, Oxid- und Grenzflächenladungen u.a.) beeinflußt wird. Alle diese Größen hängen empfindlich von den Randbedingungen der chemischen Reaktion und dem Zustand und Reinheitsgrad des Systems Gatemetall-Gateoxid-Halbleiteroberfläche ab.

Aus der empfindlichen Abhängigkeit von vielen – in ihrer Auswirkung sehr unterschiedlichen – Werkstoffgrößen ergibt sich auch die grundsätzliche Schwierigkeit der CHEMFETs: Der Zustand des Systems ändert sich stark mit dem Kontaminationsgrad, der in den meisten Fällen schwer zu kontrollieren ist, da der einstellbare Temperaturbereich aufgrund der Anwesenheit von Flüssigkeiten oder durch den technologischen Aufbau der Sensoren stark eingeschränkt ist. Die Sensorkennlinien sind daher in vielen Fällen wenig langzeitstabil: Häufig verlieren die Sensoren nach einiger Zeit ihre Empfindlichkeit. Darüber hinaus erfordert die Einführung passiver miniaturisierter Referenzsysteme (Bild 8.6-3) eine zusätzliche Materialoptimierung.

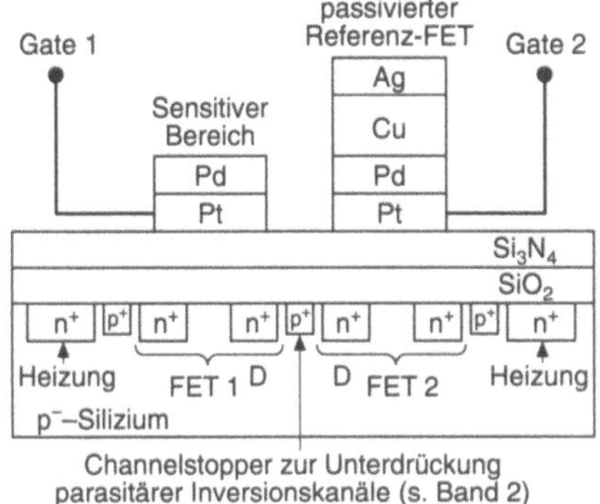

Bild 8.6-3:   CHEMFET mit einem chemisch passiviertem Referenzsystem, in welches das Meßgas nicht eindringen kann (nach [1.1]).

Eine Reihe von Variationsmöglichkeiten ergibt sich für die Einkopplung der potentialbildenden Prozesse durch chemisch reagierende Substanzen in die Halbleiteroberfläche. Hierfür können z.B. poröse Gatemetallschichten oder spezielle Gatekonstruktionen verwendet werden wie in Bild 8.6-4.

Auf dem Gebiet der chemisch sensitiven Halbleiterbauelemente werden zur Zeit noch umfangreiche Forschungsarbeiten durchgeführt mit den Zielsetzungen:

– Entwicklung neuer Systeme und Werkstoffkombinationen mit höherer Stabilität und geringerer Anfälligkeit gegenüber Kontamination und Desensibilisierung (z.B. durch Einführung von Schutz- und chemischen Sperrschichten)

– Begünstigung vorbestimmter chemischer Reaktionen durch Katalysatorzusätze

– Entwicklung von Sensoren mit einer (lokalen) Aufheizung, um bestimmte chemische Reaktionen zu fördern

– Entwicklung "intelligenter" Sensoren, die aufgrund einer integrierten Datenverarbeitung die ermittelten Daten besser auswerten können

– Entwicklung von Sensorarrays, d.h. einer Vielzahl gleichzeitig betriebener chemischer Sensoren mit bevorzugter Empfindlichkeit für bestimmte Reaktionen.

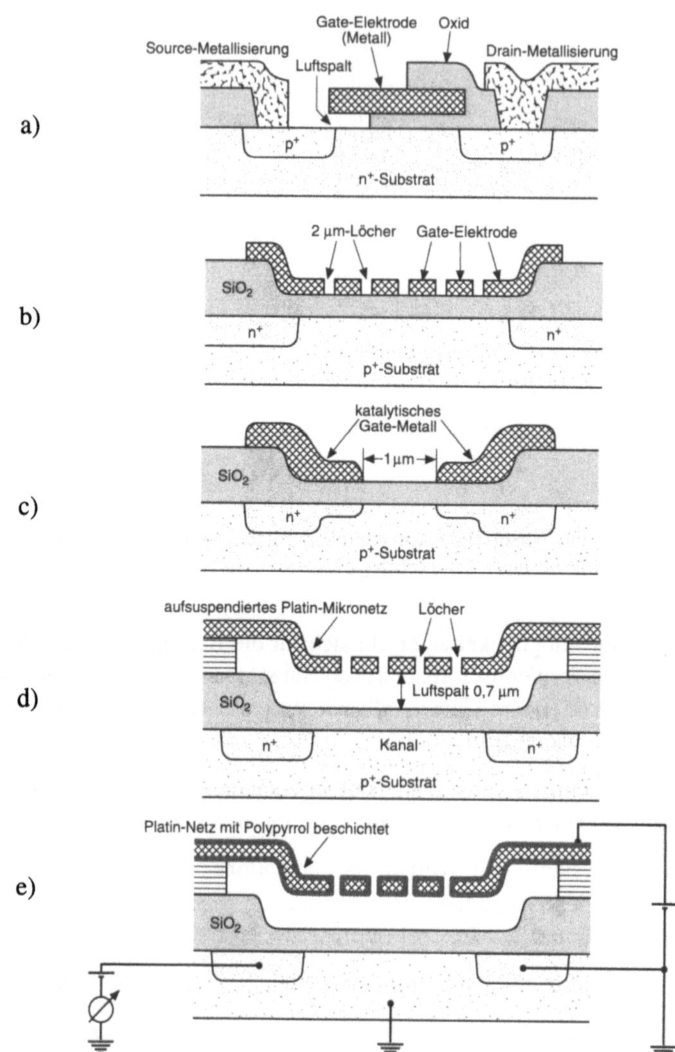

Bild 8.6-4: Gatemetallisierte CHEMFETs: Die Einkopplung elektronischer Steuergrößen durch chemisch reagierende Substanzen an das Metall-Isolator-Halbleiter(MIS)-System wird durch spezielle Gatekonstruktionen gefördert (nach [1.1])

a) surface-accessible GASFET mit Adsorption am metallischen Gate

b) perforiertes Gate

c) split gate

d) aufsuspendiertes Platin-Mikronetz

e) Beispiel eines Sensors für aliphatische Alkohole:
Ein Platin-Mikronetz wird mit Polypyrrol (elektrisch leitfähig) beschichtet.

Anhang A
Dimensionen und Formelzeichen

SI-Einheiten

Als Dimensionen werden die vom International System of Units (SI) zugelassenen verwendet:

Länge	m (Meter)
Masse	kg (Kilogramm)
Zeit	s oder sec (Sekunde)
elektrischer Strom	A (Ampere)
thermodynamische Temperatur	K (Kelvin)
Materialmenge	Mol
Lichtintensität	cd (Candela)

Für die Energie ergibt sich die zusammengesetzte Einheit:

$$1 \text{ J (Joule)} = 1 \text{ N·m} = 1 \text{ kg·m}^2/\text{s}^2 = 1 \text{ W·s}$$

mit der zusammengesetzten Einheit für die Kraft:

$$1 \text{ N (Newton)} = 1 \text{ kg·m/s}^2$$

Wegen der speziellen Bedeutung in der Physik und Elektrotechnik ist weiterhin als Dimension für die Energie zugelassen:

eV (Elektronenvolt), wobei gilt:

$$1 \text{ J} = 6{,}2421 \cdot 10^{18} \text{eV}, \quad 1 \text{ eV} = 1{,}602 \cdot 10^{-19} \text{ J}$$

Die Temperaturangabe kann in °C (Grad Celsius) erfolgen, wobei gilt:

$$1°\text{C} = 1\text{K} + 273{,}2\text{K}$$

Auf dem Gebiet der Halbleiterphysik erfolgt in der älteren Literatur häufig noch eine Längenangabe in cm (Zentimeter).

Weiterhin werden die folgenden zusammengesetzten Größen verwendet:

Leistung	$1\ \text{W (Watt)} = 1\ \text{J/s} = 1\ \text{V·A}$
elektrische Spannung	$1\ \text{V (Volt)} = 1\ \text{W/A}$
elektrische Ladung	$1\ \text{C (Coulomb)} = 1\ \text{A·s}$
Kapazität	$1\ \text{F (Farad)} = 1\ \text{C/V}$
mechanische Spannung	$1\ \text{Pa} = 1\ \text{N/m}^2$
magnetischer Fluß	$1\ \text{Wb (Weber)} = 1\ \text{V·s}$
magnetische Induktionsflußdichte	$1\ \text{T (Tesla)} = /\ 1\ \text{V·s/m}^2$

Präfixe:

Multiplikationsfaktor	Präfix	Symbol
10^{18}	exa	E
10^{15}	peta	P
10^{12}	tera	T
10^{9}	giga	G
10^{6}	mega	M
10^{3}	kilo	k
10^{2}	hecto	h
10	deka	da
10^{-1}	dezi	d
10^{-2}	centi	c
10^{-3}	milli	m
10^{-6}	mikro	μ
10^{-9}	nano	n
10^{-12}	pico	p
10^{-15}	femto	f
10^{-18}	atto	a

Beispiel:

$$1\ \text{MPa} = 10^6\ \text{N/m}^2 = 1\ \text{N/mm}^2$$

Mit der Erdbeschleunigung $g = 9{,}81\ \text{m/s}^2$ gilt:

$$9{,}81\ \text{MPa} = 1\ \text{g·kg/mm}^2 = 1\text{kp/mm}^2 = 100\ \text{at}$$

(kp ist die früher verwendete Krafteinheit Kilopond, at die technische Atmosphäre als Druckeinheit). In der angelsächsischen Fachliteratur wird auch noch die Einheit psi (pound per square inch) verwendet:

$$1000 \text{ psi} = 6{,}89 \text{ MPa}$$

Früher verwendete Dimensionen :

Länge	1 A (Angström) $= 10^{-10}$m
	1 Lichtjahr $= 9{,}461 \cdot 10^{15}$m
	1 mil (tausendestel Inch) $= 2{,}54 \cdot 10^{-5}$m
Kraft	1 kp $= 1$kg$\cdot 9{,}81$ m/s$^2 = 9{,}81$ N
	1 dyn $= 10^{-5}$N
Druck	1 atm (Atmosphäre) $= 760$ mm Hg $= 760$ Torr
	$= 1{,}033$ kp/cm$^2 = 0{,}1013$ MPa
	1 Torr $= 133{,}3$ Pa
	1 kp/mm$^2 = 9{,}81$ N/mm$^2 = 9{,}81$ MPa
	1 bar $= 0{,}1$ MPa
	1 mbar $= 1$ hPa (Hektopascal)
	1 psi (pound per square inch) $= 6{,}895 \cdot 10^3$Pa
Energie	1 Btu (international) $= 1{,}055 \cdot 10^3$J
	1 erg $= 10^{-7}$J
	1 cal (Kalorie) $= 4{,}185$ J
	1 eV/Atom ≈ 96 kJ/Mol ≈ 23 kcal/Mol
	1 kWh (Kilowattstunde) $= 3{,}6$ MJ
Leistung	1 PS (Pferdestärke) $= 0{,}745$ kW
Viskosität	1 Poise $= 0{,}1$ Pa$\cdot$s
magnetische Feldstärke	1 Oe (Oerstedt) $= 79{,}58$ A/m
magnetische Induktions- flußdichte	1 G (Gauß) $= 10^{-4}$ T

Formelzeichen

Formelzeichen	Dimension	Bedeutung
a	m	Gitterabstand
A	V·s/m	Vektorpotential
$\vec{a}_{(x,y,z)}$	m	Basisvektor im Gitter (in x,y,z-Richtung)
A	m^2	Fläche, Querschnitt
B	m	Breite eines Bauelements
B	1/s = Hz	Bandbreite eines Meßsystems
$B,\vec{B}$	T	magn. Induktionsflußdichte
B	$m^2/eV{\cdot}s$	(thermodyn.) Beweglichkeit
B_n	$m^2/eV\ s$	(thermodyn.) Elektronenbeweglichkeit
B_p	$m^2/eV\ s$	(thermodyn.) Löcherbeweglichkeit
c_{di}	m/s	Wellengeschwindigkeit im Dielektrikum
c_{vac}	m/s	Wellengeschwindigkeit im Vakuum
$c,C_A,..$	$1/m^3$	Volumenkonzentration
C	F	Kapazität
C_F	F/m^2	Kapazität pro Fläche (Flächenkapazität)
C_F^{ox}	F/m^2	Oxidkapazität pro Fläche
C_F^{HL}	F/m^2	Halbleiterkapazität pro Fläche
C_S	F	Sperrschichtkapazität
c_{th}	W s/K	Wärmekapazität
C_g	F	Gehäusekapazität
d	m	Breite, Abstand, Länge
d_n	m	Breite der Raumladungszone in einem n-Halbleiter
d_p	m	Breite der Raumladungszone in einem p-Halbleiter
D	m^2/s	Diffusionskoeffizient
D	$m{\cdot}Hz^{1/2}/W$	(optische) Detektivität, Nachweisvermögen
D_C	m^2/s	Diffusionskoeffizient im Kollektor

D_E	m²/s	Diffusionskoeffizient im Emitter
D_n	m²/s	Diffusionskoeffizient für Elektronen
D_p	m²/s	Diffusionskoeffizient für Löcher
$D, \vec{D}$	A·s/m²	dielektrische Verschiebungsdichte
D_{ik}	Pa	Komponenten des Tensors der piezoresistiven Moduln
d_{ik}	A·s/N	Komponenten des Tensors der piezoelektrischen Koeffizienten
E	Pa	Elastizitätsmodul
$E, \vec{E}$	V/m	elektrische Feldstärke
E_a	V/m	von außen meßbare oder von außen angelegte elektrische Feldstärke ($=-\Delta W_F/|q|$)
$E_{br}, \vec{E}_{br}$	V/m	Durchbruchfeldstärke
E_H	V/m	Hall-Feldstärke
$E_{max}, \vec{E}_{max}$	V/m	Maximalfeldstärke (in einer Raumladungszone)
f	1/s	Frequenz
$f_{FD}(W_n)$	1	Fermi-Dirac-Funktion (Besetzungswahrscheinlichkeit des Zustandes W_n)
$f_R(W_n)$	1	Boltzmann-Funktion (Besetzungswahrscheinlichkeit des Zustandes W_n in Boltzmann-Näherung)
f_D	1	Besetzungswahrscheinlichkeit für Donatoren
f_A	1	Besetzungswahrscheinlichkeit für Akzeptoren
F	N	Kraft
F	dB	Rauschmaß
$F^{(i)}$	eV	freie Energie
F_{abs}	g/m³	absolute Feuchte
F_{sat}	g/m³	Sättigungsfeuchte
F_{rel}'	%	relative Feuchte
$\vec{F}_{chem}$	N	chemische Kraft auf ein Teilchen
G	1/m³s	Erzeugungs- oder Generationsrate

Symbol	Dimension	Bedeutung
G	eV	freie Enthalpie
G	unterschiedlich	Meßgröße eines Sensors
G_n	$1/m^3s$	Erzeugungs- oder Generationsrate von Elektronen
$G_{\Delta Q}$	$1/m^3s$	thermische Erzeugungs- oder Generationsrate
G_{phot}	$1/m^3s$	Erzeugungs- oder Generationsrate von Photonen
G_{th}	$J/s \cdot K$	Wärmeableitungskoeffizient
g_D	$1/\Omega$	Kanalleitwert
g_m	$1/\Omega$	Querleitfähigkeit, Steilheit
h_{ik}	unterschiedlich	Vierpolparameter in Hybriddarstellung
$H, \vec{H}$	A/m	magnetische Feldstärke
$H_c, \vec{H}_c$	A/m	Koerzitivkraft
I_R	A	Rauschstrom
I	A	elektrischer Strom
I_A	A	Anodenstrom
I_E	A	Emitterstrom
I_B	A	Basisstrom
I_C	A	Kollektorstrom
I_D	A	Drainstrom
I_{Dsat}	A	Sättigungs-Drainstrom
I_g	A	Gatestrom
I_K	A	Kathodenstrom
I_L	A	optisch erzeugter Strom
I_n	A	Elektronenstrom
I_p	A	Löcherstrom
I_p	A	Abschnürstrom
I_{sens}	A	Sensorstrom
j	A/m^2	elektrische Gesamtstromdichte
j_{hv}	eV/m^2s	Strahlungs-Energiestromdichte

j_n	A/m^2	elektrische Stromdichte für *Elektronen*
j_p	A/m^2	elektrische Stromdichte für *Löcher*
j_s	A/m^2	Sättigungsstromdichte
j_B	A/m^2	Basisstromdichte
j_C	A/m^2	Kollektorstromdichte
j_E	A/m^2	Emitterstromdichte
j^T	1/m^{2}s	*Teilchen*stromdichte
j_n^T	1/m^{2}s	*Teilchen*stromdichte für *Elektronen*
j_p^T	1/m^{2}s	*Teilchen*stromdichte für *Löcher*
j_{phot}^T	1/m^{2}s	*Teilchen*stromdichte für *Photonen*
J	T	magnetische Polarisation
k	1	k-Faktor
K_λ	W/m^2·µm	spektrale Strahlungsdichte
L	V·s/A, H	Induktivität
L	m	Kanallänge
L_B	m	Diffusionslänge in der Basis
L_B^*	m	Wechselstrom-Diffusionslänge in der Basis
L_C	m	Diffusionslänge im Kollektor
L_E	m	Diffusionslänge im Emitter
L_n	m	Diffusionslänge für Elektronen
L_p	m	Diffusionslänge für Löcher
L_{phot}	m	Diffusionslänge für Photonen
m	kg	Teilchenmasse
m^*	kg	effektive Masse
M_o	1	Multiplikationsfaktor
n	1	Teilchenzahl,Umdrehungszahl, Brechungsindex
n	—	n-leitender (mit Donatoren dotierter) Halbleiter
n^+	—	stark n-dotierter Halbleiter

n^-	—	schwach n-dotierter Halbleiter
n, n_A	1	Molzahl
N	W	äquivalente Rauschleistung (**n**oise **e**quivalent **p**ower)
N	1	Teilchenzahl
$N = N^{(3)}(k \text{ oder } W)$	1	(relative) Zustandsdichte: Anzahl der Zustände *pro Volumen* für den dreidimensionaler Potentialkasten, bezogen auf die Wellenzahl k oder Energie W
N_L	m^{-3}	effektive Zustandsdichte (des Leitungsbandes) oder Quantenkonzentration (im Leitungsband)
N_V	m^{-3}	effektive Zustandsdichte (des Valenzbandes) oder Quantenkonzentration (im Valenzband)
p	Pa	Druck
p	$A \cdot s/m^2 K$	pyroelektrischer Koeffizient
p	kg m/s	Teilchenimpuls
p	—	p-leitender (mit Akzeptoren dotierter) Halbleiter
$p(X)$	Pa	Partialdruck des Stoffes X
p^+	—	stark p-dotierter Halbleiter
p^-	—	schwach p-dotierter Halbleiter
p_i	bel.	Systemparameter
$P, \vec{P}$	$A \cdot s/m^2$	elektrische Polarisation
P	W	Leistung
Q	$A \cdot s$	elektrische Ladung
Q	1	thermodynamische Zustandssumme
Q_B	$1/m^2$	Gummelzahl der Basis
Q_B	$A \cdot s$	Ladung in der Basis
Q_L	$A \cdot s$	optisch erzeugte Ladung
r	m^3/s	Übergangswahrscheinlichkeit
r_b	Ω	Basiswiderstand
r_c	Ω	Kollektorwiderstand
r_d	Ω	differentieller Widerstand

r_e	Ω	differentieller Eingangswiderstand
r_e	Ω	Emitterwiderstand
R	Ω	elektrischer Widerstand
R	$1/m^3s$	Rekombinationsrate
R_H	$m^3/A{\cdot}s$	Hallkoeffizient
R_L	Ω	Lastwiderstand
R_λ^I	A/W	spektrale Empfindlichkeit bzgl. des Sensorstroms
R_λ^U	V/W	spektrale Empfindlichkeit bzgl. der Sensorspannung
R_s	Ω	Serienwiderstand
R_T	Ω	temperaturabhängiger Widerstand
R_{th}	K/W	Wärmewiderstand
$R_{th\,j\text{-}a}$	K/W	Wärmewiderstand zwischen Halbleiterübergang und Umgebung
R_p	Ω	parasitärer Parallelwiderstand
S	eV/K	Entropie
S	m^2	(katalytisch aktive) Oberfläche
S_n	eV/K	Entropie *pro Elektron*
S_p	eV/K	Entropie *pro Loch*
S_r	m/s	Oberflächen-Rekombinationsgeschwindigkeit
t	s	Zeit
t_{tr}	s	Transitzeit (Laufzeit von Ladungsträgern durch ein Bauelement
T	K,°C	Temperatur
T_C	K,°C	Curie-Temperatur
T_{ref}	K,°C	Referenztemperatur
T_u	K,°C	Umgebungstemperatur
TK_i, TC_i	K^{-1}	Temperaturkoeffizient der Größe i
u_R	V	Rauschspannung
U	V	elektrische Spannung

U	$1/\mathrm{m}^3\,\mathrm{s}$	Rekombinationsrate
$U_a^{(i)}$	V	angelegte äußere elektrische Spannung oder von außen meßbare Spannung (EMK) im System i
U_B	1	Betriebsspannung
U_a^{FB}	V	angelegte äußere elektrische Spannung zur Einstellung des Flachbandzustandes
U_a^{br}	V	angelegte äußere elektrische Spannung beim Durchbruch des pn-Übergangs
U_{EB}	V	Spannung zwischen Emitter und Basis
U_{CE}	V	Spannung zwischen Kollektor und Emitter
U_{CB}	V	Spannung zwischen Kollektor und Basis
$U_D = U_{DS}$	V	Drain-Spannung relativ zur Source-Elektrode
$U_G = U_{GS}$	V	Gate-Spannung relativ zur Source-Elektrode
U_G^{FB}	V	Gate-Spannung im Flachbandfall
U_p	V	Abschnürpannung
U_S	V	Substratspannung
U_s	$1/\mathrm{m}^2\mathrm{s}$	Oberflächen-Rekombinationsrate
U_{sens}	V	Sensorspannung
U_T	V	Einsatzspannung
$U_{th}, \Delta U_{th}$	V	thermische Spannung
v	m/s	Teilchengeschwindigkeit
v_D	m/s	Driftgeschwindigkeit
v_{Dn}	m/s	Driftgeschwindigkeit für Elektronen
v_{Dp}	m/s	Driftgeschwindigkeit für Löcher
v_g	m/s	Gruppengeschwindigkeit
v_n	m/s	Elektronengeschwindigkeit
v_p	m/s	Löchergeschwindigkeit
v^{th}	m/s	thermische Geschwindigkeit
v_x^+	m/s	Teilchengeschwindigkeit in Richtung der pos. x-Achse
V, Vol	m^3	Volumen
$W^{(i)}$	eV	*gesamte* Energie (des Systems i)

W^{kr}	eV	Kristallenergie pro Teilchen
W^{feld}	eV	Feldenergie pro Teilchen
W_A	eV	Energie eines Akzeptorniveaus
W_B	eV	Energiebarriere
W_B^o	eV	Energiebarriere im thermischen Gleichgewicht (eingebaute Energiebarriere)
W_{BI}	eV	Kenngröße bei MIS-Übergängen, $|W_{Fo}\text{-}W_i|$
W_{Bn}	eV	Bandaufbiegung in einem n-Halbleiter
W_{Bp}	eV	Bandaufbiegung in einem p-Halbleiter
W_D	eV	Energie eines Donatorniveaus
W_{diff}	eV	Aktivierungsenergie für den Diffusionsprozeß
W_F	eV	Fermienergie = chemisches Potential von Elektronen
W_{Fo}	eV	Fermienergie im thermischen Gleichgewicht
W_F^B	eV	Fermienergie am Ort der Barriere
W_F^{nL}	eV	Fermienergie von Elektronen im Leitungsband
W_F^{nV}	eV	Fermienergie von Löchern im Valenzband in der Energieskala für *Elektronen*
W_F^n	eV	Fermienergie im n-Halbleiter
W_F^p	eV	Fermienergie im p-Halbleiter
W_g	eV	Bandabstand
$W_n^{(i)}$	eV	(differentielle) Energie *pro Teilchen* (Elektronen, im System *i*)
W_p	eV	(differentielle) Energie *pro Teilchen* (Löcher)
W_i	eV	Energie der Bandmitte zw. Valenz- und Leitungsband
W_{kin}^{gi}	eV	gesamte kinetische Energie *pro System i*
$W_{kin,n}$	eV	kinetische Energie *pro Teilchen;* abgekürzte Schreibweise: W_{kin}
$W_{kin,n}^{(x,y,z)}$	eV	kinetische Energie *pro Teilchen* (in x,y,z-Richtung); abgekürzte Schreibweise: $W_{kin}^{(x,y,z)}$
$W_L\text{=}W_{pot,n}$	eV	potentielle Energie *pro Teilchen;*Energie der Leitungsbandkante abgekürzte Schreibweise: W_{pot}

W_{Lo}	eV	Energie der Leitungsbandkante im thermischen Gleichgewicht
W_V	eV	Energie der Valenzbandkante
W_{Vo}	eV	Energie d. Valenzbandkante im therm. Gleichgewicht
W_{vak}	eV	Vakuumenergie
$x, y, z, \vec{r}$	m	Länge, Ort
x_B	m	Ort einer Barriere
x_n	m	Breite der Raumladungszone in einem n-Halbleiter
x_p	m	Breite der Raumladungszone in einem p-Halbleiter
y_{ik}	$1/\Omega$	Vierpolparameter in Leitwertdarstellung
α	1	Wechselstrom-α-Stromverstärkung
α_n	1/m	Ionisationsrate für Elektronen
α_o	1	Gleichstrom-α-Stromverstärkung
α_p	1/m	Ionisationsrate für Löcher
α_T	1	Transportfaktor
$\alpha_s^{\,n}$	V/K	Seebeck-Koeffizient für Elektronen
$\alpha_s^{\,p}$	V/K	Seebeck-Koeffizient für Löcher
$\alpha_s^{\,(i)}$	V/K	Seebeck-Koeffizient für das System i
α_T^*	1	Wechselstrom-Transportfaktor
$\alpha_{\Delta Q}$	W/m²·K	Wärmeübergangszahl
β_o	1	Gleichstrom-β-Stromverstärkung
β	1	Wechselstrom-β-Stromverstärkung
γ	1	Emitterwirkungsgrad
Δ		Inkrement
Δ		Laplace-Operator
δ	m	Oxiddicke
ε_{ik}	1	Element des Verzerrungstensors
ε_r	1	relative Dielektrizitätskonstante
η	%	Quantenausbeute, Quantenwirkungsgrad

η_{geom}	%	geometrisch bestimmter Quantenwirkungsgrad
λ	A·s/m²K	pyroelektrischer Koeffizient
Λ	m	mittlere freie Weglänge
λ_s	1	Sättigungs-Magnetostriktionskoeffizient
μ^i	eV	chemisches Potential des Systems i
μ_H	m²/V·s	Hallbeweglichkeit
μ_n	m²/V·s	(elektrische) Elektronenbeweglichkeit
μ_p	m²/V·s	(elektrische) Löcherbeweglichkeit
μ_X	eV	chemisches Potential des Stoffes X
v	1/s	optische Frequenz
$\dot{\varphi}$	V	elektrisches Potential
Φ_m	V	Arbeitsfunktion im Metall
Φ_s	V	Arbeitsfunktion im Halbleiter
Φ_{ms}	V	Differenz der Arbeitsfunktionen von Metall und Halbleiter
χ	V	Elektronenaffinität
π_{ik}	1/Pa	Elemente des Tensors der piezoresistiven Koeffizienten
π_l	1/Pa	longitudinaler piezoresistiver Koeffizient
π_t	1/Pa	transversaler piezoresistiver Koeffizient
ρ	1/m³	*Volumen*dichte (Menge pro Volumen)
ρ_A	1/m³	Akzeptorendichte pro Volumen
ρ_A^E	1/m³	Akzeptorendichte im Emitter
ρ_D	1/m³	Donatorendichte pro Volumen
ρ_{eff}	1/m³	effektive Ladungsträgerdichte
ρ_D^B	1/m³	Donatorendichte in der Basis
ρ_i	1/m³	intrinsische Ladungsträgerdichte

ρ_n	$1/m^3$	Teilchen-, Elektronendichte pro Volumen
ρ_{no}	$1/m^3$	Teilchen-, Elektronendichte pro Volumen im therm. Gleichgewicht
ρ_n^n	$1/m^3$	Elektronendichte in der Raumladungszone eines n-Halbleiters
ρ_n^{no}	$1/m^3$	Elektronendichte (= Donatorkonzentration) außerhalb der Raumladungszone eines n-Halbleiters
ρ_n^p	$1/m^3$	Elektronendichte in der Raumladungszone eines p-Halbleiters
ρ_n^{po}	$1/m^3$	Elektronendichte außerhalb der Raumladungszone eines p-Halbleiters
ρ_n^{Co}	$1/m^3$	Elektronendichte im Kollektor im therm. Gleichgewicht
ρ_n^{Eo}	$1/m^3$	Elektronendichte im Emitter im therm. Gleichgewicht
ρ_p	$1/m^3$	Löcherdichte im Volumen
ρ_{po}	$1/m^3$	Löcherdichte im Volumen im therm. Gleichgewicht
ρ_{phot}	$1/m^3$	Photonendichte im Volumen
ρ_p^n	$1/m^3$	Löcherdichte in der Raumladungszone eines n-Halbleiters
ρ_p^{no}	$1/m^3$	Löcherdichte außerhalb der Raumladungszone eines n-Halbleiters
ρ_p^B	$1/m^3$	Löcherdichte in der Basis
ρ_p^{Bo}	$1/m^3$	Löcherdichte in der Basis im therm. Gleichgewicht
ρ_Q	$A\ s/m^3$	Volumen-Ladungsdichte
ρ_{sp}	$\Omega\ m$	spezifischer Widerstand
ρ_T	$1/m^3$	Volumen-Störstellendichte
σ	$1/m^2$	*Flächen*dichte (Menge pro Fläche)
σ	N	mechanischer Druck oder Zug
σ_e	$1/\Omega\ m$	Elektronische Leitfähigkeit

σ_{hv}	eV/m^2	*Flächen*dichte der Photonenenergie
σ_{ik}	N	Element des Spannungstensors
σ_{ion}	$1/\Omega\,m$	ionische Leitfähigkeit
σ_n	$1/\Omega\,m$	spezifische Leitfähigkeit für Elektronen
σ_{opt}^{WQ}	m^2	Wirkungsquerschnitt für den Photoneneinfang
σ_p	$1/\Omega\,m$	spezifische Leitfähigkeit für Löcher
σ_P	W/m^2	*Flächen*dichte der Strahlungsleistung
σ_Q	$A\,s/m^2$	Flächen-Ladungsdichte
σ_{Qn}	$A\,s/m^2$	Elektronen-Flächen-Ladungsdichte
σ_{Qp}	$A\,s/m^2$	Löcher-Flächen-Ladungsdichte
$\sigma_Q{}^B$	$A\,s/m^2$	Flächen-Ladungsdichte in der Basis
σ_{QG}, σ_{Qf}	$A\,s/m^2$	Grenzflächen-Ladungsdichte
σ_{QI}	$A\,s/m^2$	Flächen-Ladungsdichte im Oxid
σ_{Qm}	$A\,s/m^2$	Flächen-Ladungsdichte im Metall
σ_Q^{sp}	$A\,s/m^2$	gespeicherte Flächen-Ladungsdichte
σ_{rek}^{WQ}	m^2	Wirkungsquerschnitt für die Rekombination
σ_{sp}	$1/\Omega m$	spezifische Leitfähigkeit
σ_{sp}^{ik}	$1/\Omega m$	Element des Tensors der spezifische Leitfähigkeit
τ	s	Relaxationszeit, Abklingzeit, Lebensdauer
τ^*	s	Wechselstrom-Lebensdauer
τ_d	s	dielektrische Relaxationszeit
τ_g	s	Generations-Lebensdauer
τ_{lB}	s	Laufzeit in der Basis
τ_n	s	Minoritätsträgerlebensdauer für Elektronen
τ_p	s	Minoritätsträgerlebensdauer für Löcher

τ_{phot}	s	Photonenlebendauer für Löcher
τ_r	s	Rekombinations-Lebensdauer
τ_s	s	Speicherzeit
τ_{th}	s	thermische Zeitkonstante
ω	1/s	Kreisfrequenz
$<\tau>$	s	mittlere Stoßzeit
$<a>$	—	Mittelwert der Größe a

$$\text{Nabla - Operator:} \quad \nabla a = \begin{pmatrix} \dfrac{\partial a}{\partial x} \\ \dfrac{\partial a}{\partial y} \\ \dfrac{\partial a}{\partial z} \end{pmatrix}$$

$$\text{Laplace - Operator:} \quad \Delta a = \nabla^2 a = \frac{\partial^2 a}{\partial x^2} + \frac{\partial^2 a}{\partial y^2} + \frac{\partial^2 a}{\partial z^2}$$

Andere Verwendung von Δ: Inkrement (z.B. ist ΔQ die Zunahme der Wärme)

Doppelpunkt: $a: = b$ bedeutet, daß a durch die bekannte Größe b definiert wird.

Anhang B
Naturkonstanten

Loschmidt-Zahl	L	$6{,}022 \cdot 10^{23}/\text{mol}$
Boltzmannkonstante	k	$1{,}381 \cdot 10^{-23}\,\text{W·s/K} = 8{,}62034 \cdot 10^{-5}\ \text{eV/K}$
Ladung des Elektrons	$|q|$	$1{,}602 \cdot 10^{-19}\,\text{A·s}$
Ruhemasse des freien Elektrons	m_o	$9{,}108 \cdot 10^{-31}\,\text{kg}$
Influenzkonstante	ε_o	$8{,}854 \cdot 10^{-12}\,\text{A·s/(V·m)}$
Lichtgeschwindigkeit	c	$2{,}998 \cdot 10^{8}\,\text{m/s}$
Plancksches Wirkungsquantum	h	$6{,}626 \cdot 10^{-34}\ \text{W·s}^2 = 4{,}13539 \cdot 10^{-15}\,\text{eV·s}$

Zusammengesetzte Größen:

$$\varepsilon_\text{o}/|q| \qquad 5{,}5268\ 10^{7}/(\text{V·m})$$

$$kT \text{ bei Raumtemperatur } (T = 300\ \text{K}) \qquad 25{,}861 \cdot 10^{-3}\,\text{eV} = 25{,}861 \cdot \text{meV}$$

$$|q|/m_\text{o} \qquad 1{,}758 \cdot 10^{11}\ \text{A·s/kg} = 1{,}758 \cdot 10^{11}\ \text{m}^2/(\text{s}^2 \cdot \text{V})$$

$$\Rightarrow \sqrt{\frac{1\text{eV}}{m_\text{o}}} = 4{,}19 \cdot 10^{5}\ \frac{\text{m}}{\text{s}} \tag{1}$$

Eigenschaften von idealen Gasteilchen bei Raumtemperatur:

Thermische Energie:
$$W_{th} = \frac{3}{2} kT\big|_{T=300\text{K}} = 38{,}791\,\text{eV} \tag{2}$$

Thermische Geschwindigkeit:
$$v_{th} \underset{W_{th}=\frac{3}{2}kT|_{T=300\text{K}}=\frac{m_\text{o}}{2}v_{th}^{\,2}}{=} \sqrt{\frac{3kT\big|_{T=300\text{K}}}{m_\text{o}}} = 1{,}167 \cdot 10^{5}\ \frac{\text{m}}{\text{s}} \tag{3}$$

Thermischer Impuls:
$$p_{th} = m_\text{o} v_{th} = \sqrt{3kT\big|_{T=300\text{K}} \cdot m_\text{o}} \tag{4}$$

Anhang C
Sensorspezifische Themenkreise

Anhang C 1: Elektromotorische Kraft

Auf die grundsätzliche Bedeutung von elektrischen Ladungsdoppel- und Dipolschichten bei der Einstellung des thermischen Gleichgewichts in Systemen mit beweglichen elektrisch geladenen Teilchen wurde bereits in Band 1, Abschnitt 2.8.2
hingewiesen. Dieses Prinzip kann verallgemeinert werden zur der Aussage:

**Werden zwei Systeme aus elektrisch geladenen Teilchen (Elektronen oder Io-
nen) durch eine elektrische *Ladungsdoppel-* oder *Dipolschicht* (definiert durch
eine Verteilung von gegenüberliegenden entgegengesetzt gepolten Netto[inner-
halb der Ladungsverteilung überwiegen jeweils die positiven oder negativen La-
dungen]-Flächenladungen) voneinander getrennt, dann bewirkt eine *Veränderung der Ladungen* auf beiden Seiten der Schicht eine *Verschiebung der Fermienergien* der Systeme gegeneinander.**

**Durch die Ladungsdoppelschicht können zwei ursprünglich nicht im Gleichge-
wicht befindlichen Systeme (mit unterschiedlichen Fermienergien) in ein
Gleichgewicht (mit gleichen Fermienergien) gebracht werden. Alternativ dazu
kann ein System aus dem Gleichgewichtszustand in einen Nichtgleichgewichtszustand mit unterschiedlichen Fermienergien überführt werden, wenn es gelingt, durch einen äußeren Einfluß die Ladung der Dipolschicht zu verändern.**
Hieraus kann eines der allgemeinen Prinzipien zur Generation einer elektromotorischen Kraft (EMK = Differenz ΔW_F der Fermienergien bei gleicher Temperatur,
häufig auch definiert als Spannung $-\Delta W_F/|q|$), d.h. für die Herstellung stromerzeu-
gender Bauelemente (**Energiezellen** mit optischer, thermischer, mechanischer und
chemischer Energieerzeugung), abgeleitet werden. Beispiele hierfür sind die Solar-
zellen, piezo- und pyroelektrische Energiezellen, Bleiakkumulatoren und viele andere.

Die oben beschriebene allgemeine Aussage läßt sich leicht beweisen: Sie ist eine
Konsequenz des spezifischen Verlaufs der elektrischen Feldstärke $\vec{E}$ und des elektrischen Potentials φ (bzw. der potentiellen Energie $W_n^{feld} = Q \cdot \varphi$ für eine Teilchenla-
dung Q) an einer Ladungsdoppelschicht. Hierfür muß die **Poissongleichung** (eine
der Maxwell'schen Differentialgleichungen, s. Band 1, Abschnitt 6.4; Band 11, Abschnitte 1 und 2) gelöst werden, welche die allgemeingültige Beziehung zwischen
räumlicher Ladungsdichte und elektrischem Feld beschreibt:

$$\nabla\left(\varepsilon_r(\vec{r})\varepsilon_o\vec{E}(\vec{r})\right)=\rho_Q(\vec{r}) \tag{1}$$

oder in eindimensionaler Form

$$\frac{\partial}{\partial x}\left(\varepsilon_r(x)\varepsilon_o E_x(x)\right)=\rho_Q(x) \tag{2}$$

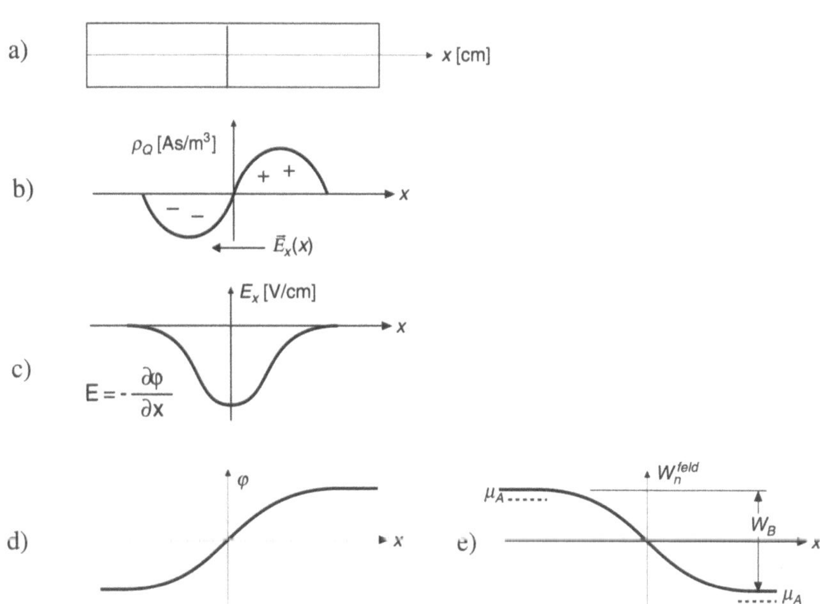

Bild C1-1   Anwendung der Poissongleichung auf einen Stab mit konstantem Querschnitt, der eine Ladungsdoppelschicht enthält; alle Eigenschaften (Ladung, Feldstärke, usw.) mögen über den Querschnitt des Stabes konstant sein und sich nur mit x ändern (**eindimensionale** oder **planare Symmetrie**).

a) Aufbau des betrachteten Systems

b) willkürlich angenommene Netto-Raumladungsverteilung (jeweils Summe der am Ort vorhandenen positiven und negativen Raumladungen)

c) dazugehörige Feldverteilung nach Gleichung (2), bestimmt durch graphische Integration. Merkregel: Der Vektor des elektrischen Feldes zeigt immer von der positiven zur negativen Ladung.

d) dazugehöriger Potentialverlauf (graphische Integration). Merkregel: Das elektrostatische Potential ist auf der Seite der positiven Ladung am größten.

e) dazugehöriger Verlauf der potentiellen Energie. Merkregel: Die potentielle Energie ist auf der Seite der negativen Ladung am größten.

Die **Dielektrizitätszahl** ε_r ist eine Werkstoffgröße, die in Band 1, Abschnitt 6, ausführlich diskutiert wird. Bei *homogenen* Werkstoffen ist ε_r ortsunabhängig und kann als Konstante vor das Differential gezogen werden. Die Lösungsfunktionen $\vec{E}(x)$ und $\varphi(x)$ von (2) für beliebig verteilte Ladungsdoppelschichten $\rho_Q(x)$ *mit entgegengesetzt gleich großer Ladungsdichte* haben bei Abwesenheit von äußeren Spannungen und Feldern die folgenden charakteristischen Merkmale (Bild C1-1):

- Im Bereich der Ladungsdoppelschicht entsteht ein (inneres, von außen *nicht* meßbares) elektrisches Feld, das am Ort des Übergangs von der negativen zur positiven (Netto-)Ladung ein Maximum annimmt und außerhalb der Ladungsdoppelschicht auf Null zurückgeht.

- Im Bereich der Ladungsdoppelschicht hat das elektrische Potential, bzw. die potentielle Energie eine Stufen– oder Barrierenform, d.h. sie steigt von einem horizontalen Verlauf *außerhalb* der Ladungsdoppelschicht an und geht nach Durchlaufen der Ladungsdoppelschicht wieder in einen horizontalen Verlauf über (dabei entsteht eine **Potential-** oder **Energiebarriere** der Größe W_B). Die erwähnten Merkmale sind unabhängig von der individuellen Ladungsverteilung in der Ladungsdoppelschicht, diese bestimmen nur den individuellen Verlauf der Feldstärke und der potentiellen Energie (Form der Energiebarriere). In Bild C1-2 sind verschiedene, in der Natur vorkommende Ladungsverteilungen zusammengestellt.

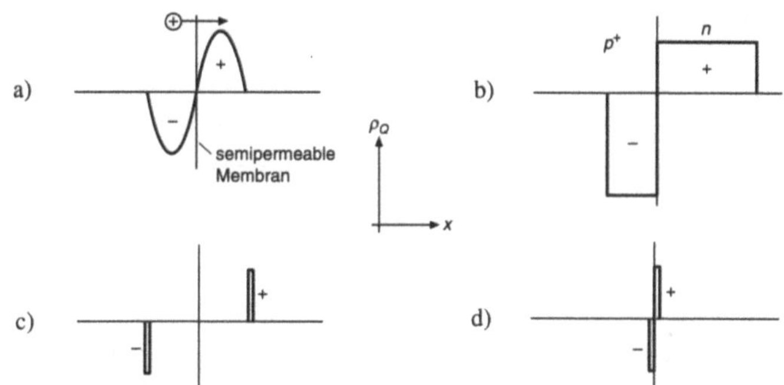

Bild C1-2:   Typische Ladungsverteilungen in Ladungsdoppel- und Dipolschichten.

    a) Bewegliche Ionen an einer Grenzschicht, s. Abschnitt 8.3, oder an einer semipermeablen Membran (Ausgleich eines osmotischen Drucks durch Ladungsdoppelschicht).

    b) p^+n-Übergang (s. Band 1, Abschnitt 2.8.3 und Band 2, Abschnitt 5.2.2).

    c) Durch eine ladungsfreie Zone räumlich voneinander getrennte Flächenladungen (Beispiele: Monopolladungen auf einem Plattenkondensator, s. Band 1, Abschnitt 6.2; Ladungen auf den Kontaktflächen eines pyroelektrischen oder piezoelektrischen Sensors, s. Abschnitte 3.5 und 4.2.1 oder eines elektrochemischen oder Feststoffelektrolyt–Sensors, s. Abschnitt 8.3 und 8.4; permanente Dipolladungen in einem ferroelektrischen Werkstoff, s. Abschnitt 3.3.5).

    d) Räumlich infinitesimal dicht beieinanderliegende Flächenladungen (Kontaktpotential, s. z.B. Halbleiter-Heteroübergang in Band 2, Abschnitt 5.2.3)

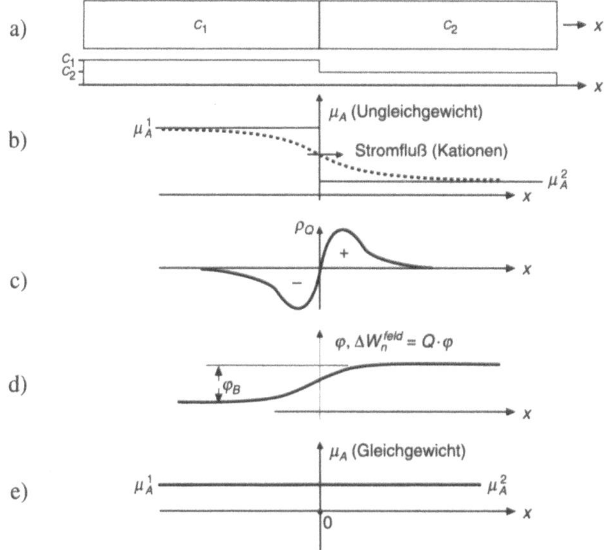

Bild C1-3:   Beispiel für einen Übergang in das thermische Gleichgewicht durch Bildung einer Ladungs-Doppelschicht (vgl. Band 1, Abschnitt 2.8.3). Nur die Ionensorte A (z. B. das Kation mit der positiven Ladung Q) möge beweglich sein, die andere hingegen (nahezu) unbeweglich.

a) Aufbau des Systems mit dem Ortsverlauf der Kationenkonzentration vor dem Diffusionsprozeß

b) Verlauf des chemischen Potentials μ_A *vor* (durchgezogen) und *nach* (gestrichelt) Beginn der Diffusion: Das System befindet sich wegen der unterschiedlichen Größe der chemischen Potentiale **nicht** in einem Gleichgewicht.

c) Raumladung *nach* Einsetzen der Diffusion

d) durch die Raumladung erzeugter Beitrag zum Potential– und Energieverlauf (vgl. Bild C1-1d und e).

e) Die durch die Ladungsdoppelschicht zusätzlich entstandene Anhebung W_B der potentiellen Energie addiert sich (in großem Abstand vom Übergangsbereich bei $x = 0$) zum chemischen Potential nach b). Die Wirkung ist, daß sich die Differenz der chemischen Potentiale zwischen den Bereichen 1 und 2 verkleinert, bis sie schließlich auf Null abnimmt. Damit ist auch die chemische Kraft gleich Null, d.h. es findet kein Teilchentransport mehr statt. Auf diese Weise entsteht mit Hilfe der Ladungsdoppelschicht ein thermisches Gleichgewicht **ohne** einen vollständigen Ausgleich der Teilchenkonzentrationen.

Anschaulich kann dieser Prozeß auch so beschrieben werden, daß zunächst ein Konzentrationsgradient eine Diffusionsbewegung der Kationen von links nach rechts erzeugt, daß sich dann aber aufgrund der elektrischen Ladung der Kationen nach dem Schema von Bild C1-1 ein elektrisches Feld aufbaut, welches eine Feldkraft auf die Ionen erzeugt, die der Diffusionskraft entgegengerichtet ist. Im Gleichgewicht sind beide Kräfte gleich groß, d.h. die chemische Kraft insgesamt gleich Null, bzw. das chemische Potential konstant.

Die Verschiebung der chemischen Potentiale oder Fermienergien (Bezeichnung für die chemischen Potentiale in dem Spezialfall, daß die Teilchen aus Elektronen oder Löchern bestehen) der geladenen Teilchen in den Werkstoffbereichen außerhalb der Ladungsdoppelschicht folgt direkt aus der Definition dieser Größen (Abschnitt 2.1 und Band 1, Abschnitt 2.7.3):

$$\mu_n \ \text{oder} \ W_F = W_n - T \cdot S_n = W_n^{kr} + W_n^{feld} + W_n^{kin} - T \cdot S_n \tag{3}$$

wobei W_n^{kr} den werkstoffbestimmten, W_n^{feld} hingegen den durch innere oder äußere elektrische Felder bestimmten Anteil der potentiellen Energie und W_n^{kin} die kinetische Energie bezeichnen. Eine Energiebarriere W_B wie in Bild C1-1e und C1-3d verschiebt damit (im großen Abstand vom Übergangsbereich) stets die chemischen Potentiale auf beiden Seiten des Ladungsdoppelschicht, W_B hängt ihrerseits von der Größe und der Verteilung der Ladungen in der Doppelschicht ab. Durch diesen Prozeß können zwei wichtige Effekte auftreten:

1. Zwei Werkstoffe mit ursprünglich unterschiedlich großen chemischen Potentialen gehen durch Bildung einer Ladungsdoppelschicht in ein thermisches Gleichgewicht mit gleicher Größe der chemischen Potentiale über (Bild C1-3, s. auch Halbleiterübergänge in Band 2, Abschnitt 5)

2. Durch äußere Einwirkung wird die Größe der Ladung in einer vorhandenen Doppelschicht verändert, entsprechend ändert sich auch die Barrierenhöhe W_B und damit die Lage der chemischen Potentiale, d.h. zwischen den Werkstoffen auf beiden Seiten der Doppelschicht tritt eine Differenz der chemischen Potentiale auf. Diese Differenz entspricht einer **von außen meßbaren elektrischen Spannung**, die als **elektromotorische Kraft (EMK)** bezeichnet wird.

In der Sensorik gibt es eine große Zahl von Beispielen für die Erzeugung einer EMK. Diese kann in speziell optimierten **Bauelementen** auch zur Stromerzeugung eingesetzt werden, die entsprechenden Bauelemente werden dann als **Energiezellen** bezeichnet (in der folgenden Zusammenstellung in Klammern gesetzt):

- durch Änderung der Temperatur: **pyroelektrischer** Effekt (pyroelektrischer Generator)

- durch Änderung mechanischer Spannungen: **piezoelektrischer** Effekt (piezoelektrischer Generator)

- durch Lichtabsorption mit Elektronen–Lochpaarerzeugung: **photovoltaischer** Effekt (Solarzelle)

- durch chemische Wechselwirkung mit Oberflächen: **ionensensitive Elektroden, chemische Reaktionen** (Akkumulator, elektrische Batterie)

- durch reversible Umladung von Ionen, z.B. bei einer **Diffusion durch Feststoffelektrolyten** (Brennstoffzelle)

Ebenfalls eine EMK liefern die folgenden strom*betriebenen* Sensoren (die sich daher *nicht* zur Strom*erzeugung* verwenden lassen)
- magnetogalvanische Sensoren: Halleffekt
- piezoresistive Sensoren: Pseudo- oder verallgemeinerter Halleffekt
- magnetoresistive Sensoren: Pseudo- oder verallgemeinerter Halleffekt

Anhang C2: Verallgemeinerter Halleffekt

Wir gehen aus von einem langgestreckten Stab mit konstantem Querschnitt, der aus einem elektrisch leitfähigen Werkstoff bestehen und an seinen Stirnflächen mit elektrischen Kontakten versehen sein soll (Bild C2-1). Der Stab möge in einem vollständig isolierenden Medium eingebettet sein. Für die Dichte der Ladungsträger (ohne Einschränkung der Allgemeinheit werden Elektronen betrachtet) und die durch den Stab fließende Stromdichte gilt allgemein die Kontinuitätsgleichung (Band 1, Anhang C3, Band 11, Abschnitt 1.1.2):

$$\frac{\partial \rho_n(\vec{r})}{\partial t} = \dot{\rho}_n(\vec{r}) = -\nabla \vec{j}_n^T(\vec{r}) \tag{1}$$

$$\text{mit dem Ortsvektor:} \quad \vec{r} = \begin{pmatrix} x \\ y \\ z \end{pmatrix}$$

Wir wollen uns zunächst auf **stationäre Lösungen** beschränken, bei denen die Zeitabhängigkeit (die linke Seite von (1)) verschwindet, d.h. wir betrachten die Verhältnisse erst nach Abklingen von Einschwingvorgängen nach dem Einsetzen des Stromflusses und erhalten für die Koordinaten x, y und z innerhalb des Stabes:

$$\dot{\rho}_n(\vec{r}) = 0 \Leftrightarrow \nabla \vec{j}_n^T(\vec{r}) = \frac{\partial j_{nx}^T(\vec{r})}{\partial x} + \frac{\partial j_{ny}^T(\vec{r})}{\partial y} + \frac{\partial j_{nz}^T(\vec{r})}{\partial z} = 0 \tag{2}$$

Wir legen die x-Richtung in die Stabachse. In dem umgebenden isolierenden Medium kann kein Strom fließen, so daß dort gilt:

$$\text{außerhalb des Stabes:} \quad j_{nx}^T(\vec{r}) = j_{ny}^T(\vec{r}) = j_{nz}^T(\vec{r}) = 0 \tag{3}$$

Für die Ortsvektoren $\vec{R}$ am Rand des Widerstandsstabes folgt dann für die gewählten Randbedingungen (Ströme in der Querschnittsebene senkrecht zur Stabachse werden bei dieser Betrachtung ausgeschlossen) aus (2) und (3):

$$\text{auf dem Stabrand: } \frac{\partial j_{ny}^{T}\left(\vec{R}\right)}{\partial y} = \frac{\partial j_{nz}^{T}\left(\vec{R}\right)}{\partial z} = 0 \tag{4}$$

Innerhalb des Widerstands gelten die Beziehungen:

$$\text{innerhalb des Stabes: } \begin{cases} j_{ny}^{T}\left(\vec{r}\right) = j_{nz}^{T}\left(\vec{r}\right) = 0 & \text{(a)} \\[2ex] j_{nx}^{T}\left(\vec{r}\right) = \text{const} & \text{(b)} \end{cases} \tag{5}$$

Bild C2-1 veranschaulicht diesen Sachverhalt.

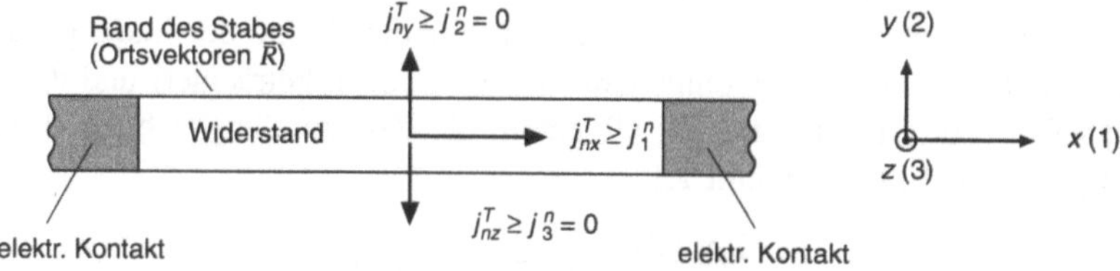

Bild C2-1   Stabförmiger Widerstand mit Stromfluß in x-Richtung innerhalb eines isolierenden Mediums: Da im Isolator kein Strom fließen kann, müssen die Stromdichten
j_{ny}^{T} und j_{nz}^{T} ebenfalls Null sein, da sonst am Rande des Widerstandes ein Gradient dieser Stromdichten auftreten würde (kreisförmige Ströme senkrecht zur
Stabachse werden in diesem Beispiel ausgeschlossen).

Aus den allgemeinen Stromdichtegleichungen(2.2-17) folgt daraus im *isothermen
Fall* ($\nabla T = 0$) für Elektronen

$$j^{T} = \rho_{n} \cdot \vec{v}_{D} \underset{(2.2\text{-}7)}{=} \rho_{n} \cdot \frac{\mu_{n}}{|q|} \cdot \vec{F}_{chem} = \rho_{n} \cdot \frac{\mu_{n}}{|q|} \cdot \left\{ -\nabla W_{F} - S_{n} \cdot \nabla T \right\} \tag{6}$$

$$\underset{\nabla T=0}{\Rightarrow} j_{ny}^{T} = j_{nz}^{T} = 0 = \frac{\partial W_{F}^{nL}\left(\vec{r}\right)}{\partial y} = \frac{\partial W_{F}^{nL}\left(\vec{r}\right)}{\partial z} \tag{7a}$$

$$j_{nx}^{T} = -\rho_{n} \cdot \frac{\mu_{n}}{|q|} \cdot \frac{\partial W_{F}^{nV}}{\partial x} = \text{const} \tag{7b}$$

Mit den Beziehungen (3.2.1-1 und 2) folgt daraus schließlich

$$\begin{cases} j_{ny}^{T} \underset{(7a)}{=} -\rho_n\mu_n E_y - \dfrac{\mu_n kT}{|q|}\dfrac{\partial\rho_n}{\partial y} = 0 \\[3em] j_{nz}^{T} \underset{(7a)}{=} -\rho_n\mu_n E_z - \dfrac{\mu_n kT}{|q|}\dfrac{\partial\rho_n}{\partial z} = 0 \end{cases} \qquad (8)$$

$$j_{nx}^{T} \underset{(7b)}{=} -\rho_n\mu_n E_x - \dfrac{\mu_n kT}{|q|}\dfrac{\partial\rho_n}{\partial x}\bigg|_{\rho_n=\text{const}} = -\rho_n\mu_n E_x \qquad (9)$$

Die Vereinfachung in (9) gilt, wenn wir von einem homogenen Widerstand ausgehen und keine Injektionseffekte betrachten.

Im Gegensatz zu dem bisher betrachteten *endlich ausgedehnten* Widerstand wollen wir im folgenden jetzt den alternativen Fall behandeln, daß der Widerstand in den y- und z-Richtungen *unendlich* ausgedehnt ist (der Widerstand in Bild C2-1 entartet in die Form einer *unendlich ausgedehnten Scheibe*), wobei aber weiterhin über die Kontakte ein elektrisches Feld E_{ax} in x-Richtung angelegt wird. Bei einer *isotropen* (von der Stromflußrichtung im Widerstand unabhängigen) Leitfähigkeit folgt das **ohmsche Gesetz**:

$$j_{nx} = -|q|j_{nx}^{T} = |q|\rho_n\mu_n E_{ax} = \sigma_{sp} E_{ax} \qquad (10)$$

mit der *skalaren* spezifischen elektrischen Leitfähigkeit σ_{sp}. Auch in diesem Fall fließt nur ein Strom in x-Richtung, da in y- und z-Richtung kein Feld anliegt.

Die geschilderten Verhältnisse ändern sich in signifikanter Weise, wenn die Leitfähigkeit *anisotrop* ist, so daß die *skalare* spezifische Leitfähigkeit und die *skalare* Elektronenbeweglichkeit jeweils durch *Tensoren* ersetzt werden müssen. Die lineare Beziehung (10) geht dann über in die Vektorgleichung:

$$\vec{j}_n = \big(\!\big(\sigma^{sp}\big)\!\big)\vec{E}_a = \begin{pmatrix} \sigma_{11}^{sp} & \sigma_{12}^{sp} & \sigma_{13}^{sp} \\ \sigma_{21}^{sp} & \sigma_{22}^{sp} & \sigma_{23}^{sp} \\ \sigma_{31}^{sp} & \sigma_{32}^{sp} & \sigma_{33}^{sp} \end{pmatrix}\begin{pmatrix} E_{a1} \\ E_{a2} \\ E_{a3} \end{pmatrix} = |q|\rho_n\begin{pmatrix} \mu_{11}^{n} & \mu_{12}^{n} & \mu_{13}^{n} \\ \mu_{21}^{n} & \mu_{22}^{n} & \mu_{23}^{n} \\ \mu_{31}^{n} & \mu_{32}^{n} & \mu_{33}^{n} \end{pmatrix}\begin{pmatrix} E_{a1} \\ E_{a2} \\ E_{a3} \end{pmatrix} \qquad (11)$$

wenn wir die x-, y- und z-Richtungen mit den Indizes 1, 2 und 3 bezeichnen (s. Bild C2-1). Auch in dieser Schreibweise ist das isotrope ohmsche Gesetz enthalten: z. B. reduziert sich der Beweglichkeitstensor in diesem Spezialfall einfach auf die Diagonalkomponenten:

$$\vec{j}_n = \begin{pmatrix} j_1^n \\ j_2^n \\ j_3^n \end{pmatrix} = |q|\rho_n \begin{pmatrix} \mu_n & 0 & 0 \\ 0 & \mu_n & 0 \\ 0 & 0 & \mu_n \end{pmatrix} \begin{pmatrix} E_{a1} \\ E_{a2} \\ E_{a3} \end{pmatrix} =: |q|\rho_n\mu_n\,((1))\,\vec{E}_a = |q|\rho_n\mu_n\vec{E}_a \qquad (12)$$

wobei $((1))$ den Einheitstensor beschreibt.

Die Tatsache, daß es bei einer *an*isotropen Leitfähigkeit in (11) außerhalb der Tensordiagonalen Komponenten ungleich Null gibt, hat eine wichtige praktische Konsequenz: Der Stromdichtevektor enthält auch Komponenten senkrecht zur Feldrichtung, d.h. es fließt auch eine Stromkomponente senkrecht zum elektrischen Feld! Legt man das elektrische Feld z.B. in die Richtung 1, dann hat $\vec{E}$ die Komponenten $E_{a1},0,0$. Die Komponente j_n^2 des Stromdichtevektors in Richtung 2 hat im *isotropen* Fall (12) den Wert Null, im *anisotropen* Fall (11) aber den Wert $|q|\rho_n\mu_{21}{}^n E_{a1} \neq 0$. Auf diese Weise lassen sich sukzessiv die Komponenten des Beweglichkeitstensors experimentell bestimmen: μ_{ik}^n ergibt sich durch eine Strommessung in Richtung i bei Anlegen eines elektrischen Feldes in Richtung k. Die gemessenen Werte hängen ab von der Wahl der Richtungen 1, 2 und 3 relativ zu den kristallographischen Achsen des Werkstoffs, sie lassen sich aber für jede Wahl des Koordinatensystems umrechnen nach den Gesetzen der Tensortransformation.

Eine Konsequenz des Auftretens nichtdiagonaler Komponenten im Leitfähigkeits- oder Beweglichkeitstensor bei anisotroper Leitung ist eine *Verdrehung* der Vektoren des elektrischen Feldes $\vec{E}_a$ und des Stromdichtevektors $\vec{j}_n$ gegeneinander (s. Bild C2-2a). In diesem Fall wirkt nämlich der Tensor wie eine Drehmatrix (**Bewegung**): Hat beispielsweise das äußere Feld die Richtung der x-Achse, dann führen die nichtverschwindenden Komponenten des Stromdichtevektors in y- und z-Richtung dazu, daß der Stromdichtevektor einen **Hallwinkel** θ_H (bei Abwesenheit von Magnetfeldern auch als **Pseudo-** oder **unechter Hallwinkel** bezeichnet) relativ zur x-Achse bildet. Bild C2-2a zeigt die Verhältnisse in der xy-Ebene. Der Hallwinkel $\theta_H{}^{xy}$ hat dann die Größe:

$$xy\text{ - Ebene,}\quad \vec{E}_a = \begin{pmatrix} E_{ax} \\ 0 \\ 0 \end{pmatrix}: \quad \tan\theta_H^{xy} = \frac{j_{ny}^T}{j_{nx}^T}\left(\underset{\substack{\text{anisotrope}\\\text{Leitfähigkeit}}}{=} \frac{\sigma_{21}^{sp}}{\sigma_{11}^{sp}} = \frac{\mu_{21}^n}{\mu_{11}^n}\right) \qquad (13)$$

Anisotrope Leitfähigkeiten können werkstoffbedingt permanent vorhanden sein aufgrund einer **Kristallanisotropie**, andererseits können sie aber auch in Werkstoffen aber mit isotroper Leitfähigkeit (bzw. spezifischem Widerstand ρ_{sp}) *induziert* werden durch anisotrope *mechanische Spannungen* (s. Abschnitt 4.1.3) und den Einfluß anderer physikalischer Größen. Auch die Wirkung von Magnetfeldern in elektrischen Leitern, *bei denen die Reibungskraft* (welche die Streuung der Ladungsträger beim Stromtransport beschreibt) *berücksichtigt werden muß*, führt zu einer Verdrehung des Stromdichtevektors und des Vektors der elektrischen Feldstärke gegeneinander (Abschnitt 5.1.1; ausführlich in Band 11, Abschnitt 1.2.3), wodurch der **Hall-Effekt** entsteht. Alle diese Effekte führen zu einem elektrisch sehr ähnlichen Verhalten, nämlich der Entstehung einer *Transversal*spannung (**Hall–** oder **Pseudo-Hallspannung**) bei *endlich* ausgedehnten Widerständen.

Bild C2-2a gibt die geometrischen Verhältnisse bei gegeneinander verdrehten Stromdichte- und Feldvektoren für den Fall eines *unendlich* ausgedehnten Widerstandes wieder: Dann gilt die Gleichung (13) ohne die Einschränkung durch äußere Randbedingungen, wie sie bei *endlich* ausgedehnten Widerständen auftreten: Bei einem *endlich* ausgedehnten *stabförmigen Widerstand* wie in Bild C2-1b muß nämlich zusätzlich die Randbedingung (7a) erfüllt sein, daß die Stromdichten in y- und z-Richtungen Null werden. Dieses ist nur möglich, wenn z.B. in y-Richtung ein zu der transversalen Teilchenstromdichtekomponente j_{ny}^T entgegengesetzt gerichteter gleich großer Teilchenstrom j_{ny}^{TH} fließt, so daß gilt:

$$j_{ny}^{TH} = -j_{ny}^T \underset{(7)}{=} +\rho_n \cdot \frac{\mu_n}{|q|} \cdot \frac{\partial W_F^{nL}}{\partial y} = +\rho_n \mu_n \cdot E_{ay}^H \tag{14}$$

Die Differenz der Fermienergien zwischen dem oberen und unteren Rand des Widerstandes führt (bei dem zugrundegelegten isothermen Fall) zu einer von außen meßbaren elektrischen (**Pseudo-**)**Hallspannung**, also einer EMK (s. Anhang C1), die sich auch charakterisieren läßt durch ein von außen meßbares elektrisches (**Pseudo-**)**Hallfeld** $\vec{E}_{ay} =: \vec{E}_a^H$ (Bild C2-2c).

Anschaulich läßt sich der durch Bild C2-2 beschriebene Halleffekt auf die folgende Weise deuten: Der in Richtung der positiven x-Achse verlaufende Elektronen-Teilchenstrom wird in Richtung der positiven y-Achse abgelenkt, so daß sich der obere Rand des stabförmigen Widerstands in Bild C2-2b negativ auflädt, weil dort die Elektronen nicht abfließen können. Gleichzeitig entsteht eine positive Flächenladung am unteren Rand des Widerstandes, weil dort Elektronen abgezogen werden. Durch diese Ladungsanreicherung, bzw. –entleerung entstehen zwei Effekte:

— aufgrund der entstandenen Ladungsdoppelschicht verschieben sich die chemischen Potentiale (Fermienergien) an den Rändern des räumlich begrenzten Widerstandes gegeneinander, dadurch entsteht eine EMK bzw. ein von außen meßbares elektrisches Feld, dessen Richtung von der positiven zur negativen Flächenladung zeigt (s. Bild C1-1).

— es entsteht ein Elektronendichtegradient von oben nach unten

Beide Effekte bewirken eine Kraft auf die Elektronen, die von oben nach unten gerichtet ist, diese entspricht der chemischen Kraft $(= -\partial W_F/\partial x)$, die in (14) eingeht.

Kennzeichnend für die oben durchgeführte Betrachtung ist eine Verdrehung zwischen dem angelegten äußeren Feld $\vec{E}_a$ und der fließenden Stromdichte $\vec{j}$, die charakterisiert wird durch den Hallwinkel θ_H. Dabei ist es prinzipiell ohne Bedeutung, wie diese Drehung zustande kommt. Neben dem bisher betrachteten Fall einer anisotropen Leitfähigkeit gibt es – wie oben ausgeführt – auch andere physikalische Effekte, die zu denselben Ausgangsverhältnissen führen und damit die Ursache für eine (Pseudo–)Hallspannung sein können.

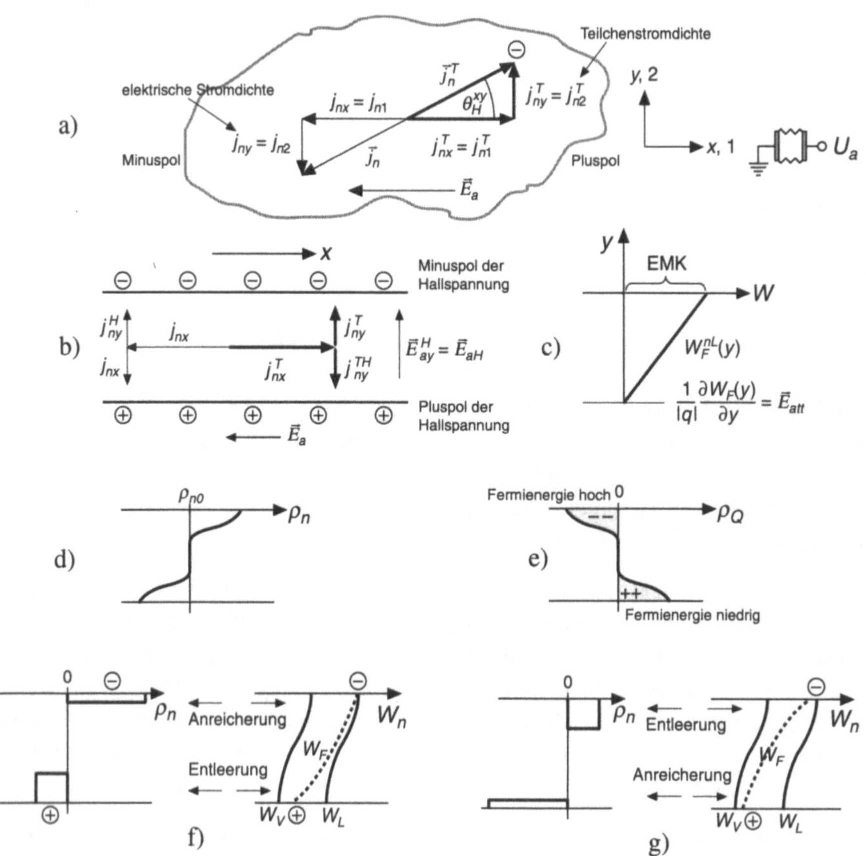

Bild C2-2   **(Pseudo-)Halleffekt** in Werkstoffen mit gegeneinander verdrehten Vektoren der Stromdichte und des elektrischen Feldes:

Betrachtet werden *elektrische* Stromdichten j_n und *Teilchen*stromdichten j_n^T in unendlich ausgedehnten (a) und räumlich begrenzten stabförmigen Widerständen (b) in der xy-Ebene. Bei den räumlich begrenzten Widerständen (Fall b) muß die Randbedingung (7a) aus Bild C2-1 erfüllt werden, d.h. es entsteht eine zusätzliche kompensierende Teilchenstromdichte nach (14), die mit einem entsprechenden Gradienten der Fermienergie verbunden ist. Die y-Abhängigkeit der Fermienergie für Elektronen ist in c) dargestellt. Das hierdurch definierte **verallgemeinerte Hallfeld** E_a^H hat die Richtung der positiven y-Achse (s. Bild 5.1.1-3 mit umgekehrter Stromrichtung).

Zur anschaulichen Interpretation zweigen die weiteren Abbildungen die Ortsverläufe verschiedener Größen in y-Richtung:

d) Elektronendichte: Die nach oben gerichtete Elektronen-Teilchenstromdichte erzeugt am oberen Rand des endlich ausgedehnten Widerstandes eine Anhäufung von Elektronen mit vergrößerter Dichte, entsprechend wird die Elektronendichte am unteren Rand abgesenkt

e) Ladungsdichte zu d): Durch die Elektronenanhäufung bzw. -entleerung wird eine Ladungsdoppelschicht wie in Bild C1-2c erzeugt, welche nach Anhang C1 eine EMK generiert. Das chemische Potential (bei Elektronen die Fermienergie) ist nach Bild C1-1e am oberen Rand größer als am unteren.

f) Ladungsverteilung und Bändermodell für einen n-Halbleiter: Die negative Ladung wird durch Anreicherung, die positive durch Entleerung und Inversion erzeugt.

g) Ladungsverteilung und Bändermodell für einen p-Halbleiter: Die positive Ladung wird durch Anreicherung, die negative durch Entleerung und Inversion erzeugt.

Anhang C3:
Verallgemeinerter geometrischer Magnetowiderstandseffekt

Im Anhang C2 wurde ein allgemeiner Zusammenhang gezeigt: Führt ein physikalischer Effekt dazu, daß in *unendlich* ausgedehnten Widerständen eine gegenseitige Verdrehung der Stromflußrichtung relativ zur Richtung des den Stromfluß erzeugenden angelegten elektrischen Feldes um einen **Hallwinkel** θ_H stattfindet, dann führt eine Reduktion auf die *endlichen* Abmessungen eines Stabes auf einen **galvanischen Effekt**: Es entsteht ein von außen meßbares Feld: Es entsteht ein von außen meßbares *Transversalfeld*, das **Hallfeld**, welches bewirkt, daß die Verdrehung zwischen Stromdichte- und Feldvektor rückgängig gemacht wird: Die Stromflußrichtung paßt sich der Form des Widerstandes an und verläuft entlang der Stabachse. Der Hallwinkel kann also beim stabförmigen Widerstand nicht direkt bestimmt werden, sondern nur indirekt über die Größe des Transversalfeldes. Dieser Effekt ist völlig unabhängig davon, auf welche Weise der Hallwinkel entstanden ist: Er kann durch eine beliebige werkstoff- oder umgebungsbedingte anisotrope elektrische Leitfähigkeit entstehen, durch Einwirkung einer Lorentzkraft bei Anwesenheit eines Magnetfeldes oder aus anderen Gründen.

Im folgenden wollen wir annehmen, daß es gelingt, das Hallfeld auszuschalten, d.h. durch zusätzliche *externe* Maßnahmen zu beseitigen. Dafür gibt es verschiedene experimentelle Verfahren (Bild C3-1).

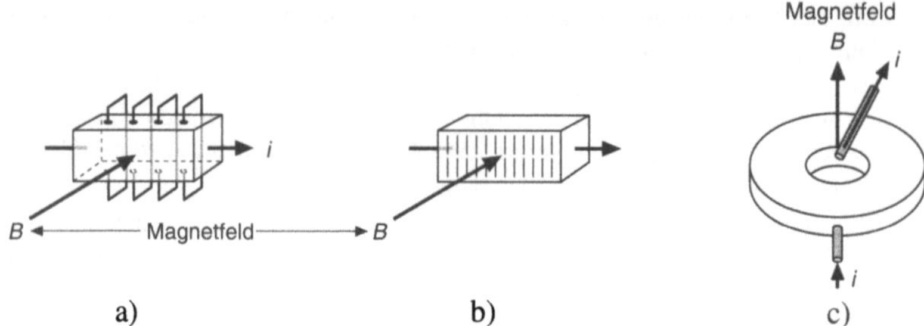

Bild C3-1   Experimentelle Methoden zur Verminderung oder Beseitigung des Hallfeldes, de-
monstriert am Beispiel des magnetischen Halleffekts: Wie in Anhang C2 dargelegt, können vergleichbare Effekte auch aus anderen physikalischen Gründen auftreten (verallgemeinerter Halleffekt).

a) elektrischer Kurzschluß des Hallfeldes (kurzgeschlossene Hallkontakte)

b) Einführung von Äquipotentialflächen (z.B. durch Einlagerung von Platten hoher Leitfähigkeit) senkrecht zur Stromflußrichtung

c) **Corbinoscheibe** [C3.2]: Bei Wirkung eines Magnetfeldes senkrecht zur Schei-
benebene wird das Hallfeld durch die Widerstandsgeometrie kurzgeschlossen

**Bei Kurzschluß des Hallfeldes erfolgt der Stromfluß wie in einem unendlich
ausgedehnten Widerstand** (Bild C2-2a), d.h. mit einem Winkel θ_H relativ zum äußeren magnetischen Feld (Bild C3-2).

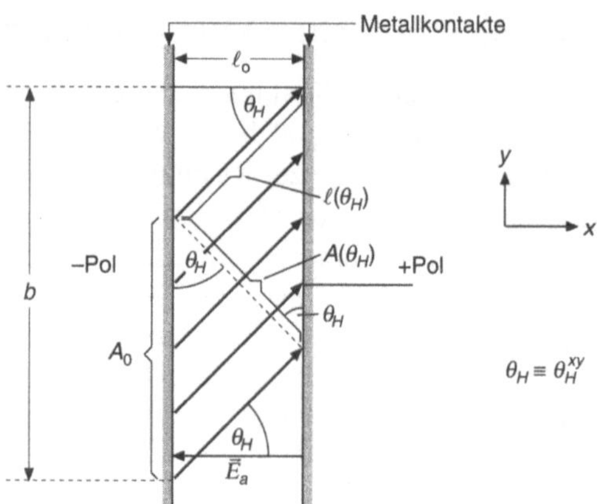

Bild C3-2   Stromfluß in einer Widerstandsscheibe bei Anwesenheit eines verallgemeinerten
Halleffekts mit dem Hallwinkel θ_H, wobei durch zusätzliche Maßnahmen (Bild
C3-1) das Hallfeld kurzgeschlossen wurde: Die Stromvektoren bleiben jetzt um
θ_H relativ zur Richtung des elektrischen Feldes geneigt. Dadurch verlängern sich
die Strombahnen (Länge $l(\theta_H)$) im Widerstand, gleichzeitig wird bereichsweise
der Stromquerschnitt von A_o auf $A(\theta_H)$ verkleinert: **Aufgrund beider Effekte
nimmt der Widerstandswert mit dem Hallwinkel zu (geometrischer Magnetowiderstandseffekt).**

Gehen wir von einem konstanten spezifischen Widerstand ρ_{sp} des Werkstoffs aus, dann ergibt sich für die Anordnung in Bild C3-2 bei Kurzschluß des Hallfeldes ein Widerstandswert der Größe:

$$R(\theta_H)\underset{\text{Band 1, Abschnitt 4.1.1}}{=} \rho_{sp}\frac{l(\theta_H)}{A(\theta_H)} \tag{1}$$

Dabei bezeichnet l die Länge der von den Ladungsträgern im Widerstand durchlaufenen Bahn und A den Querschnitt eines ausgewählten Bereichs, über den ein Teil der Stromdichte fließt. Beträgt die Länge des Widerstandes (Breite der Scheibe) in x-Richtung l_o, dann gilt bei Vernachlässigung von Randeffekten:

$$\cos(\theta_H)=\frac{l_o}{l(\theta_H)} \tag{2a}$$

$$\cos(\theta_H)=\frac{A(\theta_H)}{A_o(\theta_H)} \tag{2b}$$

Eingesetzt in (1) folgt:

$$R(\theta_H)=\rho_{sp}\frac{l_o}{A_o\cos^2(\theta_H)}$$

$$\underset{R_o:=R|_{B=0}=R|_{\theta_H=0}}{=}R_o\left(\frac{\cos^2(\theta_H)+\sin^2(\theta_H)}{\cos^2(\theta_H)}\right)=R_o\left(1+\tan^2(\theta_H)\right) \tag{3}$$

wobei nach (C2-13) allgemein gilt:

$$\tan\theta_H=\frac{j_{ny}^T}{j_{nx}^T} \tag{4}$$

Speziell für den magnetischen Halleffekt bekommt (3) mit (5.1.1-27) in p- und n-Leitern (Beweglichkeit μ) die Form:

$$R(\theta_H)=R_o\left(1+(\mu B)^2\right) \tag{5}$$

$$\Rightarrow\frac{R(\theta_H)-R_o}{R_o}=(\mu B)^2 \tag{6}$$

Die Größe μB kann bei Werkstoffen mit großer Ladungsträgerbeweglichkeit μ durchaus signifikante Werte annehmen. Resistive Magnetfeldsensoren nach dem Prinzip von Gleichung (6) werden als **Feldplatten** bezeichnet.

Von den in Bild C3-1 aufgeführten experimentellen Realisierungsmöglichkeiten zur Unterdrückung des Hallfeldes haben die Varianten b) und c) die größte praktische Bedeutung. Bei der Ausführung b) werden – z.B. durch Einlagerung von Platten hoher Leitfähigkeit (vgl. Bilder 5.2.1-1 und 2) – Äquipotentialflächen mit einer Orientierung senkrecht zur Widerstandsachse, und damit zur angenommenen Stromrichtung, erzeugt (s. Diskussion am Schluß von Abschnitt 5.1.1).

Jede Feldkomponente, die auf der hochleitfähigen Äquipotentialfläche liegt (beim stabförmigen Widerstand die Transversalkomponente) würde zu einem hohen Stromfluß führen, der diese Feldkomponente abbaut: Feldstärkevektoren können daher nur senkrecht auf der Äquipotentialfläche stehen. Bei einer geometrischen Anordnung wie in Bild C3-1b sind die Äquipotentialflächen so orientiert, daß das Hallfeld $\vec{E}_H$ gerade auf der Äquipotentialfläche liegt, so daß es vollständig unterdrückt werden kann: Der Feldstärkevektor senkrecht zur Äquipotentialfläche und hat die Richtung des von außen angelegten Feldes $\vec{E}_a$. Die Beseitigung des Hallfeldes ist jedoch nur wirksam in der unmittelbarer Nachbarschaft der leitfähigen Äquipotentialfläche, in größerem Abstand davon setzt sich das Hallfeld zunehmendem Maße durch, so daß der Feldstärkevektor (Vektorsumme aus angelegter Feldstärke $\vec{E}_a$ und Hallfeldstärke $\vec{E}_H$) insgesamt aus der Richtung der Widerstandsachse herausgedreht wird: Als Konsequenz der zunehmenden Wirkung des Hallfeldes wird jetzt der Stromdichtevektor wieder in die Richtung der Widerstandsachse gedreht (s. Bild 5.1.1-6b, Bild C3-4 II und III, jeweils mittlere Bereiche des Widerstands). Der zweidimensionale Verlauf der Stromlinien und Feldrichtungen mit den dazugehörenden Äquipotentialflächen (nicht zu verwechseln mit den oben besprochenen durch Einlagerung leitfähiger Platten erzwungenen Äquipotentialflächen) hängt offensichtlich stark ab von dem Verhältnis der Länge l_0 zur Breite b des Widerstands; in Bild C3-3 sind numerisch berechnete Lösungen dargestellt. Die Verlängerung der Strombahnen aufgrund des geometrischen Magnetowiderstandseffektes sind in Bild C3-4 deutlich zu erkennen. Signifikante Effekte treten aber nach (3) nur auf, wenn die Hallwinkel θ_H hinreichend große Werte annehmen.

Die Corbinoscheibe als praktische Realisierung eines Widerstandes unendlich großer Breite b in Bild C3-1c läßt sich bei Halbleiterplatten und -schichten durch Aufbringen einer zentralen und einer ringförmigen Metallelektrode realisieren (Bild C3-3).

Bild C3-3	Praktische Realisierung einer Corbinoscheibe auf einer Halbleiterschicht: Die Kontaktierung erfolgt über eine zentrale und eine ringförmige Elektrode. Eingezeichnet ist der Verlauf des elektrischen Feldes und der Strombahnen (nach [5.9]).

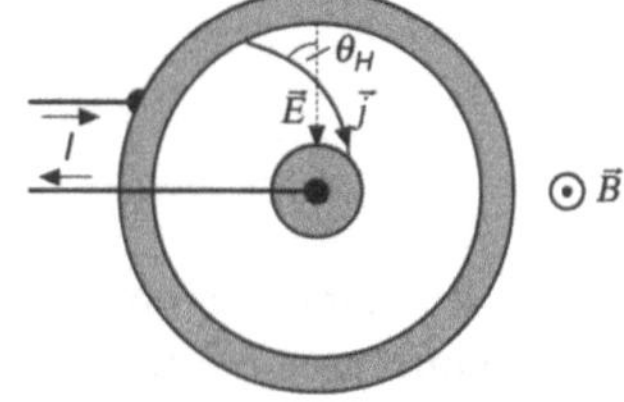

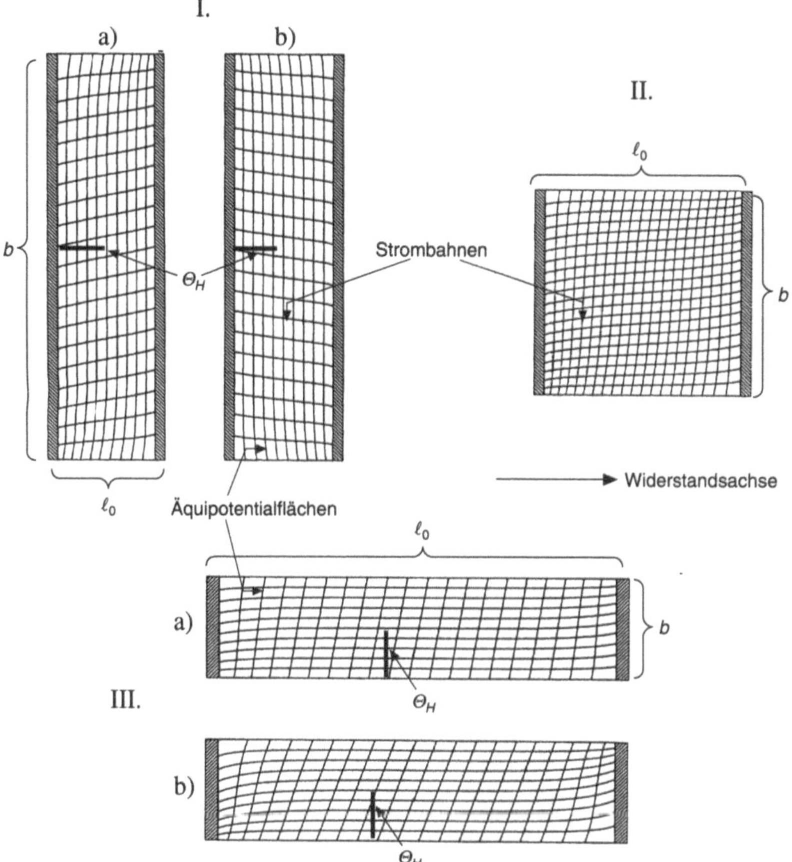

Bild C3-4   Verlauf der Stromlinien (Stromvektoren entlang der Fortbewegungsrichtung der Ladungsträger, in den obigen Abbildungen verlaufen sie etwa in *horizontaler* Richtung) und der Äquipotentiallinien (Verlauf ungefähr in *vertikaler* Richtung) bei verschiedenen Verhältnissen der Länge l_o und Breite b von Widerständen. Die Widerstände sind an ihren Stirnflächen mit einer ohmschen Kontaktschicht hoher Leitfähigkeit (z.B. einer Metallisierung) versehen, so daß dort die Äquipotentialflächen mit den Kontaktschichten zusammenfallen (nach [C3.1])

I) $l_o/b = 0{,}25$:

a) n-Halbleiter mit einer Dotierung von 10^{16}cm^{-3} $\mu_n B = 0{,}21$

b) p-Halbleiter mit einer Dotierung von 10^{16}cm^{-3} $\mu_p B = 0{,}15$

II) n-Halbleiter mit einer Dotierung von 10^{16}cm^{-3}, $l_o/b = 1$, $\mu_n B = 0{,}21$

III) n-Halbleiter mit einer Dotierung von 10^{16}cm^{-3}, $l_o/b = 4$

a) $\mu_n B = 0{,}21$

b) $\mu_n B = 0{,}42$

Diese Ergebnisse sind repräsentativ nur für relativ große Hallwinkel $\tan \theta_H = \mu B$.

Anhang D
Kennwerte (Merkmale) von Sensoren

Zur Minimierung von Störeinflüssen werden resistive Sensoren häufig in einer Wheatstoneschen Brückenschaltung verbunden (Bild D1)

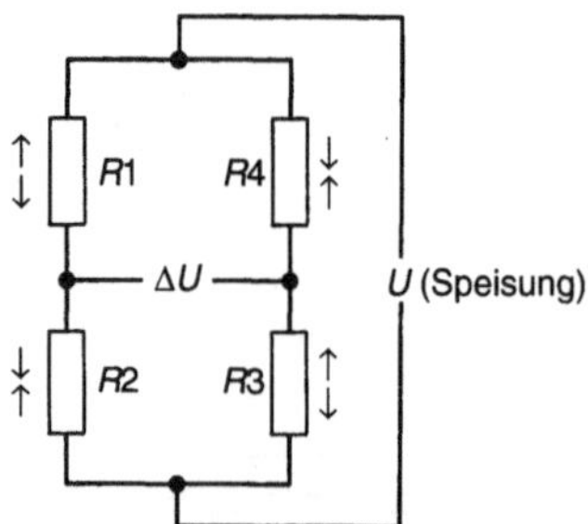

Bild D1:   Widerstände (z.B. Dehnungsmeßstreifen) in einer Brückenschaltung (s. auch Bild 4.1.6-2, nach [4.1])

Die relative Spannungsänderung (gemessen in mV/V) in einer Brückenschaltung ist dann [4.1]:

$$S = \frac{\Delta U}{U} = \frac{1}{4}\left(\frac{\Delta R_1}{R_1} - \frac{\Delta R_2}{R_2} + \frac{\Delta R_3}{R_3} - \frac{\Delta R_4}{R_4} \right) \tag{1}$$

wobei die ΔR_i sowohl die angestrebten Widerstandsänderungen (aufgrund von Änderungen der Umweltgröße) beschreiben können, in einem Referenzzustand der Umweltgröße aber auch die Streuung der Widerstände um den jeweiligen Nennwert. Der für den Referenzzustand definierte Wert von S wird als **Nullsignal** S_o definiert. In der Praxis läßt sich ein kleiner Wert für S_o nur durch Widerstands*trimmen* erreichen, z.B. durch Auftrennen von Abgleichbrücken.

Gleichung (1) zeigt, daß gleichsinnige Widerstandsänderungen (z.B. aufgrund gleicher Widerstands-Temperaturkoeffizienten oder einer zeitabhängigen Widerstandsdrift) in dieser Näherung unterdrückt werden können. Ist die Temperatur über der Meßbrücke nicht konstant oder driften die Widerstände unterschiedlich stark, dann entsteht eine Abweichung vom Meßwert. Herstellungsbedingte – vor allem temperaturabhängige – Abweichungen des Nullsignals von 2 bis 10 μV/V können durch einen Abgleich auf Werte unter 1 μV/V reduziert werden.

Der **Kennwert** oder die **Empfindlichkeit** C eines resistiven Sensors in Brückenschaltung wird durch den Wert S_n nach (1) bei Anlegen eines Drucks, abzüglich des
Nullsignals, definiert (Bild D2):

$$C := S_n - S_o \tag{2}$$

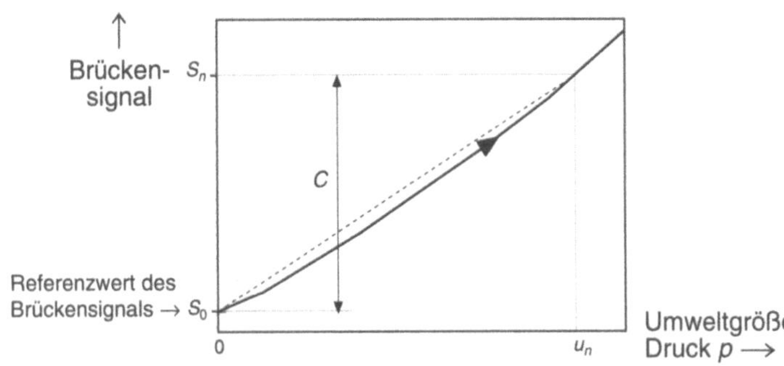

Bild D2 Definition des Kennwertes (der Empfindlichkeit) durch die in Gleichung (1) definierte relative Brückenspannung (nach [4.1])

Die **Linearität** eines Sensors kann nach drei Verfahren definiert werden (Bild D3).

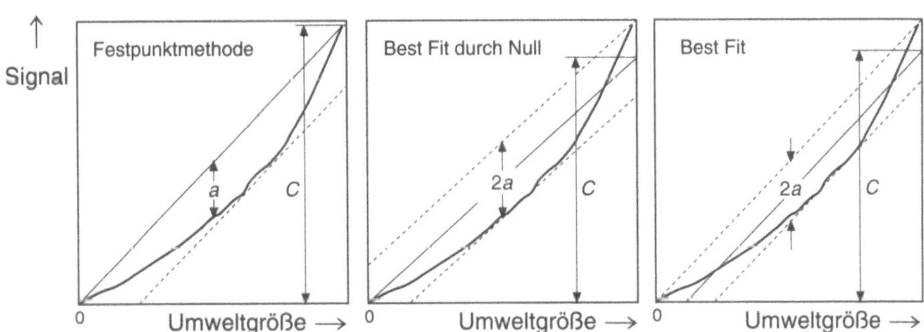

Bild D3: Definition der Linearitätsabweichung $F_{lin} = a/C$: Die Größe a kann auf drei
verschiedene Arten definiert werden (nach [4.1])

Eine weitere Quelle von Abweichungen des Meßwerts vom Sollwert bei Sensoren
entsteht durch **Hystereseeffekte (relative Umkehrspanne, Bild D4):**

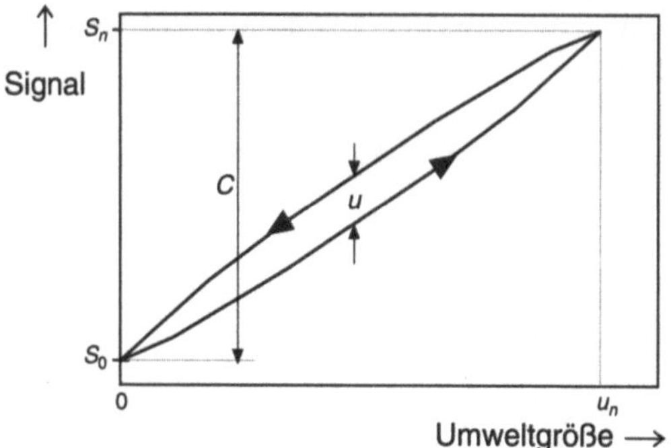

Bild D4:   Definition der Hystereseabweichung durch die Funktion $F_u = u/C$ (nach [4.1])

Ein typisches Kennzeichen von Kriecheffekten (Band 1, Abschnitt 3.2.1) ist, daß sich die Meßsignale erst nach Ablauf einer gewissen Zeit einstellen; Bild D5 erläutert die Definition des **Kriechens**.

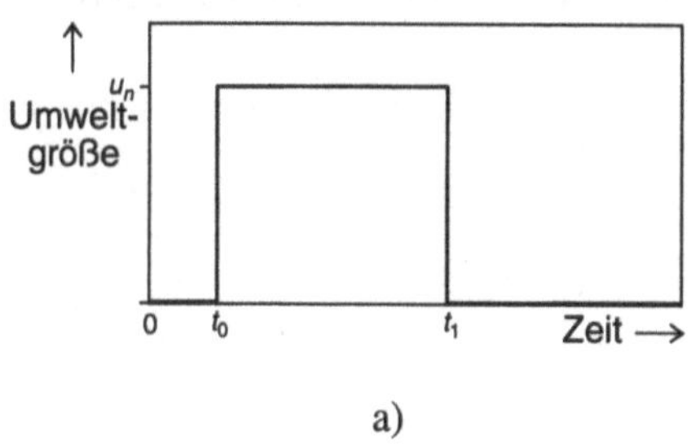

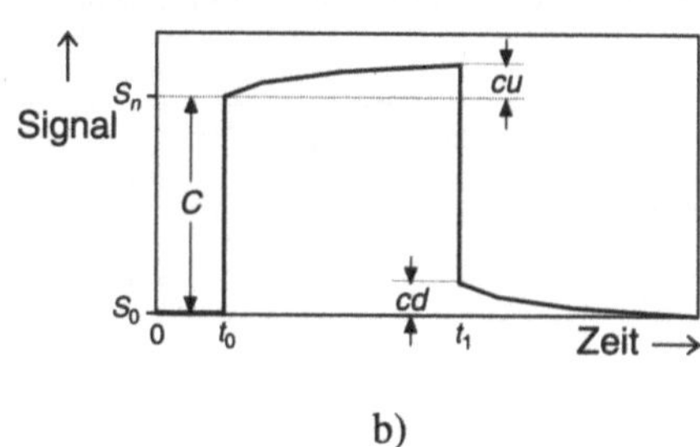

Bild D5:   Definition des Kriechens (nach [4.1])

a) Zeitverhalten der Umweltgröße

b) Zeitverhalten des Meßsignals mit **Belastungskriechen** $F_{cr} = cu/C$ und **Entlastungskriechen** $F_{cr} = cd/C$

Literatur

Abschnitt 1

[1.1]   W. Göpel, "Technologien für die chemische und biochemische Sensorik" in "Technologietrends in der Sensorik", Untersuchung im Auftrag des Bundesministeriums für Forschung und Technologie, VDI/VDE Technologiezentrum Informationstechnik GmbH(1988)

[1.2]   H.R. Tränkler, "Die Schlüsselrolle der Sensortechnik in Meßsystemen", Technisches Messen **49**, 343 (1982)

[1.3]   K. Bethe und D. Meyer-Ebrecht, "Sensoren für die Konsumelektronik", Elektronik **10**, 41 (1980)

[1.4]   H. U. Gruber und H. Scholl, "Trends in der Kraftfahrzeugelektronik", Elektronik Informationen **4**, 176 (1990)

[1.5]   "Forschung und Anwendung moderner Sensorsysteme", Sensor Magazin **4**, 4 (1990)

[1.6]   S. Middlehoek und D. W. Noorlag, Sensors and Actuators **2**, 29 (1981/82)

Abschnitt 3

[3.1]   H. Vanvor, "Sensoren für industrielle Temperaturmessungen mit geringen Meßunsicherheiten", in K. W. Bonfig, W. J. Bartz, J. Wolf (Hrsg.), "Sensoren, Meßaufnehmer", expert-Verlag, Ehingen

[3.2]   I. Ruge, "Halbleitertechnologie", Springer-Verlag Berlin-Heidelberg-New York (1975)

[3.3]   A. S. Grove, "Physics and Technology of Semiconductor Devices", J. Wiley & Sons, New York-Chichester-Brisbane-Toronto-Singapore (1967)

[3.4]   A. W. van Heerwarden und P.M. Sarro, "Thermal Sensors Based on the Seebeck Effect", Sensors and Actuators **10**, 321 (1986)

[3.5]   W.F. Beadle, J. C.C. Tsai und R.D. Plummer, "Quick Reference Manual for Semiconductor Engineers", J. Wiley & Sons, New York-Chichester-Brisbane-Toronto-Singapore (1985)

[3.6]   T.H. Geballe und G.W. Hull, Phys. Rev. **98**, 940 (1955)

[3.7]   A. C. Glatz, "Thermoelectric Energy Conversion", in M. Grayson (Hrsg.) "Encyclopedia of Semiconductor Technology", J. Wiley & Sons, New York-Chichester-Brisbane-Toronto-Singapore (1984)

[3.8]   F. Lieneweg "Handbuch Technische Temperaturmessung", Vieweg & Sohn Braunschweig (1976)

[3.9]   W. v. Münch, "Werkstoffe der Elektrotechnik", B.G. Teubner Stuttgart (1989)

[3.10]   Datenblätter der Firma Heraeus Sensor GmbH, D 6450 Hanau 1

[3.11]   "Practical Temperature Measurement", Application Note der Firma Hewlett-Packard (1980)

[3.12]   U. Birkholz, "Thermoelektrische Bauelemente", in W. Heywang (Hrsg.), "Amorphe und polykristalline Halbleiter", Springer-Verlag Berlin-Heidelberg-New York (1984)

[3.13]   U. Zwikker, "Physical Properties of Solid Materials", Pergamon (1954)

[3.14]   R.A. Smith, "Semiconductors", 2nd ed. Cambridge University Press, London (1979)

[3.15]   H. K. Bowen, "Ceramics as Electrical Materials", in M. Grayson (Hrsg.) "Encyclopedia of Semiconductor Technology", J. Wiley & Sons, New York-Chichester-Brisbane-Toronto-Singapore (1984)

[3.16]   P. Guillery, R. Hezel und B. Reppich, "Werkstoffkunde für die Elektrotechnik",Vieweg & Sohn Braunschweig (1985)

[3.17]   H.J.A. Klappe, "Platin-Widerstandsthermometer für industrielle Anwendungen", Technisches Messen, **54**, 130 (1987)

[3.18]   H. Vanvor, "Temperaturfühler für Wärmemengenzähler", Technisches Messen, **54**, 141 (1987)

[3.19]   H. Jacques, "Pt-Sensoren bei tiefen Temperaturen", Sensor-Magazin **2**, 19 (1990)

[3.20]   J.G. Blaurock, "Ein Nickel-Temperatursensor in Dickschichttechnik", Sensor Magazin **2**, 20 (1987)

[3.21]   G. Kowalski, "Halbleiter-Temperatursensoren", in H.Reichl (Hrsg.) "Halbleitersensoren", expert verlag, Ehningen bei Böblingen, 110 (1989)

[3.22]   M. Beitner, "Thermische Effekte", in W. Heywang (Hrsg.), "Sensorik", Springer-Verlag Berlin-Heidelberg-New York-Tokyo, 25 (1984)

[3.23]   G. Raabe, "Silizium-Temperatur-Sensoren von -50°C bis +350°C", NTG-Fachberichte **79**, 248 (1982)

[3.24] G. Kowalski und H. Zeile, "Gehäuse für Silizium-Temperatursensoren", Technisches Messen **11**, 26 (1989)

[3.25] H. Hencke, "Luftstrommessung mit lasergetrimmten Temperatursensoren", in H. Lemme, "Sensoren in der Praxis", Franzis-Verlag München (1990)

[3.26] W. Germer und W. Tödt, "Low-Cost Pressure/Force Transducer with Silicon Thin Film Strain Gauges", Sensors and Actuators **4**, 183 (1983)

[3.27] M. Mayer, "Temperaturmessung mit Si-Sensoren", Elektronik **19**, 73 (1987)

[3.28] A. Schneller, "Heißleiter", in W. Heywang (Hrsg.), "Amorphe und polykristalline Halbleiter", Springer-Verlag Berlin-Heidelberg-New York (1984)

[3.29] Data Handbook, "Varistors, Thermistors and Sensors", Philips Components (1989)

[3.30] K.H. Haas, F. Hutter, H. Schmidt, "Keramische Technologien in der Sensorik" in "Technologietrends in der Sensorik", Untersuchung im Auftrag des Bundesministeriums für Forschung und Technologie, VDI/VDE Technologiezentrum Informationstechnik GmbH(1988)

[3.31] "NTC-, PTC- und spannungsabhängige Widerstände (VDR)", Herausgeber Philips Components Unternehmensbereich Bauelemente, Hanseatische Druckanstalt, Hamburg (1966)

[3.32] "Flächentemperaturwächter", in "Sensoren und Meßsysteme", Firmenschrift der Firma Sensycon (1991)

[3.33] R. M. Hazen, "Perowskite", Spektrum der Wissenschaft, 42 (1988)

[3.34] L.Hanke, "Kaltleiter", in W. Heywang (Hrsg.), "Amorphe und polykristalline Halbleiter", Springer-Verlag Berlin-Heidelberg-New York (1984)

[3.35] W. Heywang, K. Schumacher und H. Thomann, "Ferroelektrische Keramik in der Elektroindustrie", Ber. Dt. Keram. Ges. **53**, 358 (1976)

[3.36] "PTC-Thermistors for Heating", Firmenschrift Philips Components Unternehmensbereich Bauelemente (1980)

[3.37] P. Kleinschmidt, "Piezo- und pyroelektrische Effekte", in W. Heywang (Hrsg.), "Sensorik", Springer-Verlag Berlin-Heidelberg-New York-Tokyo, 25 (1984)

[3.38] R.A. Lockett und M.A. Rose, "Ceramic Pyroelectric Infrared Detektors and their Applications", Mullard Technical Publication M81-0020 (1981)

[3.39] "Sensoren", Herausgeber Philips Components Unternehmensbereich Bauelemente, Verlag Boysen und Maasch, Hamburg (1980)

[3.40]   H. Ziegler, "Temperaturmessung mit Schwingquarzen", Technisches Messen
54, 124 (1987)

[3.41]   Unterlagen der Firma Heraeus Sensor, D-Hanau

[3.42]   L.E. Cross und K.H.Härdtl, "Ferroelectrics", in M. Grayson (Hrsg.) "Encyclopedia of Semiconductor Technology", J. Wiley & Sons, New York-Chichester-Brisbane-Toronto-Singapore (1984)

[3.43]   "Kaltleiter als strom- und temperaturempfindliche Schalter", Philips Bauelemente, Technische Informationen für die Industrie (1978)

[3.44]   A.S. Grove, "Physics and Technology of Semiconductor Devices", 2nd ed.,
J. Wiley & Sons, New York Chichester Brisbane Toronto Singapore (1982)

[3.45]   P. O´Neill und C. Derrington, "Transistors – A Hot Tip for Accurate Temperature Sensing", Electronics, Oct. 11, 137 (1979)

[3.46]   Motorola Semiconductor Master Selection Guide SG73/D; REV 3

[3.47]   E. Voges, "Technologie der integrierten Optik in der Sensorik" in "Technologietrends in der Sensorik", Untersuchung im Auftrag des Bundesministeriums für Forschung und Technologie, VDI/VDE Technologiezentrum Informationstechnik GmbH(1988)

[3.48]   G. Wiegleb , "Sensortechnik", Franzis-Verlag GmbH München (1986)

[3.49]   E. Klement, "Optische Effekte", in W. Heywang (Hrsg.), "Sensorik", Springer-Verlag Berlin-Heidelberg-New York-Tokyo, 25 (1984)

[3.50]   "Faseroptisches Temperaturmeßsystem", in "Sensoren und Meßsystem", Firmenschrift der Firma Sensycon (1991)

[3.51]   K. H. Wienand und S. Dietmann, "Platin-Dünnfilmsensoren: High-Tech-
Produkte sind Stand der Technik geworden", Sensor Report (wird veröffent-
licht)

[3.52]   R. Waser, "Lineare und nichtlineare Widerstände" in H. Schaumburg
(Hrsg.), "Werkstoffe und Bauelemente der Elektrotechnik", Band 5, Verlag
B. G. Teubner Stuttgart (1992)

[3.53]   J. Pankert, "Pyroelektrische Keramiken" in H. Schaumburg (Hrsg.), "Werkstoffe und Bauelemente der Elektrotechnik", Band 5, Verlag B. G. Teubner
Stuttgart (1992)

Abschnitt 4

[4.1]   H. Paul, "Druckaufnehmer mit metallischen Dehnungsmeßstreifen", Vor-
tragsreihe in der Technischen Akademie Wuppertal (1990)

[4.2] W. Ort,"Sensoren mit Dehnungsmeßstreifen aus Metallfolien" in "Sensoren – Technologie und Anwendungen", NTG Fachberichte **79**,159 (1982)

[4.3] Unterlagen der Firma Philips Elektronik für Wissenschaft und Industrie (EWI), Kassel

[4.4] O. Dössel, "Piezoresistive Eigenschaften von Dünnfilm-Dehnungsmeßstreifen. Ein neues Modell und Messungen an CrNi", in "Sensoren – Technologie und Anwendungen", NTG Fachberichte **93**,143 (1982)

[4.5] "Keramische Drucksensoren", in "Sensoren und Meßsysteme", Firmenschrift der Firma Sensycon (1991)

[4.6] S. M. Sze, "Physics of Semiconductor Devices", John Wiley and Sons, New York-Chichester-Brisbane-Toronto-Singapore (1981)

[4.7] O. Jäntsch, "Piezowiderstandseffekte", in W. Heywang (Hrsg.), "Sensorik", Springer-Verlag Berlin-Heidelberg-New York-Tokyo, 25 (1984)

[4.8] F. Hock, "Die Berechnung des Piezowiderstandseffekts von Silicium für meßtechnische Anwendungen", Zeitschr. f. angewandte Physik **XVII**, 511 (1964)

[4.9] F. Hock, "Der Piezowiderstandseffekt in Halbleitern und seine Anwendung für Kraft- und Dehnungsmessungen", Z. Instr. **73**, 336 (1965)

[4.10] Landolt-Börnstein, "Zahlenwerte und Funktionen aus Naturwissenschaften und Technik", **III,17a**, 382 (1982)

[4.11] Y. Kanda, "A Graphical Representation of the Piezoresistance Coefficients in Silicon", IEEE Trans. on El. Dev. **ED 29**, 64 (1982)

[4.12] B. Graeger, H. Schäfer und R. Kobs, "Selbstkompensierte Si-Drucksensoren mit Dünnschichtdehnungsmeßstreifen", Sensors and Actuators **17**, 521 (1989)

[4.13] H. Fischer und J. Müller, "Titanoxinitrid für Sensoranwendungen", in "Sensoren – Technologie und Anwendungen", NTG-Fachberichte **93**, 137 (1986)

[4.14] L.D. Landau und E. M. Lifschitz, "Elastizitätstheorie", Lehrbuch der Theoretischen Physik **VII**, Akademie-Verlag Berlin (1970)

[4.15] W. Ort, "Kraftsensoren mit Folien-Dehnungsmeßstreifen", Sensor Magazin **3**, 6 (1987)

[4.18] K. Bethe und W. Germer, "Niederdruck-Meßaufnehmer mit Halbleiterdünnfilm-Dehnungsmeßstreifen", in "Sensoren – Technologie und Anwendungen", NTG Fachberichte **79**, 177 (1982)

[4.19] H. Sandmaier und E. Obermaier, "Reduzierung der Nichtlinearität von Siliziumdrucksensoren für kleine Drücke", in "Sensoren – Technologie und Anwendungen", NTG-Fachberichte **93**, 159 (1986)

[4.20] K. Bethe, "Möglichkeiten und Probleme nichtmetallischer Federwerkstoffe in Kraft- und Drucksensoren", in "Sensoren – Technologie und Anwendungen", NTG-Fachberichte **93**, 130 (1986)

[4.21] L. Rau, "Ein piezoresistiver Absolutdrucksensor in Dünnschichttechnik", in "Sensoren – Technologie und Anwendungen", NTG-Fachberichte **93**, 148 (1986)

[4.22] Dubbel, "Taschenbuch für den Maschinenbau", W. Beitz und K.-H. Küttner (Hrsg.), Springer-Verlag Berlin-Heidelberg-New York (1981)

[4.23] H. Paul, C. Rapp-Hickler und W. Rausch, "Feinwerktechnik und Dünnfilmtechnologie im elektrischen Manometer", Feinwerktechnik und Meßtechnik **97**, 563 (1989)

[4.24] Datenblatt der Firma Althen Meß- und Datentechnik GmbH, D-6233 Kelkheim

[4.25] J. Binder, "Piezoresistive Silizium-Drucksensoren", in H. Reichl (Hrsg.) "Halbleitersensoren", expert verlag, Ehningen bei Böblingen, 147 (1989)

[4.26] W. Germer und G. Kowalski, "Drucksensoren mit integrierter Auswerteelektronik für einen Einsatz unter erschwerten Umweltbedingungen", Poster-Session zur 3. Fachtagung "Sensoren", Bad Nauheim, 4 (1986)

[4.27] A. Wenger, "Stabilität von Druckaufnehmern", Technisches Messen **53**, 447 (1986)

[4.28] K. H. Martini, "Piezoelektrische und piezoresistive Druckmeßverfahren", in K. W. Bonfig, W. S. Bartz, J. Wolf (Hrsg.), "Technische Druck- und Kraftmessung", expert-Verlag, Ehingen (1988)

[4.29] H. R. Winteler und G. H. Gautschi, "Piezoresistive Druckaufnehmer", Fa. KISTLER Instrumente AG, CH-Winterthur

[4.30] "Pressure Sensors", Datenblatt BR121/D REV 4 der Firma Motorola Inc. (1990)

[4.31] Gene Swensen, "MPX Pressure Sensors Used for Swith Applications", Motorola Application note AN 962 (1985)

[4.32] J. Wortman, J. Hauser und R. Burger, "Effects of Mechanical Stress on pn-Junction Device Characteristics", J. Appl. Phys. **35**, 2122 (1964)

[4.33] J. Koch, "Piezoxide (PXE)", Herausgeber Philips Components Unternehmensbereich Bauelemente, Dr. Alfred Hüthig Verlag GmbH, Heidelberg (1988)

[4.34] J. Tichy und G. Gautschi, "Piezoelektrische Meßtechnik", Springer-Verlag Berlin-Heidelberg-New York (1980)

[4.35] Datenblatt der Firma Deutsche Solvay-Werke, D-5650 Solingen

[4.36] Datenblätter der Firma Kistler Instrumente AG, CH-Winterthur

[4.37] W. K. Lemmenmeyer, "Innovative Meßtechnik für die Automobilindustrie", Automobil Revue **14**, März 1988

[4.38] A. Petersen, "Piezokeramische Sensoren und Stellglieder im Kraftfahrzeug", Automobil-Industrie **3**, 121 (1987)

[4.39] J. Franz, "Aufbau, Funktionsweise und technische Realisierung eines piezoelektrischen Siliziumsensors für akustische Größen", Sensortagung 1988

[4.40] . H.R. Tränkler, "Taschenbuch der Meßtechnik", R. Oldenbourg Verlag München Wien (1990)

[4.41] Datenblatt Niederdruck-Meßumformer P 3000 der Firma Althen Meßtechnik, D-6233 Kelkheim

[4.42] "Keramische Drucksensoren", in "Sensoren und Meßsystem", Firmenschrift der Firma Sensycon (1991)

[4.43] W. H. Ko, M.-H. Bao, Y. D. Hong, "A High Sensitivity Integrated Circuit Capacitive Transducer", IEEE Tr. El. Dev. ED-79, 48 (1982)

[4.44] H. Kuisma, A. Lehto, J.Lahdenperä, "A New Family of Capacitive Pressure Sensors", Kongreßunterlagen Sensor 88, D-Nürnberg (1988)

[4.45] Unterlagen Kistler Training Center, "Basic Training Course", (1990)

[4.46] K. Horn, "Prinzipien von Sensoren zur Kraft- und Massenbestimmung" in "Sensoren – Technologie und Anwendungen", NTG Fachberichte **79**,153 (1982)

[4.47] "Paroscientific-DIGIQUARTZ-Druckaufnehmer für die Präzisionsmessung", Produktbeschreibung der Fa. Althen Meß- und Datentechnik GmbH, D-6233 Kelkheim

[4.48] G. Ehrler, "Piezoresistive Silizium-Elementardrucksensoren", AMA-Seminar, "Mikromechanik", Heidelberg, Okt. 1989

[4.49] "Silizium-Temperatur- und Drucksensoren", Datenbuch der Firma Siemens Aktiengesellschaft, D-München

[4.50] M. Vieten, "Genauigkeit zu vernünftigen Preisen: Präzisions-Druckaufnehmer für Industrie-Einsatz", in K. W. Bonfig, W. S. Bartz, J. Wolf (Hrsg.), "Technische Druck- und Kraftmessung", expert-Verlag, Ehningen (1988)

Abschnitt 5

[5.1] J.M. Ziman, "Prinzipien der Festkörpertheorie", Verlag Harri Deutsch, Zürich und Frankfurt am Main (1975)

[5.2] U. von Borcke und W. Flossmann, "Magnetische Effekte", in W. Heywang (Hrsg.), "Sensorik", Springer-Verlag Berlin-Heidelberg-New York-Tokyo, 25 (1984)

[5.3] F.J. Morin und J. P. Maita, Phys. Rev. **96**, 29 (1954)

[5.4] S. M. Sze "Physics and Technology of Semiconductor Devices", John Wiley & Sons, New York-Chichester-Brisbane-Toronto-Singapore (1985)

[5.5] U. v. Borcke, "Hall-Effekt und Widerstandseffekt", in A. Lacroix, T. Motz, R. Paul, C. Reuber (Hrsg.),"Handbuch der Informationstechnik und Elektronik", Band 8, C. Reuber (Hrsg.), "Sensoren und Wandlerbauelemente", Dr. Alfred Hüthig Verlag Heidelberg (1989)

[5.6] Datenblatt der Firma Siemens Aktiengesellschaft, D-München (1990)

[5.7] E. Pettenpaul und W. Flossmann, "Ionenimplantierte Halleffekt-Sensoren in GaAs" in "Sensoren – Technologie und Anwendungen", NTG Fachberichte **79**,177 (1982)

[5.8] E. Pettenpaul und W. Flossmann, "Hall-Effekt-Positionssensoren aus ionenimplantiertem GaAs", elektronik industrie **11**, 13 (1980)

[5.9] R. Popović und W. Heidenreich, "Magnetogalvanic Sensors", in R. Boll und K.J. Overshott (Hrsg.), "Magnetic Sensors", Vol. 5 der Reihe W. Göpel, J. Hesse und J. N. Zemel (Hrsg.),"Sensors",VCH-Verlag Weinheim (1988)

[5.10] W.Teichmann und W. Flossmann, "Hallgeneratoren und Feldplatten", Elektronik **9**, 107 (1983)

[5.11] G.Y. Chin und J. H. Wernick, "Magnetic Materials, Bulk", in M. Grayson (Hrsg.) "Encyclopedia of Semiconductor Technology", J. Wiley & Sons, New York-Chichester-Brisbane-Toronto-Singapore (1984)

[5.12] T. R. McGuire und R. I. Potter, "Anisotropic Magnetoresistance in Ferromagnetic 3D Alloys", IEEE Trans. on Magnetics **MG-11**, 1018 (1975)

[5.13] D. A. Thomson, L. T. Romankiv und A.F. Mayadas, "Thin Film Magnetoresistors in Memory, Storage, and Related Applications", IEEE Trans. on Magnetics **MAG 11**, 1039 (1975)

[5.14] U. Dibbern, "Magnetoresistive Sensors", in R. Boll und K.J. Overshott (Hrsg.), "Magnetic Sensors", Vol. 5 der Reihe W. Göpel, J. Hesse und J. N. Zemel (Hrsg.),"Sensors",VCH-Verlag Weinheim (1988)

[5.15] C. H. Kramp, "Magnetoresistive Sensoren", VALVO Technische Information 840323 (1984)

[5.16] W. J. van Gestel, F. W. Gorter und K. E. Kuijk, "Das Auslesen von Magnetbändern mit Hilfe des Magnetowiderstandseffekts", Philips techn. Rundschau **37**, 47 (1977/78)

[5.17] L. Borek, "Magnetoelastische Sensoren mit amorphen Metallen", in "Sensoren – Technologie und Anwendungen", NTG Fachberichte **79**,177 (1982)

[5.18] W. Bornhöft und G. Trenkler, "Magnetic Field Sensors: Flux Gate Sensors", in R. Boll und K.J. Overshott (Hrsg.), "Magnetic Sensors", Vol. 5 der Reihe W. Göpel, J. Hesse und J. N. Zemel (Hrsg.),"Sensors",VCH-Verlag Weinheim (1988)

[5.19] V. Vacquier et al., "A Magnetic Airborne Detector Employing Magnetically Controlled Gyroscopic Stabilization", Rev. of Scientific Instruments **18**, 483 (1947)

[5.20] G. Rauscher und Chr. Radeloff, "Wiegand and Pulse-Wire Sensors", in R. Boll und K.J. Overshott (Hrsg.), "Magnetic Sensors", Vol. 5 der Reihe W. Göpel, J. Hesse und J. N. Zemel (Hrsg.),"Sensors",VCH-Verlag Weinheim (1988)

[5.21] H.-J. Gevatter und G. Kuers, "Wiegand-Sensoren für Weg- und Geschwindigkeitsmessungen", Technisches Messen **51**, 123 (1984)

[5.22] J. R. Wiegand, "Switchable Magnetic Device", United States Patent No. 4247 601 (1981)

[5.23] "Impulsdrahtsensoren", Datenblatt PS-001 der Firma Vacuumschmelze, D-Hanau

[5.24] G. Euler, "Reed-Kontakte", VALVO Technische Information 830829 und Datenblätter der Firma Philips Components

[5.25] G. Y. Chin und J.H.Wernick, "Magnetic Materials, Thin Film", in M. Grayson (Hrsg.) "Encyclopedia of Semiconductor Technology", J. Wiley & Sons, New York-Chichester-Brisbane-Toronto-Singapore (1984)

[5.26] L. Andor, H. P. Baltes, A. Nathan und H.-G. Schmidt-Weinmar, IEEE Trans. Electron Devices ED-32, 1224 (1985)

[5.27] A. Petersen, "Magnetoresistive Sensoren in der Fahrzeugtechnik", Sensoren, 115 (1986/87)

[5.28] G. Dehmel, "Magnetic Field Sensors: Induction Coil (Search Coil) Sensors", in R. Boll und K.J. Overshott (Hrsg.), "Magnetic Sensors", Vol. 5 der Reihe W. Göpel, J. Hesse und J. N. Zemel (Hrsg.),"Sensors",VCH-Verlag Weinheim (1988)

[5.29]   O. Erb, "Magnetfeld- und Positionssensoren mit amorphen Metallen", in "Sensoren – Technologie und Anwendungen", NTG-Fachberichte **93**, 148 (1986)

[5.30]   G. Hinz und H. Voigt, "Magnetoelastic Sensors", in R. Boll und K.J. Overshott (Hrsg.), "Magnetic Sensors", Vol. 5 der Reihe W. Göpel, J. Hesse und J. N. Zemel (Hrsg.),"Sensors",VCH-Verlag Weinheim (1988)

[5.31]   L. Borek, "Magnetoelastische Sensoren mit amorphen Metallen", in "Sensoren – Technologie und Anwendungen", NTG Fachberichte **79**,177 (1982)

[5.32]   P. Kostka und W. Decker, "Inductive and Eddy Current Sensors", in R. Boll und K.J. Overshott (Hrsg.), "Magnetic Sensors", Vol. 5 der Reihe W. Göpel, J. Hesse und J. N. Zemel (Hrsg.),"Sensors",VCH-Verlag Weinheim (1988)

[5.33]   H. Koch, "SQUID Sensors", in R. Boll und K.J. Overshott (Hrsg.), "Magnetic Sensors", Vol. 5 der Reihe W. Göpel, J. Hesse und J. N. Zemel (Hrsg.),"Sensors",VCH-Verlag Weinheim (1988)

[5.34]   M. R. J. Gibbs, "Applications", in R. Boll und K.J. Overshott (Hrsg.), "Magnetic Sensors", Vol. 5 der Reihe W. Göpel, J. Hesse und J. N. Zemel (Hrsg.),"Sensors",VCH-Verlag Weinheim (1988)

[5.35]   W. Buckel, "Supraleitung", 2. Auflage Physik Verlag Weinheim (1984)

[5.36]   J. Hinken, "Supraleiter-Elektronik", Springer-Verlag Berlin-Heidelberg-New York-London-Paris-Tokyo (1988)

[5.37]   T. Van Duzer und C. W. Turner, "Principles of Superconductive Devices and Circuits", Elsevier North-Holland New York (1981)

Abschnitt 6

[6.1]   S. R. Borrello, "Photodetectors", in M. Grayson (Hrsg.) "Encyclopedia of Semiconductor Technology", J. Wiley & Sons, New York-Chichester-Brisbane-Toronto-Singapore (1984)

[6.2]   R. Paul, "Optoelektronische Halbleiterbauelemente", Teubner Studienskripten, B. G. Teubner (1985)

[6.3]   H.-G. Unger, W. Schulz und G. Weinhausen, "Elektronische Bauelemente und Netzwerke", 3. Aufl., Friedr. Vieweg & Sohn, Braunschweig/Wiesbaden (1979)

[6.4]   H.-G. Unger, "Optische Nachrichtentechnik", Dr. Alfred Hüthig Verlag Heidelberg, (1990)

[6.5]   H. Melchior, "Demodulation and Photodetection Techniques", in F. T. Arec-
         chi und E. O. Schulz-Dubois, Hrsg. , "Laser Handbook", Vol. 1, North-Hol-
         land, Amsterdam, 725 (1972)

         H. Melchior, "Detector for Lighwave Communication", Phys. Today, 32
         (Nov. 1977)

         P. W. Kruse, L. D. McGlauchlin und R. B. McQuistan, "Elements of Infrared
         Technology", J. Wiley & Sons, New York-Chichester-Brisbane-Toronto-
         Singapore (1962)

[6.6]   "Infrared Detectors", Philips Components Technical Publication 9398 064
         00011 (1988)

[6.7]   D. Bode und H., Graham, "Comparison of Performance of Copper-Doped
         Germanium and Mercury-Doped Germanium Detectors", Infrared Physics 3,
         129 (1963)

[6.8]   H. Hellman, "Sensor News from the U.S.", Sensor Magazin, 51 (1990)

[6.9]   J.J. Scherr und J. van Laar, "GaAs-Cs – a New Type of Photoemitter", Sol.
         State Comm. 3, 189 (1965)

[6.10]   G. W. Day et al. , "Detection of Fast Infrared Laser Pulses with Thin Film
         Thermocouples", Appl. Phys. Lett. 13, 289 (1968)

[6.11]   Datenblätter der Fa. Centronics, Vertrieb: LaserComponents D-8038 Gröbenzell

[6.12]   M. Gauer und E. Holzenkämpfer, "Auflösung der Raumrichtung", Elektro-
         nik Journal, 44 (1990)

[6.13]   D. F. Barbe, "Image Devices Using the Charge-Coupled Concept", Proc.
         IEEE, 63, 38 (1975)

[6.14]   W. S. Boyle und G. E. Smith, "Charge-Coupled Device – a New Approach
         to MIS Device Structures", IEEE Spectrum 8, 18 (1971)

[6.15]   C. K. Kim,"The Physics of Charge-Coupled Devices", in M. J. Howes und
         D.V. Morgan, Hrsg., "Charge-Coupled Devices and Systems", J. Wiley &
         Sons, New York-Chichester-Brisbane-Toronto-Singapore (1979)

[6.16]   J. von der Ohe, J. Siebeneck und U. Suckow, "Thermal Imaging Using Sili-
         con", International Symposium on Optical and Optoelectronic Applied
         Science and Engineeering, San Diego (1988)

[6.17]   R. Kist, "Meßwerterfassung mit faseroptischen Sensoren", Technisches Mes-
         sen 51, 205 (1984)

[6.18]   E. Voges, "Technologie der integrierten Optik in der Sensorik" in "Techno-
         logietrends in der Sensorik", Untersuchung im Auftrag des Bundesministeri-

ums für Forschung und Technologie, VDI/VDE Technologiezentrum Informationstechnik GmbH (1988)

[6.19]   E. Wagner und R. Kist, "Faser-Optik für die Sensorik" in "Technologietrends in der Sensorik", Untersuchung im Auftrag des Bundesministeriums für Forschung und Technologie, VDI/VDE Technologiezentrum Informationstechnik GmbH (1988)

[6.20]   "Geiger-Müller-Tubes", Philips Components Technical Publication DC002 (1990)

[6.21]   "Halbleiterdetektoren für Kernstrahlung", Mitteilung des I. Instituts für Experimentalphysik der Universität Hamburg, D-2000 Hamburg 36

[6.22]   J. Kemmer, "Positionsempfindliche Silizium-Kernstrahlungsdetektoren", Phys. Bl. **41**, 117 (1985)

Abschnitt 7

[7.1]   "Sensor zur Messung der relativen Luftfeuchte", Philips Components Technische Information TI 790423 (1983)

[7.2]   N. Ichinose, "Electronic Ceramics for Sensors", Am. Ceramic Soc. Bulletin **64**, 1581 (1985)

[7.3]   D. E. Williams, P. McGeehin, "Solid State Gas Sensors and Monitors", Electrochemistry, Specialist Periodical Reports **9**, 246 (1984)

[7.4]   Datenblatt "Humiceram" der Firma Matsushita, Japan

Abschnitt 8

[8.1]   E.G. Schlosser, "Heterogene Katalyse", Verlag Chemie (1972)

H. Bremer und K-P. Wendlandt, "Heterogene Katalyse – Eine Einführung", Wissenschaftl. Taschenbücher, Bd. **240**, Akademie Verlag, Berlin (1978)

A. A. Frost und R.G. Pearson, "Kinetik und Mechanismus homogener chemischer Reaktionen", Verlag Chemie (1964)

[8.2]   W. Göpel, "State and Perspectives of Research on Surfaces and Interfaces", Review Study for DG XII. CEC Commission of the European Community, Brüssel (1990), im Druck

W. Göpel, "Chemisorption and Charge Transfer at Semiconductor Surfaces: Implications for Designing Gas Sensors", Progr. in Surf.Sci. **20** (1), 9, (1985), und W. Göpel, "Solid State Chemical Sensors: Atomistic Models and Research Trends", Sens. and Act. **16**, 167 (1989).

[8.3]   W. Göpel, T. A. Jones, M. Kleitz, I. Lundström, T. Seiyama (eds.):"Chemical and Biochemical Sensors", Vol.3 der Reihe "Sensors", VCH, Weinheim, (1991).

[8.4]   W. Göpel, "Elektrochemische Sensoren und Molekularelektronik", in DECHEMA Monographie, Bd.117, Weinheim (1989).

[8.5]   W. Göpel, "Phthalocyanines as Prototype Materials for Chemical Sensors and Molecular Electronic Devices", Conf. Proc. ICSM'90, Tübingen, und Synth. Metals.

[8.6]   W. Carrillo-Cabrera, H.-D. Wiemhöfer, and W. Göpel, "Ionic Conductivity of Oxygen Ions in $YBa_2Cu_3 O_{7-x}$ ", Sol. State Ion. **32,33**,1172 (1989).

[8.7]   A. Dubbe, H.-D. Wiemhöfer, K. D. Schierbaum, and W. Göpel, "Kinetics of Oxygen Interaction with Pt/CeO Sensors: Application of a New Pressure Modulation Spectroscopy", Conf. Proc. Eurosensors IV, Karlsruhe, (1990).

[8.8]   P. Gimmel, H.H. van den Vlekkert, K. D. Schierbaum, N.F. de Rooij, and W. Göpel, "Reduced Light Sensibility in Optimized Ta_2O_5-ISFET Structures", Conf. Proc. Eurosensors IV, Karlsruhe, (1990).

[8.9]   K.D. Schierbaum, U. Kirner, J. Geiger, and W. Göpel, "Schottky-Barrier and Conductivity Gas Sensors based upon Pd/SnO_2 and Pt/TiO_2", Conf. Proc. Eurosensors IV, Karlsruhe (1990).

[8.10]   H.V. Shurmer, P. Corcoran, J.W. Gardner, "Integrated Arrays of Gas Sensors Using Conducting Polymers with Molecular Sieves", Conf. Proc. Eurosensors IV, Karlsruhe, (1990) und R. Müller, "High Electronic Selectivity Obtainable with Nonselective Chemosensors", Conf. Proc. Eurosensors IV, Karlsruhe, (1990).

U. Weimar, S. Vaihinger, K.D. Schierbaum, and W. Göpel, "Multicomponent Analysis in Chemical Sensing", Chem.Sensor Technol.,Vol.III, Tokio (1990), im Druck.

J.W. Gardner, "Detection of Vapours and Odours from a Multisensor Array Using Pattern Recognition: Principal Component and Cluster Analysis", Conf.Proc.Eurosensors IV, Karlsruhe (1990).

[8.11]   H. Mockert, D. Schmeißer, and W. Göpel, "Leadphthalocyanine (PbPc) as a Prototype Organic Material for Gas Sensors: Comparative Electrical and Spectroscopic Studies to Optimize O_2 and NO_2 Sensing", Sens. and Act. **19**,159 (1989).

[8.12]   H.-D. Wiemhöfer, D. Schmeißer, and W. Göpel, "Leadphthalocyanine as a Mixed Conducting Oxgen Electrode", Conf. Proc. Solid State Ionics '89, Hakone, Japan, and Solid State Ionics, im Druck

[8.13]   W. Schuhmann, "Amperometric Substrate Determination in Flow-Injection Systems with Polypyrrole Enzyme Electrodes", Conf. Proc. Eurosensors IV, Karlsruhe (1990) und P. Clechet, "Membranes for Chemical Sensors", Conf. Proc. Eurosensors IV, Karlsruhe (1990)

[8.14]   W. Schuhmann, H. Wohlschläger, R. Lammert, H.-L. Schmidt, U. Löffler, H.-D. Wiemhöfer, and W. Göpel, "Leaching of Dimethylferrocene, a Redox Mediator in Amperometric Enzyme Electrodes", Conf. Proc. Eurosensors III, Montreux und Sens. and Act.**B1**, 571 (1990).

[8.15]   K-D. Schierbaum, U. Weimar, and W. Göpel, "Technologies of SnO-based Chemical Sensors: Comparison between Polycrystalline, Thin Film, and Thick Film Structures", Conf. Proc. Sensor '91, Nürnberg (1991)

[8.16]   W. Göpel, G. Gauglitz, G. Jung, and F. Jähmg, "Biosensor Systems based upon Receptor Functions", Proc. Intern. Workshop "Biosensors", Braunschweig, Mai 1989, GBF Monographs, **13**,165, VCH, Weinheim (1989)

[8.17]   K.D.Schierbaum, S. Vaihinger, and W. Göpel, "Prototype Structure for Systematic Investigations of Thin Film Gas Sensors", Conf. Prof. Eurosensors III, Montreux, CH, and Sens. and Act., **B1**,171, (1990)

[8.18]   W. Göpel, K-D. Schierbaum and H.-D. Wiemhöfer, "The Key Role of Three Phase Boundaries in Reliable Gas Sensing: Four Case Studies Involving Electronic, Mixed Electronic/Ionic, and Ionic Conductors", Conf. Proc. Third Int. Meeting on Chemical Sensors, Cleveland, USA, eingereicht bei Sens. and Act.

[8.19]   U. Kirner, KD. Schierbaum, W. Göpel, B. Leibold, N. Nicoloso, W. Weppner, D. Fischer und W.F. Chu, "Low and High Temperature TiO_2 Oxygen Sensors", Conf. Proc. Eurosensors III, Montreux und Sens. and Act., **B1**,103, (1990)

[8.20]   F. Schilling, J. Arndt, U. Vohrer, H.-D. Wiemhöfer, and W. Göpel, "Mixed Oxides for Low-Temperature Oxygen Sensors: Phase Characterization, Spectroscopic, and Electrical Investigations of $(Zr_{1-x}Ti_x)_{0,82}Y_{0,18}O_{1.91}$, Conf. Proc. Eurosensors IV, Karlsruhe, and to be publ. in Sens. and Act. (1990)

[8.21]   Doktorarbeit U. Löffler, Tübingen 1991

[8.22]   J. Riegel und K. H. Härdtl, in "Sensoren – Technologie und Anwendungen", VDI Berichte 677, VDI-Verlag Düsseldorf (1988)

[8.23]   D. Ammann, "Ion-Selective Microelectrodes", Springer-Verlag Berlin-Heidelberg-New York-Tokyo (1986)

[8.24] P. Tischer, "Chemische Effekte", in W. Heywang (Hrsg.), "Sensorik", Springer-Verlag Berlin-Heidelberg-New York-Tokyo, 25 (1984)

[8.25] G. Kabaker, "Kfz-Lambda-Sonde", Sensor-Magazin, 44 (1988)

[8.26] "ZrO_2 Oxygen Sensor", Philips Technical Publication 215 (1988)

[8.27] Datenblatt der Firma Figaro Engineering Inc., Osaka, Japan

[8.28] M. Armgarth, T. Hua, I. Lundström, Proc. of Intern. Conf. on Solid-State Sensors and Actuators, Philadelphia (Transducers 1985), 235 (1985)

[8.29] S. Y. Choi, K. Takahashi, T. Matsuo, IEEE Electron Device Lett. EDL-5, 14 (1984)

[8.30] K. H. Härdtl, "Keramische Gassensoren", in H. Schaumburg (Hrsg.), "Werkstoffe und Bauelemente der Elektrotechnik", Band 5, "Keramik", Teubner-Verlag Stuttgart (1992)

[8.31] W. Göpel und K.-D. Schierbaum, "Electronic Conductance and Capacitance Sensors", in W. Göpel, J. Hesse, J.N. Zemel (Hrsg.), "Sensors – A Comprehensive Survey", VCH Verlagsgesellschaft Weinheim New York Basel Cambridge (1991)

Anhang C3

[C3.1] H. P. Baltes, L. Andor, A. Nathan und H.G. Schmidt-Weinmar, IEEE Trans. Electron. Devices **ED-31**, 996 (1984)

[C3.2] O. M. Corbino, "Elektromagnetische Effekte, die von der Verzerrung herrühren, welche ein Feld an der Bahn der Ionen in Metallen hervorbringt", Phys. Z. **12**, 561 (1911)

Index

C

D

H

I

N

O

P

T

W

XYZ

Druck
Weg/Position
Beschleunigung
Neigung
Kraft
Luftströmung
Für Meßwert-aufnehmer sind wir eine erste Adresse
Durch die Zusammenarbeit mit führen-den Herstellern bieten wir Ihnen eine optimale, preisgünstige Lösung Ihrer Meßprobleme.
Ob Sie Sensoren für extreme Anfor-derungen (wie in der Luft- und Raumfahrt oder bei mil. Großprojekten) oder für normale industrielle Anwendungen benötigen – wir sind soweit weg wie Ihr Telefon.
Druck • Kraft • Weg • Neigung • Beschleunigung • Luftströmung • Auswerteelektronik
Druck- und Miniatur-druckaufnehmer, hoch-überlastbar, Meß-bereiche bis 7000 bar
Kraftaufnehmer, DMS- und Induktiv-Verfahren, Meßbereiche von 10 Gramm bis 500 T
Beschleunigungs-aufnehmer, Servo-, Induktiv- und DMS-Verfahren, von ± 0,02 g FS bis ± 10.000 g FS
Neigungssensoren verschiedenster Bauweise, Kapazitäts- und Servo-Verfahren, Meßbereiche von +/–1 Grad bis +/–90 Grad, auch bi-achsial.
Weg- und Positionssensoren für Meßwege von 0,1 bis 3000 mm, induktives und magnetostriktives Verfahren.
Flügelrad- und Thermo-Anemometer höchster Präzision, diverse Aus-führungen, automatische Fühler-erkennung, für Luftgeschwindigkeiten von 0,01 m/s bis 80 m/s.
Frankfurter Straße 150-152
6233 Kelkheim
Fax 06195/7 42 55
Telefon 06195/40 88
ALTHEN
Meß- u. Sensortechnik

SIEMENS

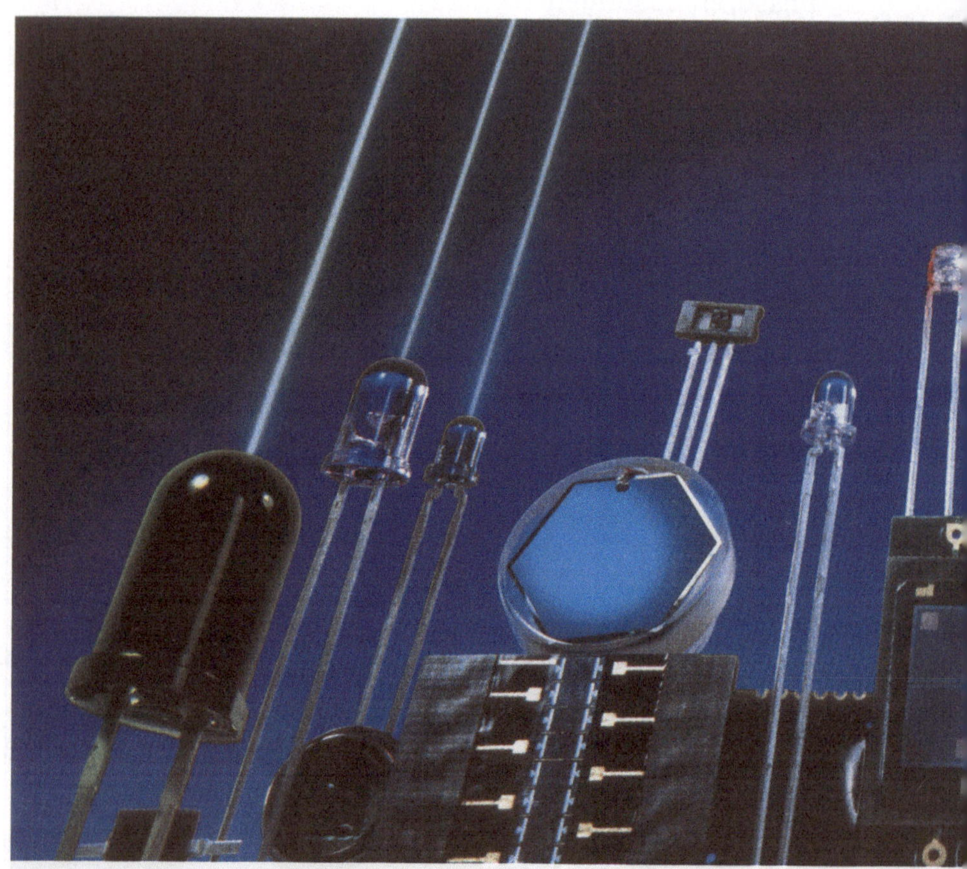

Mit uns setzen Sie Zeichen.
Sichtbare und unsichtbare.

Si-Foto-Detektoren und IR-Lumineszenzdioden im größten Angebot der Welt

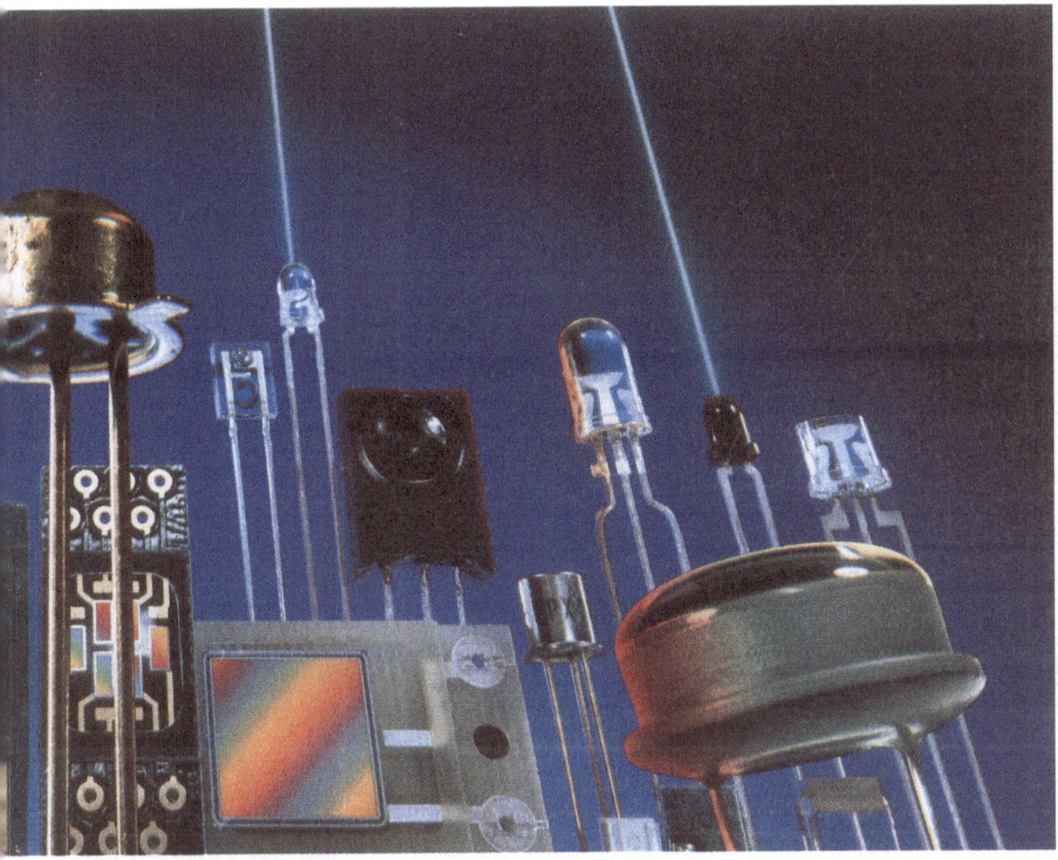

messen ✳ mit
Kistler Sensoren
führt schneller zur
besseren Lösung!

✳ Druck von mbar … 10 000 bar
Kraft von mN … 1 000 000 N
Beschleunigung von mg … 100 000 g

weltweit –
zuverlässig und
präzis

KISTLER
Piezo-Instrumentation

Kistler Instrumente AG
CH-8408 Winterthur, Schweiz
Telefon (052) 83 11 11
Telex 896 296, Fax (052) 25 72 00

Philips Sensoren.
High-Tech in Großserie.

Sprechen Sie mit uns, wenn Ihre Schaltungskonzepte Fühler zur Umwelt brauchen. Wir bieten Ihnen ein breites Sensorenprogramm und neueste Technologie.

Zum Beispiel Winkelsensoren
Berührungslose Winkelerfassung mit Hybridsensormodul KM 110 BH 21 als 30°- und 90°-Version. Komplett laserabgeglichen und temperaturkompensiert mit einem analogen Ausgangssignal von 0,5 - 4,5 V.

Zum Beispiel Magnetfeldsensoren
in Dünnschichttechnologie mit hoher Empfindlichkeit und linearer Signalcharakteristik als Drehzahlsensoren. Berührungslose Drehzahlerfassung mit dem Magnetfeldsensor KMZ 10 auf Hybridtechnik, komplett abgeglichen, mit digitalem Ausgangssignal.

Zum Beispiel Temperatursensoren
auf Silizium- oder Keramik-Basis. Langzeitstabil mit weiten Meßbereichen und engen Toleranzen in vielen Ausführungen. Besonders aktuell konfektionierte Temperatursensoren.

Zum Beispiel optische Sensoren
von Kameraröhren, wie dem weltweit bewährten „Plumbicon", über Fotovervielfacher, Bildverstärker bis zu Infrarot-Detektoren.

Philips Semiconductors
Burchardstraße 19
2000 Hamburg 1
Telefon 040/32 96-480
Telex 2 15 401-0 pc d
Telefax 040/32 96-927

Philips Semiconductors

PHILIPS

Werkstoffe und Bauelemente der Elektrotechnik

Herausgegeben von
Prof. Dr. **Hanno Schaumburg,** Hamburg-Harburg

Band 1: Werkstoffe
1990. X, 398 Seiten mit 293 Bildern und 54 Tabellen.
Geb. DM 64,–   ISBN 3-519-06123-6

Band 2: Halbleiter
1991. XII, 614 Seiten mit 683 Bildern und 29 Tabellen.
Geb. DM 89,–   ISBN 3-519-06124-4

Band 3: Sensoren
1992. X, 517 Seiten mit 790 Bildern, 48 Tabellen
und 14 Datenblätter.
Geb. DM 79,–   ISBN 3-519-06125-2

Band 4: Quanten
In Vorbereitung.   ISBN 3-519-06126-0

Band 5: Keramik
1992/93. ca. 850 Seiten.
In Vorbereitung.   ISBN 3-519-06127-9

Band 6: Polymere
In Vorbereitung.   ISBN 3-519-06145-7

Band 7: Datenspeicherung
In Vorbereitung.   ISBN 3-519-06146-5

Band 8: Sensoranwendungen
In Vorbereitung.   ISBN 3-519-06147-3

Band 9: Bipolare integrierte Schaltungen
In Vorbereitung.   ISBN 3-519-06148-1

Band 10: Metalle
In Vorbereitung.   ISBN 3-519-06149-X

Band 11: Physik
In Vorbereitung.   ISBN 3-519-06150-3

B. G. Teubner Stuttgart